普通高等教育“十一五”国家级规划教材

21世纪高等院校电气信息类系列教材

印制电路基础：原理、工艺技术及应用

主　编　何　为
副主编　周国云　唐先忠
参　编　胡文成　王守绪　陈苑明
王　翀　洪　延　林金堵

机械工业出版社

本书从印制电路基板材料、制造、焊接、装联、检测、质量保证和环保等方面全面系统地讲述了印制电路技术的基本概念、原理、工艺技术及应用。本书内容还包括印制电路主要生产技术的高密度互连积层印制电路中的改进型半加成法（mSAP）技术、晶圆级封装（WLP）技术、电子产品无铅化技术、特种印制电路技术、器件一体化埋入印制电路板技术、5G通信领域用印制电路先进技术以及印制电路发展趋势等内容，并专门论述了何为团队近11年在印制电路领域取得研究成果的内容。为了方便教学，还提供了与本书配套的多媒体教学课件以及省部级精品在线课程的数字资源支持。

本书可作为高等学校从事印制电路与印制电子专业的高年级本科生和研究生的教材，可供从事印制电路与印制电子、集成电路及系统封装的科研、设计、制造及应用等方面的科研及工程技术人员使用，也可作为具备大学物理、化学、材料、印制电路基本原理、电子电路基础的研究生以及相关领域的科研人员与工程技术人员学习了解印制电路技术的专业参考书。

本书已被中国电子电路行业协会推荐为印制电路行业工程技术人员的培训教材。

图书在版编目（CIP）数据

印制电路基础：原理、工艺技术及应用/何为主编．—北京：机械工业出版社，2022.1（2024.7重印）
21世纪高等院校电气信息类系列教材
ISBN 978-7-111-68875-4

Ⅰ．①印…　Ⅱ．①何…　Ⅲ．①印刷电路－高等学校－教材　Ⅳ．①TN41

中国版本图书馆CIP数据核字（2021）第158623号

机械工业出版社（北京市百万庄大街22号　邮政编码100037）
策划编辑：李馨馨　　责任编辑：李馨馨　章承林
责任校对：李　伟　　责任印制：单爱军
北京虎彩文化传播有限公司印刷
2024年7月第1版第4次印刷
184mm×260mm・31印张・728千字
标准书号：ISBN 978-7-111-68875-4
定价：99.00元

电话服务	网络服务
客服电话：010-88361066	机　工　官　网：www.cmpbook.com
010-88379833	机　工　官　博：weibo.com/cmp1952
010-68326294	金　　书　　网：www.golden-book.com
封底无防伪标均为盗版	机工教育服务网：www.cmpedu.com

序　一

集成电路芯片、无源电子器件、传感器以及其他电子部件等通过印制电路板实现电气互连并搭载在其上面构建电子产品系统。因此，印制电路板在电子产品中具有非常重要的作用。电子产品向微型化、轻薄化以及多功能化方向发展，印制电路的新产品与新技术研发发挥了不可替代的作用。

美国、日本等国家一直是印制电路制造技术的强国。虽然现在中国已经成为全球印制电路生产规模最大的制造国，拥有全球一半以上的产值。但是，中国印制电路行业大而不强，许多高技术含量、高附加值的印制电路产品仍然被国外垄断，大部分中国企业仍然从事中低端产品的制造，缺乏国际竞争力，无法满足快速发展的电子信息产业的需求。另外，很多上游材料、设备、核心制造技术等还没有被中国企业掌握。这种现状的根本原因在于中国缺乏印制电路行业的创新人才，更重要的是缺乏对行业创新人才的系统化培养。

结合中国高等教育的特点，对大学低年级学生开设印制电路板制造技术的课程，让大学生系统地掌握印制电路板技术的基本概念、原理以及工艺技术非常重要。何为教授率领的“印制电路与印制电子团队”出版了中国高等教育领域内第一部印制电路教材。作为印制电路领域的第一部普通高等教育“十一五”国家级规划教材，被很多高校、企业和研究单位采用，取得了很好的使用效果，得到同行专家的高度认可。此外，何为教授所在的电子科技大学为中国培养了一大批印制电路高端人才，为中国印制电路行业的创新发展做出了重要的贡献。

本书在2010年版《现代印制电路原理与工艺》的基础上，补充了近10年来印制电路领域发展起来的新技术和新工艺，并将何为教授团队近11年的研究成果融入教材中，突出了教材编写内容与印制电路制造技术的与时俱进。

教材重点介绍了印制电路板制造中的重要概念、关键技术的原理以及最新技术等内容，非常适合高等学校作为印制电路的教材，也适合初学者自学使用。我相信该书的出版，将有助于为中国印制电路行业培养出更多的高级人才。

美国佐治亚理工学院董事教授
美国工程院院士
中国工程院院士（外籍）
汪正平

序 二

信息产业是我国国民经济的支柱产业之一，改革开放、持续四十多年的高速发展为我国的现代化迎来了美好的今天，展望未来必将更加灿烂辉煌。

如果说集成电路是一级组装，所有的电子信息整机产品，如计算机、电视机、手机等为三级组装，那么电子电路、印制电路就是二级组装，起到承上启下和不可替代的作用，哪里有电子产品，哪里就一定有印制电路板。我从事电子电路行业五十余年，深深感受到过去半个多世纪电子电路行业是朝阳行业，展望未来，我坚信，电子电路行业更加是朝阳行业。

自从2006年我国电子电路的产量和产值首次超越日本成为全球行业中最大生产国，我国电子电路行业迎来了快速发展的阶段。新技术、新产品以及新材料、新设备的开发及应用促使我国电子电路板企业的规模和研发能力逐渐变强。刚挠结合印制电路板、高密度互连（HDI）印制电路板、埋嵌器件印制电路板以及封装基板等高端产品已逐渐实现国产化，盲埋孔金属化、绝缘层超薄化以及线路超细化等前沿技术也逐渐在国内得到规模化应用。2020年，我国电子电路行业又迈上了一个新台阶，产值突破了350亿美元，占全球总产值的53.7%。

尽管我国电子电路行业的产值、产量十几年来一直雄居全球第一，但我国仍不是电子电路板的生产强国。我国的产品，例如印制电路板（PCB）、覆铜板（CCL）、专用材料、专用设备和仪器仪表等，普遍缺乏原创的尖端的新技术、新工艺、新材料、新设备。产品中自主研发、创新的知识产权严重缺失。我国的产品主要覆盖了中高端以及低端系列，而技术含量高、高附加值的尖端产品均被国外的极少数生产商垄断。我国的电子电路行业［含PCB、CCL、专用材料、专用设备及整机的表面安装技术（SMT）等］要真正强大起来，还有很长的路要走，还需要我们加倍地努力奋斗！

未来，竞争的核心是知识，是人才，是无数热爱伟大祖国、具有高度社会责任感的人。我国电子电路行业从业人员超过百万，提升行业员工的素质是当前的重中之重。随着国内众多电子电路企业完成融资上市，行业对于人才，特别是具备高素质的高端人才的需求尤其旺盛。电子科技大学作为我国培养电子电路高级专业人才的基地，近30年为我国印制电路行业培养了大量的高级专业人才，为行业的发展做出了杰出的贡献。

由中国电子电路行业协会顾问、国务院政府特殊津贴获得者、四川省学术和技术带头人、四川省教书育人名师、广东省创新创业团队带头人、珠海市创新创业团队带头人何为教授所率领的“印制电路与印制电子团队”在2010年出版的普通高等教育“十一五”国家级规划教材

《现代印制电路原理与工艺》为我国高校培养印制电路专业人才提供了一部精品教材，改善了我国电子电路专业教材匮乏的局面。

本书在《现代印制电路原理与工艺》基础上进行改版，涵盖了近11年发展起来的电子电路新技术和新工艺，还融入了电子科技大学何为教授“印制电路与印制电子团队”近11年取得的科研成果。教材从印制电路基板材料、制造、装联、检测和环保等方面比较全面系统地讲述了电子电路技术的基本概念、原理、工艺、最新的印制电子制造技术及应用。

本书综合了理论知识和实践经验，密切结合了我国电子电路制造行业的生产实际，以及未来发展趋势。本书的出版必将推动我国电子电路行业专业人才的培养和从业人员技术的进一步提升。

这是一部我国电子电路行业非常值得推荐和阅读的好教材。

中国电子电路行业协会

荣誉秘书长

王龙基

前　言

任何电子产品都必须依靠印制电路板（PCB）将集成电路芯片、无源器件以及其他功能部件等连接起来才能实现设计的目标功能。因此，印制电路板在电子信息产业中发挥着举足轻重的作用，被誉为“电子产品之母”。电子产品之所以能实现“轻量化、小型化、薄型化、智能化”，正是印制电路板等电子部件发展的结果，而这一发展趋势的持续还将继续推动印制电路板迈上一个又一个新台阶。经过近一个世纪的发展，印制电路板技术已成为一门自成体系、完全独立的学科及制造技术。与大规模集成电路一样，印制电路板制造技术已跻身于“高科技”行列之中，成为电子工业生产中的重要技术之一。

印制电路行业在我国发展迅猛，2006 年我国就超过日本，成为全球最大印制电路板制造基地。2020 年，全球 PCB 产值为 652 亿美元，我国 PCB 产值达到 350 亿美元，占全球 PCB 产值的 53.7%。随着企业规模不断变大和赢利能力的持续提升，印制电路行业对于研发及创新型人才的需求极其旺盛，急需一批具备印制电路专业知识的从业人员，提升企业的整体技术和管理水平。虽然不少高校开设了印制电路课程，但其内容主要偏重于印制电路设计，直接导致高端印制电路制造技术和工艺技术的专业人才奇缺。为此，我国越来越多的高校开始设立印制电路制造工艺技术的课程，以满足我国对高端印制电路专业人才的需求。但是，国内能够系统讲述印制电路原理和工艺方面的教材非常有限。

电子科技大学应用化学系是我国第一个在应用化学专业开设印制电路工艺技术课程的高校，为我国印制电路行业输送了大量印制电路技术高端专业人才。本书是在电子科技大学应用化学系 1996 年编写的《印制电路技术》教学讲义和 2010 年出版的普通高等教育“十一五”国家级规划教材《现代印制电路原理与工艺》的基础上，结合近 11 年的教学经验并补充相关新技术、新工艺以及本书主编所率领的“印制电路与印制电子团队”的最新研究成果编写而成的。

本书从印制电路基板材料、制造、检测、装联、质量保证和环保等方面全面系统地讲述了印制电路技术的基本概念、原理和工艺技术。内容涵盖了各类印制电路板制造所必须掌握的基础知识和实用知识，力求科学性、先进性、新颖性和实用性的统一。鉴于印制电路技术发展迅速，本书还增加了印制电路主要生产技术的高密度互连积层印制电路中的改进型半加成法（mSAP）技术、晶圆级封装（WLP）技术、电子产品无铅化技术、特种印制电路技术、器件一体化埋入印制电路板技术、5G 通信领域用印制电路先进技术以及印制电路发展趋势等内容。

本书的建议授课学时数为70。各章内容相对独立，授课教师可根据实际需要取舍教学内容。为了方便教学，本书配有多媒体教学课件。

本书的编写得到了电子科技大学产、学、研基地——珠海方正科技高密电子有限公司、珠海方正科技多层电路板有限公司、重庆方正科技高密电子有限公司、珠海越亚半导体股份有限公司、深南电路股份有限公司、厦门弘信电子科技集团股份有限公司、博敏电子科技股份有限公司、深圳市深联电路有限公司、广东光华科技股份有限公司、广州兴森快捷电路科技股份有限公司、奈电软性科技电子（珠海）有限公司以及四川英创力电子科技股份有限公司等单位的大力支持，书中部分工艺方面的实验就是在与企业的产学研合作中完成的，在此特表示衷心的感谢。本书在编写过程中，参考了很多国内外的著作和资料（主要书目列于书末的参考文献），引用了其中的一些内容和实例，在此对这些文献的作者表示诚挚的感谢。

本书由中国电子电路行业协会顾问、国务院政府特殊津贴获得者、四川省学术和技术带头人、四川省教书育人名师、广东省创新创业团队带头人、珠海市创新创业团队带头人何为教授担任主编，周国云副教授、唐先忠教授任副主编。其中，第1、5、6、12、20章由何为教授编写，第9、10、14、19章由周国云副教授编写，第2、3、4章由唐先忠教授编写，第7、11、13、15章由胡文成教授编写，第8章由王守绪教授编写，第17章由陈苑明副教授编写，第18章由王翀副教授和洪延副研究员共同编写，第16章由林金堵先生编写。重庆大学张胜涛教授对全书进行了审定，在此深表谢意。

对书中存在的错误和不妥之处，真诚希望相关领域专家与广大读者给予批评指正！

本书得到珠海市创新创业团队用人单位——珠海方正科技高密电子有限公司鼎力相助，得到珠海市创新创业团队项目（项目编号：ZH0405190005PWC）的资助，在此一并表示衷心的感谢！

编　者

目录

第 1 章　印制电路板概述

1.1 印制电路板的相关定义和功能

1.1.1　印制电路板的相关定义

印制线路板的定义：按照预先设计的电路，利用一定的工艺方法，在绝缘基板的表面或内部形成用于集成电路（IC）、电子元件以及其他功能元件之间电气连接的导电图形的电子部件。印制线路板（Printed Wiring Board，PWB）不包括元器件在其上的形成技术，而装配上元器件的印制线路板称为印制电路板（Printed Circuit Board，PCB），如图 1-1 所示。

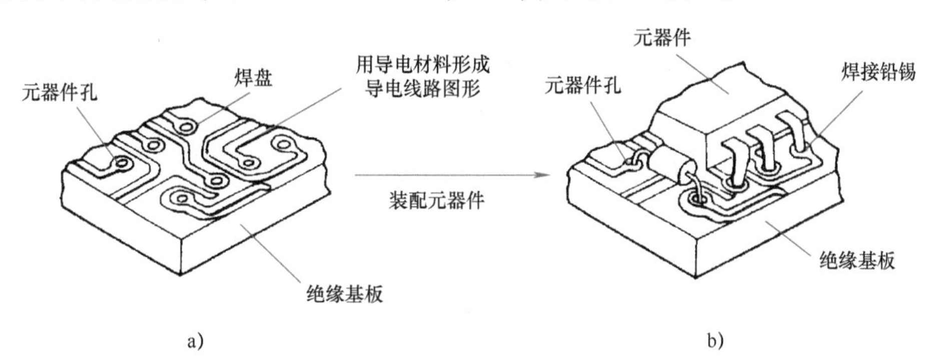

图 1-1　印制线路板和印制电路板的外观
a）印制线路板　b）印制电路板

印制线路板的主要功能是把电子元器件或电子组合元器件（如芯片）装在印制线路板的指定位置上，然后将元器件类的引线焊接在印制线路板表面上的焊盘或焊垫上，从而互连成为印制电路板。

由于习惯和其他方面的原因，并且随着器件埋嵌技术的发展，印制线路板和印制电路板的概念并未严格区分，而将它们统称为印制电路板。随着印制电路板的发展，印制线路板的客户要求线路板厂商在完成的印制线路板上安装部分元器件，因此一般印制线路板厂商也不严格区分印制线路板和印制电路板的概念，常将印制线路板称为印制电路板。印制电路板的结构如图 1-2 所示。

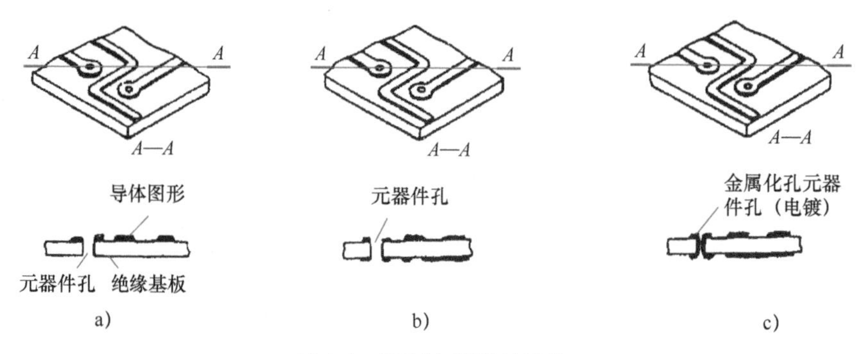

图 1-2　印制电路板的结构

a）单面印制电路板　b）无金属化孔的双面印制电路板　c）有金属化孔的双面印制电路板

1.1.2　印制电路板在电子设备中的地位和功能

印制电路板是电子工业重要的电子部件之一。几乎所有的电子设备，小到电子手表、计算器，大到超级计算机、通信电子设备、军用武器系统，只要是能够实现集成电路或电子元器件之间互连的地方，都要以印制电路板为载体进行电气传输。

在较大型的电子产品中，印制电路板研制和开发过程中最主要的因素有产品的设计、文件的编制和产品的制造等。印制电路板的设计和制造直接影响整个电子产品的质量和成本，往往也决定着一家公司经营的成败。

印制电路板的产值与电子设备产值之比称为印制电路板的投入系数，全世界在 20 世纪 70 年代为 2% ~3%，到了 20 世纪 90 年代中期，已增加到 6% ~7%。这充分说明印制电路板在电子设备中的重要地位。1999 年全世界印制电路板总产值为 363 亿美元，2001 年为 400 亿美元，2015 年达到 550 亿美元，2020 年已超过 600 亿美元，预计 2025 年产值将接近 800 亿美元。

印制电路板在电子设备中的功能如下：

1）提供集成电路等各种电子元器件固定、组装和机械支撑的载体。

2）实现集成电路等各种电子元器件之间的电气连接或电绝缘，提供所要求的电气特性，如特性阻抗等。

3）为自动锡焊提供阻焊图形，为元器件安装（包括插装及表面贴装）、检查、维修提供识别字符和图形。

电子设备采用印制电路板后实现了同类印制电路板的一致性，从而避免了人工接线的差错，并可实现电子元器件自动插装或贴装、自动锡焊、自动检测，保证了电子设备的质量，提高了劳动生产率、降低了成本，并便于维修。

印制电路板从单面发展到双面、多层、挠性以及刚挠结合，并仍保持各自的发展趋势。由于不断地向高精度、高密度、超薄化以及高可靠性方向发展，不断缩小体积，降低成本，提高性能，使得印制电路板在未来电子设备的发展过程中，仍然保持强大的生命力，成为电子信息产业中必不可少的部件。

1.2 印制电路板的发展史、分类和特点

1.2.1　早期的印制电路板制造工艺

第一块印制电路板于 1936 年在日本诞生。但真正给予其重要意义的工作是英国的艾斯勒（Eisler）博士完成的。在 1940 年，他借助于印制技术中的照相、制版、腐蚀等成熟工艺，在覆有金属箔的绝缘基板上制造出了第一块具有实用价值的印制电路板。

1947 年，美国举办了首届印制电路技术讨论会，总结了以前印制电路的主要制造方法，归纳为六类：涂料法、喷涂法、模压法、粉压法、真空镀膜法和化学沉积法。但是这些方法都未能实现大规模工业化生产，而其中有的方法至今仍被借鉴、延用。如适用于涂料法的陶瓷基片制造混合电路作为一种重要技术保留下来了，在绝缘基材上印制导电膏形成的电路板也逐渐受到关注并在未来将推向产业化。此外，化学沉积法是加成法制造印制电路板的基础，也仍在研究发展之中。

1.2.2　现代印制电路板的发展

印制电路（Printed Circuit）这个概念，首先由英国的 Eisler 博士在 1936 年提出，但那时并没有引起电子制造商的兴趣。Eisler 博士对原有的工艺方法进行研究比较，感到不满意，于是他提出了铜箔腐蚀法工艺。正是他首创了目前主流的印制电路规模化制造方法，即在全面覆盖金属箔的绝缘基板上涂上耐蚀刻油墨后，再将不需要的金属箔腐蚀掉形成印制电路板。1942 年，他用纸质层压绝缘基板黏接铜箔，丝网印制导电图形，再用蚀刻法把不需要的铜箔腐蚀掉，制造出了收音机用印制电路板。这种工艺当时在英国受到冷落，但却被美国人率先接受。在第二次世界大战中，美国人应用 Eisler 博士发明的技术制造印制电路板，应用于军事电子装置中，并获得巨大成功，这引起了电子制造商们的重视。到了 20 世纪 50 年代初，铜箔腐蚀法成为最为实用的印制电路板制造技术，并开始广泛应用。因此，Eisler 博士也被人们称为“印制电路之父”。

自从铜箔腐蚀法成为印制电路生产的主要方法后，印制电路技术发展得非常迅速，较好地适应了飞速发展的电子技术发展的需求。实际上，印制电路的发展几乎是与半导体器件的发展同步进行的。

1. 印制电路板（PCB）技术 50 年间的发展

（1）PCB 试产期：20 世纪 50 年代（制造方法为减成法）　在晶体管问世不久的 20 世纪 50 年代前后，单面的印制电路板就可以满足晶体管收音机的应用需求。产品主要是民用电器，如收音机、电视机等。

单面印制电路板的制造方法是使用覆铜箔纸基酚醛树脂层压板作为基材，用化学药品溶解层压板上不需要的铜箔，而留下的铜线路即为所设计的电路。该生产技术被称为“减成法”。不过即使在当时的一些品牌电子制造商中，印制电路板减成法仍以手工操作为主，其中腐蚀液采用的是三氯化铁。当时印制电路板的代表性应用产品是索尼公司的手提式晶体管收音机，其是采用酚醛树脂层压板作为基材的单面印制电路板。1958 年，日本出版了

印制电路行业内最早的启蒙书，即《印制电路》。

在20世纪50年代后期，电子管逐渐被晶体管取代，电子工业进入“晶体管时代”。为了适应生产发展的需要，印制电路板由单面的酚醛树脂基发展到用玻璃纤维布增强的环氧树脂基绝缘层材料。

（2）PCB实用期：20世纪60年代（新材料GE基材登场） 1955年，日本起冲电气公司与美国Raytheon公司进行技术合作，制造海洋雷达。Raytheon公司指定PCB要应用覆铜箔玻璃布环氧树脂层压板（GE基材）。日本开发的GE基材，实现了海洋雷达批量生产。1960年，起冲电气公司开始在批量生产电气传输装置的PCB上大量采用GE基材。1962年，日本印制电路工业会成立。1964年，美国光电路公司开发出沉厚铜化学镀铜液（CC-4溶液），开始了新的加成法制造印制电路板工艺。日立化成公司引进了CC-4技术，用于GE基材PCB的生产。在初期应用中，GE基板存在加热翘曲变形、铜箔剥离等问题，经材料制造商逐渐改进后得到了明显的改善。1965年起，日本有好几家材料制造商开始批量生产GE基板。

1960年前后，两面都有电路图形的“双面印制电路板”和“孔金属化双面印制电路板”相继投入生产。同时，由几层印制电路板重叠在一起的“多层印制电路板”也开发出来了，这时的产品主要用于精密电子仪器及军用电子装备中。

1968年前后，中、大规模的集成电路已经问世，并投入生产。与它相适应的“孔金属化双面印制电路板”逐渐取代了单面印制电路板，而且柔软、能折叠弯曲的“挠性印制电路板”也开发出来了。

（3）PCB跃进期：20世纪70年代多层印制电路板和新安装方式登场 1970年以后，大规模集成电路的出现，加快了印制电路向多层化方向发展的速度。体积小、功能多的电子计算机也相继问世。日本起冲电气公司等通信设备制造企业各自设立PCB生产工厂，同时PCB专业制造公司也快速崛起。这时，采用电镀贯通孔实现PCB的层间互连逐渐被采用。在1972—1981年的10年间，日本PCB行业的产值约增长6倍（1972年产值为471亿日元，1981年产值为3021亿日元），是跨越式的发展纪录。

1970年起，电信公司的电子交换机用PCB层数达到了3层。此后大型计算机的发展促进了更多层PCB的发展。PCB的层数也从4层开始向6层、8层、10层、20层、40层、50层，甚至更多层迈进。同时，PCB也实现了高密度化（线路精细化、孔径微型化、绝缘层薄型化），线路宽度与间距从0.5mm减小至尺寸更小的0.35mm、0.2mm、0.1mm。这使得PCB单位面积上布线密度大幅地提高。

此外，PCB上元器件的安装方式开始了革命性变化，原来的插入式安装技术（TMT）逐渐发展为更为精密的表面安装技术（SMT）。一直以来，插入式安装方法在PCB上都是依靠手工操作的，自动元器件插入机的成功开发实现了元器件的自动装配。SMT更是采用自动装配线，实现了PCB两面电子元器件的贴装。

（4）多层印制电路板（MLB）跃进期：20世纪80年代（超高密度安装的设备登场） 1980年以后，随着超大规模集成电路的发展，它与高密度的多层印制电路结合在一起，出现了运算次数达数亿次的超级计算机。在1982—1991年的10年间，日本PCB产值增长了约3倍（1982年产值为3615亿日元，1991年为10940亿日元）。MLB的产值在

1986 年时为 1468 亿日元，超过了单面印制电路板产值；到 1989 年时为 2784 亿日元，接近双面印制电路板产值，之后 MLB 就占据印制电路板的主要地位了。

1980 年以后，PCB 高密度化明显提高，形成了高达 62 层的玻璃陶瓷基 MLB。MLB 高密度化有效地推动了移动电话和计算机开发的激烈竞争。1988 年，美国 IBM 公司率先将多达 42 层的印制电路板用于计算机的生产中。而现在，80 多层的高密度印制电路板也已投入应用之中。

（5）迈向 21 世纪的助跑期：20 世纪 90 年代（积层法 MLB 登场）　1991 年后，日本泡沫经济破灭，电子设备和 PCB 受到了很大的影响。1994 年后逐渐恢复，MLB 和挠性印制电路板也开始快速增长，而单面印制电路板与双面印制电路板产量却开始下跌。1998 年起，积层法 MLB 进入实用期，产量急速增加，同时促进了集成电路（IC）封装形式迈进面阵列端接型的球栅阵列（BGA）和芯片级封装（CSP）时代的小型化、超高密度化安装。随着片式元器件的大规模开发，表面安装技术在这一时代进入了快速发展的时期，明显地提高了电子产品的互连密度。

（6）PCB 一体化集成技术发展期：21 世纪 20 年代　随着电子产品向小型化、轻薄化方向发展，特别是智能产品和装备的出现，印制电路板表面元器件安装面积受到了极大的限制。元器件或 IC 器件的三维安装，即 PCB 一体化集成成为 21 世纪 20 年代印制电路板制造最为重要的技术。就目前来说，电子元器件的埋嵌可减少印制电路板 40% 的面积，可大大地减小印制电路板的尺寸，从而将更多的面积让给电池或其他部件。

（7）展望　60 多年来 PCB 发展变化巨大。自 1947 年发明半导体晶体管以来，电子设备的形态发生了很大变化，半导体由集成电路（IC）、大规模集成电路（LSI）、超大规模集成电路（VLSI）向高集成度发展，开发出了多芯片组件（MCM）、球栅阵列（BGA）、芯片级封装（CSP）等更高集成化的 IC 封装方式。21 世纪，印制电路板技术研究将继续为实现电子产品的高密度化、小型化、轻量化以及高集成化而努力，主导 21 世纪的创新技术“纳米技术”也将推动印制电路产品和技术的发展。

2. 印制电路板技术水平的标志

评价印制电路板技术水平的指标很多，但是印制电路板上布线密度的大小成为目前判断产品水平的重要因素。在印制电路板中，2.50mm 或 2.54mm 标准网格交点上的两个焊盘之间，能布设的导线根数将作为定量评价印制电路板布线密度高低的重要参数。

1）在两个焊盘之间布设一根导线，为低密度印制电路板，其导线宽度大于 0.3mm。

2）在两个焊盘之间布设两根导线，为中密度印制电路板，其导线宽度约为 0.2mm。

3）在两个焊盘之间布设三根导线，为高密度印制电路板，其导线宽度为0.1 ~0.15mm。

4）在两个焊盘之间布设四根导线，可算作超高密度印制电路板，线宽为0.05 ~0.08mm。

当然，对多层印制电路板来说，还应以孔径大小、层数多少作为综合衡量标志。

3. 我国 PCB 高速发展

近 10 年我国 PCB 行业高速发展，2004 年，我国 PCB 产值达到 500 亿元人民币，已超过美国，成为仅次于日本的世界第二大 PCB 生产大国。2006 年，我国印制电路板总产值达到 128 亿美元，已超过日本，成为世界第一大 PCB 生产大国。自此，我国印制电路板行业始终保持全球第一的地位并连续维持快速发展的态势。2019 年，我国印制电路板产值高达 329 亿美元，占据全球产值的 53.7%。

1.2.3 印制电路板的特点和分类

1. 印制电路板的特点

印制电路板由绝缘基板、金属导线和连通不同层导线的互连孔、焊接元器件的“焊盘”组成。它的主要作用是支撑电子元器件之间的信号连通。相比传统的导线连接方式，选用印制电路板具有以下的优点：

1）在封装设计中，印制电路板的物理特性的通用性比普通的接线更好。

2）电路永久性地附着在介质材料上，此介质基材也用作电路元器件的安装面。

3）不会产生导线错接或短路。

4）能严格地控制电参数的重现性。

5）大大缩小了互连导线的体积和重量。

6）可采用标准化设计。

7）有利于备件的互换和维护。

8）有利于机械化、自动化生产。

9）能节约原材料和提高生产率、降低电子产品的成本。

同时，印制电路板在制造和使用中也存在一些缺点：

1）其结构的平面性，要求在设计和安装上使用一些专门的设备和操作技巧。

2）在空间的利用上，只能是分割成小块的平面。

3）产品的产量较小时，生产成本高。

4）大规模的高密度印制电路板有时维护较困难，在某些场合中无法修理，也不允许修理。

不过，这些缺点随着技术的发展，会逐步得到改进。

2. 印制电路板的分类

印制电路板的分类还没有统一的方法。目前按习惯上一般有三种分类方法，即按用途分类、按基材分类和按结构分类。

（1）按用途分类

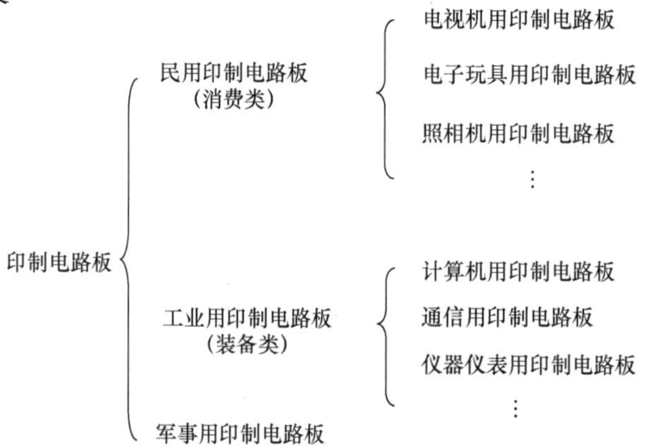

（2）按基材分类

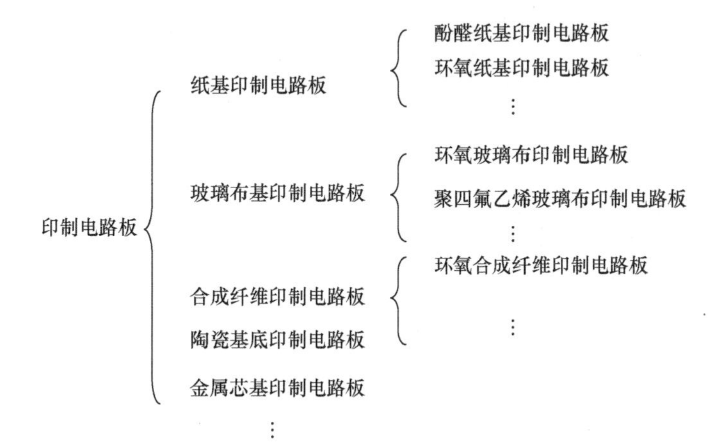

（3）按结构分类

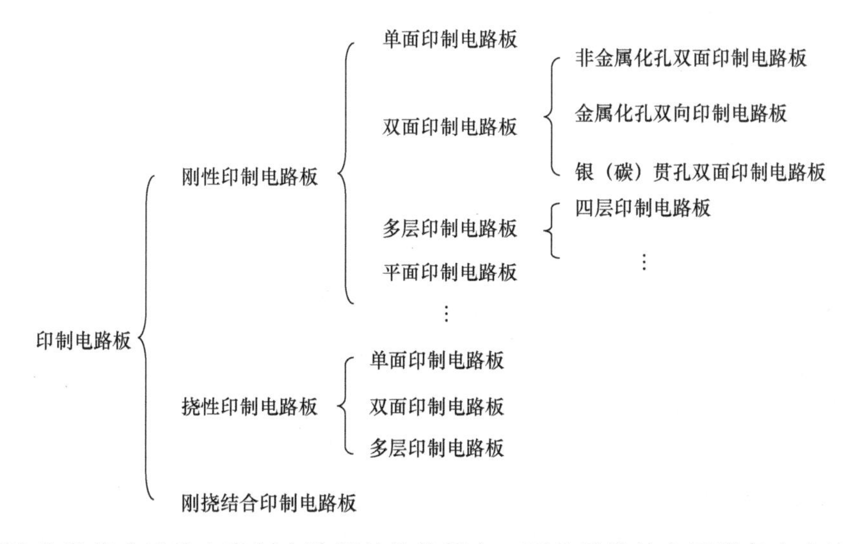

按用途分类很难反映出印制电路板的性能特点，而且目前的电子设备中有许多既可民用又可工业用，因此，按民用和工业用来区分印制电路板的方式基本被淘汰。按基材分类能反映出印制电路板的主要性能，按结构分类能反映出印制电路板本身的特性，因此这两种分类法采用较多。不过按结构分类为大多数欧美国家所采用。另外，按基材和按结构两种结合起来的分类方法也在采用，如单面酚醛纸质印制电路板、双面环氧玻璃布印制电路板、多层聚酰亚胺印制电路板等名称的使用。按加工工艺方法分类也逐渐得到重视，如采用积层法制作的积层多层印制电路板。还有按布线密度分类的高密度互连印制电路板等。

1.3 印制电路板制造工艺简介

随着工艺技术不断地发展，印制电路板制造方法呈现了多样化。不过，无论哪种方法，其制造工艺基本都能够覆盖如下几个重要工序，即照相制版、图像转移、蚀刻、钻孔、孔金属化、表面金属涂覆以及有机材料涂覆等。加工方法固然很多，但制作工艺基本上分为两大类，即“减成法”（也称为“铜蚀刻法”）和“加成法”（也称“添加法”）。这两类方法又派生出若干种制造工艺。下面介绍其中有代表性的几种。

1.3.1 减成法

减成法通常先采用光化学法、丝网印刷法或电镀法在覆铜箔板的铜表面上形成具有抗蚀的电路图形，然后用化学腐蚀的方法，将不必要的部分铜箔蚀刻掉，留下所需要的电路图形，具体包括如下几种工艺。

1. 图形电镀蚀刻工艺

图形电镀蚀刻工艺一直以来都是制作双面印制电路板或多层印制电路板的典型技术，也被称为“标准法”。在制备一些常规的印制电路板产品中，其最为常用，相应的工艺流程如图 1-3a 所示：

下料→钻孔→孔金属化→预电镀铜→图形转移→图形电镀→去膜→蚀刻→电镀插头→热熔→外形加工→检测→网印阻焊剂→网印文字、符号。

其中，将图形转移至覆铜板的表面必须采用具备抗电镀能力的抗蚀层材料。目前最为常用的有感光的干膜材料和丝网印刷的湿膜材料等两类。

（1）感光干膜图形工艺　在洁净的覆铜板上均匀地涂布一层感光胶或黏接光致抗蚀干膜，通过照相底版曝光、显影、固膜、蚀刻获得电路图形。将抗蚀膜去掉后，经过必要的机械加工，最后进行表面涂覆，印刷文字、符号后成为成品。这种工艺的特点是图形精度高、生产周期短，适于小批量、多品种生产。

（2）丝网印刷湿膜图形工艺　将事先制好的、具有所需电路图形的模版置于洁净的覆铜板的铜表面上，用刮刀将抗蚀材料丝印到铜箔表面上，得到抗蚀印料图形，干燥后采用铜腐蚀溶液对不需要的裸铜进行化学蚀刻，最后去除印料，得到所需的电路图形。这种方法可以进行大规模的机械化生产，产量大、成本低，但精度不如光化学蚀刻工艺。

2. 全板电镀掩蔽法

图形电镀蚀刻工艺除能够提高铜线路和金属化孔厚度外，还可以通过电镀抗蚀金属，在孔内形成抗蚀层，从而保护孔内铜不在蚀刻工序中被腐蚀。

全板电镀通过使用一种性能特殊的掩蔽干膜（性软而厚），将孔和图形掩盖起来，蚀刻时作为抗蚀膜用，从而有效地保护好金属化孔内的铜。其工艺流程如下：

下料→钻孔→孔金属化→全板电镀铜→贴光敏掩蔽干膜→图形转移→蚀刻→去膜→电镀插头→外形加工→检测→网印阻焊剂→焊料涂覆→网印文字符号。

全板电镀掩蔽法最大的优点在于不用二次做掩蔽图形，减少了 Sn 或 Pb 等抗蚀金属的大量使用。该方法不仅节约了生产时间，减少了生产工序，而且使印制电路板生产进一步绿色化。不过，由于全板电镀可能形成较厚的铜，使得该方法要制备精细线路存在困难。

3. 差分蚀刻工艺

差分蚀刻工艺的使用是基于超薄铜箔的层压板，其主要工艺与图形电镀蚀刻工艺相似，只是在图形电镀铜后，电路图形部分和孔壁金属铜的厚度在 30μm 以上。将干膜或湿膜去掉后，非电路图形部分仍为 2～5μm 厚的超薄铜箔。对它进行快速蚀刻，2～5μm 厚的非电路部分被蚀刻，而电镀的 30μm 厚的电路图形部分只被蚀刻掉相应的厚度而留下来了。这种方法是下一代制作高精度、高密度印制电路板的重要方法。

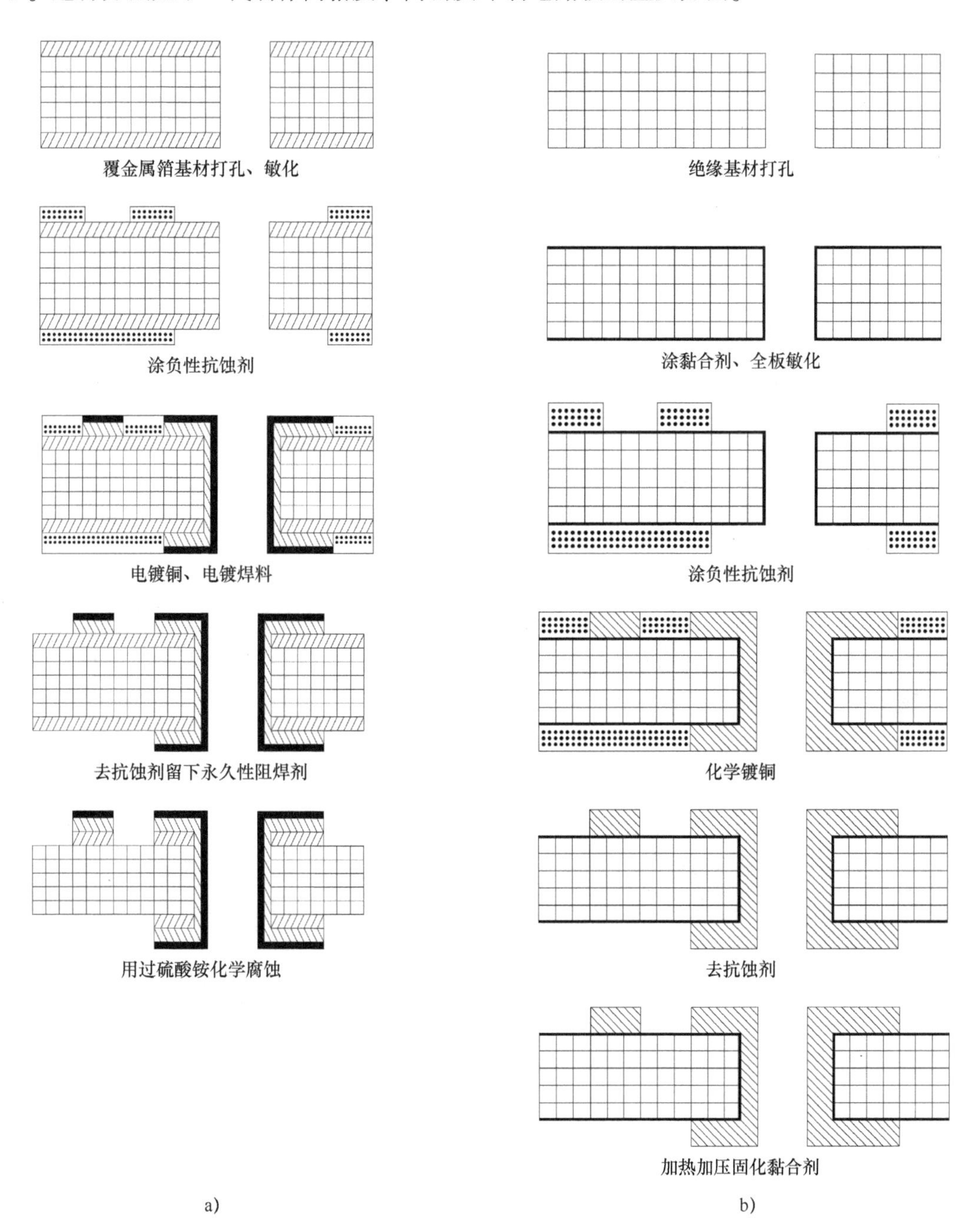

图 1-3　金属化孔工艺

a）减成法（覆箔法）b）加成法

1.3.2 加成法

1. 全加成法

全加成法也称 CC-4 法。该方法完全用化学镀铜形成电路图形和孔金属化互连，其工艺如图 1-3b 所示：

催化性层压板下料→涂催化性黏合剂→钻孔→清洗→负像图形转移→粗化→化学镀铜→去膜→电镀插头→外形加工→检测→网印阻焊剂→焊料涂覆→网印文字、符号。

2. 半加成法

半加成法是使用催化性层压板或非催化性层压板，钻孔后用化学镀铜工艺使孔壁和板面沉积一层薄金属铜（2～5μm 厚），然后负像图形转移，进行图形电镀铜加厚（有时也可镀 Sn-Pb 合金），去掉抗蚀膜后进行快速蚀刻，非图形部分 2～5μm 厚的铜层迅速被蚀刻掉，留下图形部分，得到孔也被金属化了的印制电路板。差分蚀刻工艺常被使用到半加成法中。

3. NT 法

NT 法采用具有催化性的覆铜箔层压板，在其表面蚀刻出导体图形后，整块涂覆环氧树脂膜（或只将焊盘部分留出），然后进行钻孔、孔金属化，再用 CC-4 法沉积所需厚度的铜，得到孔金属化的印制电路板。

4. 光成形法

光成形法是在预先涂有黏合剂的层压板上钻孔并粗化处理，浸一层光敏性敏化剂，干燥后用负像底片曝光，然后用 CC-4 法进行沉铜。这种方法的优点是不需印制图形，是用光化学反应生成电路图形，比较简单经济。

5. 多重布线法

多重布线法采用数控布线机，使聚酰亚胺绝缘黏合剂将铜导线敷设在绝缘板上，从而被黏合剂黏牢。钻孔后用 CC-4 法沉铜以连接各层电路。这种方法可用布线机与计算机联合工作，面线可以重叠和交叉，布线密度高，速度快，生产周期短，成本低。

加成法多用于双面印制电路板与多层印制电路板的制作，因此，每一种方法都存在孔金属化的共同问题。它与电路图形制作是一起完成的，与减成法的主要不同之处就是无须进行蚀刻。

此外，还有一种机械制作电路图形的方法：将金属箔冲压并黏接在绝缘底板上，称为“冲压线路工艺”或“冲模切割法”，如图 1-4 所示。

这种方法要有一个冲模，它具有最终产品所要求的电路图形。冲模可用普通机械加工的方法，也可用光刻的方法制造。在冲制电路图形时，冲模要加热，它迫使涂有黏合剂的铜箔压入绝缘基材中，在实现电路图形切割的同时，黏合剂也被加热，完成铜箔与绝缘基材的黏接。同时将导线边沿部分压入基材中，将电路图形的制作、黏合、落料、冲孔等几道工艺步骤一次完成。这种工艺只能生产线路比较简单、密度比较小的印制电路板，现在已经被淘汰。

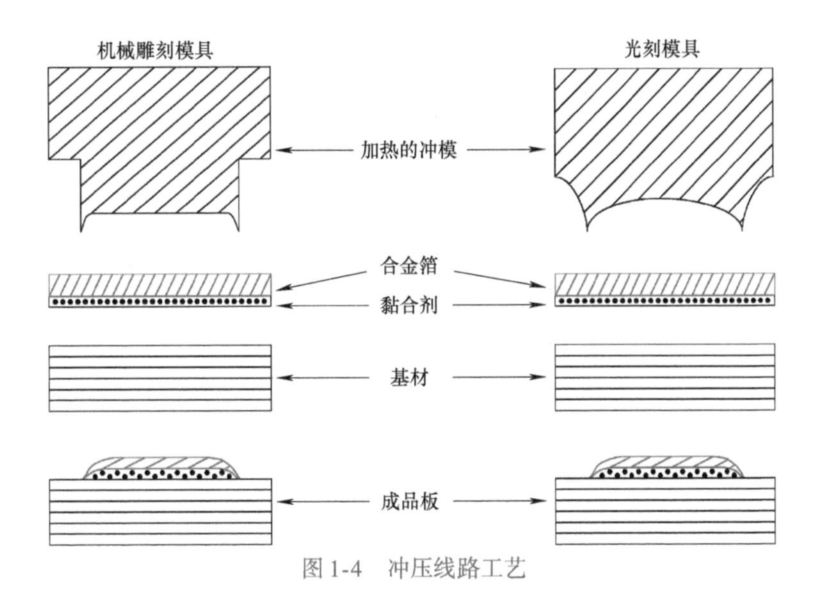

图 1-4　冲压线路工艺

1.4 我国印制电路板制造工艺简介

我国印制电路板制造工艺虽然起步较晚，但在老一辈专家的带领下，借鉴国外的先进经验，克服了种种困难，现在已建成了我国独立的印制电路板制造工业体系。到目前为止，我国生产印制电路板的厂家多达数千家，因各厂家的生产设备、技术条件和生产人员的不同，制造工艺也有很大的差别。从总的方面来说，我国目前仍然是以“减成法”为基本工艺。下面对按结构分类的各种印制电路板制造工艺做简要的介绍。

1.4.1　单面印制电路板制造工艺

由于单面印制电路板只有一层布线，电路图形也比较简单，因此，一般采用“丝网印刷”技术，简称“丝印”技术。在单面覆金属箔板（简称“覆箔板”）上印刷“正像图形”，然后进行金属腐蚀，去掉未被印料（即“抗蚀剂”）保护的金属箔部分，留下的部分即为所需要的电路图形（也有用光化学法生产的）。单面印制电路板制造工艺流程如图 1-5所示。

1.4.2　双面印制电路板制造工艺

在许多比较精密的电子产品中，工作中要处理的信号多而复杂。因此，使用的印制电路板各种信号线错综复杂，往往还形成交叉，这使得一般的单面印制电路板已无法满足其应用要求。双面印制电路板可实现上下双面布线，而且可通过金属化孔使上下层线路互连，从而有效地解决了单面印制电路板复杂布线的困境。此外，双面印制电路板的成本比多层印制电路板相对便宜一些，所以目前大多数电子产品仍然以双面印制电路板为主。

制造双面印制电路板的方法按其特点分类大约分为工艺导线法、堵孔法、掩蔽法、图形电镀－蚀刻法和裸铜覆阻焊膜工艺五大类。

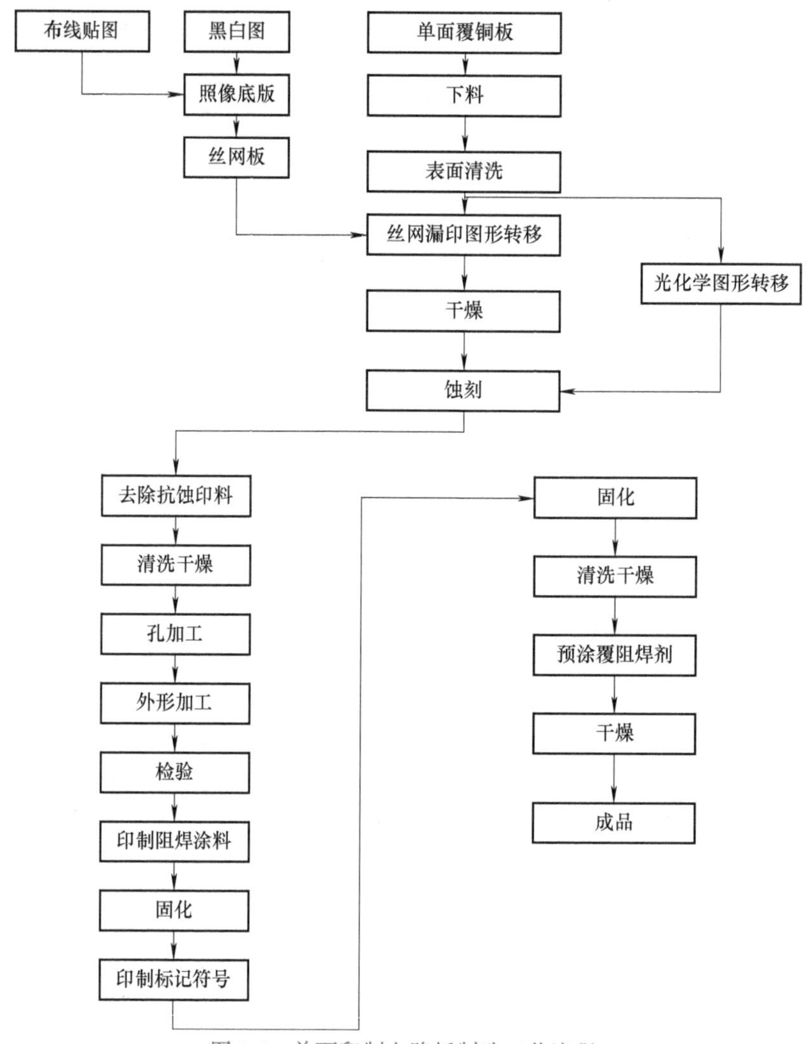

图 1-5 单面印制电路板制造工艺流程

1. 工艺导线法

在加工双面印制电路板时，为了增加导线的载流能力，要增加导线部分的金属箔（一般为铜箔）厚度。通常在蚀刻之后，对电路导线部分用电镀的方法镀铜，以达到使导线加厚的目的。为此要用辅助导线将各部分导线，尤其是孤立的导线连在一起作为阴极，以便各部分导线都能均匀地电镀加厚。这种辅助导线在电镀图形设计时已设计好，只是在加工工艺中才发挥作用。当印制电路板加工好后，这些辅助导线都要用人工或机械将它们全部切除，因此这些辅助导线就称为“工艺导线”。这种加工工艺也因此称为“工艺导线法”。工艺导线法制造工艺流程如图 1-6 所示。

工艺导线法存在不少缺点，如增加了可剥性塑料的涂覆工艺，也给钻孔造成了一定的困难，影响金属化孔的质量；在切除工艺导线时，易出现错切或漏切，造成质量事故甚至废品；电镀铜使导线加厚的同时，导线也加宽了，对于线间距小的印制电路板生产造成困难；一些无法用工艺导线连接的文字、符号电镀时，存在电镀不上等不足之处。因此它是一种不完善的落后工艺。

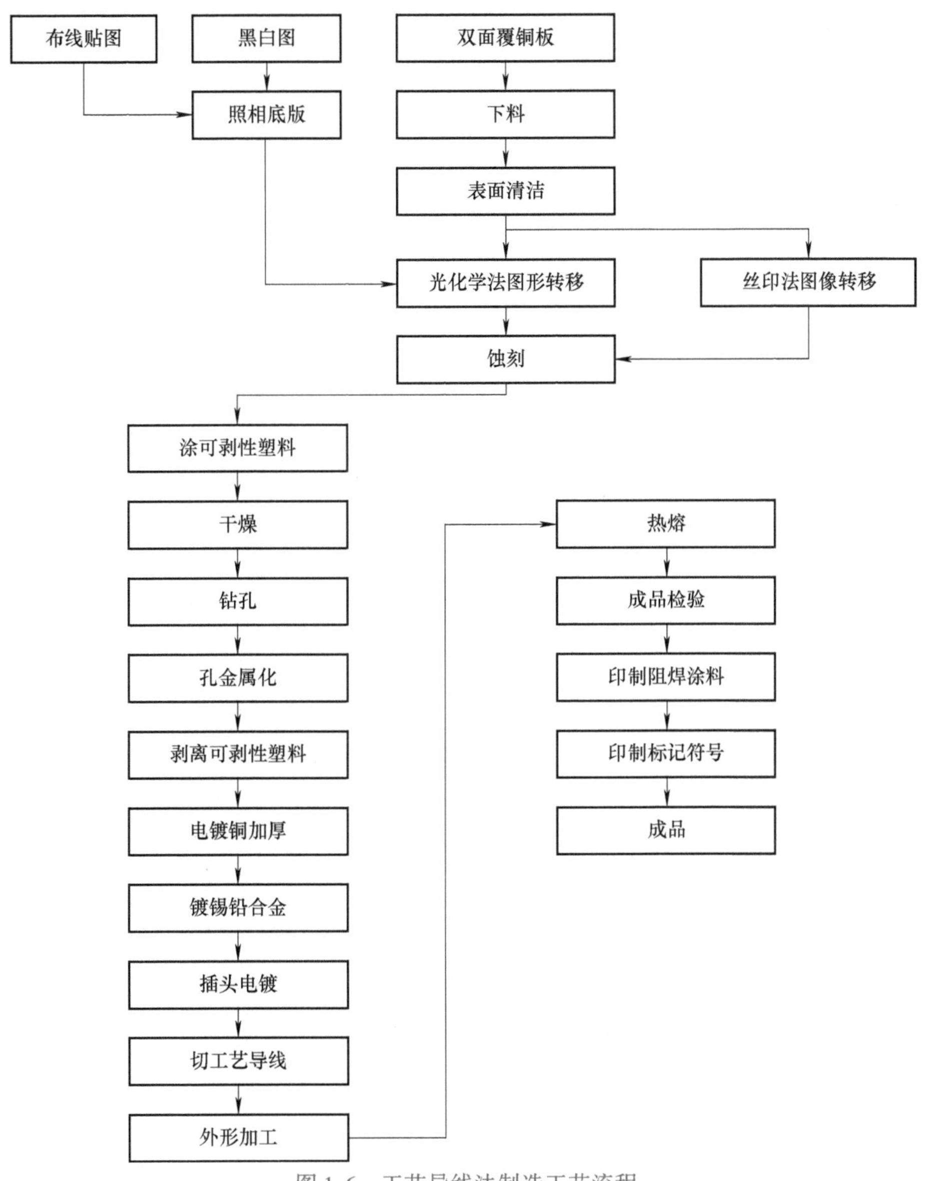

图 1-6　工艺导线法制造工艺流程

2. 堵孔法

这种方法首先在覆金属箔板上钻出所需要的各种孔进行“孔金属化”，再用“堵孔抗蚀剂”将所有的孔“堵死”，然后进行图形转移工序。堵孔法在蚀刻工序后还要把所有孔中堵塞的抗蚀剂全部去除干净。这种方法较工艺导线法简单一些，但也存在一些缺点，如孔金属化后要对整个覆铜板进行“全板覆铜”，不仅在导线部分，而且在非导线部分也全都镀上了铜，使以后的蚀刻工序的负担加重；不仅增加了蚀刻剂的消耗量，而且也增加了蚀刻的时间，又浪费了大量的铜，堵孔用的抗蚀剂不易清洗干净，它影响了印制电路板在之后装联时的焊接质量。

堵孔法制造工艺流程如图 1-7 所示。

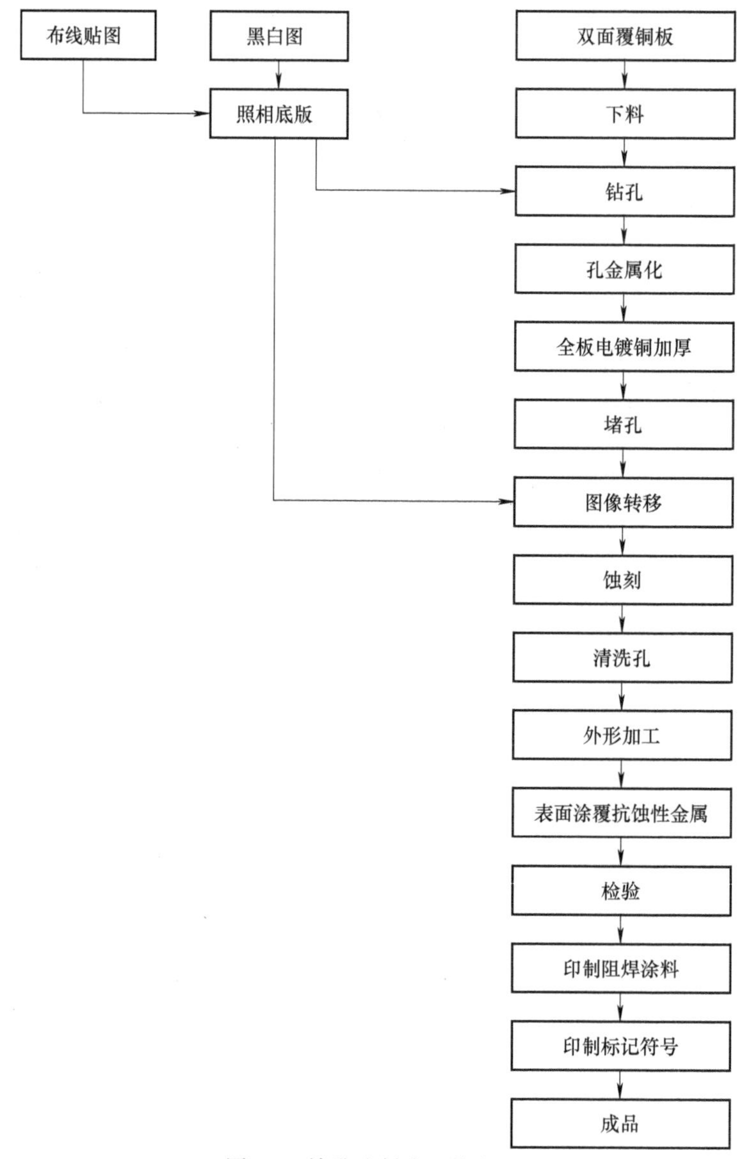

图 1-7　堵孔法制造工艺流程

3. 掩蔽法

掩蔽法的工艺路线为：首先在覆铜板上按设计要求钻出所需的各种孔，进行孔金属化，整个覆铜板再进行“全板电镀铜”，使铜层达到所需要的厚度；之后用干膜抗蚀剂进行图形转移，得到“正像”电路图像。干膜抗蚀剂在进行蚀刻时，一方面保护了电路图形，同时还掩蔽了金属化孔。这种方法工艺简单，并能实现在铜导线表面涂覆阻焊剂的目的，同时不会使杂质进入孔内，造成堵孔法存在的几种影响焊接质量的弊病。由于在孔金属化以后，全板镀铜加厚，仍然存在铜、蚀刻剂、能源浪费等缺点。掩蔽法制造工艺流程如图 1-8 所示。

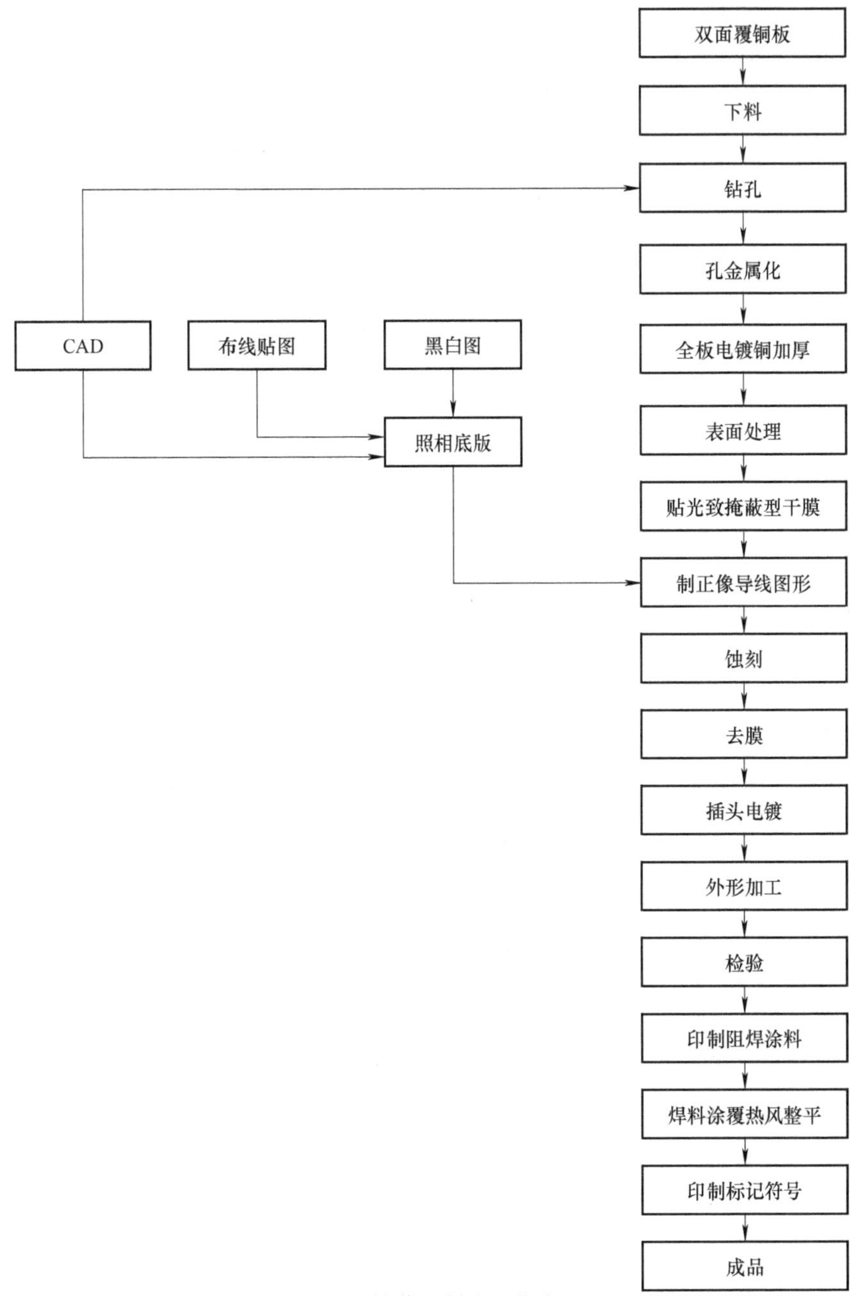

图 1-8　掩蔽法制造工艺流程

4. 图形电镀 – 蚀刻法

利用这种方法，首先是钻孔之后进行孔金属化，之后立即进行图形转移，形成“负像电路图像”。在显影后，电路图形的铜表面暴露出来，进行电镀，只使电路图形铜层部分加厚，然后电镀锡铅合金，使电路部分的铜层得到保护。在蚀刻时以锡铅合金作为抗蚀剂

(金属抗蚀刻)。

这种方法吸取了掩蔽法和堵孔法的优点，进行了工艺上的改进。它具有所做的图形精度和布线密度都比较高，在1mm的间距内可通过直径为0.3mm的导线一根、直径为0.2mm的导线两根；克服了上述三种方法的缺点；制成的印制电路板具有可靠性高的优点。但与加成法相比，它仍有侧腐蚀、蚀刻剂消耗多（存在污染问题)、浪费铜、工艺较复杂、需要电镀设备等问题。图形电渡－蚀刻法仍然是我国目前生产双面印制电路板、多层印制电路板的基本方法。图形电镀－蚀刻法制造工艺流程如图1-9所示。

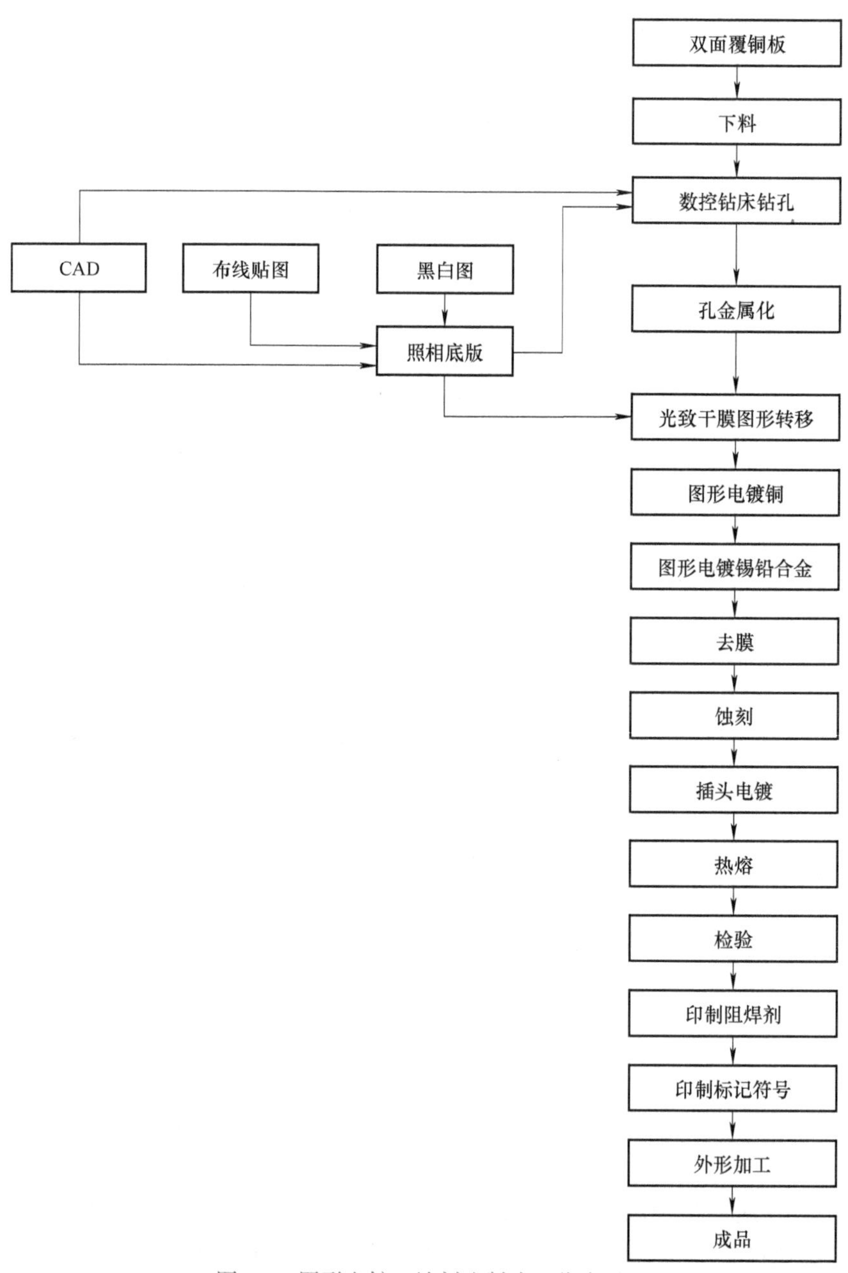

图1-9　图形电镀－蚀刻法制造工艺流程

5. 裸铜覆阻焊膜（SMOBC）工艺

图形电镀－蚀刻法制造双面镀覆孔印制电路板是 20 世纪 60～70 年代的典型生产工艺。到了 20 世纪 80 年代中期，裸铜覆阻焊膜工艺逐步替代了图形电镀－蚀刻法。特别是制造高密度镀覆孔双面印制电路板时，得到了广泛使用。因为采用裸铜覆阻焊膜工艺制成的印制电路板消除了细间距导线之间的焊料桥接短路现象，同时由于锡和铅的比例恒定，比热熔板有更好的焊接性和贮藏性。

裸铜覆阻焊膜工艺制造印制电路板的方法很多，归纳起来都是先制成有镀覆孔的裸铜板，然后选择性涂覆阻焊剂后进行焊料热风整平，使裸露的铜焊盘和孔壁都涂覆上锡铅焊料。制造有镀覆孔的双面裸铜板有多种方法：①先按典型的图形电镀－蚀刻法再退除锡铅的 SMOBC 工艺；②用镀锡、浸锡等代替电镀锡铅的图形电镀 SMOBC 工艺；③堵孔或掩蔽孔 SMOBC 工艺；④加成法 SMOBC 工艺等。

图形电镀－蚀刻法再退除锡铅的 SMOBC 工艺，沿袭了图形电镀－蚀刻法工艺，只是在蚀刻后发生变化，增加了退除锡铅和热风整平工序。其优点是工艺继承性强，工厂不需要增加很多设备就能很快投产；缺点是先镀锡铅，再退除，工艺复杂。用镀锡或浸锡代替镀锡铅即是对此工艺的一个改进。

图形电镀－蚀刻法再退除锡铅的 SMOBC 工艺的工艺流程如下：

双面覆铜板→图形电镀－蚀刻法→退锡铅→电路通断检测→清洗→阻焊图形→插头镀镍金→插头贴胶带→热风整平→清洗→网印字符、标记→外形加工→清洗干燥→检验→包装→成品。

堵孔 SMOBC 工艺用专用堵孔油墨进行堵孔，工艺较简便，成本较低。其工艺流程如下：

双面覆铜板→钻孔→化学镀铜→全板电镀铜→堵孔→网印成像（正像）→蚀刻→去网印染料或堵孔油墨→清洗→阻焊图形→插头镀镍镀金→插头贴胶带→热风整平→清洗→网印字符、标记→外形加工→清洗干燥→检验→包装→成品。

掩蔽孔 SMOBC 工艺与堵孔 SMOBC 工艺相似，只是不用堵孔油墨，而用掩蔽干膜将已镀覆的孔掩盖起来，目前已在行业内大量使用。

1.4.3　多层印制电路板制造工艺

制造多层印制电路板，首先采用掩蔽法制出双面印制电路板和使全板电镀铜加厚，再将蚀刻后的双面印制电路板重叠起来，板与板之间用黏合剂将它们黏合在一起，之后进行钻孔和孔金属化、图形转移，之后的工艺与双面印制电路板图形电镀－蚀刻法基本相近。多层印制电路板制造工艺流程如图 1-10 所示。

1.4.4　挠性印制电路和齐平印制电路制造工艺

1. 挠性印制电路板制造工艺

挠性印制电路板采用柔软、可折叠的有机材料制成的薄膜作为绝缘基材，它可充分利用仪器设备的有限空间，灵活排布电路，使仪器设备的结构小巧轻便。挠性印制电路板的种类也有单面、双面和多层之分，而且加工方法与其他的一般印制电路板基本一样。

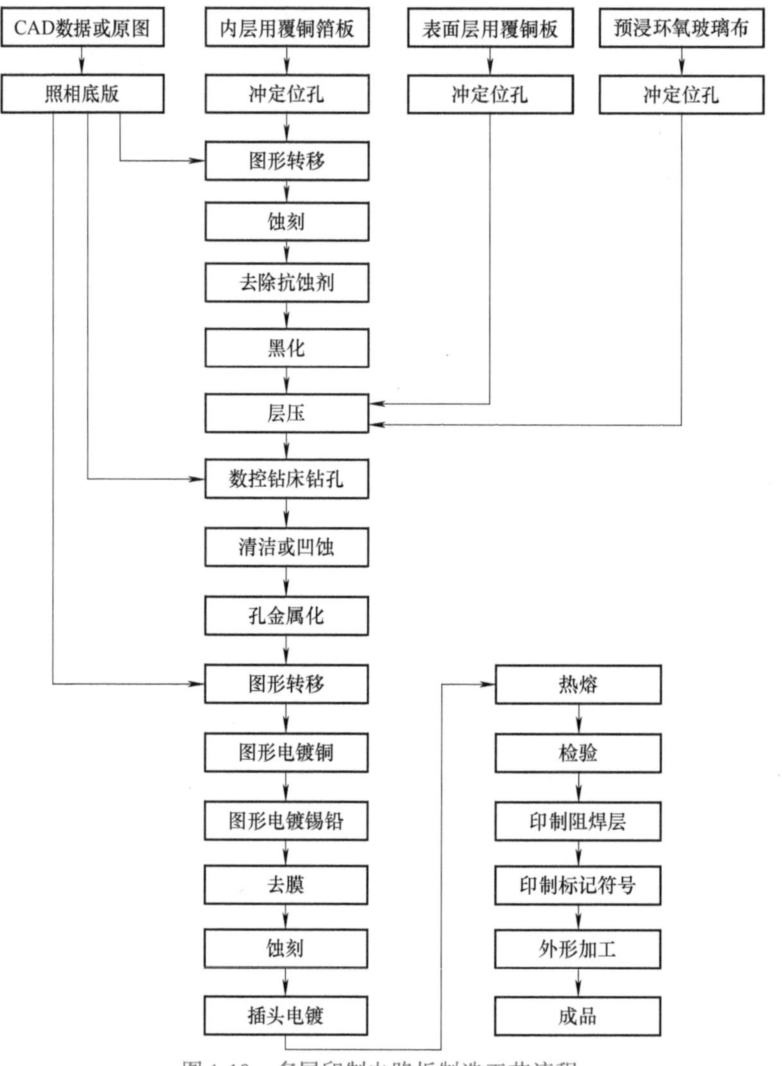

图 1-10　多层印制电路板制造工艺流程

2. 齐平印制电路板制造工艺

在自动控制设备中的转换开关、各种通信、计算和测量技术的数码盘、转换器等电路板中，它的电路图形与绝缘基材的表面都处于一个平面上，即电路图形与基材表面是齐平的，这种电路板称为齐平印制电路板。齐平印制电路板的制造工艺分为蚀刻填平、蚀刻压平和蚀刻转移等几种方法。我国主要采用蚀刻转移法。

这种方法主要是在不锈钢板表面先电镀一层铜，在这层铜的表面进行图形转移，再电镀镍、铜，形成电路图形，进行蚀刻。用黏合剂在电路图形的外面贴上半固化环氧树脂纸，固化后从不锈钢板上剥离下来，再把与不锈钢板相接触一面的电镀铜层腐蚀掉，就形成所需的齐平印制电路板。这种工艺也可将不锈钢板换成铝板。齐平印制电路板制造工艺流程如图 1-11 所示。

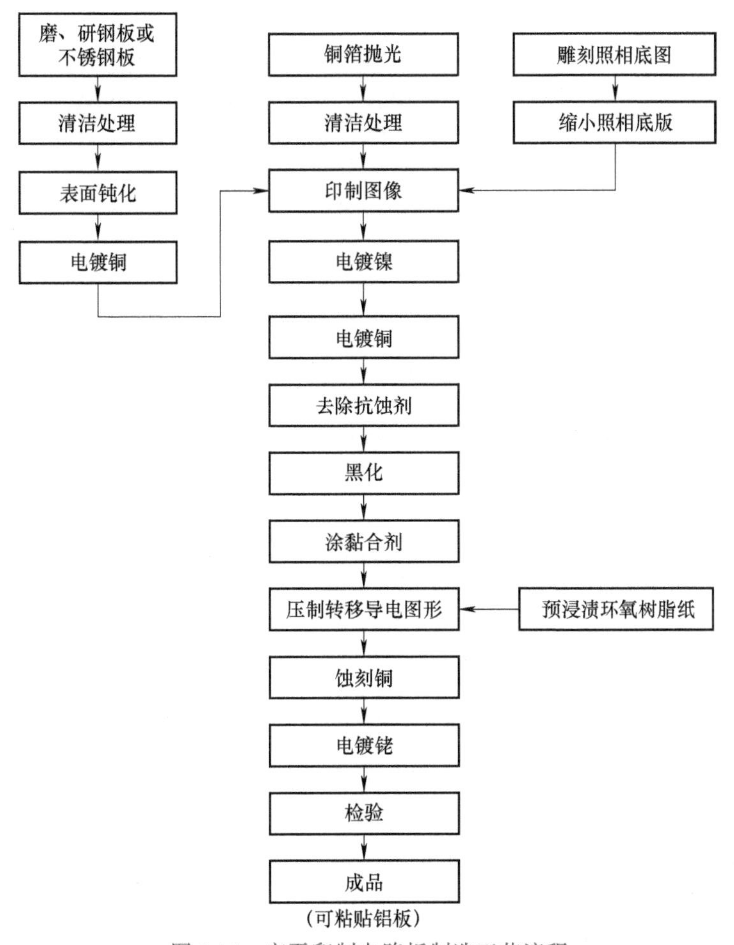

图 1-11　齐平印制电路板制造工艺流程

齐平电路板的特点是性能可靠、成本低、使用寿命长。

1.5　习题

1. 何谓印制线路板？何谓印制电路板？为什么并未严格区分印制线路板和印制电路板的概念？
2. 简述印制电路板在电子设备中的地位和功能。
3. 印制电路板有何特点？如何进行分类？
4. 印制电路板制造工艺有哪些？各有何优缺点？
5. 简述加成法和减成法工艺流程要点。
6. 我国印制电路板制造工艺常用什么方法？
7. 何谓裸铜覆阻焊膜（SMOBC）工艺？简述该工艺的原理。
8. 何谓挠性印制电路板？何谓齐平电路板？简述其制造工艺流程。

第 2 章　基板材料

印制电路板的设计和制造与基板材料（简称基材）有着密切的关系。基材是指可以在其上形成导电图形的绝缘材料，这种材料就是各种类型的覆铜箔层压板，简称覆箔板。本章将介绍覆铜箔层压板制造的基本知识以及各种覆铜箔层压板的性能。

2.1 覆铜箔层压板及其制造方法

覆铜箔层压板是制作印制电路板的基材，它除了用于支撑各种元器件外，还能实现它们之间的电气连接或电绝缘。

覆箔板的制造过程是把玻璃纤维布、玻璃纤维毡、纸等增强材料浸渍环氧树脂、酚醛树脂等黏合剂，在适当温度下烘干至半固化阶段，得到预浸渍材料（简称浸胶料），然后将它们按工艺要求和铜箔进行叠层，在层压机上经加热加压得到所需要的覆铜箔层压板。

2.1.1　覆铜箔层压板的分类和型号

覆铜箔层压板由铜箔、增强材料、黏合剂以及无机填料等四部分组成。覆铜箔层压板通常按增强材料类别、黏合剂类别，基材特性及用途分类。

1. 按增强材料类别分类

覆铜箔层压板最常用的增强材料为无碱（碱金属氧化物的质量分数不超过 0.5%）玻璃纤维制品（如玻璃布、玻璃毡）或纸（如木浆纸、漂白木浆纸、棉绒纸）等。因此，覆铜箔层压板可分为玻璃布基和纸基两大类。

2. 按黏合剂类别分类

覆箔板所用黏合剂主要有酚醛、环氧、聚酯、聚酰亚胺、聚四氟乙烯等，因此，覆箔板也相应分成酚醛型覆箔板、环氧型覆箔板、聚酯型覆箔板、聚酰亚胺型覆箔板、聚四氟乙烯型覆箔板。

3. 按基材特性及用途分类

根据基材在火焰中及离开火源以后的燃烧程度可分为通用型覆箔板和自熄型覆箔板；根据基材弯曲程度可分为刚性覆箔板和挠性覆箔板；根据基材的工作温度和工作环境条件可分为耐热型覆箔板、抗辐射型覆箔板、高频用覆箔板等。此外，还有在特殊场合使用的覆箔板，例如预制内层覆箔板、金属基覆箔板，以及根据箔材种类可分为铜箔覆箔板、镍箔覆箔板、银箔覆箔板、铝箔覆箔板、康铜箔覆箔板、铍铜箔覆箔板等。

4. 常用覆箔板型号

按GB/T 4721—1992规定，覆铜箔层压板一般由五个英文字母组合表示。第一个字母C表示覆铜箔。第二、三两个字母表示基材选用的黏合剂树脂，例如：PF表示酚醛；EP表示环氧；UP表示不饱和聚酯；SI表示有机硅；TF表示聚四氟乙烯；PI表示聚酰亚胺；BT表示双马来酰亚胺三嗪。第四、五两个字母表示基材所用的增强材料，例如：CP表示纤维素纤维纸；GC表示无碱玻璃纤维布；GM表示无碱玻璃纤维毡；AC表示芳香族聚酰胺纤维布；AM表示芳香族聚酰胺纤维毡。

若覆箔板的基材内芯以纤维素纸为增强材料，两表面贴附无碱玻璃布者，可在CP之后加G表示。

型号中短横线右边的两位数字，表示同一类型而不同性能的产品编号，例如：覆铜箔酚醛纸层压板编号为01～20；覆铜箔环氧纸层压板编号为21～30；覆铜箔环氧玻璃布层压板编号为31～40；覆铜箔环氧合成纤维布或毡层压板编号为41～50；覆铜箔聚酯玻璃纤维布或毡层压板编号为51～60；耐高温覆铜箔层压板编号为61～70；高频用覆铜箔层压板编号为71～80。

若在产品编号后加有字母F的，则表示该覆箔板是阻燃性的。

2.1.2　覆铜箔层压板制造方法

覆铜箔层压板的制造主要有树脂溶液配制、增强材料浸胶和压制成型三个步骤。

1. 制造覆铜箔层压板的主要原材料

制造覆铜箔层压板的主要原材料为树脂、浸渍纸、无碱玻璃布和铜箔。

（1）树脂　覆铜箔层压板用的树脂有酚醛树脂、环氧树脂、聚酯树脂、聚酰亚胺树脂等，其中酚醛树脂和环氧树脂用量最大。

酚醛树脂是酚类和醛类在酸性介质或碱性介质中缩聚而成的一类树脂。其中，以苯酚和甲醛在碱性介质中缩聚的树脂为纸基覆箔板的主要原材料。在纸基覆箔板制造中，为了得到各种性能优良的板材，往往需要对酚醛树脂进行各种改性，并严格控制树脂的游离酚和挥发物含量，以保证板材在热冲击下不分层、不起泡。

环氧树脂是玻璃布基覆箔板的主要原材料，它具有优异的黏接性能和电气、物理性能。比较常用的有E-20型、E-44型、E-51型及自熄性E_x-20型、E_x-25型。为了提高覆箔板基材的透明度，以便在印制电路板生产中检查图形缺陷，要求环氧树脂应有较浅色泽。

（2）浸渍纸　常用的浸渍纸有棉绒纸、木浆纸和漂白木浆纸。棉绒纸是用纤维较短的棉纤维制成的，其特点是树脂的浸透性较好，制得板材的冲裁性和电性能也较好。木浆纸主要由木纤维制成，一般较棉绒纸价格低，而机械强度较高，使用漂白木浆纸可提高板材外观。

为了提高板材性能，浸渍纸的厚度偏差、标重、断裂强度和吸水性等指标需要得到保证。

（3）无碱玻璃布　无碱玻璃布是玻璃布基覆箔板的增强材料，对于特殊的高频用途，可使用石英玻璃布。

对无碱玻璃布的碱金属氧化物（以 Na_2O 表示）含量（质量分数）：IEC 标准规定不超过1%，JIS 标准 R3413-1978 规定不超过 0.8%，苏联标准规定不大于 0.5%，我国标准 JC/T 170—2012 规定不大于 0.8%。

为了适应通用型、薄型及多层印制电路板的需要，国外覆箔板用的玻璃布型号已系列化。其厚度范围为 0.025 ~0.234mm。为了提高环氧玻璃布基覆箔板的机械加工性能及降低板材成本，近年来又发展了无纺玻璃纤维布（也称玻璃毡）。

（4）铜箔　覆箔板的箔材可用铜、镍、铝等多种金属箔。但从金属箔的电导率、焊接性、伸长率、对基材的黏附能力及价格等因素出发，除特种用途外，以铜箔最为合适。

铜箔可分压延铜箔和电解铜箔。压延铜箔主要用在挠性印制电路板及其他一些特殊用途上。在覆箔板生产上，大量应用的是电解铜箔。对铜的纯度，IEC-249-34 和我国标准都规定不得低于 99.8%（质量分数）。

当前，印制电路板用铜箔厚度多为 35μm 和 18μm。随着印制电路板电路的精细化，更薄的铜箔如 12μm、9μm，甚至 3μm 已经实现商业化。但是，对于需要进行载流的汽车电子用印制电路板，其对铜箔的厚度要求则是更厚，如 70μm，甚至 300μm 的铜箔也已市场化。

为了提高铜箔对基材的黏合强度，通常使用黑化或棕化铜箔（即经氧化处理，使铜箔表面生成一层氧化铜或氧化亚铜，由于极性作用，提高了铜箔和基材的黏合强度）或粗化铜箔（采用电化学方法使铜箔表面生成一层粗化层，增加了铜箔表面积，因粗化层对基材的抛锚效应而提高了铜箔和基材的黏合强度）。为了避免因铜氧化物粉末脱落而移到基材上去，铜箔表面的处理方法也在不断改进。例如，TW 型铜箔是在铜箔粗化面上镀一薄层锌，这时铜箔表面呈灰色；TC 型铜箔是在铜箔粗化面上镀上一薄层铜锌合金，这时铜箔表面呈金黄色。经过特殊处理，铜箔的抗热变色性、抗氧化性及在印制电路板制造中的耐氰化物能力都可相应提高。

铜箔的表面应光洁，不得有明显的皱折、氧化斑、划痕、麻点、凹坑和沾污。$305g/m^2$ 及以上铜箔的孔隙率要求在 300mm × 300mm 面积内渗透点不超过 8 个；在 $0.5m^2$ 面积上铜箔的孔隙总面积不超过直径为 0.125mm 的圆面积。$305g/m^2$ 以下铜箔的孔隙率和孔尺寸由供需双方商定。铜箔的单位面积质量及厚度应符合表 2-1 中的规定。

表 2-1　铜箔的单位面积质量及厚度①

单位面积质量			厚　度②		
标称值/（g/m^2）	偏差（%）		标称值/μm	偏差/μm	
	精密板	普通板		精密板	普通板
152	±5	±10	18	±2.5	±5
230	±5	±10	25	±2.5	±5
305	±5	±10	35	±2.5	±5
610	±5	±10	70	±4.0	±8
915	±5	±10	105	±5.0	±10

① 标称厚度为 50μm 的铜箔为过渡产品，不作为推荐规格。

② 仅供参考。

铜箔在投入使用前，必要时取样做压制试验。压制试验可显示出它的抗剥强度和一般表面质量。

2. 覆铜箔层压板生产工艺

覆铜箔层压板生产工艺流程如下：

树脂合成与胶液配制→增强材料浸胶与烘干→浸胶料剪切与检验→浸胶料与铜箔叠层→热压成型→裁剪→检验包装。

树脂溶液的合成与配制都是在反应釜中进行的。纸基覆箔板用的酚醛树脂大多是由覆箔板厂合成的。

玻璃布基覆箔板的生产是将原料厂提供的环氧树脂与固化剂混合溶解于丙酮或二甲基甲酰胺、乙二醇甲醚中，经过搅拌使其成为均匀的树脂溶液。树脂溶液经熟化 8 ~ 24h 后就可用于浸胶。

浸胶是在浸胶机上进行的。浸胶机分卧式和立式两种。卧式浸胶机主要用于浸渍纸，立式浸胶机主要用于浸渍强度较高的玻璃布。浸渍树脂液的纸或玻璃布，经过挤胶辊进入烘道烘干后，剪切成一定的尺寸，经检验合格后备用。

根据产品设计要求，把铜箔和经过浸胶烘干的纸或玻璃布配成叠层，放进有脱模薄膜或有脱模剂的两块不锈钢板中间，叠层连同钢板一起放到液压机中进行压制。

合格的覆箔板应进行包装。每两张双面覆箔板间应垫一层低含硫量隔离纸，然后装进聚乙烯塑料袋内或包上防潮纸。

覆箔板在运输和贮存过程中，应离地平放并防止雨淋、高温、日光直射及机械损伤。覆箔板库房温度不应超过 35℃，相对湿度不应大于 75%，且无腐蚀性气体存在。覆箔板的贮存期由出库日期算起为一年，超过期限按技术要求检验，合格者仍可使用。

3. 覆铜箔层压板质量控制

为了制造质量一致的覆箔板，投产前应对每批原材料如纸、玻璃布、树脂、铜箔、染料及溶剂等进行检验。检验合格方可投入使用，并应详细记录，以便核查。

配制的树脂液在使用过程中仍应继续搅拌，以使树脂液浓度均匀。增强材料通过浸胶槽应有足够时间，保证树脂对增强材料的完全渗透，以防止基材出现缺胶及分层等缺陷。浸胶料应存放在相对湿度为 30% ~ 50%、最高温度不超过 21℃及无催化作用（如无紫外线照射及辐射环境）的库房中。板材成型时，在保证基材固化完全的基础上，成型温度不宜过高，以免铜箔表面氧化和高分子材料降解。在不锈钢板上不宜涂过量脱模剂，以免污染覆箔板板面。任何人接触铜箔，都应戴上洁净手套，以保证铜箔面上没有指印和沾污。

2.2 覆铜箔层压板的特性

2.2.1 覆铜箔层压板的力学特性

1. 覆铜箔层压板的基材密度

各种覆铜箔层压板的基材密度见表 2-2。

表 2-2　各种覆铜箔层压板的基材密度

GB 型号	NEMA 型号	密度/（g/cm^3）
CPFCP-01	XXXP	1.3
CEPCP-22F	FR3	1.4
CEPGC-31	G10	1.8
—	G11	1.7
CEPGC-32F	FR4	1.9
—	FR5	2.0

注：GB 为中国国家标准；NEMA 为美国全国电气制造商协会标准。

2. 覆铜箔层压板基材的弯曲强度

各种覆铜箔层压板基材的弯曲强度见表 2-3。

表 2-3　各种覆铜箔层压板基材的弯曲强度　（单位：N/mm^2）

基材型号	纵　向	横　向
XXXP	82.7	75.2
XXXPC	82.7	75.2
FR2	82.7	75.2
FR3	137.8	114.6
FR4	429.7	344.5
FR5	429.7	344.5
G10	429.7	344.5
G11	429.7	344.5
聚酰亚胺	344.5	286.4
GT	107.4	71.6
GX	107.4	71.6

各种覆箔板基材的弯曲强度随着温度的升高而迅速下降。例如，G10 和 FR4 基材在常温下弯曲强度达 400N/mm^2 以上，在 80℃时下降到 300N/mm^2，弯曲强度保持率为 75%，在 130℃时为 100N/mm^2，弯曲强度保持率为 25%。FR3 和 FR2 在室温下弯曲强度值分别约为 140N/mm^2 和 80N/mm^2，在 80℃时分别下降到 55N/mm^2 和 50N/mm^2，弯曲强度保持率已下降到 40%。G11 耐热性较好，150℃时弯曲强度保持率仍达到 50% 以上。

3. 覆铜箔层压板的冲孔性

覆铜箔层压板的冲孔性既与板材的冲孔阻力有关，也与冲头拔出阻力有关，其典型数值见表 2-4（试验条件：冲头直径为 1mm，单侧间隙为 0.1mm）。

表 2-4　覆箔板的冲孔阻力和冲头拔出阻力

板　　材	冲孔温度/℃	冲孔阻力/（N/mm^2）	冲头拔出阻力/（N/mm^2）
CEM-1	20	78.4～80.4	21.6～23.5
CEM-3	20	98～102.9	34.3～39.2
纸基酚醛树脂	40	68.6～75.5	15.7～17.6
	100	41.2～47	10.8～12.7
FR-3	80	71.5～73.5	16.7～18.6
玻璃布基环氧树脂 G10、FR4	20	112.7～117.6	31.4～39.2

2.2.2　覆铜箔层压板的热特性

1. 热膨胀系数

覆铜箔层压板基材的热膨胀系数对印制电路板的尺寸精度和孔金属化的可靠性影响很大。覆箔板基材的热膨胀系数在不同的温度区域内有一定的差异。各种覆铜箔层压板基材在 130℃时的热膨胀系数（方法 ASTMD696）见表 2-5。

表 2-5　覆铜箔层压板基材在 130℃时的热膨胀系数

GB 型号	NEMA 型号	热膨胀系数/（$\times10^{-6}K^{-1}$）	
		纵　　向	横　　向
CPFCP-01	XXXP	12	17
CPFCP-02	XXXPC	12	17
CPFCP-05F CPFCP-06F	FR2	12	25
CEPCP-22F	FR3	13	25
CEPGC-31	G10	10	15
CEPGC-32F	FR4	10	15
—	G11	10	15
—	FR5	10	15
—	聚酰亚胺	—	12

2. 热导率

覆铜箔层压板基材的热导率对于印制电路板的散热能力影响很大，特别是对安装大功率器件和高集成度元器件的印制电路板更为重要。覆铜箔层压板基材的热导率见表 2-6。

表 2-6 覆铜箔层压板基材的热导率

GB 型号	NEMA 型号	热导率/［W/（m·K）］
CPFCP-01	XXXP	0.24
CPFCP-05F CPFCP-06	FR2	0.26
CEPCP-22F	FR3	0.23
CEPGC-31	G10	0.26
—	G11	0.26
CEPGC-32F	FR4	0.26
—	FR5	0.26

3. 最大连续使用温度

覆铜箔层压板基材的最大连续使用温度见表 2-7。

表 2-7 覆铜箔层压板基材的最大连续使用温度

GB 型号	NEMA 型号	温 度/℃	
		电气因素	机械因素
CPFCP-01	XXXP	125	125
CPFCP-02	XXXPC	125	125
CPFCP-06F	FR2	105	105
CEPCP-22F	FR3	105	105
CEPGC-31	G10	130	140
—	G11	170	180
CEPGC-32F	FR4	130	140
—	FR5	170	180
—	聚酰亚胺	260	260
—	GT（高频使用）	220	220
—	GX（高频使用）	230	220

2.2.3 覆铜箔层压板的电气特性

1. 介电强度

测介电强度的条件是在 23℃，垂直于板层，测定基材耐电压击穿能力。整个测定是在油中进行的。介电强度试验结果因材料厚度、电极的形状和大小、通电时间、温度、电压波形、频率及周围的介质不同而异。对 1.6mm 厚的覆铜箔层压板基材采用逐步升压试验，其介电强度见表 2-8。

表 2-8　1.6mm 厚的覆铜箔层压板基材的介电强度

NEMA 型号	XXXP	FR2	FR3	G10	G11	FR4	FR5	聚酰亚胺
介电强度 /（kV/mm）	29	29	21	20	23	19	19	19

2. 介质击穿电压

平行于板层的介质击穿电压是测量两个插入基材的电极间刚被击穿时的电压值。按 ASTM D149 方法，试验是在油中进行的，采用逐步升压法。1.6mm 厚的覆箔板基材的介质击穿电压见表 2-9。

表 2-9　1.6mm 厚的覆箔板基材的介质击穿电压

NEMA 型号	介质击穿电压①/kV	NEMA 型号	介质击穿电压①/kV
XXXP	15	FR4	45
XXXPC	15	G11	45
FR2	15	FR5	45
FR3	30	GT	20
FR6	40	GX	20
G10	45	—	—

① 在 50℃水中浸泡 48h。

3. 介电常数与介电损耗

各种覆箔板基材的介电常数和介电损耗分别见表 2-10 和表 2-11。覆箔板基材的介电常数和介电损耗随频率的变化有时很大，这对于印制电路板设计非常重要。

表 2-10　覆箔板基材的介电常数

GB 型号	NEMA 型号	介电常数①	
		条件 ASTM D24/23	条件 ASTM D48/50
CPFCP-01	XXXP	4.1	4.5
CPFCP-02	XXXPC	4.1	4.5
CPFCP-06F	FR2	4.5	4.5
CEPCP-22F	FR3	4.3	4.8
CEPGC-31	G10	4.6	4.3
CEPGC-32F	FR4	4.6	4.3
—	G11	4.5	4.5
—	FR5	4.3	4.5
—	聚酰亚胺	4.8	5.0
—	GT（高频使用）	2.8	2.8
—	GX（高频使用）	2.8	2.8

① 在 1MHz 下测量。

表 2-11 覆箔板基材的介电损耗

GB 型号	NEMA 型号	介电损耗②	
		条件 ASTM A①	条件 ASTM D24/23
CPFCP-01	XXXP	0.028	0.03
CPFCP-02	XXXPC	0.028	0.03
CPFCP-06F	FR2	0.024	0.026
CEPCP-22F	FR3	0.024	0.026
CEPGC-31	G10	0.018	0.019
CEPGC-32F	FR4	0.018	0.020
—	G11	0.019	0.020
—	FR5	0.019	0.028
—	聚酰亚胺	0.020	0.030
—	GT（高频使用）	0.005	0.005
—	GX（高频使用）	0.002	0.002

① 在 50℃水中浸泡 48h。
② 在 1MHz 下测量。

2.3 覆铜箔层压板的电性能测试

覆铜箔层压板的电性能主要有表面电阻率和体积电阻率、介电常数和介质损耗角正切值、绝缘电阻和电气强度等。由于覆箔板的电性能随温度上升和湿度增大而明显降低，因此国标规定，覆箔板电性能测定分别在恒温恒湿下、恒温恒湿处理恢复后和热态下进行。

2.3.1 表面电阻率和体积电阻率试验

从覆箔板上切取边长为 100mm ± 1mm 的正方形板材，按标准图形制备试样。如果是双面覆箔板，应将其一面铜箔蚀刻掉。测量表面电阻率和体积电阻率可在同一试样上进行，采用三电极系统，用少量医用凡士林或硅脂将厚度不超过 0.02mm 的退火铝箔或锡箔电极贴在试样基板面上进行测试，测试时不允许存在气隙和杂质。

恒温恒湿下的表面电阻率和体积电阻率测定是将经过预处理并测定了厚度的试样置于温度为（40 ± 2）℃、相对湿度为 90% ~ 95% 的环境中，经 96h 后，在湿热箱中进行测定。

恒温恒湿恢复后的表面电阻率和体积电阻率测定是将经过恒温恒湿处理后的试样从湿热箱中取出，置于控制条件中恢复（90 ± 15） min 之后立即测试。

热态下的表面电阻率和体积电阻率测定是将经过预处理并测定了厚度的试样置于规定的热态环境中保持 60 ~ 66min 后，在热态下进行测定。

测试人员应戴洁净的橡胶手套，手指的沾污可使表面电阻率降低两个数量级，甚至更多。

表面电阻率和体积电阻率皆用绝缘电阻测量仪测定，试验电压为（500 ± 50）V，通电 1min 后读数。

2.3.2　介电常数和介质损耗角正切值试验

从覆箔板上切取宽度为（80 ± 1）mm，长度为 80 ~ 100mm、厚度为板厚的试样，蚀刻掉铜箔，经过预处理及恒温恒湿处理 90h 后，在湿热箱中测定。或者从湿热箱中取出恢复（90 ± 15）min 后立即进行测定。采用极小量的医用凡士林或硅脂将厚度不超过 0.02mm 的退火铝箔电极贴在试样上，铝箔电极尺寸与试样表面尺寸相同，用 Q 表或其他适当测量仪器在 1MHz 下测量。

2.3.3　绝缘电阻试验

绝缘电阻试验是在试样两电极间通直流电流，用绝缘电阻仪测量试样泄漏电流，再求出绝缘电阻。

从覆箔板上切取长度为（40 ± 2）mm、宽度为（20 ± 1）mm、厚度为板厚的试样，蚀刻掉铜箔，在试样中部钻两孔，两孔锥度方向相同，孔中心距为（15 ± 0.25）mm，试样按标准规定进行预处理后，装入铜或钢制的、直径为 5mm、锥度为 2% 的锥销电极，电极端头伸出试样不小于 2mm。用绝缘电阻仪测定平行层向绝缘电阻。试验电压为（500 ± 50）V，通电 1min 后读数，以兆欧表示。

2.3.4　电气强度试验

电气强度试验用于测定基材在垂直于板面方向短时间耐电压击穿的能力，只适用于厚度≤0.5mm 的覆箔板。从覆箔板上切取边长为（100 ± 1）mm 的正方形，蚀刻掉铜箔。在基材两面分别黏接用铜或钢制成的电极，按 20s 逐级升压法在空气中进行试验，直到击穿为止。

2.4　习题

1. 何谓覆铜箔层压板？
2. 在印制电路板中，覆铜箔层压板主要起什么作用？
3. 在覆铜箔层压板的国标型号中，型号 CEPGC 具有哪些含义？
4. 制造覆铜箔层压板的主要原材料有哪些？各起什么作用？
5. 用框图表示覆铜箔层压板的生产工艺流程。
6. 覆铜箔层压板的表面电阻率是怎样测定的？

第3章　照相制版技术

现代电子产品中，无论集成电路，还是其他电子元器件或印制电路，向高密度化、轻量化、小型化以及智能化方向发展已是大势所趋。无一例外，它们的发展都必须应用“微细加工技术”这一新工艺，而其中最为重要的工序不得不提到“光刻”技术。在该技术中，首先要把所需的电路（或“光路”）图形制成“掩模版”。制版时，先按一定的比例将原图放大，然后运用缩微照相技术将放大的原图通过光学系统缩小到原来的尺寸，成像在银盐感光材料上。再经过显影等一系列加工处理，就得到了“原版”，或称为“母版”。一般母版为“负像”。再用此母版复制成具有“正像”的“副版”，用此副版复制出用于生产的“子版”。有时可根据生产中使用的“光刻胶”（光致抗蚀剂）的性质和产品产量，直接使用母版或副版。本章将对制版及加工过程中所使用的材料及其相关化学问题进行系统介绍。

3.1 感光材料的结构、照相性能和分类

3.1.1 感光材料的结构

一般感光材料由乳剂层、支持体和辅助层三部分构成。

乳剂层由卤化银（AgCl、AgBr、AgI）、明胶和各种辅助成分如增感剂、稳定剂、坚膜剂、表面活性剂等组成。

支持体有纸基（硫酸钡底纸、涂塑纸基）、片基（三醋酸纤维素片基、涤纶片基）和玻璃板三种类型。

辅助层一般由底层、防卷曲层、防静电层、防光晕层、保护层、隔层（彩色感光材料）、滤色层（彩色感光材料）等组成，因用途不同而有一定差异。

1. 乳剂层

照相制版过程中的各种化学反应都在乳剂层中进行，光学图像也记录在这里。因品种和用途不同，各种感光材料的乳剂层厚度差别很大，厚度在5～25μm之间。

（1）卤化银　卤化银是感光材料中的关键成分。在不同的感光材料中，卤化银的含量和比例也不相同。同时因用途不同，卤化银颗粒的粒径也差别很大。例如，用于半导体大规模集成电路的“超微粒干版”的乳剂中，卤化银微粒的粒径为0.05μm左右，而用于X光胶片的乳剂中，卤化银的粒径可达2μm。一般用作印制电路板或印刷行业的制版胶片的

乳剂中，粒径一般为0.5～1μm。

(2) 明胶　在乳剂层中，明胶起支撑卤化银微粒不使其聚沉的保护作用，并把卤化银微粒牢固地黏接在支持体上从而形成“感光层”。在光化学反应中，明胶中的“活性”成分对卤化银还有“增感”作用。明胶是由动物蛋白质中的各种氨基酸组成的大分子混合物。至目前为止，它仍然是感光材料中无法用其他物质取代的优良“成膜”物质。

(3) 辅助成分　为了改变感光材料的照相性能和物理性能，除卤化银和明胶外，在乳剂中还要补加各种辅助成分，如增感剂、坚膜剂、稳定剂、防灰雾剂、防氧化剂、防腐剂、防斑点剂等。增感剂分为化学增感剂和光谱增感剂，化学增感剂起提高乳剂对光的敏感性的作用，光谱增感剂起扩大乳剂的感光波长范围的作用。坚膜剂起提高乳剂层的熔点、降低乳剂层的吸水膨胀性、增强乳剂层的机械强度等作用。

2. 支持体

乳剂层具有照相感光性能，但它的机械强度很差，必须依附于“支持体”才能使用。支持体分为纸基、片基和玻璃板三种。

(1) 纸基　纸基感光材料主要用于照相。它要求纸的吸水性小、韧性好、耐酸耐碱；加工时不起毛、不起泡、伸缩性小、几何尺寸稳定性好等，这种纸又称为“照相原纸”。

(2) 片基　片基是用高分子有机化合物制成的薄膜。它具有良好的物理、化学和力学性能。片基有纤维素酯片基和聚酯片基两大类。

纤维素酯片基有硝化纤维素酯片基和三醋酸纤维素酯片基。硝化纤维素酯片基即为一般的赛璐珞。其力学性能良好，加工工艺成熟，但存在易燃的缺点（燃点为170℃），所以现已较少用作照相片基。三醋酸纤维素酯片基最大的优点就是不易燃，在生产、运输、贮存和使用中，安全可以得到保证，故也称为“安全片基”。

聚酯片基主要是涤纶片基，它是对苯二甲酸与乙二醇的聚合物，全称是聚对苯二甲酸乙二醇酯。它的熔点为258℃，具有良好的化学稳定性和热稳定性及弹性高、吸湿性小、收缩性低、平整度高、透光性好等优点。除作为感光材料的片基外，它还广泛用作录音磁带、绘图膜、刻图膜等。

三醋酸纤维素酯片基和聚酯片基的基本性能见表3-1。

表3-1　三醋酸纤维素酯片基和聚酯片基的基本性能

性　能	三醋酸纤维素酯片基	聚酯片基
厚度/mm	0.10～0.20	0.05～0.175
透光率（%）	>90	90
弹性强度/（N/m^2）	85.3×10^4	84.7×10^4
断裂强度/（N/m^2）	103×10^4	191.3×10^4
伸长率（%）	23	146
冲击强度/（$10^5J/m^2$）	1.785	2.922
耐折次数（次，厚度0.145mm）	137	15000
几何尺寸稳定性	好	很好
化学稳定性	好	很好

（3）玻璃板　用于照相干版玻璃板的厚度为2～5mm。要求其无色透明、无气泡、厚薄均匀，表面平整光滑、无划伤，因它较厚、较重且易碎，所以其用途较小，用量也在逐渐减少。

3. 辅助层

为了改善感光材料的物理、化学、光学、力学等性能，常常加入各种具有特定性能的辅助成分组成多层辅助层。

（1）底层　为了使乳剂层和支持体良好黏接，防止感光材料在加工过程中发生乳剂层脱膜，在乳剂层与支持体之间涂一层底层。其厚度为1～2μm，按支持体种类不同分为如下几种：

1）照相纸底层类。过去常用明胶作为黏合剂，其中加入二氧化钛细粉末（又称“钛白粉”），制成胶体涂在纸上。现在常用合成树脂（聚乙烯、聚丙烯或聚苯乙烯）与二氧化钛粉末制成胶体取代以往的明胶体作底层涂料。这种合成树脂作底层制成的照相纸，具有渗水性小、伸缩性小、不易变形、水洗和干燥时间短等优点，干燥后光泽与平整度都很好。

2）照相胶片底层类。分为明胶底层和树脂底层两类。树脂底层一般为丁苯树脂（苯乙烯和顺丁烯二酸酐的聚合物）和醋丁树脂（醋酸乙烯与顺丁烯二酸酐的聚合物），也有的用偏二氯乙烯、丙烯酸、苯乙烯（或丙烯酸甲酯）等三元聚合物作底层。

（2）防静电层　由于支持体都是高绝缘体，它们在生产加工过程中因摩擦而产生静电，静电积累到一定程度后，就会放电。电火花能引起感光材料曝光，显影以后，在胶片上留下一些树枝状或绒毛状的黑色痕迹，从而使感光材料失效。如果在片基表面涂一层导电物质，则可使静电通过它们泄漏掉。导电层由硝酸钾或高聚物的盐类组成。

（3）防光晕层　当感光材料曝光时，较强的光线穿过乳剂层到达片基表面及背面的内表面，入射光在这两个表面上产生反射后，重新进入乳剂层，使不该曝光的卤化银颗粒曝光，产生光晕现象，这一现象将使感光材料的解像力和清晰度下降。防光晕层能吸收产生光晕的有害光，保证显影后的图像清晰。

防光晕层必须能吸收一定波长范围的光线，而且对乳剂无害，在显影时能被除去。它主要有胶体银、光晕染料和炭黑等。黏合剂有明胶（用于三醋酸纤维素片基）和树脂（用于聚酯类片基）。

防光晕层与防卷曲层往往混在一起，涂在支持体上。

（4）保护层　在乳剂层的外面涂布一层明胶薄膜，厚度为1～2μm，可对乳剂层起保护作用，防止磨损和沾污。

（5）隔层和滤色层　为防止各层之间的材料互相扩散“串层”，在它们之间涂一层“中性”层，起隔离作用，并将不需要的色光用滤色层滤掉。

3.1.2　感光材料的照相性能

感光材料本身所固有的、直接决定并影响图像质量的诸因素称为“照相性能”。它包括最大密度、反差系数、宽容度、感光度、感色性、灰雾度、解像力和清晰度等。

1. 最大密度

乳剂中的卤化银颗粒经曝光、显影加工后，还原成金属银微粒，这种银微粒对光起吸收和阻挡作用，具有一定的“致黑性”。感光材料中的卤化银被还原的越多，银粒的密度就越高，也就显得越黑，它吸收阻挡光通过的能力就越强。

感光材料致黑的程度由透光率、阻光率和光学密度三种表示方式。

透光率（T）是透过胶片的光通量 F 与实际入射到胶片上的光通量 F_0 的比值。即

$$T = \frac{\text{透过光通量 } F}{\text{入射光通量 } F_0}$$

阻光率（O）是透光率 T 的倒数。即

$$O = \frac{\text{入射光通量 } F_0}{\text{透过光通量 } F} = \frac{1}{T}$$

光学密度（D）是阻光率的对数（以 10 为底）。即

$$D = \lg O \text{ 或 } D = \lg \frac{1}{T}$$

现在多用光学密度（常简称密度）表示感光材料的致黑程度。

在一定的显影条件下，感光材料接收的光通量不同，致黑的程度也不同，即密度不同。感光材料在曝光时的曝光量 E 用曝光的光强 I 与曝光时间 t 的乘积表示，即 $E = It$。密度与曝光量的对数之间的关系曲线称为“感光材料特性曲线”，如图 3-1 所示。

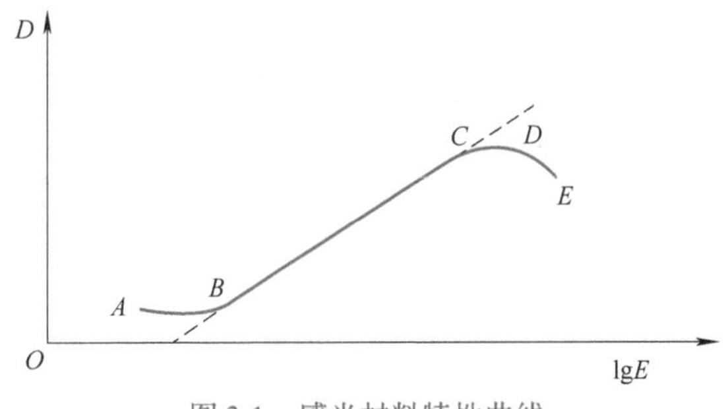

图 3-1　感光材料特性曲线

在曲线中的 AB 段，密度与曝光量的对数不成线性关系，称为“曝光不足”或“灰度密度”。BC 段为一直线，它正确地反映了密度与曝光量的对数之间的线性关系，这一区域称为“曝光适当”。CD 段又出现非线性关系，称为“曝光过度”。DE 段随曝光量的增加，密度反而下降，称为“光致密度减少”或“反转”。

感光材料密度随曝光量的增加而增加，当达到最大时（即曲线中的 D 点），这时的密度达到最大，称为“最大密度”，用 D_{max} 表示。

2. 反差系数

感光材料所显示的图像的“明”与“暗”反映了被摄图像的明、暗。在显影后的感光材料上，所获得图像的最大“密度差”称为感光材料的“反差”。它与被拍摄图像的实际“反差”有一定的差别。这两个反差的比值，称为感光材料的“反差系数”，用 r 表示。

其计算公式为

$$r = \frac{\text{影像反差}}{\text{被摄物体反差}}$$

在感光材料特性曲线中，*BC* 段直线部分的延长线与横坐标轴的夹角的正切值即为 r。

3. 宽容度

在感光材料特性曲线中，*BC* 段在横坐标轴上的投影的大小表示感光材料的“宽容度”。它表明感光材料能正确记录被拍摄景物反差能力的大小。宽容度大，则既可以拍摄反差大的，也可拍摄反差小的景物，不会产生明显的“失真”现象。这一性质受感光材料本身乳剂中卤化银微粒的组成、大小和制造工艺等各种因素制约。

4. 感光度

感光材料对光的敏感程度的大小用感光度（S）表示。在各种条件（曝光量、显影等）相同时，感光度高的感光材料的密度大，感光度低的感光材料的密度小。感光度与曝光量成反比关系，即

$$S = K\frac{1}{E}$$

式中　K——常数。

5. 感色性

感光材料对不同波长的光所表现出来的敏感性，称为它的“感色性”。卤化银仅对蓝色光及部分紫外光（波长为 400 ~ 350nm）敏感。为了使它的光敏范围扩大，向乳剂中加入少量“增感剂”。加入增感剂的种类不同，它们对光的敏感范围也不相同。

只对蓝色光敏感的感光材料，称为“盲色片”；对黄、绿、青、蓝、紫色光敏感的感光材料称为“正色片”；而对全部可见光都敏感的感光材料称为“全色片”。如果仅对红外线或紫外线敏感时，则分别称为“红外线胶片”或“紫外线胶片”。

6. 灰雾度

未经曝光的感光材料，在经过显影之后出现在底片上的密度称为“灰雾度”，用 D_0 表示。在感光材料特性曲线中，位于曲线起始点 *A* 点的密度就是灰雾度。这种灰雾度是感光材料不应有的不正常现象，它是在加工制造过程中形成的，对以后的摄影不利，将影响被拍摄景物图像的对比度和真实感，所以希望它越小越好。

7. 解像力和清晰度

感光材料对微细线条能分辨并记录下来的性质称为“解像力”或“分辨率”。用 R 表示（单位为对线/mm）。它表示在每毫米宽的感光材料上，能记录多少宽度、间隔相同的线条数目。其计算公式

$$R = \frac{1}{a + b}$$

式中　a——线条宽度；

　　　b——线条之间的间隔距离。

若 $a=b$，则 $R=\frac{1}{2a}$。

感光材料曝光、显影加工之后，线条之间的对比度很好，能清晰地区别它们，即线条的边缘分明可见，不模糊。这种性质称为感光材料的“清晰度”。

感光材料的分辨率与乳剂中的卤化银的颗粒有关，颗粒越小，分辨率越高。而它的灰雾度则影响它的清晰度。灰雾度越大，则其清晰度越小。

3.1.3　感光材料的分类

感光材料按其性能、要求和用途有许多分类方法。

1. 按感色性能分类

（1）盲色片　在感光材料的乳剂中未添加任何增感剂卤化银晶体只对蓝紫色光敏感，而对其他的光不敏感。

这种感光材料适合于拍摄黑白图像、文字和线条等原稿。使用时应在红色安全灯下进行操作。

（2）正色片　在感光材料的乳剂中添加某些可以增感的有机染料，使卤化银晶体的敏感范围扩大到绿光区。它的感光度比盲色片高，所以在使用操作时应在暗红色的安全灯下进行。

这种感光材料适合于拍摄黑白图像、文字线条及色彩单纯的原稿。

（3）全色片　在乳胶中添加了对红、绿光都有增感作用的增感剂，使卤化银对全部可见光都敏感。这种感光材料称为“全色感光材料”或“全色片”。它可用于彩色原稿、图像的拍摄。使用时应在暗绿色安全灯下工作，但最好在全黑暗的条件下进行。

2. 按反差系数分类

感光材料的反差系数差别很大，根据反差系数可将感光材料分为以下四类。

（1）特硬片　这类感光材料的反差系数在5以上，用它制得的图像黑白分明，没有中间层次。特硬正色片适用于拍摄黑白线条、文字原稿和网点图版等。

（2）硬性片　这类感光材料的反差系数在3.5左右，可用于拍摄反差较低的图像原稿。

（3）中性片　这类感光材料的反差系数在2左右，可拍摄中等反差的黑白连续的图像。

（4）软性片　这类感光材料的反差系数在1左右，可用于拍摄反差大的黑白连续变化的图像。

3. 按影像的性质分类

（1）负性感光材料　直接拍摄的图像与被拍摄的原图像的明暗程度恰好相反的感光材料称为“负性感光材料”，简称“负性片”。这类感光材料用量最大。

（2）正性感光材料　直接拍摄的图像的明暗程度与被拍摄图像的明暗程度完全相同的感光材料称为“正性感光材料”，简称“正性片”。

（3）反转感光材料　照相性能介于正性片和负性片之间、感光度比正性片高而反差系数又比负性片高，经过“反转冲洗”加工之后可一次得到与被拍摄图像完全一致的“正像”的感光材料称为“反转感光材料”。这类感光材料多用于彩色电影胶片的制备。

3.2 感光成像原理

感光乳剂层中的卤化银晶粒是感光材料中对光敏感、能形成影像的最基本的因素。当感光材料曝光、显影加工之后，就能得到图像。

3.2.1 潜影的形成

在光线的照射下，溴化银逐步分解成金属银。这些银颗粒极细，呈黑色。在照相时，感光胶片感受到的光量是极少的，与阳光下直接曝晒而感受的光量相比较，是极微弱的，所以只能使极少数卤化银分子发生分解反应，因此，也只能形成一种肉眼看不到的潜伏影像。这种潜伏的影像只有在显影剂作用下，才能形成肉眼看得到的影像。

感光材料曝光之后，所形成的肉眼直接观察不到的潜伏影像称为“潜影”。潜影是由银构成的，但与金属银在形态上有一定的差别。

金属银都是结晶形态，而构成潜影的银斑是无定形的细丝团。每一个银微斑由若干银原子组成，一般容易聚集在溴化银晶粒表面的位错部位。

在光的作用下进行的化学反应通称为“光化学反应”。卤化银见光分解就是光化学反应中的一个类型。光化学反应是从吸收光量子开始的，只有当光的能量等于或大于该化学反应所需能量大小时，反应才有可能进行。例如，未经光谱增感的卤化银乳剂只有吸收蓝紫光，才可能进行光分解反应。即：“只有被体系吸收的光，对光化学反应才可能是有效的。”这就是“格罗塞斯－德雷伯（Grotthus-Draper）光化学反应定律”。

爱因斯坦进一步发展并完善了光化学反应定律。他提出了“在光化学初级反应中，被活化的分子数（或原子数）恰等于吸收的光量子数”。这就是爱因斯坦的光化学当量定律。光化学当量定律只适用于初级反应过程中，即一个光子活化一个分子，使一个分子反应。在这类反应中，感光物质吸收光子后发生反应的分子数（或原子数）与它吸收的光量子数之比，称为光化学反应的“量子效率”，用 φ 表示，即

$$\varphi = \frac{\text{实际发生反应的分子数}}{\text{物质吸收的光量子数}}$$

当 $\varphi \leqslant 1$ 时，发生的光化学反应称为直接反应；当 $\varphi > 1$ 时，发生的光化学反应称为连锁反应。所以，一般的感光物质，只有在发生初级反应之后，紧接着又发生连锁反应时，才可能出现 $\varphi > 1$ 的情况。实际上，并不总是吸收一个光量子，就必然有一个分子发生反应，即 $\varphi < 1$。这不仅与吸收光子的感光物质的结构、成分有关，而且还与光子的波长有关。

例如，溴化银在真空中进行光解反应，产生溴原子的量子效率为 1。这时晶体吸收能量是在表面上进行的。当长波长光照射晶体时，光的吸收有一部分发生在晶体内部，光的波长越长，晶体内的吸收就越多。由于光解反应生成的正空穴在晶体内部易与自由电子结合而“复合”，所以其量子效率就越小，这种变化见表 3-2。

表3-2 卤化银光解的量子效率（在真空中熔融卤化银的光解反应）

照射光波长/nm	280	302	312	334	365	405	436
量子效率（AgBr）（%）	0.93	0.89	0.83	0.51	0.225	0.086	0.032
量子效率（AgCl）（%）	0.57	0.27	0.186	0.122	0.041	—	—

由于Ag原子在光化学反应中具有自动催化能力，可引起次级反应，能促使周围的其他Ag^+迅速还原为Ag原子，促使连锁反应的发生和进行。因此，卤化银的总量子效率可高达$10^6 \sim 10^8$，远远超过其他任何已知的感光材料的量子效率。各类感光材料的量子效率见表3-3。

表3-3 各类感光材料的量子效率

感光材料	卤化银	光敏树脂	光敏染料	重氮化合物
量子效率（%）	$10^6 \sim 10^8$	$10^3 \sim 10^6$	$\sim 10^3$	0.3～0.7

溴化银晶体在光的作用下，发生如下反应：

$$Br^- + h\nu \rightarrow Br + e$$

$$Ag^+ + e \rightarrow Ag$$

反应中，一个溴离子吸收一个光量子（$h\nu$）后，其价电子被激发，从价带上升到导带，成为自由电子。溴离子除释放出一个电子外，在原来的位置还留下一个正空穴。释放出来的电子与空隙银离子结合，还原为银原子。

溴离子释放出来的电子必须在卤化银晶体的适当部位才能与银离子结合，形成银原子，晶体中的这个“适当位置”就是所谓的“感光中心”。这些感光中心是在卤化银晶体制备的过程中由物理学的晶格不完整性和化学上的不纯洁性造成的。如晶体中的银、金或硫化银等杂质很容易在晶体的位错等缺陷处聚集，成为感光中心。在感光中心，由于电荷的不平衡，具有较大的活性，它能使电子和银离子在这里陷落，并还原成银原子，许多银原子则聚集成为“银斑”。

在上述的光化学分解反应中，溴原子的多少与反应进行的程度有直接联系，当溴原子在晶体中积累较多时，它能抑制溴化银的分解反应。使正穴有较多的机会与电子复合，重新生成溴离子，使光量子失去活化作用，即降低了它们的量子效率。因此，消除溴原子，对卤化银分解反应的顺利进行是很有必要的。

卤化银感光乳剂中的明胶，就是溴原子接受体。溴离子受光量子活化后产生的正空穴，会向晶体的表面迁移。在表面上，这些溴原子（正空穴）与包围在晶体表面的明胶分子结合，形成稳定的化合物。在卤化银光化学反应的初期，由于产生的正空穴能被明胶所接受，因此在这一阶段的反应，其量子效率为1。随着曝光量的增加，产生的正空穴增多，而明胶对溴原子的接受能力是有限的，因此量子效率将逐渐变小。

在溴化银的晶体中，由于光量子作用产生的溴原子正空穴不能被周围的明胶接受时，积累的溴原子将抑制卤化银的光分解反应。同时还发生上述反应的逆反应，即在晶体的内部和表面，会发生正空穴和电子的复合，溴原子和银原子的结合，使光量子的活化作用消失。与银原子和溴原子相比，Ag^+和Br^-因游离能量小而稳定。在感光后的乳剂中，发生这种逆反应的概率很大，这种现象称为“退化现象”。

这种退化反应主要集中在感光中心附近，所以反应生成溴化银也就沉积在感光中心银斑的外表面，它会影响银斑在以后的显影中发挥其自动催化的作用。因此，明胶对溴原子的接收能力，在很大程度上决定了卤化银分解反应的量子效率。一般情况下，在反应的初期，量子效率高，随着反应的进行，量子效率逐渐下降。

随着光分解反应的进行，还原出来的银原子不断增多。在感光中心的银原子聚集到一定大小时，银斑就成了“显影中心”，组成人们肉眼看不见的潜影。潜影实际上就是卤化银光分解的产物。

3.2.2 增感

在照相过程中，增感是指在光化学反应中，每一个光量子对化学反应的增收率。由于存在着以后显影的“放大”光量子效率的作用，结果也被认为是最初的光量子的影响。因此，包括显影在内，将最初的光量子效应尽可能多地保留下来的现象称为增感。反之，称为减感。增感分为化学增感与分光增感（也称为光谱增感或光学增感）。

1. 化学增感

化学增感是指感光物质的感光波长没有变化，只是感光度增加。

化学增感的方法有两种：一种是在感光乳剂的制作过程中增加其感光能力；另一种是在显影过程中加强显影，在显影液中添加适度的还原剂，以提高其显影效果。

在制造过程中，改进版的制作或胶片涂胶的乳剂，增加其感光度称为“超增感”。比如增加卤化银晶粒的尺寸、增加卤化银晶粒内部的畸变和缺陷、增加感光中心等。此外，在乳剂制作过程中，还有硫增感、金增感、还原增感和聚乙二醇增感等。

2. 光谱增感

卤化银的感光波长在紫外区至蓝光区，如氯化银是从紫外光到450nm，溴化银是从紫外光到500nm，而碘化银也只能从紫外光到520nm。为了使卤化银的感光波长区能延伸到绿光、红光以致红外区，向卤化银乳剂中加入某些化合物，这类化合物称为“增感剂”。一般，增感剂都是具有双键的染料，所以它们又称为“增感染料”。

关于光谱增感的机理，一般认为是增感染料的分子在卤化银乳剂中被吸附在卤化银晶体的表面上，在曝光时，染料分子吸收比蓝光波长更长的其他光。每吸收一个光量子，就有一个电子从基态被激发到高能级的激发态，然后将能量传递给卤化银晶体，促使卤化银发生光分解反应，形成潜影银。

3. 影响增感作用的因素

（1）卤化银感光乳剂的晶形和组分的影响　增感染料只有吸附于卤化银晶体表面，才能有效地将吸收的光能传递给卤化银，发挥其增感作用。当增感染料以侧立形式聚集在卤化银表面，即处于“J聚集态”时，它的增感效果较好。卤化银不同，在晶体表面的吸附形态也不相同。例如3,3′-二乙基-9-甲基硫碳菁碘盐在溴化银的（111）面上容易形成J聚集态，在（100）面上形成单分子态（“平卧”）或“H聚集态”（即它的二聚体）；而在氯化银的（111）面上只形成单分子态，在（100）面上则形成J聚集。但有的增感染料受卤化银晶面的影响很小。

(2) 卤化银颗粒度及分散度　卤化银的颗粒细、分散度高时，它具有较大的比表面，能吸附较多的染料分子，其增感效果比低分散度的乳剂好。而一般地，微粒乳剂比粗粒乳剂需要的增感剂多。

(3) 增感染料的用量　增感染料在乳剂中的用量仅为千分之一或万分之一。各种增感剂的用量不一致，有多有少。一般，增感的波长越长，增感剂的用量越少。例如某种增感染料的增感峰是 690nm，用量为 5 ~ 7mg/kg 乳剂，而另一增感剂的增感峰为 545nm，用量多达 60mg/kg 乳剂。

3.3 显影

潜影的形成只是感光材料形成影像的第一阶段。必须经过显影过程，才能使潜影变成可见的影像。显影过程就是已曝光的卤化银颗粒被显影剂还原成金属银，使潜影变成可见影像的过程。可由下式表示：

$$Ag^{+} + \text{显影剂} \rightarrow Ag + \text{显影剂氧化物}$$

因此，显影过程是一个典型的氧化还原过程。

3.3.1 显影机理

电子显微镜下观察已曝光的卤化银颗粒表明，在显影剂的作用下，上述的还原反应首先是在晶体中的几个分立的点开始，这些点就是显影中心（也是以前的感光中心）。作为显影中心的银微斑很快地以细丝状结构逐渐长大，有的细丝状结构还超越出晶体之外。当这些细丝长到一定长度之后，就朝横向发展，并继续增长，结果使整个卤化银颗粒都还原成金属银。如果其他未曝光的卤化银颗粒与它相接触，则这种还原反应就会扩展到相接触的颗粒上，最后也被还原，形成还原银的聚集体。

卤化银晶体显影的过程，一直与它们表面上的显影中心有关。这是显影过程的关键。对于显影，目前主要有以下两种理论。

1. 微电极理论

卤化银乳剂的颗粒是由硝酸银与过量的碱金属卤化物在明胶溶液中反应生成的，如

$$AgNO_3 + KBr(\text{过量}) \xrightarrow{\text{明胶溶液}} AgBr(\text{颗粒}) + KNO_3$$

卤化银颗粒均匀地分散在明胶溶液中，形成胶体体系。由于这个体系的比表面积很大，有较高的表面能，因此很容易吸附杂质。当溶液中有少量电解质存在时，胶体颗粒就会吸附离子。

在“与胶体粒子有相同化学元素的离子能优先被吸附”的法扬斯（Fajans）规则的支配下，AgBr 颗粒优先吸附 Br^- 而带负电荷，形成负电层。负电层的外面再吸附 K^+，即形成正电层，这样就形成双电层，并具有一定的电位，即 ξ 电位。

在显影过程中，显影剂必须首先穿越双电层，到达并吸附在晶体的表面上之后，才能与该处的 Ag^+ 反应。因显影剂中起还原作用的是带负电荷的阴离子，它穿越双电层时受到

负电层的排斥，难以接近晶体表面，而如果显影剂是中性的或带正电荷，则就比较容易接近晶体表面，容易显影。

位于晶体表面的显影中心是由银原子组成的银微斑。它在晶体的表面不仅吸附的卤离子少、双电层薄，显影剂离子易于接近它，而且它的导电性良好，犹如一微电极，在溶液与晶体内部起传递电子的作用，使银离子能不断地被还原为中性银原子，直至整个晶粒的银离子全部还原。还原作用从显影中心开始，逐渐扩展、面积和体积不断增大，从而表现出贵金属原子所特有的自动催化作用的特性。这就是电极理论的核心。

由上所述，电极理论认为电子从溶液中的显影剂的离子上转移到晶体内部银离子上，是通过显影中心的银微斑电极完成的。电极反应的两个过程是分别发生在银微斑的两个部位：一是在银微斑和显影液之间的界面上，电子由溶液转移到电极上的阳极过程；二是在银微斑与晶体之间的界面处，电子由电极转移到晶体上的阴极过程。两个过程同时进行。

2. 吸附理论

吸附理论认为卤化银在化学显影中分为两个阶段：缓慢的初始阶段和快速的显影阶段。在初始阶段，以吸附机理为主。显影初始，显影剂负离子通过扩散穿越双电层到达卤化银颗粒表面，并吸附在它上面，然后发生还原反应。因显影剂带负电荷，遭受双电层的排斥，带的负电荷越多，吸附到卤化银晶体表面的阻碍就越大，显影的诱导期就越长，表现为在显影初期反应非常缓慢。在快速显影阶段，则仍以微电极理论为主。

3.3.2 显影方法

在显影过程中，由于形成图像的银离子的来源不同，分为“物理显影法”和“化学显影法”两种，但它们在显影中都存在氧化还原反应。

1. 物理显影法

显影液中的银离子被还原而沉积在感光材料上的曝光区域形成图像的显影方法称为物理显影法。这种显影液包括两部分，除含有起显影作用的还原剂外，还含有能产生银离子的可溶性银盐。这些溶液中的银离子在感光材料上受潜影银的催化作用，被还原而沉积在潜影上，即“化学镀银”。这种方法可获得颗粒细腻、影调层次丰富、高放大率的图像；但也存在显影液不稳定、操作技术难度大不易掌握的缺点。除特殊目的外，已很少使用了。

这种方法的显影液配方如下：

预浸液：碘化钾 10g；无水亚硫酸钠 25g；加水至 1000mL。

显影液：由甲液和乙液组成。

甲液：亚硫酸钠 60g；硝酸银 16g；硫代硫酸钠 160g；加水至 1000mL。

乙液：米吐尔 2g；亚硫酸钠 10g；对苯二酚 3.4g；氢氧化钠 3.4g；加水至 1000mL。

显影操作方法大致如下：

1）将曝光后的感光材料在预浸液中泡 30s ~ 3min，取出水洗 1min。

2）在 2 份甲液加入 8 份水冲稀后，再加入 1 份乙液，将感光材料在混合后的显影液中显影 20 ~ 30min。温度为 18℃（不应超过 21℃）。

3）取出显影后的感光材料在酸性定影液中坚膜、定影 20min。

4）水洗 15min，晾干即可。

还有一种“棉胶湿片照相法”，这也是一种物理显影法。在曝光之前，将涂有碘棉胶的玻璃板浸在硝酸银溶液中，使玻璃板表面吸附硝酸银并形成碘化银。经过曝光后形成潜影。用硫酸亚铁酸性溶液作为显影液进行显影。二价铁离子使吸附在玻璃板表面的潜影银还原出来，反应式为

$$Ag^{+} + Fe^{2+} \rightarrow Ag + Fe^{3+}$$

还原出来的银就在潜影银的位置形成可见的图像。

2. 化学显影法

化学显影法是现在普遍使用的显影方法。在显影液的作用下，潜影银离子首先被还原并形成细丝状的结晶状态，逐渐长大、长粗，显现出一定的图像。显像的全部过程是在显影液中进行的。

3.3.3　显影液的组成

显影液一般由显影剂、促进剂、保护剂和抑制剂等成分组成。

1. 显影剂

显影过程是一个氧化还原反应。因此，显影剂必须是一个具有良好还原选择性的还原剂。显影时，在感光材料的潜影附近发生的氧化还原反应、银－银离子体系与显影剂－显影剂氧化物体系，它们的电极电位差对显影反应起支配作用。它们的电极电位差 $\Delta E>0$ 是这个反应的决定条件，即

$$\Delta E = E_{Ag} - E_{dev} > 0$$

其中，

$$E_{Ag} = E_0 + \frac{RT}{F}\ln[Ag^{+}]$$

式中　E_{Ag}——Ag-Ag^{+} 体系的电极电位（V）；

E_{dev}——显影剂－显影剂氧化物体系的电极电位（V）；

E_0——Ag-Ag^{+} 体系的标准电极电位（V），$E_0=0.799V$；

R——气体常数，$R=8.314J/(K\cdot mol)$；

T——温度（K）；

F——法拉第常数，$E=96485J/(mol\cdot V)$。

在显影时，Ag^{+} 的浓度受显影液中其他离子的影响，尤其是溴离子的存在可使它的浓度降低很多，E_{Ag} 大约降低到 0.200V。这时 E_{dev} 应比 E_{Ag} 再低 0.05～0.12V，显影反应才能“引发”。反应一旦开始，只要 $E_{dev}<E_{Ag}$，显影便可正常进行。此外，显影剂还应具备显影速度快、颗粒细、灰雾度小、化学稳定性好、保存性好、不污染画面及无毒等条件。

符合上述条件的显影剂很多。但在实际中被采用的只有很少一部分，有 20～30 种，最常用的有对甲氨基酚硫酸盐、对苯二酚、1－苯基－3－吡唑烷酮、邻苯二酚、对氨基苯酚、2,4－二氨基苯酚盐酸盐等。

2. 保护剂

在显影反应中，显影剂在碱性溶液中受空气中氧的作用，很容易被氧化成棕黑色的没有显影作用的腐殖酸，也使乳剂层的画面遭受污染。为此，必须向显影液中加入适当保护剂。一般用亚硫酸钠作为保护剂。

3. 促进剂

在显影过程中，每还原出一个银原子，便产生一个氢离子，这样便改变了显影液体系的 pH 值。而许多显影剂的显影性能受 pH 值的影响各不相同。如米吐尔在 pH 值约为 6.5 时即可显影，显影速度对 pH 值变化的敏感性较差；而对苯二酚则需要在 pH 值在 9.5～11 的范围内才能发挥作用，且显影速度受 pH 值变化的影响较大。因此，为了保持显影液的 pH 值不发生大的波动，一般用弱酸盐作为缓冲剂，在一般显影液中作为缓冲剂的弱酸盐有碳酸钠、硼砂（$Na_2B_4O_7 \cdot 10H_2O$）、偏硼酸钠（$NaBO_2$）及氢氧化钠或氢氧化钾。

在使用这些缓冲剂时，应当注意以下几点：

1）碳酸钠遇到定影液（酸性）能放出二氧化碳（CO_2），产生的小气泡在乳剂中影响显影的质量，夏天尤其如此。

2）若用苛性碱（氢氧化钠或氢氧化钾）时，它们使显影速度加快，作用强烈，但获得的图像画面颗粒粗糙，密度大，反差高，所以应加入一定量的防灰雾剂。同时它们还会使乳胶层软化膨胀。所以一般不用它们作为促进剂（缓冲剂）。

4. 抑制剂

各种原因使未经曝光的感光材料在显影处理以后，产生的致黑现象称为感光材料的“灰雾”。为了防止感光材料在显影时出现灰雾，在乳剂制造中常加入“防灰雾剂”，如苯并三氮唑、双四氮唑、苯磺酸钠等，它们都有防灰雾的作用。在显影时为了防止灰雾现象，在显影液中也加入了防灰雾剂，即稳定剂，一般用溴化钾，为 1～3g/L。溶液中的溴离子与乳剂中的溴化银晶体之间存在的双电层得到加强，带负电荷的溴离子使显影液中的还原剂（显影剂）的负离子很难接近溴化银晶粒，因而这部分溴化银晶体不易显影（被还原）。曝光后的溴化银中存在潜影银，它对溴离子的束缚作用小，显影时，首先在这里发生反应，所以防灰雾剂不影响正常的显影。防灰雾剂用量过多将使显影速度减慢。

3.3.4 常用显影液的配制及性能

1. 显影液的配制

配制显影液时，首先取少量水加热至 40～50℃，在水中放入少量保护剂，然后依次加入所需的各种药品。因为显影剂很易氧化，温度过高会使氧化加快，所以水温不要超过 50℃，同时在水中先加入少量保护剂，可以防止配制过程中显影剂氧化变为棕褐色、污染图像以及显影能力下降。保护剂若加得太多，则显影剂在水中溶解比较困难。显影剂溶解完全以后，将所余的保护剂加入溶液中。然后加入促进剂，若促进剂过早加入，会使溶液变为碱性，显影剂在碱性溶液中更容易氧化失效。其后加入抑制剂溴化钾，最后将全部所需水的剩余部分加完。配好的显影液应装入棕色瓶中密封，避光保存。

2. 常用显影液的性能

根据印制电路板的性质和用途不同，显影液也分为若干种。其中按所得图像反差的高低，显影液分为硬性显影液、中性显影液和软性显影液三种。

（1）硬性显影液　为了制得对比度高的高反差图像，一般使用硬性显影液，可以获得图像明朗清晰的影调。硬性显影液适合印刷色泽单调及黑白鲜明的点、线、网、格等电路图形。硬性显影液的配方见表 3-4。

表 3-4　硬性显影液的配方

配　方	D-196	AN-30	Q-209a	AQ-30	D-82	D-85	DP-7d	ID-67	ID-72
水/mL	750	750	750	750	750	750	750	750	750
米吐尔/g	2.2	3.5	4	3.5	14	—	—	—	—
菲尼酮/g	—	—	—	—	—	—	0.25	0.22	—
亚硫酸钠/g	72	60	65	60	52.5	30	60	37.5	72
1%苯并三氮唑/mL	—	—	—	—	—	—	15	10	—
对苯二酚/g	8.8	9	10	9	14	22.5	45	8	8.8
碳酸钠/g	48	34	44	40	—	—	—	—	48
氢氧化钠/g	—	—	—	8.8	—	—	—	—	—
多聚甲醛/g	—	—	—	—	—	7.5	15	—	—
硫酸氢钠/g	—	—	—	—	—	2.6	5	—	—
硼酸/g	—	—	—	—	—	7.5	15	—	—
溴化钾/g	4	2	5	3.5	8.8	1.6	3	—	4
乙醇/mL	48	48	48	48	48	—	—	—	—
水/mL	加至 1000	加至 1000	加至 1000	加至 1000	加至 1000	加至 1000	加至 1000	加至 1000	加至 1000

这类显影液都有一个明显的特点，其中的对苯二酚的用量比例很大，有的甚至只单独使用对苯二酚。这类显影液的 pH 值也比较高，都在 9.0 以上。甚至有的用氢氧化钾或氢氧化钠来提高它的 pH 值，这样可以加快显影速度，但图像的颗粒一般较粗。这类显影液中的防灰雾剂溴化钾的使用量也较大。

这类显影液具有显影速度快、反差高、密度大等特点；但它们很易被氧化，保存性差，使用寿命也较短，一般多为使用前临时配制。

（2）软性显影液　为了获得层次分明、细腻、柔和、反差低的图像，主要使用软性显影液。这类显影液具有以下特点：

1）与硬性显影液相比，米吐尔用量和亚硫酸钠的用量较多。

2）使用的促进剂的碱性较弱，一般为硼砂、偏硼酸钠。显影液的 pH 值较低，在 7.5～9.0 之间，所以它们的显影速度较慢、图像颗粒细腻。

3）抑制剂溴化钾的用量也较小，以保持图像的层次丰富多样。

4）这类显影液不易氧化，使用寿命较长。

（3）中性显影液　这类显影液的性能介于硬性显影液与软性显影液之间。调节它们组分的比例可以获得很宽广的显影效果。既可以得到高反差的图像，也可以获得图像细腻、层次丰富多样的柔和图像，即具有硬、软兼备的特性。其性能稳定、使用寿命长。

此外，因工作环境、条件、要求以及使用特点的不同，显影液还有微粒显影液、高温显影液、快速显影液、显影定影液以及特殊显影液等各种类型。

3.3.5 显影条件及显影过程中的邻界效应对图像质量的影响

1. 显影条件对图像质量的影响

当显影液被确定后，显影时间和温度的控制对图像的质量有明显的影响。

（1）显影时间的影响　随显影时间的延长，感光材料所显影出来的密度和反差系数不断增加。但反差系数 r 达到某一最大值后，便开始下降，而灰雾度则迅速上升。为了获得密度与反差系数都达到最佳状态的要求，必须进行一系列试验，找出所用的感光材料与所使用的显影剂之间的最佳显影时间。方法是固定显影条件仅改变显影时间 t，便可得到一系列相对应的 r 值，然后以时间 t 对 r 值作图，便可得到 $r-t$ 动力曲线，根据图像对反差的要求，可以从动力曲线上找到适当的显影时间。

（2）显影温度的影响　温度升高对显影时的氧化还原反应有促进作用，不同的显影剂对温度的敏感程度也不一样。对苯二酚较明显，在13℃以下，它几乎没有显影作用；而米吐尔则比较迟钝。由于温度升高能加快显影速度，但提高温度的上限受到乳胶物理性质的限制，温度升高，乳胶易膨胀变形甚至“熔化”，所以一般显影温度都控制在18～20℃。若能提高乳胶的熔点，则显影温度还可提高。现在使用了一种新型坚膜剂，它可使显影温度提高到40℃左右进行。与之相适应的显影液称为“高温度显影液”以及“快速显影液”。它能适应自动化机械显影及冲洗工作的要求。

（3）显影液的搅拌　为了保持感光材料在显影时始终处于新鲜显影液作用状态以及感光材料各部分显影速度相对均衡，从而达到显影的反应物与反应产物能及时地更换，搅拌是非常必要的。

2. 显影过程中的邻界效应对图像质量的影响

在理想条件下，密度是曝光量的函数，其函数关系即感光材料特性曲线。在实际中，每一点的密度不仅取决于该点的曝光量，而且还与相紧邻区域的曝光量密切相关。这种关系称为“邻界效应”，主要有方向效应和边缘效应。

（1）方向效应　当感光材料在显影液中显影时，由于搅拌不均匀，显影后的胶片表面上出现以下两种条纹状的不均匀痕迹。

当胶片竖直放置在显影液中时，浓度较大的反应产物（其中含大量溴离子），自上而下流淌，在密度较高的区域里延伸出来比周围密度低的条纹痕迹，这种条纹称为溴化物条纹。这些条纹所在的区域没有得到充分的显影，出现的是显影不足的“浅色区”。

当胶片水平放置在显影液中时，由于搅拌不够充分，相对新鲜的显影液在水平方向不规则地流淌，使低密度区延伸出比周围密度高的条纹痕迹，这种条纹称为显影液条纹。这一部分区域出现的是显影过度的“深色区”。

这两种条纹都是由于在显影时搅拌不充分、显影不均匀所造成的，它们与放置的方向有关，所以称为“方向效应”。

（2）边缘效应　在感光材料的乳胶层内，在强曝光区和弱曝光区的交界处，显影时，强曝光区的显影产物（废液），由内向外扩散，越过交界进入弱曝光区，强烈地抑制了它的显影反应。在弱曝光区一侧出现更加淡的区域，它称为“淡边效应”。而在强曝光区一侧出现较大的密度，这种现象称为“浓边效应”。由于浓边和淡边紧密地靠在一起，更加强了曝光区强弱的对比度，使图像更加清晰。这两种效应所影响的范围仅在 0.2mm 以下，密度差在 0.1 左右，所以它不会使图像的质量下降。因此，这种现象的存在有时是人们希望的，尤其对于图形单调的点、线、格、网胶片的制备，更是如此。

3.4 定影

3.4.1　定影的定义

显影后的感光材料的乳剂层中，仍然残留着未曝光的卤化银胶粒。它们在遇光后，还可以再次曝光并显影。为了保证已显示出来的图像能稳定完美地保存下来，避免残留的卤化银再次曝光、显影并出现干扰的可能，显影之后，必须立即除去这些残留的卤化银。这一工作称为“定影”。

显影后的感光材料从显影液中取出后应立即用水冲洗，以除去大部分黏附在表面上的显影液。尽管如此，乳剂层中仍残留少量的显影液，它们仍能使乳剂层中的卤化银继续反应，造成显影过度、不均及灰雾等现象。另外，显影液为碱性，它们若不除去，在定影时，它将与酸性的定影液发生酸碱反应，加速定影液的失效，甚至与定影液中的钾矾反应，生成白色亚硫酸铝沉淀而污染制成的图像。因此，仅用水把显影后的感光材料冲洗一下还不行，还必须在定影前除去乳剂中的残余显影液，这一工作是在停显影液（简称“停影液”）中进行的，这一工序称为“停影”，也有的称为“停显影”。停影液的配方见表 3-5。配方中的醋酸也可以用柠檬酸或酒石酸代替。醋酸－醋酸钠配方具有良好的缓冲作用，性质稳定。

表 3-5　停影液的配方

配　方	醋酸停影液	醋酸－醋酸钠停影液
80% 醋酸/mL	20 ~ 25	6 ~ 8
结晶醋酸钠/g	—	30
水/mL	1000	1000

以上停影液中还可加入适量的钾明矾或钾铬矾坚膜剂，以达到坚膜作用。显影之后的感光材料水洗之后，在上述停影液中浸泡一定时间即可完成停影。取出后再用水冲洗，便可进行定影工作。

3.4.2　定影的基本原理

为了除去残存在乳剂层中的卤化银，必须使用一种能溶解卤化银的溶剂，使它转变为可溶性的银溶液，迅速从乳剂层中溶解下来被去除。这种溶剂首先应能与银形成更稳定的络合物，这些络合物在水溶液中的离解常数 K 应比卤化银小；其次，使用的溶剂不会使已显影出来的金属银微粒溶解。这就是定影的基本原理。

3.4.3 定影液的组成和配制

一般情况下，定影液由定影剂、坚膜剂、保护剂和酸组成。

1. 定影剂

凡能与感光材料乳剂中的残余卤化银进行化学反应，生成能溶于水的稳定络合物的物质，都可作为定影剂。一般的定影剂大多选用硫代硫酸钠（又称“大苏打”或“海波”），它既便宜又无毒。

在定影过程中，硫代硫酸钠与卤化银生成易溶于水的络合物——硫代硫酸银。其反应分为以下两步进行：

$$AgBr + Na_2S_2O_3 \rightarrow NaBr + Na[Ag(S_2O_3)]$$

$$Na[Ag(S_2O_3)] + Na_2S_2O_3 \rightarrow Na_3[Ag(S_2O_3)_2]$$

其中，$Na[Ag(S_2O_3)]$ 是溶解度很小的晶体物质，能缓慢分解为黄色的硫化银。当有大量硫代硫酸钠存在时，它们进一步反应，生成易溶于水的 $Na_3[Ag(S_2O_3)_2]$，使未曝光的卤化银逐渐被络合、溶解而除去，达到定影的目的。硫代硫酸钠虽然能微弱地溶解金属银微粒，但在一般的定影条件下，这种溶解量是可以忽略不计的。

其他的硫代硫酸盐，如它的铵盐，也具有同样的功能，而且对卤化银的络合速度比钠盐更快，它可以作为快速定影液的组分。同时，由于铵盐也对已显影的银微粒有溶解作用，因此硫代硫酸铵还可用作对已显影图像的“减薄”液，使用操作时应倍加注意。

2. 坚膜剂

明胶在感光材料中对卤化银晶体起保护作用，具有许多优点，这是其他胶体无法取代的。但它也存在着许多缺点，必须予以克服。明胶的熔点在30℃左右、吸水膨胀严重，在加工和储存中易发生粘连和变形，使所得到的图像极易发生失真。为了提高乳剂的熔点、降低它的吸水性以增强它的机械强度，在制备乳胶时，应加入一些盐，这些盐能与明胶蛋白质中的氨基和羧基发生交联，并形成结构紧密的立体网络而变得坚硬，这些盐就称为坚膜剂，这一过程称为坚膜。坚膜剂应满足以下几个要求：

1）能与明胶产生很强的反应，坚膜后仍保持明胶的多孔性、不影响它的透水性。

2）不影响乳剂的照相性能。

3）不破坏乳剂的黏度和 pH 值。

4）与其他补加剂不发生化学反应。

5）坚膜作用能很快完成，没有后期坚膜作用。

6）在配制和使用中性能稳定。

具有坚膜能力的盐类有很多，在实际应用中只有为数不多的几种可供选用。这些盐类分有机类和无机类两种。无机坚膜剂有铬矾、醋酸铬、明矾等。有机坚膜剂有甲醛、乙二醛及丁二酮等。

在制备感光乳胶时，根据明胶的特点与坚膜的种类，坚膜剂的用量为明胶质量的0.3%～3%。例如，铬矾为0.5%～2%；醋酸铬为0.3%～1.2%；甲醛为1%～3%。坚膜剂的坚膜作用越大，则它们的用量越少。

无机坚膜剂的反应速度较快，坚膜时间短；有机坚膜剂的反应速度慢，需要较长时间。醛类在坚膜的反应中，还具有还原作用，使感光材料的灰雾度上升，会出现坚膜过度的“后期坚膜”现象。

在制备乳剂时，可将坚膜剂配成溶液加入乳剂或胶液中，也可将它加在保护剂中，最后涂在胶的外层，利用扩散使坚膜剂发挥作用。这样可避免它在乳剂中产生灰雾度上升、感光度下降的缺陷。定影时，为了防止乳剂在显影和定影过程中与水长时间接触变软、起皱、脱落等现象发生，定影液中也要加入适量坚膜剂。

由于甲醛在酸性定影液中能与硫代硫酸钠发生反应，因此在定影液中不能使用甲醛。一般使用钾明矾，它具有在酸性定影液中使用寿命长、保存性好、坚膜效果好的特点。

3. 酸

定影是在酸性溶液中进行的，一般pH值为4.4左右，所以都要使用弱酸。如醋酸、硼酸等弱酸，有时也用硫酸。

4. 保护剂

用作定影剂的硫代硫酸钠或在快速显影液中的硫代硫酸铵，在定影时的酸性环境中极易分解并析出硫，反应式为

$$S_2O_3^{2-} + H^+ = HSO_3^- + S$$

为了有效地抑制这一反应，使反应向左进行，增加定影液中的HSO_3^-的浓度是非常必要的。在定影液中加入亚硫酸钠是最方便最有效的。亚硫酸钠在水溶液中形成的亚硫酸氢根离子使得上述分解反应的平衡向左移动，从而可抑制硫代硫酸钠的分解。亚硫酸钠所起的作用就是保护硫代硫酸钠，使它不分解失效，因此称为保护剂。

5. 定影液的配制

一般是将定影液所需的各种药品按配方依次加入所需水量的2/3的水中。酸在保护剂后面加入；明矾等坚膜剂应在酸加入以后再放，以免因溶液的pH值较高发生氢氧化物的胶体沉淀。最后将水加到所需的体积配成。一般都按溶液的体积为1000mL计算。部分普通定影液、酸性定影液及快速定影液的配方分别见表3-6、表3-7和表3-8。

表3-6　部分普通定影液的配方

配　方	301	303	203	GP350	IF-2	F-24
水/mL	750	750	贮藏液	800	—	500
硫代硫酸钠/g	250	200	475	200	200	240
亚硫酸钠/g	—	—	12	—	—	10
亚硫酸氢钠/g	15	15	—	—	—	25
焦亚硫酸钠/g	—	—	67.5	12	12.5	—
水/mL	加至1000	加至1000	加至1000	加至1000	加至1000	加至1000

表 3-7 部分酸性定影液的配方

配　方	305	204	1-F	$FF\text{-}H_3$	GP308	F-10	ATF-5
水/mL	750	750	850	600	800	500	700
硫代硫酸钠/g	200	240	240	250	300	380	200
亚硫酸钠/g	20	15	15	15	—	7.5	15
28%醋酸/mL	60	75	48	12	42	72	62
焦亚硫酸钾/g	—	—	—	—	15	—	—
硼砂/g	—	15	—	12	20	30	—

表 3-8 部分快速定影液的配方

配　方	304	IF-14	F-14	F-9	ATF-1	ATF-2	ATF-5
水/mL	600	300	600	600	700	700	700
硫代硫酸钠/g	200	—	360	360	—	—	—
亚硫酸钠/g	—	—	15	15	12	15	15
氯化铵/g	50	—	50	—	—	—	—
焦亚硫酸钠/g	20	—	—	—	—	—	—
硫代氰酸铵/g	—	500	—	—	—	—	—
硫酸铬钾/g	—	—	—	—	—	15	—
硫酸镁/g	—	30	—	—	—	—	—
5%硫酸/mL	—	—	—	—	—	80	—
硼酸/g	—	—	7.5	7.5	7.5	—	7.5
28%醋酸/mL	—	—	47	48	—	—	—
冰醋酸/mL	—	—	—	—	9	—	15.4
硫酸铝钾/g	—	—	15	15	—	—	15
硫酸铵/g	—	—	—	60	—	—	—
60%硫代硫酸铵/mL	—	—	—	—	185	185	—
无水硫酸铵/g	—	—	—	—	—	—	200
氯化铝（六水物）/g	—	—	—	—	12.5	—	—
水/mL	加至 1000	加至 1000	加至 1000	加至 1000	加至 1000	加至 1000	加至 1000

3.4.4 影响定影的因素

定影速度的快慢受各种因素的影响。在定影时乳剂层中的卤化银被全部溶解下来的时间称为“定透时间”。定透时间越短，则定影速度越快。它受乳剂成分及涂层厚度、定影液浓度、温度及搅拌等因素的影响很大。

1. 乳剂成分及涂层厚度的影响

乳剂中的卤化银的溶解速度按氯化银、溴化银及碘化银的顺序依次变小。

卤化银的含量越高，其定影速度越慢。

卤化银的颗粒越细小，其定影速度越快。

乳剂涂层越厚，其定影速度越慢。

2. 定影液浓度的影响

当硫代硫酸钠的浓度在20%～40%，定影速度随浓度的增加而加快。硫代硫酸钠的浓度超过40%以后，因抑制了乳剂层中明胶的膨胀，定影速度反而下降。

3. 温度的影响

温度升高，增大明胶的膨胀吸水性，加快乳胶及定影液中各种化合物的扩散速度和反应速度，使定影速度加快。温度过高，导致乳剂层的机械强度下降，对图像的保真很不利。一般定影温度在16～24℃之间最合适。

4. 搅拌的影响

搅拌可以加快乳剂表面定影液的流动更新，有利于定影速度的提高。

3.4.5 水洗

感光材料经过定影之后，乳剂层中仍残留大量硫代硫酸钠和银的络合物。它们的存在严重影响图像的保存性，必须用水清洗除去。

若感光材料中残存的硫代硫酸钠不除去，它在保存的过程中将与空气中的二氧化碳发生化学反应，产生硫和亚硫酸，反应式为

$$Na_2S_2O_3 + CO_2 + H_2O \rightarrow Na_2CO_3 + H_2SO_3 + S$$

分解出来的硫与图像中的银粒又将发生反应，生成棕黄色的硫化银，从而使定影后的感光材料发黄。

冲洗用水的水质对冲洗速度和效果有一定的影响。用含有一些盐类化合物的水冲洗时，能加快水洗的速度。如用3%的食盐水洗时，它比普通的淡水洗的时间缩短一半。其中若含有亚硫酸钠，则水洗时间更短，在其他条件相同时，最后在乳剂层中所含的硫代硫酸钠的残余量仅为普通水洗后的1/40。因此，一般的定影液中总含有一定量的亚硫酸钠。

实际上，用水冲洗可以洗去大部分硫代硫酸钠，但不能完全除去。不过残余的微量硫代硫酸钠对图像的保存影响不大。

3.4.6 图像的加厚与减薄

在照相制版时，经定影后图像的密度或反差与要求总有一定的偏差。为了弥补这些缺陷，可以采用一些措施适当增加或降低它们的密度或反差，达到所要求的程度，这种措施称为图像的加厚或减薄。

1. 图像的加厚

图像的密度或反差偏小时，采用适当的方法增加图像上的银微粒密度，以增加图像的密度或反差的方法称为“加厚”。它是在图像原有的基础上使银微粒变粗大，但不能产生新的微粒或条纹，否则加厚的图像的质量将受到一些影响。加厚的方法有两种：银加厚法和铬加厚法。

（1）银加厚法　这种方法是采用前面已提及的物理显影法，使银原子在已显影的图像银微粒上面再发生沉积，以提高图像的密度和反差。它们是按比例加厚的，所以可以提高图像的反差。银加厚液的配方如下：

甲液：硝酸银20g，加去离子水至350mL。

乙液：亚硫酸钠20g，加去离子水至350mL。

丙液：硫代硫酸钠35g，加去离子水至350mL。

丁液：亚硫酸钠3g，米吐尔8g，加去离子水至1000mL。

使用时乙液取1份，缓慢加入甲液中，搅拌至产生白色沉淀，加入2份丙液，使沉淀溶解，再加入3份丁液，搅拌均匀后即可使用。

这种加厚液保存期只有半个小时，应现用现配。

这种加厚方法可使密度增加50%左右。

（2）铬加厚法　这种方法是利用重铬酸钾使银氧化，再与盐酸中的氯离子反应生成氯化银。同时，在原来银影的位置生成氧化铬，它带有一定的颜色。然后进行显影，氯化银还原为银微粒。这样在银粒的部位又增加了氧化铬，提高了图像的密度和反差。其反应式为

$$14Ag + 5K_2Cr_2O_7 + 18HCl \rightarrow 14AgCl + 7CrO_2 + 3K_2CrO_4 + 4KCl + 9H_2O$$

铬加厚液的配方如下：

甲液：重铬酸钾100g，加去离子水至1000mL。

乙液：浓盐酸100mL，加去离子水至1000mL。

使用时将甲、乙液混合使用，其比例不同，加厚的速度也不同。处理后的感光材料，在水中冲洗干净后，再用含亚硫酸钠的显影液进行显影，即可得到加厚图像。

这种方法的优点在于它可进行多次加厚，直至得到需要的密度和反差为止。该方法容易掌握，得到的图像质量稳定。

2. 图像的减薄

经显影、定影后的感光材料上的图像如果密度或反差过大，可采取措施降低，这些方法称为“减薄”。其原理是将定影后的图像中的金属银微粒，转变为可溶性的银盐除去而达到目的。根据减薄的情况不同，分为平均减薄、比例减薄和超比例减薄三种情况。

（1）平均减薄　这种方法是对图像的所有部分都减少相同的银量。这种方法适合于曝光过度的正确图像。因为是平均减薄，所以它可以清除灰雾，但减薄后的反差不变。

（2）比例减薄　这种方法适合于显影过度、反差过大的图像。它的特点是“按比例减薄”。密度大的减薄程度大，而密度小的减薄程度小。经过这种方法处理后的图像的反差可以降低。

（3）超比例减薄　这种方法对密度过大的部分可大量地降低其密度，而对密度小的部分几乎不发生减薄现象。这种方法处理后的图像的反差降低很多。

作为减薄的方法，也有以下两种。

一种是赤血盐减薄法。这种方法的原理是将银微粒与赤血盐（铁氰化钾）反应生成能溶于硫代硫酸钠溶液的亚铁氰化银（黄血银）。其反应式为

$$4Ag + 4K_3[Fe(CN)_5] \rightarrow 3K_4[Fe(CN)_6] + Ag_4[Fe(CN)]$$

$$Ag_4[Fe(CN)_6] + 6\,Na_2S_2O_3 \rightarrow Na_4[Fe(CN)_6] + 2\,Na_4[Ag_2(SO_2O_3)_3]$$

减薄液由甲、乙两种溶液组成。

甲液：赤血盐5~10g，加水至1000mL。

乙液：硫代硫酸钠50g，加水至1000mL。

这两种液体可以分别使用，也可以混合使用，各有优缺点。分别使用时，将需要减薄的定影后的感光材料先在甲液中减薄，再在乙液中溶去银盐。其优点是减薄液的保存性能好；缺点是在减薄时产生的亚铁氰化银（黄血银）仍存在于图像上，看不清减薄的程度，往往有过度减薄的危险。混合使用时，随时可以看清减薄的程度，不会出现减薄不足或过度的现象；缺点是减薄液的保存性很差，仅能保存数分钟至几十分钟，而且浓度越大，失效也越快。

这种方法进行减薄的效果取决于溶液的浓度。当赤血盐的浓度小于0.5%、硫代硫酸钠浓度低于5%时，可得到接近比例减薄的效果。若赤血盐浓度大于1%而硫代硫酸钠的浓度为10%时，可得到接近平均减薄的效果。

另一种是过硫酸铵减薄法。这种方法可以得到超比例减薄的效果。减薄液是浓度为2%的过硫酸铵溶液，其减薄反应式为

$$2Ag + (NH_4)_2S_2O_8 \rightarrow Ag_2SO_4 + (NH_4)_2SO_4$$

反应产生的Ag_2SO_4为白色沉淀，可微溶于水，易溶于硫酸铵溶液。若在溶液中有少量硫酸存在，则有加快溶解的作用。它在碱性环境中的减薄作用缓慢。

3.5 图像反转冲洗工艺

3.5.1 反转冲洗原理

感光材料经曝光后，在乳剂层中形成的潜影经显影后的图像为被摄物体（或图像）的负像。将显影后被还原出来的银微粒“漂白”除掉，残留在乳剂中的卤化银的“浓度”正好与图像的密度成反比。将它再次全面曝光后，这些残留的卤化银便全部感光，经过显影、定影后得到的图像也正好与负像密度相反，而与物体完全一样的正像。

3.5.2 反转冲洗工艺

反转冲洗的工艺步骤如下：

一次曝光→一次显影→水洗→漂白→水洗→除斑→水洗→二次曝光→二次显影→水洗→干燥。

第一次曝光同一般摄像曝光的要求一样，要求能得到一个非常准确、精细的图像。

为了保证反转冲洗后的图像非常准确地与被摄图像完全一致，总是希望在第一次显影时残留下来的卤化银尽量少损失。这就要求第一次显影的灰雾度越小越好。因此，第一次显影液应具备下列特点：

1）为了充分显影，保证图像强光部分的亮度和透明度，在显影液中的对苯二酚含量较高，1000mL显影液中含12~20g。而且它的碱性较强，pH值很高，在1000mL中含氢

氧化钾 18～20g。

2）为尽量减少灰雾度，防灰雾剂含量也较高。例如溴化钾的含量为 8g/L。

3）为加快显影速度，显影液中还有一定量的硫氰化钠或硫氰化钾。它们还可提高光亮部位的透明度。

反转冲洗第一次显影液配方实例见表 3-9。

表 3-9　反转冲洗第一次显影液配方实例

配　方	阿可发	柯达 D-94
水/mL	750	7500
米吐尔/g	2	0.6
无水亚硫酸钠/g	30	50
对苯二酚/g	12	20
氢氧化钠/g	18	20
溴化钾/g	8	8
硫氰化钾/g	5	6
水/mL	加至 1000	加至 1000
显影时间（20℃）min	4～6	2

第一次显影后，应进行第一次充分水洗，彻底除去乳剂中残留的显影液，以免它与下一工序的漂白液作用，生成黄色污染物使图像质量变坏。水洗时间为 5～6min。

用漂白液把第一次显影形成的图像银氧化为可溶性银盐除去。漂白液一般为强氧化剂水溶液，如重铬酸钾或高锰酸钾的水溶液。它们与银微粒反应生成相应的银盐，反应式为

$$6Ag + K_2Cr_2O_7 + 7H_2SO_4 \rightarrow 3Ag_2SO_4 + Cr_2(SO_4)_3 + 7H_2O$$

$$10Ag + 8H_2SO_4 + 2KMnO_4 \rightarrow 5AgSO_4 + 2MnSO_4 + K_2SO_4 + 8H_2O$$

高锰酸钾漂白效果彻底，图像透明度好，但乳剂出现软化现象，需再行坚膜。而重铬酸钾具有坚膜作用，但漂白效果不如高锰酸钾，图像的透明度和明朗程度差。漂白液配方举例如下：

重铬酸钾 9.5g，浓硫酸 12mL，加水至 1000mL。

漂白时间 30s。

第二次水洗是将残留在乳剂中的漂白液全部洗除。待全部显影的黑色阴影漂白、洗净后就可在白炽灯下操作。

漂白后的感光材料呈褐色或橘黄色，是因漂白液与明胶作用染色所致，需要除斑，它可在亚硫酸氢钠溶液或 10% 的亚硫酸钠溶液中除去。除斑时间一般为 30s。

除斑后用水冲洗，以除去残存的漂白液。

第二次曝光是将乳剂中所余的卤化银全部感光。这一步应使感光材料的各个部位均匀曝光。曝光时间应长一些，以防曝光时间不足引起图像明暗密度的失真。

第二次显影一般在硬性显影液中进行。

第四次水洗是洗去显影液，获得干净的图像胶片。

经过第二次曝光显影后的感光材料已不存在未曝光的残余卤化银。为了安全起见，仍需定影，除去实际上仍存在的微量卤化银。

定影后再用水清洗、干燥即为所需正像。

3.6 重氮盐感光材料

重氮盐感光材料是非银感光材料中最古老的一种。1881 年 Berrhelct 发现重氮盐的光解特性之后的几十年里，许多化学家孜孜不倦地进行了大量的研究工作，于 1932 年研制成了能作为照相用的重氮胶片，并在此基础上，开发出一系列新型感光材料，广泛用于印刷行业的制版/彩色印刷和缩微成像等方面。它作为重要的感光制版材料，用于印制电路板的生产制版，还是最近 30 多年的事情。

重氮盐感光材料与银盐感光材料相比，有以下优点：

1）分辨力高。银盐感光材料是卤化银微晶颗粒在光的作用下还原成银，被还原出来的银原子以聚集体的形式成像。而重氮盐感光材料则是以分子为单位进行光化学反应成像。所以重氮盐的分辨力超过 1000 对线/mm（即 0.5μm），比银盐感光材料的分辨率高得多。

2）操作方便。重氮盐感光材料仅对紫外光敏感（300 ~ 450nm），吸收峰值在 365nm 附近，所以重氮盐感光材料曝光后，可在普通光线或黄色光照明下进行显影，同时可用湿法、半湿法或干法显影，不需要定影，也没有过显影的弊病，操作简便。

3）重氮盐底版多为棕黄色或浅棕色半透明软片，能与钻孔后的印制电路板精确对位、曝光、复印，对提高印制电路板双面对准精度和图像重合精度很有利。

4）成本低廉，为银盐片成本的 1/3 ~ 1/4。

因此，近 10 多年来，重氮盐片大量用于印制电路板的生产中，由于重氮盐的感光速度低，一般不用它制作原版，只作为接触曝光用的副版。

3.6.1 重氮盐感光材料的组成与分类

1. 重氮盐感光材料的组成

重氮盐感光材料中必须含有重氮化合物及耦合剂两种主要成分及增感剂、活化剂、黏合剂、缓冲剂、防氧化剂等添加剂。

这种感光材料曝光时受光照的重氮化合物分解为无色的化合物与氮气。未曝光部分的重氮化合物与耦合剂发生耦合反应，生成耦氮染料。在水存在下，其反应如下：

光解反应：$ArN_2X + H_2O \rightarrow ArOH + N_2\uparrow + HX$

耦合反应：$ArN_2X + ArOH \rightarrow ArN_2ArOH + HX$

由此可见，重氮化合物与耦合剂应具备如下条件：

• 耦合反应形成的图像必须耐光、耐酸，使图像具有较好的稳定性。

• 耦合反应速度适当，若耦合速度过快，易发生自动耦合的“暗反应”效应，使感光材料不易保存。

• 重氮化合物应不溶于水，以防显影时图形扩散，造成失真。

• 反应生成的耦氮染料应具有较好的光谱吸收性和一定的光密度。

• 重氮化合物的光解产物和耦合剂本身应无色，在其图形的保存期内不受空气的作用而变色。

作为光敏剂的重氮化合物有如下四类：

（1）对苯二胺重氮盐　其结构如下：

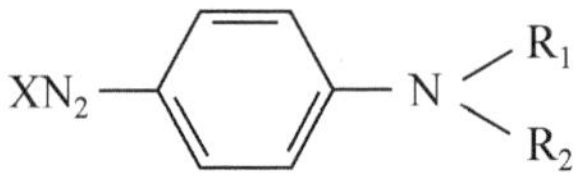

如：对－重氮－甲基苯胺，对－重氮－N,N－二甲基苯胺，对－重氮－N－乙基－N－羟乙基苯胺，4－重氮－5－氯－2－甲氧基－N－乙基－N－苄基苯胺，4－重氮－N－乙基－N－苯乙基苯胺等。这类是最基本的重氮盐，最早应用于重氮盐感光材料中。

（2）烷氧基取代苯胺类重氮盐　其结构如下：

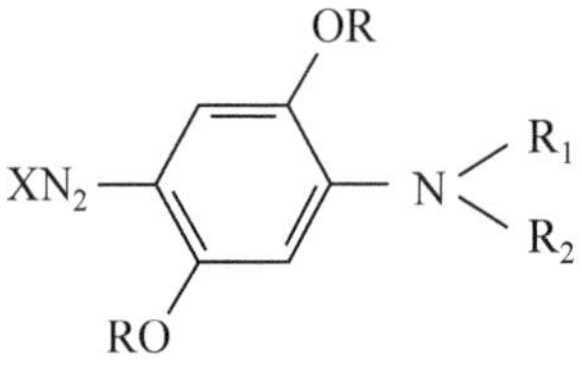

如：4－重氮－2,5－二丁氧基－N,N－二乙基苯胺，4－重氮－2,5－二丁氧基－N,N－二丙基苯胺，4－重氮－2,5－二乙基－乙－苄基苯胺，4－重氮－2,5－二乙基－N－乙基N苯甲酰苯胺等。这是一类活性较高、主要用于单组分的重氮盐感光材料。

（3）二苯胺类重氮盐　其结构如下：

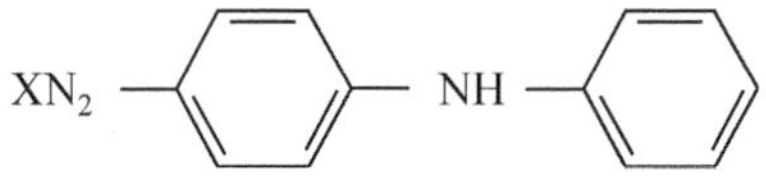

如：4－重氮－N－苯基苯胺等。这是一类用于产生紫色蓝黑色的重氮盐感光材料。

（4）杂环苯胺类重氮盐　其结构如下：

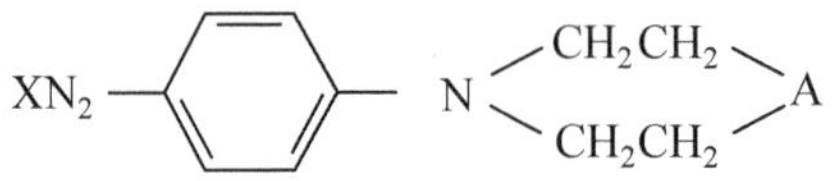

如：4－重氮－N－吗啉基苯胺，4－重氮－N－哌啶苯胺，4－重氮－N－吡咯基苯胺等。它们有较高的感光度，成像质量高，一般用作双组分重氮盐感光材料。

作为耦合剂的材料主要为芳香族羟基化合物和含有活性亚甲基的化合物。

芳香族羟基化合物如苯酚类和萘酚类，它们以对位与重氮基耦合。若它们的对位有稳定取代基时，则在邻位发生耦合。耦合活性随 pH 值的增大而加强。这类化合物如：2,5,6－三甲基苯酚，2,4－二羟基甲酰苯胺，间苯三酚，1,8－二羟基萘酚－4－磺酸。

含活性亚甲基的化合物结构式如下：

$$R_1COCH_2COR_2$$

它们与重氮盐反应时，活性亚甲基释放出一个氢原子，与重氮基耦合，反应式为

$$C_6H_5-N_2Cl+CH_3COCH_2CONH-C_6H_5\xrightarrow{OH^-}C_6H_5-N=N-\underset{\underset{COCH_3}{|}}{CH}-CONH-C_6H_5+HCl$$

一般耦合反应是在碱性介质中进行的，不同的重氮盐与耦合剂反应产生的耦氮染料有不同的颜色。在实际应用中，主要是黑色图形，所以为了得到真正的黑色，多采用两种或两种以上的耦合剂，并以相近的耦合速度形成两种或两种以上的耦合染料，同时对光吸收的结果得到了真正黑色图形的效果。

2. 重氮盐感光材料的分类

重氮盐感光材料的感光层中，按同时存在重氮盐和耦合剂与否，分为双组分重氮盐感光材料和单组分重氮盐感光材料两类。

（1）双组分重氮盐感光材料

这类感光材料的感光层中同时含有重氮盐感光剂和耦合剂，其感光液的组成举例如下：

4－重氮－N,N－二乙基苯胺（氧化锌盐）5.0g；磷酸1.5g；氯化锌5.0g；2,3－二羟基萘酚0.16g；硫脲1.0g；皂角甙0.1g；柠檬酸10.0g；异丙醇2mL；乙二醇6mL；间苯二酚1.7g；2,3－二羟基萘酚－6－磺酸0.8g；水100mL。

由于两种组分同时存在于感光层中，必须防止它们过早耦合。除选用耦合速度适当的耦合剂外，加入少量的无机酸或有机酸以降低pH值，能有效地阻止它们过早耦合的现象出现。硫脲为防氧化剂，可防止感光图形的背景污染和褪色。

这类双组分感光材料的突出优点是“干法显影”。可用氨气熏或加热的方法。但直接使用氨气熏，对操作人员和环境不利。为此，可在感光液中预先加无机铵盐或有机胺类化合物。用加热的方法显影时，这些铵盐（或胺盐）受热分解释放出氨使pH值升高，完成显影过程。所以释氨剂应选择适当，一般选用碳酸铵、碳酸氢铵及尿素等，这些物质在受热时均可放出氨，操作简便，而且分解后的残余物呈中性，对介质的pH值影响不大，但若用尿素时，感光材料应在低温保存，因为它在130℃时便开始分解，反应式为

$$2NH_2CONH_2\xrightarrow{130℃}H_2N\overset{\overset{O}{\|}}{C}-NH-\overset{\overset{O}{\|}}{C}-NH_2+NH_3\uparrow$$

其用量控制在100g感光液中为6～7g的范围内。

（2）单组分重氮盐感光材料　这类重氮盐感光材料的感光层中仅含有重氮化合物。曝光后，在含有耦合剂的显影液中显影。这时耦合剂渗入感光层中，与未曝光的重氮化合物发生反应。为使耦合反应能稳定顺利地进行，显影液应具有缓冲性。这类感光液的组成举例如下：

4－重氮－2－氯－N,N－二乙基苯胺（氯化锌盐）3.0g；1,3,6－萘酚－三硫酸苏打

盐 1.5g；酒石酸 1.5g；硫酸铵 1.5g；明胶 0.3g；水 100mL。

相应显影液的配方为：

水 100mL；硼砂 7.0g；碳酸钾 0.5g；硫脲 1.0g；间苯三酚 0.5g；间苯二酚 0.5g。

配方中加入硫脲是为防止存放和使用中图像的背影污染以及染料褪色。这是一种很有效的防氧化剂。

3.6.2 重氮盐感光材料负性印像法

如前所述，重氮盐感光材料可以直接曝光得到正像，是一种正性感光材料。但有时需要用负像直接印制正像，这就需用负-正性感光材料，这种方法称为重氮盐感光材料负性印像法。简称“重氮负性印像法”。

重氮负性印像法有重氮磺酸盐法及自动耦合法。

1. 重氮磺酸盐法

苯重氮磺酸盐在光或热的作用下，发生异构化。活性很差的反式结构的苯重氮磺酸盐转变为活性很强的顺式结构的苯重氮磺酸盐。后者能在光或热的作用下分解，或在碱性介质中发生耦合反应。

由于顺式苯重氮磺酸盐曝光时，既能发生分解，也能发生耦合反应，只有抑制其分解反应才能有效地促使它进行耦合反应。可向感光层中加入碱性物质和芳香醛类化合物以提高其 pH 值，加速耦合反应。亚硫酸根离子可与芳香醛反应生成稳定的化合物，提高耦合反应的速度，使反应向生成耦合染料的方向进行，反应式为

$$RCHO + NaHSO_3 \rightarrow RCOH \cdot HSO_3Na$$

反应的结果使苯重氮盐的分解反应受到抑制，并得到一定密度的图像。

未见光部分的苯重氮盐不能形成耦氮染料，这样便可以得到负像。用负性底版便可得到正像。

2. 自动耦合法

将重氮化合物的芳基上的取代基做适当的调整，使它在光分解后所产生的产物是一个活泼耦合剂，并进一步与其他重氮化合物自动进行耦合反应，生成耦氮染料，反应如下

$$ArN_2X + H_2O \xrightarrow{h\nu} ArOH + N_2\uparrow + HX$$

$$ArN_2X + ArOH \xrightarrow{\text{碱}} ArN_2ArOH + X^-$$

其中，$h\nu$ 指一定波长的光照。

自动耦合使曝光部分形成一定的染料密度，从而可得到负像。

3.6.3 微泡照相技术

微泡照相技术是 20 世纪 50 年代在重氮盐感光材料应用的基础上，发展起来的一种新型非银盐照相技术，也称“微泡照相法”。

微泡照相法最早是美国 Kalvar 公司开发出来的，1952 年这种胶片投入使用，由于它具有解像力高、图像性能稳定、不需用暗室、加工简便、成本低、无污染等许多突出的优点，迅速地在缩微复制、印制、电影制片、航空照相复印、信息储存等技术领域中得到推

广应用。它是一种很有前途的照相技术。在重氮盐感光材料照相技术中，占有重要的地位。

微泡照相用胶片主要是由光敏剂、热塑性树脂和基片（支持体）组成。将光敏剂均匀分散在热塑性树脂中制成的感光液，均匀涂布在透明胶片或不透明的照相纸上制成微泡胶片或相纸，其感光层厚度约为 0.1mm。

曝光时，胶片的光敏剂（重氮盐）分解释放出氮气，形成内应力潜影，经加热显影，气体膨胀形成微气泡，这些微气泡对光的散射性能与周围的介质不同，便形成可见的图像。

1. 微泡潜影的形成

在微泡胶片的感光层中，树脂的高分子以结晶态和非晶态两种形态存在，它们互相混杂在一起，光敏剂（重氮盐）均匀地分布在其中。曝光时，由于热塑性树脂具有气密性，曝光部分的重氮盐分解产生的氮气无法移动和逸出，被封闭在树脂中原来的位置，形成内应力潜影。感光后进行热显影时，温度高于树脂的软化点（80～150℃）后树脂内的晶态结构消失，被封闭在其中的小气泡受热膨胀，内应力也增加，在内应力和热的双重作用下，树脂结构发生再结晶和重新定向排列，形成紧密的网状结构外壳，将其中的小气泡（微泡）紧紧地包围住。内应力潜影就转变成微泡结构的影像而固定下来。

这种热显影的方法很简便，可用各种加热方式进行加热，接触传热、辐射加热、热空气对流加热等各种方式中的任意一种均可。热显影时间一般为几秒。为了使影像清晰，显影距曝光之间的时间间隔应越短越好，最好不超过 5min。这样可防止曝光后分解产生的气体不至于逸散和变形。

2. 定影

显影后的感光层再进行充分均匀的曝光，时间长一些，使未曝光的光敏剂充分分解，再在 40℃左右的温度下，恒温几小时，使分解出来的气体完全逸出，便可得到稳定的图像。

经过这样处理所得到的图像是正像。

由上可知，微泡照相法与银盐照相形成图像的原理存在着根本的区别。银盐照相是卤化银光分解后形成的还原银原子组成金属银微粒，对光的吸收，形成图像；而微泡照相是由重氮盐光分解后产生的微小气泡，对光的散射，形成图像。

3. 微泡感光胶片的组成

微泡感光胶片一般采用二取代对苯二胺的衍生物作为光敏剂。其结构如下：

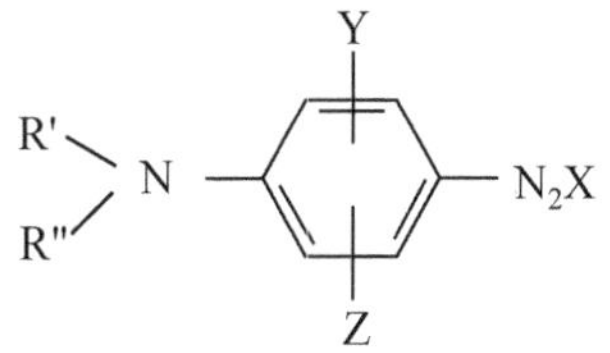

Y
R'
N　　N_2X
R''
Z

其中，R′、R″为烷基；X 为阴离子；Y、Z 为苯环上的取代基。

所使用的重氮盐一般为二甲基苯胺重氮盐、二乙基苯胺重氮盐、对二苯胺硫酸重氮盐、二乙基对吗啉苯胺重氮盐等。

为了提高这些芳香族重氮盐的感光范围和提高光度，可向其中添加增感剂，一般多使用蒽醌、芳酮等化合物。

在微泡感光胶片中使用热塑性树脂，它是疏水的线型高分子化合物，可进行反复加热和冷却凝固处理；同时还具有良好的透光性、热塑性和气密性，能使光线充分地透过，并能使重氮盐分解产生的气体封闭在其中，形成稳定的潜影。为了在定影时将未曝光的重氮盐分解产生的气体逸出，这类树脂也具有适当的透气性，并不是绝对地气密。

一般所采用的热塑性树脂有偏二氯乙烯/丙烯腈共聚物、偏二氯乙烯/氯乙烯共聚物、氯乙烯/丙烯酸甲酯共聚物等。

4. 微泡照相的性能

微泡照相的分辨力主要取决于形成的微泡的尺寸大小。微泡越小，则分辨力越强。目前最高可达1000对线/mm，其感光度比银盐胶片低100倍，但比普通重氮盐照相要高3～5倍。

微泡胶片的保存性很好，用黑纸包裹，在干燥环境下，存放五年以上，其照相性能不变（不失效）。但它的光谱响应范围很窄，只对紫外光敏感，最大吸收峰在385nm附近，只用于黑白片的摄像。

微泡照相的稳定性很好，在适当的条件下长期保存，图像密度没有明显的变化。这种感光胶片不易受潮、霉菌和细菌的作用变质。

用微泡胶片或相纸在照相后得到的图像，因观察的角度不同，而呈现不同的黑白图像。在反射光下观察时，曝光区域呈白色，未曝光区域呈黑色。在透射光下观察时，曝光部分因光的反射和折射呈黑色，未曝光区域呈白色。

将已曝光的微泡胶片，不立即显影，而是放置较长的时间，使光分解后产生的氮气完全逸出，不形成微气泡，然后进行第二次全面曝光，然后立即显影，便可得到反转图像，即负像。这与卤化银照相时所形成的负像相似，但操作更简便。

3.7 激光直接成像技术

采用照相底版作为掩膜版制作印制电路板图形需要其与覆铜板上的感光材料紧密贴附。照相底版不断地使用过程中不但会对图形产生损坏，而且容易导致树脂基的底版发生变形从而导致对位精度差，重合度低。当印制电路板加工过程中发生变形后，照相底版也难以通过尺寸调整修复图形。这使得照相制版制作超精细线路存在困难。

采用激光直接成像（Laser Direct Image，LDI）技术，即直接利用CAM工作站输出的数据，驱动激光成像装置，在涂覆有感光材料的覆铜板上进行成像的工艺。采用激光直接成像技术后，设备可根据对位点的测试确定印制电路板加工过程中尺寸的变化，并对激光制相进行直接调整，从而很好地保持了印制电路板图像的精度，可降低其尺寸误差。

激光直接成像技术的应用实践表明，相比接触式的照相制版成像技术，该技术能够将误差降低60%以上。因此，激光直接成像技术在超精细线路制作中，特别是封装基板中10μm甚至8μm的线路中大量应用。

3.8 习题

1. 感光材料一般由哪几部分构成？
2. 感光材料的乳剂层主要由哪些材料组成？各成分主要起什么作用？
3. 感光材料的支持体主要有哪些类型？
4. 按感色性能分，感光材料分为哪些类型？各有何特点？
5. 潜影是怎么形成的？
6. 感光材料的量子效率是什么意思？它由哪些因素决定？
7. 何谓显影？
8. 显影液由哪些成分组成？
9. 显影剂应具备哪些条件？它有什么结构特征？
10. 何谓定影？何谓停影？它们有何差异？
11. 定影液中最常使用的酸是什么酸？为什么使用这些酸？
12. 何谓图像的加厚？怎样加厚？
13. 何谓图像的平均减薄？怎样减薄？
14. 重氮盐感光材料有什么结构特征和性能特征？
15. 微泡潜影是怎么形成的？怎样对其定影？

第4章　图形转移技术

印制电路板制作过程中，很重要的一道工序就是用具有一定抗蚀性能的感光树脂涂覆到覆铜箔板上，然后用光化学反应或“印刷”的方法，把电路底图或照相底版上的电路图形“转印”在覆铜箔板上，这个工艺过程就是“印制电路的图形转移工艺”，简称“图形转移”。图形转移后所得到的电路图形分为“正像”和“负像”。

用抗蚀剂借助于“光化学法”或“丝网漏印法”把电路图形转移到覆铜箔板上，再用蚀刻的方法去掉没有抗蚀剂保护的铜箔，剩下的就是所需的电路图形，这种电路图形与所需要的电路图形完全一致，称为正像。这种图形转移称为“正像图形转移”。

用“丝网印刷法”把抗蚀剂印在覆铜箔板上，没有抗蚀剂保护的铜箔部分是所需的电路图形，抗蚀剂所形成的图形便是“负像”。这种工艺称为“负像图形转移”。在没有抗蚀剂保护的铜箔上，用电镀的方法，镀一层金、锡、锡-镍合金或锡-铅合金等具有抗蚀性能的“金属抗蚀层”，再把负像抗蚀剂去掉，暴露出没有金属抗蚀层保护的铜箔，再用适当的蚀刻剂蚀刻掉，便可得到有金属抗蚀层保护的正像电路图形。

本章将介绍抗蚀剂的光固化机理和应用等有关内容。

4.1　光致抗蚀剂的分类与作用机理

4.1.1　概述

在图形转移过程中所使用的抗蚀剂是用感光性树脂（也称感光性高分子聚合物、光敏树脂、光致抗蚀剂或简称“光刻胶”）制成的。

感光性树脂在吸收光量子后，引发化学反应，使高分子内部或高分子之间的化学结构发生变化，从而导致感光性高分子的物性发生变化。利用这一特点，把它们制成具有各种不同性能的“光致抗蚀剂（光刻胶）”“光固化染料（光固化抗蚀油墨）”“光固化阻焊油墨”“光固化耐电镀油墨”“干膜抗蚀剂（也称抗蚀干膜）”及“光固化表面涂覆保护剂”等电子工业用的各种抗蚀剂。

从加工工艺的角度，它们可以分为正性胶和负性胶两类；以光化学反应机理来分，它们又可分为光交联型、光分解型和光聚合型三大类；而从外部形态，它们还可以分为液体光致抗蚀剂和干膜抗蚀剂两种。

液体光致抗蚀剂能制作出分辨力很高的电路图形，而干膜抗蚀剂却具有操作工艺简便、能用于电镀加厚的特点，可制造出线宽为0.13mm的图形。使用丝网印料（光固化印料）比用上述两种抗蚀剂更经济。在大量生产时，成本更低，而且在环境保护方面，它更具有突出的优势，已得到了广泛的应用。可以预见，光致抗蚀剂将随科学技术和电子科学的发展，不断地得到发展，将出现种类更多、性能更加优良的光致抗蚀剂。

4.1.2　光交联型光敏树脂

光交联型光敏抗蚀剂中，两个或两个以上的感光分子能够在光照下发生反应，从而互相连接起来。它们的组成有两种形式：一种是感光性化合物和高分子化合物的混合物；另一种是带有感光性基团的高分子。

1. 重铬酸盐光敏抗蚀剂

这类抗蚀剂作为感光材料，已有100多年的历史，它广泛应用于早期的各种印刷制版金属加工及印制电路图形转移中。

（1）组成　重铬酸盐类光敏抗蚀剂主要由以下两部分组成。

一部分是光敏剂，为可溶性重铬酸钾、重铬酸钠以及重铬酸铵的一种，其中尤以铵盐的感光度和水溶性最好。

另一部分是高分子化合物，有水溶性动物胶、植物胶和合成胶三种，如蛋白胶、明胶、骨胶、阿拉伯胶、虫胶及聚乙烯醇等。其中，动物胶和植物胶易受潮、发霉变质；而聚乙烯醇则没有这些缺点，现在工业上大多使用它作为重铬酸盐光敏抗蚀剂的胶体。

（2）光化学固化机理　这类光敏抗蚀剂作为主要的感光材料虽然已有100多年的历史，但至今对它的光固化机理还不甚清楚。一般认为它们的光化学反应大致可分为两步。首先，在光的作用下，六价铬离子与胶体发生氧化还原反应，被还原为三价铬离子，胶体氧化。三价铬离子具有很强的络合作用，它与胶体中具有独对电子的羧基（—COOH）、亚胺基（—NH—）中的氧和氮原子形成配位键，使胶体分子之间互相交联变成不溶性的网状结构而固化。

尽管聚乙烯醇不含羧基、亚胺基，但它也能与六价铬离子进行光交联。其交联机理被认为是由于光照时引起聚乙烯醇的氧化和六价铬的还原，聚乙烯醇的 $\underset{\mathrm{OH}}{\underset{|}{\text{—CH—}}}$ 被氧化成 $\underset{\mathrm{O}}{\underset{\|}{\text{—C—}}}$ 基所致。即

$$\underset{\mathrm{OH}}{\underset{|}{\text{—CH}}}\text{—CH}_2\text{—} + \mathrm{Cr}^{6+} \xrightarrow{h\nu} \underset{\mathrm{O}}{\underset{\|}{\text{—C}}}\text{—CH}_2\text{—} + \mathrm{Cr}^{3+}$$

（3）暗反应　已配好的重铬酸盐光敏抗蚀剂置于暗处存放一段时间后，它的黏度逐渐增大，颜色也变得较深，制好的感光版固化后，显影溶解也比较困难，这种现象称为暗反应。由于这类抗蚀剂的活性较高，在无光照时，也能自发地发生交联反应而固化。虽然这种暗反应的反应速度较慢，但它却严重地影响了这种抗蚀剂的使用期限和寿命，给制版工作带来许多麻烦。因此，根据使用量的多少，这种抗蚀剂都是现用现配制，一般不贮存。

另一致命的弱点是制版废水中的六价铬离子对环境的严重污染问题，所以这种光敏抗蚀剂已逐渐被淘汰。但由于它具有较高的分辨率（600 行/mm）和衍射能力，在激光全息摄影技术中仍可发挥它的长处，因而还受到重视。

2. 聚乙烯醇肉桂酸酯光敏抗蚀剂

在紫外光的作用下，两个高分子链产生交联的典型例子是早已闻名的聚乙烯醇肉桂酸酯（KPR）的光交联。由于是两个分子的交联聚合，因此又称为“光二聚作用交联”。它的光交联固化原理如下：

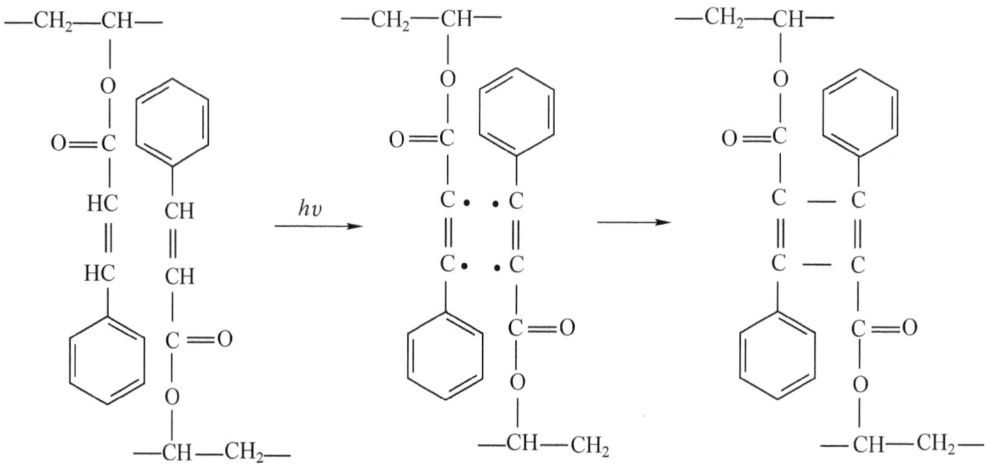

分子中的双键与相邻的苯环和羧基形成共轭体系，增强了双键的活性，使光化学反应易于进行。在光的作用下，肉桂酸基的双键被打开，然后相邻的两个分子的肉桂酸基被打开的双键互相交联。

由于光二聚作用使高分子之间产生了交联，变为不溶于有机溶剂的巨大三维网状结构的固体。它是一种“负性”光敏抗蚀剂，具有反应快、分辨力高、受氧的影响小等优点。为了克服其感光度不高的缺点，可向配制好的抗蚀剂中加入一些增感剂，如 5 - 硝基苊、对硝基苯胺、2 - 氯 -4 - 硝基苯胺、4,4′ - 四甲基 - 二胺基苯基酮、1,2 - 苯并蒽醌、3 - 甲基 - 1,3 - 二氮杂 - 1,9 苯并蒽醌等芳香族化合物，这样可以使其光谱最大吸收峰从 300nm 延长到 470nm 附近。例如，在 KPR 中加入 5 - 硝基苊以后，其吸收峰值从 300nm 附近扩展到 410nm 左右。

4.1.3 光分解型光敏抗蚀剂

光分解型抗蚀剂是由含有受光照后容易发生分解的基团如重氮基、重氮醌基和叠氮基等基团的树脂构成的。这类树脂可以是由含这些基团的小分子化合物和高分子化合物组成，也可以是带有这些基团的高聚物构成。它们是目前印制电路板生产中使用最多的光敏材料。

1. 重氮盐光敏抗蚀剂

重氮盐光敏抗蚀剂是由重氮化合物和高分子化合物组成，或者是分子上引入了重氮基的高分子化合物构成。它们的各种特性已在第 3 章详述。

重氮盐感光树脂的吸收光谱都在 350 ~ 400nm，至今尚未找到合适有效的增感剂。因此，它们的应用受到一定的限制。

2. 重氮醌光敏抗蚀剂

重氮化合物（主要是芳香族胺类）的光分解过程还受到取代基的影响，在这些芳香胺的邻位或对位有羟基时，它们重氮化以后，生成的产物为邻 - 重氮醌或对 - 重氮醌，发生光化学反应的机理与重氮盐完全不同。

邻 - 重氮醌化合物在光解时，先生成芳基正碳离子，放出氮气，同时发生重排，形成茚酮，在有微量水存在的情况下，茚酮发生水解，最后得到含五元环的茚酸。

由于茚酸可以溶于碱，因此这类抗蚀剂曝光后可以用碱水溶液显影。因此它是一种典型的“正性”光敏抗蚀剂，主要用于制备各种印刷用的“PS”版。

目前几乎所有的正型 PS 版都是用这类光敏树脂制成的，我国现已研制并推广应用的 1. 2. 4 型和 2. 1. 5 型光敏树脂就属于这种类型。

3. 叠氮类光敏抗蚀剂

叠氮基由三个氮原子组成，它受光分解放出氮气，同时生成非常富有反应活性的氮烯自由基，活性很强的氮烯化合物能继续进行各种反应。

芳香叠氮化合物的光分解速度受取代基的影响比重氮化合物小，而且它的感光波长向短波方向移动。

叠氮化合物为非水溶性的，它在感光性树脂中，主要是利用它光分解后生成的氮烯自由基与不饱和双键发生插入反应，使它们（如橡胶类化合物）发生交联而在有机溶剂中不溶，可用有机溶剂将未曝光的部分溶解去除。因此，它是一种“负性”光敏抗蚀剂。

4. 1. 4　光聚合型光敏抗蚀剂

各种烯类单体在紫外光的作用下，可以相互结合而生成聚合物，能直接进行光聚合的活性单体具有以下结构：

$$\begin{matrix} H & & & & X \\ & \diagdown & & \diagup & \\ & C & = & C & \\ & \diagup & & \diagdown & \\ H & & & & X' \end{matrix}$$

X 及 X' 中的两个或其中的一个为吸电子取代基，它们能使邻近的双键活化，所以在紫外光的作用下，双键可以打开而生成自由基：

$$\begin{matrix} H \diagdown & & \diagup X \\ & C = C & \\ H \diagup & & \diagdown X' \end{matrix} \xrightarrow{h\upsilon} \begin{matrix} H \diagdown & & \diagup X \\ & \cdot C - C \cdot & \\ H \diagup & & \diagdown X' \end{matrix}$$

生成的自由基可以进一步引发其他单体进行聚合，使分子链不断增长，成为高分子聚合物。这类可以直接被光激发生成自由基进行聚合的烯类单体有苯乙烯、丙烯酸甲酯、甲基丙烯酸甲酯、氯乙烯、醋酸乙烯、丙烯腈、甲基乙烯基酮等化合物。

1. 光聚合反应类型

通常受紫外光照射可以直接进行聚合的反应，称为直接光聚合，可分为两种情况：

1）单体吸收光子后先生成单体自由基，单体自由基引发聚合反应得到聚合物。属于这一类的单体有苯乙烯、甲基丙烯酸甲酯等。

2）单体吸收光子后生成激发态，激发态分解生成自由基，再由这些自由基引发聚合反应得到聚合物。属于这类单体的有氯乙烯、甲基乙烯基酮等。比如氯乙烯这种含有卤素之类的单体，吸收光子后，首先分解产生卤素自由基 Cl·，随后由 Cl·引发聚合反应。

2. 光引发剂

光聚合反应过程中，绝大部分是通过自由基进行的，如果在光聚合反应体系中加入一种受光后很容易生成自由基的添加剂，就可以有效地提高光聚合体系的感光度，这类添加剂称为光引发剂（又称为增感剂）。可以作为引发剂的化合物的种类很多，主要包括羰基化合物、有机硫化物、过氧化物、氧化还原体系、耦氮或重氮化合物、含卤化合物、光还原染料及其他引发剂［如 ZnO 、$Pb(C_2H_5)_4$ 、$HgBr_2$ 、Fe^{3+} 、Sn^{2+} 、Ag^+ 等］。

4.1.5 光增感

为了使光致抗蚀剂中的感光性树脂光分解、光交联和光聚合反应能够进行，首要的条件是必须吸收光子。但是有些化合物本身不能直接吸收光子或必须吸收高能量的光子才能进行反应。为此，必须在树脂中加入另外一种化合物，这些化合物能够直接吸收光子，然后把能量转移给感光性树脂化合物，使其发生反应。这种能够增加树脂对光的吸收并促使其发生反应的作用称为增感。具有增感作用的化合物称为增感剂。增感剂的种类及其作用机理与第 3 章介绍的光敏剂基本类似。

4.1.6 光敏抗蚀剂的感光度和分辨率

1. 感光性树脂的感光度

感光性树脂的感光度在非银盐感光材料中是比较高的。特别是由于光聚合反应主要是自由基反应，一个光量子的作用可以消耗 $10^3 \sim 10^6$ 个不饱和键，因此其量子效率是非常高的。各种感光材料的量子效率见表 4-1。

表 4-1 各种感光材料的量子效率

感光材料	量子效率 φ（%）
银盐材料	$10^6 \sim 10^8$
感光性树脂	$10^3 \sim 10^6$
自由基照相	$\sim 10^3$
重氮照相	<1，0.3 ~ 0.7

由表 4-1 可以看出，感光性树脂的量子效率非常高，仅次于银盐感光材料。但它与其他非银盐感光体系一样，只对一定波长的光敏感，随着波长的不同，其感光度也不一样，各种感光材料的感光度见表 4-2。

表 4-2　各种感光材料的感光度

感 光 材 料	感光度/（J/cm^2）
高感光度卤化银	2×10^{-5}（430nm）
中感光度卤化银	10^{-6}（430nm）
静电照相	10^{-7}（430nm）
3M 干银胶片	10^{-9}
光聚合材料	$10^{-9}\sim10^{-13}$（350～450nm）
光色互变材料	$10^{-12}\sim10^{-13}$（350～450nm）
重氮和微泡照相	$10^{-14}\sim10^{-15}$（350～460nm）

此外，光聚合光敏树脂的感光度还受到单体浓度、溶剂、添加剂及氧等杂质的影响。

2. 感光性树脂的分辨率

感光性树脂的分辨率通常在每毫米几百至一千条线的范围内。但是，作为光致抗蚀剂用的感光性树脂系，如 KPR（聚乙烯醇内桂酸酯）、KTER（改性聚异戊二烯－双叠氮化合物）、AZ－1350（邻重氮醌型化合物）等和作为全息照相用的感光性树脂，它们有较高的分辨率，可达 1000～2000 条线/mm。

4.2 水溶性液体光敏抗蚀剂

这类光敏抗蚀剂主要是由天然的水溶性蛋白质及合成树脂等高分子与光固化剂及其他添加剂组成的液体光敏抗蚀剂。它们具有组分简单、使用方便的特点。

4.2.1　重铬酸盐水溶性光敏抗蚀剂

这类抗蚀剂中所使用的成膜剂是水溶性高分子，最早是天然的水溶性蛋白胶，如骨胶、鱼胶、蛋白清等，之后又发展为聚乙烯醇合成树脂。这些高分子化合物的特点是可溶于水、分子中含有大量的羟基、酰胺基、聚酰胺基与羰基。它们都可在紫外光的作用下与三价铬离子形成不溶于水的配位化合物。利用它们在受光照射前后对水的溶解性的差别，可制成水溶性液体抗蚀剂。

1. 骨胶感光胶

骨胶感光胶是由动物的骨和皮熬制出来的蛋白质，如骨胶、鱼胶等制成的感光胶。它们与铬酸铵组成了印制电路板生产中使用最早的一种光致抗蚀剂，其配方见表 4-3。

表 4-3　骨胶感光胶的配方

配　　方	1	2	3	4
骨胶/g	250～300	250	160	200～300
重铬酸铵/g	25～30	35～40	45	15～25
氨水/g	—	—	30	2～3

（续）

配　方	1	2	3	4
2.5%十二烷基磺酸钠/mL	—	2～3	—	—
硫酸钡/g	—	—	10	—
柠檬酸/g	—	—	5	—
水/mL	加至1000	加至1000	加至1000	加至1000

制法是先将骨胶在温水中泡胀后，再用水浴加热熬煮2～3h，使它充分水解。加热时间越长，水解后的分子越小。再用150目的尼龙纱布过滤。

另将重铬酸铵加水溶解并过滤，将骨胶水溶液缓慢倒入，搅拌均匀。氨水调节pH值。最后加入其他添加剂，十二烷基磺酸钠的作用是有利于上胶和显影。

这种胶的缺点是需要用热水保温，以免胶冷却变稠，不利于上胶。

2. 蛋白感光胶

也有采用蛋白清制成同类蛋白感光胶，其配方见表4-4。

表4-4　蛋白感光胶的配方

配　方	1	2
鲜蛋清/mL	200	120
重铬酸铵/g	5	20～25
水/mL	加至1000	加至1000

制法是取鲜蛋清，将其充分溶于水中，再加入重铬酸铵的水溶液。若用蛋白片时，应首先将它用冷水浸泡数小时，待全部充分溶解后，再加入重铬酸铵，过滤后即可使用。

3. 聚乙烯醇感光胶

用聚乙烯醇（PVA）的水溶液配制感光胶的配方见表4-5。

表4-5　聚乙烯醇感光胶的配方

配　方	1	2	3	4	5
聚乙烯醇（聚合度700～1000）/g	100～120	70～80	—	120	—
聚乙烯醇（聚合度1000～1700）/g	—	—	70～80	—	75～80
重铬酸铵/g	10	5～10	5～10	20	10～15
蛋白片/g	—	—	—	—	30～50
十二烷基磺酸钠（2.5%）/mL	—	—	适量	2～3	—
醋酸/mL	—	2～3	—	—	—
去离子水/mL	加至1000	加至1000	加至1000	加至1000	加至1000

制法是将聚乙烯醇加入水中充分浸泡，再缓慢升温至全部溶解后，继续加热 3 ~ 4h，除去液面浓稠的胶膜，过滤、冷却至 40℃后，再加入重铬酸铵及其他添加剂的水溶液。

这种胶克服了天然蛋白或骨胶使用时需保温和易发霉的缺点，但在使用这种抗蚀剂时，会出现显影后易产生“余胶”的问题，可采用以下两种方法解决这个问题：

1）在配制胶时，加入适量的柠檬酸、二甲亚砜及十二烷基磺酸钠等进行增溶，以消除余胶，其配方见表 4-6。

表 4-6　改善后的聚乙烯醇抗蚀剂的配方

配方		1	2
聚乙烯醇/g	聚合度 $n = 1750$	80	—
	聚合度 $n = 2500$	—	70
柠檬酸/g		0.15	0.2
二甲亚砜/mL		8 ~ 10	10 ~ 12
5% 十二烷基磺酸钠/mL		1	1.3
重铬酸铵/g		12	10
水/mL		加至 1000	加至 1000

制法是在聚乙烯醇熬煮 4h 以后再陆续加入其他各种成分，最后加水至所需量。

2）显影时，在显影用的水中加入柠檬酸水溶液，使其浓度达 5g/L，温度在 50 ~ 70℃也能消除余胶。

重铬酸盐光敏抗蚀剂具有价廉、易制备、使用方便的优点；但却存在暗反应严重、不稳定、不易贮存的缺点，而且蛋白胶及骨胶制成的抗蚀剂，需保温，有易发霉变臭的缺点，更重要的是它们都存在着铬污染的危害，所以现在已基本被淘汰。

4.2.2　重氮化合物水溶性光敏抗蚀剂

这种抗蚀剂是目前使用量最大的一种。所使用的重氮化合物为双重氮树脂、无机盐等，成膜剂为聚乙烯醇、明胶等水溶性高分子化合物。其配方见表 4-7。

表 4-7　重氮化合物水溶性光敏抗蚀剂的配方

组分	含量
聚乙烯醇（12－88 或 14－88）/g	10
50% 聚醋酸乙烯酯乳胶/g	40
重氮树脂/g	1.5
水/g	60

其中，加入聚醋酸乙烯酯乳胶是为了提高光敏抗蚀剂的黏度和固含量，改善涂胶性能和膜厚，以及提高胶与网的黏接能力。

将上述各组分充分混合后，可用直接法涂胶制备丝网印制版。

4.3 丝网印刷抗蚀印料

丝印有机印料即所谓的“丝印固化油墨”，也称为“丝印印料”“抗蚀印料”。用它作为印料，就像普通印刷的油印一样可把丝网模版上所需的电路图形转印到覆铜箔板上，经紫外光（或加热）固化后，便获得具有抗蚀性或阻焊性的正性或负性电路图形，达到各种使用目的。

4.3.1 概述

1. 印料的类型及其特点

当使用“印刷”的方法在覆铜板铜层的表面上“印刷”一层与电路图形相对应的树脂图形时，所使用的“印料”在电子工业中称为“抗蚀油墨”或“抗蚀印料”，也简称为“印料”。印料经过适当地固化处理后，便具有各种不同用途的良好抗蚀性能。

根据固化条件的不同，它们分为热固化型印料与光固化型印料。热固化型印料是通过加热处理后，变硬固化，其中所使用的树脂为热固性树脂。光固化型印料主要是经过紫外光的射照后固化，它所使用的树脂为光敏树脂。

按照印料的溶解特性，它们还可分为有机溶剂可溶型印料、碱可溶型印料及永久不溶型印料三类。由于有机溶剂可溶型印料的成本较高，并有一定的污染，因此近年来碱溶型印料得到了较广泛的应用。用环氧树脂类制成的永久不溶型印料，可用作阻焊剂和字符的印刷。碱可溶型印料与有机溶剂可溶型印料的性能对比见表 4-8。

表 4-8 碱可溶型印料与有机溶剂可溶型印料的性能对比

碱可溶型印料	有机溶剂可溶型印料
主要用于印制－蚀刻工艺	可用于印制－蚀刻工艺
能适应酸性电镀槽，但不能采用碱性清洗操作	能适用于所有一般的电镀槽及清洗操作
可用它配制成适用于细密网印的印料	可用它配制成适用于细密网印的印料
在 NaOH 溶液中去膜	在氯化溶剂或其他有机溶剂中去膜
去膜成本低，易处理，无污染	溶剂成本高，氯化溶剂有毒，其他有机溶剂易燃，所有溶剂都有污染
可用酸性蚀刻剂	可用酸性或碱性蚀刻剂
一部分印料可用空气干燥，另一部分印料则要求强制干燥	大部分印料要求强制干燥与烘干

根据印料的不同用途，它们可分为抗蚀印料、耐电镀印料、文字及符号印料、阻焊印料、保护性表面涂覆印料。

2. 印料应具备的条件

为了适应印制电路技术不断发展的要求，各种印料均应具备下述条件：

1）化学稳定性良好。抗蚀印料在指定的各种化学溶液（清洗液、电镀液及蚀刻液）内具有很好的稳定性，不溶解、不起泡、不开裂、不脱皮。

耐电镀印料必须耐酸或耐碱，耐电镀液的侵蚀，而且要求电阻率高、绝缘性好且不含针孔。其标准厚度为 0.01 ~ 0.06mm。

助焊剂印料要求耐高温、耐工业大气、耐盐雾以及耐霉菌并且焊接性好等。

2）具有适合丝网印刷的黏度和触变性能。其黏度范围应在 4.5 ~ 16Pa · s。黏度较低的印料，只能印出较薄的膜层，而且图形易扩散，失真大，印出来的图像模糊，易出现针孔。若黏度过大，则印刷很困难。

印料的触变性直接影响电路图形线条的分辨力和涂层的厚度。触变性好的印料，可印出饱满厚实整齐的图形线条，否则，线条不整齐，图形失真大，而且印刷困难，也易出现针孔。

3）干燥速度适当。印刷时，印料在丝网模版上应干燥得很慢，以利于保持稳定的黏度和不堵塞网孔。印料一旦印到覆铜板上之后，则希望它有较快的干燥速度，可立即放在通风良好的空气中或鼓风烘箱中干燥，以利于提高干燥速度和提高生产率，但加热温度不能太高，否则会产生气泡，造成图形外观尺寸失真。

4）印料与被印制表面的黏附性和相溶性良好。在整个生产过程中有良好的保持图形外观尺寸的能力。

5）便于去除。某些印料（如抗蚀印料、耐电镀印料等）在完成使命之后，应能很方便地用一定的溶剂去除，而不会损伤基材或金属。

6）着色性好。它能与被涂覆表面形成鲜明的色差，且不反光、不刺眼、色调柔和协调，以利于检验与修补。

7）覆盖能力与透印性能良好。印料在不大的压力下能均匀地透过丝网模版，得到所需电路图形，使生产操作简便。

8）与丝网模版不发生化学反应，不损坏模版。

9）毒性小，成本低，来源广泛易得。

各种印料不可能同时都达到上述各项要求。对不同印料，应根据其使用特点，进行适当地选择和搭配，以满足使用的要求。

4.3.2　热固化型印料

根据印制电路板生产的需要和印料的特点，普通印料分为抗蚀印料、耐电镀印料、阻焊印料和字符印料等。

1. 抗蚀印料

当生产中采用印刷 - 蚀刻工艺制板时，在覆铜板的铜箔表面上，用抗蚀印料制成所需的电路图形（正像图形转移），固化后，再用蚀刻液腐蚀掉没有保护的裸铜部分，留下的铜箔便是被印料保护的电路图形。因此，根据蚀刻工艺的需要，这类印料应具有如下特性：

- 性能稳定、可靠，适于大规模工业化生产。
- 漏印质量高，印出的电路图形清晰、分辨力高。

- 能耐酸性或碱性蚀刻液的腐蚀。

抗蚀印料又分为碱溶性和溶剂性两种。它们都以通过蒸发溶剂而干燥、固化的热固性树脂为成膜剂。

（1）溶剂性抗蚀印料　这类印料又称为“厚漆类抗蚀印料”。它们是以油漆中价格较低廉的低级产品厚漆为主要原料配制成的，具有抗蚀性能好、透印能力强、与铜箔的黏附牢固、去除方便的特点，在以往的生产中使用得较多。为了改善它们的干燥速度慢和弹性差的缺点，通常把它们与沥青漆、酚醛清漆和醇酸清漆等混合使用。所使用的填料为钛白粉、滑石粉、白德粉等无机颜料。

（2）碱溶性抗蚀印料　这种印料主要是以顺丁烯二酸酐与松香反应后，再用甘油酯化的改性顺丁烯二酸树脂（或称“改性马来树脂”或“双性失水苹果酸树脂”）为成膜剂。它们具有制作简单、黏度适当、干燥速度快、能在稀碱溶液中溶解、易于去除等特点，作为新型印料，已广泛用于大规模机械化生产中。其配方如下：

1）配方1：

顺丁烯二酸酐树脂	5g
松香	30g
硬脂酸	0.2g
钛白粉（320目以上）	20g
滑石粉（320目以上）	20g
钛青兰	0.2g
松醇油	10mL
松节油	20mL

制法是预先将顺丁烯二酸酐树脂与松醇油混合，水浴加热溶解后加入少量松节油及全部钛白粉、滑石粉等物质，进行搅拌，混合均匀后，再用所余松节油调节黏度并用320目丝网过滤，便可得细腻、均匀、抗蚀性能很好的印料。

印刷后的印料在100℃下3min即可干燥，蚀刻后用5%的稀碱水溶液浸泡或喷淋，能很方便地去除。

2）配方2：

松香	200g
松节油（或煤油）	250～300mL
硬脂酸	8g
立德粉（320目）	750g
绿色胶版油墨	40～50g

制作过程是将松香和硬脂酸混合加热熔融，冷却后使用松节油调节黏度并加入立德粉，搅拌使其混合均匀，再加入绿色胶版油墨混匀后，过滤便得细腻的印料。

印刷后的印料自然干燥24h后，具有良好的抗蚀性能。蚀刻后可用3%的稀碱溶液去除印料，使用很方便。但由于其干燥时间太长，效率受到很大的影响。

2. 耐电镀印料

经过孔金属化的覆铜板用印料进行负像图形转移后，在电镀槽内进行电镀（镀铜或镀锡铅合金）使金属层加厚，加厚的图形便是正像图形。去掉印料后，再用蚀刻的方法去掉被印料掩盖过的铜箔，便得到了所需的电路图形。因此，这种印料称为“耐电镀印料”。它们必须满足以下要求：

1）印刷性能优良，能印刷很清晰、精确、细微的电路图形，因此它应具有黏度适当、触变性能好、扩散性小、透印性能好等特点。

2）干燥后的印料应具有一定的厚度（2～20μm），在电镀图形侧面不加宽，保护图形线条宽度不变。因此，印料的固体含量必须足够大，体积收缩很小，才能满足这一要求。

3）干燥后的印料要能经得起镀前清洗、电镀和镀后清洗等各溶液的侵蚀与腐蚀。这不仅要求印料具有良好的化学稳定性，能耐酸或耐碱、耐热，电阻率高的特点，还要求它具有良好的黏合力与硬度。

4）为保证电镀的正常进行和镀液的稳定，印料必须不污染镀液。

5）容易去除，不污染环境。

这类印料通常是由含乙烯基树脂的沥青、橡胶等化合物组成的。而含乙烯基的树脂更具有良好的黏附性、抗热碱及氰化物和对酸、蚀刻液、电镀液的综合抗蚀性能。典型配方为：

2711 树脂油墨　　100g
沥青合剂　　50g
滑石粉　　20g
汽油　　适量

沥青合剂配方：

沥青　　50%
汽油　　30%
煤油　　20%

制法是先将沥青合剂按比例混合均匀，制成稀浆液后，加入 2711 树脂油墨，搅拌使其混合均匀，再加入滑石粉，反复挤压混合成均匀的膏状稠液。可用适量汽油调节黏度。

这种印料在铜箔表面上具有很强的黏合力，针孔少，能耐多种酸性电镀液的侵蚀。

电镀后的印料可在碱性去膜剂中浸泡去除。碱性去膜剂的配方如下：

碳酸钠（Na_2CO_3）　　60g/L
磷酸三钠（Na_2PO_4）　　60g/L
氢氧化钠（NaOH）　　10g/L

去膜温度为 70～80℃，时间为 2～3min。

3. 阻焊印料

经过图形转移、蚀刻、去膜后的成品印制电路板，在装配元器件之前，除焊盘和焊接部分外，其余部分（包括图形导线和基片）全部都涂一层阻焊保护印料。这层保护印料在装配好的印制电路板进行“波峰焊”时，可防止导线间发生“桥连”现象，能有效地提高焊接质量，降低废品率；同时又可节省焊料，减轻印制电路板的重量，降低成本。阻焊印料是永久性的涂料，焊接后无须去除，对印制电路板起到永久性的保护作用。因此，阻焊印料应满足如下要求：

1）耐高温，在焊接温度（260±2)℃的温度范围内，时间为（5±2）s，不分解、不软化、不开裂、不起皮、不脱落。

2）绝缘性能好，其表面绝缘电阻应大于$1\times10^{10}\Omega$。

3）耐有机溶剂如乙醇、丙酮、香蕉水等的侵蚀。

4）具有良好的耐磨性和弹性，在印制电路板加工过程中（机械加工、互相摩擦、传递等）膜层不会损伤、磨破。

5）色泽美观、均匀、柔和、不刺眼，一般以绿色为佳。

阻焊印料按固化条件可分为热固化型阻焊印料和光固化型阻焊印料两种。光固化型阻焊印料在4.3.3节进行集中阐述。

热固化型阻焊印料的配方如下：

1）配方1：

582氨基树脂	1份
344-1醇酸树脂	2份
10%酞菁绿氨基浆	1份
200#溶剂汽油	适量

2）配方2：

106绿色基料	28%～39%
3582树脂	20%～25%
3124树脂	40%～47%
松油醇	适量

4. 字符印料

在完成各种表面处理后，装配前的印制电路板的某些特定位置，还需用印料印刷各种醒目的文字和符号等永久性的标记，以便进行安装和维修，因此这类印料又称为“标记印料”。对这类印料有如下要求：

1）具有良好的黏合力和耐摩擦性能。

2）能经受助焊剂溶剂（乙醇与异丙醇）的侵蚀。

3）有良好的耐热性，能在焊接温度（260℃）下不开裂、不起皮、不脱落和不变质损坏。

4）具有良好的电气绝缘性能。

5）色泽鲜艳、柔和、醒目和多样。

其配方如下：

醇酸磁漆	300～350g
醇酸清漆	300～350g
聚乙烯醇	40～50g
滑石粉	25g
颜料	适量

制法是首先将聚乙烯醇在2000mL水中于80～96℃的水浴上加热不断搅拌使其充分溶解。将醇酸磁漆、醇酸清漆、滑石粉等混合均匀，加入聚乙烯醇的水溶液，充分搅拌，反

复挤压，使其均匀分散。

4.3.3 光固化型印料

利用紫外光的作用实现固化的印料称为“紫外光固化抗蚀印料”，又称为“丝印光敏印料”，简称“光固化印料”，通常称为“光固化油墨”。它们也是属于光敏抗蚀剂的一种。它们与普通印料一样，可作成抗蚀、耐电镀、阻焊和标记等各种印料及保护涂层。同时，由于它们还具有节省能源和不污染空气的优点，因此，在印制电路板的生产中得到了迅速发展和广泛的应用。

印制电路板用的光固化油墨的种类、性能要求及基本组成见表4-9。

表4-9 光固化油墨的种类、要求及基本组成

种 类	主要性能要求	基本组成
抗蚀油墨	耐酸性蚀刻液 $FeCl_3$、$CuCl_2$、$(NH_4)_2S_2O_8$ 等，以及耐碱性蚀刻液 $CuCl_2$、NH_4Cl、NaOH 等	含 -COOH 基感光性树脂、酸值≥50的丙烯酰基低聚物、稀释单体、颜料、流平剂、消泡剂、引发剂、热稳定剂和填料等
堵孔抗蚀油墨	高感光度，易研磨，高附着力，抗蚀，易除膜，温热浓碱可溶	高酸值感光性树脂、邻苯二甲酸酐单酯或双酯
耐电镀油墨	（镀镍、镀锡铅、镀金）抗蚀性好，高硬度，耐化学药品性	含较多的丙烯酸低聚物和多官能单体
阻焊剂	耐高温（>260℃），附着力强，耐电压性强，硬度高，绝缘电阻高	环氧丙烯酸系、三聚氰胺丙烯酸系、聚氨酯丙烯酸系、丁二烯硫醇系
标记（字符）油墨	各种最常用的颜色（钛白粉不透紫外线，需涂薄，以感光度不向长波方向移动为准）	含 -COOH 基感光性树脂、酸值≥50的丙烯酰基低聚物、稀释单体、颜料、流平剂、消泡剂、引发剂、热稳定剂和填料等，加足够醒目的颜料
保护涂层	挠性电路板，室外设置电子元器件，防环境污染并绝缘性好，耐热，耐候性好	环氧丙烯酸系、三聚氰胺丙烯酸系、聚氨酯丙烯酸系、丁二烯硫醇系

1. 主要成分

（1）感光性低聚物　目前大量使用的感光性低聚物主要是自由基引发型的。如丙烯酸或甲基丙烯酸的衍生物聚合物，它们的分子量在1500以下，分子链的长度小于5nm，具有能溶解、能蒸馏、能形成晶形或无定形的性质。主要有以下几种：

1）酚醛环氧丙烯酸酯系列。这类低聚物固化后的产物具有耐高温、硬度高、感光度高等一系列优异性能，是制作阻焊油墨的良好材料。

2）双酚A环氧丙烯酸酯系列。由双酚A体系衍生出来的醚二元醇类，具有低羟值和黏度低的优点，是目前用于制备抗蚀油墨和耐电镀油墨及表面保护性涂料的主要材料。

（2）活性稀释单体　活性稀释单体的作用是使感光性物质具有适当的操作黏度、控制交联密度、改善固化物对基体的黏附性。它们分为单官能、双官能、多官能及磷酸酯等几类。

单官能类活性单体有甲基丙烯酸 - β - 羟乙基酯、丙烯酸 - β - 羟乙基酯、丙烯酸环己酯等。

双官能类活性单体有乙二醇二甲基丙烯酸酯、二乙二醇二丙烯酸酯、乙撑二（甲基）丙烯酸酯等。

多官能类活性单体有三羟甲基丙烷三丙烯酸酯、季戊四醇三丙烯酸酯、三羟甲基丙烷三甲基丙烯酸酯等。

（3）光引发剂　在感光体系中，只有光引发剂的存在，才能有效地提高和改善它们的感光性能。一般光引发剂可分为一元体系和多元体系两大类。

一元体系引发剂主要有安息香醚类、安息香双甲醚、取代蒽醌类等。

多元体系引发剂主要有二苯甲酮与叔胺的复合引发剂、蒽酮与叔胺复合引发剂、联三苯基咪唑与叔胺的复合引发剂、香豆素酮与胺类化合物的复合引发剂等。

各种光引发剂都有一定的光敏波长范围，只有在这个区域内，它们才能有效地发挥其引发增感的作用。感光树脂体系中存在的其他颜料和着色剂有时也会导致它们的引发作用。一些引发剂或引发体系的光敏特性见表 4-10。

表 4-10　一些引发剂或引发体系的光敏特性

引发剂类型或体系名称	感光范围/nm	近紫外区敏感峰值/nm	相对感光度（对丙烯酸酯）
安息香醚类	250～380	320	中等
安息香双甲醚类	250～400	340	较高
2 - 烷基蒽酮类	250～400	330	中等
二苯甲酮	250～380	330	较低
米蚩酮	250～450	375	较低
2 - 氯硫杂蒽酮 2 - 烷基蒽酮	250～430	385	与叔胺类配合较高
联三苯基咪唑	250～400	450	较高
2，6 - 双（二甲氨基苄叉）环己酮	300～520	450	较高
香豆素酮类 + 苯胺 - N - 乙酸	280～550	440	较高

2. 辅助成分

（1）填料　在印料中加入一定量的无机化合物填料，有以下几个目的：

1）调节印料的黏度和印刷的适应性。

2）提高固化产物的耐温性。

3）减少固化时的体积收缩率，以避免起皮脱落现象。

填料的用量视具体情况而定。常用的填料有滑石粉、碳酸钙粉、钡白粉（硫酸钡粉）、磷酸钙粉和钛白粉等。

（2）颜料　为了使印制电路板在加工中便于识别和醒目，对于不同用途的印料采用不同的颜色。字符、文字多用白色和黑色；抗蚀油墨多用绿色或蓝色，如酞菁绿或酞菁蓝。

（3）黏附增强剂　由于不同的感光性树脂的黏附性差别较大，为了提高它们对基体的黏附性，往往向其中加入各种增强剂，如甲基丙烯酸 - β - 羟乙酯的磷酸单酯或双酯。它们中的甲基丙烯酰基的双键可以和低聚物或活性单体的双键聚合，而磷酸的羟基具有亲水性，可以与基材牢固地吸附，起一种“锚”的作用，因此，它们的作用称为“抛锚作用”，提高了感光树脂地黏附能力。

4.4 干膜抗蚀剂

4.4.1 概述

把感光液预先涂在聚酯片基上，干燥后制成感光层，再覆盖一层聚乙烯薄膜，这种具有三层结构的感光抗蚀材料称为干膜抗蚀剂，简称干膜。它是 20 世纪 60 年代后期由美国杜邦公司首先开发出来的，称为“Riston”（里斯通）干膜。由于干膜可以制成适合各种用途的厚度，因此使用很方便。另外，刻蚀的线条最细可达 10μm 以下，可制出非常精细的图形，所以广泛用于图形转移的电镀、阻焊与表面防护等方面。在提高印制电路板质量和精密度等方面，是其他抗蚀剂所难以比拟的，因此受到了世界各国的重视。为适应印制电路向更精细化的方向发展，各国也都在研制干膜抗蚀剂。

1. 抗蚀干膜的结构

抗蚀干膜由聚酯片基、光敏抗蚀胶膜和聚乙烯保护膜等三层构成。

片基是光敏抗蚀剂胶膜的载体，使抗蚀干膜保持良好的尺寸稳定性，还可保护抗蚀膜不被磨损。片基厚约 0.024mm。

光敏抗蚀剂胶膜由具有光敏性抗蚀树脂组成。其厚度因用途不同而不同。如 0.019mm 厚的主要用于多层印制电路板的内层电路图形的蚀刻；而 0.074mm 厚的可用于电路图形的电镀，能电镀出“无突沿”的精细电路线条。

聚丙烯或聚乙烯薄膜是覆盖在抗蚀胶层另一面的保护层。在运输、贮存和使用时，它可使抗蚀胶层表面不受灰尘、污物杂质的污染，不被磨伤，同时也可防止层与层之间互相粘连。

2. 抗蚀干膜的种类

根据制造的原料、显影及去膜方式的不同，抗蚀干膜可分为溶剂型抗蚀干膜、水溶型抗蚀干膜和干显影（或剥离）型抗蚀干膜三大类。

（1）溶剂型抗蚀干膜　这类抗蚀干膜是最早研制出来的，具有生产技术和使用技术成熟、工艺稳定，对酸、碱抗蚀能力强的特点，是早期印制电路板生产中广泛使用的一种。它们主要是由甲基丙烯酸甲酯的聚合物或共聚物组成并以氯化橡胶、氯化聚乙烯、氯化聚丙烯、纤维素的衍生物等组分作为黏合剂。用三氯乙烷或三氯乙烯、二氯甲烷、醋酸丁酯等有机溶剂作为显影剂和去膜剂，故存在毒性大、污染环境和易燃等不安全因素，现已逐渐被淘汰。

（2）水溶型抗蚀干膜　为了克服溶剂型抗蚀干膜的缺点，在 20 世纪 70 年代研制开发出了这种类型的新型干膜。在这类抗蚀剂的黏合剂中引入了亲水基，能溶于碱水溶液中，因而可以用碱性水溶液作为显影剂和去膜剂。它具有毒性小、成本低、安全等优点，目前被广泛用于印制电路板的生产中。

（3）干显影型抗蚀干膜　这类抗蚀干膜在感光前后，对金属基体的黏附性发生很大的变化，可利用它们的这一特点，不经显影，直接把不需要的部分从印制电路板铜箔的表面上撕去（剥离）掉，留下所需的部分。

3. 抗蚀干膜的组成

抗蚀干膜中的光敏抗蚀胶层的基本成分与抗蚀印料的成分大同小异，一般是由感光性低聚物（或共聚物）、黏合剂、光引发剂、增塑剂、稳定剂、着色剂及溶剂等成分组成的。

感光性低聚物（或共聚物）多为丙烯酸及其酯类，丙烯腈、甲基丙烯酸甲酯、甲基丙烯酸缩水甘油酯、季戊四醇三丙烯酸酯等都是常用的光聚合活性单体或由它们制成的低聚物。在引发剂的存在下，经紫外光照射后它们会进一步发生聚合，形成三维聚合物，不溶于显影液中。因此，这类感光性物质是一种负性光敏抗蚀剂。

黏合剂是光敏抗蚀膜层中的成膜剂，能使其中的各种组分有效地互相黏合在一起。虽然黏合剂一般不具有感光性能，但对膜层的化学、物理和力学性能有重要的影响。例如可以影响膜层在成膜、显影、去膜、抗蚀、耐酸碱、耐热性等方面具有不同的作用。

在溶剂性干膜中主要使用甲基丙烯酸酯类的聚合物及其共聚物、氯化橡胶、氯化聚乙烯、氯化聚丙烯等氯化聚烯烃类以及纤维素的衍生物等作为黏合剂。它们只能用三氯乙烯、醋酸丁酯等有机溶剂进行显影和去膜。

在水溶性抗蚀干膜中，多使用分子中含有亲水基（如羧基、羟基或氰基）等极性基团的聚合物作为黏合剂。若其中含羧基的单体的重量为10%～30%时，则黏合剂可以溶于稀碱水溶液中，制成可用碱水溶液显影和去膜的抗蚀干膜，这类黏合剂国外有用甲基丙烯酸甲酯与甲基丙烯酸－β－羟乙基酯的共聚物。国内则常用苯乙烯－顺丁烯二酸酐的聚合物。

黏合剂中的亲水性基团不仅能提高干膜对基底金属的黏附性，而且像苯乙烯基团等还能增强干膜的抗蚀性能。

若在黏合剂分子中存在光敏基团时，则它们能在紫外光照射下，自身发生聚合交联或与其他单体聚合使交联度增大，使干膜在固化以后具有良好的耐热性。这类干膜可用于要求耐热的阻焊干膜。例如含有苯乙烯基团的黏合剂，就可以制成半水溶性或全水溶性的抗蚀干膜。

增塑剂可以增加干膜的均匀性和柔韧性，降低贴膜温度，常用的有三乙二醇双醋酸酯（三缩二乙二醇二醋酸酯）。

光引发剂能在紫外线的作用下，将吸收的光能转移给活性单体或活性预聚体（低聚物），使它们产生自由基聚合。常用的光引发剂有无机盐（如过硫酸盐类）及有机化合物（如安息香醚类、烷基蒽醌类、二苯甲酮类等）。它们的光敏性有较大的差别，按光敏性的大小，它们的顺序如下：

烷基蒽醌 > 二苯甲酮 > 二苯甲酮－胺 > 安息香二甲醚 > 安息香乙醚。

虽然干膜中有黏合剂，可以提高它对金属基体的黏附性，但由于干膜固化后它与金属界面之间产生的应力导致它们的黏附性下降，出现起皮、开裂等弊病。为了消除产生的应力，在干膜层中还加入适量的增黏剂，它们与金属表面形成配位键而提高膜对金属的黏附力。增黏剂主要有苯并咪唑、苯并三氮唑、吲唑及其衍生物等。

阻聚剂（稳定剂）能降低干膜抗蚀剂的光敏膜层在制造、运输、贮存、贴膜和曝光过程中的聚合（暗反应），增强干膜的热稳定性，保证干膜的分辨力和显影性能不下降。常用的热阻聚剂有对苯二酚、对甲氧基酚及2，2′-亚甲基-双（4-乙基-6-叔丁基苯酚）等。

在干膜抗蚀剂层中加入适量的颜料如孔雀绿、苏丹蓝和乙基紫等使干膜着色。它们能显出绿、蓝或紫等舒适醒目的颜色，便于观察、修版和检验，不致引起视力疲劳。

为了生产、操作安全的需要，往往在干膜中还加入适量的芳香族的卤化物作为阻燃剂。

常用的溶剂有丙酮、乙醇、醋酸乙酯及醋酸丁酯等。

为了鉴别干膜是否曝光和对位的准确性，在干膜中加入适量的光致变色剂。根据干膜颜色的变化进行检验，对提高产品的质量有很大的作用，这种干膜也称为“变色干膜”。

4.4.2 抗蚀干膜的基本性能

抗蚀干膜的性能、质量对稳定印制电路板的生产工艺、提高质量和生产率具有非常重要的作用。为满足印制电路板不断向多层高密度精细化方向发展的需要，首先要求抗蚀干膜在外观上应具有均匀一致的颜色和厚度，聚酯基片厚度应尽量薄，并且高度透明，厚度均匀一致，无颗粒、色条、气泡、划痕等缺陷。

1. 厚度

光敏抗蚀胶层的厚度一般为30～35μm，视用途的不同厚度也不同，较厚的感光层（50μm以上）主要用于电镀，可以保证电镀层不会出现蘑菇状突沿，薄的多用于制作高精细度的导线图形，而膜厚为50μm的主要用于孔的掩蔽。

2. 光学特性

抗蚀干膜的分辨力比半导体器件制造工艺用的液体抗蚀剂（光刻胶）的分辨力低得多，半导体器件用的光刻胶的分辨力可达500对线/mm以上，最好的可达1000对线/mm，即线宽可小于1μm，甚至0.5μm以下。而印制电路板生产用的抗蚀干膜的分辨率一般为50对线/mm，即宽约0.01mm。现在已制造出线宽更细的印制电路板，其线宽约为0.01mm。为了突破抗蚀干膜的应用极限，更高分辨力的干膜正在研发。目前，分辨率达到1μm的干膜也已逐渐开始商业化。

抗蚀干膜的分辨力主要取决于聚酯基片的厚度、光敏抗蚀层厚度以及光敏低聚物的平均分子量、光谱特性范围及稳定性等。

在紫外光照射的能量及距离固定的情况下，使感光性低聚物发生聚合所需的时间越短，由热产生的变形程度也越小，对提高质量和生产率有利。但感光速度太快，则其稳定性也必然较差，不仅操作不方便，而且其曝光量也不易控制，易出现废品。一般在使用5kW高压汞灯为紫外光源时，曝光时间在5～20s之间较为合适。

3. 化学性质

干膜抗蚀剂的关键功能材料是感光性低聚物，它在紫外光的作用下发生聚合，未聚合的低聚物中含有羧基和酯基，它们都能在碱溶液中溶解，形成相应的盐。因此，它对碱是不稳定的，可用碱性溶液进行显影和去膜，而在酸性溶液中能较长时间稳定地存在。

抗蚀干膜的感光胶膜已曝光和未曝光的部分在显影液（一般为稀碱溶液）中，溶解度和溶解速度应具有很大的差别，亦即曝光前的低聚物和曝光后的高聚物的分子量的差别应足够大。通常，聚合物的分子量差别越大，在溶剂中其溶解度和溶解速度的差别也越大，一般要求未曝光部分应在 1 ~ 2min 内全部溶解，而曝光部分至少应在 5min 以后才有溶胀现象产生。

为了保证未曝光部分能在规定的时间内同时全部溶解，不留残胶，这就要求感光胶中的低聚物的分子量应尽量均匀，才能保证它们具有非常接近的溶解速度，接近于“黑”“白”分明，以保证电路图形的高质量。

4. 贮存性能

抗蚀干膜在贮存、运输和使用中，应注意使它一直处于低温密封的条件下，高温和长时间的光照能引发抗蚀膜的聚合、变软、流动、溶剂挥发等，造成厚度不均匀、产生条纹和发脆等不良后果而失去使用性能。一般存放在电冰箱中最为理想，这样可以延长其使用寿命。

4.5 习题

1. 何谓图形转移？
2. 何谓正像？何谓负像？
3. 光致抗蚀剂主要有哪些类型？
4. 重铬酸盐光敏抗蚀剂是光交联型还是光分解型？其光敏机理是怎样的？
5. 重氮醌类光致抗蚀剂为什么可以用碱水溶液显影？
6. 何谓光增感？增感剂应具备什么条件？
7. 液体光敏抗蚀剂主要有哪些种类？
8. 何谓丝印印料？
9. 何谓干膜抗蚀剂？它有何特点？
10. 抗蚀干膜由哪几部分构成？各起什么作用？

第 5 章 成孔与孔金属化技术

5.1 概述

电子工业的飞速发展对印制电路板向多层化、孔线高密度化发展的要求越来越高。一块电路板往往孔数高达数千乃至上万个，因此，孔径的大小对于印制电路板的高密度化也至关重要。孔径的逐渐变小使得孔金属化技术越来越重要。只有控制好了这一步才能实现多层、高密度和细小孔径的要求并保证质量。

孔金属化工艺是印制电路板制造技术中最为重要的工序之一。它关系到多层印制电路板内在质量的优劣，其主要工作是在多层印制电路板上钻出所需的孔、把孔内的钻污去除、在孔壁上沉积上一层导电金属铜，为下一步的电镀加厚铜层打下基础，实现良好的电气互连。孔金属化不好就会造成孔内无铜或是只有很薄的铜层，一经通断试验就造成开路。目前的金属化孔主要有三类：埋孔、盲孔和过孔，如图 5-1 所示。埋孔是无法从基板外部看到的，孔存在于基板内层，为先钻并镀覆孔后，再压合加工完成。盲孔是可以从基板的一个外表面看到的，是先压合再钻孔的没有贯穿基材的孔。过孔是可以从基板的两个表面都能看到的，是先压合再钻孔的贯穿基材的孔。

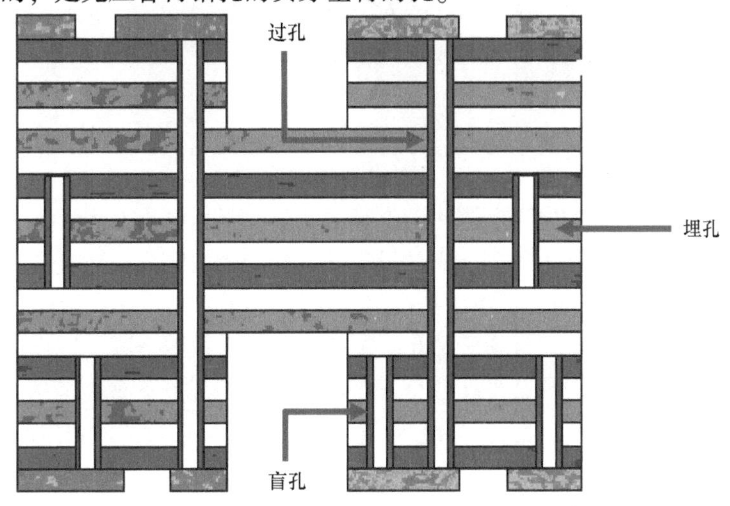

图 5-1　多层挠性电路板中的过孔、埋孔和盲孔

刚性印制电路板的技术发展水平，一般以印制电路板上的线宽、孔径、板厚/孔径比值为代表。据资料介绍，美、日 PCB 设计最多层数已达到 100 层，并已做出 86 层的样品板。

印制电路板上孔的作用有以下两方面：一是供元器件如电阻、电容以及电感等接插使用；二是作为电气传输的一部分。对于后者，孔在精细印制电路板与多层印制电路板中尤为重要，没有它，许多密集的线路及多层印制电路板中层与层之间的线路就不能导通。

为了实现层间电气连接，印制电路板必须进行孔金属化，即在两层或多层印制电路板上先钻出所需要的过孔，再用化学镀和电镀方法使绝缘的孔壁上镀上一层导电金属使层间互连互通的工艺。其中孔金属化是双面印制电路板或多层印制电路板制造中的核心工艺之一。金属化孔的要求是非常严格的，要求其具有良好的力学韧性和导电性，同时金属化铜层要均匀完整，厚度在 15～20μm 之间。此外，孔内镀层不允许有严重氧化现象，孔内不分层、无气泡、无钻屑、无裂纹，孔电阻在 1000μΩ以下。

孔金属化质量的好坏受三个工艺控制：钻孔技术、去钻污工艺、化学镀铜技术。钻孔就是利用各种钻孔机器在印制电路板上钻出所需的不同密度、不同直径的导通孔。由于在多层印制电路板基板中大量采用环氧树脂或丙烯酸树脂类等黏合剂，这些黏合剂在钻孔时产生的高温作用下，连同铜箔、聚酰亚胺等碎屑黏在孔壁上形成腻污。若不除去腻污就容易造成沉镀铜不良，从而产生开路。

去钻污工艺是利用各种化学或者物理的方法把孔壁腻污除去，形成干净、具备一定活性的孔壁表面，防止沉镀铜工艺失效。这样得到的孔壁是不具备导电性能的。要想在孔壁形成一层导电铜，就需要采用化学方法（离子置换法）在孔壁沉积上数微米厚的薄铜层，为电镀加厚奠定导电基础，然后用光亮酸性镀铜液进行加厚达到所需厚度，最终实现孔的金属化。下面将详细介绍各个工艺。

5.2 成孔技术

印制电路板通孔的加工方法包括数控钻孔、机械冲孔、等离子体蚀孔、激光钻孔、化学蚀孔等。目前应用最多最广的是数控钻孔和激光钻孔，化学蚀孔近年来也取得了很大突破。

5.2.1 数控钻孔

数控钻孔是在计算机的控制下利用不同直径的钻头按照相应的工艺参数（转速、进刀速度、退刀速度）在印制电路板上得到所需的导通孔。使用小的钻头，数控钻床可制作孔径大于 100μm 的微孔。尽管数控钻床能够在基材上制作孔径小于 100μm 的微孔，但是叠板层数必须减少，钻孔速度需减慢，而且随着钻孔直径变小，生产效率下降，制作成本升高。机械钻孔的优点是能钻所有材料的孔，当孔径小于 250μm 时，其钻孔的成本呈指数级增长。当孔径小于 50μm 时，其生产成本相当高，工艺难度大，不适合大批量的微孔生产。

影响钻孔的六个主要因素有钻床、钻头、工艺参数、盖板及垫板、加工板材、加工环境。

本小节主要就数控钻床、钻头、盖板及垫板、钻孔工艺参数展开讨论。

1. 数控钻床

数控钻床要求具有高稳定性、高可靠性、高速度和高精度，才能适应现代印制电路板生产的需要。数控钻床发展有如下几个特点与趋势：

1）为使之有足够的刚性与稳定性，避免微小的振动，一般采用大理石或铸铁为工作台。

2）*X*轴与*Y*轴重叠工作台向*X*轴与*Y*轴分离工作台发展，使其重量减轻、速度提高、稳定性增强。

3）多主轴钻床逐渐采用每个*Z*轴单独驱动，即一个电动机驱动一根轴。

4）为增加速度和准确性，*X*轴、*Y*轴由滚珠丝杠直流伺服电动机驱动向*X*轴、*Y*轴由滚珠丝杠交流伺服电动机驱动发展，驱动运行速度达50m/s。

5）位置精度测量与反馈系统由磁尺向光栅尺发展，其分辨力高且稳定。

6）*X*轴、*Y*轴导向逐渐有由滚动导轨代替气浮导轨的趋势，滚动导轨的稳定性好、刚性好。

7）钻床主轴逐渐都采用空气轴承的高转速主轴。

8）刀具管理系统包括自动换钻头装置（有的高达600只钻头）、断钻头自动检测系统、激光检测系统（可检测钻头直径、长度和径向圆跳动）。

9）一孔、一槽式定位系统采用气动夹紧，实现了自动上料、定位夹紧和自动下料。

10）使用14in（1in=25.4mm）宽彩色显示屏幕，目视清楚，容易进行快速及准确的选择。

2. 钻头

（1）印制电路板用钻头的材料及发展趋势　印制电路板用钻头通常采用硬质合金制造。硬质合金是一种钨钴类合金，是以碳化钨（WC）粉末为基材，以钴（Co）为黏合剂，经加压烧结而成的。它具有高硬度、耐磨和较高的强度，但韧性差、非常脆。为了改善硬质合金的性能，可以改变粉末的颗粒大小，调整碳化钨（WC）和钴（Co）的配比，根据钻头不同规格要求正确选择不同配比和不同颗粒大小的WC及Co。

（2）钻头的种类　印制电路板钻孔用钻头有直柄麻花钻头、定柄麻花钻头和铲形钻头。

1）直柄麻花钻头，大都用于单轴钻床，主要钻较简单的板或单面印制电路板，钻孔深度可达钻头直径的10倍。在基板叠层不高的情况下，使用钻套可避免钻偏，但是不可以自动换刀，深度公差控制较大。

2）定柄麻花钻头，适用于多轴钻床，装夹在专用夹头上，可实现自动装夹，专用夹头直径和定柄直径相同，有三种型号：ϕ2mm、ϕ3mm、ϕ3.175mm。定柄麻花钻头定位精度高，不需要使用钻套。其大螺旋角排屑速度快，适用于高速切削，在排屑槽全长范围内，钻头的形状是倒锥形，钻削时与孔壁摩擦小，钻孔质量高。

3）铲形钻头，是在定柄麻花钻头的基础上对钻头刃部进行修磨，保留0.6~1.0mm的棱刃长度，其余部分被磨去的钻头。铲形钻头在钻孔时可减少棱刃与孔壁的摩擦，降低热量的累积，较少产生钻污，适用于多层印制电路板的钻孔。

3. 盖板及垫板

印制电路板钻孔使用盖板及垫板有利于提高印制电路板的质量，提高成品率，虽然由于使用这种辅料会产生一定的费用，但由于上述原因，事实上是降低了成本。

（1）盖板　目前国内使用的盖板主要是0.3～0.5mm厚的酚醛纸胶板、环氧玻璃布板和铝箱。使用盖板有以下优点：①防止钻孔上表面出现毛刺；②保护覆铜箔层压板；③防止钻头折断；④提高孔位精度；⑤降低钻孔温度，减少腻污产生。

（2）垫板　垫板是放在待钻印制电路板的最下层，目前主要使用酚醛纸板或高密度纤维板。使用垫板有以下优点：①避免钻孔温度升高产生大量钻污；②防止钻头过度磨损和折断；③防止钻头钻到钻床的工作台面上。

4. 钻孔工艺参数

钻孔工艺参数包括切削速度、进刀速度、退刀速度以及钻头的寿命等。这些参数要根据数控钻床、钻头、盖板、垫板和被钻材料等的具体情况选择与确定。

5.2.2 激光钻孔

近年来随着微电子技术的飞速发展，手机、计算机、数码相机等电子装置正在向小型、轻量、高速、多功能的方向发展。要求这些电子装置上搭载的半导体器件高集成度和高速化。其封装由从前的扁平方型封闭（QFP）向小型化、多插脚化的球栅阵列（BGA）或芯片级封装（CSP）过渡。尤其是近年来高密度互连（HDI）印制电路板的发展极为迅速。其封装密度要求微小孔径小于100μm，BGA中心距仅0.8mm，连接盘的直径为250μm，阻焊隔离仅25μm，导线/间距小于50/50μm。微小孔的加工是生产高密度互连印制电路板的重要步骤，激光钻孔是目前最容易被人接受的微小孔的加工方式。

1. 激光成孔的原理

激光是当“射线”受到外来的刺激而增加能量时所激发的一种强力光束，其中红外光和可见光具有热能，紫外光另具有光学能。此种类型的光射到工件的表面时会发生三种现象，即反射、吸收和穿透，如图5-2所示。

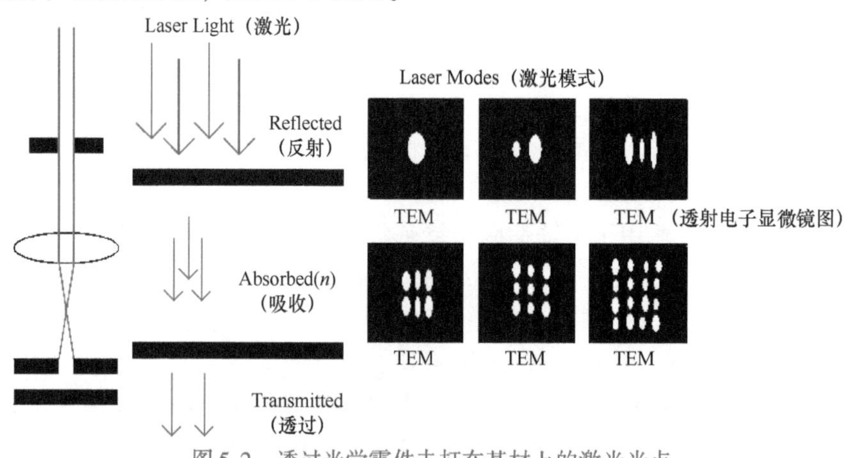

图5-2　透过光学零件击打在基材上的激光光点

激光钻孔的主要原理是靠光热烧蚀和光化学裂蚀的方式除去所加工的覆铜基板材料。

（1）光热烧蚀　光热烧蚀是指被加工的材料吸收高能量的激光，在极短的时间加热到熔化并被蒸发掉而形成孔的过程。此种工艺方法在基板材料受到高能量的作用下，在所形成的孔壁上有烧黑的炭化残渣，孔化前必须进行清理。

（2）光化学裂蚀　光化学裂蚀是指紫外线区所具有的高光子能量（超过2eV）、激光波长超过400nm的高能量光子起作用的结果。这种高能量的光子能破坏有机材料的长分子链，使其成为更小的微粒，而其能量大于原分子，极力从中逸出，在外力的作用下，使基板材料被快速除去而形成微孔。因为此种类型的工艺方法不含有热烧，也就不会产生炭化现象，所以孔化前清理非常简单。

2. 激光钻孔的类型及应用

根据激光源的形式激光钻孔可以分为远红外（FIR）激光钻孔、紫外（UV）激光钻孔和两者结合的方式钻孔。它们各有自己的应用领域。

远红外激光钻孔采用密封式CO_2激光器。密封式CO_2激光采用快释放技术，可以发出波长为10.6μm或9.4μm的红外激光。这两个波长都易于被电介质吸收，但不易被铜吸收，应用时必须采用对基板铜面进行覆形掩膜或开窗口。这为激光钻孔带来了更为复杂的工艺，使得对位精度、钻孔精度受到限制。此外，CO_2激光产生的热易使孔中发生底层分层、树脂残留、纤维凸出等问题。不过，正是CO_2激光钻孔在树脂与铜箔作用的差异性，使得其成为目前印制电路板制作盲孔最为主流的方案。随着对CO_2激光器的持续改进，CO_2激光钻孔已能够直接实现40μm的盲孔制作。

紫外激光钻孔采用UV二极管泵浦（UV－DPSS）激光器。UV激光的波长很短，是由化学晶体调制的，由钕和钇铝榴石两种固态晶体（Nd:YGA）同时激发出的，UV激光的光点比CO_2激光精细，其高能量UV光子照在多数非金属表面上时能直接打断分子的链接，使切割边缘光滑，同时热损坏和烧焦程度最小。因此，UV激光非常适合用于微小孔的制作。随着UV孔深技术的应用，UV激光直接在覆铜板上制作盲孔的技术也逐渐成熟，将成为下一代更小微孔制作的重要方法。

CO_2激光钻孔和UV激光钻孔两者结合的方式，主要是用UV－DPSS除去铜层，再用CO_2激光蚀刻掉电介质层，进行重复加工。

3. 激光钻孔加工

（1）CO_2激光钻孔的工艺方法　CO_2激光钻孔的工艺方法主要有直接成孔法和敷形掩膜成孔法两种。所谓直接成孔法就是把激光光束经设备主控系统将光束的直径调制到与被加工印制电路板上的孔直径相同，在没有铜箔的绝缘介质表面上直接进行成孔加工。敷形掩膜工艺方法就是在印制电路板的表面涂覆一层专用的掩膜，采用常规的工艺方法经曝光、显影、蚀刻工艺去掉孔表面的铜箔面形成的敷形窗口，然后采用大于孔径的激光束照射这些孔，切除暴露的介质层树脂。现分别介绍如下。

1）开铜窗法。首先在内层板上复压一层涂树脂铜箔（RCC）通过光化学方法制成窗口，然后进行蚀刻露出树脂，再采用激光烧除窗口内基板材料即形成微盲孔，其工艺过程如图5-3和图5-4所示。

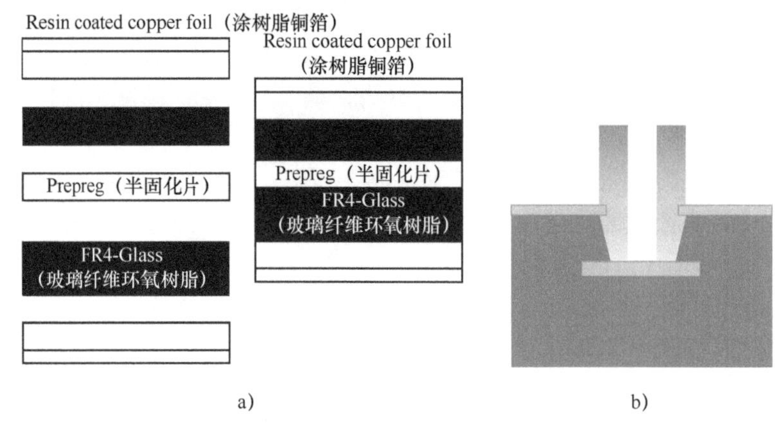

图 5-3 开铜窗法的工艺过程

a）涂树脂铜箔并层压在常规制作的芯板上的工艺过程 b）开窗口后成孔的情形

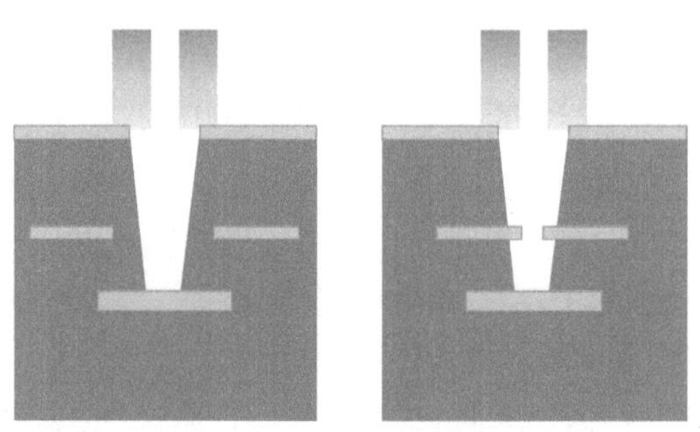

图 5-4 二阶式难度较大的微盲孔示意图

2）开大铜窗口工艺方法。开铜窗法成孔的直径与所开的铜窗口相同，如果操作稍有不慎就会使所开窗口的位置产生偏差，造成成孔的盲孔位置与底垫中心失准的问题。该铜窗口的偏差产生的原因有可能与基板材料胀缩和图像转移所采用的底片变形有关。所以采取开大铜窗口的工艺方法，就是将铜窗口直径扩大到比底垫还大 0.05mm 左右（通常按照孔径的大小来确定，当孔径为 0.15mm 时，底垫直径应在 0.25mm 左右，其大窗口直径为 0.30mm），然后进行激光钻孔，即可烧出位置精确对准底垫的微盲孔。其主要特点是选择自由度大，进行激光钻孔时可选择另按内层底垫的程式去成孔。这样就有效地避免了由于铜窗口直径与成孔直径相同时造成的偏位而使激光点无法对正窗口，使批量大的大拼板面上会出现许多不完整的半孔或残孔的现象。

3）树脂表面直接成孔的工艺方法。采用激光成孔有以下几种类型的工艺方法进行激光钻孔。

① 基板采用在内层板上层压涂树脂铜箔，然后将铜箔全部蚀刻去掉，就可采用 CO_2激光在裸露的树脂表面直接成孔，再继续按照镀覆孔工艺方法进行孔化处理，如图 5-5 所示。

② 基板采用 FR4 半固化片和铜箔以代替涂树脂铜箔的相类似制作工艺方法。

③ 涂布感光树脂后续层压铜箔的工艺方法制作。

④ 采用干膜作为介质层与铜箔的压贴工艺方法制作。

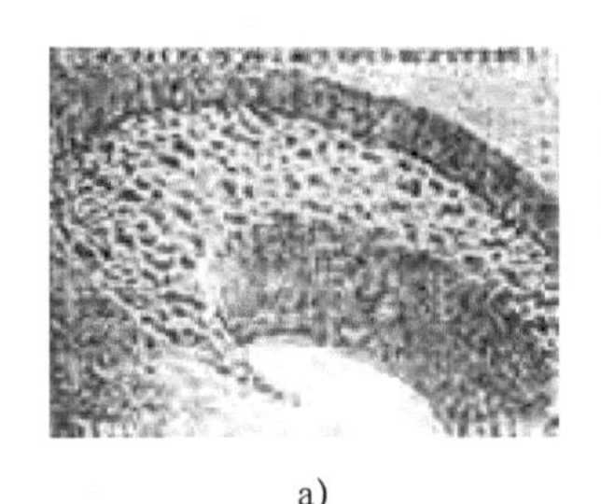
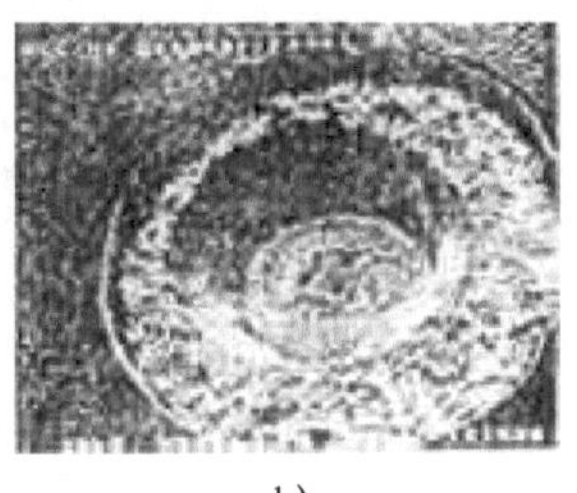

a) b)

图5-5 采用CO_2激光“开大窗口”成孔

a）底垫已经进行除钻污处理 b）孔底仍须进行除钻污处理

⑤ 涂布其他类型温膜与铜箔覆压的工艺方法来制作。

4）采用超薄铜箔直接烧蚀的工艺方法制作。内层芯板两面压贴涂树脂铜箔后，可采用“半蚀方法”将铜箔厚度17μm经蚀刻后减薄到5μm，然后进行氧化处理，就可采用CO_2激光成孔。其基本原理就是经氧化处理成黑色的表面会强烈吸光，会在提高CO_2激光的光束能量的前提下，直接在超薄铜箔与树脂表面成孔。但最困难的就是如何确保“半蚀方法”能否获得厚度均匀一致的铜层，所以制作起来要特别重视。当然也可采用背铜式可撕性材料（UTC），铜箔相当薄（约5μm）。

（2）Nd：YAG激光钻孔的工艺方法 Nd：YAG激光钻孔用于很多种材料上直接进行微盲孔与通孔的加工，不需要像CO_2激光一样对表面进行前处理。但是，不同的材料会导致加工的效率和性能存在差异。如在聚酰亚胺覆铜箔层压板上钻导通孔，最小孔径可达25μm。从制作成本分析，最经济的是孔制作直径为25～125μm，钻孔速度为10000孔/min。在聚四氟乙烯覆铜箔层压板钻导通孔，最小孔径为25μm，最经济的是孔制作直径为25～125μm，钻孔速度为4500孔/min。不需预蚀刻出窗口，所成孔很干净，不需要附加特别的处理工艺要求。

Nd:YAG激光钻孔在具体加工中可采用以下几种工艺方法：

1）根据两类激光钻孔的速度采取两种并用的工艺方法。基本作业方法就是先用Nd：YAG激光把孔位上表面的铜箔烧蚀，然后采用速度比Nd:YAG激光钻孔快的CO_2激光直接烧蚀树脂后成孔。

2）直接成孔工艺方法。上面已谈到Nd:YAG激光可直接穿铜与烧树脂及纤维而成孔的基本原理和工艺方法。采用YAG激光钻微盲孔有两个步骤，即第一步打穿铜箔，第二步清除孔底余料。

4. 两种激光钻孔的优缺点比较

（1）可钻孔径 CO_2激光加工的最小孔径为40μm；Nd:YGA/UV固体激光可以加工25μm以下直径的小孔。

（2）钻孔速度 Nd:YGA/UV固体激光钻孔速度比高能量的CO_2激光钻孔速度慢。Nd:YGA/UV固体激光为10000孔/min以内，CO_2激光可达30000孔/min，所以CO_2激光钻孔的生产效率高。

（3）介质材料的适应性 Nd:YGA/UV固态激光适用于各种PCB材料（包括铜箔和玻

璃布）的钻孔加工，而 CO_2激光仅适用于树脂介质层。

（4）钻孔工艺　Nd:YGA/UV 固体激光为短脉冲紫外激光，波长为 266nm 和 355nm，激光功率密度高，可以直接在铜箔上穿（冲）孔，可以进行微贯通孔和盲孔的加工；而 CO_2激光波长为 940nm 的红外光束，由于铜对红外线波长吸收率很低，因而 CO_2红外激光不能烧蚀金属铜，只有采用覆形掩膜工艺形成窗口，才能在覆树脂铜箔介质层上钻孔，只适宜加工盲孔。

（5）钻孔质量　Nd:YGA/UV 固体激光钻孔后孔内干净、无残渣，不需要进行去腻污等后续工艺处理就可以进行化学镀铜；而 CO_2激光钻孔后在内层铜箔表面会出现介质材料残膜或炭化残留物，必须加强后续工序的除胶、除残渣处理，如采用准分子（Excimers）激光清除炭化残留物。同时，由于 CO_2激光钻孔原理为激光烧蚀介质材料，故孔壁质量较差，甚至出现盲孔底下面与内部介质层分离的缺陷。

5.2.3 化学蚀孔

挠性印制电路板用的绝缘材料普遍是聚酰亚胺膜，常规的孔加工方法是机械冲孔与钻孔，这对高密度、高精度的微小孔加工已显得不适应。现采用准分子激光、YAG 高频激光、等离子体等方法是成为微小孔加工的可选方案，但因加工操作复杂、加工速度慢而不适宜大批量生产。日本某公司开发了化学蚀刻聚酰亚胺膜方法，可以同时加工出大孔与小孔、贯穿孔与盲孔，以及间隙缝槽，并且可以进行成卷传送（Roll to Roll），有很高的生产效率。以往使用的聚酰亚胺膜蚀刻液是肼（联氨）系蚀刻液，存在有毒性和稳定性差、着火点低等问题。现在该公司开发的 TPE3000 系列蚀刻液消除了这些问题，加工稳定，精度高，适合批量化生产应用。TPE3000 系列蚀刻液应用于双面聚酰亚胺基材加工方法，是先在铜箔上蚀刻出聚酰亚胺蚀刻用的标志点（窗口），再用 TPE3000 蚀刻液蚀刻加工出孔，或者是在聚酰亚胺面上直接贴干膜和形成标志点（窗口）露出，经蚀刻加工出孔与槽缝。

化学蚀孔方法比等离子体蚀孔、激光蚀孔法价格便宜，能蚀刻 50μm 以下的孔，但所能蚀刻的材料有限，主要针对聚酰亚胺材料。

5.3 去钻污工艺

在印制电路板的制造过程中，无论是刚性印制电路板还是挠性印制电路板，钻孔后在孔壁上都会产生钻污。钻污的产生是由印制电路板的材料组成决定的，下面从其组成结构来分析两种板产生钻污的原因。刚性印制电路板的组成结构如图 5-6 所示。挠性印制电路板的组成结构如图 5-7 所示。

刚性印制电路板中的环氧树脂或环氧玻纤布的玻璃转化温度在 110～180℃之间，挠性印制电路板中的丙烯酸或环氧类热固胶膜的玻璃转化温度是 120℃左右。在钻孔过程中由于各种原因会使钻头的温度达到 200℃以上，从而在钻孔中会使环氧树脂、环氧玻纤布、丙烯酸或环氧类热固胶膜熔化，然后和铜碎屑、聚酰亚胺碎屑一起黏附在孔壁上形成污腻。如果在沉铜前不处理干净，就会沉不上铜造成开路，产生大量的报废板。因此，去钻污是非常重要的工艺过程。

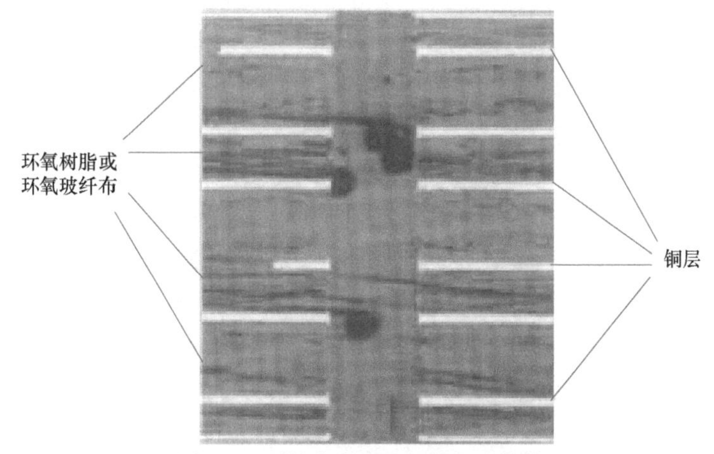

图 5-6　刚性印制电路板的组成结构

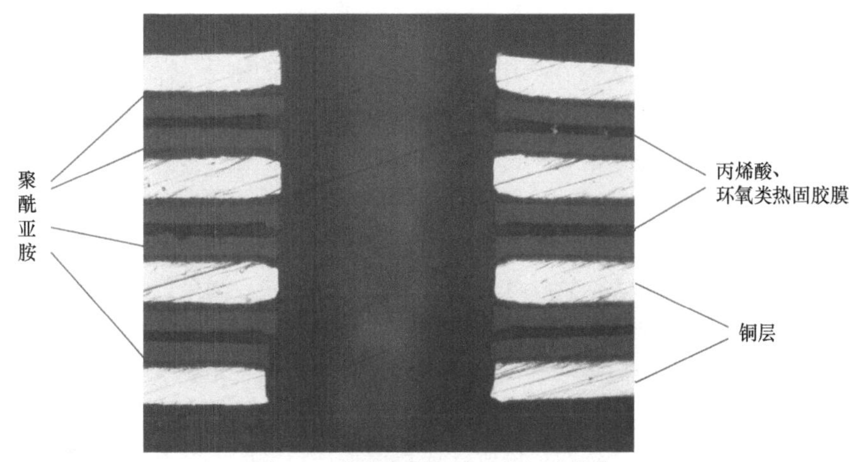

图 5-7　挠性印制电路板的组成结构

当前去钻污的方法有很多，分干法和湿法两种。干法处理是在真空环境下通过等离子体除去孔壁内钻污。此法需要专门的等离子体处理设备，处理成本高，一般在处理挠性多层印制电路板、刚挠结合多层印制电路板、聚酰亚胺多层印制电路板和微小孔径的刚性多层印制电路板时使用。湿法处理包括浓硫酸、浓铬酸、高锰酸钾和 PI（聚酰亚胺）调整处理，铬酸除钻污由于存在严重的环境污染问题，现在基本无人采用了。常用的处理方法有浓硫酸、碱性高锰酸钾处理，PI 调整处理法正在研究中，并已取得了很好的效果。浓硫酸法和碱性高锰酸钾法用来处理刚性印制电路板，PI 调整法用来处理挠性印制电路板。下面分别介绍这些处理方法。

5.3.1　等离子体处理法

1. 等离子体去钻污凹蚀原理

等离子体去钻污是国外 20 世纪 80 年代才开始采用的技术。等离子体是电离的气体，整体上显电中性，是一种带电粒子组成的电离状态，称为物质第四态。应用等离子去除刚挠印制电路板及挠性印制电路板孔壁的钻污可看作是高度活化状态的等离子气体与孔壁高分子材料和玻璃纤维发生气固化学反应，同时生成的气体产物和部分未发生反应的粒子被抽气泵排出，是一个动态的化学反应平衡过程。等离子体气体的生成条件为：①将一容器抽成真空（26.66～66.66Pa），并保持一定的真空度；②向真空容器中通入所选气体，必须保持一定的真空度；③开启射频电源向真空器内正负电极间施加高频高压电场，气体即在正负极间电离，放出辉光，形成等离子体，此时气体不断输入，真空泵一直工作以使真空器内保持一定真空度。由于等离子体处理需要专用设备以及电子级专用气体，因此采用等离子体去钻污凹蚀比较昂贵。

2. 等离子体去钻污凹蚀系统

印制电路板专用的等离子体化学处理系统——等离子体去腻污凹蚀系统，一般由五部分组成：真空腔体、真空泵、射频（RF）发生器、微机控制器、原始气体。各类型等离子体处理设备只是在真空腔内电极的结构和气体的输入位置及方式上略有差别。

3. 等离子体处理工艺过程

（1）高压湿喷砂　高压湿喷砂是用粒度为 F600 左右的刚玉（Al_2O_3）在高压水条件下对多层印制电路板孔壁进行清洗的过程。高压水洗与湿喷砂都是为了提供洁净的孔壁，减少后续等离子体处理的负荷。

（2）烘板　烘板主要是为了去除加工板中的湿气。因为丙烯酸树脂和聚酰亚胺树脂的吸湿率比环氧树脂大得多，如果印制电路板中的湿气因低真空而进入真空系统，必然降低真空度，同时在真空泵中凝结，会对真空泵造成极大的损害。另外，对等离子体的化学活性也有影响。烘板的工艺条件为 120℃下烘 3～4h。

（3）等离子体凹蚀处理　整个等离子体处理过程为分批间歇操作，分为三个阶段。第一阶段是用高纯度的氮气（N_2）为处理气，产生等离子体。目的是使整个系统处于 N_2 氛围；N_2 自由基与孔壁附有的气体分子反应，使孔壁清洁，同时预热印制电路板，使高分子材料处于一定的活化态，以利于后续阶段反应。第二阶段以 O_2、CF_4 为原始气体，混合后产生 O、F 等离子体，与丙烯酸、聚酰亚胺和环氧树脂、玻璃纤维反应，达到去钻污凹蚀的目的。第三阶段采用 O_2 为原始气体，生成的等离子体与反应残余物反应使孔壁清洁。等离子体处理的工艺参数主要包括：气体比例、流量、射频功率、真空度和处理时间。气体比例是决定生成等离子体活性的重要参数。要达到较好的处理效果，一般 O_2 为 50%～90%（体积分数）和 CF_4 为 50%～10%（体积分数）。纯 O_2 等离子体与孔壁材料反应速度慢且产生热量大，导致铜的氧化。而 50%～10%（体积分数）的 CF_4 增加了反应凹蚀速度，能产生极化度高、活性强的氧氟自由基。射频（RF）功率大小在 2～5kW 之间。高的功率使气体电离度提高，提高了反应速度，但同时也产生大量的热量，从而增加了间歇式反应的次数。系统气体压力主要由射频功率和气体流量、比例决定。在较低的压力下，等离子体放电不均匀，但粒子的平均自由程加大，可增加粒子进入小孔的能力；高的气体压力使粒子的渗透能力降低，且产生大量辉光。增加功率水平可以改善渗透能力。通常比较理想的系统压力在 26.66～40.00Pa 之间。

现以 O_2+CF_4 为例说明所进行的反应。

1）等离子体的形成：

$$O_2 + CF_4 \xrightarrow[RF]{真空} O + OF + CO + COF + F + e + \cdots$$

2）等离子体与高分子材料（C、H、O、N）反应：

$$(C、H、O、N) + (O + OF + CO + COF + F + e + \cdots) \rightarrow CO_2\uparrow + H_2O\uparrow + NO_2\uparrow + \cdots$$

3）若有 Si 和 SiO_2 组成的玻纤布时，其反应还有：

$$HF + Si \rightarrow SiF_4\uparrow + H_2\uparrow$$

$$HF + SiO_2 \rightarrow SiF_4\uparrow + H_2O\uparrow$$

以上既是等离子体去钻污、板面清洁的基本原理，也是等离子体制作微导通孔的基本原理。

等离子体去钻污凹蚀是复杂的物理化学过程，有许多影响因素，包括工艺参数、钻孔质量、前处理效果、印制电路板潮湿程度和温度、印制电路板上孔的分布和大小等。总之，只有充分考虑各类影响因素，正确确定前处理和等离子处理的工艺参数，才能确保去钻污凹蚀的质量。

（4）去除玻璃纤维　采用等离子体去除挠性和刚性印制电路板孔内钻污时，各种材料的凹蚀速度各不相同，从大到小的顺序是：丙烯酸膜、环氧树脂、聚酰亚胺、玻璃纤维和铜。从显微镜中能明显地看到孔壁有凸出的玻璃纤维头和铜环。为了保证化学镀铜溶液能充分接触孔壁，使铜层不产生空隙和空洞，必须将孔壁上等离子反应的残余物、凸出的玻璃纤维和聚酰亚胺膜除去，处理方法包括化学法和机械法或两者结合。化学法是用氟化氢铵溶液浸泡印制电路板，再用离子表面活性剂（KOH 溶液）调整孔壁带电性。机械法包括高压湿喷砂和高压水冲洗。采用化学法和机械法相结合的效果最好。

5.3.2　浓硫酸处理法

由于浓 H_2SO_4 具有强的氧化性和吸水性，能将环氧树脂碳化并形成溶于水的烷基磺化物而去除。反应式如下：

$$C_m(H_2O)_n \xrightarrow{浓 H_2SO_4} mC + nH_2O$$

除钻污的效果与 H_2SO_4 的浓度、处理时间和溶液的温度有关。用于除钻污的浓 H_2SO_4 的浓度不得低于86%，室温下处理20～40s，如果要凹蚀，应适当提高溶液温度和延长处理时间。

浓 H_2SO_4 只对孔壁的环氧树脂起作用，对玻璃纤维无效。采用浓 H_2SO_4 凹蚀多层印制电路板后，孔壁会有玻璃纤维头凸出，需要氟化物（如氟化氢铵或氢氟酸）处理。采用氟化物处理凸出的玻璃纤维头时，也应注意控制工艺条件，防止因玻璃纤维腐蚀造成芯吸作用（Wicking）。通常用下列工艺：

浓 H_2SO_4	10mL/L
NH_4HF_2	5～10g/L
温度	30℃
时间	3～5min

由于浓 H_2SO_4 溶解环氧树脂后，孔壁的树脂表面变得太平滑，以至于影响化学镀铜层

的结合力，因此就研发了碱性高锰酸钾处理法。

5.3.3 碱性高锰酸钾处理法

通过这种方法除去环氧树脂钻污，并能蚀刻环氧树脂表面使其表面产生细小的、凹凸不平的小坑提高表面粗糙度，从而增加孔壁镀层与基体的结合力。在化学镀过程中有效地增加活化剂的吸附量，使孔空洞和吹孔现象大大减少。碱性高锰酸钾处理法分以下三步进行。

1. 溶胀

目的：溶胀环氧树脂，使其软化，为高锰酸钾去钻污做准备。

配方：

氢氧化钠	20g/L
己二醇乙醚	30g/L
己二醇	2g/L
水	其余
温度	60～80℃
时间	5min

环氧树脂是高聚型化合物，具有优良的耐蚀性。其腐蚀形式主要有溶解、溶胀和化学裂解（如浓硫酸对环氧树脂主要是溶解作用，其凹蚀作用是十分明显的）。根据“相似相溶”的经验规律，醚类有机物一般极性较弱，且有与环氧树脂有相似的分子结构（R－O－R′），所以对环氧树脂有一定的溶解性。因为醚能与水发生氢键缔合，所以在水中有一定的溶解性。因此，常用水溶性的醚类有机物作为去钻污的溶胀剂。溶胀液中的氢氧化钠含量不能太高，否则，会破坏氢键缔合，使有机链相分离。在生产中，常用此方法来分析溶胀剂的含量。

2. 去钻污

目的：利用高锰酸钾的强氧化性，使溶胀软化的环氧树脂钻污氧化裂解。

配方：

NaOH	35g/L
$KMnO_4$	55g/L
NaClO	0.5g/L
温度	75℃
时间	10min

高锰酸钾是一种强氧化剂，在强酸性溶液中与还原剂作用，被还原为 Mn^{2+}；在中性和弱碱性环境中，被还原为 MnO_2；在 NaOH 浓度大于 2mol/L 时，被还原为 MnO_4^{2-}。高锰酸钾在强酸性的环境中具有更强的氧化性，但在碱性条件下氧化有机物的反应速度比在酸性条件下更快。

在高温碱性条件下，高锰酸钾使环氧树脂碳链氧化裂解：

$$4MnO_4^- + C\text{（环氧树脂）} + 4OH^- = 4MnO_4^{2-} + CO_2(g) + 2H_2O$$

同时，高锰酸钾发生以下副反应：

$$4MnO_4^- + 4OH^- = 4MnO_4^{2-} + O_2(g) + 2H_2O$$

MnO_4^{2-}在碱性介质中也发生以下副反应：

$$MnO_4^{2-} + 2H_2O + 2e = MnO_2(s) + 4OH^-$$

NaClO 作为高锰酸钾的再生剂，主要是利用其强氧化性使 MnO_4^{2-}氧化为 MnO_4^-。

3. 还原

目的：去除高锰酸钾去钻污残留的高锰酸钾、锰酸钾和二氧化锰。

配方：

H_2SO_4	100mL/L
NaC_2O_4	30g/L
温度	40℃

锰离子是重金属离子，它的存在会引起“钯中毒”，使钯离子或原子失去活化活性，从而导致孔金属化的失败。因此，化学镀铜前必须去除锰的存在。

在酸性介质中：

$$3MnO_4^{2-} + 4H^+ = 2MnO_4^- + MnO_2(s) + 2H_2O$$

$$2MnO_4^- + 5C_2O_4^{2-} + 16H^+ = 2Mn^{2+} + 10CO_2(g) + 8H_2O$$

$$C_2O_4^{2-} + MnO_2 + 4H^+ = Mn^{2+} + 2CO_2 + 2H_2O$$

由以上反应可知，通过还原步骤，可完全去除高锰酸钾去钻污残留的高锰酸钾、锰酸钾和二氧化锰。

5.3.4 PI 调整法

PI 调整法去钻污可以去除聚酰亚胺钻污，并能凹蚀掉 1 ~ 3μm 厚的聚酰亚胺层，使沉铜层与孔壁产生三维结合，结合力牢固。并且调整孔壁的带电性，从而提高对活化剂的吸附量。其处理步骤为：浸去离子水→PI 调整处理去钻污→水洗。

1. 浸去离子水

由于 PI 调整液在自来水的作用下会产生沉淀，因此在浸处理液前要先用去离子水浸泡，去掉一些钻污和自来水，保证 PI 调整液的质量和延长它的使用时间。

2. PI 调整处理去钻污

PI 调整液中含有联胺（肼）、添加剂等，处理过程中添加剂把聚酰亚胺和丙烯酸胶膜腻污溶胀，使其容易被分解和去除。接着聚酰亚胺钻污与联胺（肼）反应分解，从而去除相应的钻污。去钻污的质量和溶液中各成分的含量、溶液温度、作用时间关系密切，只有严格按照配方和工艺参数操作才能得到好的产品和高的合格率。

PI 调整液配方和工艺参数：

PI 原液	40mL/L
添加剂	40g/L
温度	35℃ ±5℃
时间	3min

3. 水洗

去钻污后要充分清洗，防止把PI调整液带入下一道工序，影响沉铜质量；或是PI原液残留在孔内，造成咬蚀过度和胶膜溶胀过度。

总之，用PI调整液去钻污是一个新研究的很好的去除挠性印制电路板钻污的方法，在实际生产中得到了好的效益和应用，某些机理还有待进一步研究。

5.4 化学镀铜技术

5.4.1 化学镀铜的原理

为了使电绝缘的孔壁树脂以及玻璃纤维表面产生导电性，为之后电镀铜奠定导电基础，需进行化学镀铜。化学镀铜（Electroless Copper Plating）也称沉铜，它是一种自催化氧化还原反应，在化学镀铜过程中 Cu^{2+} 得到电子还原为金属铜，还原剂放出电子，本身被氧化。其反应实质和电解过程是相同的，只是得失电子的过程是在短路状态下进行的，在外部看不到电流的流通。因此化学镀是一种非常节能高效的电解过程，它没有外接电源，电解时没有电阻压降损耗。化学镀铜时可以一次浸入化学镀铜液中进行镀铜，这用电镀法是无法做到的。化学镀铜可以在任何非导电的基体上进行沉积，利用这一特点在印制电路板制造中得到了广泛的应用。应用最多的是进行孔金属化。

1. 化学镀铜反应机理

化学镀铜时络合铜离子（$Cu^{2+}-L$）得到电子还原成金属铜，即

$$Cu^{2+}-L+2e=Cu+L \tag{5-1}$$

电镀时，电子是由电镀电源提供的，而在化学镀铜时，电子是由还原剂甲醛所提供的，即

$$2HCHO+4OH^{-}\rightarrow 2HCOO^{-}+2H_2+2e+H_2O \tag{5-2}$$

在化学镀铜过程中反应式（5-1）和反应式（5-2）为共轭反应。两个反应同时进行，甲醛放出的电子直接给 Cu^{2+}，整个得失电子的过程是在短路状态下进行的，外部看不出交换电流的流通。结合反应式（5-1）和反应式（5-2）可以得到反应式（5-3）。

$$Cu^{2+}+2HCHO+4OH^{-}\rightarrow Cu+2HCOO^{-}+2H_2O+H_2\uparrow \tag{5-3}$$

反应式（5-3）表明化学镀铜反应必须具备以下基本条件：

- 化学镀铜液为强碱性，甲醛的还原能力取决于溶液中的碱性强弱程度，即溶液的pH值。
- 在强碱条件下，要保证 Cu^{2+} 离子不形成 $Cu(OH)_2$ 沉淀，必须加入足够的 Cu^{2+} 离子络合剂［由于络合剂在化学镀铜反应中不消耗，因此反应式（5-3）中省略了络合剂］。
- 由反应式（5-3）可以看出，每沉积1mol铜要消耗2mol甲醛和4mol氢氧化钠。要保持化学镀铜速率恒定和化学镀铜层的质量，必须及时补加相应的消耗部分。
- 只有在催化剂（Pd或Cu）存在的条件下才能沉积出金属铜，新沉积出的铜本身就是一种催化剂，所以在活化处理过的表面，一旦发生化学镀铜反应，此反应可以继续在新

生的铜面上继续进行。利用这一特性可以沉积出任意厚度的铜，加成法制造印制电路板的关键就在于此。

加入甲醛的化学镀铜液，不管使用与否，总是存在以下两个副反应，由于副反应的存在使化学镀铜液产生自然分解。

1）Cu_2O 的形成反应：

$$2Cu^{2+} + HCHO + 5OH^- \rightarrow Cu_2O + HCOO^- + 3H_2O \quad (5\text{-}4)$$

反应式（5-4）所形成的 Cu_2O 在强碱条件下形成溶于碱的 Cu^+，存在下面的可逆反应：

$$Cu_2O + H_2O \rightleftharpoons 2Cu^+ + 2OH^- \quad (5\text{-}5)$$

在化学镀铜液中反应式（5-4）所形成的 Cu_2O 数量是极少的，远小于 Cu^+ 和 OH^- 反应的溶度积，所以在碱性条件存在可逆反应式（5-5），在溶液中一旦两个 Cu^+ 离子相碰在一起，便产生反应式（5-6）所列的歧化反应：

$$2Cu^+ = Cu + Cu^{2+} \quad (5\text{-}6)$$

反应式（5-6）所形成的铜，是分子级的铜粉，分散在溶液中，这些小的铜颗粒都具有催化性，在这些小颗粒表面上便开始了反应式（5-3）所描述的化学镀铜反应，导致溶液迅速分解。

2）甲醛和 NaOH 之间的化学反应，称为康尼查罗（Cannizzro）反应：

$$2HCHO + NaOH \rightarrow H-COONa + CH_3-OH \quad (5\text{-}7)$$

化学镀铜液中一旦加入甲醛，反应式（5-7）便开始了，无论化学镀铜液处于使用状态还是静止状态，反应一直在进行着，每存放 24h 要消耗 1～1.5g/L 的甲醛，对于放置不用的化学镀铜液，几天后因歧化反应，大部分甲醛会变成甲醇和甲酸。与此同时 NaOH 也会大量消耗，于是溶液 pH 值变低。因此，放置不用的化学镀铜溶液重新起用时，必须重新调整 pH 值，并补加足够的甲醛。特别要注意的是，如果 pH 值已调到合乎要求的工艺状态，而甲醛的含量不足，小于 3mL/L 时，会加速 Cu_2O 的形成反应，促使化学镀铜液快速分解。

2. 化学镀铜液的稳定性

化学镀铜溶液在使用过程中以及存放期间，都会发生自然分解，这是长期以来困扰化学镀铜扩大使用的难题之一。据长期的探索研究，已基本弄清了化学镀铜液的分解原因，并找到了稳定化学镀铜液的措施。

1）在化学镀铜液中加入适量的稳定剂，并采用空气搅拌溶液。所加入的稳定剂多数是含 S 和 N 的有机化合物，如 CN^-，22′联吡啶、硫脲等。这些添加剂对溶液中的 Cu^+ 离子有强的综合能力而对 Cu^{2+} 离子没有络合能力。因此它们能有选择性地捕捉 Cu^+ 离子的能力，使 Cu^+ 离子氧化电位变低不能产生歧化反应，设有机添加剂代号为 L，它们和 Cu^+ 离子产生络合反应：

$$Cu^+ + L \rightleftharpoons CuL$$

由于产生的络合离子在溶液中是可逆的，通入氧气到溶液中时，Cu^+ 离子被氧化为 Cu^{2+} 离子。游离出来的络合剂重新又去捕捉其他的 Cu^{2+}。

2）严格控制化学镀铜液的操作温度，对于不同的化学镀铜溶液都有一个最高允许使用温度，如果化学镀铜反应温度超过此临界温度极限，则 Cu_2O 的形成反应加剧，造成化学镀铜液快速分解。

3）严格控制化学镀铜液的 pH 值，如果其 pH 值高于规定值，同样 Cu_2O 副反应加剧。

4）连续过滤化学镀铜液，一般是采用粒度为 5μm 的过滤器，将溶液中已生成的铜颗粒及时除去。

5）在镀液中加入高分子化合物掩蔽新生的铜颗粒，使之失去活化能力。许多含有羟基、醚氧基的高分子化合物都易于吸附在金属表面上从而使新生的铜颗粒失去了催化性能。最常用的高分子化合物有聚乙二醇、聚乙二醇硫醚等。

5.4.2 化学镀铜的工艺过程

1. 典型孔金属化工艺流程

钻孔板→去毛刺→去钻污→清洁调整处理→水洗→粗化→水洗→预浸→活化处理→水洗→加速处理→水洗→化学镀铜→二级逆流漂洗→水洗→浸酸→电镀铜加厚→水洗→干燥。

2. 工艺原理及控制

（1）去毛刺　由于钻孔后的印制电路板的边缘有时会产生毛刺，若不去除，会影响金属化孔的质量和印制电路板的外观。

去毛刺的方法分手工和机械两种。手工去毛刺是用 P200 ~ P240 粒度的水砂纸仔细打磨。机械方法是用去毛刺机去毛刺。这种方法去毛刺效果更好，在去毛刺机里采用含碳化硅磨料的尼龙刷辊刷掉板面上的毛刺。有时板面毛刺大，可能会造成毛刺进入孔内，应注意钻孔时的操作，严防产生大毛刺。进入孔内的毛刺应用钻头捅掉，或采用化学蚀刻或高压水冲洗，一定要保证孔的质量。

（2）去钻污　其原理及方法见 5.3 节。

（3）清洁调整处理　目的：去除油污、调整孔壁电荷。

配方：阳离子型表面活性剂 0.5g/L。

化学镀铜时，如果孔壁和铜箔表面有油污、指印或氧化层，会影响化学镀铜层与基体的结合力，甚至沉不上铜，所以必须进行清洁处理。

为使环氧树脂表面在后序处理中吸附到均匀的钯离子，必须把印制电路板浸入含有阳离子表面活性剂的溶液中，使其表面吸附一层均匀正电性的有机薄膜，因此清洁处理剂中通常添加阳离子型的表面活性剂。

清洁调整剂通常采用碱性溶液，也可采用酸性或中性溶液。在生产过程中，需要监控溶液的 pH 值、调整剂的浓度、溶解铜浓度、温度和处理时间等。

（4）粗化　目的：①除去铜表面的有机薄膜；②微观粗化铜表面。

常用配方：

H_2SO_4	100mL/L
H_2O_2	80mL/L

$NH_2CH_2NH_2$　　10g/L

调整处理时，在环氧树脂吸附有机表面活性剂的同时，铜表面也形成了一层有机薄膜。如果不加以处理，这层薄膜将使铜表面在活化溶液中吸附大量的钯离子，造成钯离子的大量浪费。同时，由于薄膜的存在，将降低基体铜层与化学镀铜层的结合力。经粗化处理后，基体铜层形成微观粗糙表面，可增加结合力。

（5）预浸　目的：①预防带入杂质；②润湿环氧树脂孔壁。

配方：

H_2SO_4　　1mL/L

有机碱络合剂　　20mL/L

由于活化液的使用周期较长，且活性受杂质影响明显，因此在活化前必须进行预浸处理，防止杂质积累，影响其活性。在预浸液中，络合剂和活化液中的络合剂相同，但由于预浸液呈酸性，络合剂以盐的形式存在，其并没有络合能力，仅是浸润孔壁，为络合钯离子做准备。

（6）活化处理　目的：活化的作用是在绝缘基体上吸附一层具有催化能力的金属颗粒，为形成化学镀铜所需的活化中心做准备。使绝缘基材表面具有活化性能的方法通常有分步活化法、胶体钯活化法和胶体铜活化法。

1）分步活化法。化学镀铜的活化方法多年来一直采用敏化－活化两步处理法。首先用5%的氯化亚锡溶液进行敏化作用，然后用1%～3%的 $PdCl_2$、$AuCl_3$ 或 $AgNO_3$ 的水溶液进行活化处理。在基体表面上产生金属沉积的离子的反应方程式为

$$Sn^{2+} + Pd^{2+} = Sn^{4+} + Pd$$

这种分步活化的方法存在两个严重的问题。一是孔金属化的合格率低，在化学镀铜后总是发现个别孔沉不上铜，其主要原因有两个：①Sn^{2+} 离子对环氧玻璃的基体表面湿润性不是很强；②Sn^{2+} 很易被氧化，特别是敏化后水清洗时间稍长，Sn^{2+} 被氧化为 Sn^{4+}，造成失去敏化效果，使孔金属化后个别孔沉积不上铜。另外一个是活化剂采用单盐化合物，它们和铜箔产生置换反应，结果在铜的表面上产生一层松散的贵金属置换层。如果在上面直接化学镀铜，会造成镀层结合不牢，特别是多层印制电路板造成金属化孔和内层铜环连接不可靠。经过试验，真正用在实际生产中的是一次活化法的胶体钯活化法和分步活化法的螯合离子钯活化法。

螯合离子钯活化法分两步进行，首先是活化处理，然后是还原处理。活化剂的主要成分是 $PdCl_2$ 和螯合剂在碱性条件下产生溶于水的钯离子络合物。这些螯合剂可以用柠檬酸、对羟基苯甲酸。这样形成的钯离子络合物溶于 pH 值 >10.5 的碱溶液。活化处理后，在水洗时，由于 pH 值突降，螯合钯离子沉积在板面上以及印制电路板的孔内壁。由于钯离子和络合剂之间是强的配位键化合，使 Pd^{2+} 离子的氧化还原电位降低，钯和铜之间的置换反应不能进行。但是用常规的 Sn^{2+} 不能将螯合物的 Pd^{2+} 还原，必须用强的还原剂将钯离子还原成有催化性的金属钯。最常用的还原剂是硼氢化物，如甲基硼烷（CH_3BH_3）、硼氢化钾（KBH_4）。为了缓解硼氢化物的自然分解，一般在溶液中加入一定比例的硼酸。螯合离子钯的最大优点是活化剂溶液在 pH 值高于 10.5 就不会产生沉积，pH 值最佳范围为 10.5～10.7，如果 pH 值过高，活化处理后水冲洗时所产生的沉淀物会减少，影响活化效

果。还原剂硼氢化物在放置过程中会产生自然分解，使还原能力变差，从而影响活化效果，因此应每天分析还原剂的有效浓度。

目前市售的常用螯合离子钯活化液的是 Schering 公司和武汉中南电子化学材料所的产品。

2）胶体钯活化法。20 世纪 60 年代初，美国的 Shiply 公司发表专利（U. S. Pat. No. 3011920），成功研制了活化性能非常好的胶体钯活化处理液。我国在 20 世纪 70 年代初，首先由电子部 15 所姚守仁教授提出试验胶体钯活化液，后由中科院计算所马淑兰、唐济才研制出生产实用型的酸性胶体钯活化液，很快在国内得到推广应用。采用胶体钯活化处理，在铜基体上不会形成钯置换层，从根本上解决了化学镀铜层与基体铜之间的结合力问题，并节约了大量的贵金属。由于胶体钯活化性能非常好，消除了以往个别金属化孔沉积不上铜的问题。

3）胶体铜活化法。关于胶体铜活化可参考美国专利 U. S. Pat. No. 4681630（1987）和 U. S. Pat. No. 4762560（1988），该专利由 LeaRonal 公司申请，胶体铜的具体组成如下：

明胶	2g/L
$CuSO_4 \cdot 5H_2O$	20g/L
DMAB（二甲胺基硼烷）	5g/L
水合肼	10mL/L
钯	20×10^{-6}g/L
pH 值	7.0

胶体铜活化法的特点：

• 胶体铜颗粒表面带正电荷，不需要整孔处理而靠自身的静电作用就能良好地吸附在孔壁表面上，同时胶体铜颗粒直径很小，对孔壁的各种死角处的覆盖力都较好，因而减少了孔空洞的现象。

• 在酸性胶体钯活化处理时，活化和预浸液皆为强酸性且氯离子含量很高，极易造成多层印制电路板的“粉红圈”现象，而胶体铜的预浸和活化均为碱性或中性又不含氯离子，减少了“粉红圈”形成。

• 由于钯的还原电位较氢负，当板子浸入化学镀铜液时，在钯核附近便有很多氢气产生，同时钯核催化化学镀铜反应初始速度快，伴随产生的氢气也多，因此钯催化的化学镀铜层结构疏松脆弱。而胶体铜活化时，由于铜的还原电位较氢正，当板子浸入化学镀铜液时，铜晶核处不放出氢气，且其催化反应速度较慢，伴随产生的氢气也较少，其化学镀铜层结晶细致，力学性能好。

• 钯是一种十分昂贵的金属，而铜资源丰富、价格低，因此胶体铜的成本比胶体钯的成本低很多，有利于降低印制电路板的加工成本。

（7）加速处理（还原，以胶体钯活化法为例）目的：使 Pd^{2+} 转化为 Pd。

Pd^{2+} 必须转化为 Pd 单质才具有催化活性，引发沉铜反应的产生。活化之后的基体表面上吸附的是以金属钯为核心的胶团，在钯核的周围包围着碱式锡酸盐化合物。在化学镀铜之前应除去一部分，以使钯核完全露出来，增强胶体钯的活性，称这一处理为加速处理。加速处理不但提高了胶体钯的活化性能，而且除去了多余的碱式锡酸盐化合物，从而显著提高了化学镀铜层与基体间的结合强度。加速处理的实质是使碱式锡酸盐化合物重新溶解。加速处理液可以用酸性处理液，也可以用碱性处理液，如用5%的NaOH水溶液或1%的氟硼酸水溶液，处理1～2min，然后水洗，就可以进行化学镀铜。如果加速处理液的浓度过高、时间过长，会导致吸附的钯脱落，造成化学镀铜后孔壁出现空洞。

（8）化学镀铜　目的：使各层间电路互连，实现其电气性能。

化学镀铜液的成分及其作用：

• 铜盐：主要用$CuSO_4 \cdot 5H_2O$，推荐含量为5～15g/L。

• 络合剂：最常用的络合剂有酒石酸钾钠、EDTA（乙二胺四乙酸）-2Na，NN′NN′四羟丙基乙二胺。

• 还原剂：在生产实际中甲醛最理想。这主要是甲醛具有优良的还原性能，可以有选择性地在活化过的基体表面自催化沉积铜。

• pH值调节剂：甲醛在强碱性条件下才具有还原性，为此必须在溶液中加入适量的碱，最常用的是NaOH。

• 添加剂：添加剂的作用是稳定化学镀铜液不产生自然分解，另外可以改善化学镀铜层的物理性能，改变化学镀铜的速率。

几种典型的化学镀铜液配方如下：

1）用酒石酸钾钠作为络合剂：

$CuSO_4 \cdot 5H_2O$	14g/L
NaOH	20g/L
$NaKC_4H_4O_6$	40g/L
硫脲	0.5mg/L

工作条件：温度为23℃，pH值为12～13，空气搅拌，连续过滤。

该化学镀铜液是我国最早期流行的配方，溶液的化学镀铜速度为1μm/h左右，稳定性较差，补加调整困难。

2）用EDTA作为络合剂：

$CuSO_4 \cdot 5H_2O$	10g/L
NaOH	14g/L
EDTA	40g/L
αα′联吡啶	10mg/L
$K_3Fe(CN)_6$	100mg/L（或KCN 10mg/L）

工作条件：温度为50～60℃，pH值为12.50（室温测），空气搅拌，连续过滤。

用EDTA作为络合剂的化学镀铜液稳定性好，化学镀铜层质量高，溶液可以连续补加调整。

3）双络合剂：

$CuSO_4 \cdot 5H_2O$	10g/L
NaOH	15g/L
EDTA	40g/L
NN′NN′四羟丙基乙二胺	15g/L

αα′联吡啶　　　　　　　　10mg/L

$K_3Fe(CN)_6$　　　　　　　　100mg/L

工作条件：温度为45～50℃，pH值为12.5～12.8，空气搅拌，连续过滤。

此溶液的稳定性好，铜层外观及力学性能好，溶液可以连续补加调整，溶液使用温度低，沉积速率高。

5.5 一次化学镀厚铜孔金属化工艺

不用电镀铜的一次化学镀厚铜进行双面印制电路板和多层印制电路板孔金属化，可以显著缩短加工周期，降低生产成本，用此种工艺方法很容易制作出高精度的印制电路板。实践证明，一次化学镀厚铜的金属化孔可靠性要超过电镀铜，因为一次化学镀厚铜孔内镀层厚度非常均匀，不存在应力集中，特别是对于高密度的印制电路板小孔金属化（ϕ0.5mm以下的孔），对电镀来讲很难使孔内镀层厚度均匀一致，而用化学镀铜的方法则是轻而易举的事。下面介绍双面和多层印制电路板一次化学镀厚铜的生产工艺。

5.5.1 双面印制电路板一次化学镀厚铜

1）用液体感光胶（抗电镀印料）制作双面电路图形，然后蚀刻图形。液体感光胶可以用网印或幕帘式涂布，幕帘法生产效率高，而且涂层均匀无砂眼，网印法易产生气孔砂眼。液体抗电镀感光胶分辨率非常高，显影无底层，很容易得到精细的电路图形，而且价格比干膜便宜。蚀刻电路图形之后用5%的NaOH去除感光胶层。

2）网印或幕帘式涂布液体感光阻焊剂，制出阻焊图形。

3）用液体感光胶涂布板面，用阻焊底片再次曝光、显影，使孔位焊盘铜裸露出来。

4）钻孔。

5）化学镀厚铜。

① 酸性除油3min。

② H_2SO_4/H_2O_2粗化3min。

③ 预浸处理1min。

④ 胶体钯处理3min。

上述处理液均为酸性溶液，板面上的液体感光胶层不会被破坏，其结果是保护板面不受侵蚀，在进行活化时，孔内和板面上的感光胶层吸附了胶体钯。

⑤ 5%的NaOH处理3min，然后用水冲洗板面上的感光层，连同感光胶上的胶体钯一同被碱溶解下来。孔内的胶体钯仍然保留。

⑥ 1%的NaOH处理1min，然后用水冲洗，进一步去除板面上的残胶。

⑦ 化学镀厚铜4h，铜层厚度可达到20μm，化学镀铜过程中自动分析和自动补加化学成分。适用于连续化学镀厚铜的配方：

$CuSO_4 \cdot 5H_2O$　　　　　　10g/L

EDTA　　　　　　40g/L

NaOH　　　　　　15g/L

双联吡啶　　　　　　10mg/L

CN^-　　　　　　　10mg/L

操作条件：温度 60℃，化学镀铜过程中，通空气搅拌化学镀铜溶液，并连续过滤。自动控制 pH 值和 Cu^+ 离子含量。

6）化学镀铜层涂抗氧化助焊剂（可保存六个月不损失焊接性），也可以化学镀镍再化学镀金，或化学镀锡－铅合金。

5.5.2　多层印制电路板一次化学镀厚铜

1）用液体感光胶制作内层电路。

2）多层叠层与压制。

3）用液体感光胶制作外层电路。

4）印阻焊掩膜，固化。

5）用稀释的液体感光胶涂布板面，用阻焊掩膜曝光，露出焊盘。

6）钻孔。

7）用 H_2SO_4/HF 凹蚀处理。

8）粗化，活化，用 NaOH 溶液解胶。

9）化学镀厚铜 20μm。

一次化学镀厚铜的优点：①可缩短加工周期；②可以制作高精度电路图形，因为没有图形电镀工艺，消除了镀层凸延所造成的图形失真；③金属化孔镀层厚度非常均匀，不存在电化学镀铜的镀液分散能力问题，从而提高了细微金属化孔的可靠性。

5.6　孔金属化的质量检测

在多层印制电路板制造过程中，对化学镀铜和电镀铜层的物理性要求很高，特别是对小孔径和高孔径与板厚比，要求铜层厚度均匀性、铜层的物理性能要优越，以确保在热冲击时不发生质量缺陷。孔金属化常见缺陷如图 5-8 所示，因此对孔金属化存在的各种缺陷和金属化孔质量检测十分重要。

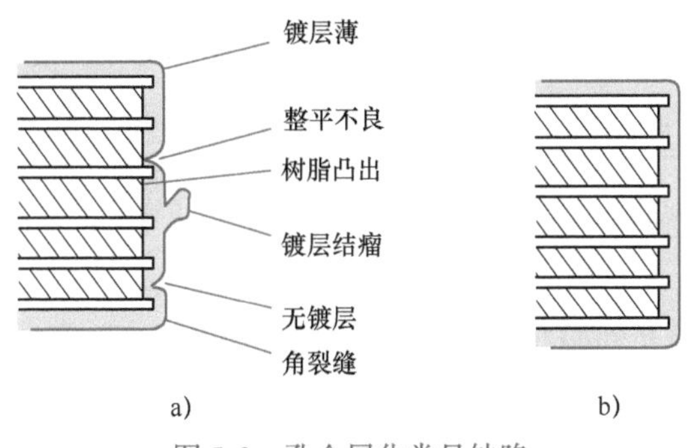

图 5-8　孔金属化常见缺陷

a）不良镀层　b）理想镀层

5.6.1 背光试验法

为了在生产过程中有效监控化学镀铜系列溶液的活性和化学镀铜的沉积质量，通常采用背光试验法或玻璃布试验法来验证溶液性能，并根据试验情况及时调整生产状态。

背光试验法是检查孔壁化学镀铜完整性最常用的方法。化学镀铜后的试样沿一排孔的中心切下宽 3～4mm 的长条，并用细砂纸打磨切口处留下的毛边，将制好的试样放置在灯光台下，在显微放大镜下检验孔壁透光情况。

根据孔壁的透光情况将孔壁上沉积铜的完整性分成若干等级。例如，有的表示方法将其分成 10 级，把不透光的情况定为第 10 级，根据透光率的多少依次降低级别，最差为第 1 级；也有的表示方法将其分成 6 级（d0，d2，d3，…，d5），不透光的定为 d0 级，透光率最高的定为 d5 级。

5.6.2 玻璃布试验

玻璃布试验是为了检查化学镀铜槽液活性而设计的一种验证方法。其具体过程如下：

1）把玻璃布剪成 5cm×5cm 大小的试验片。

2）将上述试片的四周 X 方向及 Y 方向上的玻璃纤维去掉，使得试片四周有大约 1cm 的自由状态。

3）用夹具夹住试片，按工艺要求把试片浸入化学镀铜前处理的槽液中，每步处理时间均为 10s，严格控制时间，其他工艺要求按工艺规范进行。

4）经前处理过的玻璃布，放入化学镀铜溶液中，随化学镀铜时间的延长，玻璃布的颜色从黑色变成棕红至粉红（铜的颜色）。根据玻璃布在化学镀铜溶液中变色的时间来判断整个生产线的溶液的活性，变色时间越短，说明活性越高。

5.6.3 金相显微剖切

金相显微剖切是观察孔壁上除钻污、化学铜及电镀层全貌和厚度的最可靠方法，孔金属化的样品及普通成品板最后必须经此步骤操作才能了解其质量情况。

金相显微剖切制作步骤如下：

1）在印制电路板上或镀（涂）锡铅的板上找出要检测的同一排的孔，将其切割出来（可以有数个孔）。

2）将上述切割出来的一组孔用专用的磨板机磨去接近孔直径的部分，样品的底部也磨平。

3）将上述样品固定于专用的灌胶模的中央，令上述磨平的一半孔口处于同一平面上（若有几个样品）。

4）用专用的树脂胶（树脂与固化剂按比例混合）注入上述固定好样品的灌胶模内。

5）自然风干约 2h，待树脂凝固，取出整个样品。

6）先用粗磨粒砂纸，再用微粉砂纸在专用磨板机上打磨，磨去固化的树脂，直到孔直径的孔边全露出，再用抛光布及抛光粉均匀涂在样品面上进行抛光。

7）用洗洁精清洗，再用热水冲洗、吹干。

8）为了使化学铜与电镀铜的界面清晰，可进行微蚀处理。

① 样品加2滴HCl（密度为1.19g/mL）。

②滴微蚀剂数滴，反应约1min。

微蚀剂配制：80mL去离子水加入5mL 98%的H_2SO_4，再加入10g$K_2Cr_2O_7$溶解、混合。

③ 水洗后再适当加含H_2O_2的氨水（1∶1）中和、还原。

④ 水洗、吹干。

9）上述样品即可置于显微镜观察影像。

5.7 直接电镀技术

5.7.1 概述

印制电路板孔金属化技术是印制电路板制造技术的关键之一。长期以来人们一直沿用化学镀铜的方法，但是化学镀铜溶液中的甲醛对生态环境有危害，并且有致癌的危险，同时化学镀铜溶液中的络合剂（如EDTA等）不易进行生物降解，废水处理困难。除此之外，化学镀铜溶液的稳定性较差，操作稍有不慎就会出现溶液分解，需对其进行严格的监控和维护，同时目前化学镀铜层的力学性能（如伸长率和抗拉强度等）都比不上电镀铜层。而且化学镀铜工艺流程长，操作维护极不方便，因此迫使人们放弃原有的化学镀铜而研究开发新的孔金属化工艺，直接电镀技术就应运而生。

直接电镀的基本思想是1963年IBM公司的Mr. Rodovsky提出来的，近年来这项技术得到了迅速的发展和应用。

作为代替化学镀铜的直接电镀技术必须满足以下条件：

1）在非导体包括环氧玻璃布、聚酰亚胺、聚四氟乙烯等孔壁基材上，通过特殊处理形成一层导电层，以实现金属电镀，同时还必须保证镀层与基体铜具有良好的结合力。

2）形成导电层所用的化学药水对环境污染小，易于进行“三废”处理，不会造成严重污染。

3）形成导电层的工艺流程越短越好，而且要求操作范围应较宽，便于操作与维护。

4）能适应各种印制电路板的制作，如高板厚/孔径比的印制电路板、盲孔印制电路板、特殊基材的印制电路板等。

直接电镀技术虽起步较早，以前工艺不成熟，应用较少，1983年以后加快了对新的直接电镀技术的研究与开发，先后出现了多种多样的直接电镀技术，各种不同的直接电镀系列药品相继商品化。

直接电镀技术按导电材料分类，基本上可归纳为三种类型。

- 钯系列（以钯或其化合物作为导电物质）——Pd导电膜。
- 导电性高分子系列［如聚吡咯（Pyrrole）、聚苯胺（Polyaniline）］—高分子导电膜。
- 炭黑系列——C黑导电膜。

常见的直接电镀技术分类见表5-1。

表 5-1 常见的直接电镀技术分类

钯 系 列	导电性高分子系列	炭黑系列
EE-1(AmpAKuzo) Crimson(Shipley) Neopact(Atotech) Conductron(LeaRonal) EnvisionDPS(Enthone-OMI) DMS-1(Blasberg) Compact-1(Atotech) Compact plus(Atotech) EE-2000(Amp Ahuzo) ABC(APT) STS(Solu Tech)	DMS-2(Blasberg) DMS-E(Blasberg) Compact CP(Atotech)	Black-Hole-1(MacDermid) Black-Hole(Olin hunt) Shadow(Electro-chemical)

直接电镀技术的优点：

1）现在市场上投入的直接电镀产品，都不含传统的化学铜产品。甲醛的取消改善了操作环境，操作人员的健康有了改善。危害生态环境的化学物质，例如螯合物乙二胺四乙酸二钠（EDTA－2Na）、萘三磺酸（NTA）、乙二胺四丙酸（EDTP）和甲醛等不再在配方中使用。

2）由于工艺流程简化，取消了反应复杂的化学铜槽液，减少了中间层（化学铜沉积层），从而改善了电镀铜的附着力，提高了 PCB 的可靠性。

3）由于取消了化学沉铜，减少了控制因素，简化了溶液分析、维护和管理。

4）直接电镀的制程同传统的镀通孔（PTH）相比，药品数量减少，生产周期短，废物处理费用减少，这些因素降低了生产的总成本。

5）各种直接电镀的镀通孔制程没有改变传统的 PCB 制作通孔板的后续制程，而且还提供了一种新的流程——选择性直接电镀（或称完全的图形电镀）。

下面针对各种导电材料系列分别做简单介绍。

5.7.2 钯系列

1. 技术原理

钯系列方法是通过吸附 Pd 胶体或钯离子，使印制电路板非导体的孔壁获得导电性，为后续电镀提供了导电层。吸附钯胶体与过去化学镀铜前的活化处理所吸附的胶体钯不同，直接电镀用胶体钯层要致密，其中胶体钯粒子非常细腻，粒径为 0.10～0.25μm，而传统胶体钯的粒子粒径约为 3μm。通过在钯溶液中加入添加剂，使钯的吸附紧密，互相重合成为层状，以提高其导电性，通过选择合适的清洁整孔剂或助催化剂等方法来提高孔壁基材对导电钯的吸附量，而在铜上的吸附量减少。为了进一步提高吸附钯膜的导电性，有多种方法，如硫化处理、稳定性处理或中和处理等。

利用钯作为直接电镀用的导电层的方法很多，例如 Shipley 公司的 Crimson 法，是采用 Pd－Sn 胶体催化，通过改变整孔剂，使钯－锡胶体的吸附量提高了 3 倍，为了提高导电性，从胶粒中去除锡，使钯形成易导电的硫化钯。Atotech 公司开发的 Neopact 法中使用的胶体钯不含 Sn^{2+}，而含有一种弱酸性可溶性有机聚合物，易清洗，通过后浸和选择剂处理后，将铜面上的 Pd 除去，同时微蚀铜表面，改善导电 Pd 膜与孔壁的结合力以及电镀铜与基体铜的结合力，从而提高了工艺可靠性。

2. 工艺流程

下面以典型的 Neopact 法为例加以说明。Atotech 公司开发的 Neopact 法工艺流程见表 5-2。

表 5-2　Neopact 法工艺流程

工　序	药品名称	浓　度	pH 值	温度/℃	时　间	
					竖直式时间/min	水平式时间/s
清洁/调整	调整剂 Ux 缓冲剂	50mL/L 50mL/L	11～12	40～70	8～10	45
水洗	自来水（不含次氯酸钠）			室温	2～3	
微蚀	Part A Part B	20g/L 20g/L	<1	25～35	1～2	30
水洗	自来水（不含次氯酸钠）			室温		180～240
预浸	H_3PO_4（85%）	1.5mL/L	1.7～2.1	室温	0.5～1	20
吸附	基本剂 还原剂	10mL/L 1mL/L	1.6～1.9	40～55	4～8	150
水洗	去离子水			室温	2～3	
后浸	后浸剂	200mL/L	10～12	15～35		40
水洗	去离子水			室温		
酸浸	H_2SO_4（98%）	100mL/L		室温		
电镀铜	Cupracid			20～30		

3. Neopact 法的优点

1）适用于所有的基材。
2）废水处理简单，比较环保。
3）与传统的镀通孔（PTH）工艺相容性好，有利于旧工艺转化。
4）操作范围宽。
5）导体形成槽（相当于化学铜槽液的作用）不受负载的影响。
6）不用通过拖缸来活化槽液，减少了药品损耗。
7）流程短，提高了生产效率。
8）总的生产成本低。

5.7.3　导电性高分子系列

非导体表面在高锰酸钾碱性水溶液中发生化学反应生成二氧化锰层，然后在酸溶液中，单体吡咯或吡咯系列杂环化合物在非导体表面上失去质子而聚合，生成紧附的不溶性导电聚合物，将附有这类导电聚合物的印制电路板直接电镀完成金属化。

1. 技术原理

（1）吡咯的导电机理　大部分的高分子材料都是绝缘体。但有些聚合物，由于其本身结构特殊或进行掺杂而具有导电性能。例如聚吡咯、聚乙炔、聚吡啶等都具有导电性。这些聚合物都具有一些共有的特性，即都是共轭聚合物。共轭聚合物都具有 π 电子分子轨道，分子内的长程相互作用使之形成能带，禁带宽度随着共轭体系长度（聚合度）的增加而减少。

（2）覆铜板上覆盖聚吡咯膜　吡咯在弱酸性溶液中，在氧化剂的作用下，可以发生聚合生成高聚合度的聚吡咯。覆铜板的基材部分，即玻璃纤维环氧树脂（目前大部分的印制电路板基材是玻璃纤维环氧树脂板），在溶液中与高锰酸钾发生反应，其反应式为

$$C(\text{树脂}) + 2KMnO_4 = 2MnO_2\downarrow + CO_2\uparrow + 2KOH$$

$$4KMnO_4 + 4KOH = 4K_2MnO_4 + 2H_2O + O_2\uparrow$$

$$3K_2MnO_4 + H_2O = 2KMnO_4 + MnO_2\downarrow + KOH$$

$$MnO_4^{2-} \xrightarrow{\text{酸化}} MnO_4^- + e$$

吡咯在酸性条件下，在二氧化锰的作用下，生成导电性聚吡咯，其反应式为

$$\text{吡咯(N-H)} \xrightarrow[\text{弱酸}]{MnO_2} \text{吡咯}^{\oplus}\text{(N-H)}\ Y^- \xrightarrow[n+LC_4H_3N]{\text{聚合}} \text{吡咯(NH)}-[\text{吡咯(NH)}]_n-\text{吡咯(NH)}\ nY^-$$

（3）导电膜上电镀铜原理　当电场加在覆铜板上的铜箔部分时，在紧靠铜箔的聚吡咯膜上，就形成了一个电场。镀液中的二价铜离子首先在紧靠铜箔的膜上形成了铜核，然后以铜核为中心，不断向四周蔓延扩展而得到沉积铜层。随着时间增长，铜核之间的桥接，使在聚吡咯膜上形成无空隙的致密镀铜层。

2. 工艺概述

使用导电性有机聚合物的直接金属化工艺称为 DMSⅡ（Direct Metallization SystemⅡ）工艺。它可以分为前处理、生成导电性聚合物膜和酸性硫酸铜电镀三个基本阶段，其适用于板面电镀、板面图形电镀和完全图形电镀，下面对其加以阐述。步骤为：钻孔后的覆铜箔板→水洗→整平→水洗→氧化→水洗→单体溶液催化→水洗→干燥，然后进行板面电镀、板面图形电镀或完全图形电镀。

（1）整平　整平剂是含氮有机溶剂的碱性水溶液。整平处理的目的在于软化孔壁环氧树脂，同时具有清除孔壁污渍及钻孔时残留在孔壁上的环氧树脂的作用。把钻孔后的印制电路板浸在65℃的整平剂溶液中3min，然后取出，在25℃的去离子水中漂洗2min。氧化DMSⅡ过程综合处理的目的是在孔壁内（含表面）生成一层连续的、无空洞的、结合牢固的致密沉积铜。试验证明，为达到这一目标，孔壁表面进行适当的氧化处理及使化学沉铜层颗粒细密是两个非常重要的因素。理想的孔壁树脂表面应是具有高比表面积的、微观粗化的“蜂窝”状外观结构。因为这种结构具有：①高比表面积为铜的化学沉积提供了凹状的大量沉积场所，这些额外的凹状场所也有助于提高沉积铜与孔壁的结合性能；②高比表

面积有助于吸附更多的催化剂，这反过来又改善了化学沉铜的覆盖能力。把整平过的印制电路板浸于氧化液中10min，然后取出，在25℃水中漂洗2min。

（2）催化 催化剂是有机物的单体溶液。当覆盖有二氧化锰氧化层的印制电路板孔壁接触酸性单体溶液时，便在非导体孔壁表面上生成不溶性导电聚合物层，作为以后直接电镀的基底导电层。把氧化处理过的覆铜箔板浸在20℃的催化剂溶液中5min，然后用去离子水清洗2min，在孔壁表面上便生成足以直接电镀用的黑色聚合物导电层。

（3）电镀 将涂覆有导电性的有机聚合物膜的印制电路板置于普通电镀铜溶液中电镀。电镀时间取决于印制电路板的板厚/孔径比，一般在30min内完成孔金属化。

3. 应用实例

下面以典型的Atotech公司开发的Compact CP法为例加以说明。

（1）Compact CP法的工艺流程 微蚀→碱性调整→黏合促进→形成高分子膜→清洁电路板铜表面→电镀铜→水洗、干燥。

由上面的工艺流程可知，导电高分子膜形成的工艺有四步。在全湿法过程中可以电镀铜结束，也可以水洗后转架或干燥。

（2）各步骤的作用

1）微蚀。它有两个作用：清洁电路板铜表面和多层印制电路板孔壁的内层铜环表面，同时除去钻孔产生的铜污染。

2）碱性调整。这是由超声增加的工艺步骤，有以下三种作用：

① 除去树脂残渣和碎屑。

② 为下面第3）步处理树脂做准备，使其均匀有效。

③ 调整纤维玻璃。

3）黏合促进。该步骤使用特别安排的黏合促进剂，它是一种碱性高锰酸钾溶液，有以下三种作用：

① 去钻污，同时轻微粗化环氧孔表面。

② 在树脂和玻璃纤维（不在铜表面）上选择性地产生约1μm厚度的MnO_2吸附层。

③ MnO_2作为后面的导体聚合物氧化的电子接收体，而自身被还原。

4）形成高分子膜。本步骤中形成导电聚合物，成为该工艺流程最关键的技术。它相当于完成传统PTH工艺流程中的活化（或催化）、还原（或加速）和化学沉铜等三个工艺。

5）清洁电路板铜表面。该步骤应用铜清洁剂完成酸浸作用。用电子显微镜检查金相切片，没有发现内层铜和通孔镀层之间的交界面，甚至通过微蚀也是如此。

6）电镀铜。在该步骤中，铜直接电沉积到聚合物薄层上以及基材的铜上。从这个步骤开始，施用的电流密度与板厚径比有关，在0.5～5A/dm^2范围内选用。电镀2min就能在树脂和玻璃纤维上均匀地电镀铜层。

（3）Compact CP法的优点

1）选择性强。

① 只在树脂和玻璃纤维上形成聚合物。

② 铜表面没有聚合物，特别有利于电镀铜与基体铜的结合。

2）良好的环境。没有络合剂、有机溶剂和甲醛。

3）工艺操作性好。

① 导体层的形成和固着是在一步操作中完成的。

② 所有各个工艺步骤时间短。

③ 可在水平生产线上得到理想的应用。

4）工艺过程的监测简化。

① 应用 Oxamat P 再生和控制 MnO_4^{2-}/MnO_4^- 的比例。

② 自动光度监测 Compact CP 导电聚合物溶液的单位浓度。

（4）Compact CP 法与减层法的各种工艺配合　前面的工艺流程是一种水平式全湿法加工过程，可以完成包括加厚铜到 25 ~ 35μm 的全板电镀，也可以完成像传统 PTH 竖直设备那样一次镀铜（2.5 ~ 12μm）作为本流程结束。

其实，做成导电高分子膜之后，可以干燥作为结束，然后立即贴图，进行完全的图形电镀。

以作为导电高分子膜结束，在潮湿条件下转架。在竖直设备上去镀一次铜或全板镀铜至 25 ~ 35μm 的全厚度，然后进行正像酸性蚀刻产生电路图形。

因此，Compact CP 法与 Neopact 法一样能够适应减成法制造 PCB 的后续工艺的要求。

5.7.4　炭黑系列

取消化学镀铜工艺的直接电镀工艺中较为成熟的工艺之一是利用炭黑悬浮液的直接电镀。首先采用炭黑悬浮液接触印制电路板基板，在通孔的孔壁表面形成炭黑层，采用石墨悬浮液接触印制电路板基板，孔壁表面的炭黑层上形成石墨层，然后进行电镀。这种先后形成炭黑层和石墨层作为电镀用的导电性基底层的两步法工艺不但工艺复杂，而且制造成本较高。有资料报道，目前已开始采用炭粒子悬浮液形成电镀导电性基底层的一步法工艺法。

炭黑/石墨基直接金属化是以石墨为分散相的所谓黑孔化技术，通过在 PCB 孔壁上吸附炭黑悬浮液，干燥后获得导电性炭黑层，然后进行电镀。其工艺流程为：①采用炭黑悬浮液涂覆 PCB；②干燥，彻底除去炭黑悬浮液中的悬浮介质，在 PCB 孔壁上获得连续炭黑层；③采用导电性石墨层悬浮液涂覆 PCB；④干燥，彻底除去石墨悬浮液中的悬浮介质，在 PCB 孔壁的炭黑层获得连续石墨层；⑤直接电镀，在炭黑/石墨层上直接电镀金属。碳的导电性取决于其结晶结构，它能够沉积并很好地吸附到不导电的通孔内，不需要的沉积碳通过蚀刻除去。石墨基工艺目前使用的石墨粒子尺寸为 0.7 ~ 1.0μm。与使用非晶炭黑工艺相比，石墨基工艺具有更好的黏附性、孔壁覆盖率和导电性。石墨基工艺只需要一次处理就可获得完全的覆盖率，而炭黑工艺则需要两次处理才能实现完全的覆盖率。孔壁表面上的石墨层平展，在以适当的方向快速镀覆中，炭的蜂窝层之间形成了定向的导电层，对这一点还存在争议。提供的这两种工艺是以水平式、传送带式、湿处理模式进行操作的。最近，采用改善了的流体力学的特殊模式，而不使用传统的喷射方式就可实现完全的覆盖率。这种工艺的优点是液体传送效率更高，提高了干燥速度，减少了水的消耗，明显地缩短了工艺生产线。

碳基工艺不允许使用电刷洗净工艺。因为在不导电通孔表面附近的炭粒子会被刷掉，从而导致镀速降低或镀覆不到通孔内。石墨基工艺允许使用电刷洗净或浮石洗净工艺，对初始的直接镀工艺没有什么不利影响。然而，大多数 PCB 制造厂家为了节省费用或保护水资源，只要保证干膜具有良好的黏附力，就可省去这样的工艺步骤。由于通孔中催化剂粒子上竖直喷射的粒子的研磨影响，炭黑和石墨基这两种工艺看起来与喷射浮石或喷射矾土的表面结构不兼容。对于使用有机防锈剂，就像制备所有的干膜表面那样，必须评估防锈剂与干膜的兼容性，不断增加的水平传送的直接镀覆系统直接与自动层压板切割机连接，不存在预层压板的滞留时间，也不需要保护刚清洗过的表面。在这种情况下，不需使用防锈剂。

5.8　习题

1. 何谓孔金属化？孔金属化在印制电路板中的作用是什么？金属化孔可分为哪几类？

2. 孔金属化由哪几道工艺实现？简述各道工艺的作用。

3. 印制电路板通孔的加工方法有哪几种？简述各种钻孔技术的优缺点和适用范围。

4. 影响钻孔的六个主要因素是什么？简述各主要因素的要点。

5. 简述激光钻孔的原理。为什么说微小孔的加工是生产高密度互连（HDI）印制电路板的重要步骤，而激光钻孔是目前最容易被人接受的微小孔的加工方式？

6. 孔径比 50μm 大时常用何种激光光源？孔径小于 50μm 时又采用何种激光光源？为什么？

7. CO_2激光成孔有哪几种工艺方法？简述其要点。Nd: YAG 激光钻孔又有哪几种工艺方法？比较 CO_2激光成孔和 Nd: YAG 激光钻孔方法的优缺点。

8. 钻污是如何产生的？去钻污常采用哪些方法？

9. 以下所述的关于去除钻污的说法中，哪一种是错误的？

（1）去钻污是为了除去钻孔时所产生的铜碎屑。

（2）使用浓硫酸方法，废水处理容易但管理困难。

（3）等离子法因为是干法工艺，不损坏基材的电气性能。

（4）使用碱性高锰酸钾除去钻污作用慢。

10. 简述湿法和干法去钻污的各种方法去钻污的基本原理和工艺要点，并比较各种方法的优缺点及适用范围。

11. 化学镀铜在孔金属化工艺中的作用是什么？简述化学镀铜的基本原理。

12. 写出典型的孔金属化工艺流程，并说明每一步的原理和工艺条件控制。

13. 不用电镀铜的一次化学镀厚铜进行双面印制电路板和多层印制电路板孔金属化，可以显著缩短加工周期，降低生产成本，用此种工艺方法很容易做出高精度的印制电路板。说明该方法的优点及制作工艺。

14. 孔金属化常见缺陷有哪些？常采用哪些方法对孔金属化的质量进行检测？

15. 何谓孔金属化的直接电镀技术？直接电镀技术有何优点？直接电镀技术按导电材料可分为哪三类？说明各类技术的基本原理。

第6章　电镀铜技术

无论采取化学镀铜还是直接电镀技术，在印制电路板绝缘孔壁上沉积的导电层都不能承担电路载流或信号传输的作用。基于化学镀铜或直接电镀形成的导电层进行电镀铜，增加镀铜层的厚度，是实现多层电路板 *Z* 向互连不可或缺的工艺技术，是印制电路板制造的核心技术之一。本章主要介绍印制电路板电镀铜的作用、基本要求、工艺技术以及最新的镀铜技术，包括高厚径比通孔电镀和微盲孔填铜技术等。

6.1 电镀铜技术概述

铜作为印制电路制造中导电线路用的金属已经得到了广泛的应用。它具有优越的导电性和力学性能，容易电镀，并且成本低廉。铜容易活化，易与其他金属镀层形成良好的金属–金属间键合，因而电镀铜能够获得良好的结合力。因此，电镀铜技术在印制电路板制作过程中占据核心地位。

6.1.1 电镀铜的过程

印制电路板电镀铜以硫酸铜、硫酸和氯离子作为主要电解质溶液，在直流电的作用下，金属中的电子和电镀液中的铜离子在电场作用下发生定向迁移，溶液中的铜离子移动到阴极表面得到电子被还原成金属铜单质，在阴极表面形成铜沉积层，而阳极的铜金属失去电子被氧化成铜离子，溶解在电镀液中补充铜离子。印制电路板电镀铜过程如图6-1所示。

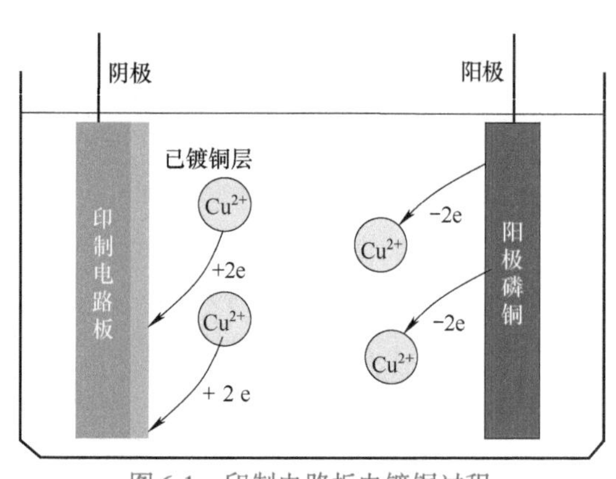

图6-1　印制电路板电镀铜过程

在直流电的作用下，在阴、阳极上发生如下反应：

阴极：　$Cu^{2+} + 2e \rightarrow Cu$

阳极：　$Cu - 2e \rightarrow Cu^{2+}$

在直流电情况下电镀效率可达98%以上。

6.1.2　电镀铜层的作用

在印制电路板制造过程中，电镀铜层起着至关重要的作用，包括：

（1）加厚孔铜　在双面或多层印制电路板制作过程中，电镀铜层作为层间互连孔化学镀铜或直接电镀导电层的加厚层。通过电镀铜后，孔内铜层的厚度达到 20μm。这种电镀铜层称为加厚铜。

（2）图形镀铜　在印制电路板图形电镀 Sn-Pb 或低应力镍的底层，基于掩膜图形进行电镀铜加厚，使铜层的厚度达到 20～25μm。这种电镀铜过程在印制电路中称为图形镀铜，也是电镀铜层的另一个重要作用。

6.1.3　电镀铜层的性能要求

在印制电路板电镀铜过程中，受电镀条件的影响，电镀铜层的性能可能因而产生差异。只有性能符合要求的电镀铜层，才能保证印制电路板的应用可靠性。印制电路板电镀铜层应具备如下性能：

（1）良好的力学性能　电镀铜层的力学性能主要指铜的韧性。在金属学中，金属的韧性是由相对伸长率和抗张强度来决定的。对铜镀层来说，一般要求相对伸长率不低于 10%，抗张强度在 20～50Pa 之间。只有达到该力学性能的镀铜层才能保证在波峰焊（通常 260～270℃）和热风整平（通常 232℃）时，镀铜层不至于因环氧树脂基材与镀铜层膨胀系数的差异（环氧树脂膨胀系数为 12.8×10^{-5}/℃，铜为 0.68×10^{-5}/℃，相差约 20 倍）而导致纵向断裂。

（2）优越的镀铜导电性能　在印制电路板载流或信号传输中，铜导线的电阻影响着载流大小或信号传输的完整性。因此，在电镀铜过程中，要尽量降低其他金属杂质或添加剂，以获得高纯度、低电阻的电镀铜层。

（3）镀铜层与基体结合牢固　在印制电路板中，除电镀铜本身具备较好的性能外，铜层与基体结合也必须足够牢固。如果结合力不好，电镀铜层在应用中易发生起泡、脱落从而导致电路板报废。

（4）较好的孔铜与表铜一致性　只有板面及孔内镀层厚度均匀，即表面镀铜层厚度（T_s）和孔壁镀铜层厚度（T_h）之比接近 1∶1，才能保证镀层有足够的强度和导电性。这需要镀液有良好的分散能力和深镀能力。

（5）良好的镀层外观　电镀铜层均匀、细致也是保证印制电路板应用可靠性的重要性能要求。

6.2　电镀铜液

6.2.1　电镀铜液发展现状

印制电路板镀铜在我国已有 40 余年的历史，镀铜技术也在日益成熟和完善。电镀铜液（简称镀铜液）有多种类型，如硫酸盐型、焦磷酸盐型、氟硼酸盐型以及氰化物型。由于印制电路板基材是覆铜箔层压板，作为强碱性的氰化物型的镀铜液显然是不合适的。对于优良的镀铜液，应具备如下性能：

1）镀铜液具有良好的分散能力和深镀能力，以保证在印制电路板比较厚和孔径比较小时，仍能达到 T_s：T_h接近 1：1。

2）镀铜液在很宽的电流密度范围内，都能得到均匀、细致、平整的镀层。

3）镀铜液稳定，便于维护，对杂质的容忍度高。

氟硼酸盐型镀铜液虽比较稳定，允许电流密度较高，但镀铜液分散能力差，对板材有一定的腐蚀作用，并且氟硼酸根会对环境带来污染，难以治理。焦磷酸盐型镀铜液所得镀层细致，镀铜液分散能力好，但镀铜液稳定性差，维护麻烦，成本高，且磷酸根会对环境带来污染，又给污水排放带来难题。硫酸盐型镀铜液能获得均匀、细致、柔软的镀层，并且镀铜液成分简单，分散能力和深镀能力好，电流效率高，沉积速度快，污水治理简单。所以，印制电路板镀铜主要使用硫酸盐型镀铜液。

硫酸盐型镀铜液分为两种：一种是用于零件电镀的普通硫酸盐镀铜液；一种是用于印制电路板电镀的高分散能力的镀铜液。硫酸盐型镀铜液具有“高酸低铜”的特点，因而有很高的导电性和很好的分散能力与深镀能力。当然它们所用的添加剂也有区别。表 6-1 列出了两种硫酸盐型镀铜液的基本成分比较。

表 6-1　两种硫酸盐型镀铜液的基本成分比较

基 本 成 分	普通硫酸盐镀铜液	高分散能力镀铜液
硫酸铜/（g/L）	180～240	60～100
硫酸/（g/L）	45～60	180～220
氯离子/（mg/L）	20～100	20～100
添加剂	适量	适量

没有添加剂的硫酸盐型镀铜液，不可能达到使用的要求。早在 20 世纪初就已发现明胶、甘氨酸、胱氨酸和硫脲等物质能使硫酸铜镀铜液得到光亮的镀层。20 世纪 50 年代后曾经有以硫脲或硫脲分别同糊精、巯基苯并噻唑等多种物质配合作为酸性硫酸盐镀铜光亮剂的专利。这些添加剂虽然能使镀层光亮、晶粒细化，但镀层的力学性能却不能满足要求，如：明胶等添加剂会导致镀层夹杂、镀层脆性和孔隙率增加；而硫脲组成的添加剂会大大降低镀层的柔软性，且容易分层而使镀层力学性能降低。到 20 世纪 70 年代，有关聚合物、有机染料或较复杂的含硫、含氮化物组合的添加剂面世，可以获得高度整平、光亮、柔软性良好的铜镀层。

我国对酸性镀铜添加剂的研制始于 20 世纪 70 年代，具有代表性的添加剂产品有电子工业部 15 所的 LC153 和 SH-110 等。用这种添加剂，与其他材料相配合，可以获得光亮、整平的铜镀层，镀铜液具有良好的分散能力和深镀能力，即使在 40℃下，也能正常进行工作而不会分解，尤其适用于印制电路板镀铜。国产镀铜添加剂配方及其工艺条件见表 6-2。

表6-2 国产镀铜添加剂配方及其工艺条件

配方及工艺条件	SH-110	LC153
硫酸铜/(g/L)	100	100
硫酸/(g/L)	200	200
氯离子/(mg/L)	40	20~90
SH-110/(mg/L)	10~20	—
HB/(mg/L)	0.5~1	—
OP-21/(g/L)	0.5	—
LC153 起始/(mg/L)	—	3~5
LC153 补充剂/(mg/L)	—	1~2
温度/℃	10~40	10~40
阴极电流密度/(A/dm^2)	0.5~4	1~2.5
阳极	磷铜	磷铜
搅拌方式	阴极移动	阴极移动

改革开放以来，从国外引进了大量印制电路板生产线，同时也引进了很多先进的电镀添加剂，用于高分散能力的镀铜液的添加剂。各种镀铜添加剂配方及工艺条件见表6-3。表6-3中所列镀铜液，其镀层表面均无憎水膜，镀铜液稳定，维护方便，但镀槽均应根据需要配有空气搅拌、连续过滤、阴极移动装置，夏季作业最好配有冷却装置以控制液温和保证镀层质量。

表6-3 各种镀铜添加剂配方及工艺条件

配方及工艺条件	MHT	GS	PCM	PC-667
硫酸铜/(g/L)	60~75	80	60~90	60~120
硫酸/(g/L)	180~200	200	166~202	150~225
氯离子/(mg/L)	50~100	100	40~80	30~60
添加剂/(mg/L)	MHT8~16	GS 整平剂 20 GS 光亮剂 3	PCM 2.5~7.5	载体 4~10 光亮剂 10~23
阴极电流密度/(A/dm^2)	2~4	1~3	0.1~8	0.1~8.6
阳极电流密度/(A/dm^2)	1~2	0.3~2	1~2	—
温度/℃	28~32	22~26	21~32	21~32
阳极铜(含P的质量分数,%)	0.045~0.06	0.02~0.06	—	0.03~0.08
搅拌方式	空气搅拌 连续过滤	阴极移动 20~25mm/次 5~45次/min 可调	空气搅拌 阴极移动 连续过滤	空气搅拌 阴极移动 连续过滤

6.2.2 酸性电镀铜液

酸性电镀铜液由主盐和添加剂组成。不同用途的电镀铜体系的添加剂有所不同，但是主盐的成分基本相同。电镀铜液中主盐为金属盐类，其作用是提供金属离子，增加镀铜液的导电性能，通常包括硫酸铜、硫酸等。添加剂包括铜离子络合剂、光亮剂、整平剂等。

1. 电镀铜液的成分及其作用

（1）硫酸铜　硫酸铜是镀液中的主盐，它能在水溶液中电离出铜离子。铜离子在阴极上获得电子，沉积出铜镀层。硫酸铜浓度控制在60～100g/L，提高硫酸铜浓度可以提高允许电流密度，避免高电流区烧焦，硫酸铜浓度过高，会降低镀铜液的分散能力。

（2）硫酸　硫酸的主要作用是增加溶液的导电性。硫酸的浓度对镀铜液的分散能力和镀层的力学性能均有影响，硫酸浓度太低，镀铜液分散能力下降，镀层光亮范围缩小；硫酸浓度太高，虽然镀铜液分散能力较好，但镀层的延展性降低。

（3）氯离子（Cl^-）　氯离子（Cl^-）是酸性镀铜液必不可少的添加剂。通常，1～2mmol/L的 Cl^- 加入镀铜液可以帮助阳极溶解，防止钝化，并且和镀铜液中的其他添加剂协同作用形成光亮、平整的镀层。Cl^- 在铜表面的吸附程度取决于电极电位。当电势比 -0.1V vs. SHE（标准氢电极）更负时，Cl^- 处于无序吸附状态；然而在电位比 -0.1V vs. SHE 更正时，Cl^- 在铜表面形成有序吸附层。

此外，Cl^- 吸附在铜表面通过电子桥机制加速铜的沉积和溶解，即 Cu^{2+} 与 Cl^- 共同吸附在铜表面，通过氯桥作用加快 Cu^{2+} 还原成 Cu^+ 的速率，提高电极表面 Cu^+ 的浓度。电镀铜过程中，Cl^- 形成离子桥，催化铜离子在电极表面的还原，并且与其他添加剂协同作用，影响铜沉积层的结构、晶粒取向和铜沉积反应动力学。

（4）加速剂　酸性镀铜时，加速剂在 Cl^- 协助下加速铜沉积，形成组织结构更细腻的铜结晶，加速剂又称为晶粒细化剂。加速剂一般为含硫有机物，最常见的有聚二硫二丙烷磺酸钠［Bis-(sodium sulfopropyl)-disulfide，SPS］和其还原产物3-巯基丙烷磺酸钠（3-Mercapto-1-propanesulfonic acid sodium salt，MPS）。电镀铜时，加速剂在 Cl^- 的帮助下吸附在电极表面，改变铜沉积电位与双电层的性质，加速铜在电极表面的沉积速率，并影响沉积层的形态与性质。

（5）抑制剂　酸性镀铜时，抑制剂在 Cl^- 的协同作用下吸附在阴极表面提高电极极化，增加过电位，从而抑制铜沉积。此类有机物多为聚醚类，常用的有聚乙二醇（Polyethylene glycol，PEG）、脂肪醇聚氧乙烯醚（Primary alcobol ethoxylate，PAEO）、聚氧乙烯与聚氧丙烯嵌段共聚物（Ethylene oxide-propylene oxide copolymer，EO/PO）。

（6）整平剂　通常，电镀铜使用的整平剂分子具有很强的正电性。电镀过程中，整平剂吸附在镀件表面负电性较强的地方，抑制铜沉积速率。整平剂一般为季胺化合物或含氮的杂环化合物，健那绿（Janus green B，JGB）及其衍生物二嗪黑（Diazine black，DB）是研究比较多的添加剂。电镀铜时，JGB通过加氢还原反应断开 -N=N- 双键稳定吸附在阴极表面，抑制铜离子的还原，降低铜沉积速率。

电镀铜作用机制并不是单一添加剂作用的简单叠加，而是镀铜添加剂（Cl^-、加速剂、抑制剂与整平剂）之间协同作用的结果。例如，SPS能和 Cu^+、CuCl结合形成弱吸附或解离中间体，而PEG形成PEG-Cu^{+}-Cl^{-}强烈吸附在铜表面，影响铜的沉积速率，从而使得SPS和PEG在铜表面形成竞争吸附，而这种吸附竞争又明显依赖于电极表面电势和溶液对流情况。

2. 操作条件的影响

（1）温度　温度对镀铜液性能的影响很大。温度提高，会导致允许的电流密度提高，加快电极反应速度，但温度过高，会加快添加剂的分解，使添加剂的消耗增加，同时镀层光亮度降低，镀层结晶粗糙。温度太低，虽然添加剂的消耗降低，但允许电流密度降低，高电流区容易烧焦。一般以20～30℃为佳。

（2）电流密度　当镀铜液的组成、添加剂、温度、搅拌等因素一定时，镀铜液所允许的电流密度范围也就一定了。为了提高生产效率，在保证镀层质量的前提下，应尽量使用高的电流密度。电流密度不同，沉积速度也不同。

（3）搅拌　搅拌可以消除浓差极化，提高允许电流密度，从而提高生产效率。搅拌可以通过使工件移动或使溶液流动，或两者兼有来实现。

1）阴极移动。阴极移动是通过阴极杆的运动来实现工件的移动。阴极移动方向应该与阳极表面垂直，最好能成一定角度，如45°，这样能促进孔内的溶液流动，如果有气泡也能及时被赶出去。阴极移动幅度为20～25mm，移动速度5～45次/min。

2）压缩空气搅拌。压缩空气不仅带给镀铜液中度到强烈的翻动，对镀铜液而言，它还能提供足够的氧气，促进溶液中的Cu^{+}氧化成Cu^{2+}，协助消除Cu^{+}的干扰。压缩空气应由无油空气泵供给，在泵的气体进口处应该使空气净化。压缩空气流量一般是0.3～0.8m^3/min。

3）镀铜液喷流。随着印制电路板孔厚径比的不断提高，孔内电镀铜液的对流必须依靠高强度的喷流来提高电镀效率。在阴极附近安装喷流孔，通过喷流孔将镀铜液快速垂直地喷向印制电路板，以加速镀铜液在通孔内的流动速度，使镀铜液的流动速率提升，在基板的上下面及通孔内形成涡流，使扩散层降低而又较均一。

（4）过滤　由于空气搅拌对溶液的翻动较大因而对溶液的清洁程度要求较高，因此一般空气搅拌都与溶液的连续过滤配合使用。过滤可以净化溶液，使溶液中的机械杂质及时地除去，防止或减少了毛刺出现的机会，同时又可以做到使溶液流动，尤其是有回流槽的镀槽使用连续过滤，其溶液流动的效果更明显。过滤机应使用5～10μm的PP滤芯，也可以用过滤介质。溶液应每小时至少过滤一次。

为了提高生产效率，往往在同一个镀槽中同时使用阴极移动、空气搅拌与连续过滤。对于一些高厚径比的通孔电镀，还需要外加喷流装置。

3. 阳极

硫酸盐酸性镀铜在阴极沉积铜，因而镀铜液中需要不停地补加Cu^{2+}。目前，阳极使用较多的是磷铜阳极以及不溶性阳极。

（1）磷铜阳极　磷铜阳极的磷含量为0.04%～0.065%（质量分数），铜含量不小于99.9%（质量分数）。磷铜可以做成铜角、铜球或铜板，阳极最好用钛篮，将磷铜角（球）置于其中。为保持镀铜液清洁，阳极应包于聚丙烯布做成的阳极袋中，阳极袋应比阳极长 3 ~ 4cm。

为什么使用含磷铜阳极？因为不含磷的铜阳极在镀铜液中溶解速度快，其阳极电流效率 >100%，导致镀铜液中铜离子累积，又由于阳极溶解速度快，导致大量 Cu^{+} 进入溶液，从而形成很多铜粉浮于液中，或形成 Cu_2O，使镀层变得粗糙，产生节瘤，同时阳极泥也增多。使用优质含磷铜阳极，能在阳极表面形成一层黑色保护膜，它像栅栏一样，能控制铜的溶解速度，使阳极电流效率接近阴极电流效率，镀铜液中的铜离子保持平衡，防止了 Cu^{+} 的产生，并大大减少了阳极泥。阳极中磷含量应保持适当，磷含量太低，阳极黑膜太薄，不足以起到保护作用；磷含量太高，阳极黑膜太厚，导致阳极屏蔽性钝化，影响阳极溶解，使镀铜液中铜离子减少。无论磷含量太低或太高，都会增加电镀添加剂的消耗。一般在处理溶液时，要同时清洗铜阳极、钛篮和阳极袋。阳极中的杂质含量应越少越好，杂质含量超标，会增加阳极泥并会使对镀层有害的成分在镀铜液中累积而影响镀层质量，某些杂质还会影响镀层的力学性能和电性能。因此为保证镀铜液正常工作，阳极材料最好稳定，当更换阳极材料时，应先经过试验。

此外，阳极面积应该是阴极面积的 1.5 ~ 2 倍，使用钛篮要经常检查铜角（球）是否足够，以防止阳极面积不够带来的阳极钝化和镀铜液中铜离子浓度的降低。

（2）不溶性阳极　随着 PCB 技术的不断发展，电镀铜阳极也出现了一些新的变化，不溶性阳极成了 PCB 电镀铜阳极的重要选择。不溶性阳极，又称尺寸稳定阳极（Dimensionally Stable Anode，DSA），包括阳极钛网、铂金钛网、钌铝铱网等钛包铜产品。不溶性阳极通常以金属钛为基材，在其表面涂覆有铱、钽等贵金属的氧化物及一些其他功能性涂层。一般氧化铱为电催化剂，起到导电及催化化学反应的作用，氧化钽为涂层稳定剂，保持涂层在电解中的稳定性并降低涂层损耗速度。

由于不溶性阳极不能释放 Cu^{2+}，因此，电镀铜过程 Cu^{2+} 的补加依靠外加 Cu^{2+} 来实现。现有的电镀生产线可以根据电镀安培小时数自动添加氧化铜粉来补充 Cu^{2+}。

目前，PCB 发展的新型水平连续电镀和竖直连续电镀都开始采用不溶性阳极。

相比磷铜阳极，不溶性阳极具备如下优点：

1）阳极的几何尺寸及面积一直保持不变，从而使电流分布能够均一化，得到优良的电镀均匀性。而磷铜阳极使用小球填充而成，在铜的消耗过程中易产生“中空”现象。同时，由于磷铜阳极在铜消耗过程中体积和面积都在不断变化，从而不能保证电镀的稳定性。

2）阳极维护工作最少，不需要停下生产线来清洗和补充阳极，可提高生产效率。磷铜阳极则需要周期性补充磷铜球以及拖缸，影响生产效率。

3）由于自身不溶出，也不存在磷铜阳极那样产生阳极泥以及金属杂质离子漏出到槽液的风险。

4）不溶性阳极由于其表层涂覆有贵金属，对电镀添加剂的再生起到很强的催化作用。

5）不溶性阳极使用寿命长；可以承受更高的电流密度，非常适用于高速电镀（电流密度 ≥40A/dm²）。

但是，不溶性阳极也存在一些缺点，如电镀时会产生氧气，初生态氧气会造成添加剂一定程度的分解。

4. 镀铜液的维护

镀铜液需要良好的维护，才能保证镀层质量的稳定。

1）定期分析调整镀铜液中硫酸铜、硫酸和氯离子的浓度，使之经常处于最佳状态。镀铜液的分析周期可根据生产量大小来决定，一般每周至少分析调整一次，生产量大的几乎每天都要分析调整。增加 10mg/L 的氯离子，可以加入 0.026mg/L 的试剂级盐酸。

2）添加剂的补充。在电镀过程中，添加剂不断消耗，可以根据安时数，按供应商提供的添加量进行补充，但还要考虑镀件携带的损失，适当增加 5% ~10%。经常进行霍尔槽试片的检查也是确定镀铜液中添加剂含量是否正常的方法，根据赫尔槽试片调整的结果，补加光亮剂就比较客观和可靠。

3）定期用活性炭处理。在电镀过程中，添加剂要分解，同时干膜或抗电镀油墨分解物及板材溶出物等都会对镀铜液构成污染，因此要定期用活性炭净化。一般每年至少用活性炭处理一次。

6.2.3　半光亮酸性镀铜液

半光亮酸性镀铜的特点在于它所用光亮剂不含硫，因而添加剂的分解产物少，镀层的纯度高、延性好。同时镀铜液具有极好的深镀能力，镀层外观为均匀、细致、整平的半光亮镀层。

镀层耐热冲击的性能使它能顺利通过美国军用标准 MIL 的 SPEC-P-5510C 试验。在正常操作的情况下，板面镀层厚度 T_s与孔壁镀层厚度 T_h之比可达到 1；当孔径相当于板厚 1/10时（孔径大约为0.3mm），在2.5A/dm²下，T_s : T_h可达到1.05 ~1.18。同时该镀铜液可以在较高的电流密度下工作，仍能保持比较好的孔壁厚度，如在 6A/dm² 下，对孔径 0.6mm、板厚 1.6cm 的板，其 T_s: T_h仍能达到 1.18 ~1.25。

半光亮酸性镀铜液 Cu-200 的配方及工艺条件见表 6-4。镀铜液配制、各成分作用以及维护方法都与光亮酸性镀铜大同小异，这里不再赘述。应该指出的是，这种工艺在不同电流密度下工作，其主盐浓度不同，温度也不同，因此这种镀铜液可以不必加冷却系统。

表 6-4　半光亮酸性镀铜液 Cu-200①的配方及工艺条件

配方与工艺条件	普通电流密度	高电流密度
硫酸铜/（g/L）	60 ~98	90 ~106
硫酸/（g/L）	160 ~200	230 ~250
氯离子/（g/L）	40 ~100	80 ~120
温度/℃	20 ~25	36 ~40
阴极电流密度/（A/dm²）	1 ~3.5	3.5 ~8
阳极电流密度/（A/dm²）	0.5 ~1.75	1.2 ~2.5
过滤	连续	连续
搅拌	空气搅拌	强烈空气搅拌
沉积速度	在 2A/dm²下，0.45μm/min	在 4.5A/dm²下，1μm/min

① Cu-200 添加剂系美国乐思化学公司产品。

6.3 印制电路板电镀铜技术

电镀铜是印制电路板制造的基础技术之一，电镀铜用于全板电镀（化学镀铜后加厚铜）和图形电镀，其中全板镀铜是紧跟在化学镀铜之后进行的，而图形电镀是在图像转移之后进行的。

6.3.1 全板电镀铜工艺

覆铜箔层压板经钻孔、化学镀铜（一般镀 0.5～1.0μm）后，在整个板面上电镀铜，直至金属化孔内壁铜层达到所要求的厚度。然后用丝网漏印或光化学法印制出所需要的负像图形，即除了所需要的印制导线图形和孔外，全用抗蚀油墨或光致抗蚀剂覆盖。然后在暴露出的铜表面上电镀抗蚀金属。通常这种金属也提供良好的焊接性保护。

这种方法的主要缺点是整个板面包括孔内和 PCB 表面都能电镀上铜层，而板面上并不需要铜层加厚。在线路蚀刻过程中，这将导致铜的大量浪费，而且由于蚀刻剂需要蚀刻更厚的铜层（通常 60～70μm），蚀刻时要额外多消耗蚀刻液，增加蚀刻时间，也可能伴随发生线路严重的过腐蚀现象。

全板电镀方法可用于制造宽度和间距要求不太严格的印制电路板。其工艺流程基于钻完孔的基板，具体如下：

化学镀铜→活化→电镀铜→防氧化处理→水冲洗→干燥→刷板→印制负像抗蚀图像→修板→电镀抗蚀金属→水冲洗→去除抗蚀剂→水冲→蚀刻。

工艺过程中的活化，可以用 5% 的稀硫酸。全板镀铜 15～30min，镀层厚度 5～8μm。

防氧化处理是用于工序间的防氧化，防氧化保护膜只要有一定厚度就可以了，不必太厚。防氧化处理剂可以用 M8 或 Cu56，它们都是水溶液，便于操作。镀层风干后，需检查金属化孔的质量，不合格的可以返工重新进行孔金属化。

6.3.2 图形电镀铜工艺

图形电镀是对导电图像进行选择性的电镀，一般有两种方法。

一种方法是先用化学镀提供 0.5～1.0μm 厚的导电铜层，然后全板电镀铜，使其镀层厚度达到 5μm 左右。这样厚的电镀铜层能够完全覆盖孔壁，并且经过图像转移后图形电镀前的化学处理后，不会被蚀刻完而产生空洞。经过全板电镀后，用丝网漏印或干膜光致抗蚀剂制出负像电路图像，然后在负像电路图像的铜表面上进行选择性电镀，使孔内壁铜层厚度达到 25μm 以上。

另一种图形电镀方法是先用化学镀厚铜工艺提供 3～6μm 的化学镀铜层，然后用上述相同的方法制出负像电路图像，再进行图形电镀使之达到所要求的厚度。采用这种方法时，化学镀厚铜层应该经过钝化处理，才可进行图像转移。但是，如果在图像转移前，化学镀铜层已经氧化或弄脏，则必须用刷板机刷光，并且在刷板时要特别小心，防止把焊盘与孔的交界处的铜刷掉露出基材，因为化学镀铜层不耐磨。

究竟采用哪一种方法好，目前还有争论。但对下列事实都是公认的：化学镀铜层的致密性、电气性能、力学性能以及抗腐蚀性能都不如电镀铜层好。

图形电镀法的主要优点是：

1）与全板电镀相比，电镀的金属铜少，因而降低了电能消耗。

2）被蚀刻掉的铜少，所以蚀刻剂的使用寿命长。

3）导线精度高，侧蚀小，可以制出导线宽度和间距较小的印制电路板，例如0.2mm。

它的缺点是：如果图形电镀前处理不适当，易产生结合力问题；另外抗蚀剂在整个电镀过程中可能污染镀液，因此要加强清洁处理。

图形电镀铜是在图像转移后进行的，一般是作为铅锡或锡镀层的底层，也可作为低应力镍层的底层。在自动线生产中，图形电镀铜与电镀锡铅合金（或锡）连在一条生产线上。其工艺过程如下：

图像转移后印制电路板→修板/或不修→清洁处理→喷淋/水洗→粗化处理→喷淋/水洗

→活化→图形电镀铜→喷淋/水洗→活化→电镀锡铅合金

└→镀低应力镍→镀金

图形电镀前要检查板子，主要检查是否有多余的干膜，线条是否完整，孔内有无干膜残片（如用防电镀油墨作图形时），要注意孔内有无油墨，检查合格方可进行图形电镀。

（1）清洁处理　在图像转移过程中，历经贴膜（或网印湿膜）曝光、显影、修板等操作，板上可能会有手印、灰尘、油污，还可能有余膜，如果处理不好就会造成铜镀层与基体结合不牢固。这时的印制电路板是干膜（或湿膜）和裸铜共存，清洁处理既要清除铜上的污物，又不能损害有机膜层，因此只有选择酸性除油液浸洗。酸性除油液的主要成分是硫酸、磷酸或其他酸，加表面活性剂等有效成分，能有效地清洁待镀板的表面。很多供应商能提供与其电镀工艺配套的酸性清洗剂，如中南电子化学材料所的CS-4、美国安美特公司的FR酸性清洁剂、杜邦公司的AC-500以及华美公司的CP-15、CP145等，都是这方面的产品。

以中南电子化学材料所的CS-4为例，其配方是：

CS-4-A	50mL/L
CS-4-B	8.5g/L
H_2SO_4（98%）	10%（体积分数）
温度	20～400℃
时间	3～5min

（2）粗化处理　粗化处理是为了去除待镀线条与孔内镀层的氧化层，增加其表面粗糙度，从而提高镀层与基体的结合力。目前生产中常用的粗化液主要有两种类型：过硫酸盐型和H_2SO_4-H_2O_2型。粗化液的配方与工艺条件见表6-5。

目前市场可供选择的粗化液比较多，但用H_2SO_4-H_2O_2型粗化液，一般可以减少下一步稀硫酸活化工序，而用过硫酸盐型粗化液则必须进行活化工序。

（3）活化　活化工序是为除去铜表面轻微的氧化膜，同时在一定程度上保护了镀铜液，使前工序不至于污染镀铜液。活化一般用体积分数为5%～10%的硫酸。

表 6-5 粗化液的配方与工艺条件

配方与工艺条件	$H_2SO_4-H_2O_2$型	过硫酸盐型
H_2SO_4（98%）/（ml/L）	60	15～30
H_2O_2（30%）/（mL/L）	30～50	
稳定剂体积分数（%）	3～5	
$Na_2S_2O_8$/（g/L）		100～200
温度/℃	40～50	20～40
时间/min	1.5～3	2～5

图形电镀铜是图形电镀生产线的一部分，下一工序是镀铅－锡或锡，也可以是镀低应力镍，再镀板面金，以此镀层作为蚀刻液的保护层。

6.4 脉冲电镀铜技术

随着印制电路板高密度互连（High Density Interconnection，HDI）微孔时代的到来，为实现小孔、盲孔内镀铜层的厚度更接近板面镀层厚度，对电镀铜技术提出了更高的要求。为适应新的挑战，不仅在镀铜液成分调整、添加剂配比、镀铜液维护等方面要进行改善，而且在电源、阳极、电镀方式上都进行了很多研究和改进，出现了脉冲电镀铜，不溶性阳极和水平式镀铜设备。

脉冲电镀（也称为 PC 电镀）与传统的直流电镀（也称为 DC 电镀）相比，可提高镀层纯度，降低镀层空隙率，改善镀层厚度的均匀性。

脉冲电镀属于一种调制电流电镀。它实质上是一个通断的直流电镀，不过通断周期是以毫秒计的。电流导通时的峰值电流相当于普通直流电流的几倍甚至几十倍，这个瞬间的高电流密度会使金属离子在极高的过电位下还原，从而得到晶粒细小、密度高、空隙率低的镀层；而在电流断开或反向的瞬间，则可以对镀层和阴极双电层内的镀液进行调整，瞬间停止的电流使外围金属离子迅速传递到阴极附近，使双电层（阴极扩散层）的离子得以补充，使氢或杂质脱附返回镀铜液，有助于提高镀层纯度和减少氢脆，瞬间的反向电流会使镀层边角处过多的沉积物被电化学溶解，有利于镀层的均一性。因此，脉冲电镀的实现不仅需要一个工艺参数与镀铜液相匹配的脉冲电源，还必须加强溶液的传递过程，如加强过滤、振动，甚至使用超声搅拌等。

脉冲电镀基本参数：

脉冲导通时间（即脉宽） T_{on}

脉冲关断时间 T_{off}

脉冲周期 $\theta = T_{on} + T_{off}$

脉冲频率 $f = 1/\theta$

脉冲占空比 $r = (T_{on}/\theta) \times 100\%$

脉冲电镀平均电流密度 $I = (I_{on}T_{on} - I_{off}T_{off}) / (T_{on} + T_{off})$

式中，I_{on}为正向电流密度；I_{off}为反向电流密度。

若反向电流 $I_{off}=0$，则 $I=I_{on}r$。

此处平均电流密度 I 相当于直流电流密度 D_k，它对于计算镀层厚度是不可缺少的参数。

资料表明，印制电路板脉冲电镀铜有以下优点：

1）孔内与板面上镀层厚度比较一致。

2）平均电流密度可提高一倍，电流密度的增加，减少了电镀时间，提高了工作效率约 50%。

3）板面上镀层厚度均匀性提高了 50%。

4）孔内镀层厚度一定时，由于镀层均匀性的改善，因此板面上镀层厚度可以减少，从而减少了蚀刻时的侧蚀。

脉冲电镀技术在我国起始于 20 世纪 70 年代末期，它在贵金属电镀方面成果显著。虽然它的优点很多，但由于不能提供大功率的脉冲电源和电源价格昂贵，限制了它的工业化进程。随着电子技术的进步，目前已能提供大功率的脉冲开关电源，从而使脉冲电镀铜技术得以在工业生产中实现。目前世界上有 Chemring 等数家公司向市场推出最大正向电流 6000A、反向电流 24000A 的电源，一般使用电源为：正向 2000A，反向 6000A，波形为方波。

目前水平脉冲电镀铜和不溶性阳极镀铜已由数家公司推向市场，用于多层印制电路板镀铜。

6.5 高厚径比通孔电镀铜技术

随着通信技术的快速发展，通信设备的功率和功能不断提升，通信基站等用印制电路板层数不断增加。另外，为了实现基站的多功能化，印制电路板的金属化孔不断变小，这导致印制电路板的通孔厚径比不断提高。高厚径比通孔直径通常为 0.1～0.3mm，而厚度可高达 4mm，有些特殊用途印制电路板的厚度可达 8mm。目前对于高厚径比通孔未有相关规定，但是行业内普遍认为厚径比≥8∶1 的通孔为高厚径比通孔。

6.5.1　高厚径比通孔电镀铜理论

高厚径比通孔电镀铜时，由于孔内电流密度分布不均匀，形成了从孔口到中心镀层厚度梯度减小，即通孔中心镀层最薄，极大地影响 PCB 的质量和可靠性。酸性硫酸铜镀液电镀铜，板面与孔内镀铜层厚度主要是由板的厚度和孔径尺寸决定的。电镀理论认为，高酸低铜的硫酸型镀液中，板件表面和孔内电位差满足公式：

$$E=\frac{JL^2}{2Kd}$$

式中，E 为电位差（V）；J 为阴极电流密度（A/m^2）；L 为镀覆孔深度（m），即板厚；K 为镀液的电导率（S/m）；d 为孔直径（m）。

通过电镀时，由于边缘效应，板面镀铜层厚度大于孔内镀铜层厚度，并随着通孔厚径比的增加而加大，即深孔的电镀难度系数 D 越来越大。电镀难度系数是决定 PCB 孔内镀铜难易程度的决定因素，电镀难度系数越大，孔内镀铜也变得越难。电镀难度系数 D 的计算公式为

$$D = L^2/d$$

由此可以看见，板厚对深镀能力影响要比孔径的影响大得多，即使在厚径比不变的情况下，板厚的增加仍然会使孔内镀铜的难度系数增加。

一般用深镀能力来评价电镀液的性能。深镀能力的计算公式为

$$深镀能力 = \frac{1}{深孔电镀难度系数} = \frac{1}{孔口到孔中心的电压降 E}$$

上式表明，深镀能力与电流密度和电镀难度系数成反比，与镀液的电导率成正比。提高深镀能力的方法：适当降低电流密度，提高镀液的电导率（采用高酸低铜体系、Cl^- 可以增加镀液的电导率），板件按照板厚与厚径比分类加工。

综上所述，在产品特性 L、d 一定的情况下，降低电流密度以及提高镀液的电导率可以降低表面与孔内电位差，改善镀孔能力。而在厚径比 L/d 一定时，板厚较大的产品，电镀难度系数较高。由此，通孔电镀铜的工艺难点在于如何将孔内铜镀层均匀性做到最好。

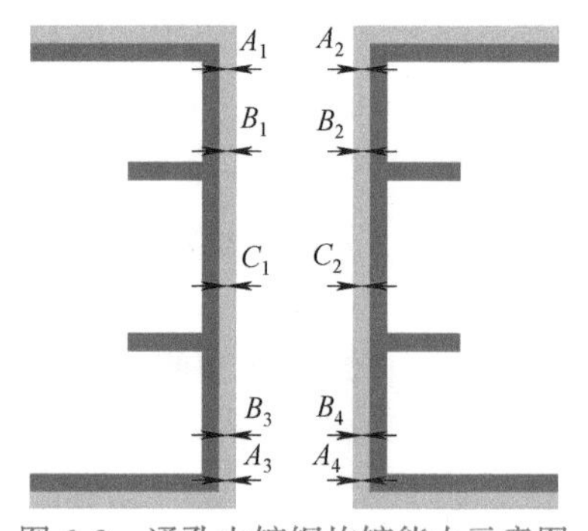

图 6-2　通孔电镀铜均镀能力示意图

PCB 通孔电镀铜均匀性用均镀能力来表征，图 6-2 所示为通孔电镀铜均镀能力示意图。定义 PCB 表面电镀铜厚度均值 $h_a = (A_1 + A_2 + A_3 + A_4)/4$，通孔 1/4 与 3/4 位置处镀层厚度均值 $h_b = (B_1 + B_2 + B_3 + B_4)/4$，通孔中心厚度均值 $h_c = (C_1 + C_2)/2$。通孔电镀铜均镀能力用 U 表示，一个极均匀的通孔铜沉积，$U = 100\%$；通孔电镀均镀能力 $U_{ac} = (h_c/h_a) \times 100\%$；通孔内部均镀能力 $U_{bc} = (h_b/h_c) \times 100\%$。

6.5.2　高厚径比通孔电镀铜工艺

在常规竖直式直流电镀中，厚径比≤4∶1 的 PCB，其孔内镀层厚度约为板面镀铜层厚度的 80%，当厚径比上升到 8∶1 以上，孔内镀层厚度约为板面镀铜层厚度的 60%，当厚径比超过 10∶1，孔内镀层厚度将为板面镀铜层厚度的 50% 以下。随着厚径比的增加，均镀能力继续下降。对于高厚径比通孔电镀铜，要保证孔中铜镀层的均匀分布，使其通孔电镀铜均匀性≥80%，并且保护孔中金属在图形电镀及以后的掩膜及蚀刻过程中不被蚀刻掉，也变得极其具有挑战性。

高厚径比通孔电镀铜与过程中浓差极化过电位造成扩散层厚度有直接关系，而扩散层厚度又由孔内液体的流动速度决定。因此，可通过增强阴极移动和加强循环来加强孔内溶液的流动速度，例如，通过鼓气、垂直于阳极方向的摇摆，垂直于板面方向的喷流（侧喷）或平行于板面的喷流（底喷）强制加速孔内镀液的流动。

在对于高厚径比通孔电镀铜，抑制剂在搅拌作用下，依靠通孔的形貌差异性地吸附在高低电流密度处（高电流密度的孔口吸附量大，而低电流的孔内吸附量小），抑制孔口处

铜的沉积，抑制剂的吸附在孔内形成了从孔口到孔中心一定的浓度差，并在电镀过程中迅速建立这种浓度分布。抑制剂的梯度吸附使得铜在孔壁沉积得更为均匀，从而有效地提高了高厚径比通孔电镀铜的均匀性。在通孔电镀铜时，调整合适的镀液流速（搅拌或喷射等方法）可以保证添加剂在电极表面形成最合理的吸附厚度与浓度梯度分布，达到理想的效果。过大的镀液流动速率，不但能够加速镀液的更新，同时也能加速抑制剂的流动从而使抑制剂的分布达不到预期的梯度分布。同时，过大的流动速率也会破坏抑制剂的吸附，这都使均匀电镀通孔达不到预期效果。

此外，与普通通孔电镀不同的是，为了保障高厚径比通孔的可靠性，孔内镀铜层厚度应在25μm左右。同时，整个镀覆孔的总误差（钻孔误差与镀铜层厚度偏差）应控制在+10μm/−5μm。从产品可靠性角度看，镀铜层厚度的最大误差（或均匀性）也应控制在20%之内。

6.6 盲孔填铜技术

印制电路板采用填铜盲孔实现层间任意互连可极大地提高布线密度，是实现HDI印制电路板重要的手段。盲孔填铜的目的在于尽量减少基底表面铜厚变化的同时最大限度地填充微通孔。因此，作为盲孔填充评价指标的填孔率，是用于评估填铜工艺的效果和镀液配方与工艺变量的重要指标。如图6-3所示，填孔率的计算公式为

$$填孔率 = \frac{B}{A} \times 100\%$$

式中，A为盲孔孔底到板面镀铜层的厚度；B为盲孔孔底镀铜层最凹处的厚度。对于沉积厚度标称值为25μm、激光穿孔深度为50~80μm、直径为80~120μm的微盲孔，填孔率应大于80%，以满足盲孔导通的可靠性。

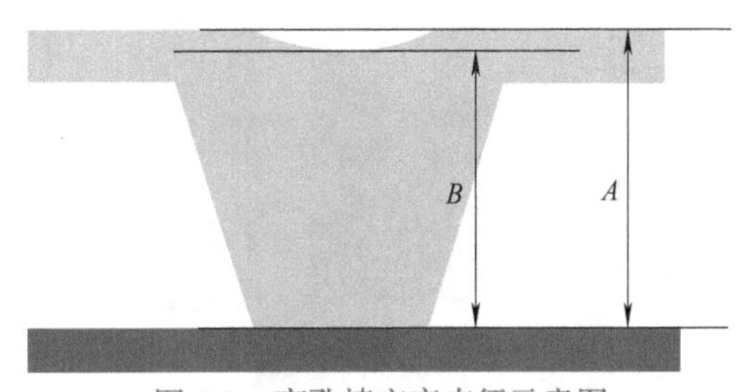

图6-3 盲孔填充率表征示意图

要实现电镀铜填孔，重点在于解决电镀分散性问题，即孔内的电镀速率应大于板面的电镀速率。通过物理手段如搅拌、阴极移动、溶液喷流以及脉冲电流可以有效地加速孔内镀液的流动。但是，这些手段的应用对于孔内和板面镀液的电镀均匀性不存在差异性，无法实现孔内和板面电镀速率的差异。

电镀铜添加剂的应用能有效地解决该难题。在盲孔填铜液中分别加入抑制剂、整平剂和加速剂。由于尖端效应和与阳极距离不同，盲孔在板面和孔内会形成高低电流区。其中盲孔与板面衔接的孔口处电流密度最高，最容易沉积厚铜。抑制剂能够与Cl^-协同作用，吸附板面和孔口的高电流区，降低电镀铜速率。加速剂可吸附在盲孔的低电流区，排挤掉吸附在相应区域的抑制剂，从而提高低电流区的电流密度。整平剂吸附在凸出点的高电流区域，降低加速剂在该区域的吸附，从而降低高电流区域的电镀速率。通过加速剂、整平剂以及抑制剂的协同使用，盲孔电镀过程中使孔内的电镀速率高于板面电镀速率，最终实现盲孔的填充，如图6-4所示。

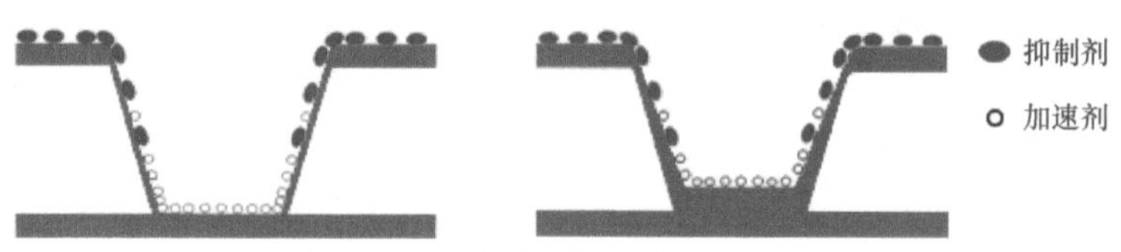

图 6-4　盲孔填铜机理作用示意图

6.7 薄板通孔填铜技术

芯板是 HDI 印制电路板积层的基础。随着 HDI 印制电路板越来越薄，芯板采用通孔进行填铜将逐渐被广泛应用。此外，挠性板是一种特殊连接的可挠曲薄膜型的产品。在可靠性不断提升的要求下，挠性板通孔填铜也得到了更多的关注。

薄板通孔填铜技术原理与盲孔填铜存在本质性的差异。由于通孔内部没有底面，因此就没有形成几何学上的自下而上生长（Bottom-up），因此必须控制基板表面与通孔内部的镀层电镀铜的速率，使得电镀铜优先从通孔的中部生成，形成类似于盲孔的形貌，再通过盲孔电镀铜的原理将铜填满，如图 6-5 所示。

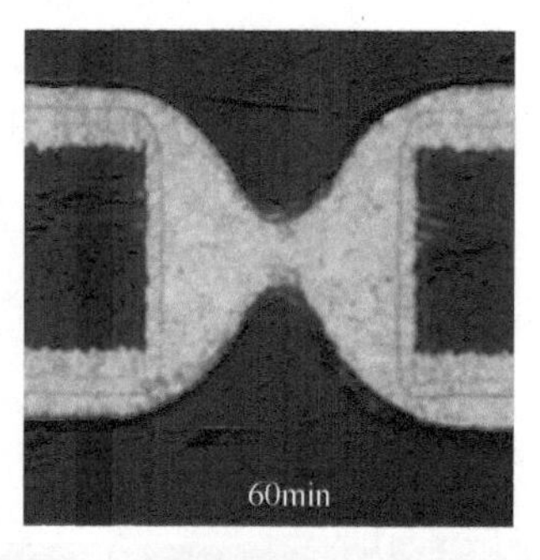

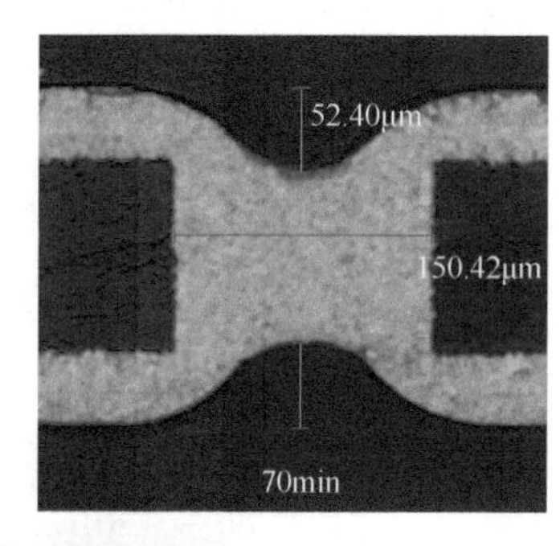

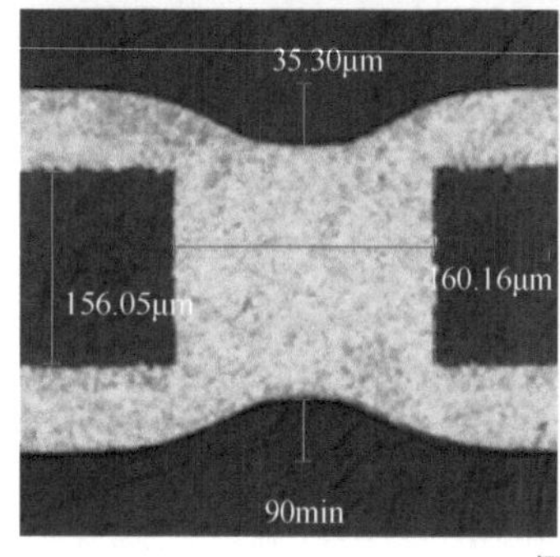

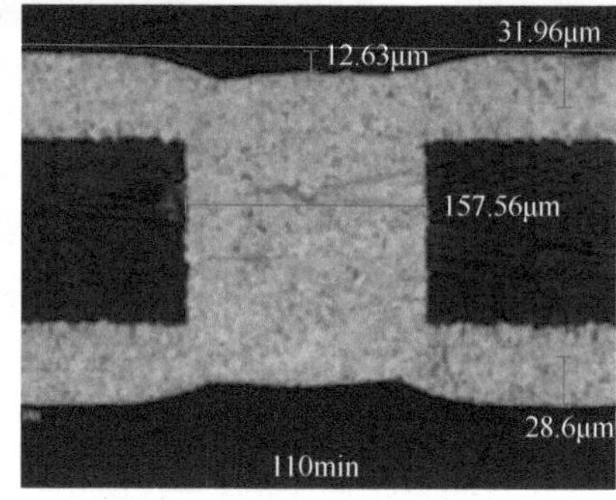

150μm

图 6-5　挠性板通孔电镀铜过程

薄板通孔填孔主要归于抑制剂的吸收、消耗、扩散，从而在薄板通孔中心和板面形成抑制剂浓度差。抑制剂浓度在板面覆盖最大，在孔中心覆盖最小，且在通孔内部呈现对称分布。即使通孔中心电场密度比孔表面低，但是由于抑制剂的作用，电镀铜能在抑制剂的作用下优先在通孔中心沉积，从而呈现蝴蝶尾状铜沉积，其生长方式为水平横向生长。随着沉积的进行，铜层变为竖直纵向生长，最后是填孔步骤末期，铜沉积速率减慢，主要由于孔口抑制剂浓度高导致。由于电镀液中部存在加速剂，其填孔步骤结束时会导致一定的缺陷。该方法改变了通孔内的电流密度分布，必须在低电流密度下进行才能防止空洞和裂缝的产生。如果采用高电流密度，抑制剂在基板表面不能有效地吸附并抑制铜沉积，铜的生长速率超过了抑制剂的吸附速率，最终，铜晶核会聚集在基板表面导致表面粗糙。

两步镀铜法能有效地解决薄板通孔填铜收口存在的缺陷问题。第一步采用薄板填孔的镀液配方使得通孔两侧形成桥接，通孔桥接后形成了类似于盲孔的结构；第二步采用盲孔填铜的镀液对薄板通孔进行盲孔填铜，使通孔内部填满铜，如图 6-6 所示。

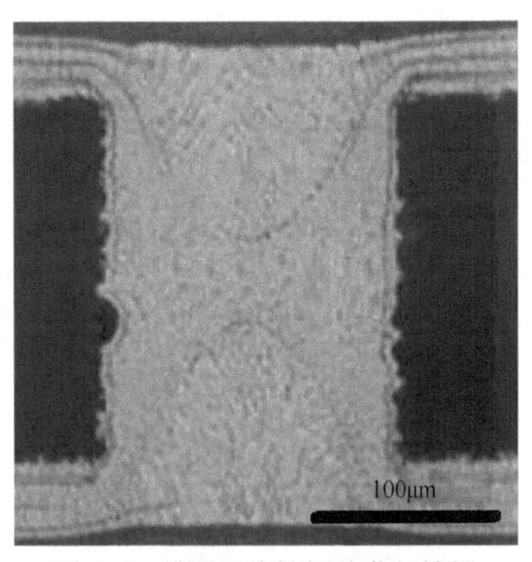

图 6-6　采用两步镀铜法薄板填铜得到的填铜通孔

6.8 电镀铜工艺方法

印制电路板向轻薄短小方向发展对电镀铜的工艺方法提出了更高的要求。传统采用的龙门式电镀线在生产效率和自动化方面存在众多不足，因而逐渐诞生了近年来较为流行的水平连续电镀铜和竖直连续电镀铜工艺方法。

6.8.1　龙门式电镀工艺方法

直线式龙门电镀工艺方法相应的生产线的特征是采用了龙门起重机来吊运电镀挂具完成指定的工艺流程。电镀铜用的各种槽子平行布置成一条直线或多条直线，起重机沿轨道做直线运动，利用起重机上的一对或两对升降吊钩来吊运，使自动线按要求程序完成电镀铜任务。龙门电镀线多采用可溶性阳极进行电镀铜，电镀过程中需要经常补充阳极磷铜球，如图 6-7 所示。电镀时，靠阴极摆动、空气搅拌或喷流系统进行镀液交换。由于采用龙门起重机吊挂，容易产生镀液互相污染，且镀液开放式管理，也容易受到外界污染。电

图 6-7　龙门式电镀铜生产线

镀槽构型设计阴、阳极距离较远，受一次电流分布的影响，镀件表面电流密度分布均匀性较差。需采用各种措施，如增加绝缘挡板、辅助阴极或阳极等方法提高镀件表面的均匀性，并且用于高厚径比通孔或盲孔电镀时需要降低电流密度，方可获得符合要求的镀层。龙门式电镀工艺方法的优点是设备便宜，工艺简单。但对于高厚径比通孔及其盲孔电镀，因为受限于镀槽设计、喷流的安装及其时间效益，始终较难实现自动化。

6.8.2 竖直连续电镀铜工艺方法

新型竖直连续电镀（VCP）铜工艺方法相应的生产线适用于更高要求的挠性电路板与多层板。竖直连续电镀铜生产线传统制程采用可溶性阳极，填孔制程采用可溶性或不溶性阳极，溶解性阳极用磷铜球补充，不溶性阳极用氧化铜粉末补充。电镀时，以硫酸铜为铜离子的来源，当传输到阴极后，沉积到板面。电镀铜时，采用喷流方式进行镀液交换，消除板面气泡，降低孔破现象，使孔内镀层分布均匀。竖直连续电镀铜生产线适合高厚径比通孔电镀铜，孔内镀液的交换利于通孔电镀铜镀层的均匀性，如图 6-8 所示。采用竖直连续电镀铜生产线，电镀时有高、低电流密度区，高电流密度区阻抗较小，可依靠阳极遮蔽使电力线分布较均匀，获得镀层均匀的铜面。印制电路板以连续等速方式传输，镀层分布均匀，减小了后期制程蚀铜的问题，大大提高了经济效益。

图 6-8　竖直连续电镀铜生产线

6.8.3 水平连续电镀铜工艺方法

该方法是将 PCB 放置的方式由竖直式变成平行镀液液面的电镀方式。水平连续电镀铜工艺方法相应的生产设备占据空间较小，采用不溶性阳极，对阳极的保养减少许多工时。因为不溶性阳极为良好的导电体，可采用较高的电流密度。电镀过程中，用氧化铜粉末补充镀液中的铜离子。水平镀槽采用泵及喷嘴组成的系统，使镀液在封闭的镀槽内前后、上下交替迅速地流动，并能确保镀液流动的均一性。镀液竖直喷向印制电路板，在印制电路板面形成冲壁喷射涡流。另外，水平镀槽镀液为密闭式管理，不易受外界干扰。采用水平电镀铜生产线进行电镀铜，电镀时有高、低电流密度区，高电流密度区阻抗较小，低电流密度区阻抗较高，因此，通常采用脉冲电流进行电镀铜，将阻抗差距减小，达到理想的电镀效果。电镀添加剂在电镀时起极其重要的作用，光亮剂的加入减小了高电流密度区与低电流密度区的阻抗，整平剂使得高、低电流区的阻抗更为接近，当电流反向时，整平剂将高电流区所附带的光亮剂赶走来抑制高密度电流区铜的沉积厚度，提高镀件表面镀层的均匀性，如图 6-9 所示。

图 6-9 水平连续电镀铜生产线

6.9 习题

1. 印制电路板电镀铜的原理是什么？
2. 铜镀层的作用及对镀层、镀液的基本要求是什么？
3. 简述印制电路板电镀铜液的组成以及各组成的作用。
4. 酸性光亮电镀铜的故障原因及排除方法有哪些？试做适当的说明。
5. 印制电路板镀铜的工艺过程有哪几种？简述全板电镀和图形电镀的工艺流程，并说明这两种工艺的优缺点和适用范围。
6. 何谓脉冲电镀？与直流电镀铜相比，脉冲电镀铜有何优点？
7. 电镀高厚径比通孔的困难是什么？从哪几个方面可有效地解决这些问题？
8. 在盲孔填铜过程中，添加剂如何协同作用使盲孔中的铜能够自下向上沉积？
9. 简述盲孔填铜技术和通孔填铜技术的原理，并比较两者之间的差异。
10. 在薄板通孔一次填铜过程中，为什么存在收口缺陷问题？
11. 综合三种电镀铜工艺方法，比较它们之间的优缺点。

第7章 蚀刻技术

7.1 概述

当印制电路板在完成图形转移之后，无论是采用减成法还是半加成法工艺，最后都要用化学腐蚀的方法去除无用的金属箔（层）部分，以获得所需要的电路图形。这一工艺过程称为“蚀刻工艺”，简称“蚀刻”。这是印制电路板生产过程的一个重要环节，它的成败关系到印制电路板的后续工序是否可以顺利进行。

在蚀刻过程中，主要是蚀刻液与金属箔（层）之间发生氧化还原化学反应。同时由于金属箔（层）被附着在介质材料上，并有一部分被抗蚀层保护，在蚀刻过程中必然出现侧蚀以及由于侧蚀而带来的“凸沿”现象，因此在选择蚀刻液和制定蚀刻工艺时必须考虑如下几个方面的因素：

1）与抗蚀剂的适应性。

2）与介质基材的适应性。

3）蚀刻速率（速度）。

4）蚀刻速率的控制性能。

5）溶铜量。

6）工艺控制的科学性。

7）设备维护。

8）成本。

9）生产能力。

10）蚀刻液的再生与补加。

11）铜回收。

12）溶液污染的控制。

各种蚀刻剂对铜箔的蚀刻是基于氧化还原化学反应的基本原理进行的。在蚀刻液的作用下，铜失去电子变为二价铜离子溶解而进入溶液中：$Cu - 2e \rightarrow Cu^{2+}$。有抗蚀层（抗蚀剂或电镀的锡－铅焊料）保护的电路图形部分不为蚀刻剂腐蚀被保存下来，从而得到所需的电路图形。

蚀刻剂有许多种类，最早使用的是三氯化铁的水溶液。随着工业的发展，印制电路板的精度和生产自动化程度的不断提高，工业生产所造成的环境污染以及由此而出现的各种严重后果，迫使人们对工业生产工艺提出了各种方案和措施。由于三氯化铁存在着溶液需处理及污染等固有的缺点而逐渐被淘汰，以氯化铜、过硫酸盐、过氧化氢－硫酸、氨碱以及其他蚀刻液相继开发并投入使用。尤其是氯化铜蚀刻液，以其突出的优点，得到了广泛的应用。本章将对各种蚀刻剂的作用机理、特点、效果等各种问题进行论述及评价。

7.2 三氯化铁蚀刻

三氯化铁（$FeCl_3$）在印制电路、照相制版、金属精饰等加工和生产中，被广泛用作铜、铜合金、Ni－Fe 合金及钢的蚀刻剂。它适用于丝网印刷油墨、液体光致抗蚀剂和镀金印制电路板电路图形的蚀刻。由于三氯化铁的水解，使溶液中含有一定量（质量分数为0.2%～0.4%）的游离氯化氢，因此它不能用于对镍、光亮锡－铅合金或锡作为抗蚀层的电路图形的蚀刻剂。

由于三氯化铁易得、价廉、溶铜允许浓度范围广、操作方便等特点，在印制电路板生产的早期，是广泛使用的重要蚀刻剂。随着印制电路板生产规模的扩大和数量的增加，生产所造成的环境污染问题日益突出，世界资源日益枯竭。为充分利用现有资源和能源，人们不断探索、开发出了更加有效的新型抗蚀剂，三氯化铁作为主要蚀刻剂的地位已急剧下降，但对某些特殊工件的加工，它仍不失为一种物美价廉的蚀刻剂。

7.2.1 三氯化铁蚀刻剂的组成

三氯化铁蚀刻剂是以其水溶液形式出现的。三氯化铁蚀刻剂的组成见表7-1。

表7-1　三氯化铁蚀刻剂的组成（20℃）

浓度类型	低 溶 度	最佳浓度范围	高 浓 度
质量分数（%）	28	34～38	42
浓度/（g/L）	365	45.2～530	608
浓度/（mol/L）	2.25	2.7～3.27	3.75
密度/（g/mL）	1.275	1.353～1.402	1.450
波美度/（°Bé）	31.5	38～42	45

由于水解反应，在溶液中存在一定量游离的氯化氢：

$$FeCl_3 + 3H_2O \rightarrow Fe(OH)_3 \downarrow + 3HCl$$

为防止产生 $Fe(OH)_3$沉淀，必须向三氯化铁水溶液中加入一定量的盐酸（HCl），以抑制它的水解反应。HCl 的加入量最高可达5%（质量分数）。

在使用中为了改善蚀刻剂的性能和提高生产效率，有时还需要向溶液中加入各种添加剂和混合剂。如加入“消泡剂”可以减少因泡沫造成的气味和酸雾，改善生产条件；加入浸润剂可以提高蚀刻均匀性和蚀刻速度；加入强氧化剂可以加速蚀刻，提高生产效率；加入结合剂可以提高溶液的溶铜能力，防止产生氢氧化铁沉淀等。这样既可以改善这种蚀刻液的性能，又可以延长它的使用期，降低生产成本。

7.2.2 蚀刻机理

裸露的铜在蚀刻液中，被三价铁离子氧化成氯化亚铜，同时铁被还原为二价铁离子：

$$FeCl_3 + Cu \rightarrow FeCl_2 + CuCl$$

在溶液中，一价铜离子进一步被氧化成二价离子：

$$FeCl_3 + CuCl \rightarrow FeCl_2 + CuCl_2$$

随着反应的进行，溶液中的二价铜离子逐渐积累并发生铜与二价铜离子之间的氧化还原反应，生成一价铜离子：

$$CuCl_2 + Cu \rightarrow 2CuCl$$

在上述反应中，三价铁离子对铜及一价铜离子的反应是主要反应，约占被蚀刻掉铜的84%。而二价铜离子对铜的蚀刻则是次要的，仅占铜溶量的16%。随着反应的进行，溶液中氯化铁的消耗不断增加，它们的作用也不断发生变化。如图7-1所示，当溶液中的三氯化铁消耗超过40%以后，氯化铁的蚀刻变为次要的。

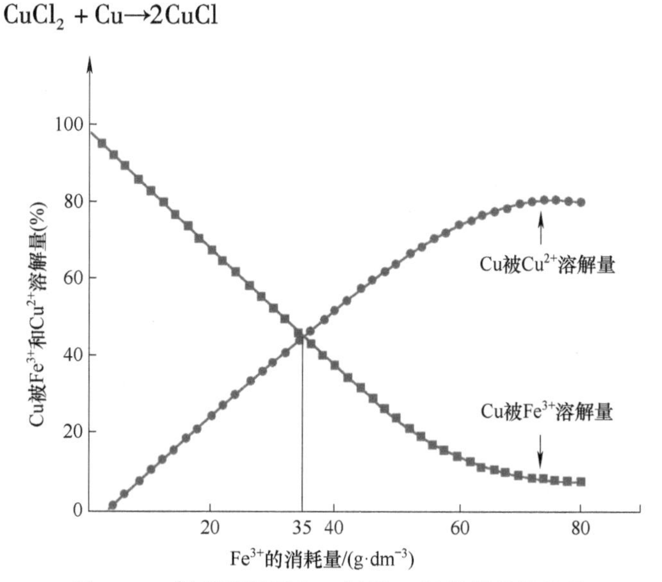

图7-1 Fe^{3+}的消耗量与Fe^{3+}及Cu^{2+}溶铜量的关系

当溶液对铜的溶解速度急剧下降，如图7-2所示，在溶液中将逐渐积累大量沉淀。这些沉淀主要是由氧化铜（CuO）和氯化亚铜（CuCl）组成的复盐CuCl · CuO，溶液也逐渐由棕色变为黑色而“失效”，必须更换。

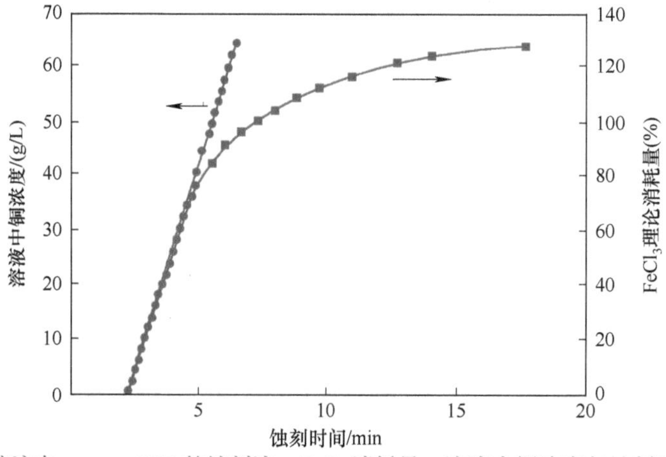

图7-2 溶液中$w_{FeCl_3}=30\%$的蚀刻液，$FeCl_3$消耗量、溶液中铜浓度与蚀刻时间的关系

7.2.3 蚀刻工艺因素

蚀刻一定厚度的铜层所需的时间、溶铜量是蚀刻优劣的重要指标。影响蚀刻工艺的因素有浓度、温度、酸度、搅拌和过滤等。

1. 浓度

随着蚀刻剂中 $FeCl_3$浓度的增加，蚀刻所用的时间变短，即速度变大，但浓度有一个最佳范围。对于不同温度，三氯化铁的浓度范围在 30% ~ 35% （质量分数）之间，如图 7-3所示。从溶铜量、原料价格和生产效率几方面因素考虑，一般使用含三氯化铁浓度 39% （质量分数）的蚀刻液比较合理。

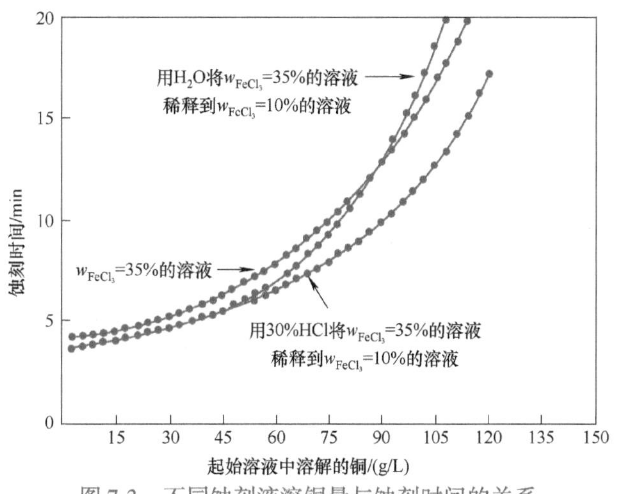

图 7-3 不同蚀刻液溶铜量与蚀刻时间的关系

2. 温度

蚀刻速度遵从一般的化学反应规律，随蚀刻剂温度的升高，蚀刻速度加快。如图 7-4 所示，在选择最优蚀刻温度时，应综合考虑抗蚀剂承受此温度时不发生分解失效以及低温节能等方面的因素。因此，蚀刻温度不宜超过 70℃，一般选择在 30 ~ 50℃之间。

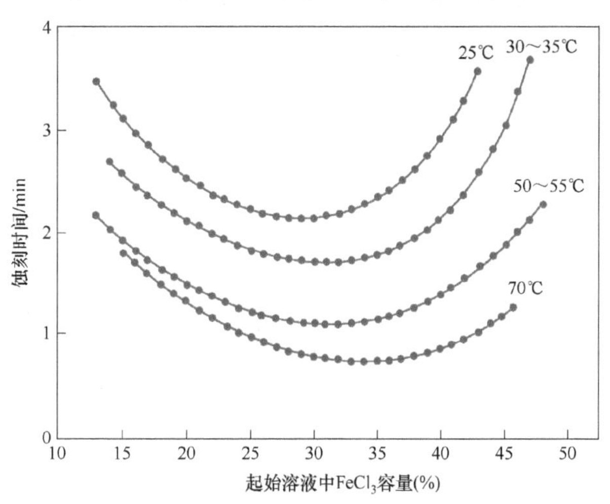

图 7-4 在不同温度下蚀刻时间与蚀刻液浓度之间的关系

3. 酸度

为了有效地防止水解，抑制 $Fe(OH)_3$的产生，提高蚀刻速度和延长蚀刻液的使用寿命，在 $w_{FeCl3}=39\%$ 的蚀刻剂中加入3%（体积比）的15g/L盐酸（含 $w_{HCl}=30\%$ 的盐酸），这样可使溶铜量提高。

4. 搅拌和过滤

无论是用空气搅拌或是用喷淋蚀刻，都不可避免地会增加空气中氧的溶解量，溶解的氧可使二价铁离子及一价铜离子氧化，使氧化剂得到“再生”和补充，加快了铜的蚀刻速度：

$$4Fe^{2+}+O_2+4H^+\rightarrow 4Fe^{3+}+2H_2O$$

$$2Cu^++\frac{1}{2}O_2+2H^+\rightarrow 2Cu^{2+}+H_2O$$

溶液中的氯化铜、氯化亚铁与氧反应后生成氧化铜和氯化亚铜组成的复盐及三价的氢氧化铁：

$$4CuCl_2+6FeCl_2+O_2\rightarrow 2CuCl\cdot CuO\downarrow+6FeCl_3$$

$$12FeCl_2+3O_2+6H_2O\rightarrow 4Fe(OH)_3\downarrow+8FeCl_3$$

这些复盐和氢氧化铁会沉积在印制电路板的表面，只溶于盐酸。因此，正确地搅拌蚀刻液、移动和翻动印制电路板可以防止它们在表面上的沉积，提高蚀刻速度。

同时，采用连续过滤的方式，可以有效及时地除去反应中产生的沉淀。

7.2.4 蚀刻工艺

用三氯化铁为蚀刻剂的蚀刻工艺流程如下：

预蚀刻→蚀刻→水洗→浸酸处理→水洗→干燥→去抗蚀层→热水洗→水冲洗→（刷洗）→干燥→检验。

1. 预蚀刻

预蚀刻主要是为了检验图形转移质量。

将图形转移后的印制电路板先在蚀刻剂中浸一下，取出后再用毛刷沾少量蚀刻液，在印制电路板上纵、横各刷一遍，使蚀刻液均匀地铺展在整个板面上。图形如果有沙眼、针孔、起皮、脱层等不良现象，则立即用水冲洗干净后，进行返修。如此反复操作，直到整个板面铜箔都受到均匀的弱腐蚀为止。

2. 蚀刻

这是蚀刻工艺中最关键的一步，操作应小心谨慎。将预蚀刻合格的印制电路板放入蚀刻剂内进行蚀刻。在蚀刻过程中，应严格控制温度、蚀刻液浓度和传动速度、时间、蚀刻液喷淋压力、喷淋速度和搅拌速度。

注意检查蚀刻程度，严防蚀刻过度造成断线、图形变形和侧蚀严重。

用骨胶、聚乙烯醇光刻胶等作为抗蚀层时，应采用低酸度高浓度的蚀刻液。在蚀刻以前，不应沾水。

如果蚀刻结束仍有少数部位未蚀刻干净（蚀刻速度低），可用手工操作，达到满意为止。

3. 水洗

用水冲洗，以除去残留在板面上的蚀刻液和金属碎屑，防止介质的绝缘电阻下降。

4. 浸酸处理

本工序的目的在于除去蚀刻产生的不溶于水的胶状沉淀。它们是由氯化亚铜及氧化铜的复盐和铁的氢氧化物等的混合物，经空气氧化后产生部分氧化铁附着在印制电路板的表面上。它们的存在，对印制电路板的性能及外观质量危害很大，故必须除去。

附着在板面上的沉积物能溶于盐酸，可在 5% ~10% 的盐酸溶液或在 5% ~10% 的草酸溶液中浸泡 2min，白色沉淀可用草酸钾的水溶液浸泡清除。

5. 水洗

再次用水冲洗，以除去浸酸后残余的各种酸及其盐类。

6. 去抗蚀层

对于感光胶，可在 $w_{HCl}=10\%\sim20\%$ 盐酸水溶液中浸泡 20 ~ 30min，用尼龙刷在流水中刷除。

对于丝网漏印的印料，可用汽油或二甲苯浸泡 5min，用毛刷刷除，再用汽油刷洗干净，或用稀碱水溶液及少量乙醇的混合液浸泡 0.5h，在流水中刷除。

7. 热水洗

先用添加少量非离子表面活性剂的热水冲洗板面，以除去残余的汽油等有机物质，最后用干净的热水彻底清洗、干燥。

7.3 氯化铜蚀刻

用氯化铜作为蚀刻剂，具有配方简单、蚀刻速度快、溶铜量高、稳定性好、产品质量可靠、能机械化连续生产、溶液可再生和铜的回收容易、对环境的污染可以得到有效控制等突出优点，在印制电路板生产中得到了迅速推广，已成为目前生产中的首选蚀刻剂，取代了三氯化铁蚀刻剂。

这种蚀刻剂根据印制电路板的制作方法不同，又分为酸性氯化铜蚀刻剂和碱性氯化铜蚀刻剂。酸性氯化铜蚀刻剂适用于丝网印刷及多层印制电路板内层电路的制作工艺。碱性氯化铜蚀刻剂适用于镀焊料（锡 – 铅）保护层的单面、双面及多层印制电路板外层电路的制作工艺。

7.3.1 酸性氯化铜蚀刻剂

这种蚀刻剂以氯化铜（$CuCl_2\cdot2H_2O$）为基础，加入盐酸及其他可溶性氯化物配制，它适用于丝网印刷印料、干膜、金和锡 – 镍合金为抗蚀层的印制电路板的生产。

1. 组成

酸性氯化铜蚀刻剂的国外配方与国内配方大同小异，其组成见表 7-2 与表 7-3。

表 7-2 酸性氯化铜蚀刻剂组成（国外配方）

配　方	1	2	3	4
氯化铜（$CuCl_2 \cdot 2H_2O$）	170g	0.58mol	0.58mol	0.13～0.66mol
盐酸（HCl）	0.6L	8mol	0.13mol	0.05～0.15mol
氯化钠（NaCl）	—	1.06mol	0.8mol	—
氯化铵（NH_4Cl）	—	—	—	0.13～0.63mol

表 7-3 酸性氯化铜蚀刻剂的组成（国内配方）

配　方	1	2	3	4
氯化铜（$CuCl_2 \cdot 2H_2O$）/（g/L）	350～500	100	170～500	200
盐酸（HCL）/（mL/L）	8.0～100	—	—	100
氯化钠（NaCl）/（g/L）	—	46	—	200
氯化铵（NH_4Cl）	—	—	饱和	—

2. 蚀刻机理

这种蚀刻剂以二价铜离子与铜箔的铜进行氧化还原反应，使铜转变为一价离子，完成蚀刻的作用：

$$Cu + CuCl_2 \rightarrow 2CuCl$$

但 CuCl 是微溶于水的化合物（溶解度为 0.006），它可溶于盐酸和氨中，因此，只含氯化铜一种物质的溶液，对铜的蚀刻速度非常缓慢。当有足够数量的氯离子存在时，氯化铜首先形成铜氯络离子：

$$CuCl_2 + 2Cl^- \rightarrow [CuCl_4]^{2-}$$

即

$$Cu^{2+} + 4Cl^- \rightarrow [CuCl_4]^{2-}$$

$[CuCl_4]^{2-}$具有很强的氧化性，它能使 Cu 氧化溶解进行蚀刻：

$$Cu + [CuCl_4]^{2-} \rightarrow 2CuCl + 2Cl^-$$

或 CuCl 直接被具有强络合能力的 Cl^- 络合而溶解：

$$CuCl + 2Cl^- \rightarrow [CuCl_3]^{2-}$$

或者在空气的参与下，使 Cu^+ 氧化溶解：

$$4CuCl + 4HCl + O_2 \rightarrow 4CuCl_2 + 2H_2O$$

这一反应在酸性条件下，由于 $CuCl_2$的溶解度非常小（0.0004～0.0008），反而导致反应缓慢而无法进行。通过用空气搅拌加喷淋的方式促进反应的进行和完成，同时又可使蚀刻液不断地得到再生，保持其稳定的蚀刻速度，实现自动化连续生产。

在反应中的 Cl^-是由加入的 HCl 及其他氯化物提供的。随着蚀刻的进行，Cu 的溶解，Cl^-不断被消耗，同时 $CuCl_2$不断产生积累。因此需定期地取出一部分蚀刻液，并加入新的 HCl 和氯化物，以保持蚀刻液的正常浓度和蚀刻速度。

在实际生产中，由于印制电路板蚀刻后在清洗时被水带走的蚀刻液正好与添加量相等，由此造成损失和对环境的污染非常惊人，因此必须对清洗后的水进行认真的处理。

3. 蚀刻工艺因素

根据上面的反应可以看出，在蚀刻过程中，主要是依靠 Cl^- 的络合作用和 Cu^{2+} 的氧化作用来完成的，因此它们是影响蚀刻速度的主要因素。

（1）氯离子（Cl^-）浓度　对能提供氯离子的几种物质进行了比较，它们的影响如图 7-5所示。

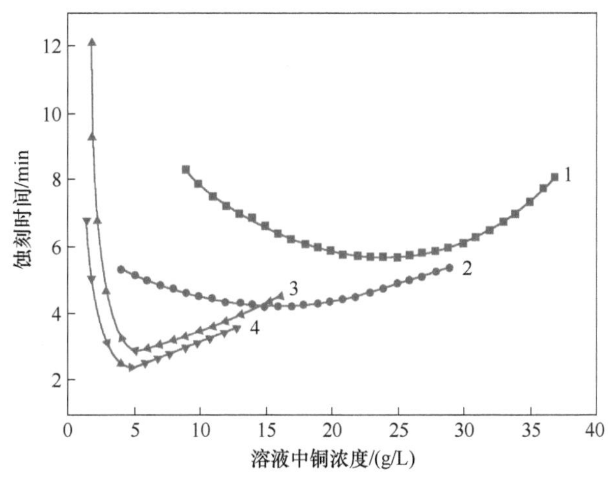

图 7-5　氯化物的种类和浓度对蚀刻时间的影响

曲线 1：$CuCl_2$ 水溶液　曲线 2：$CuCl_2$ +2MNaCl 溶液　曲线 3：$CuCl_2$ + 饱和 NaCl 溶液　曲线 4：$CuCl_2$ +6MHCl 溶液

由图 7-5 可以看出，氯离子浓度增加，对蚀刻速度有较大的影响，但不可无限制地增加，它有一个最佳范围，应控制在图 7-5 中曲线 3 和曲线 4 所表示的范围内。

（2）铜离子（Cu^{2+}）浓度　随着铜离子（Cu^{2+}）浓度的增加，蚀刻速度都有所下降，如图 7-6 所示。

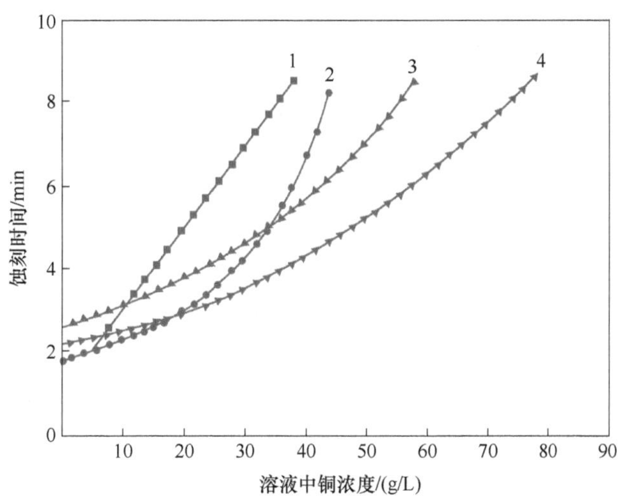

图 7-6　溶液中铜浓度对蚀刻时间的影响

曲线 1：$MCuCl_2$ 水溶液　曲线 2：$MCuCl_2$ +6MHCl 溶液

曲线 3：$MCuCl_2$ + 饱和 NaCl 溶液　曲线 4：$MCuCl_2$ + 饱和 NaCl 溶液

（3）温度　随着温度的升高，蚀刻速度加快。但若温度过高，则因水分蒸发过大，溶液中各种成分的浓度增加。铜离子浓度变大会导致蚀刻速度下降。同时，过高的工作温度又会促使某些抗蚀层的抗蚀性能下降。从节能角度出发，一般把温度控制在 38～54℃之间。

4. 蚀刻中存在的问题分析

（1）蚀刻速度慢　由前述可知，蚀刻液的温度过高，氯离子浓度和酸度过低，以及铜离子浓度过高，都可出现这种现象，因此可对蚀刻液的温度、盐酸含量和含铜量及时进行调整，或更新蚀刻液来提高蚀刻速度。

（2）在印制电路板及溶液中有沉淀出现　主要是由于氯离子浓度低，蚀刻中产生的 CuCl 不能充分被络合造成的，可向溶液中加入盐酸，调整 Cl^- 含量及酸度，使它们转变为可溶性的［$CuCl_3^{2-}$］来解决。

（3）抗蚀层开裂　当工作温度过高时，抗蚀层过分老化而出现开裂现象，液体光刻胶尤其容易出现这种现象，可通过降低溶液的工作温度来解决。

若工作温度在正常范围内，仍出现抗蚀层开裂，这可能是由于蚀刻前的各道工序：清洗、图像转移、曝光、烘干等各工序操作不当所致，应对前工序质量进行检查和调整。

（4）印制电路板板面有黄色残留物　由于蚀刻液的氯离子（Cl^-）浓度或酸度过低，在蚀刻中生成不溶性的碱式氯化铜沉淀膜所致，可提高溶液的氯离子浓度或酸度加以克服。

对已有黄色沉淀的印制电路板，可将它们放入 5% 的盐酸水溶液中漂洗，再用水清洗除去。否则，它们将使印制电路板的电性能受到严重危害。

5. 蚀刻液的再生

对于使用后的蚀刻液，因［$CuCl_3$］$^{2-}$含量不断累积与 Cl^- 持续减少而达不到目标蚀刻速度，可根据蚀刻机理补加氯离子（Cl^-），使部分亚铜离子（Cu^+）氧化为二价铜离子或除去过多的二价铜离子而得到恢复。

（1）氯化法　利用氯气具有强氧化的作用，使亚铜离子氧化为二价铜离子：

$$2CuCl + Cl_2 \rightarrow 2CuCl_2$$

这种方法简便，效果很好。但若设备密封不严时，氯气容易泄漏，会引起生产事故和环境污染的严重后果。

（2）过氧化氢或次氯酸钠氧化　利用过氧化氢与次氯酸钠的强氧化性使铜离子氧化为二价铜离子：

$$2CuCl + H_2O_2 + 2HCl \rightarrow 2CuCl_2 + 2H_2O$$

$$2CuCl + NaClO + 2HCl \rightarrow 2CuCl_2 + NaCl + H_2O$$

这种方法的特点是氧化速度快，再生效果好，可连续进行，但在处理时应分别加入一定量的盐酸（HCl），以满足反应对氯离子的需求；缺点是成本较高。

（3）空气氧化　利用空气中含有丰富的氧，并具备一定的氧化性。在蚀刻液中有如下反应：

$$4CuCl + 4HCl + O_2 \rightarrow CuCl_2 + H_2O$$

为了达到此目的，关键是让空气与溶液充分接触，除用传统的吸收塔进行吸收反应外，可采用将压缩空气通过在溶液中的微孔塑料管压入溶液中，使空气以微泡的形式在溶液中通过，达到扩大接触面积、强化吸收过程和加速溶液再生的目的。

此外，适当控制溶液的酸度，用盐酸调节，使 pH 值 = 1 ~ 2。若酸度太低，在 pH 值≈3.5时，再生速度明显降低，当 pH 值 =4 时，会产生 CuCl 沉淀。

再生温度适于控制在 35 ~45℃之间，可用蒸气通过耐蚀性很好的钛合金管，对溶液进行加热。

这种以空气进行再生的工艺具有设备简单、操作方便、无污染、造价低等优点。

7.3.2 碱性氯化铜蚀刻剂

利用二价铜离子的氧化性和铵离子的络合作用，对印制电路板的铜箔进行蚀刻的蚀刻剂具有许多优点：

1）可用于以金、镍、铅 - 锡合金等金属为抗蚀层印制电路板的蚀刻。

2）适用于大多数涂有有机耐碱抗蚀剂印制电路板的蚀刻。

3）蚀刻速度快，用喷淋蚀刻，速度可达 40μm/min，手工操作也可达 20μm/min，而且侧蚀小，蚀刻精度高。

4）通过控制 pH 值和浓度，能保持恒定的蚀刻速度。

5）溶铜量大，可达 130g/L。

6）蚀刻液维护方法可用氨及氨蒸气调整溶液的 pH 值，维护方便，溶液再生方便。

7）成本较低，可连续使用，再生容易，对环境污染小。

8）废液中的废铜回收容易。

因此，这种蚀刻剂与目前正在推广使用的电镀 - 蚀刻工艺配合使用，已成为目前印制电路板生产工艺的主流。

1. 组成

碱性氯化铜蚀刻剂以二价铜离子和氨为主要成分，并添加一些其他成分，以达到良好的效果。其典型配方见表 7-4，仅供参考。

表 7-4 碱性氯化铜蚀刻剂的典型配方

配　方	1	2
氯化铜（$CuCl_2 \cdot 2H_2O$）/g	240 ~ 250	100
氯化铵（NH_4Cl）/g	100	100
氨水（$NH_3 \cdot H_2O$）/mL	670 ~ 700	670
去离子水/mL	加至 1000	加至 1000

国产碱性氯化铜蚀刻剂（见表 7-5）在蚀刻中，为防止因 pH 值过低（低于 9.6）而导致铅 - 锡焊料镀层发黑，通常在蚀刻液中加入钒、钼、钨的化合物，或磷酸铵，$(NH_4)_3PO_4$（30 ~ 60g/L）或（NH_4）H_2PO_4（20 ~ 50g/L），它们能抑制蚀刻液对锡 - 铅合金的侵蚀，可在 pH 值 = 8.5 的条件下工作。

表 7-5　国产碱性氯化铜蚀刻剂的组成　　（单位：(mol/L)）

配　方	1	2	3
NH_4OH	3.0	6.0	2 ~ 6
NH_4Cl	0 ~ 1.5	5.0	1 ~ 4.0
Cu（以金属计）	—	2.0	0.1 ~ 0.6
$NaClO_2$	10.375	—	—
NH_4HCO_3	0 ~ 1.5	—	—
$(NH_4)_3PO_4$	—	0.01	0.05 ~ 0.5
NH_4NO_3	0 ~ 1.5	—	—

表 7-4 和表 7-5 中，$NH_3 \cdot H_2O$ 为络合剂；NH_4Cl 可保持溶液的稳定溶铜能力及增加蚀刻速度；Cu^{2+}、$NaClO_2$为氧化剂；NH_4HCO_3为缓冲剂，并能保持孔中和表面焊料的清洁；$(NH_4)_3PO_4$保持焊料及金属化孔的清洁；NH_4NO_3保持焊料的清洁并增加蚀刻速度。

2. 蚀刻机理

这种蚀刻液是通过二价铜离子的氧化作用和氨的络合作用同时对铜箔进行腐蚀和溶解，达到蚀刻的目的。

在水溶液中首先是二价铜离子与氨形成二价铜氨络离子，然后与铜进行氧化还原反应，生成一价铜氨络离子：

$$CuCl_2 + 4NH_3 \rightarrow [Cu(NH_3)_4]^{2+} + 2Cl^-$$

$$[Cu(NH_4)_4]^{2+} + Cu \rightarrow [2Cu(NH_3)_2]^+$$

同时，当溶液中存在氧时，一价铜氨络离子又被氧化为二价铜氨络离子：

$$4[Cu(NH_3)_2]^+ + 8NH_3 + O_2 + 2H_2O \rightarrow 4[Cu(NH_3)_4]^{2+} + 4OH^-$$

因此，为使溶液反应能连续不断地工作，则必须使溶液中始终有过量的 NH_3和充分的 O_2存在。

在某些蚀刻液中，开始并没有二价铜离子，而是依靠其他的氧化剂完成其氧化作用的。如在表 7-5 中的配方中的 $NaClO_2$将铜直接氧化为二价铜氨络离子：

$$2Cu + 8NH_3 + ClO_2^- + 2H_2O \rightarrow 2[Cu(NH_3)_4]^{2+} + 4OH^- + Cl^-$$

产生的二价铜氨络离子又发挥氧化剂的作用，以后仍可以通入过量的氨与充分的氧，使蚀刻液的性能得到恢复。

3. 蚀刻工艺因素

蚀刻速度受溶液中 Cu^{2+}浓度、Cl^-浓度、pH 值及温度等各种因素的影响。

（1）Cu^{2+}浓度　溶液中二价铜离子是氧化剂，若其含量过低，则蚀刻速度过慢；若其含量过高，则溶液不稳定，易产生泥状沉淀，如图 7-7 所示。

（2）Cl^-浓度　Cl^-是一种活化剂，它的存在能提高蚀刻剂对铜的腐蚀能力并保持较高的蚀刻速度。其浓度低于 50g/L，蚀刻速度较慢。但其含量过高，超过 150g/L 时，会使锡 - 铅合金抗蚀层中的锡受到腐蚀变得粗糙，在蚀刻中，因随印制电路板的带出，而使

Cl^-的浓度逐渐降低。所以应经常添加一些氯化物（以氯化铵形式加入），以保持其浓度维持在100g/L左右为佳。

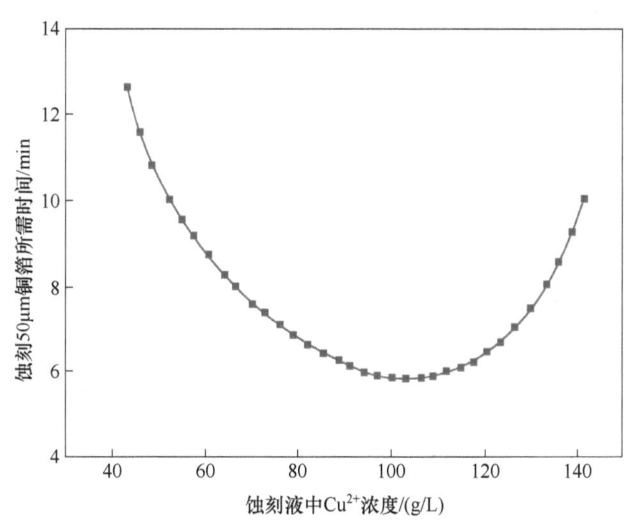

图7-7 蚀刻液中Cu^{2+}浓度与蚀刻速度的关系（pH值=8.5，温度$T=50°C$）

（3）pH值 pH值对蚀刻剂的蚀刻能力及稳定性都有很大的影响。

当pH值<7.8时，溶液易产生Cu（$OH)_2$及CuOH的沉淀，并使锡-铅抗蚀层发黑。

当pH值>10时，溶液的蚀刻速度变快，但因氨挥发太快而造成损失，也对环境带来了污染，同时锡-铅合金表面会因腐蚀而变得粗糙。这类蚀刻剂一般是用氨水（$NH_3 \cdot H_2O$）将pH值调整在7.8~9.2之间，pH值=8.5最好，这时溶液中既有足够的络合剂NH_3，又不会因pH值过高而使氨挥发造成大的损失。

（4）温度 蚀刻速度随温度的升高而加快，其关系如图7-8所示。

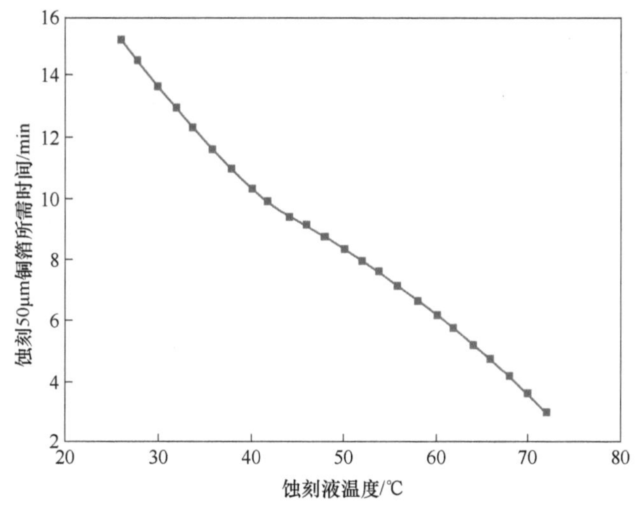

图7-8 温度与蚀刻速度的关系

当 pH 值 =8.5，温度低于 40℃时，蚀刻速度和再生速度都太慢，而且溶铜量低。但在 60℃以上时，氨的挥发量加大，易造成损失和环境的污染，因此这种蚀刻的工作温度以 50℃为佳。

4. 蚀刻中存在的问题分析

（1）蚀刻速度慢　这个现象与许多工艺因素有关，如蚀刻剂中 Cu^{2+}、Cl^-、NH_3的浓度，溶液的 pH 值、工作温度、喷淋压力，以及排风速度（排风速度过大，会引起氨的大量挥发）等是否符合工艺规范。

（2）蚀刻图形不均匀、不完整　造成这种现象的原因有：

1）抗蚀层去除不干净，有一部分残胶或铅－锡合金抗蚀层不均匀造成。

2）抗蚀层有裂纹、划伤或不完整。

3）印制电路板放置位置不合适。

4）蚀刻液浸泡或喷淋不均匀或喷淋压力不均匀（可能喷嘴有阻塞现象）。

在蚀刻前应仔细检查抗蚀层的质量、蚀刻设备的喷嘴、液体压力、管路是否正常，并加以检修调整。

（3）侧蚀严重　造成侧蚀严重的因素有蚀刻时间过长、蚀刻速度过低、工作温度过低，应调整蚀刻剂成分配比、工作温度和蚀刻时间。

（4）锡－铅焊料合金抗蚀层受侵蚀　蚀刻液中 Cl^-含量过高，应重新调整溶液配比，降低其浓度。

（5）锡－铅焊料合金抗蚀层变色、发黑　主要原因是 pH 值过低，NH_3和 Cl^-的含量偏低，可向蚀刻液中加入适当的 NH_4Cl 及氨水，以提高其 pH 值和 Cl^-的含量，也可向溶液中加入少量（NH_4）$_3PO_4$或 $NH_4H_2PO_4$等缓蚀剂。

（6）印制电路板铜表面发黑　在蚀刻中，pH 值过低，铜被氧化成 CuO，未能及时被络合所致，向溶液中加入适当的氨水及 NH_4Cl 可以消除。

（7）溶液中产生淤泥状沉淀　这是由于 pH 值过低或溶液变稀，产生的 $Cu(OH)_2$及 CuOH 形成的，可检查设备是否有漏水故障并排除，若仅因 pH 值过低，可向溶液加入适当的氨水调整。

（8）污染问题　在生产中印制电路板带出的蚀刻液，其中含有大量的 Cu^{2+} 及 NH_3，排放后会造成环境污染。这个问题是一个普遍存在的严重问题，它不仅对环境造成严重的污染，同时也使大量的铜流失，造成极大浪费，应将各部分废水收集，集中进行处理。

5. 蚀刻液的再生

在连续生产时，要求蚀刻液具有稳定的组成，以保证高的蚀刻速度和连续的工作性能。因此，必须将蚀刻液中的反应副产物 Cu^{2+} 除去，同时补加因蒸发、印制电路板的带出而损失的部分。

对使用后的蚀刻液一般采用结晶、萃取、酸化和碱化等方法，使蚀刻液再生。

（1）结晶　将溶液冷却，使其中的铜盐结晶并沉淀出来，采用连续过滤的方法除去这种结晶，再对溶液进行调整和补充。这种方法看起来较简单，但在冷却－结晶－过滤的工艺过程中，要冷却、再生后须加热，能量消耗大，而且设备也较复杂，操作繁琐。

(2) 萃取　一般使用的萃取剂为“2－羟基－5－另辛基二苯甲酮肟”（以下简称“肟”）。在蚀刻剂中它是黄色黏稠状物质，它能溶于一般有机溶剂与煤油中，但不溶于水。利用这一特点将 Cu^{2+} 萃取出来，同时与水溶液分离。分离出来的蚀刻剂水溶液经过调整和补加后，便可继续使用。

含 Cu^{2+} 的“肟”溶液与硫酸的水溶液进行充分混合后，硫酸又将 Cu^{2+} 萃取出来生成 $CuSO_4$，再将它们分离后，$CuSO_4$是可回收利用的。“肟”萃取液又可返回重复使用。

这种方法的优点是：可以制成“闭环再生”系统，降低了化学药品的消耗，减少污染并可基本上回收全部被蚀刻的铜，使生产成本降低，可实现连续自动化生产，但这种方法的设备造价比较高，适用于大规模自动化生产的蚀刻液再生。

(3) 酸化　利用 Cu^{2+} 的氯化物在酸性溶液中溶解度很小的原理，将用过的蚀刻液加入盐酸进行酸化处理，使 Cu^{2+} 以 $CuCl_2 \cdot 2NH_4Cl \cdot 2H_2O$ 的复盐沉淀出来，过滤后，蚀刻的水溶液用氨水调整 pH 值后返回生产使用，过滤后的沉淀物可回收铜。

在酸化时加入盐酸量的多少与蚀刻液的浓度、pH 值及铜含量有关，也与溶液中应保留的 Cu^{2+} 浓度有关，酸化后的溶液的波美度应在 17 °Bé 为宜。一般情况下，当溶液中的 Cu^{2+} 含量在 120g/L、pH 值＝8～8.5 时，加入的盐酸量为 100mL/L，即可沉淀出 30～50g 铜盐。

若蚀刻剂中含有亚氯酸钠（$NaClO_2$）时，加入盐酸会生成有毒易爆的二氧化氯气体（ClO_2），所以这种方法不适用。

(4) 碱化　蚀刻液在 pH 值较高时，可产生 $Cu(OH)_2$进而产生 CuO，也可向蚀刻液中加入过量的碱，提高溶液的 pH 值，使 CuO 沉淀出来：

$$[Cu(NH_3)_4]^{2+} + 2OH^- \rightarrow CuO + 4NH_3\uparrow + H_2O$$

过滤后的水溶液用盐酸调整 pH 值后可重新返回使用。

沉淀用硫酸处理生成 $CuSO_4$而回收：

$$CuO + H_2SO_4 \rightarrow CuSO_4 + H_2O$$

7.4 其他蚀刻工艺

7.4.1 过氧化氢－硫酸蚀刻

为了寻求更加理想的蚀刻剂，1972 年人们根据过氧化氢（H_2O_2）在酸性条件下是很理想的氧化剂，发现将它与硫酸配合制成蚀刻剂具有以下一系列的优点

- 能适应各种抗蚀层，包括有机抗蚀层与金属抗蚀层（浸锡、镀锡、镀锡－铅合金层）等。
- 蚀刻速度高，侧蚀小。
- 反应易控制、溶铜量大（依据工艺的不同，最大溶铜量在 85～120g/L 之间）。
- 毒性小，操作安全，对环境污染小。
- 回收废液简便易行。

由于过氧化氢的稳定性受许多因素的影响，在使用中受到很大的局限。近年来，随着

各种高性能稳定剂的开发研究成功，这种 H_2O_2-H_2SO_4 蚀刻剂已在国外迅速得到了推广应用，并涌现出许多专利蚀刻剂。在国内，这种蚀刻剂已经逐步推广开了。在铜箔减薄工序中，H_2O_2-H_2SO_4 蚀刻剂已被广泛应用。H_2O_2-H_2SO_4 蚀刻剂的应用需解决的主要问题是其稳定性。我国现在也已研制出许多性能优良的稳定剂，为它的推广应用创造了有利条件。

1. 蚀刻剂的组成

这种蚀刻剂的基本组成是过氧化氢和硫酸，为改善其蚀刻性能和稳定性，可加入相应的稳定剂和催化剂，其典型配方与工艺条件见表7-6。

表7-6 过氧化氢-硫酸蚀刻剂的典型配方与工艺条件（1L溶液）

配方与工艺条件	1	2	3	4	5	6	7	8
硫酸（H_2SO_4）/mL	110~130	93	200	200	70~140	110~130	500	120
磷酸（H_3PO_4）/mL	50	35	50	—	25~50	50	—	60
过氧化氢（H_2O_2）/mL	300~350	260	100	100	300~350	300~375	（27%）200	300
尿素（$(NH_2)_2CO$）/g	5	10	—	—	—	5	—	—
非那西丁/g	—	—	—	0.04	—	—	—	—
苯酚磺酸/g	—	—	16	—	—	—	—	—
硝酸银（$AgNO_3$）/g	—	0.2	—	0.3	—	—	—	—
钼酸钠（$Na_2M_0O_4$）/g	—	—	10	—	—	—	—	—
正丁醇（C_4H_9OH）/mL	—	12.3	—	—	—	—	—	—
硫酸铵 $(NH_4)_2SO_4$/g	—	—	—	—	—	—	10~15	—
其他稳定剂/mL	—	—	—	—	10~15	10~15	—	15
其他催化剂/g	—	—	—	—	—	—	—	—
十二烷基硫酸钠/g	—	—	—	—	—	—	微量	—
温度/℃	50~60							

2. 蚀刻机理

H_2O_2-H_2SO_4 蚀刻剂在蚀刻铜箔时，利用 H_2O_2 的不稳定性，分解出原子态氧（[O]），它具有很强的氧化性，使铜氧化为二价铜的氧化物，H_2SO_4 使氧化铜溶解，完成蚀刻过程：

$$H_2O_2 \rightarrow H_2O + [O]$$

$$Cu + [O] \rightarrow CuO$$

$$CuO + H_2SO_4 \rightarrow CuSO_4 + H_2O$$

总反应式为

$$Cu + H_2O_2 + H_2SO_4 \rightarrow CuSO_4 + 2H_2O$$

反应的副产物除硫酸铜外，没有其他物质，可以直接回收利用。

7.4.2 过硫酸盐蚀刻

用过硫酸盐（铵盐、钠盐、钾盐）作为蚀刻剂，在使用过程中无“三废”排放。同时，它又适用于印制电路板的所有抗蚀层（镀锡－铅焊料镀层、锡层、锡－镍镀层、丝印油墨及光致抗蚀层）。但不适用于金抗蚀层，它能造成侧蚀过度等。

由于这种蚀刻剂稳定性差、较易分解，蚀刻速度与溶铜量低，侧蚀严重，同时过硫酸盐价格高等因素，它现在仅用于孔金属化前的粗化和预蚀刻工序中，不作为图形的蚀刻剂。

1. 蚀刻剂的组成

这种蚀刻剂的基本成分为过硫酸盐和硫酸。为了防止它分解，有的先加入适当的稳定剂。过硫酸盐蚀刻剂的配方与工艺条件见表 7-7。

表 7-7　过硫酸盐蚀刻的配方与工艺条件（1L）

配方与工艺条件	1	2	3	4	5	6
过硫铵 [$(NH_4)_2S_2O_8$] /g	240	220 ~ 260	100	240	240	—
过硫酸钠（$Na_2S_2O_8$）/g	—	—	—	—	—	360
硫酸（H_2SO_4）/mL	13	—	—	—	—	—
磷酸（H_3PO_4）/mL	—	50 ~ 100	—	—	15	15
氯化汞（$HgCl_2$）	—	6 ~ 8mL		5mg/L	5mg/L	5mg/L
氨水（$NH_3 \cdot H_2O$）/mL	—	—	150			
稳定剂/g	—		适量	0.26	0.26	0.26
温度/℃	40 ~ 45					
pH 值	> 9.5					

为了改善它的蚀刻速度，配方中还加入了氯化汞（$HgCl_2$）作为催化剂，同时加入适量的稳定剂。

2. 蚀刻机理

过硫酸盐在水中溶解后，形成过硫酸根离子（$S_2O_8^{2-}$），它的标准氧化电位 $E° = 2.05V$，是通常使用的过氧化物中最强的氧化剂（过氧化氢的标准氧化电位 $E° = 1.77V$）。

过硫酸盐在水溶液中发生水解反应：

$$S_2O_8^{2-} + H_2O \rightarrow HSO_5^- + HSO_4^-$$

$$HSO_5^- + H_2O \rightarrow HSO_4^- + H_2O_2$$

$$H_2O_2 \rightarrow H_2O + [O]$$

因此，水解后的产物具有很强的氧化性，可使铜氧化并溶解，形成 $CuSO_4$：

$$Cu + (NH_4)_2S_2O_8 \rightarrow CuSO_4 + (NH_4)_2SO_4$$

这种水解反应是“酸基催化性”的，所以这种酸性蚀刻剂是不稳定的，必须加入稳定剂。同时注意控制它的酸度不能过大。

作为这种蚀刻剂的稳定剂多为不饱和的有机化合物、芳香羧酸、脂肪族酰胺类等，如苯二甲酸、磺基邻苯二甲酸、丙烯酰胺等。它们使用的浓度一般为0.01%～0.5%。浓度过低，则稳定性下降；浓度过高，则稳定性无明显提高。

这类蚀刻剂用于有锡－铅抗蚀层的印制电路板时，蚀刻后的锡－铅镀层光泽性不变。

7.4.3 铬酸－硫酸蚀刻

以铬酸与硫酸配制成的溶液，由于它对锡和锡－铅合金没有腐蚀性，溶液稳定性好，蚀刻效果很好，几乎没有侧蚀，因此在图形电镀蚀刻工艺出现的初期，被作为优选蚀刻剂而风行一时。但是，由于其毒性和对环境污染极大，加上其再生、蚀刻液处理很困难，因此被以后出现的效果更好的碱性氯化铜蚀刻剂与过硫酸铵蚀刻剂所取代。

1. 蚀刻剂的组成

这种蚀刻剂主要由铬酐与硫酸组成。为了改善其性能，提高蚀刻速度，还加入了一些其他的化合物。铬酸－硫酸蚀刻剂的配方见表7-8。

表7-8 铬酸－硫酸蚀刻剂的配方（1L）

配　　方	1	2
铬酐（CrO_3）/g	240	480
硫酸（$w_{H_2SO_4}=96\%$）	180g	31mL
硫酸钠（Na_2SO_4）/g	40.5	—
铜/g	—	4.9
其他催化剂	—	适量

2. 蚀刻机理

铬酐的水溶液为铬酸，它具有很强的氧化性，可将铜氧化为氧化铜，随后与硫酸作用生成硫酸铜：

$$CrO_3 + H_2O \rightarrow H_2CrO_4$$

$$2H_2CrO_4 + 3Cu = 3CuO + Cr_2O_3 + 2H_2O$$

$$Cr_2O_3 + CuO + 4H_2SO_4 = CuSO_4 + Cr_2(SO_4)_3 + 4H_2O$$

总反应为

$$2H_2CrO_4 + 6H_2SO_4 + 3Cu \rightarrow Cr_2(SO_4)_3 + 3CuSO_4 + 8H_2O$$

这种蚀刻剂适用于金抗蚀层和其他所有的抗蚀层，当在高浓度和高温时，液体光致抗蚀层有可能被侵蚀。

当蚀刻剂中加入适量的NaCl时，可以用于可伐合金的蚀刻。蚀刻后的线条侧壁很平直，没有侧蚀。

由于这种蚀刻剂的毒性很大，能引起操作者的皮炎和鼻黏膜损害，据说有致癌作用；使用时对设备的腐蚀也非常严重，废液的再生和处理很困难，对环境的污染很严重，因此现在生产中已不再使用。

7.5 侧蚀与镀层凸沿

7.5.1　侧蚀原因

在采用减成法或半加成法制造印制电路板时，在蚀刻工艺中，随着蚀刻向纵深方向发展的同时，铜导线的侧面也被腐蚀，这种现象称为“侧蚀”。侧蚀现象是蚀刻中不可避免的，只能设法减少，但不可能消除。

由于侧蚀，在抗蚀层下面的铜导线侧面向内形成凹槽，由于使用的抗蚀层不同，侧蚀造成的后果不同，如图 7-9 所示。

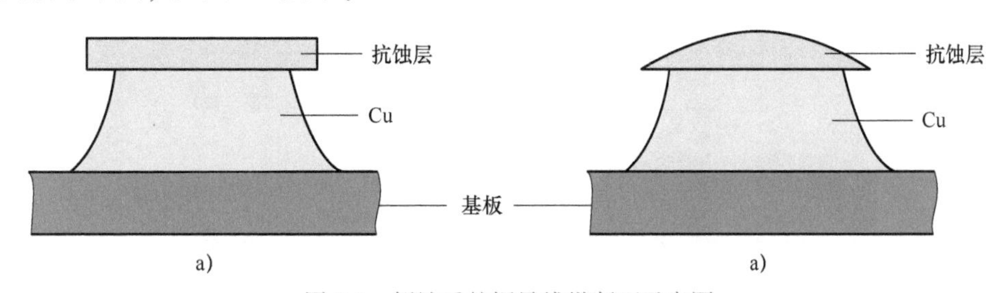

图 7-9　侧蚀后的铜导线纵断面示意图

a）光致抗蚀剂及丝网印刷印制电路板　b）镀金属抗蚀剂印制电路板

用光刻胶与丝网印料作为抗蚀层的印制电路板，蚀刻后铜导线纵断面为近似梯形的上窄下宽形状，严重时可能引起断线等废品。

用金属（金、锡、锡－镍合金、锡－铅焊料等）作为抗蚀层的印制电路板，由于电镀时，电镀层横向变宽，侧蚀后形成蘑菇状纵断面，镀层凸出于铜导线外边，形成一个“房沿”状边沿，称为“凸沿”。由于凸沿较薄易碎落，能引起导线间的短路。

由于侧蚀所产生的侧蚀层都称为“蚀刻因子”或“蚀刻系数”，因此蚀刻系数定义为：蚀刻深度 d 与侧蚀宽度 X 之比，如图 7-10 所示。

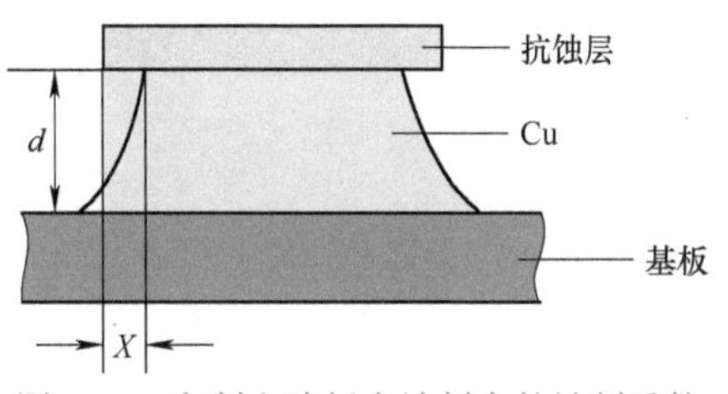

图 7-10　印制电路板在蚀刻中的蚀刻系数

蚀刻系数越大，则侧蚀越轻；相反，蚀刻系数越小，则侧蚀越严重。动态蚀刻的蚀刻系数一般为3～4，而静态蚀刻的蚀刻系数只有1～2。要获得细线条、高精度的印制电路板，就必须设法提高其蚀刻工艺的蚀刻系数。

7.5.2　减小侧蚀的方法

采用减成法与半加成法工艺制造印制电路板，侧蚀是不可避免的。为了减轻侧蚀，以获得高精度、高密度的印制电路板，应从以下几方面采取措施：

1）选择高效蚀刻剂，以缩短蚀刻时间，减少侧蚀时间。

2）适当提高蚀刻温度，以加快蚀刻速度。

3）选择恰当的蚀刻工艺及设备，以提高竖直方向的蚀刻速度，减少侧蚀速度。可采用动态蚀刻工艺，使用连续喷淋蚀刻设备，它能使蚀刻剂连续再生，使蚀刻剂始终处于最佳工作状态。

4）选用超薄覆铜箔层压板，以缩短铜箔被“蚀刻透”的时间。为此，现在已能生产出铜箔仅为 10μm 和 5μm 厚的覆铜箔层压板，用于生产高精密度的印制电路板。

7.5.3 凸沿的产生

在图形电镀－蚀刻工艺中，由于镀铜后再镀锡－铅金属层或其他金属层，它们的总厚度与抗蚀层的厚度不一致，可能出现以下三种情况：

1）电镀层的总厚度小于抗蚀层的厚度，电镀层不会增宽，如图 7-11 所示。

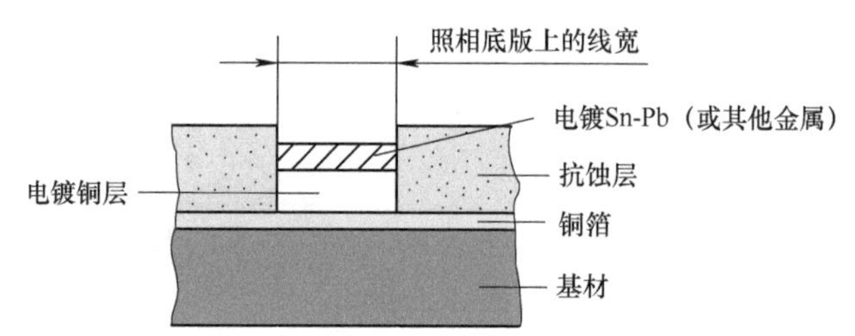

图 7-11　图形电镀后 Sn-Pb 合金层不增宽示意图

2）电镀铜层的总厚度小于抗蚀层厚度，而电镀锡－铅合金层厚度与电镀铜层厚度之和大于抗蚀层厚度时，仅镀锡－铅合金的宽度增宽，如图 7-12 所示。

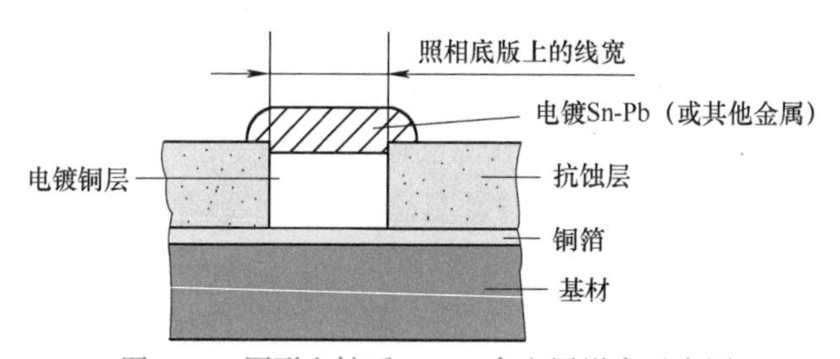

图 7-12　图形电镀后 Sn-Pb 合金层增宽示意图

3）电镀铜层厚度超过抗蚀层厚度，这时不仅电镀铜层的线宽增宽而且以后的镀锡－铅合金层或其他金属镀层也要随之进一步增宽，如图 7-13 所示。

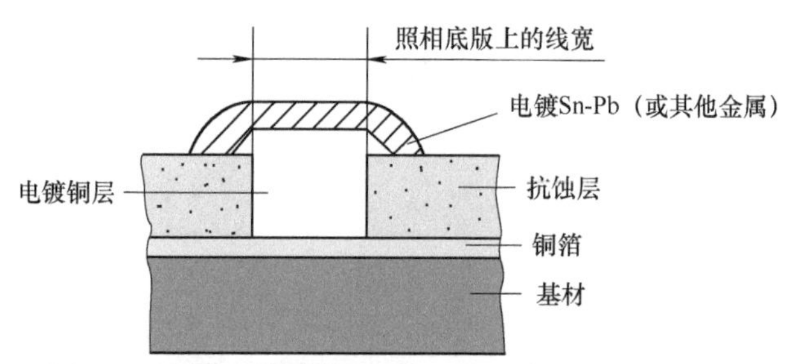

图 7-13　图形电镀后镀铜层与 Sn-Pb 合金层增宽示意图

在图 7-12 和图 7-13 的情况下，在图形蚀刻以后便会出现“房沿”状凸沿，以液体光刻胶和丝网印料作为抗蚀层进行图形电镀蚀刻后，往往出现这种凸沿现象。一般用的干膜抗蚀层的厚度比上述两种抗蚀层厚，出现的机会少。

另外，在图形电镀时，电流密度计算发生偏差，电流密度过大，也会出现镀层凸沿现象。

凸沿的产生，对于高密度、高精度的印制电路板是一个严重的障碍，它不仅影响电路的密度和精度，而且还会使电路的可靠性受到威胁。

采用图形电镀-蚀刻工艺，侧蚀和镀层凸沿的现象是不可避免的，应从设计、选材和制造工艺等几个方面综合考虑，尽量减少它的危害。另外在蚀刻之后再进行一次“热熔”工艺，使锡-铅合金层熔化、收缩，可消除镀层凸沿，但这一工序也有一定的局限性，并不是万能的。如对于光亮镀锡与镀金层，不能用热熔的方法消除凸沿。

7.6 习题

1. 简述氯化铁蚀刻剂的组成、蚀刻机理。
2. 简述氯化铁蚀刻剂的工艺过程。
3. 简述酸性氯化铜蚀刻剂的组成、蚀刻机理。
4. 简述酸性氯化铜蚀刻剂各种因素对蚀刻工艺的影响。
5. 简述酸性氯化铜蚀刻剂的再生方法。
6. 简述碱性氯化铜蚀刻剂的组成及蚀刻机理。
7. 简述碱性蚀刻剂的再生方法。
8. 简述过氧化氢-硫酸蚀刻工艺的原理及特点。
9. 简述过硫酸盐蚀刻剂的组成、蚀刻机理及再生方法。
10. 简述侧蚀、镀层凸沿的定义及在蚀刻工艺过程中产生的原因。

第8章 印制电路板层压前铜面处理技术

多层印制电路板是印制电路板中的重要种类之一，采用减成法、多个单层叠压组合制造技术仍然是目前多层印制电路板制造的主流技术，其制造技术基本原理、工艺流程等内容将在第11章中进行详细介绍。本章主要介绍印制电路板结构多层化、信号传输高速高频化后对多层印制电路板层压前铜面处理技术提出的新要求，以及为满足这些要求形成的技术方法等，内容包括：铜面处理基本原理与技术特点、铜面机械处理技术、棕化技术、白化技术、以及铜箔表面处理效果评价方法等。

8.1 印制电路板铜面处理技术概述

8.1.1 层压前铜面处理技术概述

1. 含义及目的

在单面板和低频通信时代，电子线路的粗糙度对整机电气性能的影响可以忽略。随着电子设备中信号传输高速化、高频化，电子线路以及与载体基板的表面性能（如粗糙度）就变得十分重要，成为决定系统信号完整性的重要组成部分，如图8-1和图8-2所示。此外，印制电路板多层化、薄型化是提升密度的重要途径，层间结合力与耐离子迁移率等要求，体现了层压前对铜箔表面进行预处理的重要性。

在多层印制电路板制造工艺中，改善和提高层间结合力、控制导体表面粗糙度一直是提升其品质的重点。印制电路板层压前铜面处理技术是指采用物理、化学等手段对基板表面的铜箔和树脂进行有限蚀刻或增加涂层等改性，改变铜箔与绝缘基板的粗糙度、化学亲和力等表面特性，实现提升多层板结合力、印制电路板电气性能（如提升高频信号传输的完整性）等目标的技术，诸如黑化技术、微蚀刻技术、棕化技术等。提升多层板层间结合力可以有效防止“爆板”“发白”等现象的出现，而控制粗糙度可有效地提高信号传输的质量。印制层压前表面处理技术包括树脂基体表面处理、铜箔基体表面处理两个方面，本章主要介绍铜箔表面处理技术，树脂基板表面处理技术等在第5章和第11章相关章节介绍。

多层板可以实现更高的封装密度，高频信号“趋肤效应”决定了铜箔的表面性能的重要性，也奠定了其表面处理技术的重要地位。因此，基板表面处理技术成为PCB制造工艺中的研究热点。国外很早就开始对铜箔的表面处理工艺开展了大量研究，而国内对于铜箔的表面处理工艺起步较晚，相关产品缺乏市场竞争力。

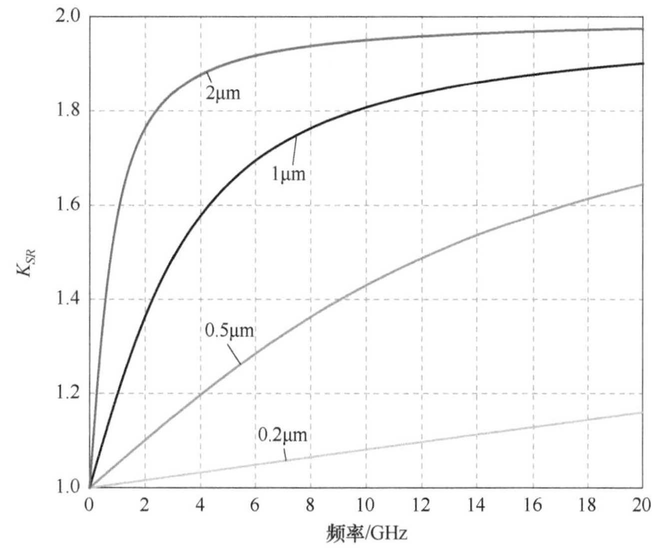

图 8-1 表面粗糙度与传输损耗因子（K_{SR}）之间的关系

图 8-2 系统容量与影响 PCB 信号完整性的因素

2. 铜面处理技术分类

印制电路板的前处理是个古老的话题。追溯多层印制电路板制作流程可以知道，印制电路板中传输线上下表面对应覆铜板上铜箔的光面与毛面。铜箔毛面由于已经压合在覆铜板的玻璃纤维布上，其表面状态将不再改变，毛面粗糙度仅受制于铜箔的类型；铜箔的光面在加工制作过程中将受到一系列的物理和化学处理，可能改变表面状态，故铜箔光面粗糙度受铜箔类型与粗化工艺的共同影响。铜箔的类型是传输线下表面粗糙度的决定因素，铜箔类型与粗化工艺是传输线上表面粗糙度的共同影响因素。

PCB 基板（铜箔、树脂基板）表面附着力增强技术属于表面处理技术范畴，根据其作用原理可以分为物理方法和化学方法两大类。在这两大类中根据其使用的材料、手段不同又可分为机械抛刷技术、等离子体蚀刻技术、黑化技术、棕化技术等许多种类。层压前基板表面处理技术分类及特点见表 8-1。目前国内外在处理内层铜箔的化学方法主要采用的是黑化技术和棕化技术。黑化技术与棕化技术处理结果差异比较见表 8-2。图 8-3 所示为黑化处理与棕化处理后铜表面的 SEM（扫描电子显微镜）照片。

表 8-1　层压前基板表面处理技术分类及特点

类型		特点
物理方法	机械抛刷技术	工艺简单、成本低、处理后表面粗糙度值大、容易导致内层板变形。不适用高频板领域
	火山灰磨刷技术	工艺简单、成本低、处理后表面粗糙度值小于机械抛刷技术，容易导致内层板变形
	等离子体蚀刻技术	工艺简单、对有机物作用效率较高。被应用于微孔清洗、聚合物基板表面活化与清洗工艺中
化学方法	化学微蚀刻技术	种类多且不同工艺差异大、工艺成熟、使用面大、体系稳定性差、蚀刻速率不稳定、均匀性难控制、存在废液处理问题
	黑化技术	提升层间结合力十分有效。成本高、工艺流程长、制作工艺复杂、污水处理难度大、存在“粉红圈”与离子迁移等难题
	棕化技术	比黑化技术工艺更简便、容易控制、棕化膜抗酸性好、棕化层较不会生成粉红圈、结合力不及黑化技术、在无铅焊接领域遇到挑战
	白化技术	可兼顾层间结合力提升与粗化度降低双重要求，目前工艺成熟度差，属于新一代技术
其他方法	溅射技术	工艺简单、设备投入高、成本高，仅限于特殊要求
	离子注入技术	工艺简单、设备投入高、成本高，仅限于特殊要求

表 8-2　黑化技术和棕化技术处理结果差异比较

序号	内容	黑化技术	棕化技术
1	氧化层结晶	黑化氧化膜较厚，结晶较长，覆盖性比棕化膜强，呈羽状结晶体	棕化膜为细密结晶组织，对层压有较强的键合力
2	附着强度	层压后直接抗撕强度一般保持在 4.5lb/in 以上	层压后直接抗撕强度一般保持在 6.0lb/in 以上
3	抗粉红圈性能	黑化绒毛长度不易控制。绒毛太短时，板面表面积较小，黏合强度较差；绒毛太长时，层压易折断导致氧化膜受药水攻击变色形成粉红圈	通过棕化液中的有机添加剂与铜表面生成的有机金属络合物（转化层），增强内层与树脂结合力与层压的热冲击能力，耐酸能力强且不容易产生粉红圈
4	电性问题	长针状结晶容易折断并随流胶扩散到板中，形成电性问题	无电性问题，但耐热冲击性能较差
5	颜色	板面颜色较容易管控，色差较小	板面颜色较难管控，容易出现大色差
6	品质	稳定	稳定

注：1lb = 0.454kg，1in = 25.4mm。

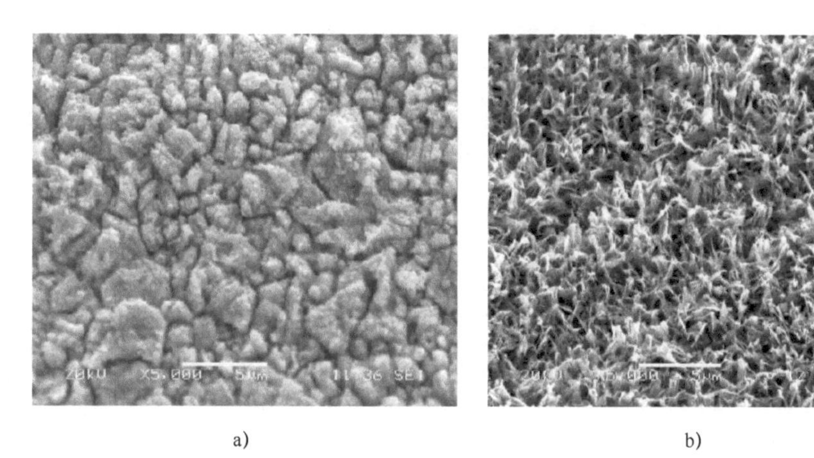

a)　　b)

图 8-3　黑氧化技术与棕化氧化技术处理铜面 SEM 照片

a）棕化铜面　b）黑化铜面

8.1.2　层压前铜面处理技术的基本原理

1. 铜箔的分类及特性

铜箔是 PCB 制造中的关键导电材料，其制造技术、特点以及分类方法等内容在第 2 章中已经介绍。表 8-3 为电解铜箔与压延铜箔的主要性能比较。

表 8-3　电解铜箔与压延铜箔的主要性能比较

性能指标	标准电解铜箔		压延铜箔		可低温退火压延铜箔	
标称厚度/μm	17.1	34.3	17.1	34.3	17.1	34.3
单位面积质量（±10%）/（g/m²）	152.5	305	152.5	305	152.5	305
纯度（%）	≥99.8	≥99.8	≥99.9	≥99.9	≥99.9	≥99.9
最大质量电阻率/Ω·g	0.166	0.162	0.16	0.16	0.16	0.155
抗拉强度/（N/mm²）	≥207	≥276	≥345	≥345	≥103	≥138
伸长率（%）	≥2	≥3	≥0.5	≥0.5	≥5	≥10

电子产品向智能化、网络化方向进步，推动了 PCB 走向高频高速化、高密度化，也对其制造的专用材料——电解铜箔的性能、品质等提出了更为严苛的要求。采用低轮廓/超低轮廓铜箔成为解决高频下基板传输损耗的有效途径之一，低粗糙度铜箔技术成为 PCB 行业的重要应用方向。以粗糙度为评价指标，可将常见铜箔材料分为 5 类，即标准铜箔（HTE 铜箔）、反转铜箔（RTF 铜箔）、低轮廓铜箔（VLP 铜箔）、超低轮廓铜箔（HVLP 铜箔）和平面轮廓铜箔（FP 铜箔）。其对应粗糙度 $Rz \geq 10\mu m$ 时，铜箔属于 HTE 铜箔；$10\mu m > Rz > 5\mu m$ 时，铜箔属于 VLP 铜箔；$5\mu m > Rz \geq 2.5\mu m$ 时，铜箔属于 HVLP 铜箔；$Rz < 2.5\mu m$ 时，铜箔属于 FP 铜箔。其中，FP 铜箔目前仅在研发阶段还未投入批量应用。市售产品以 HVLP 及以上级别的铜箔为主。

HTE 铜箔即传统的电解铜箔，RTF 铜箔是指在电解铜箔生箔制成后将生箔的光面与毛面反转进行处理的铜箔，VLP 铜箔和 HVLP 铜箔是生箔制成后经一系列处理后具有较低和超低的表面轮廓的铜箔，FP 铜箔表面轮廓几乎趋近于平整状态。表 8-4 对比了五种铜箔的毛面与光面粗糙度，五种铜箔的光面粗糙度 $RS_{\mathrm{RTF}} > RS_{\mathrm{HTE}} \approx RS_{\mathrm{VLP}} \approx RS_{\mathrm{HVLP}} > RS_{\mathrm{FP}}$，毛面粗糙度 $RM_{\mathrm{HTE}} > RM_{\mathrm{RTF}} > RM_{\mathrm{VLP}} > RM_{\mathrm{HVLP}} > RM_{\mathrm{FP}}$。

表 8-4　五种铜箔的表面粗糙度参数对比

铜箔类型	光面粗糙度（*RS*）				毛面粗糙度（*RM*）			
	Ra/μm	*Rz*/μm	*RMS*/μm	*Sr*	*Ra*/μm	*Rz*/μm	*RMS*/μm	*Sr*
HTE 铜箔	0.32	2.01	0.41	1.10	0.74	10.91	0.88	1.89
RTF 铜箔	0.52	5.77	0.70	1.44	0.44	6.03	0.57	1.41
VLP 铜箔	0.30	2.03	0.37	1.05	0.37	5.21	0.49	1.32
HVLP 铜箔	0.26	1.80	0.32	1.03	0.29	2.34	0.41	1.29
FP 铜箔	—	1	—	—	—	1	—	—

注：*Ra*、*Rz*、*RMS*、*Sr* 的含义见表 8-18。

2. 电解铜箔表面前处理原理及工艺

无论电解铜箔还是压延铜箔，在使用时都应进行表面处理以获得更好的性能。常规电解铜箔表面处理流程为：除油→水洗→酸洗→水洗→粗化→固化→镀阻挡层→表面钝化处理→烘干，不同工序的技术特点与要求如下：

（1）预处理　预处理是指对生箔进行表面清洗、去除氧化物、去除油污等处理过程。电解原箔在运输和存储过程中容易受到油脂、汗渍等污染，并且其表面活性较大，也容易在其表面生成氧化膜。除油有碱性除油、酸性除油、电解除油等。一般选用碱性除油剂（主要由氢氧化钠组成），也可在除油过程中以超声辅助的方式提高除油效率。酸洗时通常使用质量分数低于 20% 的稀硫酸处理。

（2）水洗　水洗出现在表面处理的各个过程中，用以清除表面附带的各种杂质、前次处理吸附的化学试剂等。水洗对水质有一定的要求，一般使用去离子水，并且对水洗的水压、水量分布、冲洗距离和角度都有相应的规定。

（3）粗化及固化处理　预处理后的铜箔，如果直接与绝缘树脂基板进行压合，铜箔和树脂基板间黏合强度不高，易脱落。为了增加铜箔与树脂基板的结合力，必须对铜箔和树脂基板相结合的毛面进行粗化及固化处理。

电解铜箔的表面粗化及固化处理通常包括粗化层制作、耐热层（阻挡层）制作和防氧化层制作等三个方面内容。粗化处理是指在铜箔的毛面上电镀形成瘤状的大颗粒物质，其主要成分为铜和氧化亚铜的混合物，然后电镀小颗粒的铜封闭层的过程，目的是使铜箔与基材之间具有更强的附着力。但是，如果直接用于压板生产，由于瘤状物颗粒较为松散，粗化层往往会与毛箔基体分离，因此在粗化之后的铜箔上还需要进行固化处理。

具体的粗化过程是通过电流密度高于极限电流密度，产生铜粉并加以固化而成，使铜箔表面形成牢固的小颗粒状结构，具有高展开度粗糙面的铜箔比表面积更高，从而加强树脂渗入的附着嵌合力、增加铜与树脂的亲和力等。若在铜箔粗化处理中，其结晶层较平坦，展开度小，会使铜箔与基板的结合力不够，进而影响板的许多性能。为了保证铜箔和基板之间的结合力，一般可以通过进行多次粗化达到效果。粗化处理时，电镀液的铜离子含量较低，电流密度高。粗化处理时，在电镀液中添加砷能够获得较好的粗化效果，但是砷有毒，不推荐使用此方法。采用 $Ti(SO_4)_2$ 和 Na_2WO_4 配合使用作为铜箔粗化的添加剂，也能获得较好的粗化效果。

固化处理是在粗化层的瘤状颗粒间隙中间沉积一层致密的铜，以增大粗化层和铜箔基体的接触面，减小粗化层的表面粗糙度值。从微观上看，铜箔经过粗化处理之后，表面凹凸不平，起伏很大，但是经过固化处理之后，铜箔表面粗糙度值减小，处理层与绝缘基材的黏合强度提高，从根本上消除了处理层与毛箔分离的现象。

（4）镀阻挡层　铜箔镀阻挡层是指在粗化及固化处理后的铜箔上进一步镀覆一层其他金属层的技术。新镀层位于铜箔固化层上，其作用有：

1）使得处理后的铜箔在绝缘树脂基板上黏合强度满足压板的技术要求。

2）在耐蚀性和耐离子迁移性等方面满足印制电路板制造的实际要求。

3）防止印制电路板铜箔在制造过程中产生锈迹和斑点、电路板短路等现象。

4）克服印制电路板生产过程中容易氧化变色等缺点。

5）提高产品的耐热性和高温抗剥蚀强度。

电解铜箔通过电镀阻挡层表面处理可改善铜箔与基板的黏合强度，提高铜箔的防侧蚀、耐离子迁移、耐热性、耐酸性、耐蚀性、抗氧化性等。

在固化层上制作阻挡层技术通常为电镀技术，其镀层有单金属层、二元合金金属层、三元合金金属层等多种。目前，较成熟的阻挡层镀层技术的金属种类有：钴、锡、黄铜合金、锌-镍合金、镍-磷合金、镍-硫合金、锌-钴-砷合金、锌-镍-铅合金、锌-镍-锑合金镀层等。国内电解铜箔阻挡层的镀层主要为锌、镍和锌-镍合金层以及三元合金镀层。应用最早的金属阻挡层是锌镀层，它具有制作工艺稳定、操作方便、成本低等优点。镀锌后的铜箔经过钝化和涂有机膜处理后，耐热性更好，与基板黏合强度高，但是由于锌的化学性质活泼而存在耐蚀性差、容易变色等缺点。镍镀层具有更佳的环境稳定性，作为阻挡层具有抗高温变色性好、较锌镀层具有更佳的耐酸性、镍扩散速度更慢、具有高的耐 Cu^{2+} 迁移性等优点，但在碱性过硫酸铵蚀刻剂中不容易被蚀刻，还会在印制电路板上留下斑点造成污染；采用碱性焦磷酸盐体系在电解铜箔上电镀 Zn-Ni-Sn 三元合金层作为阻挡层，可使铜箔的耐蚀性、耐热性和黏合强度等性能指标均有明显提高，其抗剥蚀强度可达2.01N/mm，劣化率为2.12%。铜箔不同阻挡层的镀液配方、工艺条件及镀层特点对比见表8-5。

表8-5　铜箔不同阻挡层的镀液配方、工艺条件及镀层特点对比

阻挡层	镀液配方及工艺条件	镀层特点
锌层	$ZnSO_4 \cdot 7H_2O$（80~300g/L），$(NH_4)_2SO_4$（0~50g/L）；1.1~2.1A/dm²，26~32℃，5~30s	镀锌处理后的铜箔高温层压制造覆铜板时，在铜箔表面形成铜-锌合金，有一定的耐酸性和耐离子迁移性；但是容易产生侧蚀、结合力不牢、变色等问题

（续）

阻挡层	镀液配方及工艺条件	镀层特点
镍层	$NiSO_4 \cdot 6H_2O$（200～300g/L），Na_2SO_4（30g/L），HBO_3（30g/L），添加剂（0.1g/L）；2～3A/dm^2，pH值为4.0～5.5，43℃，10～15s	耐酸性较好，侧蚀较轻，因为镍扩散慢，耐离子迁移性好；但在碱性过硫酸铵蚀刻剂中不容易被蚀刻，还会在印制电路板上留下斑点造成污染
黄铜镀层	NaCN（50～100g/L），NaOH（60g/L），$Cu(CN)_2$（90g/L），$Zn(CN)_2$（5～6g/L）；5A/dm^2，pH值为11～12，80℃，10～15s	耐酸性、耐热性较好；但镀液温度高、不稳定、容易产生沉淀，且使用氰化物会污染环境；新型无氰镀液中添加碳或者镍，具有非常优越的耐离子迁移性，可以减少短路现象的发生
锌镍镀层	$ZnSO_4 \cdot 7H_2O$（50～100g/L），$NiSO_4 \cdot 6H_2O$（25～50g/L），柠檬酸（50～100g/L）；1～5A/dm^2，pH值为8.5～9.5，20～50℃，10s	耐热性、耐酸性好（要求镍的质量分数在3%～15%），镍含量太低则耐酸性差，太高则碱性蚀刻困难。但有时会发生“铜粉”转移，造成电路板绝缘性能下降的现象

在锌-镍合金镀层中添加少量铅（0.1%～4%）或者锑（2%～5%），镀层具有优良的耐热性、耐蚀性并与基板有很高的结合力，可避免锌-镍合金镀层处理产生的“铜粉”转移现象，提高基板的绝缘性能，避免短路现象发生。

（5）表面钝化处理　经过粗化→固化→镀阻挡层处理后的铜箔在运输及存储等操作中，经常会因为外界水汽、落尘、氧化剂、手印的污染造成铜箔表面产生变色的斑点。此外，在电路板高温压制及其他加工过程中受到高温处理时，铜箔表面会出现局部变色，形成氧化铜斑点等。由于铜箔表面的这些变化会影响铜面的焊接性、与油墨的亲和性和附着性，会使线路的电阻增大等，故必须对铜箔表面进行抗氧化处理。最常见的抗氧化处理为钝化法，即铜箔在镀阻挡层后用铬酸盐（或铬酸盐和锌盐）溶液进行表面钝化，使铜箔表面形成以铬（或铬锌）为主体且结构复杂的膜层，使铜箔不会因直接与空气接触而氧化变色，提高铜箔的耐热性，保证铜箔的焊接性及与油墨的亲和性。采用六价铬对铜箔表面进行钝化，由于六价铬具有强致癌性且对环境有严重的危害，美国、日本及欧洲国家已经要求在生产过程中禁止使用六价铬，目前已经有研究人员开发出含有新型添加剂（钼酸钠、植酸等）的替代品。使用植酸盐作为铜箔表面钝化的钝化液，相比传统的铬酸盐作为钝化液，省略了表面漂洗工艺，节约了大量水资源。最佳工艺条件下得到的铜箔钝化膜表面平整均匀、质量较好。最优工艺参数为：钼酸钠8g/L，磷酸钠4g/L，氧化锌3g/L，植酸2mL/L，钝化时间10s，电流密度0.2A/dm^2。

（6）硅烷偶联剂处理　为进一步提高铜箔的抗氧化能力、提高铜箔与基板的浸润性和黏合强度，往往还要在钝化后的铜箔上均匀喷涂硅烷偶联剂等有机试剂而形成一层有机膜。随着产品信号传输速度、PCB高密度化和无铅化的发展与进步，PCB金属层与有机聚合物层之间的“偶联剂”已显得越来越重要，并成为发展和应用的一个重要方向。为防止残留水分对铜箔的危害，最后还必须在不低于100℃下烘干，注意烘干时温度不能太高。

硅烷偶联剂具有双亲型分子结构，一端具有与铜表面发生化学结合的连结基团，而另一端具有能够与树脂表面发生化学结合连结基团，通过这种双亲型结构在表面光滑的铜与树脂界面间形成牢固的结合力，而且这种“偶联剂”又具有耐无铅焊接的高温特性。因此，用于覆铜板中的树脂与玻璃纤维之间的胺基硅烷（偶联剂）或用于 PCB 表面涂覆的有机焊接性保护剂（OSP）常作为改进光滑铜表面性能的“偶联剂”使用。

硅烷偶联剂是一类分子中同时具有能与有机材料作用官能团和能与无机材料作用官能团的有机硅化合物，其分子通式为 R_nSiX_{4-n}。其中，R 为非水解基团，可与有机物（如橡胶、树脂等）反应，如乙烯基、丙烯基、氨基、环氧基、巯基、叠氮基等；X 为可水解基团，水解后得到硅羟基，硅羟基可与无机物（如玻璃、金属等）表面的羟基发生缩合。在处理过程中，硅烷偶联剂通过与金属表面羟基和自身分子间的缩合，在金属表面形成的富含 Si—O—Si 键和 Si—O—Cu 键具有疏水性、耐热性、抗电解液渗透性及抗化学攻击性的硅烷膜，该膜为金属的最终保护涂层。相对于传统防腐保护工艺，该方法具有环保、无毒、无致癌性等优点。

传统硅烷偶联剂处理金属技术使用单硅类硅烷偶联剂，如氯丙基三乙氧基硅烷、γ-氨丙基三乙氧基硅烷、乙烯基三乙氧基硅烷等。随着时代的发展，双硅类硅烷偶联剂（如双［γ-（三乙氧硅）丙基］四硫化物等）逐渐取代单硅类硅烷偶联剂，一分子双硅类硅烷偶联剂水解可以得到六个硅羟基，与金属偶联概率增大，硅烷间偶联概率也增大，缩合后得到的硅烷膜更致密，保护金属效果更好。含有脂肪族长链的硅烷偶联剂具有更好的金属保护效果，而且随着脂肪链的增长，防腐性能提高。研究表明，脂肪族长链的存在，可以有地提高硅烷膜的疏水性，使电解质溶液更难渗入金属表面。除此之外，一些硅烷偶联剂中含有能与金属作用的原子，可形成稳定共价键，使得到的硅烷膜更加致密、防腐效果更佳。例如，含有巯基的硅烷偶联剂可通过硫原子来和铜发生反应，因为 X 射线光电子能谱（XPS）分析发现硅烷膜中有硫键的存在，很多含有巯基的硅烷偶联剂可以很高效地保护铜基材。

偶联剂的特点与优势：

1）金属与有机聚合物层间界面结合为化学结合力并且耐热，比传统依靠增加表面接触面积（粗糙度）的机械结合力要大和可靠性更高。

2）在金属与有机聚合物层间结合界面不存在金属氧化层，消除了镀通孔（PTH）过程产生“粉红环”现象，进而避免了导电阳极丝（CAF）等问题，可明显提高 PCB 的可靠性和使用寿命。

3）在金属与有机聚合物层间结合界面不存在粗糙度，导线（体）表面光滑，不仅很适宜于传输高频信号和高速数字信号，而且可得到更“完整”的传输信号。

3. 压延铜箔表面处理

压延铜箔是通过机械挤轧后进行热处理制造出来的。压延铜箔越薄，制造难度越高，技术含量与产品附加值也越高。压延铜箔的表面粗糙度比电解铜箔的光面还要小（压延铜箔的为 0.1μm，一般电解铜箔其毛面为 1.5μm、光面为 0.3μm）、更均匀，它的晶体结构和电解铜箔不同，具有比电解铜箔更优越的耐折性和耐挠曲性能，在信号传输方面性能非常好，故主要用于制造挠性印制电路板和高频电路，被用在军工、航天和汽车电子产品中。近年来，随着电子产品向高速高频化的方向发展，压延铜箔在民用电子产品中的使用也逐渐增多。

压延铜箔同电解铜箔一样，在生箔生产完成后也要进行表面处理，但是由于压延铜箔的结构和用途与电解铜箔不同，因此压延铜箔的表面处理工艺有别于电解铜箔。未经过处理的压延铜箔表面粗糙度值太小基本无法与树脂压合，所以表面处理要求更高。为了提高铜箔与基板的黏合力，需要对铜箔表面进行粗化处理，在铜箔表面电镀一层瘤状结晶颗粒，以增大铜箔的表面粗糙度值。但是在粗化中既要保证粗化后与基板的结合力，还必须考虑过分粗化造成的侧蚀现象等，所以相比于电解铜箔其表面处理的要求也更高。

压延铜箔一般采用微粗化处理，然后进行黑化处理（阻挡层为铜－钴－镍合金或者铜－镍合金镀层）或红化处理（镀铜），并进行防氧化的表面处理。黑化处理的压延铜箔可使用在微细挠性印制电路板的制造中。

压延铜箔表面处理采取的工艺流程为：除油→水洗→酸洗→粗化→固化→粗化→固化→水洗→镀镍－钴合金→水洗→镀锌→镀铬→水洗→涂硅烷偶联剂→烘干。本文将对各工艺流程做详细介绍。压延铜箔表面处理与电解铜箔表面处理相似的工序将不再赘述。

（1）除油　在压延铜箔制造过程中，表面会沾上轧制油等油污，导致压延铜箔与电镀液之间形成油膜，阻碍电极反应的进行，从而影响镀层和基体的结合力及镀层质量。铜箔电镀前除油效果的好坏直接影响镀层质量的优劣，约80%的电镀质量不合格是由于镀前处理不当造成的。

常用的除油方法有有机溶剂除油、电解除油、超声波除油和化学除油等方法。

有机溶剂除油的特点是除油速度快，但除油不彻底，且多数有机溶剂易燃，且有一定的毒性，应用成本较高。

电解除油需要在直流电条件下进行，阴极法电解脱脂在碱性溶液中进行，压延铜箔作为阴极，在一定的电流密度下，表面析出氢气，形成气泡。氢气泡将轧制油从铜箔表面剥离进入溶液，再与碱发生皂化反应，形成乳液。电极反应如下：

阴极反应：$2H_2O + 2e \rightarrow H_2 + 2OH^-$

阳极反应：$2OH^- \rightarrow \frac{1}{2}O_2 + H_2O + 2e$

阴极法电解脱脂的电流密度通常为 $3 \sim 12A/dm^2$，反应时间为0.5～2min，脱脂很彻底。电解脱脂后，铜箔经纯水漂洗除去表面残留的碱液，再进入酸洗槽酸洗除去氧化物，使新鲜表面露出，以利于电镀，增加镀层与基体的结合力。电解除油速度快且彻底，但设备要求较高，还会使铜带产生“氢脆”。

超声波除油比较彻底，但只适合小型工件的除油。化学除油速度慢，但效果较好、工艺简单、设备投资低。常用的化学除油机理如下：

1）皂化原理：$(RCOO)_3CH_5 + 3NaOH \rightarrow 3RCOONa + C_3H_5(OH)_3$

2）乳化原理：乳化剂能润湿铜箔表面，可以减小油、水界面的表面张力，减小油污对压延铜箔的亲和力，乳化剂的亲油（憎水）基团还能吸附在油滴表面，阻止油污重聚，从而使矿物油变成更小的液滴而被除去。

（2）酸洗　除油后的压延铜箔在空气中很容易生成氧化膜，氧化膜会影响镀层质量，需进行酸洗除去压延铜箔表面的氧化膜和碱性除油残留吸附物，暴露出新的压延铜箔晶面，且能使其表面活化。酸洗一般使用10%～15%的硫酸溶液，酸洗后用去离子水冲洗进行粗化处理。

(3) 粗化及固化 压延铜箔的粗化阻挡层一般采用三种处理方式，即黑化处理(铜－钴－镍镀层或铜－镍镀层)、红化处理（纯铜镀层）和锌－镍镀层。根据压延铜箔所采用不同耐热层的表面处理，可以划分为多个压延铜箔品种，见表 8-6。广义的粗化处理一般分两个过程，即粗化过程和固化过程。粗化处理就是在铜箔表面电镀一层瘤状的铜颗粒，固化处理就是在粗化层的瘤状颗粒间隙间沉积一层致密的金属铜，增大铜箔表面的表面积，减小粗化层的表面粗糙度值。一般的压延铜箔需要经过两次镀铜粗化处理。第一次粗化和固化的目的是对镀层打底去除铜箔压延纹，控制镀层厚度，防止产生气孔或者抗弯折性下降（粗化厚度为 0.41μm，固化厚度为 0.11μm）。第二次粗化和固化的目的是形成粗化层，增强锚定效果及与薄膜集体的附着力，通过球囊电镀，固化粗化粒，防止剥离（粗化厚度为 0.38μm，固化厚度为 0.19μm）。有些特殊用途的铜箔还要经过三次、四次甚至更多次粗化处理，才能满足要求。

表 8-6 压延铜箔按不同耐热层的表面处理划分的品种

品 种	特 点
BHN	黑色处理，采用铜－镍类合金进行微细的粗化处理
BHC	粉红色处理，镀铜的粗化处理
BHY	黑色处理，采用铜－钴类合金进行微细的粗化处理

(4) 镀钴 镀镍钴是为了粗化层上形成保护层，防止铜的扩散氧化，增加挠性覆铜板的抗剥离强度等。镀钴镍采用合金电镀方法，以压延铜箔为阴极，在弱酸性硫酸镍、钴混合溶液中进行双面合金电镀。阴极电沉积反应如下：

$$Ni^{2+} + 2e \rightarrow Ni$$

$$Co^{2+} + 2e \rightarrow Co$$

(5) 镀锌 镀锌的目的是镀铬，作为铬的置换材料。镀层厚度为 0.05～1.5μm，如果过小，镀铬困难，若过大，表面处理层耐蚀性下降，出现渗透现象。锌镀层是发展最早的阻挡层，具有工艺稳定、操作方便、成本低等优点，镀锌后的铜箔经过钝化和涂有机膜处理后，耐热性好，与基板黏合强度高，但是由于锌的化学性质活泼而存在耐蚀性差、容易变色等缺点。

(6) 镀铬 镀铬是为了防止铜箔在使用或储存时氧化。镀铬时的化学反应如下：

$$2Cr^{6+} + 3Zn \rightarrow 2Cr^{3+} + 3Zn^{2+}$$

$$Cr^{3+} + 3e \rightarrow Cr$$

铬镀层厚度一般为 0.03～0.8μm，其大小将影响表面处理层的耐蚀性和防锈效果。

4. 内层铜箔表面处理

在多层印制电路板生产中，提高和改善印制电路板层间结合力，一直是提高多层印制电路板热稳定性的重要技术手段。内层印制电路板铜箔与基材形成良好的黏接主要取决于两方面的因素：其一，铜箔表面的粗化程度与粗化的结构形式和结构特点；其二，铜箔表面粗化层对于所采用基材的适应性。

铜箔在氧化之前要进行腐蚀，使之具有一定的粗糙度，通过两种技术途径实现：一是蚀刻粗化技术，诸如原来的机械抛刷、黑化、氧化方法等，在铜箔表面形成十分粗糙的外观，但其结构较脆弱，与基材的黏合强度并不高；二是改进微蚀刻方法，如白化技术、离子注入技术等。改进技术的特点是不仅对铜箔表面进行微腐蚀，同时可新生成一层特性镀层，实现铜箔表面微粗糙结构的控制，达到黏合强度提升与信号传输完整性改善双重目标的兼顾。扫描电子显微镜分析发现，前者为巨粗糙（Macro-Roughness）结构，黏接性差，特别是对于高性能基材高温、高压等压制条件的适应性能不好；后者为微粗糙（Micro-Roughness）结构，结构紧密，与高性能基材的黏接性能较好。铜箔黏接表面的粗糙结构形状，如菱状、齿状、柱状、钩状等对基材的黏接也有重要的影响。所用半固化片的树脂流动度不同，树脂熔融体对铜箔表面的浸润性（Wetting）各异，必须使熔融的树脂填充好铜箔表面所有粗糙结构的“峰顶”和“谷底”。自 20 世纪 80 年代以来，为了提高铜与树脂间的结合力，先后出现了机械法、微蚀刻法、黑化法、棕化法及近年来为了进一步提高树脂与铜箔附着性的白化技术。具体内容将在后续相关章节进行详细介绍。

8.2 印制电路板层压前物理法铜面处理技术

印制电路板层压前物理法铜面处理技术是应用最早的技术，其特点在于：在整个铜面处理过程中仅存在物理作用或物理作用占主要地位。根据其工艺特点与使用的材质不同，可分为机械抛刷、火山灰磨刷和等离子蚀刻等。

8.2.1 机械抛刷技术

机械抛刷技术是指采用含金刚砂（碳化硅等）等磨料的尼龙刷辊对运动中的导体（铜箔）表面在一定的机械压力下进行抛刷，以除去表面氧化层与污染物等，最终获得清洁并具有一定粗糙度的铜面。机械抛刷由于其磨料与铜之间的硬度相差较大，会在铜箔表面形成有规则的“划痕”，从而形成“很大”的凹陷，如可形成 20μm 以上的缺陷。从表 8-7 中可以看出，机械抛刷技术对于应用于 10MHz 频率的信号传输场合是不足以构成任何威胁的。当电子产品的信号传输频率在 10MHz 以下时，PCB 的表面处理大多数可采用机械抛刷技术。

8.2.2 火山灰磨刷技术

火山灰磨刷技术是指采用含火山灰或 Al_2O_3 粉末等磨料的尼龙刷辊对运动中的导体（铜箔）表面在一定的机械压力和湿度下进行抛刷，以除去表面氧化层与污染物等，最终获得清洁并具有一定粗糙度的铜面。由于火山灰等磨料在湿润条件下与铜的硬度相差较小，因此，该方法获得的表面粗糙度是形成不规则的凹陷，大小在 1～3μm 之间，可以满足线路传输信号高频化的需要，是目前广泛应用的方法。但是随着信号传输频率的增加，该方法已经不再满足要求，采用化学粗化的方法（如微蚀刻法），成为行业技术进步的方向。表 8-7 为信号高频化带来表面粗糙度及其处理方法的变化对照。

表 8-7　信号高频化带来表面粗糙度及其处理方法的变化对照

频率/Hz	1M	10M	100M	1G	10G	100G	1000G
粗糙度	不限制	不限制	≤7μm	≤3μm	≤1μm	≤0.1μm	≤30nm
加工方法	机械抛刷	机械抛刷	火山灰磨刷	化学/电化学处理	化学/电化学处理	化学/电化学处理	纳米技术处理

8.2.3　等离子体蚀刻技术

等离子体是部分电离的气体，属于物质的第四种状态。根据激发频率不同，等离子体质可分为超声等离子体、射频等离子体和微波等离子体等种类。印制电路板中所用等离子体一般是采用 13.56MHz 激发的 CF_4 与 O_2 的混合气体，形成射频等离子体。它由电子、离子、自由基、光子以及其他中性粒子组成。由于等离子体中的电子、离子和自由基等活性粒子的存在，很容易与固体表面发生反应，而中性粒子可以很好地轰击粗化固体表面。因此，经过等离子体处理的固体表面不但清洁无异物，而且能改变表面微结构，其主要特点是蚀刻均匀，从而达到理想的蚀刻度。

等离子体刻蚀技术在印制电路板制造领域的应用已经有几十年的历史，被广泛应用于孔金属化前的孔中钻污清除等，该部分内容在第 5 章中已有详细介绍，本小节主要介绍其在表面处理方面的应用。

等离子体蚀刻是利用典型的气体组合形成具有强烈蚀刻特性的气相等离子体，这种被激化、运动、不连续、无序的具有高能量的混合物质对物体的表面具有很强的物理化学作用，能够与物体表面发生物理化学反应，生成易挥发性物质，再由真空泵吸走挥发性物质达到表面清洁、改性等蚀刻的目的。因此从严格意义上讲，等离子体蚀刻技术应不属于物理法表面处理技术，但由于该技术在实施过程中属于非接触式作用方式，且不涉及传统意义上的化学试剂，因此，在许多场合被划为物理法表面处理技术范畴。等离子体蚀刻技术在印制电路板制造表面处理技术中的应用主要有三个方面，即蚀刻、活化和清洁。

8.3　印制电路板层压前化学法铜面处理技术

与物理法印制电路板层压前铜面处理技术相对应，化学法最显著的特征在于其工艺中要使用传统化学试剂，且多在水溶液中进行，属于湿法工艺技术范畴。化学法主要包括化学微蚀刻技术、黑化技术、棕化技术以及白化技术等。

8.3.1　化学微蚀刻技术

1. 化学微蚀刻技术概述

化学微蚀刻技术就是利用化学作用对印制电路板的铜面或基板实施腐蚀（氧化或降解），反应或溶解表面微区域，形成微观凸凹或活性位点，达到改进印制电路板表面性能、增强层间结合力与产品电气性能等目标。

在多层印制电路板制造中，化学微蚀刻技术在内层制作过程中具有非常重要的作用，微蚀刻出粗糙、光亮的表面有利于机械结合力与化学结合力的提高，使干膜与电路板表面贴合牢固。化学微蚀液的主要用途有：①喷锡前处理；②涂布耐热水溶性护铜剂的前处理；③印制防焊缘漆的前处理；④内层、外层等干膜压膜的前处理；⑤单面板涂布松香的前处理；⑥碳墨印制板、银胶贯孔板的铜面处理等。

根据使用的化学试剂种类不同，化学微蚀刻技术可分为三氯化铁蚀刻法、酸性/碱性氯化铜蚀刻法、过硫酸盐蚀刻法等多种，目前广泛使用的PCB微蚀液有过硫酸钠+过硫酸氢钾复合盐和过氧化氢+硫酸等体系。其中，过硫酸钠+过硫酸氢钾复合盐体系的微蚀速率低（<2μm/min），微蚀后粗糙度值小，光亮度不足，不利于后续的自动光学检测（AOI），易产生扫描不准等现象。普通型的 $H_2O_2-H_2SO_4$ 微蚀液处理时，溶铜量大，微蚀速率稳定，受铜离子浓度影响小，处理的铜面粗糙度值大，并且氧化剂 H_2O_2 对环境友好。部分化学微蚀刻方法的技术特点见表8-8。

表8-8 部分化学微蚀刻方法的技术特点

序号	微蚀液体系	技术特点
1	三氯化铁	成本低、工艺简单且安全性能好；但蚀刻速率慢、溶铜量低、表面吸附金属离子容易水解使得清洗难度高等
2	过氧化氢+硫酸	适应性强、溶铜量大、刻蚀性能稳定、工艺可操作性强；但过氧化氢容易分解、处理的铜面粗糙度值大
3	酸性氯化铜	蚀刻速度稳定、蚀刻均匀、易再生和污染少；但盐酸容易挥发
4	碱性氯化铜	微蚀速率稳定、可再生循环利用；但体系中含有的氨容易挥发
5	过硫酸盐	体系稳定可控、表面粗化均匀、结合力较好；但体系中含有汞等，废液对环境污染非常严重
6	硫酸+铬酸	蚀刻能力强、性能稳定；但蚀刻后需进行去渍处理，污染环境

2. 化学微蚀刻技术的基本原理

铜箔的化学成分为具有较高惰性的铜单质，按照化学基本原理，溶解它的试剂是具有强腐蚀性的强氧化性体系。目前，在工业生产中使用的主要蚀刻液体系有三氯化铁水溶液体系、过氧化氢-硫酸混合水溶液体系、过硫酸盐-硫酸混合水溶液体系、氯化铜-过氧化氢复合（碱性/酸性）水溶液体系、重铬酸盐水溶液体系等。这些蚀刻液体系中的氧化剂与铜发生氧化还原反应，在微区内对铜表面进行腐蚀使之溶解，从而形成凸凹的表面，提升多层板层压后层间的结合力，提升产品的热稳定性，防止“爆板”现象出现。不同微蚀刻体系的化学本质是相同的，其区别在于具体的反应细节。使用过氧化氢-硫酸混合水溶液体系微蚀铜箔，使其表面形成微粗化的反应方程式如下所示：

$$Cu^0 \rightarrow Cu^{2+} + 2e \quad (-0.3419V)$$

$$H_2O_2 + 2H^+ 2e \rightarrow 2H_2O \quad (+1.776V)$$

总反应为：

$$H_2O_2 + 2H^+ + Cu^0 \rightarrow Cu^{2+} + 2H_2O \quad (+1.4341V)$$

反应中氢离子是由硫酸提供的，所以反应式为：

$$H_2O_2 + H_2SO_4 + Cu^0 \rightarrow CuSO_4 + 2H_2O \quad (+1.4341V)$$

该反应说明了微蚀刻法的原理，正电位表明反应是自发进行的，且该化学体系相对高的电位说明每个过氧化氢和 Cu^0 碰撞都会引发一个反应（酸过量）。这就意味着每秒碰撞的次数控制着反应速率。因此，过氧化氢的浓度、搅拌速度和温度越高，反应也就越快。上面的反应中无气体生成。可是当板子经过过氧化氢蚀刻后，会看到板面有气体析出。这是由于过氧化氢在板面会自分解为氧气和水，如下所示：

$$2H_2O_2 \rightarrow 2H_2O + O_2$$

此类化学微蚀刻法形成的铜表面有一定的粗糙结构，但是此类的化学反应形成的粗糙结构的均匀性难以控制，与树脂高温反应后的抗剥离强度也不高。因此，往往仅用于电路板制造工艺的前处理。

研究表明，化学反应方向、速率等因素皆会对化学微蚀的效果、质量等产生直接影响。在实际中受到人们普遍关注的有：蚀刻液体系配方、实施体系温度、蚀刻中铜离子的积累、稳定剂和光亮剂等添加剂的消耗与功能稳定性等。图 8-4 和图 8-5 所示为潘叙恩等在硫酸 – 过氧化氢体系中获得的微蚀效果与条件关系图。

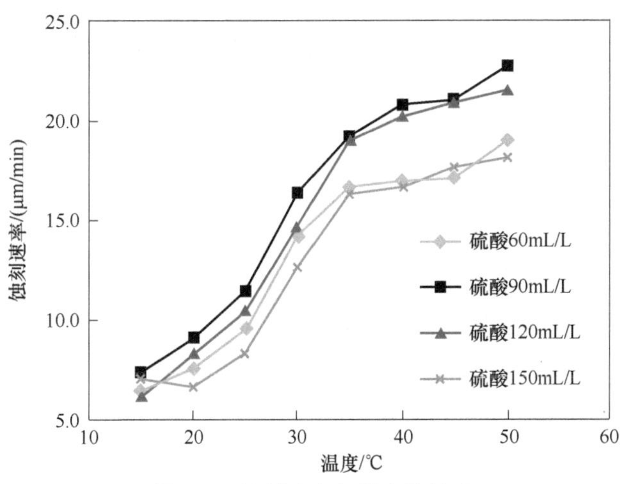

图 8-4　蚀刻速率与温度的关系

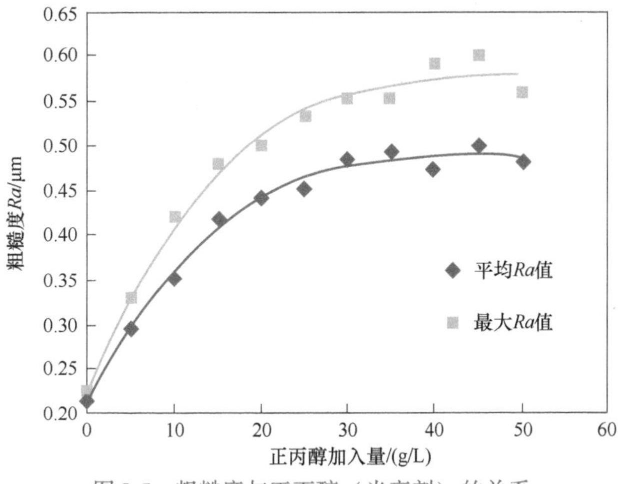

图 8-5　粗糙度与正丁醇（光亮剂）的关系

3. 化学微蚀刻技术的基本工艺流程

印制电路板微蚀刻技术的工艺分为浸入式与喷淋式两种，各有优缺点，都具有一定的应用范围。浸入式蚀刻工艺最大的优点是投资小、灵活，非常适合小型企业或科研单位采用。喷淋式蚀刻工艺虽然投资较大、对设备耐蚀性要求较高，但可连续生产，适合大中型企业采用。化学微蚀刻技术的工艺流程如图 8-6 所示。

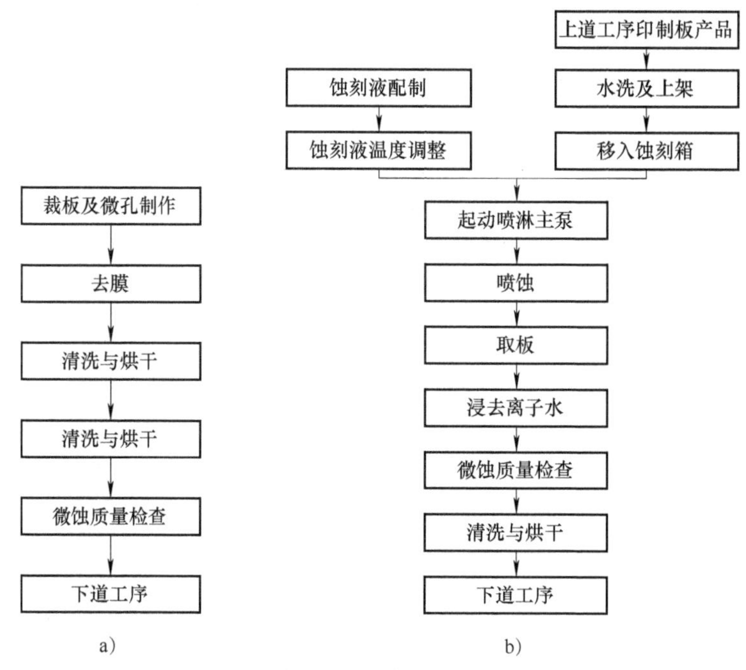

图 8-6 化学微蚀刻技术的工艺流程

a）浸入式蚀刻工艺流程 b）喷淋式蚀刻工艺流程

开发复合型微蚀液正成为行业进步的方向。例如，张卫东等在传统 H_2O_2-H_2SO_4 微蚀液配方的基础上加入丁醇磷酸酯、乙酸等，不仅保留了原蚀刻液的特点，也增强了微蚀表面清洁光亮效果。加入适量的丁醇并提高硫酸浓度，可获得粗糙度 Ra 值达 0.35 ~ 0.45μm 的微蚀表面；以环己胺、聚丙烯酰胺（N-亚甲基硫酸钠）和双氰胺/甲素缩合物作为复合型稳定剂，可使微蚀液稳定性较高。麦裕良等研制出一种新型印制电路板内层黑化前处理微蚀液，其配方为：$H_2SO_4$100g/L、$H_2O_2$25g/L、稳定剂（含羟基的有机酸）0.4g/L、促进剂（同稳定剂）0.4g/L、脂肪胺 EO-PO 嵌段聚合物 0.5g/L，在高浓度铜离子（Cu^{2+} 质量浓度为 25g/L）存在的情况下，微蚀速率较稳定，可达到 1.4μm/min 以上，且微蚀后铜表面较平整均匀，可完全满足内层黑化前处理的生产要求。

8.3.2 黑化技术

1. 黑化技术概述

在多层印制电路板生产过程中，由于铜箔和树脂的热膨胀系数不一致，受热时两者结合力如果不够，容易在界面产生分层，在层压之前需对铜表面进行表面处理，其中黑化处理技术就是其中之一。

印制电路板中铜箔黑化处理技术（或黑氧化处理技术）是在化学微蚀刻技术基础之上发展起来的一种印制电路板层压前内层铜箔处理技术。黑化处理的目的：①增大铜箔的比表面积，从而增大与树脂接触面积，有利于树脂充分扩散，层压时流动的树脂可以嵌入这些表层，形成较大的结合力；②使非极性铜表面变成带极性的 CuO 和 Cu_2O 表面，增加铜面与树脂极性键之间的结合力；③使表面在高温下不受湿气的影响，减少了铜与树脂分离的可能性。

黑化效果受多种因素控制。黑化处理液 pH 值、氧化剂浓度、处理温度与时间等工艺参数不同，氧化后铜表面呈现棕色、棕黑色和黑色膜层。氧化剂浓度增加，黑化层的生长速率增加，其层压后的抗剥离强度出现先增加后下降的现象，其原因在于铜箔氧化后的晶形结构与抗剥离强度有直接关系，晶形颗粒细小、均匀，与树脂产生较大的结合力；随着晶形颗粒的增大则表面积相应下降，其抗剥离强度自然降低。工艺参数控制不当，出现粉红圈的可能性将越来越大。所谓粉红圈是指通过孔壁与内层孔环的交界处，其孔环铜面的氧化膜已经变色，或由于化学反应而被除去露出铜的本色（粉红色）的现象。粉红圈通常在印制电路板制作后期才被发现，直接对多层板的质量合格率产生影响。图 8-7 所示为典型的黑化层厚度、层压撕裂强度与黑化时间的关系。

在印制板生产过程中，内层表面处理、层压、固化、钻孔、凹蚀、化学沉铜、镀铜等工序都有可能导致粉红圈的产生，关键在于黑化层与基材结合是否牢固及黑化层耐腐蚀能力的强弱。印制板在生产过程中要经受竖直机械冲击力和水平化学侵蚀力，层间要有足够的黏合力才能抵挡住这两种危害作用，层间抗剥离强度低及黑化层耐腐蚀能力差是产生粉红圈现象的主要原因。

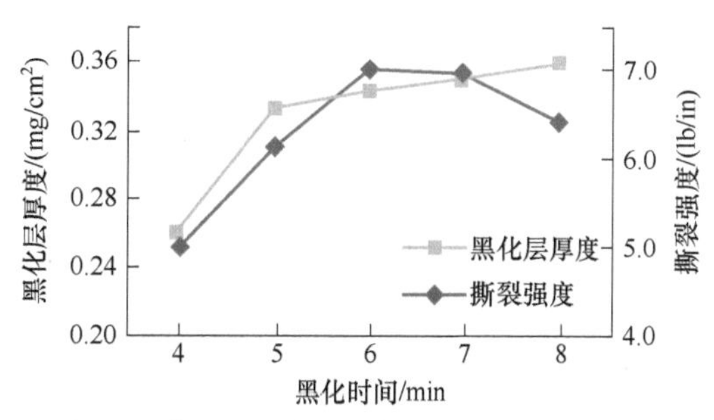

图 8-7　典型的黑化层厚度、层压撕裂强度与黑化时间的关系

2. 黑化技术的基本原理

铜箔与黑化液中氧化剂发生氧化反应是黑化技术中的主反应，通过反应时在铜表面形成均匀致密且长短相宜的针状氧化结晶层，其外观形貌是针状绒毛层，柔软、像头发一样的形态（见图 8-3b），Cu_2O 及 CuO 经还原后形成蜂窝状疏松结构，增大铜面比表面积，在层压阶段与半固化片在高温高压下进行反应，增强铜面与半固化片树脂的黏合力。常见黑化液的基本配方及作用见表 8-9。

表 8-9　常见黑化液的基本配方及作用

序　号	组　分	组分的作用
1	$NaClO_2$	氧化剂
2	NaOH	提供碱性环境
3	Na_2CO_3	缓冲剂，调节酸碱度
4	Na_3PO_4	缓冲剂，调节酸碱度
5	有机添加剂	晶体细化剂，调节晶粒大小，提高表面均匀性

黑化液的反应控制是提升多层印制电路板层间结合力的关键技术之一。从化学原理上，可使用的氧化剂种类较多，较常采用的有过硫酸钾、亚氯酸盐和高锰酸钾等。磷酸盐体系和碳酸盐体系是常用的两种缓冲体系，但作用存在差异。黄淋佳等研究结果表明，在以 $NaClO_2$ 作为氧化剂的黑化液体系中，样板的抗剥离强度随磷酸盐浓度的增加而增加，体系的缓冲能力增强，有利于控制碱度的波动（碱度是影响黑化层厚度的重要因素），生成氧化层中氧化亚铜的比例高，使生成的黑化层更加致密；而在碳酸钠体系中，抗剥离强度随碳酸钠浓度的增加而降低，其主要原因是，当碳酸钠浓度增加时（在实际应用过程中，表现为碳酸钠会随黑化液的补加而不断积累），氧化层表面生成的针状结晶过长，与树脂结合时容易折断，表现为抗剥离强度降低。已烷磺酸钠、Dowfax1A2（二聚苯磺酸盐类）、含氟表面活性剂等不易被氧化的表面活性剂，常常被用作改变体系的表面张力、细化晶粒、改善铜面均匀性等特性的有机添加剂。

本文以 $NaClO_2$ 作为氧化剂的黑化液为实例，介绍黑化液的配方及其化学氧化机理。

黑化液的典型配方为：亚氯酸钠（$NaClO_2$）100g/L、氢氧化钠（NaOH）28g/L、碳酸钠（Na_2CO_3）5～25g/L、三磷酸钠（Na_3PO_3）5～25g/L、有机添加剂0～5g/L。

黑化液中氧化剂与铜的化学反应的主要反应方程式为：

$$4Cu + NaClO_2 \rightarrow 2Cu_2O + NaCl$$

$$Cu_2O + H_2O \rightarrow Cu(OH)_2 + Cu$$

$$Cu(OH)_2 \rightarrow CuO + H_2O$$

$$3Cu + NaClO_2 \rightarrow CuO + Cu_2O + NaCl$$

黑化液中还原反应的目的是使部分黑色氧化铜（CuO）还原成红色的氧化亚铜（Cu_2O）和铜（Cu），这种做法可提高氧化层的抗酸性。采用还原方法将氧化铜还原成氧化亚铜和铜，用二甲基亚胺甲硼烷（DMAB）作为还原剂的反应如下所示：

$$6CuO + (CH_3)_2NBH_3 \rightarrow 3Cu_2O + B(OH)_3 + (CH_3)_2NH$$

$$3Cu_2O + (CH_3)_2NBH_3 \rightarrow 6Cu + B(OH)_3 + (CH_3)_2NH$$

$$3CuO + (CH_3)_2NBH_3 \rightarrow 3Cu + B(OH)_3 + (CH_3)_2NH$$

通过反应在黑化层中生成了部分不易与酸发生反应的氧化亚铜和铜，使得还原后的氧化层具备了一定抗稀酸侵蚀的能力，从而有效降低粉红圈的产生，但是铜面经过黑化处理后，表面是由氧化铜和氧化亚铜组成的黑色针状晶体结构，容易受到酸的化学攻击，这个过程存在以下难以克服的几点问题。

1）短路问题。黑化层针状结晶质地较脆，过长的结晶容易发生折断，如果折断的结晶残留在线路之间则会造成短路或者离子迁移，从而降低线路之间绝缘的可靠性。

2）黑化获得 CuO 层厚度控制问题。如果黑色 CuO 层厚度过大，则所形成的树枝状结构更易于折断，导致所形成的铜、树脂界面结合力比处理前的界面结合力还要差。

(3）材料选择受限问题。黑化技术采用的是强碱性处理液，低耐碱性的树脂材料难以使用此法，如聚酰亚胺（PI）、丙烯酸树脂等构成的印制电路板。

4）工艺可控性与环境友好问题。黑化技术工艺流程长、所需处理温度高，难于在生产上控制和管理流程；同时产生的污水处理难度大，环保压力大。

在实际生产中，黑化液经过一段时间的使用会产生 $Cu(OH)_2$、CuO、Cu 沉淀，应过滤除去，并分析调整溶液。为防止过高的针状结构 CuO 的产生，也可用肉眼观察。板面发黑，即行取出，避免黑化时间不适当地延长。另外，采用亚氯酸钠、氢氧化钠为主原料，配以碳酸钠作为缓冲剂体系有以下的缺点：采用碳酸钠作为缓冲剂，其缓冲能力差，碱度大，不利于药水碱度的控制，碱度控制不好会直接导致生成的黑化层结构疏松，与树脂结合易折断，致使抗剥离强度不高，通常只维持在 4.5～5.0lb/in 之间，处理后的铜面容易出现不均匀现象。

3. 黑化技术的工艺流程

黑化技术的化学本质是氧化反应，其基本物质基础是黑化液，黑化液是把次氯酸盐或者亚氯酸盐等成分作为氧化剂的碱性溶液体系，铜箔表面经过黑化处理后，会形成针状的铜氧化物层，该层在层压阶段与半固化片在高温高压下进行反应，以获得良好的层间结合力。

黑化技术处理工艺流程为：碱性除油→微蚀→硫酸酸洗→预浸→氧化→后浸等，见表 8-10。

表 8-10　黑化技术的工艺流程

流　程	工艺名称	时间/min	温度/℃
1	碱性除油	4～5	60～70
2	水洗	2～3	25～35
3	微蚀	1.5～2.5	30～35
4	水洗	2～3	25～35
5	硫酸酸洗	1～2	30～35
6	水洗	2～3	25～35
7	预浸	2～3	40～50
8	氧化	5～6	65～75
9	水洗	2～3	25～35
10	后浸（还原）	5～6	30～35
11	水洗	2～3	25～35
12	烘干	40～50	90～100

在黑化技术的工艺流程中，微蚀是必需步骤，其反应机理为：$Cu + S_2O_8^{2-} \rightarrow Cu^{2+} + 2SO_4^{2-}$

内层黑化处理的工艺要求如下：

1）微蚀速率控制范围：1.0～2.0μm/cycle。

2）黑化层厚度控制范围：0.2～0.35mg/cm^2。

3）外观干燥后，表面呈黑色，轻擦无黑色粉末落下。

4）检验层压后的抗剥强度，抗剥强度应在 2.0N/mm 以上。

5）黑化后的单片用挂钩吊挂于电热恒温干燥箱中，于 90～100℃下烘干去湿至少 60min。

碱性除油的目的是去除铜表面的油脂、手印等污染物。微蚀是去除铜表面严重的氧化物，在铜表面形成一个粗糙的外表，一定程度上可以增大铜的比表面积，为黑化的反应提供均匀的反应表面。酸洗的目的是清洗残留的铜氧化物。预浸主要是用来中和经过微蚀造成的酸性铜面，使板面趋于碱性，防止酸对黑化液的中和，有利于氧化处理的均匀性和效果，同时保护黑化液，对铜面也起到一定的保护作用。

传统黑化的工艺流程容易发生安全事故。随着板厚日益变薄，黑化技术将被棕化技术取代。黑化能够强烈吸收激光机产生的红外线，现多用于激光前表面处理。

8.3.3 棕化技术

1. 棕化技术概述

在多层印制电路板制造过程中，为了增强内层之间的结合力，研究人员进行了各种探索，黑化技术就是其成功案例之一。黑化技术存在自身的缺陷，如容易出现粉红圈、高温操作、流程复杂、操作时间长、需要使用危险性物料等，且这些缺陷已很难通过技术完善来避免，成为行业寻找新工艺来代替黑化技术的原始动力。结合黑化技术的思想，通过对现有过氧化氢 - 硫酸体系化学蚀刻技术的改良，开发出新的层压前铜箔表面处理技术——棕氧化技术（Brown Oxidation Technology），即棕化技术。棕化技术与黑化技术的比较见表 8-2。

目前人们对棕化技术还没有固定的定义，行业达成的基本共识是：棕化技术（或棕氧化技术）是指利用氧化还原和金属离子络合原理，在特定液态体系（棕化液）中对铜表面实施表面处理，经过一定的化学作用在铜表面生成一层均匀、有良好黏接特性的有机金属化合物并对内层黏合前铜层表面进行受控粗化，实现增强内层铜层与半固化片之间压板后黏合强度的一种表面处理金属技术。

铜面棕化处理的作用在于润湿内层铜面，增强半固化片（PP）与 Cu 的结合力，防止因结合力差导致“爆板”分层。棕化过程是铜在酸性介质中发生氧化反应，其产物主要是氧化亚铜（Cu_2O）等，它在棕化层呈碎石状瘤状结晶贴铜面（见图 8-3a），其结构紧密无疏孔，与半固化片的附着力远超过黑化层。另外氧化亚铜膜致密、完整、均匀，且能提供一致性的粗糙度，为下一步有机金属转化膜形成提供了良好的物理结构。

棕化处理是一个化学蚀铜过程，随着棕化过程的进行，棕化液中的铜离子浓度不断上升，当铜离子超过一定限量后，棕化液便会因铜离子过多而产生棕化铜面发白、棕化铜面色泽不均等品质问题，因此，需要不断排放棕化液，使铜离子控制在一定范围内，从而保证棕化产品的品质。在棕化液配方中添加多羟基聚合物控制铜离子积累速度、提高最高允许铜含量达到有效延长棕化溶液使用时间是行业基本手段之一。

2. 棕化液的组成

棕化处理的基本物质是棕化液，其组成是在硫酸 - 过氧化氢化学微蚀液的基础上发展而来的，其主要成分有硫酸、过氧化氢、有机酸、缓蚀剂、酸度调节剂、稳定剂、成膜剂、无机盐等。表 8-11 为研究人员开发的一种棕化液配方。

表 8-11　研究人员开发的一种棕化液配方

序　号	组　分	组分含量
1	H_2SO_4（98%）	95g/L
2	过氧化氢（30%）	60mL/L
3	水溶性甲氧基聚乙二醇	3.5g/L
4	酯类添加剂	0～5g/L
5	可溶性无机盐	微量
6	缓蚀剂	0.2g/L
7	稳定剂	微量
8	去离子水	稀释至 1L

棕化液主要组分的化学成分及作用如下：

（1）缓蚀剂　主要是含 O、N、S 的有机化合物，最佳使用质量浓度为 1%～3%，除含 N、O、S 的有机化合物外，现在也有其他种类的缓蚀剂，如多羟基化合物、有机硅烷等。

（2）有机酸或者无机酸　通常使用硫酸和磷酸乙二醇酸，其中硫酸成本低廉，废液处理也较为容易，其主作用是利于缓蚀剂的水解以及协助氧载体咬噬铜层，使用质量浓度为 5%～15%。

（3）过氧化氢　作为腐蚀剂，最佳用量为质量分数 1%～2%。不仅可微蚀形成粗糙铜，且去除一层薄铜，有利于有机铜层在铜面的沉积，该层能有效地提高结合力。

（4）过氧化氢稳定剂　如苯磺酸、乙二胺四乙酸、巯基乙酸、硅酸钠等。最佳用量为质量分数 0.001%～1%。

（5）无机盐　少量可溶性无机盐在棕化液中可以起到增厚沉积层的作用。铜面吸附的第一层苯并三氮唑与后续吸附的苯并三氮唑之间，锌化合物参与形成配位络合物，这样可以形成足够厚的沉积层，该沉积层表现为暗棕色，如果不使用锌化合物，则沉积层厚度很薄、颜色很淡，并且沉积层非常不均匀。

（6）酯类添加剂　具有较强溶解力的增塑剂，有良好的成膜性、黏合性和防水性，可以增加了棕化液的成膜和防水性。

3. 棕化的机理

在制造高品质的多层印制电路板中，决定铜箔与树脂之间结合力的主要因素有两个：一是铜箔表面的粗化方式和程度，二是铜箔表面有机氧化膜的种类和厚度。棕化技术正在围绕这两个因素，通过对铜面的处理提升多层印制电路板的品质特性。

棕化技术的本质是化学法，棕化液主要由硫酸、过氧化氢以及特定的有机物（主要是苯并三氮唑）组成。在处理过程中，棕化液中过氧化氢将 Cu 氧化成 Cu_2O，生成铜的氧化物与含有 N、O、S 等杂环有机化合物，在交联剂和增塑剂的共同作用下，在铜表面形成蜂窝状的粗糙外貌的有机金属薄膜。在层压过程中，与树脂发生固化交联反应，提高铜与树脂的结合力以及耐热性能。因此，棕化后铜箔与树脂之间的结合力提升主要来源于两个方面：①提高铜与树脂接触界面的比表面积；②形成一层有机金属转化膜，该转化膜可实现与树脂层化学键合，从而获得比物理吸附更高的结合力，同时转化膜也能保持有机金属膜层本身的稳定性，提高其耐酸性，防止铜进一步被腐蚀，从而可以保护线路图形，保证多层印制电路板的品质和可靠性。棕化后的结构示意图如图 8-8 所示。

不同于黑化技术，经过棕化工艺处理后的铜表面是有机铜薄膜层，它由有机添加剂来控制铜表面腐蚀。在铜与半固化片树脂之间，这种有机铜氧化膜层可以提供更好的界面结合力，与 CuO 相比，Cu_2O 具有更好的热稳定性，同时还具有更好的耐化学侵蚀性，因此在后续的孔金属化过程中，可尽量避免钻孔的周围出现粉红圈问题。经过棕化处理后的铜与基材树脂经过压合以后，具有较高的抗剥离强度和更好的耐热性能。这是因为 Cu_2O 和有机物添加剂形成的有机铜氧化涂覆层具有较高的热稳定性和较好的耐化学攻击性。与复杂的黑化工艺相比，棕化工艺简便易行，操作流程短，便于生产监控；并且棕化液采用酸性体系，因此可以适用于聚酰亚胺材料和耐碱性低的树脂材料。

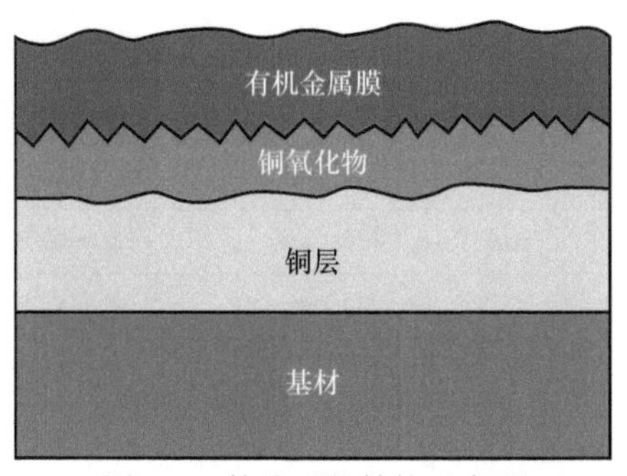

图 8-8　棕化后的结构示意图

棕化处理技术的核心是铜表面在酸性体系中被氧化，形成具有颜色均匀、结构致密且粗糙度一致等特点的铜氧化物膜层，其目的是为后续有机金属氧化膜的形成提供良好的化学和物理结构。铜氧化物与含 N、S、O 的有机杂环化合物缓蚀剂生成有机金属铜膜，沉积在铜氧化物表面，因为这类有机杂环化合物含中心具有孤对电子的 N、S、O 原子和芳香环，而氧化亚铜（Cu_2O）中铜原子具有未充满的空间 d 轨道，容易接受电子形成 π 键和配位键，由这两种键所构成的有机金属化合物聚合而成的不溶性沉淀薄膜非常稳定，可以阻止腐蚀介质的进一步侵蚀，能有效防止粉红圈的产生。棕化处理的两个关键步骤的化学反应方程式如下所示：

蚀铜反应：$Cu + H_2SO_4 + H_2O_2 \rightarrow CuSO_4 + 2H_2O$

成膜反应：$Cu^{2+} + CuA + B \rightarrow$ 有机金属膜

其中，A 表示氧载体；B 表示能与铜氧化物生成有机金属膜的化合物。

在棕化溶液反应中，一般认为是过氧化氢先进行分解，产生具有强氧化性的原子态氧：$H_2O_2 \rightarrow [O] + H_2O$。这是由于过氧化氢有过氧基（—O—O—），其 O—O 距离与过氧离子 $[O_2]^{2-}$ 中的 O—O 距离相等。通常认为，在过氧化氢分子中，4 个原子不在一条直线上，过氧键有方向性。过氧化氢为极性分子，具有强氧化性，它的过氧键键能很低，容易发生断裂。新生成的原子态氧立即参与氧化还原反应，与基板上的金属铜发生反应：

$$2Cu + [O] \rightarrow Cu_2O$$

$$Cu + [O] \rightarrow CuO$$

$$Cu_2O \rightarrow Cu(\mathrm{I})—R$$

$$n\,Cu(\mathrm{I}) - R \rightarrow [Cu(\mathrm{I}) - R]_n$$

其中，R 表示能与氧化亚铜生成有机金属膜的化合物。在棕化后形成的有机金属氧化膜中，由于添加了耐热有机物的硫酸－过氧化氢体系，所形成的是以氧化亚铜为主体吸附沉积聚合的有机金属膜层，具有更高的抗剥离强度，氧化亚铜比氧化铜具有更好的热稳定性，可以满足无铅化和多次反复层压的要求。在镀通孔（Plated Through Hole，PTH）过程中，富含氧化亚铜还具有更好的抗化学侵蚀的性能，可以避免通过孔吸附和渗入溶液而形成“粉红圈”的问题。这种抗化学侵蚀的性能对于高厚径比的 PTH 工艺是非常有利的，对于微盲孔内的连接盘也是十分重要的。

4. 缓蚀剂在棕化液中的作用

缓蚀剂作为棕化处理液的核心组分，其主要功能有：①缓蚀，控制对铜的腐蚀速率以形成粗糙结构；②与铜面生成一层有机金属膜，由于它的特殊结构，在层压过程中它既与金属键合，也与半固化片成键，这就使棕化了的铜面与半固化片的结合力提高了。

缓蚀剂又称腐蚀抑制剂，是能够有效抑制金属腐蚀的一种或多种化学物质的复合物，向溶液或者腐蚀介质中加入少量缓蚀剂即可显著减缓其对金属的腐蚀速率。相对其他的金属防护方法，使用缓蚀剂具有用量小、副作用少、效率高、成本低、适用范围广、不需要安装外加设备等优势，现已普遍应用于航海、电力、石油、化工、建筑、航天、交通等各个领域，达到抑制金属腐蚀的目的，取得了显著成效。铜缓蚀剂主要是有机化合物（硫脲、醛、胺、苯酸、苯胺）的衍生物及噻唑等杂环化合物，如苯并三唑（BTA）及其衍生物。图 8-9 所示为典型的含氮杂环有机缓蚀剂的分子式。

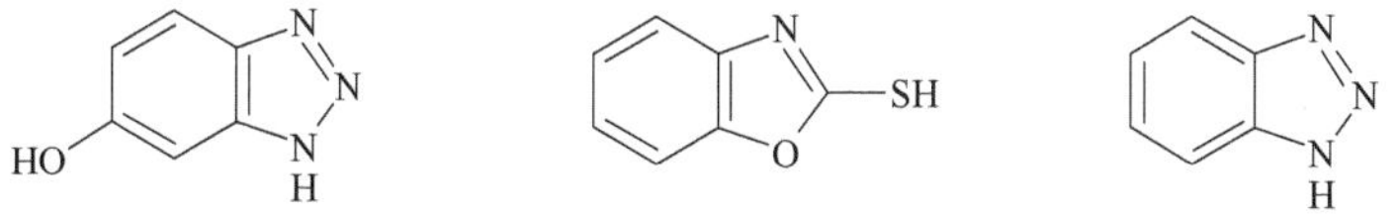

图 8-9　典型的含氮杂环有机缓蚀剂的分子式

早期，人们从天然植物中提取缓蚀剂，如把松脂、薰衣草精油、蛋白质、明胶、阿拉伯胶、糊精和马铃薯淀粉等用来抑制酸性液体对铜的腐蚀。随着科技的发展，已逐渐从应用天然物质转向合成开发性能更加优越的复合物，由于 BTA 具有良好的缓蚀性能，很早便作为金属铜及其合金的缓蚀剂，得到广泛应用，并且沿用至今。BTA 分子中 N 原子上的孤对电子能以配位键的形式与氧化亚铜中具有空轨道的 Cu 原子相连，相互交替形成链状聚合物复合膜（Cu（I）-BTA），从而达到缓蚀效果。电子能谱技术研究表明，苯并三氮唑（BTA）在铜表面形成吸附膜，首先形成一层 Cu-Cl，并在此基础上再形成铜－苯并三氮唑（Cu-BTA）复合物，而整个保护膜的厚度最终取决于内层氯化亚铜（Cu-Cl）的结构及形成状况。BTA 除了可以单独使用以外，还能与其他化合物一起复配使用作为铜的缓蚀剂。有研究表明，将苯并三氮唑与柠檬酸钠复配使用，通过失重法以及对电化学极化曲线进行分析，测得当苯并三氮唑浓度为 2mg/L，柠檬酸钠浓度为 20mg/L 时缓蚀效率高达 96.0%，由扫描电镜和 X 射线衍射等表面分析技术，观察到铜表面形成了不溶性的有机铜薄膜，能有效防止铜的进一步溶解。

咪唑类衍生物均具有水溶性好、对环境有亲和性等特点，常用作金属缓蚀剂，其缓蚀机理是由于杂环上的电子与铜发生作用。咪唑及其衍生物在铜表面的吸附属于物理吸附，且符合弗兰德里希（Freundlich）吸附等温式。采用失重法研究了在3%的氯化钠溶液中咪唑和苯并三氮唑复配使用时对金属铜的缓蚀作用，发现当咪唑的浓度为70mg/L和BTA的浓度为30mg/L时，其缓蚀效率高达94%。通过对电化学极化曲线的研究，发现BTA对铜电极的阳极电化学过程有抑制作用，而咪唑对铜电极的阴极电化学过程有抑制作用，咪唑和苯并三氮唑的复配使用显著增加了对铜电极阴极和阳极电化学过程的抑制作用。在3%的氯化钠溶液中1-苯基-4-甲基咪唑对铜的缓蚀性能良好，在这种化合物的存在下观察到铜表面形成了一层有机金属保护膜。采用电化学方法研究了在含3%的NaCl溶液中2-正十一烷基咪唑对铜的缓蚀作用，发现烷基咪唑同时对铜电极的阴极和阳极电化学过程有明显的抑制作用。随着烷基咪唑浓度的增加，分子聚集体的逐渐形成，导致烷基咪唑在电极表面吸附程度有所降低，其缓蚀性能有所下降。通过循环伏安法测试表明，保护膜的缓蚀性能在持续搅拌的条件下，会随着浸泡处理时间的增加而加强。通过扫面电镜（SEM）和能量色散X射线光谱仪（EDX）分析发现，该保护膜是一层含有缓蚀剂基团以及腐蚀产物的复合结构。

除了含N、O、S杂环的三氮唑类化合物，如今也有许多其他种类的缓蚀剂出现：

1）有机硅烷混合物，例如一种结构为$Y(CH_2)_nSi(OR)_3$的化合物，其中$n=0\sim3$，$R=H$。具体化合物如3-氨基丙基-三甲氧基硅烷。把有机硅烷引入棕化液后，它克服了三氮唑类化合物单一成膜的缺点，由于硅烷起着交联耦合作用，形成多层复合膜。三甲氧基硅烷与铜面存在强的吸附力，可以明显地提高有机金属膜的品质，在高温高湿条件下，抗蚀能力强。

2）多羟基聚合物，如聚乙烯醇、五羟基已酸钠，这些化合物中的羟基具有化学活性，它对铜面有强的吸附作用形成配位键，又能与半固化树脂聚合，形成铜面与树脂的桥键，也能增加棕化层的厚度。

3）硫酸锌（$ZnSO_4$），它是一种“安全缓蚀剂”，成本低，它作为缓蚀剂的优点是在铜面上迅速成膜，是混合缓蚀剂的重要组成部分，能与多羟基聚合物、钼酸盐复合，可防止孔蚀。

4）钼酸盐，它与有机缓蚀剂和无机缓蚀剂通过化学吸附、物理沉淀、络合作用构成一层多维网络状的缓蚀屏障，由于多维网络缓蚀膜具有多组分缓蚀剂的互补和协同作用，可有效地堵塞金属离子的扩散通道，阻止腐蚀介质的渗透。

为满足环境友好的要求，大力倡导可持续发展，需要缓蚀剂不仅具有安全高效的缓蚀性能和简单易操作的使用方法，而且在开发和应用过程中也要符合绿色环保的要求，减少缓蚀剂给环境带来的负面影响。由于缓蚀剂的重要功能，同时基于绿色化学的环保理念，发展环境友好型缓蚀剂已成为目前和未来缓蚀剂发展的主要方向，它也成为配制棕化处理液的核心研究对象。

5. 棕化的工艺流程及故障处理

（1）工艺流程　棕化的工艺流程为：上道工序→二级逆流水洗→除油→水洗→预浸→棕化→水洗→去离子水水洗→吹干→出板→烘板→下道工序。

棕化缸在水平线上的管控参数包括：棕化线传输速率、棕化配方浓度、棕化缸温度。不同工艺参数对对铜面粗糙度的影响度如图8-10所示。不同工序的作用与要求如下：

1）除油。除油的目的是去除铜表面的手指印、轻微氧化物、干膜残渣及其他污染。除油过程能有效清洁、润湿和活化铜表面，保证稳定的微蚀、成膜及着色。除油时控制适当温度与喷淋压力是内层板得以彻底清洁的重要保证。根据具体情况，除油剂有多种选择，一般碱性除油剂去膜渣效果明显，酸性除油剂去氧化物效果明显。

2）水洗。水洗是为了清洁板面除油剂，防止除油剂污染棕化液。水洗时可以采用分段过滤循环使用，以减少耗水量。

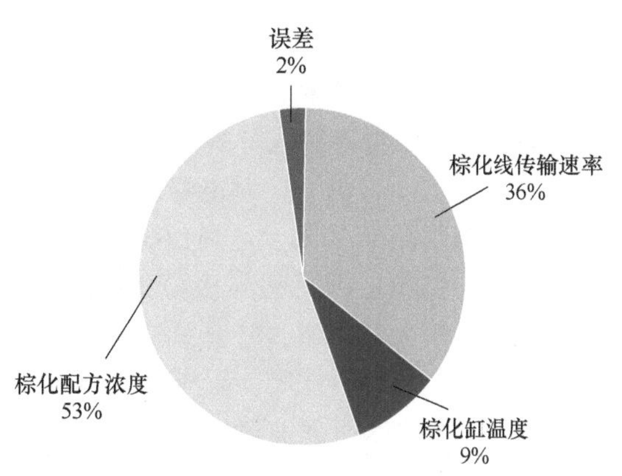

图 8-10　棕化工艺参数对铜面粗糙度的影响度

3）预浸。预浸液可以进一步湿润和提高铜的活化性能，并使生产板不直接进入棕化液，保护棕化液免遭污染，有利于棕化时迅速生成均匀一致的棕化膜。要达到均匀一致的表面效果，预浸液需不断循环和进行快速的内部搅动，使各部分药水稳定一致，而又不至于造成预浸液挥发和分解。

4）棕化。在棕化过程中内层铜表面同时发生微蚀和成膜反应，通过控制药水的循环速度及浓度可调节铜表面的微蚀速率和最终膜的颜色。

5）水洗。与前段水洗相同，清洁板面的棕化液，适当的水流量与喷淋压力是内层板完全清洁的保证。

6）去离子水水洗。去离子水水洗是为了防止自来水中的金属离子、矿物质离子及其他有机物的污染。

7）吹干。棕化膜本身较薄，且不带吸水基团，经过 50～60℃的热风风刀吹过后，再经 90～100℃的烘干以保证板面干燥。

（2）常见故障及处理方法　棕化产品需要随时检查，若故障严重则需要直接报废处理，若故障可修复应尽量修复。表 8-12 为棕化时常见故障与处理办法。

表 8-12　棕化时常见故障及处理方法

序　号	故障现象	原因及处理方法
1	棕化层擦花	生产线滚轮变形或配合不当导致转速不协调，需要手工调整
		生产线内有异物，需手工清除
		风刀位置不当，需手工调节
2	棕化层露铜	自动光学检测（AOI）制板表面有残胶等异物黏附，可用 p600 粒度以上的砂纸打磨后再棕化
		酸性、除油阶段药水浓度不正常，分析后调整
		药水受污染，更换污染药水
3	棕化层颜色不正常	活化阶段 pH 值异常，需调节到正常数值
		药水受到污染，需更换污染药水
		活化、棕化阶段药水浓度异常，调整至工艺参数范围内

6. 棕化工艺的缺陷及挑战

（1）印制电路板制造无铅工艺的挑战　随着欧盟 RoHS 指令（即《关于限制在电子电气设备中使用某些有害成分的指令》）和 WEEE 指令（即《废弃电气电子设备指令》）从2006 年 7 月开始实施，印制电路板装配不得不随之无铅化。由于无铅焊接温度比传统的铅锡的共晶温度高出 30℃，达到 260℃，印制电路板吸热大增，印制电路板必须提高耐热性与之配合。由表 8-13 无铅焊接与铅锡焊接温度的比较可以看出，无铅焊接的温度从预热到峰值都有较大的提高。电子无铅化的应用挑战了印制电路板制造和设计的许多领域。这要求新的电介质材料发展，新材料的发展必须要有更高的耐热性能和低的膨胀系数，同时要求介质材料必须有效地保持与内层铜的结合力。由于高密度、多层板产品在高温的无铅焊接过程中容易出现分层或者爆板，出现在电介质材料与铜之间的爆板，除了电介质材料本身的固化交联不完全等原因，还有可能就是铜面与电介质材料的结合力不够，在高温焊接条件下而分离。因此，经过棕化工艺处理的铜面必须能够满足无铅焊接的苛刻条件，这给业界对棕化工艺的改进带来了很大的挑战。

表 8-13　无铅焊接与锡铅焊接温度的比较

回流焊曲线特性		锡铅焊料（Pb-Sn）	无铅焊料（Sn-Ag-Cu）
预热区阶段	平均升温速率	最大为 3℃/s	最大为 3℃/s
	最低温度	100℃	150℃
	最高温度	150℃	200℃
	预热时间	60 ~ 120s	60 ~ 180s
均热阶段	温度	183℃	217℃
	时间	60 ~ 150s	60 ~ 150s
回流阶段	峰值温度	225 ~ 240℃	245 ~ 260℃
	峰值温度 ±5℃的回流时间	10 ~ 30s	20 ~ 40s
冷却阶段降温速率		最大为 6℃/s	最大为 6℃/s
从 25℃到峰值温度的时间		最大为 6min	最大为 8min

目前市场上有过氧化氢、硫酸和有机物组成的棕化液体系，通常对铜层的微蚀量控制在 1.0 ~ 2.5μm。在不改变有机添加剂组分的条件下，提高微蚀深度，可以提高铜箔与半固化树脂的抗剥离强度，但是采用增加铜面微蚀深度的途径提高抗剥离强度方法并不适合高密度互连（High Density Interconnection）工艺对铜层厚度的控制，因在增加微蚀深度同时也增加了化学药水消耗和制造成本。在印制板高品质产品中，不仅需要控制阻抗和细线路的宽度，对铜的微蚀深度也有严格的控制要求，低微蚀量有助于高频信号的传输，降低由于高微蚀深度造成的高轮廓的"趋肤效应"。这样就要求棕化工艺微蚀量保持较低的微蚀深度，在 1.0 ~ 1.3μm 或者更低是比较理想的条件，那么如何保持较低的微蚀深度，但又能提高铜箔与新树脂的结合力，同时又能达到 RoHS 指令和 WEEE 指令无铅化封装温度的要求呢？以单一苯并三氮唑作为棕化工作溶液有机剂已经不能满足现在无铅化的要求，因此必须对棕化技术进行改良，寻找能够与半固化树脂有更好结合力的有机添加剂，使之适应无铅焊接的挑战，抵抗高温焊接的冲击。

（2）电子产品信号传输高频化挑战　当今的电子产品除了继续向高密度化、多功能化和高可靠性快速发展外，最突出的一个问题是信号传输高频化和高速数字化。而高频或高速数字化信号在PCB导线中的传输主要带来如下问题：高频化的趋肤效应。由于高频化引起的趋肤效应越来越严重，传输信号损失（失真）越来越大。

趋肤效应是指信号的频率传输越快，信号传输就越来越接近导体的表面。常规信号传输的表层厚度δ为

$$\delta=(\sigma\omega\mu)^{1/2} \tag{8-1}$$

式中，σ表示电导率；ω表示角频率，其值为$2\pi f$，f为信号传输频率；μ表示磁导率。随着信号传输频率的提高，其与趋肤效应的关系见表8-14。从表8-14中可以看出，随着信号高频化，信号在导体中传输的表层厚度越来越薄，当达到10MHz后，传统导体表面的粗糙度便不能满足要求。信号高频化使信号传输越来越集中于导线“表面层”内，信号传输频率越快，导线“表面层”传输信号的厚度就越薄。当信号传输频率在500MHz时，其信号在导线表面的传输厚度为3μm左右，如果导线表面（导线底部相当于铜箔基板底部）粗糙度为3～5μm时，也就是说信号传输仅在粗糙度的厚度范围内进行；当信号传输频率提高到1GHz时，其信号在导线表面的传输厚度为2.1μm左右，当然其信号传输更是在粗糙度的厚度范围内进行；当信号传输频率提高到10GHz时，其信号在导线表面的传输厚度为0.7μm左右，当然其信号传输更是在粗糙度的厚度范围内进行，以此类推。当传输信号仅在“粗糙度”的尺寸层内进行传输时，那么必然产生严重的信号“驻波”和“反射”等，使信号造成损失，甚至形成严重失真或完全失真。这也说明，如果继续采用传统的粗糙度的导体表面，其结果是：随着信号传输频率越来越高，其信号在导体表面传输厚度也越来越薄，传输信号的“驻波”和“反射”等将越来越严重化，信号传输的“失真”也将越来越严重。

表8-14　信号传输频率f与趋肤效应（厚度δ）的关系

频率f/Hz	1K	10K	100K	1M	10M	100M	500M	1G	5G	10G
表层厚度δ/μm	2140.0	680.0	210.0	60.0	20.0	6.6	3.0	2.1	0.9	0.7

高频化使电磁感应越来越严重，传输信号损失（干扰）越来越大。电磁波辐射的频率增加，电磁干扰也加大。电路中总是存在着电阻（R）、电感（L）和电容（C）的，因此总电压U和电流I便存在着如下的关系：

$$I=U/[R^2+(X_L-X_C)^2]^{1/2} \tag{8-2}$$

式中，R为电阻；X_L为感抗，$X_L=2\pi fL$（f为频率）；X_C为容抗，$X_C=1/(2\pi fC)$。

式中的X_L-X_C用X（电抗）来表示。电抗X的大小就意味着“干扰”的大小。当信号传输频率f上升时，感抗X_L增加，容抗X_C减小（尽管寄生电容C是增加的，但是容抗X_C是与f成反比的），电抗X是增加的，所以干扰是增加的。为了减小这种干扰，通常需要采用改善表面粗糙度的加工方法。

8.3.4　白化技术

1. 白化技术概述

4G、5G通信技术的推广应用，促使印制电路板线宽进入10μm范畴，采用传统蚀刻

法制造电子线路的粗糙度对于信号传输完整性的影响成为制约终端电子产品电气性能提升的重要因素，特别是在高频信号传输系统影响更大，黑化技术和棕化技术对铜面的处理效果，已逐渐无法满足实际的应用需求，这促使了白化技术的出现。

白化技术属于新一代铜箔表面处理技术。其技术要点在于：通过在铜表面置换形成薄金属锡层，然后用具有双亲性有机硅烷处理，在被处理铜箔表面形成一层与树脂基板具有更强结合力的复合组成过渡层，实现提高多层板层间结合力与高频信号传输完整性的双重目的。由于此技术在铜面上置换出来的金属锡为白色，且后续附着的有机硅烷也不会改变线路表面的颜色，故被称之为白化技术。在铜线路上置换出金属 Sn，考虑到化学镀锡后结合力完全依赖于线路与半固化片材料之间的化学结合，所以在化学镀锡后还应在锡层上形成有机硅烷层，以保证与树脂的高附着性。

不同于黑化技术以及棕化技术，白化技术不需要对铜箔表面进行严重的物理或化学蚀刻，而是利用化学浸锡、结合硅烷处理在其表面形成一层非蚀刻型黏合促进剂（Non-Etching Adhesive Promoter，NEAP），因此，白化技术在处理过程中不会加大铜箔表面粗糙度，从而实现提升层间结合力、有效解决高频线路与精细线路高频信号传输损失等目标的兼顾。

2. 白化技术的基本原理

对于印制电路板层与层之间的互连，铜面和有机聚合物的结合无异于一般的金属与有机聚合物的结合，这种结合主要依靠金属表面暴露于空气中形成的金属氧化物和有机介质层间的分子作用力，这种分子作用力大小与金属层氧化物与树脂层之间的等电位差异大小具有直接关联。有文献研究表明，降低金属表面氧化物的等电位点有助于金属层和有机介质层的结合力，白化技术提升层间结合力源于可以形成具有相近等电位点的过渡层。不同金属氧化物的等电位点见表 8-15。

表 8-15　不同金属氧化物的等电位点

氧化物	等电位点	氧化物	等电位点
Ag_2O	>12.0	ZnO	9.0 ±0.3
MgO	12.4 ±0.3	Al_2O_3	9.1
FeO	12.0	Fe_2O_3	8.5
CoO	11.3	Cr_2O_3	7.0
NiO	10.3 ±0.4	ZrO	6.5
CdO	10.4 ±0.2	TiO_2	6.0
PbO	10.3	SnO_2	5 ±0.5
BeO	10.2	Mn_2O_3	4.2
CuO	9.1	SiO_2	2.0 ±0.2

绝大多数固体氧化物或其氢氧化物的表面都带有一定的电荷。根据物理化学原理，在水溶液中当某金属氧化物双电层表面电荷为零时的 pH 值被称为该物质的等电位点（isoelectric point，IEP），也有人将之与“零电点”概念混用，它是固液界面电性质的一个很重

要特征值。由表8-15可知，铜氧化物的等电位点大于9，锡氧化物的等电位点为4.5～5.5，在铜面上浸镀一层锡来降低铜面的等电位点成为最佳选择。另外，化学浸镀锡属于化学镀，可通过控制其生成的镀层厚度等相关因素来控制表面的粗糙度，实现铜面可控粗化。从表8-15中还可以看到，硅氧化物的等电位点为1.8～2.2，比二氧化锡的等电位点更低，可进一步提升表面结合力，这为选择有机硅烷作为改性试剂提供了理论基础。另外，有机硅烷本身具有双亲性，可以一端附着在氧化物表面降低铜面的等电位点，另一端的功能性基团还可以与有机树脂基板聚合偶联，进一步提升铜面和有机介质层的结合力。

对该技术进行研究后表明，单独使用有机硅烷处理效果不佳，需要先进行化学浸锡处理。化学浸锡后进行活化主要是将锡表面氢氧化，即让表面的单质锡转变成其氧化物或者氢氧化物，方便其与后续的有机硅烷处理时在其界面除产生分子间作用力外还可以产生键合作用，以此达到增强结合力的目的。

Mittal K L和Krotova N A等指出，铜、铬、镍等过渡金属表面和聚合物之间的结合力与过氧自由基有着密切的联系，有机过氧化物在过渡金属离子的作用下生成烷氧自由基，在金属表面形成相应的ROO—M化合物，通过这种化学键作用可提升层间结合力。他们还指出在选取过氧自由基提供体的时候应该考虑含过氧基团的有机化合物，当烷过氧基转变成了氢过氧基时，结合力相对而言就会低一些。因此活化时应选择含有过氧基团的有机化合物对锡面进行活化。

有机硅烷需先进行水解（见图8-11），然后作为偶联剂一端与锡表面的羟基形成氢键，另一端和有机介质反应互连。

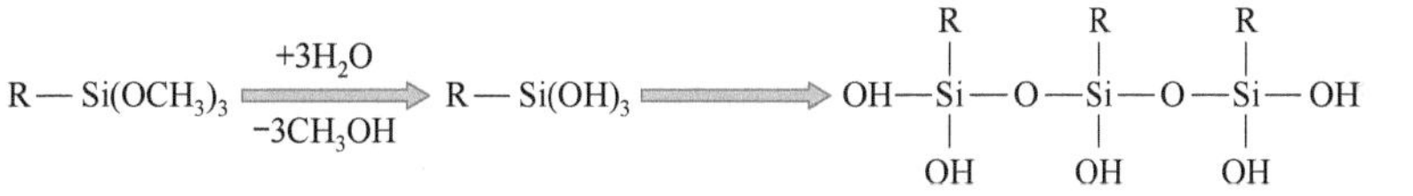

$$R—Si(OCH_3)_3 \xrightarrow[-3CH_3OH]{+3H_2O} R—Si(OH)_3 \longrightarrow OH—Si(R)(OH)—O—Si(R)(OH)—O—Si(R)(OH)—OH$$

图8-11　有机硅烷水解示意图

有机硅烷层与铜层的强附着力源于水解有机硅烷与锡的氢氧化物（Sn—OH）以氢键的方式结合，然后脱水缩合形成共价键，形成的结构见下式：

$$—Sn—O—Si—R'—$$

有机硅烷偶联剂与金属氧化物间脱水缩合形成复合层，在下一步的层压工序中可通过有机硅烷层与树脂的半固化片之间的相互作用形成层间强的共价键，形成—Sn—O—Si—R′—Resin（树脂）结构，其互连结构如图8-12所示，这种作用不同于黑化技术和棕化技术中产生的机械咬合作用。

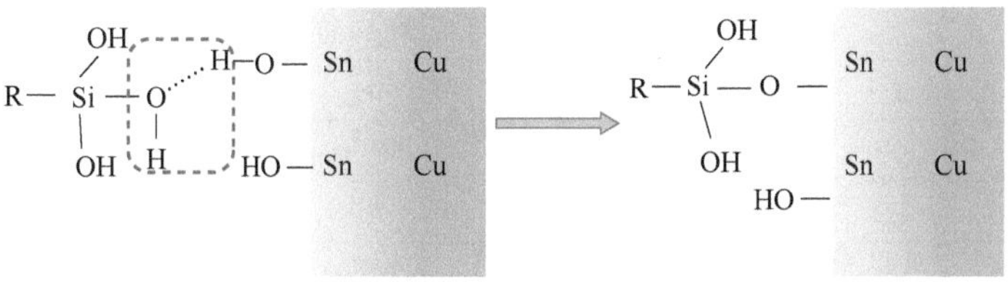

R— Si(OH)(OH) — O(H) ··· H—O— Sn　Cu　HO— Sn　Cu → R—Si(OH)(OH) — O — Sn　Cu　Sn　Cu　HO—

图8-12　白化技术的基本原理

3. 白化技术的工艺流程

(1) 白化处理液与活化处理液　白化技术主要试剂是白化处理液，典型的白化处理液配方为：氯化亚锡 15 ~ 25g/L，盐酸 70 ~ 90g/L，次亚磷酸钠 20g/L，pH 缓冲剂 25g/L，添加剂 50 ~ 80g/L，乳化剂 2g/L；工艺条件为：pH = 1.0，65 ~ 75℃，120s。

化学镀锡后的锡镀层必须进行活化，常用的活化体系有过氧化氢活化液体系等。研究结果表明，采用过氧化氢 + 亚硝酸盐体系，在 30℃的温度下，工作时间越长，活化效果越好，但是在 5min 左右其结合力达最大值，再延长时间，结合力反而下降。表 8-16 为不同工艺条件下的不同活化液的平均结合力。

表 8-16　不同工艺条件下的不同活化液的平均结合力

活化液体系	工艺条件		平均结合力/（kgf/cm）
	温度/℃	时　间	
$NaNO_2$	65	1min	0.719
过氧化氢	30	1min	0.541
		2min	0.672
		5min	0.765
		10min	0.832
浓硝酸	室温	3 ~ 10s	0.657

注；1kgf = 9.80665N。

(2) 白化工艺流程　通过白化处理，在印制电路板铜面（或者有完整铜线路的基板）用化学镀技术制作一层薄锡，活化锡后涂覆一层有机硅烷，并进行压合，完成后续完整印制电路板制作。研究表明，浸锡后锡层的生长方式以 Sn（200）和 Sn（101）晶面为优势生长晶面，硫脲在浸锡反应中的工作机理是通过与铜发生吸附、络合、脱附作用来提供反应动力。在整个工艺流程中，活化和有机硅烷涂覆工序对于结合力的影响均显著，浸锡工序对最终产品结合力的影响高度显著，影响最大。典型的白化工艺流程见表 8-17。

表 8-17　典型的白化工艺流程

序　号	工序名称	处理时间	处理温度
1	碱性清洗	60 ~ 180s	40℃
2	漂洗	—	室温
3	酸性清洗	60 ~ 180s	40℃
4	漂洗	—	室温
5	化学镀锡	30 ~ 120s	35℃
6	漂洗	—	室温
7	活化	20 ~ 60s	40℃
8	漂洗	—	室温
9	涂硅烷层	30 ~ 60s	30℃
10	干燥	—	60 ~ 90℃

在化学镀锡之前对基材的清洗是很有必要的，碱性清洗的目的是除去干膜抗蚀剂或者指纹等残余物，而酸性清洗则用于除去基材表面附着的氧化膜。

其中化学镀锡步骤为置换锡，一般在铜面上析出约 0.25μm 厚的纯 Sn 层，即控制化学镀锡时间在 30～120s 形成锡层。

值得说明的是，化学镀锡（浸锡）对于整个白化技术来说至关重要，虽然化学镀锡工艺已经很成熟，但是仍需根据白化技术做出相应的更改修饰，保证镀层的平整性。对于 Sn 的化学镀技术，存在结晶或者晶须的形成和成长的可能性或者由此引起的绝缘性不良等问题。也有学者指出白化工艺虽然在电路图形上形成 Sn 层，但是在积层层压时全部的金属 Sn 都转换成稳定的 Cu－Sn 合金（Cu_3Sn），它们不会引起晶须等的成长。

为了形成均匀的有机硅烷层，在置换锡后需要采用活化步骤，使铜表面的锡转化成其氧化物或者氢氧化物。由于 Sn 的氧化物或者氢氧化物表面具有更强力的极性基团，这种极性基团能与有机硅烷层形成键的作用，使两者达到完美的结合。

对上述步骤处理后的铜面进行有机硅烷的涂覆，通过干燥形成一层有机硅烷膜层，在制作多层印制电路板时再将上述样板作为芯板进行压合即可。

（3）操作注意事项

1）化学镀锡前，印制电路板一定要经过清洁处理，确保无油污、手印以及表面氧化物等残留物。

2）进行清洁后的印制电路板应该迅速进行化学镀锡，避免表面再被氧化，产生各种污渍影响最终产品的表面平整性。

化学镀锡时的镀液配制应该明确配方以及配制方法，避免溶液中二价锡被氧化以致镀液失效。

3）有机硅烷涂覆步骤之后的固化步骤十分关键，应该严格控制固化条件。

4. 白化技术应用简介

通过测试白化后印制电路板的结合力，白化工艺处理的附着力与和蚀刻型处理技术的结果同样或者更加优良，虽然白化工艺是化学作用上的附着性促进工艺，基本不依靠物理的机械咬合，但是结合力毫不逊色。采用 PCB 业界的标准试验评价白化工艺的效果，经过各种可靠性测试后的试样均合格。

以白化技术处理后的具备高频特性的试样进行信号传输损失测试，发现在 3～5GHz 频率范围内，蚀刻型处理工艺结果比白化工艺结果显示出更大的信号损失，而频率越趋于高频，这种信号损失差异更加明显，如图 8-13 所示。

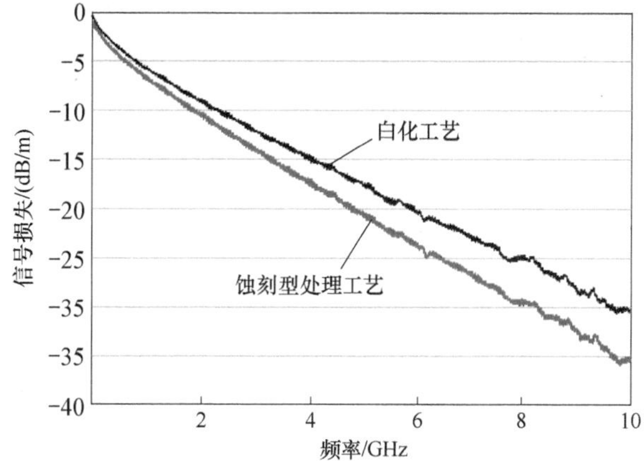

图 8-13　经过蚀剂和白化两种处理方式后 90μm 线路的信号损失测试结果

白化技术通过降低铜表面的等电位点来促进铜面和树脂界面的结合力，一方面降低了线路表面的粗糙度，取代蚀刻型工艺，满足了精细线路的要求；另一方面在保证印制电路板质量的前提下还降低了高频信号传输损失。

8.4 印制电路板层压前表面性能评价

印制电路基板的铜面经过物理、化学手段处理后，其表面特性会产生变化，其评价参数主要有铜面粗糙度、层间结合力、表面光亮度等，本节仅介绍铜面粗糙度评价和层间结合力评价。

8.4.1 铜面粗糙度评价

1. 铜面表面粗糙度定义

印制电路板制造工艺决定了印制电路板内部的铜质导线或铜面表面并非绝对光滑，其表面具有的较小间距和微小峰谷或凹凸，这种表面不平度称为表面粗糙度。表面粗糙度的存在有利于提升层间结合力，但不利于高频信号传输。图 8-14 所示为 PCB 的实际轮廓和线路截面 SEM 图。

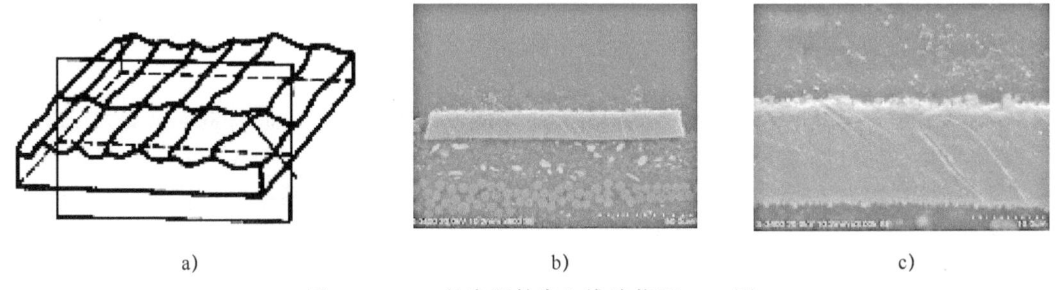

a) b) c)

图 8-14 PCB 的实际轮廓和线路截面 SEM 图
a) 实际轮廓 b) 800X c) 3000X

根据 ISO 标准，物体表面粗糙度的特性可以由表 8-18 中的参数进行描述，其中参数 *Ra* 与 *Rz* 的计算公式及微观示意图如图 8-15 所示。

表 8-18 物体表面粗糙度的特性

参数名称	参数符号	参数定义	参数数学表示
轮廓算术平均偏差	*Ra*	被测轮廓上各点到基准线的绝对距离的算数平均值	$Ra = \frac{1}{n}\sum_{i=1}^{n}\lvert y_i\rvert$
微观不平度十点高度	*Rz*	被测轮廓上五个峰值与五个谷值高度差的平均值	$Rz = \frac{1}{5}(\sum_{i=1}^{5}y_{pi} - \sum_{i=1}^{5}y_{vi})$
轮廓算术均方根	*RMS*	被测轮廓上各点到基准线的距离的均方根	$RMS = \sqrt{\frac{1}{n}\sum_{i=1}^{n}y_i^2}$
表面积比	*Sr*	被测轮廓面的面积与轮廓水平投影面的面积比	$Sr = \frac{S_{轮廓面}}{S_{水平投影面}}$

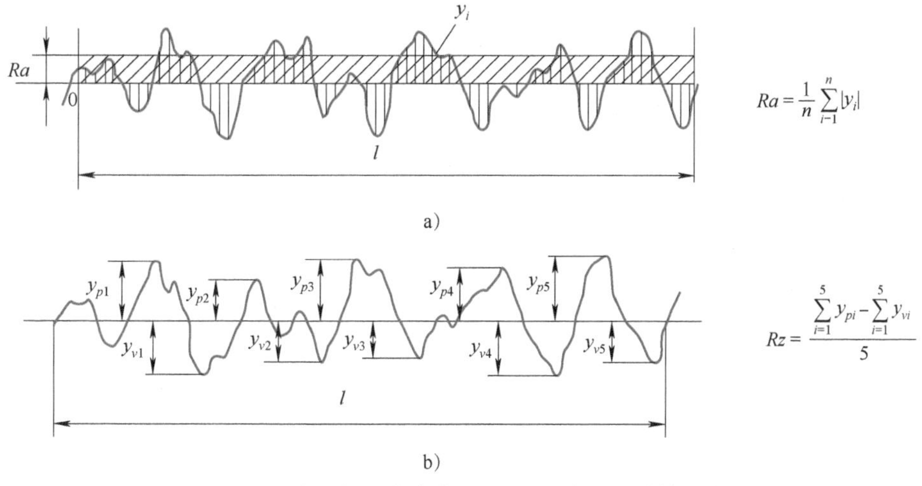

图 8-15　表面粗糙度参数 Ra、Rz 的定义及计算公式

a）Ra　b）Rz

PCB 制造中常用铜箔的粗糙度参数 Ra 与 RMS 在 0.1 ~ 2μm 范围内，根据表 8-14 中趋肤效应与频率的关系，可以发现当信号传输频率达到 1GHz 后，信号传输仅在粗糙度的量级范围内进行。当信号传输仅在“粗糙度”的尺寸内进行时，陡峭的粗糙度起伏将导致信号的“驻波”和“反射”，必然造成信号损耗甚至失真，因此，线路的表面粗糙度成为影响高频信号传输的一个重要因素。

2. 铜面粗糙度的表征方法

表面粗糙度的特性参数 Ra、Rz、RMS 和 Sr 可以通过接触式测量法（如触针式电动轮廓仪测量法）和非接触式测量法［如光触针测量法（HIPOSS 测量法）、扫描隧道式显微镜（STM）测量法、3D 激光共焦显微镜等方法］测定。3D 激光共焦显微镜在传统光学显微镜的基础上，采用激光作为光源，通过共轭聚焦原理和装置，并利用计算机对所观察的对象进行数字图像处理观察、分析和输出。3D 激光共焦显微镜不仅可以对样品的表面进行扫描和检测，还能够反馈输出表面的三维空间结构形貌。

3. 传输线表面粗糙度对信号传输的影响分析

1975 年，Hammerstad 基于传输线模型提出表面粗糙度对信号传输损耗因子的半经验公式，此公式一直作为经典理论沿用至今。Hammerstad 认为，若光滑（smooth）表面导体因趋肤效应而产生的信号衰减为 α_{smooth}，粗糙（rough）表面导体因趋肤效应而产生的传输损耗 α_{rough} 则可以用经验公式定量为理想光滑导体的信号损耗 α_{smooth} 乘以该导体的传输损耗因子 K_{SR}，即

$$\alpha_{rough}=\alpha_{smooth}K_{SR} \tag{8-3}$$

传输损耗因子 K_{SR} 又称为 Hammerstad 系数，当信号传输处于直流情况下，$K_{SR}=1$。K_{SR} 随着频率的增大非线性递增，高频状态下，K_{SR} 最大值为 2。K_{SR} 与表面粗糙度 RMS 及趋肤深度 δ 的关系为

$$K_{SR}=1+\frac{2}{\pi}\arctan\left[1.4\left(\frac{RMS}{\delta}\right)^2\right] \tag{8-4}$$

表面粗糙度 - 传输损耗因子关系的模拟分析可采用 Polar Instruments 公司为 PCB 传输线模型仿真设计推出的 Polar SI9000 软件实施。SI9000 具有传输线建模功能，可进行传输线阻抗与损耗的仿真设计。软件数据库存储了 90 余种不同结构的传输线模型，通过设定需要建模传输线的基本参数，软件能够采用边界元法进行场解算，提取出传输线模型的集总参数 RLGC（单位长度的电参数），对等效电路进行求解并仿真出传输线的损耗。

随着 *RMS* 的增大，传输线的总损耗增大，频率越大，*RMS* 的差异对传输线损耗的影响越大，当表面粗糙度 $RMS > 0.2\mu m$ 时，在 10GHz 频率以上的信号传输过程中，传输线表面粗糙度因趋肤效应引起的传输损耗可能造成信号失真，传输线表面粗糙度是影响高频高速 PCB 信号完整性的重要因素。

8.4.2 层间结合力评价

1. 剥离强度的定义

PCB 制造过程中通过铜箔 - 半固化片 - 芯板 - 半固化片 - 铜箔的叠层方式压合后将铜箔压结在树脂基材上，铜箔经过蚀刻形成线路。线路与树脂基材黏合在一起，通过一定的力可以将线路从树脂基材上剥离，从接触面进行单位宽度剥离时所需要的最小力即称为剥离强度。

剥离强度不仅是铜箔的一个主要计数指标，而且还直接影响铜箔在印制电路板加工过程中的各项性能。当剥离强度较低（≤0.800N/mm）时，印制电路板在热加工过程中很容易使铜箔起泡并与玻纤布基板分离，最终无法进行线路的蚀刻；当剥离强度较高时，印制电路板上的铜箔往往嵌入玻纤布基板中（特别是在精细的高频电路板中），很容易造成电路的短路。测试采用以下公式计算剥离强度：

$$PS = \frac{L_m}{W_s} \tag{8-5}$$

式中，*PS* 为剥离强度（N/mm）；L_m 为线路垂直剥离时的最小负荷力（N）；W_s 为剥离线路的测试宽度（mm）。

测试剥离强度的流程：前工序印制板→黑化等表面处理→层压→外电子线路制作→烘干→拉力测试→试验结论。图 8-16 所示为垂直剥离强度测试示意图。

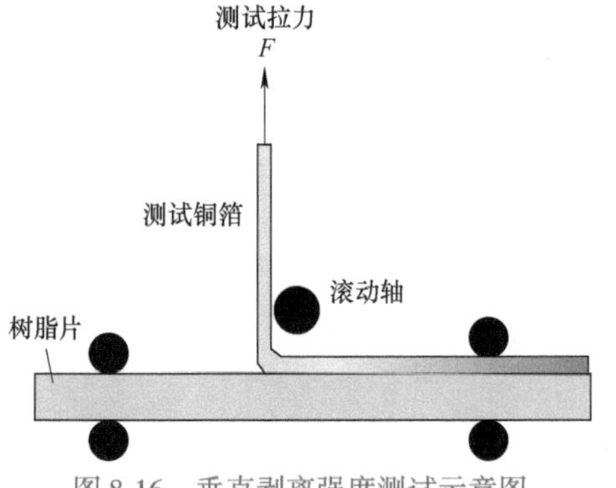

图 8-16　垂直剥离强度测试示意图

2. 印制板剥离强度表征方法

（1）线路剥离强度　测试过程包括：使用化学配方处理铜箔光面，将处理后的铜箔光面与半固化片及载板压合后经过曝光、显影、蚀刻制作线路，根据 IPC-TM-650 标准，将铜箔蚀刻成线宽 3.18mm 的线路，测量并记录线路的实际宽度，使用剥离强度测试仪在样板的垂直方向以 50.8mm/min 的速度提供拉力对线路进行垂直剥离，记录最小的负荷力。样板线路的剥离强度测试示意图如图 8-17 所示。

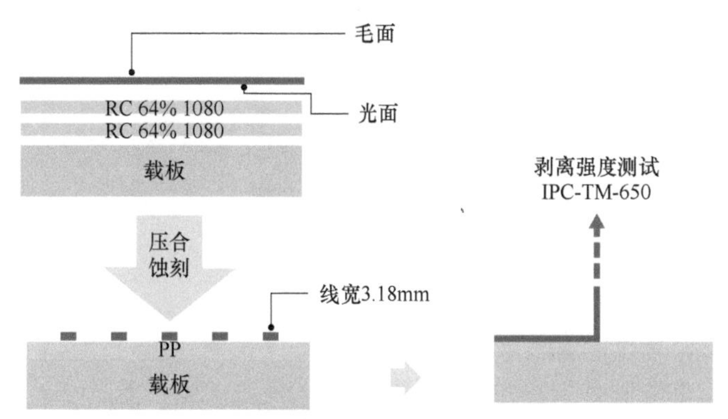

图 8-17　样板线路的剥离强度测试示意图

（2）层间结合力——剥离强度　铜箔与基材在高温高压下压合后，铜箔与基材之间的黏合强度常用剥离强度衡量，剥离强度测试方法根据印制电路 IPC-TM-650 标准执行，其基本步骤如下：

第一步：取一张铜箔厚度为 36μm 的铜基板，将两面的铜蚀刻干净。

第二步：另取一张面积相当的铜箔，用胶带固定在基板上面。

第三步：将棕化的铜箔与基材压合，用刀片将压合完的样品切割为 10mm × 3. 18mm 的测试条。

第四步：打开拉力测试机，进行校正。

第五步：拉力测试机在垂直方向上以 50. 8mm/min 的速度开始测量，每个样品至少剥离 4 条测试条，然后取平均值。

第六步：数据处理，按式（8-5）计算剥离强度值。

（3）爆板时间测试　步骤如下：

第一步：把测试板裁为 1cm × 1cm 大小的样品，并且用砂纸（P2500）打磨到直径为 6 ~ 7mm的圆片，然后放在烘箱烘烤。

第二步：烘烤的设定条件为温度（105 ±2）℃，时间为 2h。

第三步：时间达到 2h 后从烘箱中取出测试片，放置在干燥器中让测试片冷却到室温。

第四步：在 TMA（Thermal Mechnical Analysis，热力学分析）机器上设定程序：从 30℃ 开始，以升温速率 10K/min 升至 260℃，恒温在 260℃ 的时间为 70min。

第五步：爆板的判断。当曲线出现不可逆转的时候（Time of Irreversible Event），可以判断样品出现爆板，如图 8-18 所示。

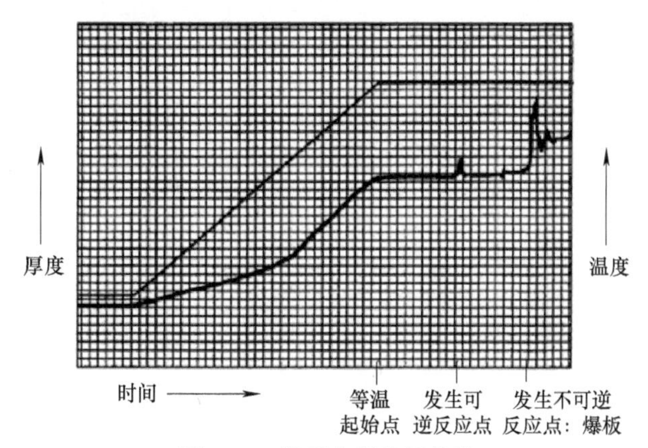

图 8-18　爆板分层特征曲线

第六步：当爆板出现后在 2min 内终止测试。当恒温时间超过 30min

没有出现爆板特征的曲线，终止程序，取出圆片样品进行微切片分析爆板的位置或者确认有无其他缺陷。

8.5 习题

1. 电解铜箔和压延铜箔的区别是什么？
2. 电解铜箔表面处理的工艺流程以及每步工艺流程的作用是什么？
3. 压延铜箔表面处理的工艺流程以及每步工艺流程的作用是什么？
4. 内层铜箔表面处理的方法有哪些？
5. 黑化法处理内层铜箔的原理是什么？黑化法的缺陷是什么？
6. 棕化法处理内层铜箔的原理是什么？棕化液中常用的缓蚀剂有哪些？
7. 何谓趋肤效应？
8. 白化技术相较于黑化技术和棕化技术的优势是什么？

第 9 章　印制电路板表面镀覆技术

印制电路板化学镀和电镀的主要目的是确保印制电路板的焊接性、防护性、导电性和耐磨性。由于表面安装技术（SMT）的出现，为保证表面贴装元器件的贴焊质量，从工艺角度出发，开发和研制了新型涂覆层 - 预涂抗热助焊剂、化学浸镍/金等表面涂覆工艺，并已大量应用在表面贴装双面、多层印制电路板上。

除了电镀或热浸锡铅合金镀涂覆层及其他先进的涂覆或电镀技术外，为了有良好的电气接触性能，印制电路板的插头部位需要进行表面处理。这是因为无论设备或仪器多么复杂，总是存在着电气连接问题。电源输入需要连接，元器件和设备的电路内部也需要更多的连接，从大型电子设备到微型化的装置，其效能都在不同程度上取决于连接的材料和镀涂覆层的正确选择，也就是说，选择连接表面镀层是十分重要的，特别是要求接触面小而接触电阻又低的印制电路板的插头部位，其重要作用就更为突出。在当前的印制电路板制造工艺中，采取镀镍金方法或以镍打底的镀金或浸金工艺技术来解决插头的表面处理问题。实践证明这种镀镍金的工艺方法适合印制电路板插头对镀层电气及耐磨性能的技术要求。

本章主要介绍在印制电路板生产工艺中必须用到的化学镀镍金、化学镀镍/浸金、化学镍钯金、激光化学镀金、化学镀锡、化学镀银、化学镀铑、激光镀铜、电镀锡铅、电镀镍金、脉冲镀金、电镀银及有机焊接性保护（OSP）等技术。

9.1 电镀 Sn-Pb 合金

20 世纪 70 年代开始，电镀 Sn-Pb 合金层除了作为耐碱抗蚀层外，还用作为焊接层（经热油热熔或红外热熔后）。但目前电镀 Sn-Pb 合金层纯粹是用作耐碱抗蚀层，然后加以除去。因为经过热油和红外热熔的 Sn-Pb 合金层厚度较厚，易形成龟背现象，因而不适用于表面安装技术，已逐渐被淘汰。采用镀纯锡技术（采用磺酸盐体系，消除氟和铅的环境污染问题），其稳定性和碱性抗蚀方面较 Sn-Pb 合金镀层仍较差，因此，很多 PCB 厂家仍采用传统的氟硼酸盐镀 Sn-Pb 体系。

9.1.1　Sn-Pb 合金镀配方与工艺条件

Sn-Pb 合金镀配方与工艺条件见表 9-1。

表 9-1 Sn-Pb 合金镀配方与工艺条件

体系与供应商 配方与工艺条件	胨体系	非胨体系			
		LeaRonal	U&T	深圳华美	Atotech
Sn^{2+}/（g/L）	20～40	20～26	20～26	22～25	18～26
Pb^{2+}/（g/L）	9～12	8～13	8～11	11～14	6～9
HBF_4（游离）/（g/L）	330～410	160～180	140～190	190～210	110～190
H_3BO_3/（g/L）	20～34	20	20	25～30	10～30
蛋白胨/（g/L）	—	—	—	—	2～3
结晶细化剂/（ML/L）	—	—	5	—	4～10
校正剂/（mL/L）	—	—	20ml/L	—	10～30
稳定剂/（mL/L）	—	25310	ST40	LPC30	30～60
工作温度/℃	15～25	15～25	25～30	20～30	25～30
阴极电流密度 D_k/（A/dm²）	0.3～1.5	2～4	1～2.5	1.5～2.0	1～2.5
阳极/（Sn/Pb）	60/40	60/40	60/40 或 70/30	60/40	60/40
阳极面积/阴极面积	2：1	2：1	2：1	0.7～2.1	2：1
沉积速率/（μm/min）	—	—	（D_k = 1.3A/dm²）0.3	（D_k = 1.5A/dm²）0.39	（D_k = 1.8A/dm²）0.8
阴极移动频率/（次/min）	0～15	15～20	15～20	10～20	15～20

9.1.2 主要成分的作用

1. 金属离子的作用

在 Sn-Pb 合金镀中，总金属离子浓度（Sn^{2+}和 Pb^{2+}）提高将有利于提高阴极电流密度的上限值和提高镀层的沉积速率，但相应会降低镀液的分散能力和深镀能力。

在 Sn-Pb 合金镀中，镀层的合金成分比例是由镀液中 Pb^{2+}、Sn^{2+}浓度比例（与阳极中 Sn-Pb 比例有关）和电镀时阴极电流密度（D_k）来决定的。如果要求 Sn/Pb 镀层的比例为 60/40 时，则镀液中的锡离子浓度与铅离子浓度比例应保持在 Sn^{2+}/Pb^{2+} = 1.7～2.7 之间。但添加剂不同，在镀液中的 Sn^{2+}与 Pb^{2+}浓度比例会有所变化。对于蛋白胨体系，Sn^{2+}/Pb^{2+}浓度比宜在 1.17～1.22 之间（因蛋白胨有异味和深镀能力问题现已不采用），而非胨体系的添加剂，Sn^{2+}/Pb^{2+}浓度比例在 2.2～2.7 之间。由于目前 Sn-Pb 合金镀层仅用作碱性抗蚀层，因而这个比例已不再强调，而且逐渐采用 Sn/Pb 比例大的配方（即 Sn 相对大些，而 Pb 少些，如 Sn/Pb 为 70/30，甚至是 80/20 等）。

2. 氟硼酸（HBF_4）的作用

由于氟硼酸能与镀液中的 Sn^{2+}和 Pb^{2+}形成稳定的络离子，以提供电沉积时所需的金属离子。“游离氟硼酸”（指与镀液中的 Sn^{2+} 和 Pb^{2+} 络合所需的氟硼酸外的氟硼酸）能稳定镀液中的 Sn^{2+} 和 Pb^{2+}（特别是 Sn^{2+}），防止水解和氧化作用。如果镀液中氟硼酸含量低，会发生水解和氧化成胶体状的高价锡化合物，以及白色碱式氟硼酸盐沉淀：

$$Sn(BF_4)_2 + H_2O \rightarrow Sn(OH)BF_4 \downarrow + HBF_4$$

游离的氟硼酸还能加速铅锡合金阳极的溶解，即使在停止工作期间也会缓慢溶解铅锡合金阳极，因而会造成镀液中金属离子（尤其是 Sn^{2+}）含量增加，并且随着氟硼酸浓度提高而明显增加。提高氟硼酸含量能提高镀液的电导率和分散能力，在 HBF_4 含量从 150g/L 升高到 400g/L 时，镀液的电导率和分散能力将成正比例增加。但当 HBF_4 超过 400g/L 时，镀液的电导率与分散能力便开始下降。因此，HBF_4 的含量一般控制在 300 ~ 400g/L 之间（指蛋白胨体系），而非胨体系一般控制在 150 ~ 200g/L 之间。

3. 硼酸（H_3BO_3）的作用

硼酸的作用主要在于稳定镀液中的氟硼酸，使之不水解，从以下反应式可看出：

$$HBF_4 + 3H_2O = H_3BO_3 + 4HF$$

但是，硼酸会使镀液电导率下降、分散能力降低（每增加 10g/L 硼酸时，镀液的电导率将下降 7% ~ 8%），一般加入 25 ~ 30g/L 为宜。

4. 添加剂的作用

蛋白胨添加剂能提高镀液的分散能力和深镀能力，但易于腐臭，现已极少使用，非胨体系添加剂有结晶细化剂，能提高分散能力和深镀能力，若含量不足，会疏松、粗糙，并在高电流密度区会形成枝晶或海绵状沉积，量过大反而会使分散能力下降；校正剂与结晶细化剂相反，即含量大时会疏松、粗糙，含量小时分散能力下降，起着校正与互补作用；稳定剂对 Sn^{2+} 起着防止水解和氧化作用，是镀液中 Sn^{2+} 的稳定剂。

镀液中 Sn^{2+} 的氧化主要是空气的氧化和电解氧化。两类酚类（间苯二酚、β 萘酚等）只能抑制 Sn^{2+} 的空气氧化，而 Sn^{2+} 的电解氧化是通过添加异芋酸类等来阻止 Sn^{2+} 发生氧化的，所以添加的稳定剂又可称为 Sn^{2+} 的抗氧化剂。

9.1.3 工艺参数的影响

影响电镀 Sn-Pb 合金的工艺参数主要有电流密度、温度以及外界干扰等，因此只有严格控制工艺参数才能获得高质量的 Sn/Pb 合金镀层。

1. 电流密度的影响

在电镀 Sn-Pb 合金中，电流密度将影响沉积速率、结晶组织状态和镀层中 Sn-Pb 合金的比例。提高阴极电流密度可以明显提高合金镀层中 Sn 的含量。因此，要获得目标 Sn-Pb 合金比例的镀层，既要控制好镀液中 Sn^{2+}/Pb^{2+} 的比例，又要控制好阴极的电流密度。

在高分散能力氟硼酸盐镀铅锡合金层中，最佳的操作电流密度范围为 1.5 ~ 2.0A/dm^2，而静态（不搅拌）电镀时电流密度还应再降低 0.3A/dm^2 为宜。

2. 温度

电镀 Sn-Pb 合金层一般控制在 15 ~ 25℃。在此温度范围内，温度对 Sn-Pb 镀层质量沉积速率无明显的影响。但是，温度过低会使电流密度上限值下降（电流密度范围变窄），还会使硼酸在镀液中结晶出来。温度过高会造成疏松海绵状或粗糙的“枝晶”状积层，并提高镀层中 Sn 含量，同时也会加速 Sn^{2+} 氧化，还可能导致添加剂等的分解失效加快，进而导致镀层性能恶化。

3. 循环过滤与阴极移动

Sn-Pb 合金电镀对电流密度和阴极附近的金属离子浓度极为敏感，静止的电镀造成板面镀层组成含量或比例不均匀，这是由阴极附近金属离子分布不均，或浓差极化不理想和电流密度不均匀等因素造成的。但是，搅拌会导致镀液中 Sn^{2+} 的氧化（带入空气中的氧气）。为此，在电镀 Sn-Pb 合金的镀液中不采用搅拌（特别是空气搅拌），但为了使合金组成含量和镀层厚度均匀，大多采用阴极移动（与电镀铜的阴极移动相同）的办法。另外，为了除去沉淀物和尘粒等，要采用循环过滤。

4. 阳极

对于要获得优良焊接性的 Sn-Pb 合金镀层来说，阳极必须采用高纯度 Sn/Pb 为 63/37 或 60/40 组成的阳极。此阳极不能含有氧化物和非金属的夹杂物。同时，杂质的金属元素含量应尽可能低。由于目前电镀 Sn-Pb 合金层只作为抗蚀层使用，因而 Sn-Pb 的比例可不严格要求。但是 Sn-Pb 合金的阳极中杂质元素会污染镀液，并使阳极泥增加，阻碍阳极的正常溶解，降低阳极的电流效率。如锑（Sb）、砷（As）、铋（Bi）等元素会使阳极表面形成黏稠的黑色阳极泥，当这层阳极泥过厚时，会使槽压增高，电压降低。优质的阳极，表面仅有一层很薄的暗灰色膜，阳极电流效率接近 100%。所以，不管是用作焊接的镀层，还是仅作为碱性抗蚀层，从镀液的作用和维护来说，都要求 Sn-Pb 合金的阳极是低杂质含量的。

9.1.4 磺酸盐体系电镀 Sn-Pb 合金或纯锡层

氟硼酸溶液存在强腐蚀性和废液排放处理等环保问题，因而不含氟和酚类物质的有机磺酸盐体系正在逐渐取代氟硼酸盐体系实现 Sn-Pb 合金或纯锡的电镀。商业化用的有羟基烷基磺酸盐（见表 9-2），如羟基乙基磺酸盐、羟基丙基磺酸盐、甲基磺酸盐，至于镀纯锡还可采用硫酸盐等实现。

表 9-2 羟基烷基磺酸电镀锡铅合金溶液配方与工艺条件

配方与工艺条件	1	2	3
羟基烷基磺酸（游离）/（mL/L）	EF 浓缩酸 113	Sulfolyt 特殊酸 120	2-HPSA 100~110
羟基烷基磺酸锡/（mL/L）	FS 浓缩液 144 （Sn^{2+}：20g/L±4g/L）	Sulfolyt-Sn 93	PX-909 165±25 （Sn^{2+}：6~9g/L）
羟基烷基磺酸铅/（mL/L）	FP 浓缩液 32 （Pb^{2+}：9g/L±2g/L）	Sulfolyt-Pb 15	PX-8911 55±10 （Pb^{2+}：6~9g/L）
添加剂/（mL/L）	Slotolef-k 20±5 消耗率：0.1~0.4mL/（A·h）	Sulfolyt 添加剂 40 消耗率：0.1~0.2mL/（A·h） Sulfolyt-STH 消耗率：6mL/m^2	PX-913 30±10 消耗率：（0.5±0.2）mL/（A·h）

（续）

配方与工艺条件	1	2	3
阳极面积/阴极面积	2∶1	2∶1	2∶1
阳极/（Sn/Pb）	63/37	60/40	60/40
温度/℃	25 ± 5	25 ± 3	25 ± 3
阴极电流密度 D_k/（A/dm^2）	1 ~ 3（挂镀）	1 ~ 3	1 ~ 2
循环过滤	2 次/h		
阴极移动	行程：（50 ± 20）mm　频率：7 ~ 14 次/min		
沉积速率	1μm/min（D_k = 2A/dm^2）	0.9mm/min（D_k = 2A/dm^2）	
预浸液	EF 浓缩酸 75mL/L	Sulfolyt 特殊酸 120mL/L	2HPSA：100mL/L
供应商	（中国）香港浩金国际公司	（美）M&T 公司	（中国）成都爱伦精细化学品公司

Atotech 公司新提供的 Sulfotech M（镀 Sn/Pb 合金）和 Sulfotech Ts（镀纯锡）的配方与工艺条件见表 9-3 ~ 表 9-5。

表 9-3　Sulfotech M 的配方

组　成	甲基磺酸	甲基磺酸锡（Sn^{2+}）	甲基磺酸铅（Pb^{2+}）	Sulfotect A	Sulfotech B	Sulfotech STH
含　量	110g/L	13 ~ 24g/L	9 ~ 16g/L	30 ~ 60mL/L	15 ~ 30mL/L	30 ~ 50mL/L

表 9-4　Sulfotech M 的工艺参数

工艺参数	温度/℃	电流密度/（A/dm^2）	电流效率（%）	沉积速率/（μm/min）	阳极组成（%）
工艺参数范围	20 ~ 26	阴极：1 ~ 3 阳极：< 3	1.0A/dm^2时：96 2.0A/dm_2时：90	1.0A/dm^2时：0.5 2.0A/dm_2时：0.9	Sn：60 Pb：40

表 9-5　Sulfotech Ts 的配方

组　成	硫酸锡（Sn^{2+}）	硫酸	Sulfotech A	Sultech B	Sulfotech STH
含　量	44g/L（22g/L）	160 ~ 200g/L	70 ~ 130mL/L	15 ~ 25mL/L	30 ~ 80mL/L

目前，由于氟化物对环境有害，加上废水含氟时难于处理，同时铅的使用也受到限制，因此不含氟的电镀锡铅合金，特别是不含氟的电镀纯锡层将会迅速推广与应用。

9.2 电镀镍和电镀金

电镀镍/金是指在 PCB 铜导线镀上一定厚度的镍后再镀上一层金的工艺技术。这一工艺技术早在 20 世纪 70 年代就应用到 PCB 上了。电镀镍和金（在 PCB 插头镀耐磨的 Au - Co 或 Au - Ni）、镀厚金和闪镀金广泛应用于带有按键的或插接的或压焊的印制电路板中，是目前印制电路板生产制造中重要的生产工序。一般要采用工艺导线法或图形电镀法（电镀铜后进行电镀镍，再电镀金，则电镀的镍/金层可作为抗蚀层，以便进行蚀刻铜）。

为了提高耐磨性（插拔时），减小接触电阻，防止氧化（铜）和提高连接可靠性，印制电路板早期设计在其导体上（插头、连接盘等）电镀上一层厚金层。但是在实际使用过程中发现，直接在铜表面上镀的金层会由于铜与金在界面处容易互为扩散并形成扩散层。这个扩散层将随着时间的推移而增宽（厚）并形成疏松态（因铜与金的结晶体系不同而引起形变所造成），易受空气中的水分、CO_2和SO_2等浸入逐渐形成铜的盐类，严重时会开路，因而将严重地影响电子设备的可靠性。在镀金之前先电镀一层金属镍，从而阻止了铜与金的互为扩散现象，而镍与金、铜特性（结构）差异大，不存在互为扩散问题。通过镍层作为中间阻挡层大大提高了电子互连的可靠性。

此外，镍金属作为重要的连（焊）接层来说，尽管其接触电阻比金、铜大，但是它仍不失为良好的导体。需要注意的是，新鲜的镍表面极易被空气氧化成一层极薄的氧化层而影响其焊接性，同时影响与其他金属的结合力（如金、钯、银等）。因此，在电镀过程中必须尽量避免将镍表面直接显露于空气中。在镍表面应电镀上一层很薄的保护性金属，如金、钯等防止镍氧化也是常用的手段。

常用的电镀镍可分为光亮镀镍和半光亮镀镍，其所用的配方体系有硫酸盐体系和氨基磺酸盐体系等。

9.2.1 插头电镀镍与金

插头电镀镍与金通常采用自动生产线来完成。其工艺流程如下：

上板→清洗→微蚀→刷洗→活化→漂洗→电镀低应力镍→漂洗→活化→漂洗→电镀金→漂洗→烘干→下板。

1. 常用的电镀镍溶液配方与工艺条件

常用的电镀镍溶液配方及工艺条件见表9-6。

表9-6 常用的电镀镍溶液配方及工艺条件

配方及工艺条件	1	2
氨基磺酸镍［$Ni(NH_2SO_3)_2 \cdot 4H_2O$］/（g/L）	—	500~600
硫酸镍（$NiSO_4 \cdot H_2O$）/（g/L）	240~330	—
氯化镍（$NiCl_4 \cdot 6H_2O$）/（g/L）	—	10~20
硼酸（H_3BO_3）/（g/L）	35~40	35~55
阳极活化剂/（mL/L）	50~100	—
添加剂/（mL/L）	6~18	Nikalmp－200（SE） 25~35
润湿剂/（mL/L）	—	适量
pH值	3.5~4	3.2~4.0
温度/℃	55	50~65
阴极电流密度/（A/dm^2）	1.5~8	10~50

注：配方1为深圳华美公司型号1003；配方2由中国香港LeaRonal公司提供。

2. 常用电镀金溶液配方与工艺条件

常用电镀金溶液配方、工艺条件与配制方法见表9-7。

表9-7 常用电镀金溶液配方、工艺条件与配制方法

配方与工艺条件		配制方法
Au	4～16g	Au：以氰化金钾（含金68%）形式加入，采用Ronovel CM，开缸液750mL/L
Co	350～800g/L	采用Ronovel CM钴盐，Cobolt浓缩液20mL/L
润湿剂	2.5mL/L	采用Ronovel CM润湿剂
pH值	4.0～4.6	
相对密度	1.06～1.1	
温度/℃	40～60	

注：1. 本配方采用LeaRonal公司含钴微量元素镀金液。
2. 表中开缸液指已配好光亮剂及导电盐，加入金盐即可使用的产品。

插头电镀镍与金的质量要求主要是耐磨性好、孔隙率小，具有一定的插拔次数；同时，对插拔区域不得出现划伤、露镍和露铜等问题，也不允许有瘤（结晶粒）节、凹凸点和金上有Sn/Pb层。因此，插头部位电镀镍层厚度应为3～5μm，电镀金层厚度为0.5～1.5μm。

9.2.2 电镀镍/闪镀金或电镀镍/电镀厚金

1. 电镀镍/闪镀金

它是在电镀镍层（3～5μm厚）上再闪镀0.05～0.15μm厚的金层，主要是用来改善焊接性，并用作抗蚀层。薄金层主要是用来保护和保证镍层的焊接性。因为在焊接时，很薄的金层很快被焊料熔解了，并露出焊接性好的新鲜镍表面，保证了焊接性和可靠性。闪镀金、镀厚金和镀硬金等溶液的配方与工艺条件见表9-8。

表9-8 闪镀金、镀厚金和镀硬金等溶液的配方与工艺条件

配方与工艺条件	配方		
	闪金364	厚金150	硬金CM
Au（以氰化金钾形式加入）/（g/L）	1～2.5	4～12	1～6
Co/（g/L）	—	—	0.35～0.7
pH值	3.5～4.0	6.0～8.0	4.0～4.5
相对密度	1.08～1.13	1.08～1.18	1.06～1.11
温度/℃	30～50	48～60	30～40

2. 电镀镍/电镀厚金

这里的电镀厚金是相对于闪镀金来说的。这是在电镀镍层（厚度为3～5μm）上，电镀软金层（厚度为0.3μm以上），主要用于特定焊接方面，如金属丝焊接或压焊。电镀厚

金配方参见表9-8。其工艺流程如下：

图形镀铜→水洗→微蚀→双逆水漂洗→酸洗→水洗→电镀镍→双逆水漂洗→镍活化→双逆水漂洗→电镀金→酸洗→水洗→烘干。

3. 半光亮镀镍

半光亮镀镍层韧性好，纯度高，内应力低。压焊等结合力较高，但该工艺对水质要求高。半光亮镀镍溶液配方与工艺条件见表9-9。

表9-9 半光亮镀镍溶液配方与工艺条件

配方与工艺条件	光亮镀镍	半光亮镀镍
氨基磺酸镍/（g/L）	浓缩液（含Ni 180g/L）65～75	浓缩液（含Ni180g/L）65～75
氯化镍/（g/L）	10～20	10～20
硼酸/（g/L）	40～45	40～45
添加剂/（mL/L）	PC 35	PC 55
润湿/（mL/L）	0.5	0.5
pH值	3.8～4.5	3.8～4.5
温度/℃	50～60	50～60
阴极电流度/（A/dm^2）	0.5～10	0.5～10

镀镍的前处理溶液配方和工艺控制要求见表9-10。

表9-10 镀镍的前处理溶液配方和工艺控制要求

工序名称	配方	工艺控制要求
微蚀	H_2SO_4（98%）10%，$Na_2S_2O_8$10%	室温：浸10～30s，要求每天更换一次
双逆水漂洗	去离子水	室温：浸5～10s
酸洗	H_2SO_4（98%）10%～15%	室温：浸30s以上，要求第三天更换一次
镍活化（电镀金前）	浓HCl：10%	室温：浸10～30s，要求每班更换一次
酸洗（电镀金后）	浓HCl：10%	室温：浸10s

9.3 化学镀镍/浸金

9.3.1 化学镀镍/金发展的背景

印制电路板无论是单面、双面还是多层结构，都是用于电子元器件连接为主的互连件。它是通过提供线路和焊接部位，使得各种元器件如电阻、电容、半导体集成芯片等实现互连互通，从而成为具有一定功能的电子部件。因此，PCB上必须有导通孔、焊垫或连接盘。早期的焊接性镀层是采用图形电镀法产生的Sn-Pb抗蚀层，经过热熔后焊接实现电子元器件在印制电路板上的安装。

电子技术的发展要求PCB上的线路和间距变小并且保持良好的可靠性，而裸铜覆阻焊膜（SMOBC）工艺法掩蔽技术和热风整平工艺有效克服了传统采用热熔方法导致窄间距线路的短路问题以及波峰焊时阻焊膜下潜伏的短路问题。不过，热风整平的高温处理仍会对印制电路板的基材造成一定程度的伤害和板面弯曲。同时，热风整平的Sn-Pb涂层表面厚度偏差很大。表面安装技术（SMT）的应用要求连接盘或焊垫有良好的共面性或平坦度，同时PCB本身不能弯曲，以避免潜在的应力、滑位、坍塌和短路的危险。有机焊接性保护涂层和化学Ni/Au表面镀层等可以满足表面贴装器件焊装要求而得到逐渐的应用。

由于手机、平板计算机、电子手表、金融芯片卡以及笔记本计算机等的大量生产，对表面涂层的要求是多功能化，不但可熔焊，还要求能进行各种搭接焊，要求接触导通功能以及协助散热功能等，甚至要求将焊接、搭接、接触导通以及散热集于一块PCB上。

化学Ni/Au镀层原则上可以完全满足上述所有要求。其中，化学镀Ni通过Ni的自催化特性实现在印制电路板上的不断沉积，一般Ni层的厚度为5μm。化学镀Au，实际上是化学浸Au，是通过Au置换Ni而产生的，厚度通常只能在0.03～0.1μm之间，最大一般不超过0.15μm，因而只能满足熔焊和金线搭接焊的要求。在搭接焊中，要求化学Ni/Au中Au层厚度为0.3～0.5μm。为此，Au层采用自催化还原Au的方法来制作。该方法镀金的成本很高，因而难以广泛应用。

安美特公司另辟新路，在开发了化学Ni/Au表面镀层后，又开发了自动催化的（化学镀钯，镀层厚度为0.1～0.3μm）表面镀层（直接在Cu表面产生），可以代替化学Ni/Au作为熔焊涂层。更可喜的是开发了化学Ni/Pd/Au（厚度为5μm/0.5μm/0.02μm）全功能的表面复合镀层，可以代替0.3μm以上的Au层，进行任何形式的焊接和搭接。

9.3.2　化学镀镍/金的状况

化学Ni/Au表面镀层是在印制电路板完成阻焊层制作之后沉积孤立焊垫或焊脚形成保护层的工艺技术。由于阻焊后印制电路板上的焊垫或焊脚是相对独立的，因而只能采用化学方法才能实现镍和金的沉积。化学Ni/Au镀层厚度均匀，共面性好，不仅对表面起到保护作用，而且对焊垫或焊脚的侧面也能达到保护的目的。

作为PCB的表面镀层，Ni层的厚度要求>5μm，而Au层厚度为0.05～0.1μm，作为可焊镀层Au的厚度不能太大，否则会产生脆性和焊点不牢的故障，Au层太薄防护性能变坏。由于化学Ni/Au镀层的焊接性是由Ni层来体现的，Au只是为了保护Ni的焊接性而提供的。因此，从工程角度看，化学Ni/Au工艺的成败将体现在制作的Ni层品质是否符合应用的要求。

目前有很多专业制造商提供化学Ni/Au的制造工艺和产品，也都在自动线上规模生产。近年进入我国市场的供应商有Atotech、MacDermid、OMI、LeaRonal、Shipley、上村等。目前化学镀Ni/Au已经广泛应用于各大印制电路企业中，成为SMT焊盘重要的表面处理方式。

9.3.3　化学镀镍

1. 反应机理

化学镀镍是借助次磷酸盐（NaH_2PO_2），在高温（85～100℃）下使Ni^{2+}在催化表面还原为金属，这种新生的 Ni 可作为继续推动反应的催化剂。只要溶液中的各种因素得到控制和补充（指各组分），就可以得到任意厚度的镍镀层。这种反应叫作“自身催化”或“自我催化”，完成反应不需外加电源。

化学镍镀层的工业应用始于 1964 年之后，苏联的勃涅和利捷尔发明了催化表面控制 Ni－P 合金的原理。化学镀镍多用于形状复杂的制品（如钟表工业上的精密零件）的防腐蚀，提高耐磨性，防止磁性黏着，防止高温（500～600℃）腐蚀。现今已应用到印制电路板制造工业，作为抗蚀、焊接、接触导通和散热的 Ni/Au 镀层。化学镀可以镀在黑色金属、铜及铜合金、铝及铝合金，以及经过专门处理的塑料上。

使用次磷酸盐的化学镀镍只能用于在一些特定的金属（如镍、铁、钴、钯和铝等）表面直接实现。在铜和黄铜以及其他金属上镀镍时，必须使它们同比镍更活泼的金属或钯激活反应。化学镍镀层获得的是含磷在 15% 以下的 Ni－P 合金，其镀液配方有碱性和酸性两种类型，但在 PCB 领域应用中以酸性配方为主。

化学镀镍的电化学机理如下：

阳极反应：

$$H_2PO_2^- + H_2O \rightarrow HPO_3^{2-} + 3H^+ + 2e$$

阴极反应：

$$Ni^{2+} + 2e \rightarrow Ni$$

$$H_2PO_2^- + 2H^+ + e \rightarrow P + 2H_2O$$

此外，还有 H^+ 还原为氢气的副反应，反应方程式为

$$2H^+ + 2e \rightarrow H_2$$

新生态的 Ni 和 P：

$$3Ni + P \rightarrow Ni_3P$$

2. 各种因素对镀镍速度的影响

（1）温度　化学镀镍的反应速率与温度之间可以使用阿伦尼乌斯方程表达。对于吸热反应，提高温度可以提高 Ni－P 化学沉积反应的激活能，进而提高沉积反应的速率。镍化学沉积反应是典型的吸热反应，只有温度在 60℃以上才能发生。化学镀镍速率随着温度的提高而增加。当温度从 90℃升高到 100℃，镍的沉积速度增加一倍。碱性化学镀镍可在较低温度下进行。

（2）pH 值　化学镀镍可以在酸性和碱性溶液中进行。pH 值最佳为 5 或稍高，此时镀镍速度为 10～30μm/h。当 pH 值降低时，在酸性溶液中的镀镍速度减慢，直到镀镍过程完全停止。

（3）镍盐的浓度　当次磷酸盐浓度较低时，镍盐浓度的变化对镍沉积速度影响不大。然而，如果在增加镍盐浓度的同时增加次磷酸盐含量，则镀镍速度加快。因此，镀镍速度依赖于溶液中镍盐与次磷酸盐比例。最适宜的比值通常认为是 0.4，在 0.25～0.6 之间。

（4）添加剂　对沉积速度影响颇大的是有机添加剂：乙醇酸、醋酸、甲酸、柠檬酸、琥珀酸、乳酸、苹果酸、氨基乙酸、氨基琥珀酸以及这些酸的盐类。有机添加剂的还原过程中，其中有些是将镍结合到结合物中，阻止析出镍的磷化物。镍还原的速度随有机添加剂浓度的增加而增加到最大值，此时沉积出平滑光亮的镀层。

上述作用是添加剂加速次磷酸盐的分解所致。相反的情况是有些无机添加剂：Cd^{2+}、Al^{3+} 和 CN^- 能阻滞镀镍过程，而 Pb^{2+} 和 SCN^- 可以完全停止镀镍过程的进行。

（5）反应产物　化学镀镍的反应产物亚磷酸盐积累并进入沉积物中，引起溶液酸度的

增长和镍析出速度减慢，直至镀镍过程全部停止。即使自动补充镍盐和次磷酸盐，到一定时间后整个溶液也必须更换。

为了提高溶液稳定性，在其中加入络合物，防止析出镍的亚磷酸盐。在碱性溶液中络合剂是氨和柠檬酸钠。在酸性溶液中采用氨基乙酸作为络合剂。

氯化铁可以去除溶液中的亚磷酸镍，延长镀液的工作寿命。氯化铁与亚磷酸盐形成难溶络合物，很容易通过过滤除去。

3. 化学镍镀层的成分和结构

在酸性溶液中得到的镀层含 P 为 7% ~10% （质量分数），在碱性溶液中得到的镀层含 P 为 5% ~7% （质量分数），磷的存在决定了一系列镀层的特殊性质，这些特性在热处理后发生显著变化。

作为 PCB 表面镀层，焊接性是首要的。这样用途的镍镀层要求 P 含量为 7% ~9%（质量分数）。

溶液的 pH 值是影响镀层中 P 含量的主要因素。例如 pH 值从 5.5 降到 3.5，合金中 P 含量从 7.5% 升高到 14.5%，因此必须控制溶液的 pH 值，一般在 5.1，能得到含磷约 9% 的合金镀层。通过 X 射线及电子显微镜检查的结果证明，化学镍镀层是无定形的，具有成层的结构和过冷液体的结构。

4. 镀层的防护性能

随着沉积条件的不同，化学镀镍层具有不同的孔隙率和腐蚀稳定性。经试验证实，酸性溶液中所得化学镍层比碱性溶液中所得化学镍层气孔少，化学稳定性更高。

5. 镀层的物理力学性能

化学镀层的显微硬度为 3.4 ~4.9kN，并随着 P 含量的升高而升高。热处理可以提高硬度，并提高耐磨性。

6. 光亮化学镍层的获得

采用多种方法可以获得光亮化学镍层：

1）在化学镀镍溶液中添加与电镀光亮镍相同的添加剂。

2）在溶液中加入醋酸钴 2.5g/L 或更多，或加入 0.3g/L 的醋酸铀。

3）加大被镀面积，面积越大镀层越光亮。

7. 化学镀镍溶液配方与工艺条件（见表 9-11）

表 9-11　常用的化学镀镍溶液配方与工艺条件

配方与工艺条件	1	2	3	4	5	6	7
$NiCl_2 \cdot 6H_2O$/（g/L）	17	21 ~22	22 ~23	—	21 ~22	30	30
$NiSO_4 \cdot 7H_2O$/（g/L）	—	—	—	28	—		
$NaH_2PO_2 \cdot H_2O$/（g/L）	10	23 ~24	26 ~28	30	23 ~24	10	10
CH_3COONa/（g/L）	8	10	—	—	—	50	-
NH_4Cl/（g/L）	—	—	—	—	20 ~32	—	100
柠檬酸钠/（g/L）	—	—	—	—	45 ~47	—	100

（续）

配方与工艺条件	1	2	3	4	5	6	7
NH_4OH（25%）/（mL/L）	—	—	—	—	50～55	—	-
氨基乙酸/（g/L）	—	—	—	—	15	—	-
琥珀酸钠/（g/L）	—	—	15	18	—	—	-
pH 值	5.3～5.5	4.9～5.1	4.9～5.1	4.5～5.3	8～9	4～6	8～9
温度/℃	90～92	90～93	90～93	90～92	85～92	90～92	90

9.3.4 化学浸金

1. 浸金机理

镍面上浸金是一种化学置换反应，属于浸镀，而不是化学镀。当镍浸入含［Au（CN）$_2$］$^-$络离子的溶液中，其沉积电位如下：

$$Ni \longrightarrow [Ni(CN)_4]^{2-} + 2e \cdots\cdots E_0\{[Ni(CN)_4]^{2-}/Ni\} = -0.899V$$

$$[Au(CN)_2]^- + e \longrightarrow Au + 2CN^- \cdots\cdots E_0\{[Au(CN)_2]^-/Au\} = -0.60V$$

浸镀金的置换反应为

$$2[Au(CN)_2]^- + Ni \rightarrow 2Au + [Ni(CN)_4]^{2-}$$

由于 $\Delta E^0 = E^0\{[Au(CN)_2]^-/Au\} - E_0\{[Ni(CN)_4]^{2-}/Ni\} = -0.60V - (-0.899V) = 0.289V > 0V$，因此反应可以自发进行。溶解一个镍原子就会有两个金原子沉积到镍层上。原则上讲，当镍面上完全覆盖上一层 Au 之后，金的析出便停止。但由于金层表面孔隙很多，故多孔的金属下的镍仍可溶解，而金还会继续析出在镍上，只不过速率越来越低，直至终止。

浸金层的厚度一般为 0.03～0.1μm，最多不超过 0.15μm。

2. 浸金溶液配方

浸金溶液配方与工艺条件见表 9-12。

表 9-12 浸金溶液配方与工艺条件

配方与工艺条件	参　数
67% 的 K[Au(CN)$_2$] /（g/L）	2.94
氰化钠/（g/L）	23.5
无水碳酸钠/（g/L）	29.4
温度/℃	65～85

目前大多数 PCB 生产厂家都愿意采用供应商提供的专用配方。如 ATO 公司（安美特）Aurotech 的化学镀镍/浸金工艺已被众多 PCB 生产商采用。

Aurotech 是 ATO 公司开发的化学Ni/Au 制程的商品名称，适用于制作阻焊膜之后的印制电路板的裸露区域（一般是焊脚或连接盘的导通孔）进行选择性镀覆的化学法。

Aurotech 工艺能在裸露的 Cu 表面和金属化孔内沉积均匀的化学 Ni/Au 镀层，即便是高厚径比的小孔也如此。Aurotech 工艺特别适合用于超精细线路中，通过边缘和侧壁的最佳覆盖达到完全抗蚀保护。同热风整平相比，Aurotech 工艺的温度不高，PCB 基材不会产生热应力变形。热风整平对通孔拐角处的覆盖较差，而化学 Ni/Au 却很好。

与有机焊接性保护涂层相比，除了焊接性之外，Atotech 镀层还具有好的搭接焊、接触导通和散热功能。

3. Aurotech 工艺流程说明

Aurotech 工艺流程由酸性清洁、微蚀、活化、化学镀镍和化学浸金等 5 步组成，用竖直式的挂栏进行操作。

（1）酸性清洁　其作用是除去氢氧化层、油脂以及焊剂、抗蚀剂残余物，为下一步的微蚀制备一个湿润的 Cu 表面。图形电镀前的酸性清洁剂都可用。

（2）微蚀　使 Cu 表面产生最佳的粗糙度，促进 Cu 与化学镍的良好附着。

（3）活化　活化包括两步：

1）通过预浸形成一种酸性膜覆盖整个 Cu 表面，以防止发生不希望的副反应。

2）浸活化剂，使暴露在溶液中的任何 Cu 表面上形成均匀的晶体薄层。这种晶体层是通过 Cu 和 Pd 之间进行的离子交换（置换）反应产生的（$Cu + Pd^{2+} \rightarrow Pd + Cu^{2+}$）。

（4）化学镀镍　由前文可知，化学镍层是自动催化沉积的。镍层中磷的含量影响镀层的无定形结构以及产生良好的抗蚀性和焊接性。

通过控制温度和 pH 值，Ni 的沉积速度和含磷量可保持恒定。

（5）化学浸金　浸 Au 槽液在 60 ~ 80℃ 的温度下操作，可镀非常细密的 Au 层，最大厚度为 0. 15μm。Au 的沉积速度与槽液温度有关，溶液 pH 值在 4. 0 ~ 5. 0 之间。

在槽液中的导电盐、pH 值调整剂不干扰 Au 的沉积。槽液中的 Au 浓度很低，溶液带出的 Au 将保持很少量。

9. 3. 5　化学镍钯金

化学镍钯金是近年来发展较快的一种表面焊垫或焊盘保护工艺，它是在化学镍/金层之间多沉积一层钯层。在化学镍层和浸金层之间加入薄薄的化学钯层的作用主要有两个方面：①阻挡镍的扩散和迁移，防止黑盘的发生，在焊接时，很薄的金层迅速熔入焊料后，由于钯的熔点高，在焊接时钯的熔解速度比金的慢很多，熔融的钯在镍表面会形成一层阻挡层可防止铜镍金属氧化物的产生，从而改善了焊接性能；②由于硬度较大的钯层存在（钯的莫氏硬度为 4. 75，金的莫氏硬度为 2. 50），可以使金层厚度明显地减少（使金层厚度降低至 0. 1μm）。这样即可提高焊接点的可靠性，又可获得较好的耐磨性能和打金线性能，适合应用在高连接可靠性的产品上，同时可降低成本。

钯的物理性能好，具有高耐热性、稳定性、抗氧化能力，能够经受多次热冲击。通过化学方法可直接镀在铜或镍的表面，因为钯本身具有自动催化作用的能力，镀层厚度可达到 0. 08 ~ 0. 2μm。随着集成电路集成度的提高和组装技术的飞速进步，化学镀钯在芯片级组装（CSP）上将会发生更重要的作用。

1. 化学镀钯工艺

化学镀钯溶液的配方与工艺条件见表 9-13。

2. 钯层的工艺特性

1）工艺范围比较宽，操作简便。槽液对杂质的容忍性好，降低了对阻焊的苛刻要求，也明显地改善了操作环境。化学镀钯的成本为化学镀镍/金的 40%。采用化学镀钯层可以提高焊接的可靠性，化学镀钯层保护镍表面直到焊接完成。因为钯层被焊料熔解后便漂浮在焊料的表面，不会形成界面化合物，因而确保了焊接的可靠性。

表 9-13　化学镀钯溶液的配方与工艺条件

配方与工艺条件	1	2	3	4	5
氯化钯/（g/L）	4	2	10	2	3.9
氯化铵/（g/L）	—	27	—	26	—
次磷酸钠/（g/L）	—	10	—	10	—
乙二胺四乙酸二钠/（g/L）	34	—	100	—	34
水合肼/（g/L）	0.03	—	—	—	0.55
乙二 6-1 胺/（g/L）	—	—	80	—	—
氢氧化铵/（mL/L）	350	160	—	160	360
盐酸/（mL/L）	—	4	—	—	—
pH 值	—	9.8	9 ~ 10	50	80
温度/℃	80	30 ~ 80	60	—	—
沉积速度/（μm/h）	25	1.2 ~ 10	1.7	—	—

2）化学镀钯层具有良好的耐热稳定性。

3）化学镀钯层具有很好的平整度，适用于精细节距的表面安装元器件对载体表面共面性的要求。

3. 应用效果

化学镀镍/浸金实质上是在裸铜的表面化学镀上一层镍磷合金后再化学镀上一层极薄的金层而构成的复合镀层。其中镍磷合金层是作为防止铜的扩散用的阻挡层。引起争议的是，在用此种类型结构的镀覆层进行焊接时，极薄的金层很快熔化在 Sn-Pb 合金中形成 $AuSn_4$ 合金并裸露出洁净的镍层，从而获得优良的焊接性。但是一旦 $AuSn_4$ 合金形成的 Au 含量≥3%时，焊层会变脆，从而在焊点处会造成潜在性的焊接不良。

从实际工艺试验结果证明，虽然浸金层厚度仅有 0.1 ~0.15μm，对表面安装技术所要求的焊接性基本上可获得满足，但对于裸芯片的焊接时，金属间的结合力显然是不足的。如采用自催化的化学镀金取代置换反应浸金，其金属层厚度可达到 0.5μm，但和 PCB 表面上的阻焊剂是不兼容的。为此，只有在未进行涂覆阻焊剂前化学镀金，如果不采取其他保护方法，势必会增加镀金面积，其结果将会明显地提高制造成本。在镍表面化学镀钯（厚度为 0.076 ~0.23μm），焊接时熔解的钯不与焊料形成像被焊料熔解的金属形成金/锡共面化合物那样影响焊接性能，而且漂浮在焊料的表面上，并且很坚固稳定。因此，化学镍钯金逐渐得到了关注。

9.4 脉冲镀金及化学镀金

9.4.1 脉冲镀金

1. 概述

脉冲镀金工艺是应用脉冲技术最早、最多和最有成效的镀种之一，它比直流镀金具有更优异的镀层性能，如镀金层结晶致密光亮、纯度高、焊接性好、孔隙少和抗蚀性好等。

在脉冲镀金过程中，由于瞬间有很高的峰值电流（比平均电流密度大10倍左右），因此会在阴极表面上产生很高的超电位，这样就大大提高了结晶沉积速度，使得晶核形成的速度远远大于晶粒的长大速度，从而获得结晶致密、孔隙少的金镀层。通常，脉冲镀金得到的晶粒为0.5μm，而直流镀层得到的是2μm。由于脉冲镀金是间断电流，阴极表面上的电位梯度是动态的，而直流镀金则是静态的。因此，脉冲镀金时，阴极表面上的电流分布要比直流镀金均匀得多，在脉冲条件下得到的金层是细小的等轴状结晶。所以，它的纯度高、抗蚀性和焊接性好。由于金层致密和孔隙少，可以防止基体金属原子通过镀金层向表面扩散，因此，抗铜扩散变色能力比直流镀金强。

2. 酸性脉冲镀金溶液的配方与工艺条件

酸性脉冲镀金溶液的配方与工艺条件见表9-14。

表9-14　酸性脉冲镀金溶液的配方与工艺条件

配方与工艺条件	1	2	3	4	5
金［以 $KAu(CN)_2$ 形式加入］/（g/L）	10~20	6~8	20~35	10~20	5~10
柠檬酸铵［$(NH_4)_3C_6H_5O_7$］/（g/L）	120	—	—	—	110~120
柠檬酸钾（$K_3C_6H_5O_7 \cdot H_2O$）/（g/L）	—	120	100~120	110~130	—
酒石酸锑钾［$K(SbO)C_4H_4O_6 \cdot 1/2H_2O$］/（g/L）	0.3	0.3	—	—	0.1~0.3
硫酸钾（$K_2SO_4 \cdot 5H_2O$）/（g/L）	—	—	18~22	20	—
柠檬酸（$H_3C_6H_5O_7 \cdot H_2O$）/（g/L）	—	75	—	—	—
pH值	5.5~5.8	4.8~5.6	5.4~6.4	4~7	5.2~5.5
温度/℃	45~50	室温	65	45~65	40~45
脉冲电流波形	矩形波	矩形波	矩形波	矩形波	矩形波
脉冲电流频率/Hz	20~10	1000	650	900~1000	1000
脉冲电流通断比	1:5~10	1:5~10	1:7	1:9	1:7~15
平均电流密度/（A/dm^2）	0.3~0.4	0.4	0.35~0.45	0.1~0.5	0.1~0.4

3. 脉冲镀金适用性

脉冲镀金可以使用现有工艺的配方，工艺条件基本相同，只是改变电流的施加方式，即把直流电流改为脉冲电流。通常采用方波脉冲电流，可以用单向脉冲电流，也可以使用带有反向脉冲的脉冲电流，反向脉冲的幅度可以与正向脉冲相同，通电时间为正向脉冲的1/10左右，一般多采用反向脉冲电流的脉冲电镀，获得的镀层厚度分布均匀，可减少边缘效应，并可以得到纳米级层状结构的镀层。

脉冲电镀可以用于任何单金属镀种和合金镀种，但脉冲工艺参数需通过工艺试验法来确定。脉冲镀金的参数为：导通时间 $t_{on}=0.1ms$，关断时间 $t_{off}=0.9ms$，占空比 $\gamma=10\%$，频率为1000Hz，脉冲平均电流密度与直流密度相同。生产实践表明，从镀层的孔隙率分析，2.5μm厚的脉冲镀金层可达到孔隙率最低，而直流镀金层厚度需要达到2.7~9μm之间孔隙率最低，真空蒸发镀金即使金层厚度达到7μm以上孔隙率仍然很高。

从低氰柠檬酸盐镀金溶液中获得的沉积层发现，脉冲镀金层的电阻率与直流镀金相比要低25%。如金钴合金镀层的电阻率，也要比直流镀层的电阻率低50%～60%。

9.4.2 化学镀金

化学镀与浸镀的机理完全不同。化学镀是指在没有外电流的作用下，利用溶液中的还原剂将金属离子还原为金属并沉积在基体表面，而形成金属镀层的表面加工方法，又称为自催化电镀和无电电镀。而浸镀是一种无需还原剂的化学置换镀，它仅限于镀上去的金属要比基体金属的电极电位正，反应才能进行；而且这种置换镀层是相当薄的，因为一旦基体金属全部被覆盖，反应也就停止了。

虽然很多还原剂均可以从溶液中还原出电位高的Au，但适用于化学镀的还原剂主要有酒石酸、甲醛、甘油、葡萄糖、肼、硼氢化物、硼烷胺和次磷酸钠等。

事实上，有的化学镀金同时兼顾上面的化学镀和置换镀两种过程。如用NaH_2PO_2作为还原剂沉积金的过程首先是置换过程。研究表明在Ni基上镀金开始也是置换过程，但Ni的催化活性表面提供了$H_2PO_2^-$在阳极氧化的空间，从而使Au能在Ni表面上连续沉积，但Au层完全覆盖Ni基体后镀速就逐渐降低，完全变成自催化镀控制。试验表明，93℃下镀15h，厚度为23μm，起始镀速为4.8μm/h，但变成自催化镀后镀速降至约1μm/h。

1. 化学镀薄金配方与工艺条件（见表9-15）

表9-15 化学镀薄金配方与工艺条件

配方与工艺条件	自配	SWJ-810[①]	Aureus7950[②]	Tel-61[③]	Immersion[④]
Au（以$KAu(CN)_2$形式加入）/（g/L）	1	1.4	1.4	2	1～6
柠檬酸二氢铵/（g/L）	50	开缸剂 600mL/L	浓缩液 250mL/L	Tel-61-M5 200mL/L KCN0.05g/L	开缸剂 600mL/L
次磷酸钠/（g/L）	10				
氯化镍/（g/L）	2				
氯化铵/（g/L）	75				
pH值	5～6	7～7.5	9	4.6±0.1	5.5～6.5
温度/℃	沸	85～95	70	85±1	70～90
时间/min	1	5～10	5～15	3～4	10～15（>0.1mm）

注：商业配方的工作液寿命，一般达2～3周期。当浸金液中Ni>500×10⁻⁶g/L时，外观和结合力变差，溶液需要更换。

① 深圳圣维健公司产品。

② 希普励公司产品。

③ 上村旭光公司产品。

④ 乐思公司产品。

2. 化学镀厚金工艺

化学镀厚金是在化学浸金的镀层上进行的，镀液中加入特殊的还原剂，使在置换与自催化作用下镀金。镀层厚度达0.5～1μm，是金线压焊的理想镀层。有特殊要求时也可使镀层厚度达 2μm。美国 IPC-6012（1996）规定用于焊接的金层厚度为 0.8μm（最大值）。

化学镀厚金配方与工艺条件见表 9-16。

表 9-16　化学镀厚金配方与工艺条件

配方与工艺条件	自　配	AurunA516①	TSK-25②
金（以 $KAu(CN)_2$ 形式加入）/（g/L）	0.5~2	4	4
柠檬酸铵/（g/L）	40~60	—	—
氯化铵/（g/L）	70~80		
偏亚硫酸钾/（g/L）	2~5		
次磷酸钠/（g/L）	10~15		
pH 值	4.5~5.8	7.4~7.7	4.5~4.7
温度/℃	90	70±1.5	85±1
沉积速度/（μm/h）	—	0.7~1.2	—
装载量/（dm^2/L）	—	0.1~2	—

① 德国萨-赫斯公司产品。

② 上村旭光公司产品。

9.5 化学镀锡、镀银和镀铑

9.5.1 化学镀锡

锡是一种银白色的金属，具有良好的导电性和钎焊性。由于锡与氢的标准电位差很小，故锡在稀酸介质中作用缓慢，因此锡被广泛应用于电子、化工等行业。

化学镀锡工艺运用于印制电路板的生产也比较多，从环保的角度出发，应用此工艺可消除锡铅合金镀层中铅对环境带来的污染。使用此种类型工艺的目的就是使镀层具有良好的焊接性能。更为可贵的是此种类型的镀层就是在高温老化或受潮后，仍然可保持良好的焊接性能。

1. 化学镀锡机理

铜基体上的化学镀锡原则上属于化学浸锡，是铜与镀液中络合锡离子发生置换反应的结果。当锡层形成后，反应立即停止。

普通酸性溶液中，铜的标准电极电位 $E_0(Cu^{2+}/Cu)=0.34V$，锡的标准电极电位 $E_0(Sn^{2+}/Sn)=0.136V$，故金属铜不可能置换溶液中的锡离子而生成金属锡。在有络合物（如硫脲）存在的条件下，硫脲与二价铜生成稳定的络离子，从而改变了铜的电极电位，可以达到 -0.39V，因而使铜置换溶液的锡离子成为可能。此时的化学反应如下：

$$4(NH_2)_2CS + Cu - 2e \rightleftharpoons Cu[(NH_2)_2CS]_4^{2+}$$

$$Sn^{2+} - 2e \rightleftharpoons Sn$$

$$4(NH_2)_2CS + Cu + Sn^{2+} \rightleftharpoons Cu[(NH_2)_2CS]_4^{2+} + Sn \quad (9\text{-}1)$$

化学反应式（9-1）可以向右进行直至铜表面完全被锡所覆盖即结束。

2. 化学镀锡工艺

化学镀溶液的主盐有的使用二氯化锡或烷基磺酸锡等。由于溶液中二价锡离子很容易被氧化成四价锡离子，故溶液的保存期较短，溶液稳定性差。近年来，生产上用的化学镀锡液常用专业供应商提供的专用配方。镀液不含氯、氟，对阻焊膜的腐蚀性小，镀液稳定性好。常用化学镀锡配方与工艺条件见表9-17。

表9-17 常用化学镀锡配方与工艺条件

配方与工艺条件	A	B	C	D
氯化亚锡/（g/L）	20	30	—	—
锡/（g/L）	—	—	18~22	10~15
硫脲/（g/L）	75	100	—	—
次亚磷酸钠/（g/L）	90	80	—	—
盐酸/（g/L）	80	50	—	—
EDTA-2Na/（g/L）	—	3	—	—
柠檬酸/（g/L）	—	15	—	—
表面活性剂/（g/L）	1	2	—	—
RMK-20化学锡液/（g/L）	—	—	100%	—
SWJ-830化学锡液/（g/L）	—	—	—	100%
pH值	—	—	—	0.5~1
温度/℃	38	65~85	60	50~60
时间/min	—	—	10	5~10
负载/（dm^2/L）	—	—	≥0.3	—

注：C为上村旭光公司配方；D为深圳圣维健公司配方。

9.5.2 化学镀银

化学镀银工艺应用于印制电路板生产的时间很长，但由于易受空气中氧的作用而生成黑色的氧化膜层，不但表面质量很差，更重要的是表面电阻变化很大，直接影响载体的电性能。但经过改进后，化学镀银既可用于锡焊又可以用于压焊工艺，因而受到普遍重视。相比之下，采用的化学镀镍/金成本较高和有机焊接性保护（OSP）技术组装时受到一定的限制（基准定位点是铜本色，用肉眼很难定位准），另外与助焊剂兼容性也较差。

1. 化学镀银的工艺方法

化学镀银的工艺方法仍以浸镀为主，因为铜的标准电极电位 $E_0(Cu^{2+}/Cu)=0.34V$，$E_0(Ag+/Ag)=0.779V$，故铜能置换溶液中的银离子而在铜表面形成沉积银层，其化学反应式如下：

$$2Ag^{+} + Cu \rightarrow Cu^{2+} + 2Ag$$

为控制其反应速度，溶液中的银离子会以络离子状态存在，当铜表面被完全覆盖或溶液中铜达到一定浓度时，反应即告结束。

2. 工艺流程

酸性除油→水冲洗→微蚀→水洗→刷光→预浸→化学镀银→水洗→干燥。

工艺说明如下：

1）酸性除油：确保铜表面无沾污。

2）微蚀：微蚀使用过氧化氢－硫酸，蚀铜层厚度为 1.5μm 左右，该镀液应保持 Cu^{2+} 小于 5g/L、Cl^{-} 小于 5×10^{-6}g/L。

3）刷光：用新的黄铜丝轮进行刷光，以激发铜表面电子活性，使被置换的银层光亮结实。

4）预浸：为保护化学镀银溶液和改善镀层质量，使用不含银的空白溶液，预浸 30s 左右。

5）化学镀银（见表 9-18）：镀液含银为 0.5～0.6g/L、pH 值为 6.5～7、温度在 43～53℃之间、时间为 3min。使用 XRF 测定银层厚度为 0.05μm。溶液中的杂质含量为 $Cu^{+} <$ 0.5g/L。

6）水洗和干燥。该镀液对氯离子很敏感，因此使用的清水应保持电导率 <5μS/cm。

3. 化学镀银的配方（见表 9-18）

表 9-18　化学镀银镀液的配方与工艺条件

配方与工艺条件	参　数　值
氰化银（AgCN）/（g/L）	1.34
氰化钠（NaCN）/（g/L）	1.49
氢氧化钠（NaOH）/（g/L）	0.75
二甲胺基硼烷（DMAB）/（g/L）	2.0
硫脲 [$CS(NH_2)_2$] /（g/L）	0.0003
溶液温度/℃	55

4. 银层厚度的控制

银层厚度与溶液的银浓度和浸银时间有关。当溶液内银含量提高时，浸银后的银层厚度增加。当其他条件不变时，浸银时间增长时，银层厚度增加。

5. 操作注意事项

1）化学浸银前，印制电路板铜表面一定要经过清洁处理，确保无沾污或手印等。

2）用镀过银的黄铜丝轮进行快速刷光，然后立即浸入镀液内，由于铜表面电子的激活，银快速覆盖在铜表面上呈银白色，而且结合力好。

3）最后用同样的刷光方法使银表面呈现光亮的金属表面。

9.5.3 化学镀铑

1. 概述

铑具有光亮银白色的外观，具有较高的反射能力，反射系数在72% ~75%之间，仅次于金属银。铑的化学性质十分稳定，在室温条件下耐酸碱，对硫化物稳定。铑镀层光亮、耐变色、硬而耐磨、接触电阻小，但不能钎焊，在高温条件下容易氧化。

化学镀铑工艺多数用于印制电路板插头部位，提高耐磨性和稳定性。因为该工艺价格昂贵，故用于高精密度的电器接触件的电镀，以确保表面不变色、耐磨和减少接触时产生火花，以避免烧毁精密控制电气接插件。

2. 镀液配方与工艺条件

光亮镀铑和化学镀铑镀液配方与工艺条件分别见表9-19和表9-20。

表9-19 光亮镀铑镀液配方与工艺条件

配方与工艺条件	参 数 值
金属铑 Rh/（g/L）	2
硫酸（98%）H_2SO_4/（mL/L）	0~40
添加剂/（mL/L）	10
镀液温度/℃	30
阴极电流密度（D_k）/（A/dm^2）	1~2

表9-20 化学镀铑镀液配方与工艺条件

配方与工艺条件	参 数 值
氯铑酸钠（Na_2RhCl_6）/（g/L）	1
水合肼［（$H_2N \cdot NH_2$）·H_2O］/（g/L）	2
氢氧化钾（KOH）/（g/L）	2
氨水（$NH_3 \cdot H_2O$）/（mL/L）	5
溶液温度/℃	80

镀铑工艺有多种类型，其中以硫酸型镀铑工艺比较理想，它不但外观光亮洁白，而且镀液的分散能力和覆盖能力好，电流效率高，镀层硬度高达700~850HV，耐磨性较好。

9.6 有机焊接性保护膜技术

有机焊接性保护膜（Organic Solderability Preservative，OSP）技术是通过化学的方法，在裸铜的表面上形成一层0.2~0.5μm厚的薄膜。OSP在印制电路板铜表面形成后，具有优良的防氧化性、耐热冲击性、耐湿性。经OSP技术处理后的印制电路板可放置6~12个月时间。相比热风整平等工艺，OSP技术能够均匀地涂覆在铜表面，具有优良的平整度和翘曲度，更适合SMT的应用要求。当然，由于OSP技术表面涂覆的是有机层，在操作过程中容易被物理破坏，因而必须十分小心。

OSP 技术的工艺流程如下：

除油→水洗→微蚀→水洗→预浸→水洗→成膜→水洗→干燥。

1. 除油

除油的目的在于形成洁净新鲜的铜表面，其效果直接影响 OSP 的效果。除油不良将导致 OSP 在铜表面上吸附厚度不均匀，甚至部分区域无法吸附 OSP 从而失去保护铜焊垫或焊盘的作用。

2. 微蚀和预浸

微蚀的目的在于使铜形成粗糙的表面，便于 OSP 成膜以及提高成膜的强度。一般情况下，微蚀的厚度控制在 0.5 ~ 1.5μm 之间。

预浸使铜表面形成一层保护膜，防止微蚀过程中的铜离子带入 OSP 溶液中。同时，预浸还能让铜表面提前适应 OSP 溶液。

3. 成膜

成膜最为重要的是 OSP 溶液的配制。目前，用于 PCB 的 OSP 溶液主要包括有机成膜剂（8 ~ 12g/L）、有机酸（20 ~ 50g/L）、氯化铜（0.1 ~ 1.0g/L）。

有机成膜剂是 OSP 溶液的主要成分，具有很高的耐热性（分解温度在 300℃ 以上），决定了 OSP 在 PCB 铜表面的焊接性和可靠性。烷基苯并咪唑有机物中的咪唑环能够与一价铜的 $3d^{10}$ 形成配位键，从而络合在铜的表面。有机物中的支链烷基之间的相互作用使得 OSP 不断地沉积，从而形成具有一定厚度的膜。

目前，有机成膜剂主要有三大类，即松香类、活性树脂类以及咪唑类。其中，咪唑类是最为广泛使用的有机成膜剂。咪唑成膜剂是 OSP 技术的主要发展方向，按照其使用和发展的历程可分为 5 代，分别为苯并三氮唑 BTA、烷基咪唑类 IA、苯并咪唑类 BIA、取代苯并咪唑类 SBA 以及最新的芳苯基咪唑类 APA。

在 OSP 溶液中加入氯化铜可以促进络合物保护膜的形成。一般认为，烷基苯并咪唑与铜离子有一定的络合。这种有限程度聚集络合物再沉积到铜表面形成络合薄膜时，能够在较短的时间内形成较厚的保护层，起到促进 OSP 成膜的效果。一般认为，OSP 溶液中加入的氯化铜不超过 0.1%，控制在 0.03% ~ 0.05% 范围内为宜。过高的氯化铜会造成溶液过早老化。

有机酸的加入可以增加烷基苯并咪唑在水溶液中的溶解度，促进络合保护膜的形成。而用量过多反而会使沉积在铜表面上的保护膜溶解，因而控制有机酸的加入值（即控制 pH 值）是至关重要的。pH 值过高时，烷基苯并咪唑的溶解度降低，有油状物析出，对 OSP 成膜不利。pH 值控制合理就可得到致密、均匀、厚度适中的络合膜。pH 值过低，则因络合膜溶解度增加，会使沉积在铜上的络合物溶解而不能形成要求厚度的膜。一般将 OSP 溶液的 pH 值控制在 3.5 左右。

OSP 技术形成焊接性保护膜的关键在于控制成膜厚度。膜太薄，耐冲击能力差，在过回流焊时，膜层耐不住高温，最终影响焊接性；而膜太厚，在 SMT 过程中不能很好地被助焊剂所溶解，从而影响其焊接性。

9.7 习题

1. 印制电路板制造工业中常用到哪些电镀和化学镀镀种和技术？各镀种的作用是什么？

2. 说明表9-3电镀锡铅合金配方中各主要成分的作用和工艺参数对镀层质量的影响。

3. 电镀镍/金镀层的作用是什么？插头部位电镀镍层厚度应在什么范围？电镀金层厚度又应控制在什么范围才能满足要求？

4. 用来改善焊接性，并用作抗蚀层的电镀镍/闪镀金对镍层和金层厚度的要求是多少？常采用什么电镀液配方与工艺条件？

5. 化学镀镍和化学浸金层有何作用和优点？化学镀镍的基本原理是什么？化学镀和浸镀在原理上有何不同？

6. 比较化学镀镍/浸金与化学镀镍钯金的优缺点。

7. 与直流电流镀金相比，脉冲电流镀金有何优点？采用脉冲电流镀金的镀液配方与相应的直流电流镀金的配方是否相同？

8. 化学镀锡、镀银和镀铑在印制电路板生产中有何应用？其相应的镀液配方和工艺条件是什么？

9. 简述有机焊接性保护膜技术中有机成膜剂成膜的原理。

10. 简述OSP溶液的组成以及各组成的作用。比较OSP技术与其他焊接性技术之间的差别。

第10章　印制电路板组装技术

印制电路板只有通过电子元器件在其表面进行组装实现正确连接后才能实现功能化。失效分析显示，印制电路板发生失效问题大部分归结于电子元器件的组装过程。因此，印制电路板电子元器件组装技术起着重要的作用。

印制电路板组装技术包括组装材料的选择、组装工艺设计、组装技术以及组装设备等四大部分。任何一个环节都严重影响着印制电路板的最终可靠性。随着印制电路板互连密度越来越高，焊盘的尺寸及其之间的距离越来越小，这给印制电路板组装技术带来了较大的挑战。尽管近年来印制电路板组装出现了很多新的连接技术，但是通过焊料进行高温连接实现电子元器件组装仍然占据主导地位。

本章将对印制电路板组装中的最为常用的波峰焊和回流焊等两种工艺的焊接材料、焊接技术等进行系统介绍。

10.1 组装焊料

焊料是印制电路板与电子元器件之间进行互连组装的关键性“桥接”材料。为了在焊接过程中保证良好的可靠性，焊料通常是易熔金属。焊料随着技术的进步有了很大的发展，尤其在微型元器件的钎焊领域中，已成为不可缺少的组装材料。

焊料在焊接后不仅能在焊盘金属表面形成合金，将连接点焊在一起，而且熔点比基金属低，易于同基金属形成合金成为一体。印制电路板焊接过程既要求足够的机械连接，同时还要求良好的电气连接。

一般来说，熔点低于450℃的焊料称为“软焊料”。这类焊料以锡为主要成分。为了满足各种钎焊的要求，向其中加入不同的合金成分，如铅、铜、银、金、锌、镉、镁、铝、铟、铋、硼、硅、锗等元素，用于提高或降低它的熔点。其中，锡－铅焊料是印制电路板组装技术中最为常见的一类焊接材料。尽管无铅化技术对锡－铅焊料的应用造成较大的冲击，但是锡－铅焊料目前仍然在军事领域中大规模使用。

10.1.1　锡－铅焊料

印制电路板焊盘表面的金属如镍、铜、银、金、铂及其合金都能同锡形成合金，从而获得良好的机械连接和电气连接。因此，锡是印制电路板组装技术中不可或缺的一种金属材料。但是，由于纯锡存在物理性能方面的一些缺点，因而纯锡不能直接作为焊料进行印制电路板组装。向锡金属中加入一定量的铅，使它形成锡 - 铅合金，可获得锡与铅都不具备的优良特性。锡 - 铅合金具有的优良性能如下：

1. 降低熔点

锡和铅的熔点分别为 232℃和 327℃，在锡中加入一定量的铅后，可获得熔点为 183℃的低熔点合金，有利于焊接。

2. 改善力学特性

锡的抗拉强度为 14.7N/mm^2，铅为 13.7N/mm^2，当这两种金属混合形成合金后，它们的抗拉强度可达 39.2 ~ 49N/mm^2；锡的抗剪强度为 19.6N/mm^2，铅的抗剪强度为 13.72N/mm^2，这两种金属形成合金的抗剪强度为 29.4 ~ 34.3N/mm^2，焊接后，这个数值还将增大。锡铅系列焊料的物理力学特性见表 10-1 ~ 表 10-3。

表 10-1 锡铅系列焊料的物理特性

序号	焊料成分		熔点 /℃	密度 /（g/cm^3）	相对电导率（以铜为 100%）	抗拉强度 /（N/mm^2）	伸长率（%）	抗剪强度 /（N/mm^2）	维氏硬度 HV	
	w_{Sn}（%）	w_{Pb}（%）							表面 10 天后	中心 1 个月后
1	100	0	232	7.29	13.9	14.62	55	19.82	10	10
2	95	5	222	7.40	13.6	30.90	47	30.90	20	16
3	60	40	188	8.45	11.6	52.58	30	34.04	15	15
4	50	50	214	8.86	10.7	46.40	40	30.90	14	13
5	42	58	243	9.15	10.2	43.22	38	30.90	13	11
6	35	75	247	9.45	9.7	44.28	25	32.96	12.5	10
7	30	70	252	9.73	9.3	46.83	22	34.04	12	10
8	0	100	327	11.34	7.91	13.93	39	13.66	6	1

表 10-2 锡铅系列焊料在常温和高温下的力学特性

试验温度/℃	锡 60 - 铅 40		锡 40 - 铅 60	
	抗拉强度/（N/mm^2）	伸长率（%）	抗拉强度/（N/mm^2）	伸长率（%）
20	56.41	60	34.63	539
50	46.60	80	43.26	705.6
75	41.69	90	38.65	784
100	30.90	110	24.72	960.4
125	19.33	180	15.50	1960
150	12.36	180	11.58	1960
200	熔化	熔化	熔化	熔化

表 10-3 锡铅系列焊料在低温下的力学特性

焊料成分		抗拉强度/（N/mm^2）		
w_{Sn}（%）	w_{Pb}（%）	-70℃	-196℃	-253℃
100	—	35.32	69.65	71.61

（续）

焊料成分		抗拉强度/（N/mm^2）		
$w_{Sn}(\%)$	$w_{Pb}(\%)$	-70℃	-196℃	-253℃
90	10	52.97	107.9	137.3
60	40	54.94	117.7	147.2
50	50	54.94	127.5	157.0
25	75	51.01	127.5	166.8
—	100	27.47	14.15	69.65

3. 降低表面能

由于铅的存在，可使合金的扩展面积成倍增加，从而降低合金的表面能。

4. 可增强焊料的抗氧化能力，减少氧化量

微量的其他金属杂质对锡-铅焊料性能产生极大的影响，有的起积极作用，有的则是破坏作用。可以根据这些金属的作用性质，有意识地掺入某些金属以改善焊料的某些特性，而设法排除有害作用的杂质。例如：

1）锌（Zn）：含量达0.001%（质量分数）左右时，对焊点的外观、焊料的流动性及浸润性造成不利影响，是焊接中最忌讳的杂质之一。

2）铝（Al）：含量达0.001%时（质量分数），对焊料的流动性和浸润性有害，不仅影响焊点外观，而且容易发生氧化和腐蚀。

3）镉（Cd）：具有使焊料在熔点时升高的作用，并使焊料晶粒变得粗大而失去光泽。含量超过0.001%（质量分数）时，使焊料流动性下降，焊料变脆。

4）锑（Sb）：能增加焊料在熔点时的力学强度和电阻率，含量在0.3%~3（质量分数）%时，焊点形成极好；在6%（质量分数）以内，不仅能增加焊点的强度和抗蠕变能力，而且没有不良影响；但含量超过6%（质量分数）以后，焊料变硬变脆，并且流动性和浸润性变差，抗腐蚀能力也变坏，同时含锑的焊料不适于含锌基金属的焊接。

5）铋（Bi）：使焊料熔点下降并变脆。

6）砷（As）：含有微量时，虽可使焊料流动性略有增加，但却影响外观，并使焊料的硬度和脆性增加。

7）铁（Fe）：使焊料带磁性，并使熔点增高，不易操作。

8）铜（Cu）：使熔点升高，增大结合强度，含量在1%（质量分数）时可增加抗蠕变能力，能抑制焊料对电烙铁头的熔蚀性，可以焊接细线。

9）磷（P）：含量小时可以增加焊料的流动性，但含量过高时，熔蚀烙铁头的能力增大。

在印制电路板组装过程中，需要严格控制锡-铅焊料的纯度，避免引入导致焊料性能恶化的有害金属。此外，在焊接过程中，印制电路板的铜箔、元器件引线的铜及其镀层金属会不断溶入焊料槽中，对焊料造成污染。随着焊接过程的进行杂质不断地积累，含量逐渐增高。若超过标准，将出现焊接质量问题，导致失效问题。因此，在印制电路板组装过程中要经常检查并控制焊料成分，严重时，必须更换全部焊料，以维持正常生产和保证产品质量。

10.1.2 锡－铅多元合金焊料

为使锡－铅焊料获得某些使用特性，往往向其中加入银、铋、镉等金属成分构建多元合金焊料。

1. 掺银

往锡－铅合金中掺入少量的银，不仅可以使焊料的熔点降低，而且还可以使其扩散性变好，焊点美观光亮。从经济性出发，照顾到操作和熔点等因素，一般银的含量为0.5%～2%（质量分数）。这类焊料主要适用于晶体振子、陶瓷件、热敏电阻、厚膜组件、集成电路及镀银件，同时还可以作为高温软焊料使用。

预先在焊料中加入银，可以抑制涂覆在陶瓷和云母片上的银的扩散，以防止银层的剥落，这是含银焊料的特点。在印制电路的浸焊中，尤其是酚醛树脂印制电路板，使用含银焊料时，需要特别注意银的迁移问题。

在掺银含量上要严格控制。掺银过多（质量分数在3%以上），则焊料就失去光泽，焊出的点呈颗粒状，实用性将会受到影响。

2. 掺铋

掺铋能使焊料的熔点降低，而且质地变脆，在冷却时易出现细小的裂纹，不适于作为密封用，所以它的使用范围受到很大局限。

3. 掺镉

掺镉后焊料的熔点升高，可作为高熔点焊料使用。因为镉－锌焊料（镉82.5%，锌17.5%）的热电动势很小，所以可用于焊接测量仪器。同时，这种焊料还可以用于焊接铝。镉－锌－银（3%）焊料可作为高温软焊料使用。但由于镉的公害问题的存在，目前这种焊料的使用越来越少了。

10.1.3 无氧化焊料

焊料成分中往往含有锡和铅的氧化物，同其他非金属杂质一样，过去一直被忽视。近来发现这些氧化物残渣被包含在焊料中，形成了以杂质为中心的许多小晶粒，严重地影响焊接质量。无氧化焊料（锡－铅系列焊料）为粗大的纯合金，在元器件超小型化和微型方面，这是非常重要的高可靠焊料。这类焊料是采用真空熔炼的方法制造的。这类焊料的扩散性比空气中熔炼的焊料要高得多。尤其是将锡与铅分别进行真空熔制后，再在真空中按比例熔化制成的焊料，其扩散性比在空气中熔制的焊料高出16%～24%。

10.1.4 无铅焊料

近年来，随着人们环保意识的加强，以及铅金属固有的毒性（对人体神经系统的损坏），禁止铅在电子装配工业中的使用被提上议题。欧盟领导下的废弃电子电气设备组织要求在2006年前停止在电子装配工业中使用含铅材料。美国国家电子制造协会（NEMI）为此专门实施一个名为“NEMI的无铅焊接化计划”来系统研究无铅装配在电子工业中的使用。日本作为全球最大的电子装配工业国家，其主要消费电子企业也纷纷承诺尽快完全实现无铅电子装配，这一切使无铅焊料的研究迫在眉睫。我国作为高速发展中的国家，微电子工业的规模也在日益扩大。

为了确定最佳的替代组成以进一步提升焊料制造商及客户的市场竞争力，IPC（国际电子工业联接协会）联合世界上各著名的材料制造商成立了“焊品价值委员会（Solder Product Value Council）”，共同研究比较各组成的性能和可靠性，以期作为锡铅共晶合金的最佳替代者。各组织或机构推荐使用的锡铅共晶焊料替代合金见表 10-4。

表 10-4　各组织或机构推荐使用的锡铅共晶焊料替代合金

组织或机构	原推荐的焊料合金	现推荐的焊料合金
NEMI（美国国家电子制造协会）	Sn0.7Cu、Sn3.5Ag、SnAgCu	Sn3.9Ag0.6Cu（回流焊） Sn0.7Cu（波峰焊）
NCMS（中国国家材料服役安全科学中心）	Sn3.5Ag、SnAgCu、Sn3.5Ag0.5Cu1.0Zn	—
ITRI（中国台湾工业技术研究院）	SnAgCu、Sn2.5Ag0.8Cu0.5Sb、Sn0.7Cu3.5Ag	
BRITE. EURAM IDEALS（EU）	最佳合金为 Sn3.8Ag0.7Cu，其他有潜力的合金为 Sn0.7Cu、Sn3.5Ag、SnAgBi	
JIEDA&JIETA	波峰焊：Sn0.7Cu、Sn3.5Ag 回流焊：Sn3.5Ag、Sn（2～4）Ag（0.5～1）Cu	Sn3.0Ag0.5Cu

1. 无铅焊料应具备的性能

根据环境保护要求及工业实际应用，寻找在电子装配工业中能全面替代 Sn-Pb 的无铅焊料必须满足以下要求：

（1）低熔点　材料的熔点必须低到能避免有机电子组件的热损坏，但又必须能满足在现有装配工艺下具有良好的力学性能。

（2）润湿性　只有在焊料与基体金属有着良好的润湿时才能形成可靠的连接。

（3）可用性　无铅焊料中所使用的金属必须是无毒的和能丰富供给的。

（4）价格　焊料中所使用的金属的价格是一个因素，同时还要考虑因使用新焊料改变装配线所附加的成本。

2. 无铅焊料的研究现状

根据以上要求，几乎所有的无铅焊料的研究都是以 Sn 为主要成分来发展的，通过添加 In、Ag、Bi、Zn、Cu 和 Al 等元素构成二元、三元甚至四元共晶合金系。其主要原因是共晶合金有较低的熔点。表 10-5 给出了几种二元共晶焊料的共晶反应温度和共晶成分。可以看出，Sn-In 合金熔点最低，而 Sn-Au 合金则适合高温下使用。但近年的研究主要集中在 Sn-Ag 和 Sn-Zn 系，Sb 和 In 因具有毒性而被排除，Bi 和 Au 则因价格太高而不适合工业使用。Sn-Ag 系的高熔点可通过加入少量其他组元而降低，Zn 系所固有的易氧化性可通过惰性气体保护安装来避免。大量三元甚至四元 Sn 基合金的研究，其目的是得到更好的连接性能。下面将从现有的无铅焊料熔点、连接界面的润湿性、金属间化合物相析出、力学性能、腐蚀性能和成分配比等方面来加以总结。

表 10-5　二元共晶焊料的共晶反应温度和共晶成分

合　金　系	共晶反应温度/℃	共晶成分（质量分数,%）
Sn-Cu	227	0.7
Sn-Ag	221	3.5
Sn-Au	217	10
Sn-Zn	198.5	0.9
Sn-Pb	183	38.1
Sn-Bi	139	57
Sn-In	120	51

（1）熔点　Sn63Pb37 合金焊料的共晶反应温度为 183℃，传统电子装配线都是为适应这一温度而设计的，基于此要求无铅焊料的熔点与之相当，否则会带来有机元件的损坏及生产线改造导致成本增加的问题。目前可替代的焊料焊接温度基本都比锡铅含金要高，比如有着优良的力学性能的 Sn96.5Ag3.5 合金焊料共晶反应温度为 221℃，比 Sn63Pb37 合金约高 34℃，限制了其使用。于是研究人员通过在具有优良性能的焊料中添加 Bi、In 等来降低焊料的熔点，并且掺 Bi、In 合金在工业中作为低温电子焊接材料也已经得到广泛应用。

（2）润湿性　润湿性定义为衡量材料（通常是液体）在另一材料（通常是固体）上的扩展性能。其中表面张力的大小起着重要作用，而表面张力又与温度、助焊剂以及表面生成物有关，其中表面反应的作用尤为复杂。通过采用分子动力学模型模拟表面化合物和温度对扩展速度的影响，表面反应生成物能“钉扎”移动界面液相前沿而阻碍扩展过程的进行。例如基体金属上的 Ag 膜与 Sn9Zn0.5Ag 生成物成为 Sn 进入 Cu 生成 Cu6Sn5 的壁垒，从而提高焊料的润湿性。在焊料合金中加入稀土元素（如 0.5% RE），通过降低焊料和助焊剂之间的张力来改善润湿行为。

（3）无铅焊料金属间化合物（IMC）问题　绝大部分无铅焊料在焊接过程中有金属化合物的生成，同时焊料与金属基体的连接处也会生成化合物，这些金属化合物将对焊接性能会造成一定的影响。典型的金属间化合物有 Sn-Ag、Sn-Zn 和 Sn-Cu 等，它们对印制电路板组装性能的影响如下：

1）Sn-Cu。作为合金焊的主要相，Sn 与基体 Cu 之间会生成金属间化合物——Cu6Sn5（靠近焊料）和 Cu3Sn（靠近 Cu 基体表面）。金属间化合物的生成主要是液态焊料中的原子快速扩散所导致的，凝固后，生成的速率明显降低。锡基无铅焊料比纯锡在基体表面有更低的化合物生长率，而且生成化合物的厚度与温度有关，当热处理温度为 260℃时，金属间化合物厚度 >20 μm，而当温度为 300℃时，厚度却小到只有 10 μm。金属间化合物相的厚度直接影响其力学性能，当金属间化合物的尺寸小于 1 μm 时，焊料和金属间化合物之间没有裂纹产生，从而可获得最大抗拉强度；当金属间化合物尺寸介于 1 ~ 10 μm 之间时，抗拉强度开始下降；当金属间化合物尺寸大于 10 μm 时，随着残余应力的积累，金属化合物与焊料之间的破裂不断增加，抗拉强度显著下降。

2）Sn-Ag。Sn-Ag 系合金中生成化合物为 Ag3Sn，其体积大小与 Ag 的含量有关，当

Ag 的含量低于 3.2% 时，不会有粗大片层状 Ag_3Sn 生成；同时还与冷却速度有关，冷却速度越慢，Ag_3Sn 粗化越严重，从而导致抗拉强度和屈服强度降低，其原因是块状 Ag_3Sn 相的生成使焊接表面脆性增加、力学性能下降。

3）Ag-Zn。Sn-Zn 系合金中 Ag 的加入将导致 $AgZn_3$ 和 Ag_5Zn_8 化合物的生成，使焊料熔点升高。由于 $AgZn_3$ 和 Ag_5Zn_8 替代了富 Zn 相将导致焊料脆性增加、强度和弹性降低。上述金属间化合物相的生成量随冷却时间延长而增加，所以快速冷却可使焊料得到更好的抗拉强度。

4）Cu-Zn。Sn-Zn 系合金与 Cu 基体易生成 Cu_5Zn_8 化合物，因为 Cu_5Zn_8 的吉布斯（Gibbs）自由能低于 Cu_6Zn_5，所以 Cu_5Zn_8 为稳定相。这种金属化合物也是使焊料产生破裂的原因。但与 Cu_6Zn_5 随冷却时间延长生成物厚度增加不同，Cu_5Zn_8 反而减少。由于基体 Cu 板常常镀有电镀 Ni 层和化学镀 Ni-P 层，初期 Ni-P 层中富 P 的 Ni 层能有效阻止焊料进入 Cu 基体而形成金属间化合物；随着时间延长，金属间化合物的破裂与扩散以及空穴的增长将使 Sn 原子加速进入 Cu 基体而导致金属间化合物的析出加快。进一步的研究表明：表面 Ni 层通过扩散进入焊料及与基体形成 $(CuNi)_6Sn_5$ 均将使焊接黏附性大大降低，因此 Ni 不宜用于倒装晶片的装配。

（4）无铅焊料力学性能问题

1）拉伸性能。拉伸特性（主要指伸长率和抗拉强度）受焊接部分微观组织结构和晶粒尺寸的影响。近年来所研究的重点焊料 Sn-Ag 系、Sn-Zn 系和 Sn-Cu 系的总体拉伸性能都优于 Sn-Pb 焊料，但随温度升高，焊料中金属间化合物相析出明显增加，析出相引起的残余应力积累而使性能下降，Cu_6Sn_5 的析出是拉伸性能下降的主要原因，而 $AgZn_3$ 和 Ag_5Zn_8 的生成使焊接部分变脆，从而使拉伸性能下降。

2）剪切性能。焊接结构经常受到剪切载荷的影响，焊料抗剪切载荷的能力称为剪切模量或者剪切强度，与焊料所处温度有关。一般说来，剪切强度随温度升高而逐渐下降，各种脆性金属化合物的生成都会导致剪切强度降低。因此，通过快速冷却降低大块金属化合物的生成量将有助于剪切强度的提高。

3）蠕变性能。作为材料的高温性能，蠕变定义为材料处在恒定高温下，在恒定载荷下失效的一种行为。这里的高温一般是材料所处温度达到其熔点的 40% 以上。一般来说，蠕变可分为过渡蠕变阶段、稳态蠕变阶段和失稳蠕变阶段，其中稳态蠕变对材料影响最为重要，符合：

$$\mathrm{d}r/\mathrm{d}t = A\tau^{n}\exp\frac{\Delta H}{RT} \tag{10-1}$$

式中　$\mathrm{d}r/\mathrm{d}t$——剪切应变率；

A——与材料相关的常数；

τ——切应力；

n——应力参数；

ΔH——蠕变激活能；

R——气体常数，$R = 8.31\mathrm{J/(mol \cdot K)}$；

T——热力学温度

在低应力下，Sn96.5Ag3.5（n = 11）、Sn95.5Ag4Cu0.5（n = 18），而Sn63Pb37（n = 2），微观分析后认为$Ag3Sn$和Cu6Sn5的生成并进入基体Sn相是达到强化的原因。在Sn-Ag中加入稀土元素（Ce、La）后，由于稀土元素能细化晶粒，并在晶粒表面和界面形成能阻碍其滑动的组织结构，从而提高了蠕变特性，如图10-1所示。对比Sn3.5Ag、Sn4Ag0.5和Sn3.5Ag0.5Ni在室温和85℃时的蠕变特性，蠕变是在Sn-Sn晶粒晶界处形成的，而裂纹可能来自于晶界的滑移。

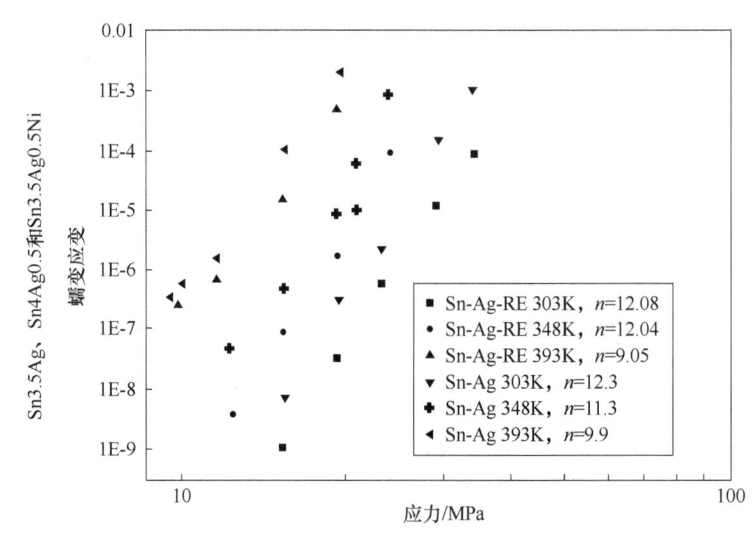

图10-1 Sn3.5Ag和Sn3.5Ag0.25RE在不同应力和蠕变温度下静态蠕变应变的比较

4）疲劳性能。焊料在变动载荷长期作用下，因累积损伤而引起的断裂现象称为疲劳，并分为恒温疲劳和热疲劳。就Sn96.5Ag3.5在低应变比、高频（应变比$R=0.1$、0.3和$f=10\text{Hz}$，$R=0.1$和$f=1\text{Hz}$）和大应变比、低频（$R>0.5$，且$f=0.1\text{Hz}$）条件下的疲劳破裂特性而言，在低应变比、高频条件下为穿晶破裂，在大应变比、低频下为晶粒间破裂。对比在多种频率下无铅和铅锡焊料的疲劳破裂扩展特性，无铅焊料具有更好的抗疲劳特性。

（5）腐蚀特性　由于焊料长期处于空气中，并可能接触酸雾等环境导致腐蚀，因此焊料的抗腐蚀特性也已得到广泛重视。比较Al-Zn-Cu焊料和Sn-Pb焊料在3.5%的NaCl溶液中的电化学特性，发现Al-Zn-Cu比Sn-Pb活跃，具有更大的迁移电流密度。对于Sn43Bi57、Sn91Zn9和Sn96.5Ag3.5在0.05mol/L的H_2SO_4、0.1mol/L的HNO_3和H_2SO_4、HNO_3（pH=4）下的腐蚀情况，发现稀酸下Bi、Ag能加速Sn的溶解，而Sn-Zn的溶解则依赖于其成分比，在浓酸下则只有Sn-Zn溶解。

（6）成分配比　通过对性能的研究，为了达到最好的性能，合金的成分配比就显得非常重要。这包括一方面倾向于寻找共晶成分配比，另一方面在二元合金中添加新元素以期提高性能。对于SnAgCu、SnZn、SnBi共晶焊料的力学性能，SnAgCu共晶焊料最具优势，而成了研究的主流。比较在Sn3Ag0.5Cu中添加Fe、Ni、Co、Mn、Ti等对合金的影响，其中0.1Ni的加入对提高性能有利。对于Sn8.55Zn0.45AlxAg的微观结构及力学特性，当$w_{Ag}=0.5\%$时为共晶合金，温度为198℃。在Sn-Ag中加入稀土元素（Ce和La）后性能显著提高，这可归结于稀土元素的加入降低了表面能，起到细化晶粒的作用。在 Sn-Ag 合金中，加入少量 Cu、Zn 可使性能提高，Sn3.5Ag 中加入 Cu、Zn、Bi 可使性能得到改善。

合金焊料组元的选择从二元到三元，甚至四元和五元，元素的选择也多达近 10 种。最近几年对无铅焊料开展的研究集中在 Sn-Ag 系的研究，其中 Sn-Ag-Cu 最被看好。但目前的研究结果表明尚没有一种合金焊料能满足现代电子装配工业超微化发展所要求的各项性能，所以系统的研究合金选择的精确理论，通过合作建立对整个无铅焊料的性能数据库是当务之急。值得注意的是，近年来研究主要集中在焊料在焊接成形过程中以及在以后的扩散中所形成的化合物对性能的影响，一般地说，大块脆性金属间化合物的形成使材料性能下降，而细小的金属间化合物与金属基体所形成的共晶相能显著提高材料性能。因此，作为抑制大块金属间化合物形成的温度控制、掺杂等各种措施就成为研究重点。稀土元素被称为金属中的“维生素”，能够通过少量的加入极大地改变金属的性能。在 Sn-Ag 系合金焊料中，稀土元素（Ce、La）的加入能明显改善合金焊料的表面界面润湿性、蠕变特性和拉伸特性。因为 Ce 与 Sn 结合的表面能低于与 Cu 和 Ag 结合的表面能，Ce 与 Sn 更具亲和力。这样就降低了 Ag、Cu 与 Sn 结合成晶粒的表面能，阻碍了金属间化合物的生成，达到晶粒细化的目的。同时 Ce 与 Sn 生成的细小的化合物均匀弥散在焊料中强化了焊料合金结构，也使焊料合金的各项力学特性得到增强。因此，对含稀土元素焊料合金的研究不仅对电子装配工业带来了深远的影响，而且也是无铅焊料的一个极有前景的发展方向。

10.2 助焊剂

10.2.1 助焊剂的作用

焊接的目的是使用焊料（如 Sn-Pb 合金焊料）将两个或两个以上，甚至成千上万个相互分离的元器件或部件结合起来，形成导电通路。目前大多数是采用焊接的方法把各电子元器件连接在印制电路板上。为了保证这种结合的可靠性，就要求焊点无虚焊。从冶金学的角度来看，连接要求在焊点处焊料与焊基材形成合金，不应只是机械式连结。如用锡－铅焊料焊接铜时，应形成锡－铜合金，它是由一系列铜锡合金组成的：在靠近焊料一边是形成 Cu6Sn5 合金层，在靠近铜的一边形成 Cu3Sn 合金层。其中，铅未参与合金化。图 10-2 所示为锡－铅焊料焊接铜的剖面结构。

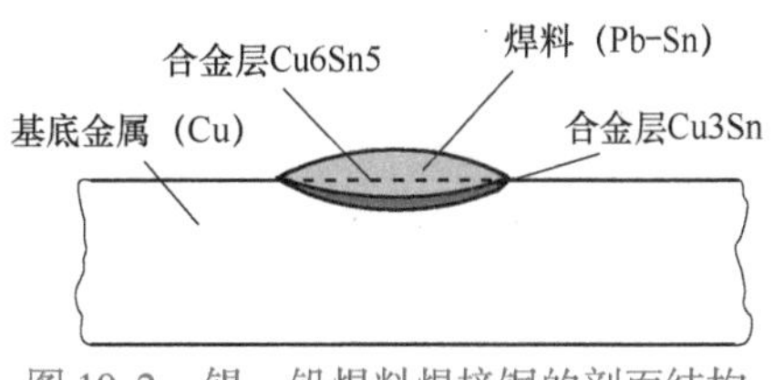

图 10-2　锡－铅焊料焊接铜的剖面结构

基底金属及其表面状态是影响焊料与基底金属合金化的主要因素。常温下，铜在空气中将发生下列反应：

1）铜与二氧化碳等反应逐渐生成一层紧密的碱式碳酸铜：$CuCO_3 \cdot Cu(OH)_2$呈绿色，而$2CuCO_3 \cdot Cu(OH)_2$呈蓝色。

2）铜很容易氧化，生成的 Cu_2O 是红色的，CuO 是黑色的；它的氢氧化物 $Cu(OH)_2$ 是淡蓝色的。

3）铜还容易和卤化物生成各种卤化铜等。

焊盘基底金属在经过氧化后，被铜的各类氧化混合物所覆盖。在焊接时，熔融的焊料无法与它们浸润，更无法与铜发生合金化反应，造成焊接上的困难。此外，作为焊料的锡－铅合金的表面上也存在 SnO_2、PbO_2、氢氧化物等化合物，它们也会阻碍焊料与基金属的合金化过程。为了达到上述合金化、实现焊接目的，就必须清除基金属与焊料表面上的各种化合物，为实现基金属原子与焊料原子的合金化创造条件。任何非常清洁的金属表面，在空气中总是极易被氧化，在焊接温度下，其氧化速度更高，即使用手工或机械的办法迅速操作，也无法与它们的氧化速度相比。解决这个问题有两个途径：一是预先在基金属表面镀一层锡，对这个镀层的厚度有一定要求，至少要超过 6 μm，否则就不能起到保护作用；二是用化学的办法在焊接的同时，清除上述的“污物”。所使用的化学清洗试剂称为“助焊剂”，它在焊接温度下，能有效地帮助焊接工作得以顺利进行。

在焊接温度下，助焊剂能与基金属表面及焊料表面的各种化合物发生化学反应，生成可溶性或可熔性的化合物。它们与助焊剂都呈现液体状态，在焊点表面及附近流动并覆盖在金属表面，隔绝了空气对金属表面的氧化，使基金属与焊料原子能有效地进行冶金反应，生成相应的合金。当焊接结束后，随着温度的降低，熔融的焊料变为固态，完成焊接。在这一过程中，助焊剂起到了净化基金属与焊料表面并防止空气再次对金属表面氧化的作用。

综上所述，助焊剂在焊接中有三个作用：

1）除去氧化膜的作用，其作用机理将在后面论述。

2）在焊接温度下，防止基金属与焊料被氧化。

3）降低焊料的表面能，增加其流动性，有利于对基金属的浸润，为合金化创造条件。

10.2.2 助焊剂应具备的性能

各种助焊剂应具备以下几种性能：

1）熔点低于焊料。在焊料熔化之前，助焊剂就应熔化成液体，以便发挥其作用。

2）表面张力、黏度、密度应小于焊料。助焊剂的表面张力小于焊料，方可在焊料之前浸润基金属；若黏度太大，则其流动性会受到阻碍；密度大于焊料时，它无法包围焊料，也无法防止焊料的氧化。

3）残渣容易清除。许多助焊剂都具有一定的腐蚀性，若不及时清除，随时都可腐蚀基金属。若不易清除，则会因此增加清除的成本和使用性。

4）不能腐蚀基金属。强酸性助焊剂不仅可以溶解基金属表面氧化物、氢氧化物、杂质及污物，还会腐蚀基金属，所以一般应尽量避免使用强酸性助焊剂。

5）不会产生有毒气体和臭味。从安全生产、保护环境和操作人员健康的角度出发，在使用助焊剂时应特别注意这一点。尤其在使用含有氢氟酸、盐酸、磷酸的助焊剂时，应有可靠的安全生产和劳动保护措施。

6）各组分之间不应发生反应，长期储存性能稳定，不变质。

7）助焊剂的膜要光亮、致密、干燥快、不吸潮、热稳定性好。

10.2.3 助焊剂的分类

按外形，助焊剂可分为液体状助焊剂、膏状助焊剂和固体助焊剂三种。按用途，助焊剂可分为刷涂用助焊剂、喷涂用助焊剂和浸渍用助焊剂三种。

从其化学性质分类比较困难，有人主张把它们分为有机类和无机类；又有人主张根据它们对金属的腐蚀程度分为强腐蚀性和弱腐蚀性或无腐蚀性；也有的主张把松香及其他树脂类助焊剂单独划归为树脂型助焊剂。助焊剂按活性大小分类见表10-6。

表10-6　助焊剂按活性大小分类

序　号	活　性	主要成分
1	未活化纯树脂助焊剂	松香、乙醇
2	低度活化树脂助焊剂	松香、乙醇、硬脂酸甘油酯等
3	适度活化树脂助焊剂	松香、乙醇、邻苯二甲酸、三乙醇胺、甘油等
4	全活化树脂助焊剂	松香、环氧松香酯、溴化水杨酸、二甲苯、丙酮等
5	高度活化树脂助焊剂	松香、盐酸二乙胺、三乙醇胺、乙醇等
6	高度活化有机助焊剂	乙醇、水杨酸、三乙醇胺、凡士林等
7	高度活化无机助焊剂	氯化锌、氯化铵、盐酸、水等

10.2.4 助焊剂的成分

在电子工业中，因焊件不同、用途不同、焊料和基金属材料性质不同，所使用的助焊剂也不相同；助焊剂因外部形态不同其成分也不同。但一般助焊剂大致都由活性剂（活化剂、活性物质）、成膜剂（成膜物质）、助剂及溶剂等成分组成。固体助焊剂不使用溶剂。

1. 活性剂

助焊剂是在焊接时净化基金属及焊料表面起主要作用的物质，活性剂的“活性”是指它在焊接中与焊料及基金属表面的氧化物等“污物”发生化学反应的能力。活性剂不同，活性也不相同。一般无机活性剂的活性大于有机活性剂。有机活性剂中，极性强的活性大于极性弱的活性。

（1）无机活性剂　氯化锌、氯化铵等卤化物及无机酸，都是活性很强的活性剂。它们与金属表面的氧化物等“污物”有很强的反应能力，所以它们也具有很强的腐蚀性。焊接以后残存的活性剂会在空气的参与下，继续腐蚀焊件；同时在焊缝附近，因基金属、焊料的化学组成及化学性质的差异，在活性剂的存在下形成“微电池”。在这种“微电池效应”的作用下，焊接处将会缓慢地、不停地进行电化学反应，最终导致焊接部位遭受严重腐蚀，甚至引起破坏，如许多焊缝出现锈蚀、裂缝、断裂现象，所以在电子电路的引线、元器件的连接、整机的装联都不能使用这类助焊剂。因此，使用助焊剂时，在焊接结束之后，都应使用各种有效的清洗手段，清除助焊剂的残渣。

（2）有机活性剂　这类活性剂活性的大小与它们的化学结构有关。在一般的脂肪酸中，随着羟基的碳原子数增加，其活性减弱。在具有芳香环的有机酸中，芳香环数及侧链碳原子数增加，则其活性降低。所以活性大小与它们的酸性有关，这是因为有机酸起助焊作用是通过形成有机酸盐（羟酸皂）的形式来实现的。在有机胺的氢卤酸盐型活性剂中，从一级到三级的脂肪胺和芳香胺，都可作为助焊剂的活性剂。

对于有机酸、有机胺、氢卤酸盐作为活性剂的助焊剂，随着活性的增强，助焊剂的助焊能力提高，但其腐蚀性也随之增强，电绝缘性（强度）也要下降。对同一种活性剂，加入的量越多，助焊剂的助焊能力越强，腐蚀性越大，其电绝缘性也越差。例如，在助焊剂中加入溴化水杨酸的含量与它的助焊能力成正比，用“流散面积”（或扩展率）表示它的助焊能力，如图 10-3 所示。

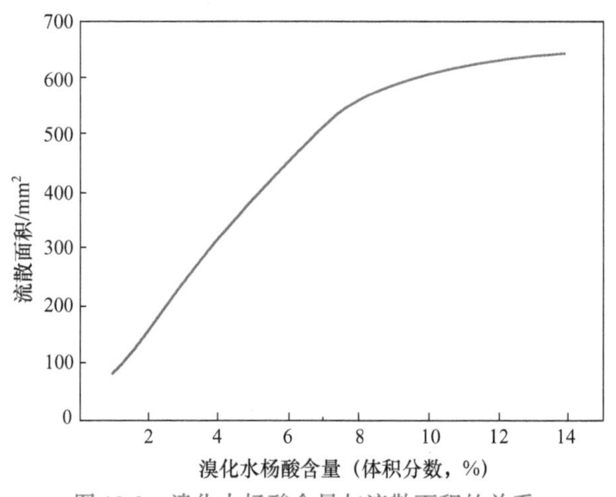

图 10-3 溴化水杨酸含量与流散面积的关系

在助焊剂中为了改善因活性剂所带来的腐蚀性，往往加入一些其他的物质，这类物质因起缓蚀作用，故称其为“缓蚀剂”，如某些树脂具有这些功能。

2. 成膜剂

成膜剂是在焊接之后，助焊剂的残留物中能形成一层致密的有机膜物质。它能保护焊点和基金属（基板）在以后储存及使用中不被腐蚀及具有良好的电性能。如最早使用的松香、松香的再加工产品（这些松香的二次加工品具有一定的活性，如氢化松香、松香胺、聚合松香、歧化松香、马来松香等）、酚醛树脂、改性丙烯酸树脂、氯乙烯树脂、聚氨酯树脂等。在助焊剂中树脂的添加量有相应的要求。虽然树脂的加入有助于电性能的改善，绝缘强度提高，防腐蚀性能也相应提高；但是，它导致助焊剂的浸润性下降，流散面积减小，也就使助焊剂的助焊能力下降，所以，一般在助焊剂中加入树脂的含量都控制在 2% ~10% （质量分数）的范围内。

在成膜剂中，松香虽然具有一系列的优点，但单独使用（如松香－乙醇溶液）放置时间长了以后，松香因聚合溶解度下降，焊后的松香膜容易变脆，在湿热的环境中易发白、吸水、绝缘性下降，加上它的助焊性能差，这也是造成目前很少单独使用松香作为助焊剂的主要原因。但松香来源丰富、廉价，是成膜剂的天然原料，所以在松香的基础上进行各种加工，出现了许多松香的衍生物，如氢化松香、松香胺、聚合松香、歧化松香和马来松香。

3. 助剂

助剂有时也称为添加剂、特殊效果剂等，都是为了改善助焊剂的某一方面的性能，而加入一定量的其他化学物质，例如为了降低助焊剂的表面张力、减弱其酸度、增强助焊剂的络合能力、提高助焊能力、焊接以后使焊点失去刺眼的光芒等。因加入的目的不同，这些助剂又分别称为缓蚀剂、缓冲剂、表面活性剂、络合剂、消光剂、阻燃剂、阻聚剂等。例如：

1）在水杨酸为活性剂的助焊剂中，加入一定量的三乙醇胺来调节酸度，同时三乙醇胺还可以与铜离子进行络合反应，也有一定的助焊作用；加入的含量为2%～3%（质量分数）。

2）在无机助焊剂中，在氯化锌、氯化铵配制的溶液中加入少量盐酸，使溶液维持一定的酸性，防止氯化锌水解产生沉淀。

为了降低助焊剂的表面张力而加入表面活性剂，例如“聚乙二醇辛基苯基醚”（商业名称为“OP润湿剂”），以提高它的流动性和扩展能力，增加对金属表面的浸润。

在助焊剂中加入石油磺酸钡类、苯并三氮唑（或四氮唑）类，可以起到缓蚀的作用。一般黑色金属用前一类，而铜基金属则用后者。它们的用量一般在0.4%（质量分数）以下。这样不会对助焊剂的助焊性产生副作用。这一类缓蚀剂大都是以供电子的含氮化合物为主体的有机物质，具有一定的防霉能力。如果使用的成分配合得当，可以同时起到焊接后形成的膜具有良好的防潮、防腐蚀性能的效果，而其助焊性也十分优异。

印制电路板焊后的焊点往往很光亮，这是小批量手工焊接质量的标志，但随着生产规模的扩大，生产速度和焊点数目的增加，长时间、高速度的观察、检验焊点的焊接质量，对操作人员的眼睛会造成疲劳。尤其是闪闪发光的焊点更增加了这种疲劳的严重性，往往会因此产生视觉误差，影响产品质量，为此要设法消除焊点的光亮。方法有多种：①在助焊剂中加入无机卤化物，虽然效果很好，但因腐蚀性大，电性能不好，长期存放易出故障，对人体毒性也大，所以不能使用；②在助焊剂中加入适量无机盐或有机盐，如滑石粉、铅化合物、硬脂酸钙等，但它们在助焊剂的溶液中溶解性太差；③在助焊剂中加入一定量的树脂，焊后树脂形成的膜覆盖在焊点表面，消除焊点的光亮，这类助焊剂称为“消光助焊剂”，消光助焊剂的用量应控制在5%（质量分数）以下。

助焊剂中使用大量有机溶剂，如乙醇、异丙醇等，在生产、使用和储存过程中，极易燃烧，所以可加入2，3－二溴丙醇以提高它们的抗燃性。这类助剂称为阻燃剂。

为了增加以松香为基础的助焊剂稳定性，防止松香因聚合而导致其助焊及成膜性下降，往往在这类助焊剂中加入适量的甘油（丙三醇），它可与松香反应生成松香甘油酯或三松香甘油酯。

同样，甘油也可以与其他有机酸形成相应的酯类。这类能阻止松香自身聚合的助剂称为“阻聚剂”。若甘油的含量过多，在焊接温度下将产生大量甘油酯类，使助焊剂变得很黏稠，影响它的流动性，助焊性能也随之下降，所以甘油的含量应控制在3%（质量分数）以下。

4. 溶剂

大规模、机械化焊接印制电路板，现在都使用浸焊和波峰焊。这类焊接用的助焊剂都是液体的。因此必须将前面所述的助焊剂的各种成分：活性剂、成膜剂、各类助剂用适当的溶剂进行溶解，配成适当的溶液便于使用。国内大多使用乙醇作为溶剂，有时加入一些松节油、醋酸异戊酯、丙酮等。国外则用异丙醇为溶剂。异丙醇具有溶解性好、助焊剂长期存放不易产生沉淀、沸点高（82.4℃，乙醇沸点为78℃）、使用中损失较少、使用周期长等优点；但异丙醇臭味较大，不受欢迎；再则异丙醇价格较高，所以在使用上也受到影响。

随着科技的发展，助焊剂性能和成分在不断改进，配合电子元器件结构上的改革，以水为溶剂的水溶性新型助焊剂正在崛起，它的优点是成本低廉，不会燃烧，焊接后可用水洗去残余助焊剂，在生产中节约消耗量最大的有机溶剂，为大幅度降低产品的成本提供了有利条件。但水溶性助焊剂在使用中应采取适当的措施防止水分尚未完全蒸发、直接焊接引起飞溅等事故。

10.3 焊膏

焊膏是针对SMT（表面安装技术）而开发的一类由合金焊料粉、糊状助焊剂等均匀混合而成的浆料或膏状体，是合金焊料和助焊剂形成的复合体，广泛应用于回流焊焊接中。焊膏在常温下具有较好的黏性。电子元器件通过焊膏黏合在设计位置，在焊接过程中随着溶剂与添加剂等挥发，从而与印制电路板实现固定并互连，形成永久连接。

10.3.1 焊膏的组成

焊膏主要是由合金焊料（锡－铅、锡－银－铜等）粉末和助焊剂组成。其中，合金焊料粉末占焊膏总质量的85%～90%，而助焊剂为10%～15%。焊膏的组成及功能见表10-7。

表10-7 焊膏的组成及功能

组成		主要成分	功能
合金焊料粉末		Sn-Pb	元器件和电路的机械和电气连接
		Sn-Pb-Ag 等	
助焊剂	焊剂	松香、合成树脂等	净化金属表面、提高焊料润湿性
	黏合剂	松香、松香脂、聚丁烯	提供贴装元器件所需黏性
	活化剂	硬脂酸、盐酸、联氨、三乙醇胺	净化金属表面
	溶剂	甘油、乙二醇	调节焊膏特性
	触变剂	—	防止分散和塌边

合金焊料粉末是焊膏的主要成分。常用的合金焊料粉末主要有锡－铅、锡－铅－银、锡－银以及锡－银－铜等。合金焊料粉末对回流焊工艺、焊接温度以及可靠性等都起着非常重要的作用。粉末的形状、粒度以及表面氧化程度对焊膏的性能影响很大。目前，合金焊料粉末按照形状来分可分为无定形和球形两种。球形合金焊料粉末的表面积小、氧化程度低、制成的焊膏具有良好的印刷性能。粉末粒度过大会使焊膏黏合性能变差，而过小会促使粉末表面含氧量增高。因此，粉末的粒度一般为F200～F400。

助焊剂是合金焊料粉末的载体。其组成与普通助焊剂的成分基本相同。为了改善焊膏的印刷效果和触变性，一般要往助焊剂中加入触变剂和溶剂。在助焊剂中，活性剂的作用主要是用于清除被焊材料表面以及合金焊料粉末本身的氧化膜，使焊料迅速扩散并附着在被焊焊盘表面。

10.3.2　焊膏的性能要求

在采用 SMT 组装过程中，焊膏必须具有良好的保持、印刷以及回流性能，具体内容为：

1. 使用前的性能

在使用前，焊膏必须具备良好的保存稳定性。一般来说，焊膏在制备后，需要在冷藏或常温下 3 ~ 6 个月时间其性能仍然保持不变。

2. 印刷时的性能

1）印刷时焊膏应具有良好的脱模性能。合金焊料粉末颗粒直径、颗粒分布和形状对脱模性影响较大。一般情况选择合金焊料粉末为颗粒直径小于掩膜开口部位尺寸的 1/4 的球形粉末，特别是在贴装精细器件时。

2）印刷时和印刷后焊膏不易坍塌。良好的印刷脱模性是保证焊膏不发生坍塌的关键。加入合适的无定形合金焊料粉末以及适当的触变剂也可以避免焊膏坍塌。

3）合适的黏度。采用 SMT 组装过程中要利用焊膏的黏性把电子元器件暂时固定在印制电路板的表面上。为此，要求焊膏有良好的黏性，而且在贴装较长时间内进行回流焊也不会减小其黏性。

3. 回流焊加热过程中的性能

1）具有良好的润湿性能。焊膏中的助焊剂和波峰焊中的助焊剂不同。它不一定能去除全部焊接面上的氧化膜。在加热曲线的影响下，其润湿情况较为复杂，所以要正确选用助焊剂类型和金属含量，以便达到润湿性的要求。

2）减少焊料球的形成。产生焊料球是焊膏回流焊中常出现的不良现象。焊膏若存在溶剂沸点低、助焊剂量过多以及球形粉末分布少等原因会引起焊料氧化从而形成焊料球。

3）焊料飞溅少。回流焊时当温度急剧上升时，焊膏会出现近乎沸腾现象，引起焊料颗粒飞溅，要求避免预热后溶剂残余量过高以及沸点过低等问题。

10.4　锡 - 铅合金镀层的热熔技术

10.4.1　印制电路板 Sn-Pb 镀层的热熔

低熔点 Sn-Pb 合金（Sn63%、Pb37%）具有良好的抗蚀性和优良的焊接性，而且其熔点（183℃）也较为理想，广泛地被用作焊料。在印制电路工业中，它既作为首选的焊料，同时在双面印制电路板和多层印制电路板的制造过程中，还被作为“抗蚀剂”用在“图形电镀 - 蚀刻法”工艺中。采用这种方法生产出来的印制电路板，具有良好的焊接性。在以后的焊接工艺中，Sn-Pb 镀层便被用作焊料，可直接与各种电子元器件的引线（目前一般镀一层 Sn 层）或在 SMT 工艺中与 SMD（表面安装器件）进行焊接。这也是目前“图形电镀－蚀刻法”被广泛采用的重要原因。

1. 改善 Sn-Pb 镀层的外观和结构

由于用“图形电镀－蚀刻法”制造出来的印制电路板，电路图形外面的 Sn-Pb 合金镀层为薄片状和颗粒状，为多孔状结构，外观呈暗灰色。它在加工过程及以后的焊接工艺中，易氧化变色，从而影响其焊接性。为此，它必须进行热处理。把它加热到 Sn-Pb 合金镀层的熔点以上，使这一镀层的合金再熔化，促进熔融状态的合金与基体金属合金化，同时使镀层变为致密、光亮、无针孔的结构。这一过程通常称为“热熔”。

2. 提高印制电路板的抗蚀性和质量

“热熔”处理过的印制电路板，不仅可以得到光亮、致密的镀层质量，改善了它的焊接性，提高了抗蚀性，而且还可以延长它的搁置时间，有利于大批量、集约化生产。同时，在热熔时还可使镀层中的有机杂质分解、逸出，从而减少在以后的“波峰焊”时产生大量气泡，对提高焊接质量有直接的贡献。

用图形电镀－蚀刻法制造的印制电路板，在蚀刻以后，电路图形导线的侧边缘被暴露出来，它在存放和使用过程中，易氧化腐蚀，降低了电子产品的可靠性。在恶劣环境中，这种情况更加严重。经过热熔以后导线的外侧，被熔融的 Sn-Pb 合金浸润包围而得到保护，从而提高了可靠性和抗蚀性。

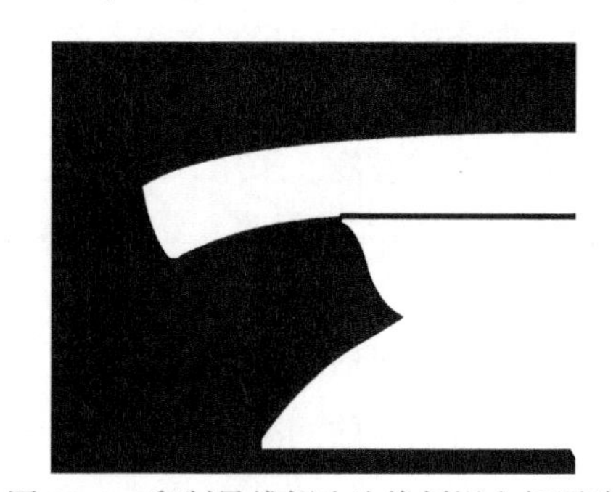

图 10-4 印制导线侧边边缘剖视金相照片

热熔还可以使因蚀刻而产生的 Sn-Pb “凸沿”熔融、消失，如图 10-4 所示，有效地防止了因它们的脱落而造成的短路现象，同时也使图形的一些隐蔽的缺陷暴露出来，所以，它能有效地提高印制电路板的质量。

综上所述，电镀 Sn-Pb 合金的印制电路板通过热熔，可得到焊接性好的印制电路板。

10.4.2 印制电路板的热熔方法

印制电路板的热熔方法有红外热熔、热油热熔、蒸气冷凝热熔、热空气热熔四种。但是目前生产上广泛采用的是红外热熔和热油热熔。红外热熔和热油热熔各有其优点，下面将分别介绍。

1. 红外热熔

（1）红外热熔机简介　红外热熔是利用红外线的高温辐射，加热印制电路板导线表面上的 Sn-Pb 合金电镀层，使其熔化。红外热熔机是由不锈钢传送带、助熔剂涂覆装置、预热区、热熔区和冷却区组成的。图 10-5 所示为红外热熔机结构示意图。

红外热熔时，印制电路板从两个助熔剂涂覆辊之间通过，被涂覆一层助熔剂，随后传送带把印制电路板送到预热区进行预热。预热区由长波红外线（波长为 1.3 ~ 28 μm 的红外线占 98%）陶瓷预热板组成，上、下各一块。整个印制电路板在预热区被加热到 100 ~ 110℃。在这个温度区间，不但可以提高助熔剂的活性，而且可以降低印制电路板到达热熔区的温差，因而减少了热冲击。这样可防止印制电路板变形和起泡、分层等缺陷的发生。

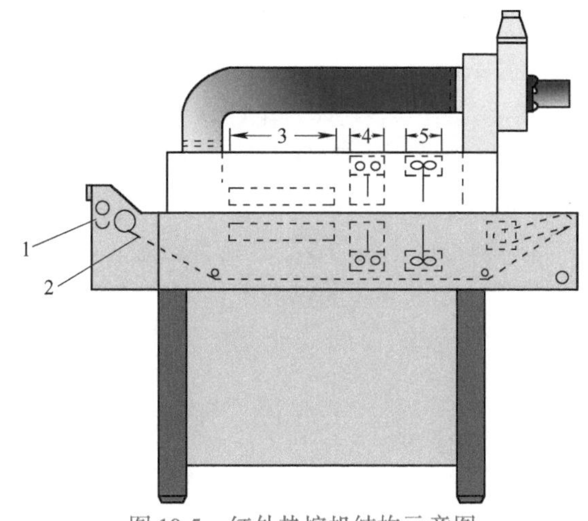

图 10-5 红外热熔机结构示意图

1—助熔剂涂覆装置 2—传送带

3—预热区 4—热熔区 5—冷却区

印制电路板经过预热后进入热熔区。热熔区由高密度的短波红外灯组成。Sn-Pb 合金在助熔剂的作用下，吸收短波红外线辐射热比层压板基材吸收短波红外线更有效。于是铅锡合金镀层很快熔化，并且基材温度比 Sn-Pb 合金温度低 20 ~ 30℃。传送带在规定的速度下，印制电路板在热熔区运行时间约 1.5s。

印制电路板随后进入冷却区，使熔融的 Sn-Pb 合金凝固。紧接着传送带把印制电路板送到红外热熔机末端，从出口可以用手接取。待印制电路板冷却至室温后，可用水冲洗干净。条件允许时也可以用助焊剂清洗机清洗。如果红外热熔机和助焊剂清洗机连成一条线，热熔过的印制电路板就可以直接进入助焊剂清洗机进行清洗。

(2) 助熔剂 在红外热熔时必须有合适的助熔剂，可以说没有助熔剂就不能进行红外热熔。助熔剂实际上是一种有机水溶性助焊剂，在红外热熔时有如下作用：

1）助熔作用。增加 Sn-Pb 合金吸收红外光的能力，从而使 Sn-Pb 合金镀层在红外灯温度较低时就可以熔化。

2）清洁 Sn-Pb 合金镀层。在红外热熔时，能使 Sn-Pb 合金表面上的污染物保持在助熔剂的溶液中，直到操作结束后被清洗掉。

3）保护作用。助熔剂覆盖在熔化后重新形成的焊料表面上对焊料起保护作用，防止焊料在高温下重新氧化。

(3) 红外热熔的特点

1）红外热熔的优点：

① 设备结构紧凑，占地面积小。

② 容易自动化，生产效率高。

③ 比手工操作的热油热熔劳动条件好。

④ 热熔的铅锡合金涂层质量高。

2）红外热熔的缺点：

① 印制电路板容易受到损坏。例如：板材烧焦、分层或起泡。尤其是板材质量差时就有可能产生上述缺陷。由于红外热熔是靠红外灯热辐射加热印制电路板的，印制电路板

吸收热量过大，印制电路板本身吸热的不均匀性，容易使印制电路板局部过热，于是就产生了上述缺陷。

② 不适用于多层印制电路板热熔。因为多层印制电路板更有可能产生分层或起泡的危险，因此有的厂家宁愿用热油热熔多层印制电路板，也不愿冒红外热熔损坏多层印制电路板的危险。

③ 熔化面积大的印制导线有困难。在一块印制电路板上，如果有比较宽的印制导线或比较细的印制导线的情况下，在某种热熔条件下，细导线上的合金容易熔化，而比较宽的印制导线上的 Sn-Pb 合金就比较难熔化，必须提高热熔温度，才能使它熔化。而提高热熔温度是很危险的。

2. 热油热熔

热油热熔也是应用比普遍的工艺，它是通过加热液体使 Sn-Pb 合金镀层熔化。这种液体常常是甘油、聚甘油或聚乙二醇，目前广泛采用的是甘油。热油热熔主要采用手工操作，国外已采用波峰液体进行热熔，有定型的设备供选用。这种流动的波峰液体不但能使印制电路板上的 Sn-Pb 合金镀层熔化，而且对镀层表面有冲洗作用，使表面上的污物冲洗掉。具体操作是用夹具夹住待热熔的印制电路板，浸渍在温度为 220℃左右的甘油里，时间为 5～10s，使印制电路板上的合金熔化。取出用风吹冷，待熔融的合金凝固后，把印制电路板取下，叠放在一个平台上，上面压上重物，这样可防止翘曲。自然冷却或用风扇吹风冷却至室温时，用自来水冲洗或用洗衣粉刷洗，最后干燥，这就是生产上采用的手工操作甘油热熔的主要过程。

（1）甘油热熔的优点

1）甘油热熔时印制电路板损坏的可能性比红外线热熔小。在甘油热熔时，印制电路板浸渍在热甘油里，是靠热传导加热印制电路板的，印制电路板所承受的最高温度就是甘油的控制温度，不会有过热的危险。

2）由于对印制电路板加热是逐渐加热，并且在整个印制电路板上金属化孔内温度都很均匀，因此，甘油热熔是热熔多层印制电路板的理想工艺。

3）甘油热熔时液体甘油要流动，对镀层表面有清洗作用，以便除去附着在熔化镀层表面上的有机杂质等污物。如果采用热油波峰热熔工艺，这种冲洗效果更好。

（2）甘油热熔的缺点

1）工作环境差，甘油易挥发，损失很大。工作环境温度高，烟雾大。

2）生产效率低，劳动强度大。

3）加热甘油需要较长的时间。

3. 热熔温度和时间

要想通过热熔得到一个光亮、平滑、均匀的覆盖层，除了严格控制电镀规范外，还必须严格控制热熔温度和热熔时间。含 Sn63%（质量分数）的 Sn-Pb 合金熔点为 183℃，在 220℃时，Sn-Pb 合金中的 Sn 与 Cu 开始生成金属间化合物，这是润湿所必须的。这就是热熔温度选择在 220℃的理由。

热熔温度的高低和热熔时间的长短对热熔涂层外观有直接影响。通常温度高时，时间要短些。而温度低时，时间就要长些。这样 Sn-Pb 合金镀层熔化得就比较充分、均匀，镀层中有机杂质也挥发得彻底些。

如果温度过高或时间过长，不但印制电路板基材要受到不同程度的损坏，出现发白难看的外观，而且对印制电路板的焊接性也有不利影响。因为温度过高，金属间化合物生长得越厚，消耗 Sn-Pb 合金中的 Sn 越多，可能造成靠近金属间化合物的焊料含 Pb 多，因此产生半润湿现象，影响焊接性。另外，金属间化合物实际上是脆的，因此也是有害的。

如果温度过低，熔化得不充分，有机杂质挥发得不彻底而使镀层发暗，甚至有麻点。

10.4.3　热风整平技术

使用丝网漏印和抗蚀干膜制造出来的印制电路板，其电路图形导线表面应涂覆 Sn-Pb 焊料，以提高它的焊接性和抗蚀性。

焊料镀层热风整平技术近年来发展很快，它实际上是浸焊和热风整平两者结合起来在印制电路板金属孔内和印制导线上涂覆共晶焊料的工艺。热风整平时，先把清洁好的印制电路板浸上助焊剂，随后浸在熔融的焊料里浸涂焊料，然后印制电路板从两个空气刀之间通过，用空气刀的热压缩空气把印制电路板上的多余焊料吹掉；同时排除金属化孔里的多余焊料，使印制导线表面上没有焊料堆积，也不堵孔，从而得到一个平滑、均匀而光亮的焊料涂覆层。这就是热风整平焊料涂覆工艺的简单过程。图 10-6 所示为热风整平工艺示意图。

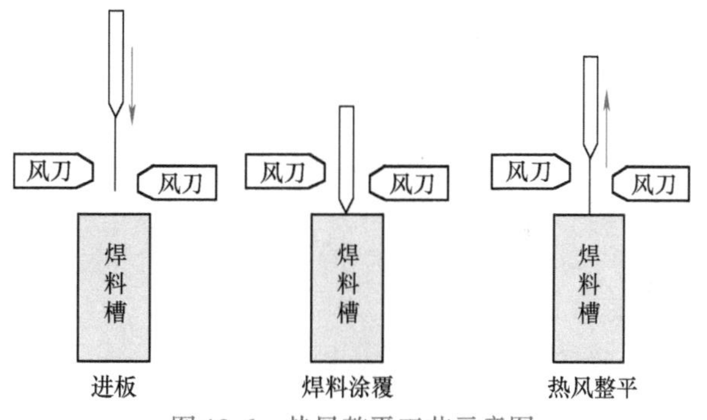

图 10-6　热风整平工艺示意图

用热风整平进行焊料涂覆最突出的优点是：焊料涂层组成始终保持不变；印制导线侧边缘可以得到完全保护；涂层厚度是可控制的；涂层的焊接性和抗蚀性好。

热风整平工艺适用于所有类型的印制电路板，例如单面印制电路板、双面印制电路板、金属化孔的双面印制电路板、加成法制造的印制电路板、半加成法制造的印制电路板以及挠性印制电路板等。现在阻焊膜的应用正在迅速发展，在铜导线上使用阻焊膜，再用热风整平进行有选择性的焊料涂覆就更显示它的优越性。

热风整平技术还可以用来热熔、修复 Sn-Pb 合金镀层有缺陷的印制电路板或超过老化期而失去焊接性的印制电路板。

10.5　波峰焊组装技术

10.5.1　预涂助焊剂

无论使用哪种方法制造出来的印制电路板，在焊接之前都应预先涂覆助焊剂，以提高它们的焊接性和储存性，防止在储存期中的氧化。

1. 助焊剂涂覆方法和装置

助焊剂必须涂在印制电路板的底面，并采用最有效且尽可能经济的方法。助焊剂涂覆层应均匀一致，完全覆盖锡焊部位。如果助焊剂过量，不仅会滴到预热器上有引起火灾的危险，而且还造成很大的浪费，并增加清洗印制电路板部件的工作量。不管怎样涂助焊剂，都应使通过助焊剂槽的印制电路板，用一把空气刀或可调式的涂刷器把过量的助焊剂去掉。

涂覆助焊剂的方法有波峰式、泡沫式、刷涂法、喷涂法或浸涂法。其中，波峰式和泡沫式涂覆法用得最普遍。

（1）泡沫式助焊剂涂覆装置　泡沫式助焊剂涂覆装置由一个储液槽和一个高出液面的长喷嘴组成，用压缩空气式助焊剂通过喷雾口的喷嘴形成泡沫峰顶，压缩空气使泡沫峰顶冲出喷雾口与被焊部件的下表面相遇。

为了防止泡沫助焊剂受到气路里的油类、水分的污染，在气路上应安装过滤器和油水分离器。气路中的压力应可调，以便控制通过喷嘴的气压和流量。气路中还应有针型阀，能够精确调整流量，从而控制泡沫峰顶的平直状况。使用泡沫式助焊剂涂覆装置，可使印制电路板表面涂上一层薄而均匀的助焊剂。对于被焊部件有大量金属化孔时，这种装置更为有效。

（2）波峰焊助焊剂涂覆装置　波峰焊助焊剂涂覆装置由一个泵和一个类似于泡沫式助焊剂涂覆装置的那种喷嘴组成。在这种装置里，助焊剂通过喷嘴喷出形成一个稳定的助焊剂波峰。需要涂覆助焊剂的部件可从波峰顶端通过。这种方法虽然不能严格控制涂覆在印制电路板上的助焊剂量，但却适用于大量生产。

（3）助焊剂喷涂法　助焊剂喷涂法是在印制电路板表面涂覆助焊剂的另一种方法。它的优点在于能准确地控制助焊剂量、均匀性和位置。但该方法需要经常维护，使用的助焊剂应是易挥发的溶剂制成的。

（4）助焊剂的刷涂法和浸涂法　刷涂和浸涂技术是相当普遍的技术，但这种技术不太适于高速或大批量生产。

2. 助焊剂涂覆装置的维护

要保证助焊剂的使用性能，就要经常维护助焊剂涂覆装置。正像前面提到的那样，助焊剂含有挥发性溶剂，如乙醇等，应当定期稀释，使挥发掉的溶剂得到补偿。最方便的办法就是监视相对密度器。往助焊剂槽里进行补充助焊剂的方法有：

1）用适量的稀释剂稀释助焊剂槽里的助焊剂，然后测定密度，密度数值一般可在化学手册中查到。

2）往助焊剂槽里加入新配制的助焊剂，使之达到一定的高度。

重要的一点是周期性更换助焊剂，要把助焊剂槽完全倒空再装入新的助焊剂，这样可最大限度地减少污染物中的牵制效应。这也是一种很便宜的预防性维护方法。根据生产条件不同，可经过几十小时工作后安排一次更换。助焊剂涂覆装置中的全部零件采用耐酸材料制造，常用的是不锈钢或聚丙烯。

10.5.2 预热

1. 预热的目的

焊接时在助焊剂起作用之前，必须把助焊剂预热到活化温度才能发生反应，使氧化物从焊料表面被清除。多数的松香助焊剂的活化温度约为88℃。如果只依靠焊料的波峰把助焊剂加热到活化温度，那么就要延长工件在波峰里停留的时间。一种比较满意的方法是在工件进入波峰前把印制电路板加热到活化温度。

预热工件还有另外的好处。在工件到达焊料波峰时，大多数助焊剂的挥发性材料仍与松香在一起。某些有机酸助焊剂含有水分，相对来说，水也是一种挥发性组分。如果在这种状态下锡焊印制电路板，那么焊料槽的热度会使溶剂迅速挥发，引起飞溅并使焊点产生气孔。预热印制电路板可除去过多的挥发物质，从而消除波峰焊料应用中的潜在问题。如果助焊剂中含有水分，则预热的温度必须高于溶剂中含有较多挥发性溶剂（如乙醇）时所需的温度。

预热是使部件温度逐渐增加的，从而使锡焊时的热冲击减至最小，因而印制电路板的翘曲最小，缓和了热应力，以免影响印制电路板的机械平整度。预热还能使热敏元件损坏的危险减至最小。

2. 预热器的类型

普遍使用的预热器主要有两类：辐射式预热器和容积式预热器。辐射式预热器还可进一步分为两种：长电热棒式和平板辐射源式。

（1）辐射式预热器　辐射式预热器的传热几乎全靠热辐射。印制电路板下侧的温度是受加热器温度和加热器与印制电路板下侧间的距离来控制的。为了增加热效率，加热棒系统装有反射器，把热能集中在印制电路板的下面。反射器衬底有铝箔，能够有规则地调整变化。平板型加热器位于传热装置的下面，与印制电路板表面靠得很近，这就极大地提高了它们之间的传热效率。如果助焊剂滴到平板型加热器上，则必须定期清除，以防止火灾并保持加热器效率。

（2）容积式预热器　容积式预热器是使可控制空气通过印制电路板的下侧完成预热的。其方式主要靠传导和对流，气流压力帮助迅速吹走印制电路板下面的溶剂蒸气。用于有金属化孔的印制电路板时，要优先选用容积式加热器。因为孔的内侧常因辐射热源以直线传播，客观存在着遮挡，特别是用于多层印制电路板时更为重要。

很多情况这两种方法同时采用，先是用容积式预热器清除过量的溶剂，接着用平板辐射式加热器保持适当的温度。

10.5.3　焊料槽

1. 焊料槽的结构与维护

把合金焊料放入一个“焊料槽”的大容器里，用电加热焊料槽，使焊料始终处于熔融状态。焊料槽应保温并应有足够的热容量，以便保持必要的合金温度。由于锡焊过程是依赖于时间和温度而进行的，为了有效地控制温度，许多焊料槽有一个大容量加热器使金属快速熔化，同时还有一个较小的可调供热装置以便稳定地控制温度。这个较小的加热器也能使热负载（如印制电路板）不致严重影响焊料槽温度。

焊料槽里边的加热器布置也是很重要的，加热器的安置应使焊料受热均匀且无过热点，焊料槽的侧面也应当加热。

焊料槽的全部零件都是与熔融金属相接的，应由金属材料制成。这些金属应不易被焊料所润湿而且不溶解于焊料，所以焊料也不会受污染。不锈钢是制造焊料槽最常用的材料。维护焊料槽用的工具，如撇渣勺、取样勺和搅棒等也应该用不锈钢制造。在添加新焊料之前，应避免用金属刷子去刷焊槽壁，否则，会在焊料槽侧壁上嵌入污染物，出现难以清除的富铁成分的金属粉屑。嵌在侧壁上的这种粉屑和富铁成分的颗粒都会很快污染新添加进去的焊料。

金属刷子也能使铸铁焊料槽受到损坏，铸铁槽通常有牢固的氧化层，可防止铁被熔融焊料中的锡所溶解。用金属刷或类似磨料之类的东西清理和摩擦会损坏氧化层的完整性，从而生成铁质污染物。

2. 锡渣的产生与控制

“锡渣”是焊料槽表面金属杂质的统称。它是在 Sn 和 Pb 刚刚熔化或与空气接触时形成的 Sn 和 Pb 的氧化物。产生锡渣主要是由于焊料槽的设计引起的。如焊料槽外露的表面积及波峰焊的湍流作用等。然而也存在着锡渣自身扩散的倾向。焊料槽里的锡渣越多，就越可能有更多的锡渣继续生成。因此，应定期清除锡渣后再添加新焊料以进行补充。

锡渣对锡焊工艺和焊料波峰都是有害的。如果被抽到焊料泵里去的锡渣层相当厚，就会很快使叶轮磨损，从而增加维修费用。波峰中的锡渣使波峰产生不规则的跳动并有过大的湍流。如果锡渣颗粒小，可成为焊料中的夹渣，使焊点呈无光泽的颗粒状。大颗粒锡渣可能黏附在印制电路板底面上，使锡焊呈带状桥接。

采用覆盖层的办法可减少锡渣的生成，如用松香或油类，可减少焊料外露的表面积。然而在使用焊料覆盖时，重要的是要定期进行更换。松香基的覆盖层可用4h，而锡焊油则用 8 ~ 16h 才需更换。

10.5.4 波峰焊

在自动锡焊装置中，焊料波峰的设计是最关键的问题之一。因为有高温，所以印制电路板浸在焊料槽中的时间不宜过长。然而，从冶金学的观点出发，为了形成良好的焊点，则必须使印制电路板与焊料保持足够长的接触时间，以使锡焊部位达到适宜温度。熔融焊料从印制电路板的下侧移过时，会在锡焊部位引起擦洗动作，这有助于助熔。为此，焊料波峰应与印制电路板有最长的接触时间，又要尽量减少锡渣的生成，也就是要尽量减少波峰与空气的接触。为了减少拉尖，在印制电路板离开波峰时，印制电路板相对焊料的移动速度应为零。如果要获得自动锡焊过程的最佳性能，就必须协调这些有矛盾的条件。

此外，当印制电路板在焊料波峰上通过时，焊料波峰必须平坦光滑，能与整个板面充分接触。凹凸不平的波峰会使熔融焊料从印制电路板上边（而不是从下边）通过，因而使电子元器件受到毁坏。必须尽量减少锡渣的生成，因为它能加速焊料泵系统的磨损并引起波峰不平直。过量的锡渣也会加速锡的消耗，从而过分地消耗焊料。显而易见，焊料波峰远远不只是一个熔融焊料的人工喷泉。

1. 焊料波峰的类型

波峰焊装置分为两类：单向式（全部焊料从一个方向流出）和双向式（焊料从两个

方向流出）。双向系统使波峰在印制电路板拖动方向上变宽变平。

（1）单向波峰式　单向波峰式包括一个多波阶流式装置（见图 10-7）和一个半圆形的熔融焊料流动部分，称为焊料喷嘴。单向式波峰现在已很少使用。

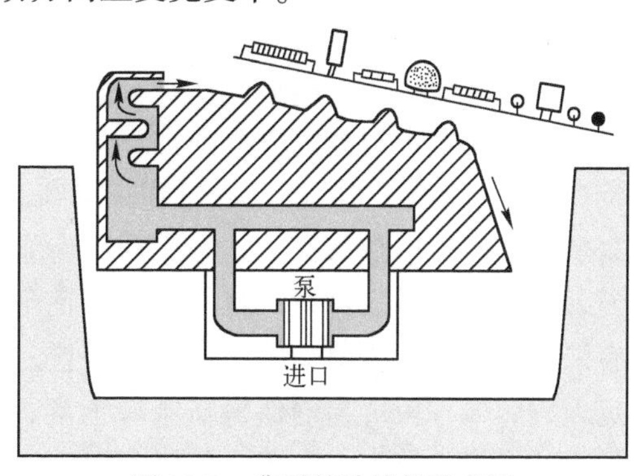

图 10-7　典型的波峰焊示意图

（2）双向波峰式　最常用的系统是双向波峰式。由于波峰表面速度的分布特点，双向波峰式系统可把焊点拉尖问题减至最小。由于波峰的焊料向前、后两个方向流动，这样，在流出的焊料表面上必然有一个速度为零的区域，在速度为零的一条直线附近，流动焊料的速度分布特点对于无拉尖焊点的形成是极为重要的。

用一个大增压室把熔融焊料压入喷嘴，从而形成双波峰。所形成的焊料波头通过喷嘴凸缘而上升形成焊料波峰。喷嘴外形控制着焊料波峰的形状，因此也控制着波峰动力学的作用（见图 10-8）。在喷嘴里放置缓冲网，可保证形成层流和波峰的光滑。为了减少锡渣的形成，从波峰往下流的焊料，必须再返回锡槽，且不得有过大的湍流。

要想了解双向波峰喷嘴是如何使焊点拉尖减至最小的，首先要了解有关表面张力的现象以及它与润湿的关系。当表面张力不能润湿某一表面时，就使熔融焊料和水之类的液体形成小球或小滴。表面张力既能控制液体润湿表面的状况，也能控制焊料润湿已涂覆过助焊剂的铜表面。在图 10-8 中，可以看到印制电路板正通过双向波峰的情况。焊料已润湿了印制电路板的表面并正从波峰中拖出，形成薄层。此薄层的大小受到几种因素的控制，如焊料表面张力、波峰与焊料薄层相接触那一点的速度特性以及该点熔融焊料薄层的重量。

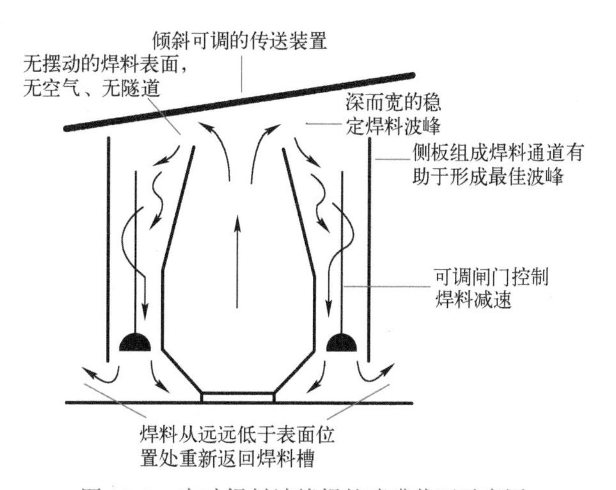

图 10-8　自动焊料波峰焊的喷嘴截面示意图
（喷嘴上的大增压室可获得通过喷嘴口的平滑层流）

薄层面积越大，熔融波峰的表面张力就越难把过量的焊料拖回波峰。当焊料薄层的尺寸达到某一极限值时，表面张力会把它分开，如果没有过多的焊料拖回至波峰就会形成焊点拉尖。从这一极其粗略的模型图可以看出，目标就是尽量减少焊料薄层面积。采用的办法不外乎有两种：一是改变焊料表面张力作用；二是改变产生焊料薄层那一点的波峰速度特性。实现上述目标还有很多途径。焊料表面张力是受到焊料温度影响的，温度高会减少表面张力，但热敏元件可能受到损坏。因此，这种办法不能显著改善焊料表面张力。往焊料波峰上注入油类，可减少表面张力。

用倾斜的传送装置也可减少焊料薄层的大小。把传送装置倾斜4°～9°会有助于把焊料更快地剥离，使之返回波峰。采用的另外一种方法是把波峰变得很宽。在使用倾斜传送装置时，宽波峰能使印制电路板从相对速度为零的波峰处（或附近）离去，这就使表面张力有充分的时间把焊料薄层完全拖回至波峰。图10-9所示的λ型波峰装置就是采用这种办法设计的。从图10-9中还可注意到，印制电路板是在高点开始受力与波峰接触的。因此，焊料的擦洗作用也是最佳的。由于在喷嘴前面安置挡板控制了波峰的形状，从而也就控制了波峰的速度特性。这样，就在喷嘴前面形成了很大一部分相对速度为零的区域。因此，只有采用倾斜角可调范围较宽的传送装置，才能在喷嘴的波峰上，在其相对速度为零的那一点上锡焊插件板。当插件板从波峰上离去之后，紧靠在热焊料附近所产生的后热作用，有助于减少焊点拉尖。在传送装置速度超过6m/min时，采用这类喷嘴也能成功地实现无拉尖锡焊。

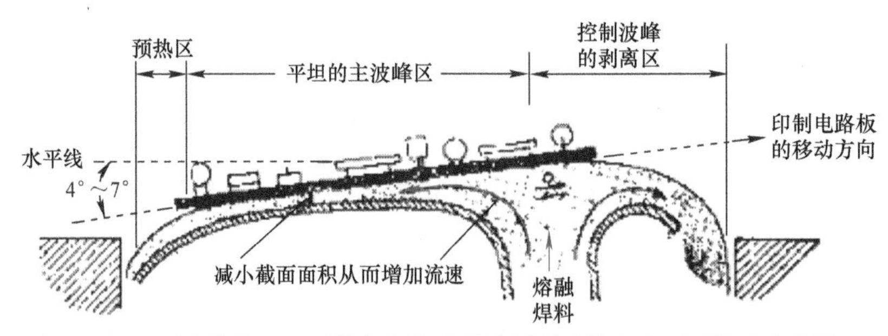

图10-9 λ型波峰装置（可使印制电路板从焊料波峰上离开时的速度为零）

2. 使用保护油的锡焊工艺

锡焊装置中常使用保护油来减少熔融焊料上形成的锡渣量。保护油形成一层隔离膜，可防止焊料槽中的熔融焊料与空气接触。在自动化的锡焊装置中，保护油是在泵叶轮处注入而进入焊料波峰中的，这个办法也是十分理想的。整个波峰布满了均匀的油层，大大减少了熔融焊料的表面张力。保护油还能与易生成锡渣的锡和铅氧化物相互作用，变成锡和铅皂。这可减少锡渣在泵的叶轮上的黏附作用，使焊料波峰本身的锡渣减为最少。

综上所述，可以看出熔融焊料与保护油混合的真正目的是减少印制电路板离开波峰处时印制电路板与熔融焊料之间的表面张力。这就能有效地使焊料薄层减至最小并消除焊点拉尖。这种方法还具有若干其他“工艺处理”方面的好处。当焊点离开波峰时涂上一层油，该涂覆层可防止氧化并使焊点光亮容易检查。由于减少了焊点拉尖的趋势，即可加速传送装置的速度，从而提高了生产效率。降低表面张力可增加焊料润湿印制电路板上铜焊盘的能力，从而可大大降低焊料波峰的温度而并不影响形成焊点。使用适当数量的保护油，有助于溶解松香助焊剂的残渣，因而便于清洗成品部件。

有效地使用锡焊保护油的关键是工艺过程的维护。锡焊保护油必须按时更换，以防止降解和碳化。焊料波峰里若有碳化了的保护油，会抵消使用保护油所得到的许多好处。锡焊装置及其所有部位必须保持清洁。成品部件一旦加工完毕即应进行清洗，同时要检查，确保除净油污。

3. 锡的流失

在使用过程中焊料槽里的锡在慢慢地损耗。当焊料必须保持在低共熔点（或其附近）时，锡的流失就是一件非常麻烦的事。这种情况出现的原因是锡比铅容易氧化。因而，锡渣的构成基础与其说是铅的氧化物不如说是锡氧化物。

在使用锡焊保护油时，反应过程多少有点差别，但结果大体相同。往焊料槽里补充一些含锡稍多的焊料，锡的流失问题可以很容易解决。另外一种可能比较满意的方法就是把锡锭或碎锡块投入焊料槽中，使焊料成分达到技术规范的要求。

4. 传送装置

在设计自动锡焊装置时，应考虑的另外一个因素就是传送装置。它能控制印制电路板穿过加工位置的速度，从而能控制预热时间和受热温度以及在焊料波峰上经过的时间。适用的传送装置有两种主要类型：一种是托架式，即用托架或夹子固定印制电路板；另一种是指状式，即用弹簧指固定印制电路板，这种方法也容易装上印制电路板。托架式和指状式这两种传送装置都既可采用水平方式又可采用倾斜方式。

10.6 回流焊组装技术

10.6.1 回流焊组装技术的特点

回流焊是指预先在印制电路板焊盘位置印刷适量和适当形式的焊料，并在其表面贴放组装元器件，经焊膏固定后再利用外部热源使焊料再次流动达到焊接目的的一种成组或逐点焊接的工艺。回流焊焊接术能完全满足各类表面组装元器件对焊接的要求，因为它能根据不同的加热方法使焊料再流，实现可靠的焊接组装。

与波峰焊相比，回流焊具有以下特点：

1）它不像波峰焊那样，要把元器件浸渍在熔融的焊料中，所以元器件受到的热冲击小。但由于其加热方法不同，有时会施加给电子元器件较大的热应力。

2）仅在需要部位施放焊料，能控制焊料释放量，能避免桥接等缺陷的产生。

3）当元器件贴放位置有一定偏离时，由于熔融焊料表面张力的作用，只要焊料施放位置正确，就能自动校正偏离，使元器件固定在正常位置。

4）可以采用局部加热热源，从而可在同一基板上，采用不同焊接工艺进行焊接。

5）焊料中一般不会混入不纯物。使用焊膏时，能较好地保持焊膏的组成。

这些特点是波峰焊所没有的。虽然回流焊不适用于通孔插装元器件的焊接，但是，在电子装联技术领域，随着印制电路板组装密度的提高和 SMT 的推广应用，回流焊已成为印制电路板组装焊接技术的主流。

10.6.2 回流焊组装技术的工艺过程

典型的 SMT 回流焊组装技术的工艺过程包括焊膏印刷、贴片、回流焊、清洗、检测和返修等几个阶段。

1. 焊膏印刷

焊膏印刷是指将适当的焊膏均匀地施加在印制电路板的焊盘上，以保证贴片元器件与印制电路板相对应的焊盘在回流焊时，达到良好的电气连接，并具有足够的机械强度。焊膏是由合金焊料粉末和助焊剂混合而成的具有一定黏性和良好焊接特性的膏状体。常温下，焊膏具有一定的黏性，可将电子元器件黏合在印制电路板的焊盘上。在倾斜角度不是太大，也没有外力碰撞的情况下，电子元器件一般不会移动。当焊膏加热到一定温度时，焊膏中的合金焊料粉末熔融再流动，液体焊料浸润元器件的焊端与印制电路板的焊盘，冷却后元器件的焊端与焊盘被焊料连在一起，形成电气与机械相连接的焊点。

施加的焊膏要均匀、一致性好。焊盘图形要清晰，相邻的图形之间尽量不要黏连。焊膏图形与焊盘图形要一致，尽量不要错位。在一般情况下，焊盘上单位面积的焊膏量应为 $0.8mg/mm^2$左右。对于窄间距元器件，应为 $0.5mg/mm^2$左右。印刷在基板上的焊膏与希望重量值相比，允许有一定的偏差，但焊膏覆盖每个焊盘的面积应在75%以上。采用免清洗技术时，要求焊膏全部位于焊盘上。焊膏印刷后，应无严重坍塌，边缘整齐，错位不大于0.2mm，对窄间距元器件焊盘，错位不大于0.1mm。印制电路板表面不允许被焊膏污染。采用免清洗技术时，可通过缩小模板开口尺寸的方法，使焊膏全部位于焊盘上。

将焊膏施加到印制电路板焊盘上的方法主要有注射滴涂和印刷涂覆两类，其中印刷涂覆方法应用最为广泛。注射滴涂主要用于小批量、多品种生产或新产品的研制中。该方法操作速度慢、精度低，不过灵活性好。印刷涂覆方式主要包括非接触式印刷和直接印刷两种类型。非接触印刷即为丝网印刷，直接接触印刷即为模板漏印，目前多采用直接接触印刷技术。

直接接触印刷采用金属模板印刷技术。金属模板上有按照印制电路板上焊盘图形加工的无阻塞开口，金属模板与印制电路板直接接触，焊膏不需要溢流。焊膏印刷的厚度由所需金属层的厚度确定。金属模板一般采用弹性较好的黄铜或不锈钢薄板，采用照相制版蚀刻加工、激光加工或电铸加工等方法制作。不锈钢模板的硬度、承受应力、蚀刻质量、印刷效果和使用寿命都优于黄铜模板，因此，不锈钢模板在焊膏印刷中广为采用。

2. 贴片

贴片设备是SMT生产线中最关键的设备，通常占到整条SMT生产线投资的60%以上。该工序是用贴装机或手工将片式元器件准确地贴装到印好焊膏的印制电路板表面相应的位置。机器贴装适用于生产批量较大、供货周期紧张的场合，缺点是使用工序复杂，投资较大。手动贴装适用于中小批量生产或产品研发的场合，缺点是生产效率须取决于操作人员的熟练程度。

3. 回流焊

回流焊是实施各类表面组装元器件的焊接技术。回流焊是通过重新熔化预先分配到印制板焊盘上的焊膏，实现表面组装元器件焊脚或引脚与印制板焊盘之间机械与电气连接的焊接。回流焊的核心环节是利用外部热源加热，使焊料熔化而再次流动浸润，完成电路板的焊接过程。回流焊是表面安装技术特有的重要工艺，合理的温度曲线设置是保证回流焊质量的关键。回流焊过程中有4个关键性的温度阶段，分别是预热阶段、保温阶段、回流阶段以及冷却阶段。

（1）预热阶段　该阶段的目的是把室温的印制电路板尽快加热，以达到第二个特定目标，但升温速率要控制在适当范围以内。如果过快，会产生热冲击，电路板和元件都可能受损；过慢，则溶剂挥发不充分，影响焊接质量。为防止热冲击对元件的损伤，一般规定最大速度为 4℃/s，然而，通常上升速率设定为 1 ~ 3℃/s，典型的升温速率为 2℃/s。

（2）保温阶段　保温阶段是指温度从 120 ~ 150℃ 升至焊膏熔点的阶段。其主要目的是使各元件的温度趋于稳定，尽量减少温差。在这个阶段里给予足够的时间使较大元器件的温度赶上较小元器件，并保证焊膏中的助焊剂得到充分挥发。到保温阶段结束，焊盘、焊料球以及元器件引脚上的氧化物除去，整个电路板的温度达到平衡。

（3）回流阶段　在这阶段加热器的温度设置得最高，使组件的温度快速上升至峰值温度。在回流阶段，其焊接峰值温度视所用焊膏不同而不同，一般推荐为焊膏的熔点加 20 ~ 40℃。例如，对于熔点为 183℃ 的锡 – 铅焊料，峰值温度一般为 220℃。回流时间不要过长，以防对各元件造成不良影响。理想的温度曲线是超过焊锡熔点的“尖端区”覆盖的面积最小。

（4）冷却阶段　这个阶段中焊膏内的铅锡粉末已经熔化并充分润湿并连接表面，应该用尽可能快的速度来进行冷却，这样将有助于得到明亮的焊点并有好的外形和小的接触角度。缓慢冷却会导致电路板的铜更多分解而进入锡中，从而产生灰暗毛糙的焊点。在极端的情形下，它能引起沾锡不良和减弱焊点结合力。冷却阶段降温速率一般为 3 ~ 10s/℃，冷却至 75℃ 即可。

10.7　习题

1. 简述锡铅焊料中铅的主要作用。
2. 各种杂质对锡铅焊料的主要影响有哪些？
3. 锡铅焊料掺杂的成分主要有哪些？各成分对锡铅焊料的性能有什么影响？
4. 无铅焊料的特点是什么？主要类型有哪些？它们的力学性能有哪些？
5. 焊膏的组成有哪些？
6. 助焊剂应具备的条件有哪些？
7. 助焊剂的主要组成有哪些？
8. 简述助焊剂的两个助焊机理。
9. 简述红外热熔及热油热熔的特点。
10. 简述热风整平技术的工艺过程及热风整平的特点。
11. 简述波峰焊的类型及工艺过程。
12. 简述回流焊的工艺过程。
13. 简述回流焊组装技术中温度控制的要点及原因。

第 11 章　多层印制电路板

11.1 概述

随着电子技术，特别是大规模和超大规模集成电路的发展，要求进一步提高电子元器件的封装密度，加上电子设备向体积缩小、重量减轻的趋势发展，分离元器件尺寸的不断缩小，单、双面印制电路板由于可用空间的限制，难以进一步提高电子元器件的装配密度。因此，考虑使用层数更多的印制电路板，采用多层印制电路板结构是解决装联密度提升的重要途径。

多层印制电路板是指由三层及三层以上的导电图形层与其层间以绝缘层材料经层压、黏合而成的印制电路板。导电图形层间互连通过 Z 向互连孔进行连通。相比单、双面板，多层印制电路板具有以下特点：

1）多层印制电路板以三维空间互连，单位面积的布线密度与组装密度高。

2）多层印制电路板可供布线的层数多，导线布通率高；连接点之间互连可以减少绕弯，实现最短走线，进而减少印制电路板上高频信号传输的延迟和衰减。

3）多层印制电路板导电层数多，可以把信号线之间的导电层做成地网，起到屏蔽作用，减少信号串扰；也可以将多层印制电路板表面导电层做成散热图形，用于高密度组装件的均匀散热。

4）多层印制电路板的信号线与地网层的结合，可做成具有一定特性阻抗值的微带线或带状线。

5）多层印制电路板在设计过程中尽可能实现标准化、网格化，并由电子计算机进行辅助设计来提高自动化程度、图形精密和布线密度。

但多层印制电路板也存在设计费用高、生产周期长、修改设计困难等缺点。因此，只有在单、双面板无法满足要求的情况下才考虑设计多层印制电路板，具体情况如下：

1）当减轻互连的重量、减少互连体积是最重要的要求时。

2）当分系统中的互连要求非常错综复杂，难以采用单、双面板进行布线时。

3）当大部分的互连要求耦合或屏蔽时。

4）当在信号的传输过程中，要求频率失真最小，对导线阻抗进行仔细控制，使之均匀一致，而这种一致性非常重要时。

5）当双面印制电路板上焊盘的间距无法保证足够的互连密度时。

多层印制电路板的制造工艺是从双面孔金属化板工艺的基础上发展起来的，它除了继承双面印制电路板工艺外，还有几个工艺问题：①金属化孔内层互连；②多层印制电路板层压；③制造过程的定位。

由于多层印制电路板布线密度和加工精度要求高，要求采用计算机辅助设计布线、光绘制版机制作照相原版、数控钻孔（或激光打孔）、数控测板。通孔金属化法制造多层印制电路板的工艺流程如图 11-1 所示。

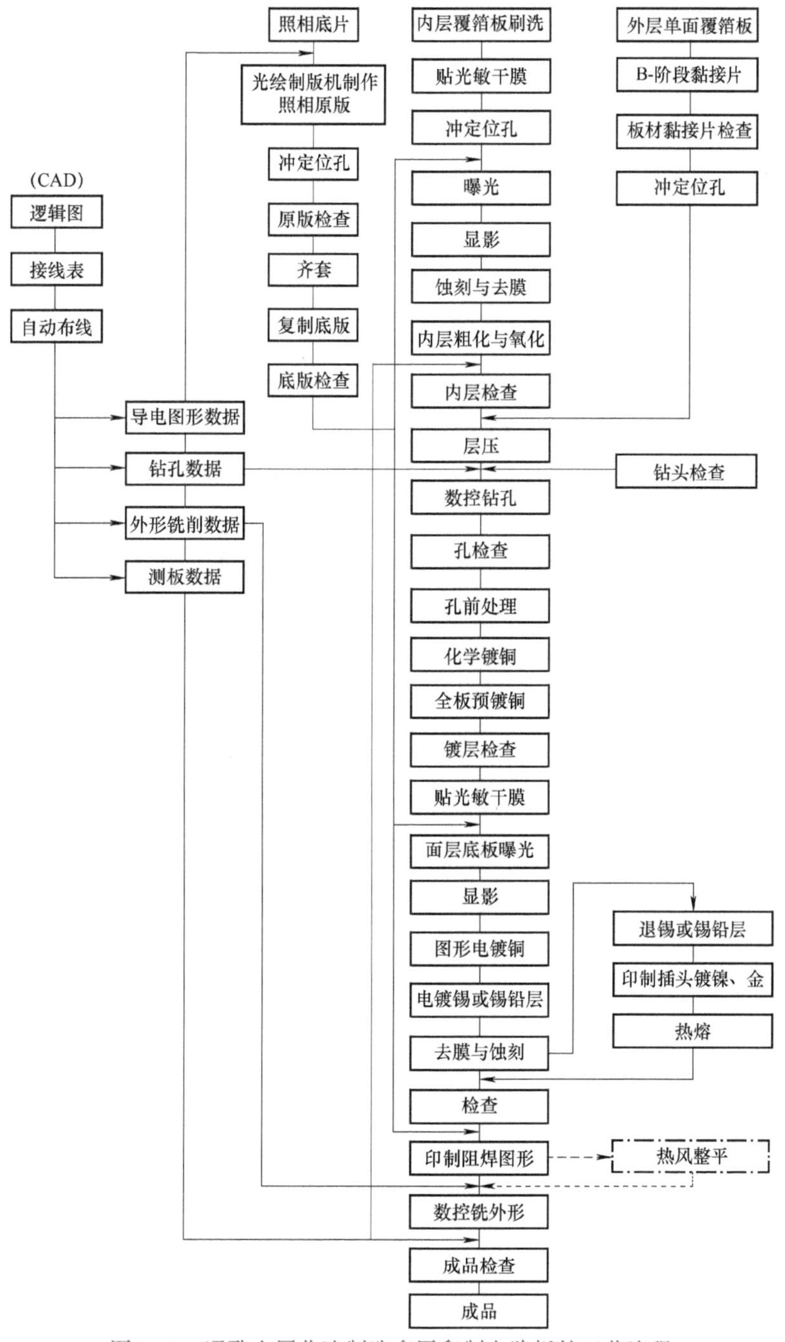

图 11-1　通孔金属化法制造多层印制电路板的工艺流程

11.2 多层印制电路板的设计

多层印制电路板的导电性能与双面印制电路板基本相同。不过，多层印制电路板内含有导电图形结构。当电流通过内层导线后，其散热效果较差，所引起的温升比导线在表面层高。此外，多层印制电路板在进行高频传输时，应考虑内层地网、电源网上的压降，更应该考虑它的特性阻抗、信号传输的延迟及线间串扰等问题。

1. 导体的电阻

在设计多层印制电路板的地线和电源线时，应合理设计导线厚度与宽度以减少电阻，使电流通过电源网、地网时压降减少，而弱电场合的信号线压降一般不考虑。

2. 导体的载流量

作为多层印制电路板内层导线，由于散热困难问题，要求其载流量应比表面层导体低一半左右。

3. 导线间距与耐电压

平行导线的耐电压可分为无绝缘层或阻焊印料覆盖的表层、内层、层与层之间三种情况。同一平面内，两平行线间距与耐电压的关系可参考单、双面印制电路板的要求选取；层间导线耐电压可以估算。当绝缘层厚度在0.1mm及以上时，其间距每0.05mm相当于内层同一平面的两平行线间距1mm时的耐电压；当绝缘层厚度小于0.1mm时，因介质内含有杂质、气泡，会使耐电压大幅度下降，因此，耐电压必须进行实测。

4. 特性阻抗

多层印制电路板用于高频电路工作时，一般做成微带线、带状线结构，如图11-2所示。

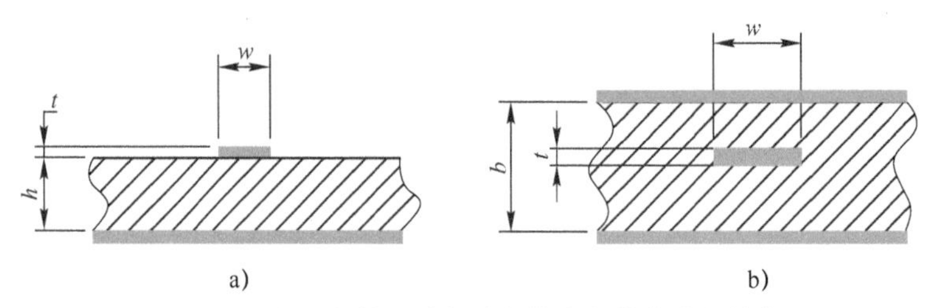

图11-2 多层印制电路板的微带线与带状线的结构
a）微带线 b）带状线

微带线特性阻抗的计算可采用以下经验公式：

$$Z_0 = \frac{87}{\sqrt{\varepsilon_r + 1.41}} \ln \frac{5.98h}{0.8w + t} \tag{11-1}$$

式中 Z_0——微带线的特性阻抗（Ω）；

w——印制导线宽度（mm）；

t——印制导线厚度（mm）；

h——电介质层厚度（mm）；

ε_r——印制电路板电介质的相对介电常数。

当 $w/h = 0.1 \sim 3.0$，$\varepsilon_r = 1 \sim 15$，地线宽度大于信号线宽度3倍时，按式（11-1）计算的结果很准确。

带状线的特性阻抗可由以下经验公式计算：

$$Z_0 = \frac{60}{\sqrt{\varepsilon_r}} \ln \frac{5.98b}{\pi 0.8w + t} \tag{11-2}$$

式中 b——接地层之间的距离（电介质厚度）（mm）。

当 $w/(b-t) < 0.35$ 和 $t/b < 0.25$ 时，式（11-2）计算的结果很准确。

选择不同的导线宽度和厚度、信号线与地网之间距离、不同的绝缘材料以达到一定的特性阻抗值。在实际生产过程中，以上四个方面的有关常数会有所变化，因而导致特性阻抗的变化，多层印制电路板的特性阻抗变化值一般应控制在±10%范围内。

5. 微带线和带状线的传输延迟

在高频传输线中，由于电介质的损耗，造成传输延迟，从而影响传输信号波形。传输延迟主要取决于印制电路板的相对介电常数 ε_r。微带线的传输延迟时间 T_d（单位为ns/m）可用下式近似计算：

$$T_d = 3.33\sqrt{0.475\varepsilon_r + 0.67} \tag{11-3}$$

带状线的传输延迟时间 T_d（单位为ns/m）可用下式近似计算：

$$T_d = 3.33\sqrt{\varepsilon_r} \tag{11-4}$$

6. 多层印制结构和导电图形

（1）基本外形选择　坐标网格为2.54mm，板面尺寸根据印制电路板组装的元器件多少，整机对印制电路板装联尺寸要求以及尺寸系列标准选择。

（2）层数与厚度　层数多少由布线密度决定，多层印制电路板厚度应与印制电路板插座匹配，板厚增加将增加孔厚径比，从而增加制造工艺的困难。在选定层数与厚度时，需要从成本、制造工艺实现以及材料等方面进行综合考虑，而对于有高频信号传输的印制电路板，各层厚度应由设计的特性阻抗值决定。

（3）导线的宽度与厚度　导线的宽度与厚度应该根据载流量进行最小尺寸设计。对于高频传输信号，由特性阻抗值决定设计相应的导线宽度与厚度。一般情况下，多层印制电路板内层采用铜较薄的铜箔（通常为9μm、12μm或18μm），目的是提高多层印制电路板的布线密度。

（4）层次布局　多层印制电路板层的布局一般遵守信号线层被地网层屏蔽。与此同时，信号线与地网形成微带传输线或带状传输线。若地网同侧存在双信号层，要求信号层传输线一层横向布线，另一层竖向布线，以减少两层信号线内的信号互相串扰。信号线在2.54mm的坐标网格交点之间不超过2条。地网、电源网层在铜箔中蚀刻出隙孔，以防止金属化孔对地短路。需要接地的孔通过金属化孔和地网内连接盘进行互连，选用层数多少取决于组装密度和导线布通率，原则上尽可能选用四层图形的多层印制电路板结构。多层印制电路板层次布局示例及导电图形尺寸示例分别如图11-3和图11-4所示。

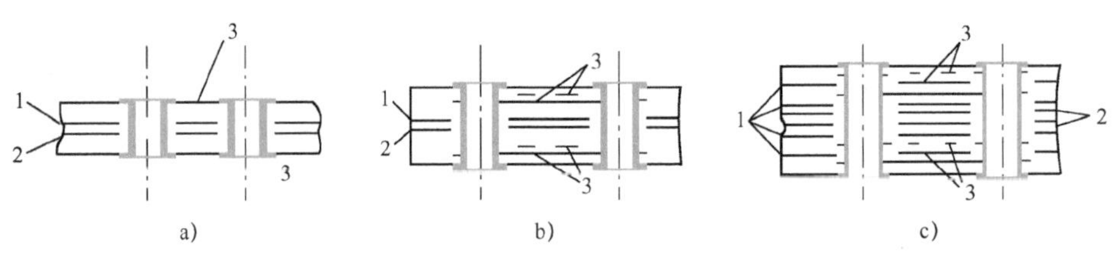

图 11-3 多层印制电路板层次布局示例

a）四层印制电路板 b）八层印制电路板 c）十二层印制电路板

1—地网层 2—电源网层 3—信号网层

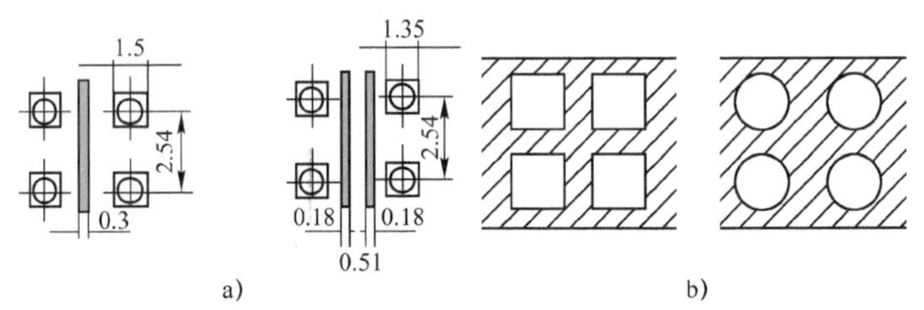

图 11-4 印制电路板导电图形尺寸示例

a）信号线层的信号线与焊盘 b）地网层的余隙孔与连接盘

11.3 多层印制电路板专用材料

11.3.1 薄覆铜箔层压板

薄覆铜箔层压板主要是指用于制作多层印制电路板的环氧玻璃布基覆铜箔层压板。相比双面印制电路板用覆铜箔层压板，它具有如下特点：

1. 厚度公差更严

为了满足厚度公差要求，在生产中采用较薄的玻璃布并在压制过程中根据产品厚度的要求使用多种不同厚度的细砂径玻璃布。基材厚度一致性必须得到保证，否则多层印制电路板的厚度难以控制，并在基材偏薄区形成电气上的缺陷。

薄覆铜箔层压板的基材厚度及偏差应符合 GB/T 12630—1990 或 MIL-P-55617A 中的规定，具体要求见表 11-1 及表 11-2。

表 11-1 多层印制电路板用薄覆铜环氧玻璃板厚度及偏差（GB/T 12630—1990①）

标称厚度范围/mm	偏差/mm		基材标称厚度优选系列/mm
	精　密	一　般	
0.05～0.11	±0.02	±0.03	0.05、0.1、0.2、0.4、0.6、0.8
0.11～0.15	±0.03	±0.04	
0.15～0.3	±0.04	±0.05	
0.3～0.5	±0.05	±0.08	
0.5～0.8	±0.06	±0.09	

① 板厚不包括铜箔。

表 11-2　多层印制电路板用基板厚度及偏差（MIL－P－55617A）

基材厚度/in	偏差/in	
	第一级标准偏差	第二级标准偏差
0.001～0.0045	±0.0010	±0.00075
0.0046～0.0060	±0.0015	±0.0010
0.0061～0.012	±0.0020	±0.0015
0.013～0.020	±0.0025	±0.0020
0.021～0.030	±0.0030	±0.0025

注：1in＝25.4mm。

2. 尺寸稳定性要求更严、更高

薄覆铜板裁剪方向的一致性很重要，而厚度方向的膨胀系数是多层印制电路板设计和生产中最关键的问题。

3. 薄覆铜箔层压板的强度

薄覆铜箔层压板的强度低，易损伤折断，在操作与储运过程中应格外细心。

4. 多层印制电路板的吸潮

多层印制电路板的薄电路板总面积大，其吸潮能力比双面印制电路板大很多，因此在储存、层压、焊接和成品存放中应有除湿和防潮措施。

11.3.2　多层印制电路板用浸渍材料（半固化片或黏接片）

半固化片是由树脂、玻璃布以及填料粉体等压合而成的片状材料。其中，树脂固化至半固化阶段。在后期层压温度和压力作用下，半固化片发生流动并能迅速固化和完成与铜箔或绝缘层的黏接过程，从而实现印制电路板的多层化。

为确保多层印制电路板的层压质量，半固化片应有：均匀的树脂含量；较低的挥发物含量；能控制树脂流动性；均匀、适宜的树脂流动性；符合规定的凝胶时间。

1. 半固化片的特性

作为多层印制电路板用的半固化片，其特性要求高于覆铜板加工时的半固化介质材料。除了要求表面平整、无油污、无外来杂质、胶层分布均匀等特性外，还对树脂含量、流动性、挥发成分含量以及凝胶时间特性参数有更严格的要求。

半固化片根据树脂含量、流动性、挥发成分含量以及凝胶时间等特性参数的不同进行了分类。按流动性的大小可分为低流动型、中流动型和高流动型三类；根据凝胶时间的长短可分为四级：A 级——20～60s，B 级——61～100s，C 级——101～150s，D 级——151～200s。半固化片的特性参数和分类见表 11-3。国产半固化片 HABD-67 环氧树脂玻璃布浸渍料，树脂质量含量为 55%±5%，流动性为 30%～40%，挥发成分质量含量在 0.7%以下，凝胶时间为（180±20）s，厚度为 0.1mm。

表 11-3 半固化片的特性及分类

项 目	低流动型	中流动型	高流动型
树脂质量含量（%）	60 ±5	60 ±5	60 ±5
流出树脂质量分数（%）	20 ±5	40 ±5	45 ±5
级别	A、B	B、C、D	B、C、D
挥发成分质量含量（%）	0.3%以下	0.3%以下	0.3%以下
成型后厚度/mm	0.1 ±0.03	0.1 ±0.03	0.1 ±0.03

用于多层印制电路板层压的半固化片，要确保黏接性能好，能充分填满内层导体的凹陷空隙，并注意排除层间空气和挥发物。足够的树脂含量、合适的流动性和低的挥发成分是半固化片保障良好黏接的基本要求。凝胶时间和树脂流动性是决定实际层压中时间、温度、压力的关键要素。从成型性能上讲，选择中流动型、凝胶时间为 151 ~ 200s（D 级）的半固化片最好。图 11-5 和图 11-6 所示为三种类型的半固化片的流动性能。

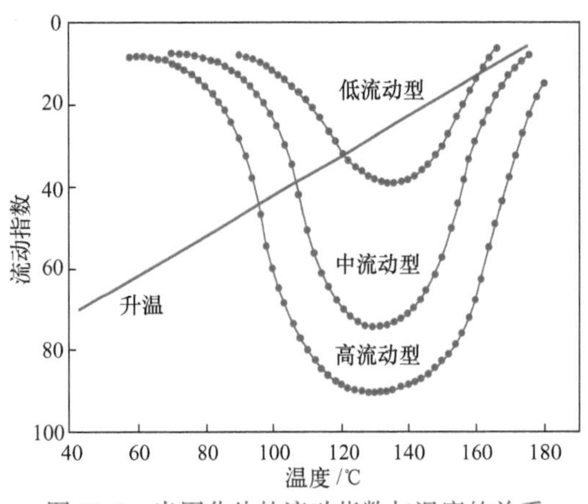

图 11-5 半固化片的流动指数与温度的关系

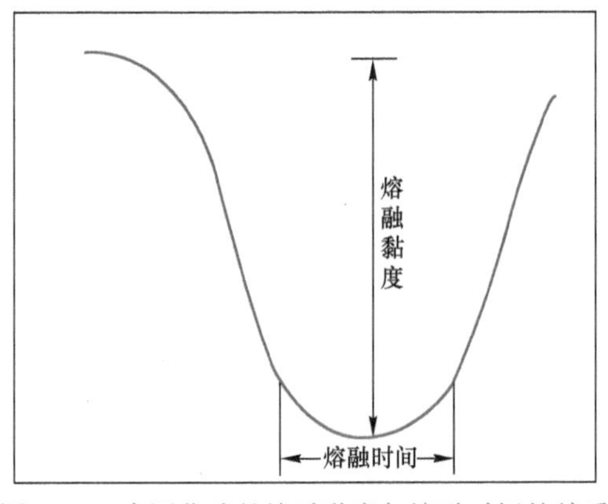

图 11-6 半固化片的熔融黏度与熔融时间的关系

半固化片的固化过程包括加热后树脂的熔融、胶化和硬化三个阶段。图 11-6 中波谷的深度表示熔融状态下的黏度大小，波谷的宽度表示处于熔化状态下的熔融时间。所以，根据熔融黏度的高低，半固化片可分为低流动型、中流动型和高流动型三类。

熔融黏度表征树脂的流动性，与成型性能有着密切的关系。低流动型的半固化片，几乎是在树脂不流动的状态下成型的，因此尺寸稳定性最好；但排除气泡和挥发成分困难，容易出现气泡残留。高流动型半固化片是在树脂流动很大的状态下成型的，容易排除气泡，但尺寸变化误差大，掌握不好会使固化树脂损失过多而含量不足，影响成型性能。中流动型半固化片弥补了两者的缺点，容易操作，有较好的成型性能，采用较多。

2. 半固化片特性的检测

半固化片的树脂含量、流动性、挥发物含量和凝胶时间直接影响多层印制电路板的层压过程和层压后多层印制电路板的质量。半固化片在必须经过上述核心性指标的检测之后才能使用，检测的方法如下：

（1）挥发物含量　取试样三片，每片角上穿一小孔，一起称量（记为 M_1），精确到 mg。每片分别悬挂在（160±3）℃的空气循环烘箱中经 15min±15s 后，取出试样放在干燥器中，冷却 5min 后将三片试样一起称量（记为 M_2），精确到 mg。称量应迅速、准确，以免吸湿造成误差。挥发物含量 V 按下式计算：

$$V = \frac{M_1 - M_2}{M_1} \times 100\% \tag{11-5}$$

（2）树脂含量　取一大小合适的坩埚，在 550～600℃的马弗炉中加热 15min，然后放在干燥器中冷却至室温，称量（记为 M_1）。取试样一片，置于坩埚内称量（记为 M_2）。放在 550～600℃的马弗炉中灼烧 1h，取出后置于干燥器中冷却至室温，再称量（记为 M_3）。重复灼烧、冷却和称量，直至两次连续称量（M_3）的偏差在 2mg 范围内。树脂含量 R 按下式计算：

$$R = \frac{M_2 - M_3}{M_2 - M_1} \times 100\% - V \tag{11-6}$$

（3）树脂流动性　取总质量为 10～30g 的试样（8～20 片）称量（记为 M_1）；叠齐后放在涂有适量脱模剂、厚度为（1.6±0.8）mm、面积不小于 125mm×125mm 的两块钢板中心之间。将上述组合放在已预热到（170±3）℃的试验用液压机加热板中，迅速闭合并在 5s 内加压到（1.5±0.15）MPa。3min 内升温不应小于 165℃，保持压力 10min 后，卸压取出试样，冷却至室温，从其中间部分截取一块面积为 5000mm^2 的方形板或圆形板，称量（记为 M_2）。树脂的流动性 F 按下式计算：

$$F = \frac{M_1 - 2M_2}{M_1} \times 100\% \tag{11-7}$$

（4）凝胶时间　取试样数片，揉碎后，筛出玻璃纤维，收集树脂粉末，从中取（200±5）mg，放在表面温度为（170±2）℃的热板凹槽（直径 30mm）内并形成一小堆。从树脂接触热板开始计时。用木制小棒或玻璃小棒对熔融的树脂进行搅拌。当树脂从发黏、成丝到不发黏，拉不出丝形成弹性体时，立即计时，所经历的时间即为凝胶时间。

（5）层压后厚度　取试样两片，边对齐，叠放在涂有适量脱模剂的、厚度范围为 0.8～2.4mm 的不锈钢板或其他适宜的厚度均匀的金属板之间，按半固化片生产厂推荐的条件压成层压板。从层压板每边切去 25mm，用测微器分别在层压板每边距边缘 5～10mm 的中部测量其厚度。将所得四个数值的算术平均值的一半作为半固化片层压后的厚度。

3. 半固化片保存的影响因素

（1）温度的影响　半固化片处于树脂半固化阶段，树脂中还有大量未发生反应的树脂单体、低聚物等，固化剂以及固化促进剂，有进一步发生聚合反应的倾向。因此，在低温条件下有利于减缓树脂的进一步聚合。但温度过低，空气中的水分易在半固化片上凝聚成吸附水。吸附在半固化片上的水能促进存放的半固化片进一步聚合，在层压和热风整平时产生分层、气泡现象。因此，半固化片一般保存在 10～21℃的密闭环境中。

（2）湿度的影响　半固化片在潮湿环境下存在明显的吸湿现象，在相对湿度分别为 50%和 90%时，半固化片的吸湿率达到 0.4%和 0.7%。这种吸附水已经被证实既有物理吸附，也有化学吸附。吸附水先是抑止树脂固化，后是加速树脂固化。显然，由于有吸附水的存在，加大了半固化片的挥发物含量。

11.4 多层印制电路板的定位系统

电路图形的定位系统贯穿了多层板的底片制作、图形转移、层压和钻孔等工艺步骤。多层印制电路板层间电气互连可靠性依靠的正是精确的定位系统。这对高层数、高密度、大板面的多层印制电路板显得尤为重要。

影响多层印制电路板层间定位精度的因素很多，主要有：底片尺寸的稳定性、基材尺寸的稳定性、定位系统的精度、加工设备精度、操作条件、电路设计结构布局的合理性、层压模板与基材的热性能匹配性。

多层印制电路板的定位方法有销钉定位法（见图 11-7）和无销钉定位法。

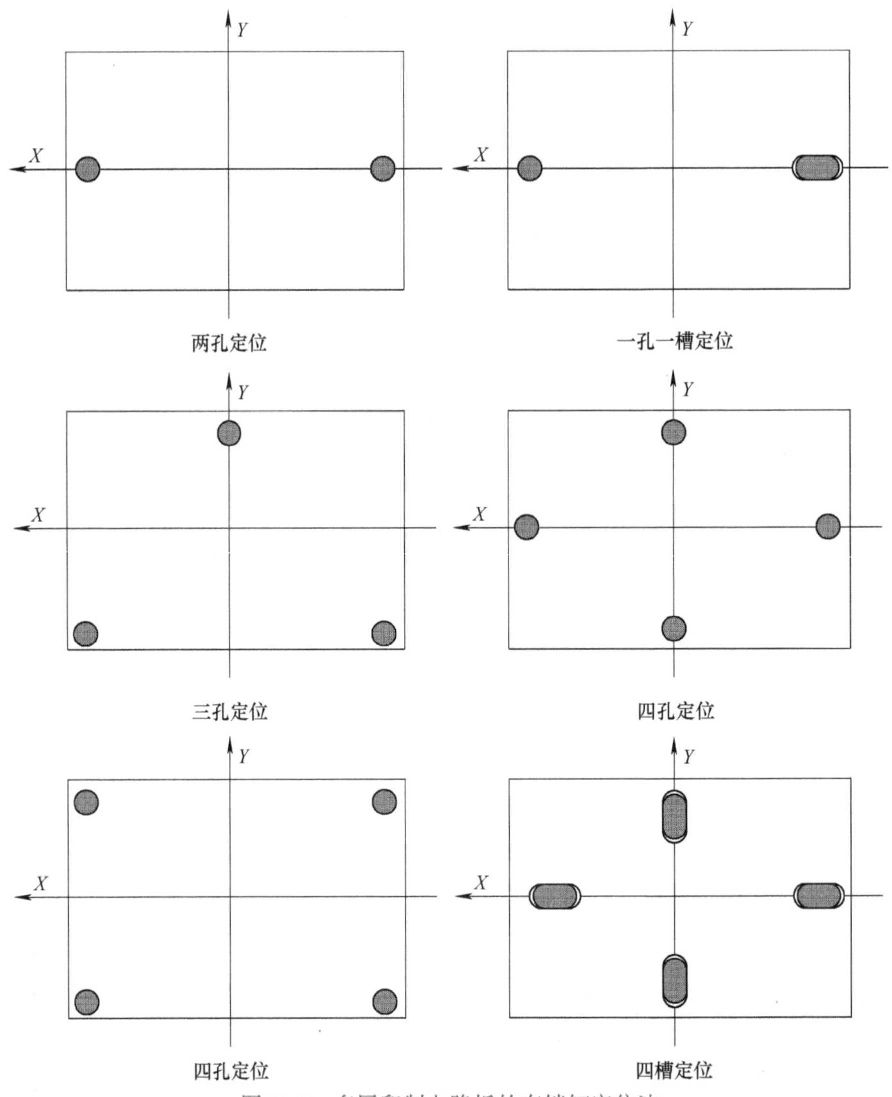

图 11-7　多层印制电路板的有销钉定位法

11.4.1　销钉定位

1. 两孔定位

利用在各层印制电路板上预制的两个圆孔。在 *X* 方向受到限制，在 *Y* 方向上产生尺寸漂移，造成误差。较厚基板、层数少、板面小、档次不高的多层印制电路板上可取。

2. 一孔一槽定位

针对两孔定位存在的缺点，提出了一孔一槽定位法。

此法在 *X* 方向上一端留有余隙，以便于覆铜箔基材在此方向上有一个小的伸缩余量，从而避免了 *Y* 方向上尺寸的无序“漂移”。对档次不高的多层印制电路板来说，这是比两孔定位更为可取的定位方法。

3. 三孔或四孔定位

为了限制在生产过程中在 *X* 和 *Y* 方向上尺寸变化，推出了三孔（呈三角形分布）和四孔（呈十字形分布）定位。但是由于销钉和孔的紧密而使芯片基材在“销定”状态下成型，由此产生的内应力会造成多层印制电路板产生锅底和翘曲现象。

4. 四槽孔定位

这种定位方法是美国 Multiline 公司推出的，利用该公司提供的一系列四槽孔定位设备，在照相底片、覆铜箔基材的四个周边的中心处内侧，冲制出四个槽孔，并利用相应的四个槽形销钉来实现图形转移、叠片、层压和钻孔等一系列工序的定位。四孔槽定位是以槽孔的中心线为定位基准，因此由诸种因素造成的定位误差可以均分在中心线的两边，而不是积累在一个方向上。显然，这是一种比较合理的定位方法，也是当今世界上多层印制电路板生产企业广为采用的方法。

四孔槽定位的工作过程如下：

用冲槽设备分别在半固化片和内层薄板及照相底片上冲四个定位槽孔→在四槽定位桌上将底片套在内层薄板上做图像（专用作图像）转移→蚀刻→黑化→在叠片上用四个销钉将内层、半固化片、脱模按设计要求装于层压模具中→层压→去销钉→裁毛边→多层叠合物置于数控钻孔机上的四槽工具板上钻孔→转后续工序。

11.4.2　无销钉定位

采用销钉定位虽然产品合格率高、工艺容易控制，但操作复杂、工作效率低、成本高，难以适应企业批量生产的需要。因此，无销钉定位法又称 MASS-LAM 法脱颖而出。

无销钉定位法的工作过程简述如下：

在多层印制电路板照相底片的图形外设置三个定位标靶并用数字化编程编入钻孔程序数据内（底片准备）→底片冲定位孔→制底片书夹→内层无销钉图像转移→蚀刻→黑化→以铜箔作外层内置预先叠放好的半固化片和黑化内层→无销钉层压→裁毛边→铣露出定位标靶后用投影钻定位孔或用 X 射线扫靶优化后自动钻出定位孔→定位钻孔（数控钻床）→转后续工序。

无销钉定位法效率高、操作简便、成本下降，适于以四层板为主要生产对象的产品，很受多层印制电路板生产者的青睐。目前有的企业已将此法结合对位黏合（用耐高温胶）或超声铆接的手段完成了6－8－10层多层印制电路板大拼板的生成。由此可见，此法具有很大的潜力和广阔的前景。

11.5 多层印制电路板的层压

将已完成内层图形加工的半成品，放在有定位销钉的压模板上，图形层采用半固化片进行隔离，并在层压机上、下压板之间加热、加压中发生熔融、流动并固化，从而把各层黏合在一起形成具有内层图形的半成品多层印制电路板的过程，称为层压技术。层压性能的优劣与使用的层压机、定位系统、半固化片和内层表面处理、层压工艺等因素直接相关。通常情况下，层压质量采用厚度允许偏差和层间孔相对位置的偏差以及耐热冲击和高低温循环等多项测试结果来衡量。

11.5.1 层压设备及工装用具

1. 层压机

层压机是层压中的主要设备，它具有层压加热板和温度、压力控制系统。对层压机的基本要求是加热和冷却速度要快，温度和压力控制要准确。

层压机的加热方式有电加热、热油加热和蒸汽加热三种。电加热式升温时间较长，且温度不均匀，但设备和热源供应简单、方便。蒸汽加热的优点是加热速度快，也比较均匀，但由于热源系统比较庞大，投资多，因此应用较少。热油加热速度较快，加热系统相对较小，目前在生产线上大规模使用。但是，热油加热存在较大的火灾风险，使用过程中一定要注意管道漏油问题。

2. 层压模板

层压模板是对多层印制电路板进行定位的模具。层压模板的材料主要包括铝合金、不锈钢或钢，材料的膨胀系数尽可能与覆箔板相近。生产中一般使用不锈钢模板。

层压机上的加热板和层压模板的表面要平整，平整度不低于±0.025mm。加压后的平整度要求不低于±0.05mm。

3. 定位销钉

多层印制电路板在层压时，定位销钉是必不可少的，它的作用是使多层印制电路板和模板重合对准。定位销钉可用钢或不锈钢制作，其尺寸按模具定位孔要求设计，直径范围为3～6mm。

4. 缓冲材料

缓冲材料可以用来调节层压机的平行度，均衡热的传递速度。缓冲材料一般要求使用牛皮纸、硅橡胶等。

5. 离型纸和离型剂

离型纸和离型剂用来防止层压时外溢黏合剂对不需要黏合的部分黏合或沾污。常用的离型纸有玻璃纸和聚四氟乙烯膜。离型剂的简单配方为：沥青（40g）、石蜡（10g）、松节油（50g），用汽油调配。也可用单独的硅油作为离型剂。

11.5.2　层压前的准备

1. 选定半固化片

半固化片的选定要点为：

1）选择玻璃布的类型。

2）决定树脂体系。

3）确定半固化片的树脂含量、流动性、挥发成分含量及凝胶时间，并对选用的材料进行验收。

此外，温度、湿度、溶剂、油污和灰尘等对使用半固化片的效果影响很大。半固化材料的分层、气泡、提前失效，在很大程度上就是由温度和湿度引起的。

2. 内层板的准备

为了提高内层板与半固化片之间的结合力，在层压之前要对内层板铜面进行浸稀酸、刷辊刷洗、粗化、氧化和干燥等表面处理，使铜表面发生化学粗化和氧化，提高铜面的表面积和化学极性，提高层压层间的界面结合力。

粗化液由传统的氯化铜－盐酸向常用的亚氯酸体系等溶液体系发展。经过粗化处理后，铜层的表面粗糙度可达到约 2μm。此知识点已在第 8 章详述，本节不再叙述。表 11-4 和表 11-5 为常见的粗化液和氧化液组成。

表 11-4　以氯化铜为主体的粗化液组分

配方与工艺条件	编号		要求	效果
	I	II		
氯化铜/g	50	10～15	粗化后，用 30% 的盐酸溶液浸渍 30～60s	抗剥强度： I　1.0N/mm II　1.0～2.0N/mm 表面外观： 无光泽铜原色，凹凸不平
盐酸/mL	300	300～400		
水加至/mL	1000	1000		
温度	常温	常温		
时间/min	6～8	2～3		

表 11-5　典型的氧化液组分

氧化液名称	配方与工艺条件	编号		效果	
		I	II	外观	抗剥强度
亚氯酸的碱性液	亚氯酸钠/（g/L）	60	30	I 黑色绒状 4～6 μm II 红褐色短纤维 3～5 μm	1.5～3.0N/mm
	氢氧化钠/（g/L）	80	10		
	磷酸三钠/（g/L）	—	10		
	温度/℃	88～96	95～沸腾		
	时间/min	1～2	1～2		

（续）

氧化液名称	配方与工艺条件	编　号		效　果	
		Ⅰ	Ⅱ	外观	抗剥强度
铜氨络合物	硫酸铜/（g/L）	20～30	—	均为红褐色外观	1.5～2.5N/mm
	碱式碳酸铜/（g/L）	—	124		
	氨水（w_{NH_3}=25%）/（mL/L）	20～50	360		
	水加至/mL	1000	1000		

干燥对保证层压质量也是十分重要的。通过120℃、1h以上的烘烤，可以彻底去除清洗中表面所吸附的水分，保证黏附力。

11.5.3　层压前的叠层

1. 对叠层操作间的环境要求

1）操作间要有空调和滤尘装置，温度为（22±2）℃，相对湿度为50%，洁净等级为10000级。

2）应随时清理操作间，操作者要穿戴洁净的工作衣帽和手套。

3）定位模具进入层压操作间前，应在洁净室中先完成定位孔内脱模剂的预涂工作。

2. 叠层

1）叠层方式可参见图11-8所示的结构。

2）叠层结构中多层印制电路板的数量取决于热传导速率和定位重合精度。通常，层压机的每个窗口可以放两块以上的叠层。叠层之间隔一块厚0.5～0.75mm的钢板。以层压两块1.5mm厚的多层印制电路板叠层为例，总的叠层厚度约为3.75mm。

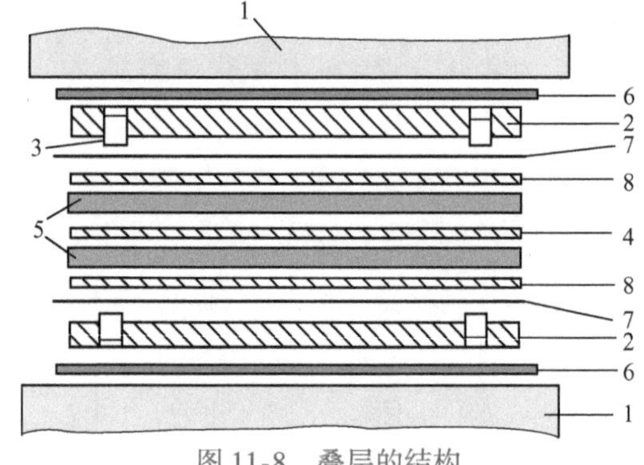

图11-8　叠层的结构

1—层压机热压模　2—层压定位模板　3—定位销钉　4—内层　5—半固化片　6—垫纸（厚约0.5mm）　7—脱模纸　8—外层单面覆箔板

3）层压厚度与残铜率和厚度有关。

相邻内层板间的最低张数（n），由相邻内层各自面上的铜导体的厚度（$a+b$）及每张黏接片的玻璃布厚度（δ）决定。它们之间的关系为

$$n \geqslant (a+b)/\delta \tag{11-8}$$

当多层印制电路板厚度规定在某值时，总张数N可用下式估算：

$$N=(D-d)/\delta \tag{11-9}$$

式中　D——规定的多层印制电路板厚度（mm）；

d——薄板总厚度（mm）；

δ——每张黏接片的玻璃布厚度（mm）。

多层印制电路板的厚度是叠层前必须计算的关键参数。它是由内层板、铜箔以及半固

化片固化后的厚度决定的。其中，半固化片固化后的厚度与残铜率相关。计算多层印制电路板厚度的通用公式为

$$D = \sum D_T + \sum D_c + \sum D_p \tag{11-10}$$

$$D_p = \sum D_{pp} - \sum D_c \times (1 - \text{残铜率}) \tag{11-11}$$

式中　D——多层印制电路板总厚度；

D_T——多层印制电路板各介质层厚度；

D_p——各半固化片固化后的厚度；

D_c——各铜层的厚度；

D_{pp}——各半固化片固化前的厚度。

11.5.4　层压过程

1. 层压过程控制

（1）闭模　电加热式层压机的闭模速度决定了叠层热量吸收速度的上、下差距，这个差距直接影响层压质量。因此，闭模应力要求平稳且迅速。

（2）层压

1）预压（预固化）。它是层压周期中最重要的一环。通过预压，实现层间驱赶气泡和空隙填满树脂并提高树脂的动态黏度，为加全压创造必要条件。

2）全压（全固化）。在加全压过程中，彻底完成层间驱赶气泡和空隙充填树脂并保证厚度和最佳树脂含量，彻底完成树脂的固化反应。

3）冷却。保持接触压力防止出现弓曲、扭曲等变形。

（3）选择适宜层压周期的因素

1）半固化片的树脂流动特性。高流动型半固化片应采用极低的预压力；低流动（或不流动）型半固化片的树脂黏度高（或只发生软化），必须一开始就采用较高的预压力；中流动型半固化片采用的预压力大小介于两者之间。

2）层压机的加热方式。黏接片的树脂黏度变化与它吸收的热能有关。层压机的温升速度快，树脂有效黏度的持续时间 t_1 相对就长，反之则短。高流动型黏接片的黏度曲线如图 11-9 所示。实线和虚线分别表示了在温升快和慢的两种层压机中的黏度曲线。

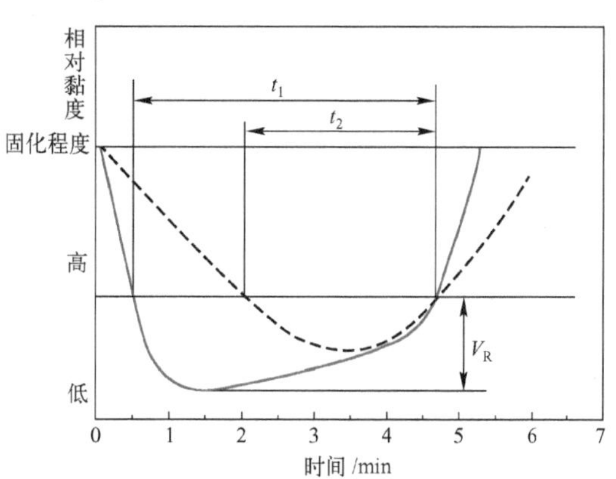

图 11-9　高流动型黏接片的黏度曲线

注：V_R 为树脂的操作黏度范围

电加热式层压机一般预热到最高工作温度后使用，为取得较充裕的预压周期（有效黏度持续时间），建议在层压机压模和定位模具间，插入厚约 0.5mm 的缓冲材料。

（4）一级加压周期　一级加压周期的控制较简单，以高温或低温作为预压周期的出发

点均可，如图 11-10 所示。当采用低流动（或不流动）型黏接片时选用这种工艺。

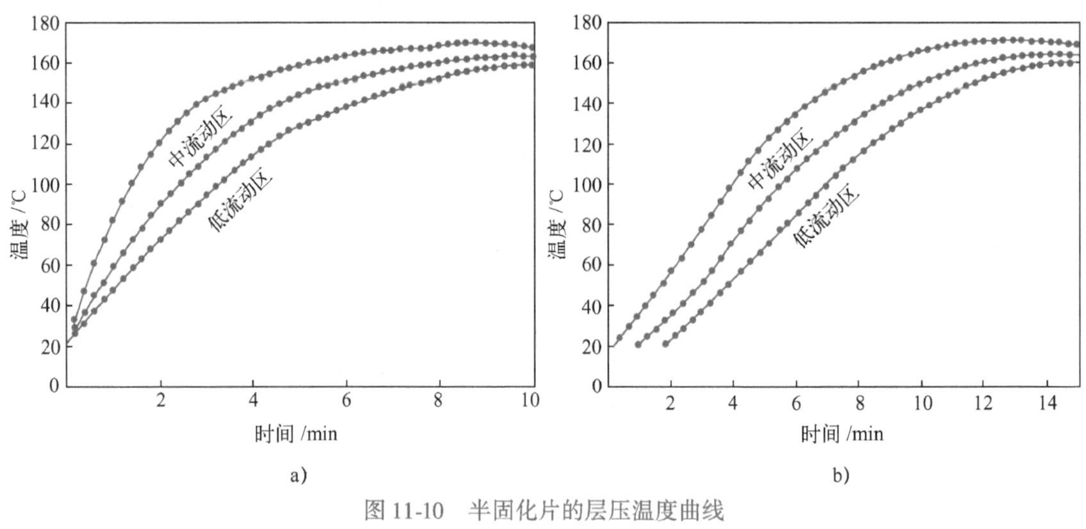

图 11-10　半固化片的层压温度曲线

a）高温层压周期　b）低温层压周期

（5）二级加压周期　二级加压周期分低压（预压）和高压（全压）两个阶段。低压期间熔融成低黏度的树脂，润湿全部黏接面并充填间隙，逐出气泡，为第二阶段加压创造条件。高压阶段可称为全固化阶段。正确把握加压变化十分重要，可采用以下几种方法来判断加高压的正确时机。

1）用梳形电极测定黏接片在层压周期内的电阻值，作出时间和电阻值倒数的关系曲线，如图 11-11 所示，曲线出现峰值的前 2～3min 即为加高压时刻。

2）测定黏接片在层压周期内的介质损耗角正切值 tanδ，作出 tanδ 和时间的关系曲线，如图 11-12 所示，接近图中曲线的第二峰值处，即为加高压的时间。

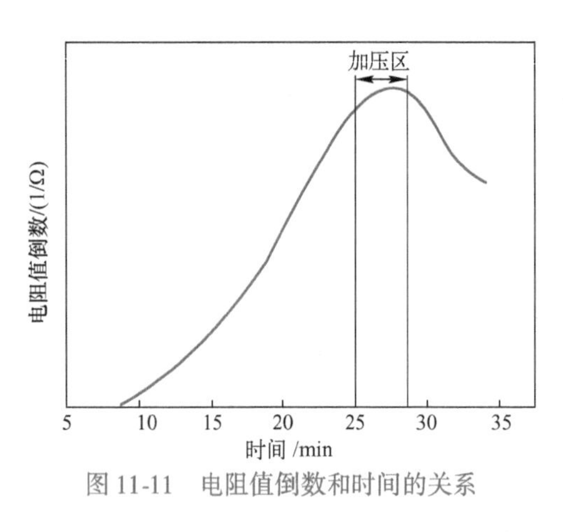

图 11-11　电阻值倒数和时间的关系

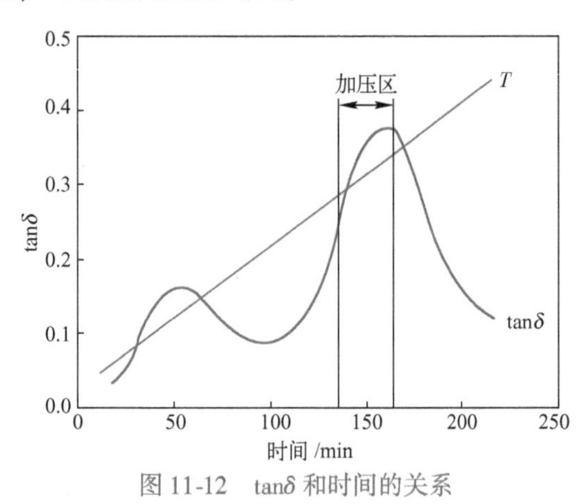

图 11-12　tanδ 和时间的关系

3）经验法。测定层压过程中挤出树脂的黏性时间，并把此时间提前 2～3min，即为加高压时刻。对于非程序自动加压的层压机，低压压降消失的时刻即为加高压的时刻。

典型的二级加压周期，针对电加热式的和蒸汽加热式如图 11-13 和图 11-14 所示。

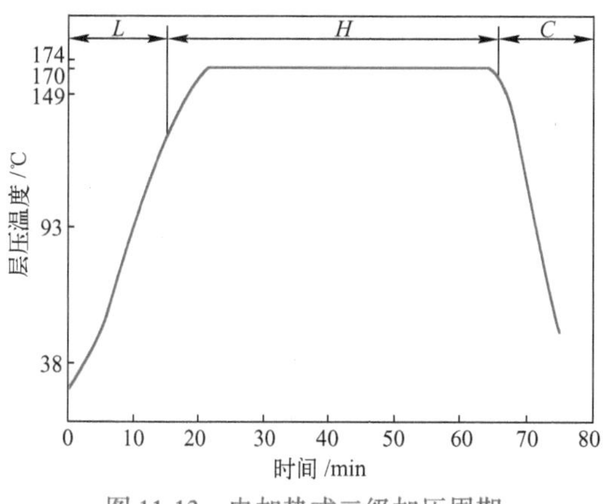

图 11-13　电加热式二级加压周期

L—加热低压段　H—高温高压段　C—高压冷却段

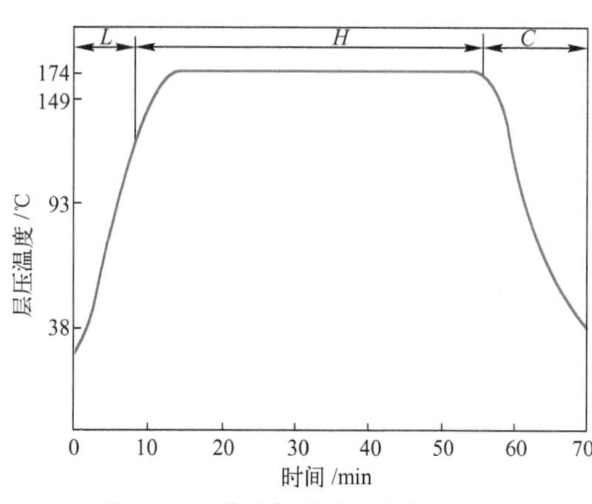

图 11-14　蒸汽加热式二级加压周期

L—加热低压段　H—高温高压段　C—高压冷却段

（6）不同层压周期的优缺点比较　层压周期除上述常用的两种外，还有其他形式，其优缺点比较见表 11-6。

表 11-6　不同层压周期的优缺点比较

加热方式	加热条件	加压条件	成形宽度	控制难易	周期快慢	安全性
蒸气加热	一级	一级	—	优	良	优
		二级	优	良	良	优
	二级	一级	—	差	良	优
		二级	优	差	良	优
电加热	一级	一级	—	良	差	差
		二级	优	良	差	差
	二级	一级	—	差	差	差
		二级	优	差	差	差

2. 层压质量控制要求

层压后质量关系着多层印制电路板在后期使用中的可靠性，因此，多层印制电路板在层压后应达到如下质量要求：

1）黏接层不分层、不起泡。

2）层压后不应显布纹、露纤维和起白斑。

3）受热冲击后不应出现气泡、分层。

4）内层图形相对位置和各层连接盘的同心度必须符合原设计要求。

5）黏接层内不应夹杂尘埃等粒状物。

3. 层压疵病的起因及解决方法

层压过程中难免会出现一些疵病，其原因及解决方法见表 11-7。

表 11-7 层压疵病的原因及解决方法

疵 病	表现形式	原 因	解决方法
缺胶或树脂含量不足	外观呈白色，显露玻璃布织纹	树脂流动性过大	降低温度或压力
		预压力偏高	降低预压力
		加高压时机不正确	层压中仔细观察树脂流动状况、压力变化和温升情况后，调整加全压的起始时间
		黏接片的树脂含量低，凝胶时间长，流动性大	调整预压力、温度和加全压的起始时间，以便在提高树脂动态黏度的前提下尽可能多保留树脂并排尽气泡、填满孔隙
气泡或起泡	外观有微小气泡群集或有限气泡积聚或层间局部分离	预压力偏低	提高预压力
		温度偏高且预压和全压间隔时间太长	降温，提高预压力或缩短预压周期
		树脂动态黏度高，加全压时间太迟	应对照时间 - 流动性关系曲线，使压力、温度和流动性三者相互协调
		挥发物含量偏高	降低预压力及温升速度（延长预压周期）或降低挥发物含量
		黏接表面不清洁	加强清洁处理工作
		流动性差，预压力不足	提高预压力或更换黏接片
		板温偏低	检查加热器，调整热模温度
板面有凹坑、树脂、皱折	表面导电层有凹坑，但未穿透或表面导电层被树脂局部覆盖	压板表面有残留树脂或黏有黏接片碎屑	注意空调系统
		脱模纸或膜上有黏接片屑或尘土；或起皱，有皱折	加强清理和检查
内层图形位移	内层图形偏离原位，产生短（断）路现象	内层图形铜箔抗剥强度低或耐温性差或线宽过细	改用高质量内层覆箔板
		预压力过高，树脂动态黏度小	降低预压力或更换黏接片
板厚不一致	板厚不均匀或内层板滑移	同一窗口的或成型板总厚度不同	调整到总厚度一致
		成型板内印制电路板累加厚度差大	调整厚度差，选用厚度差小的覆箔板
		加热模平行度差	修整平行度
		能自由位移且整个叠层又偏离中心位置	限制多余的自由度并力求安置叠层在热膜中心区
板局部超厚	板面局部起泡、凸起	板内夹入外来污物、尘土等固化颗粒	对操作环境加强管理
		压模平整度差	修整平整度

（续）

疵　　病	表现形式	原　　因	解决方法
板超厚	板厚超过上限	黏接片的数量多或玻璃布基偏厚或凝胶时间短	检查记录，重做黏接片特性测定，决定是否需要更换或调整层压时各项参数
		预压力不足	提高预压力
板厚不足	板厚低于下限	黏接片的数量少或玻璃布基偏薄或凝胶时间长	检查记录，重做黏接片特性测定，决定是否需要更换或调整层压时各项参数
		预压力太大	降低预压力
层间错位	层与层之间连接盘中心偏移	内层材料的热膨胀	控制黏接片的特性
		黏接片的树脂流动	板材预先经过热处理
		层压材料和模板的热膨胀系数差	选用尺寸稳定性好的内层覆箔板和黏接片
耐热冲击性差	受热分层、气泡	内层导体粗化或氧化质量差	根据判断结果做相应处理
		黏接片类型或性能有误或存放变质	
翘曲	弓曲或扭曲	非对称结构	力求设计布线密度和层压中黏接片的对称放置
		固化周期不足	保证固化周期
		黏接片或内层覆箔板的下料方向不一致	力求下料方向一致

11.6 多层印制电路板的可靠性检测

多层印制电路板制造工序完成后，必须对成品做多方面的检测。除了外观检查无误外，可靠性的测试包括导体电阻、金属化孔电阻、内层短路与开路、同层内和层间线路之间的绝缘电阻、镀层结合强度、黏合强度、焊接性、耐热冲击、耐机械振动以及特性阻抗等方面也是不可或缺的检测指标。

多层印制电路板的质量可靠性检测标准，可以参考普通印制电路板的检测标准，但必须有多方面的和更高要求的检测标准。表 11-8 列出了美国 Melpar 公司评价多层印制电路板可靠性的一些测定方法和标准值。

表 11-8　多层印制电路板的可靠性检测项目和条件

试验项目	试验条件	产品性能
耐燃性	自消燃性	好
吸水和板厚增加	煮沸 2h	吸水量 w_{H_2O} 最大 0.61%，平均 0.46%，板厚增加最大 2.4%，平均 1.33%
耐电压	1kV，30s	耐电压最小 6.1kV，最大 6.7kV

（续）

试验项目	试验条件	产品性能
电流容量	2A，3min	好
内部温度上升	—	最大17.6℃，平均13.8℃
导体的连接性	电阻值0.05Ω以下，改变电阻值为原电阻值的20%	电阻值最大0.004Ω，其变化值为0.0001Ω
镀层结合性	贴胶带后测量	好
翘曲	翘曲度3%以内	翘曲度最大0.9%，平均0.4%
焊盘的抗剥强度	25次再焊接后加载5kg以上物体	相同板0.08mm，所有板最大0.013mm，平均0.08mm，加载6kg以上物体
焊接性	25次后还能焊接，5次后焊接性不降低	好
热冲击	油中或焊接液中浸渍，260℃	10s，不好；20s，好
减压	266.644×10^{-6}Pa	在666.61×10^{-5}Pa时，仅轻微放出气泡
体积电阻率	10^6MΩ·cm以上	10^5MΩ·cm
表面电阻	5×10^3MΩ以上	2×10^5MΩ
相对介电常数	4.5～5（1MHz）	4.7～4.9（1MHz）
介质损耗角正切值	最大0.035（1MHz）	最大0.014（1MHz），平均0.0109（1MHz）
耐药品性	耐焊剂、焊接清洗	好
低温	-85℃	导体连接性好，电阻变化0.0007Ω以内，不发生翘曲变化
高温	125～225℃	到150℃无异常，175～225℃板表面变色，200℃焊料熔化，225℃导体长方向层间不分层，孔壁导体连接好，翘曲增加1%
热冲击	-85～175℃	仅导体电阻发生变化，翘曲增加1.2%

检测程序通常应包括工艺过程中的控制和检查，这是保证多层印制电路板质量的前提。对每道工序进行仔细的目测检查，发现缺陷必须及时修正或决定报废。成品交付之前，重点是电性能检测，特别要全面地检测内层导体的短路与开路，金属化孔互连电阻也必须全面地测试。计算机控制的自动化电性能测试，可以更快地对同层内和各层电路之间的电性能做全面检测。只有通过工艺过程的全面控制与检查，以及成品电性能检测，才能保证多层印制电路板成品的可靠性。

11.7 习题

1. 多层印制电路板的工艺过程主要有哪些？
2. 多层印制电路板设计主要应考虑的因素是什么？

3. 多层印制电路板专用薄覆铜箔层压板的要求是什么?
4. 半固化片的特性与分类有哪些?
5. 多层印制电路板的定位系统有哪几种?
6. 简述多层印制电路板的层压过程。
7. 内层板氧化工艺及机理是什么?
8. 多层印制电路板层压的加压、加热方法是什么?此时半固化片会发生哪些变化?
9. 简述层压疵病的起因及解决方法。

第 12 章　挠性及刚挠印制电路板

12.1 概述

挠性印制电路板采用一种特殊的电子互连技术，具有轻、薄、短、小、结构灵活等优越特点，并且具备静态弯曲、动态弯曲、卷曲和折叠等特有性能。按功能区分，挠性印制电路板可分为四种，分别为可用作引脚线路（Lead Line）、印制电路（Printed Circuit）、连接器（Connector）以及功能整合系统（Integration of Function）。挠性印制电路板用途广泛，涵盖了计算机、手机、医疗器械、军事和航天、消费性民用电器及汽车等领域。

12.1.1　印制电路板的定义

刚性印制电路板：用刚性基材制成的印制电路板，常称为硬板。

挠性印制电路板：用挠性基材制成的印制电路板，可以有或无覆盖层，也称为柔性板或软板。

刚挠印制电路板：通过挠性基板将不同刚性基板连接并直接结合制作而成的印制电路板。在刚挠结合区，挠性基材与刚性基材上的导电图形通过通孔进行互连，也称为刚柔结合板。

12.1.2　挠性印制电路板的性能特点

1. 挠性印制电路板的优点

挠性印制电路板获得大力发展和应用，是因为其具有以下显著优点：

1）挠性印制电路板是由介质薄膜组成的，体积小、重量轻，与刚性印制电路板相比更适合精密小型电子设备的应用。在目前的接插（Cutting-edge）电子元器件装配板上，挠性电路板通常是满足小型化和移动要求的唯一解决方法。与刚性电路板相比，空间可节省60%～90%，重量可减轻约70%。

2）挠性印制电路板可弯折挠曲，可用于刚性印制电路板无法安装的任意几何形状的设备机体中。其挠曲次数最高可达10^7次。

3）挠性印制电路板除了能静态挠曲外，还可以动态挠曲，可用于动态电子零部件之间的连接。轻巧的挠性完全能取代笨重粗硬的电缆排线。

4）挠性印制电路板具有更高的装配可靠性和产量。挠性印制电路板减少了内连所需的硬件，如传统的电子封装上常用的焊点、中继线、底板线路及线缆，使挠性印制电路板可以提供更高的装配可靠性和产量。

5）挠性印制电路板可以向三维空间扩展，提高了电路设计和机械结构设计的自由度，充分发挥出印制电路板的功能。挠性印制电路板可进行三维（3D）互连安装：许多电子设备有很多的输入和输出阵列，常常需要占据不止设备的一个面，这样就需要三维的互连结构进行互连。挠性电路板在二维上进行设计和制作，但可以进行三维安装。

6）挠性印制电路板除了有普通电路板的作用外，还可以有多种功能用途，如可用作感应线圈、电磁屏蔽、触摸开关按键等。

7）挠性印制电路板具有优良的电性能、介电性能及耐热性。挠性印制电路板提供了优良的电性能；较低的介电常数允许电信号快速传输；良好的热性能使组件易于降温；较高的玻璃转化温度或熔点，使得组件在更高的温度下良好运转。

8）挠性印制电路板有利于热扩散。平面导体比圆形导体有更大的面积/体积比，这样就有利于导体中热的扩散，另外，挠性印制电路板中短的热通道进一步加速了热的扩散。

2. 挠性印制电路板的缺点（局限性）

挠性印制电路也有它的局限性，具体如下：

1）一次性初始成本高。由于挠性印制电路板是为了特殊应用而设计、制造的，因此电路设计、布线和照相底版所需的初始成本较高。除非有特殊需要应用挠性电路板外，通常较少采用。

2）挠性印制电路板的更改和修补比较困难。挠性印制电路板一旦制成，要更改必须从底图和编制光绘程序开始，因此不易更改。挠性印制电路板表面覆盖一层保护膜，修补前需去除，修补后需复原，这个过程比较困难。

3）尺寸受限制。由于挠性印制电路板的种类、规格繁多，一般采用间歇法工艺制造，因此受到生产条件的限制，不能制备很长、很宽尺寸的挠性印制电路板。

4）装拆易损坏。装配人员必须经过严格训练，直到装成实际系统使用前，确保在保管及装拆挠性印制电路板前，都不能损坏。

12.1.3　挠性印制电路板的用途

挠性印制电路板的应用领域广泛，几乎在各类电子设备中都会涉及。可以说只要设计师们想到的就可以用到，大有替代刚性印制电路板的趋势。挠性印制电路板因其显著的优越性而得到大力发展和应用，目前挠性印制电路板已经应用的电子设备领域大致如下，并在逐步扩大。

1）计算机：磁盘驱动器、传输线带、笔记本计算机、平板计算机、针式和喷墨打印机等。

2）通信机：多功能电话、智能手机、可视电话、传真机等。

3）汽车：控制仪表盘、排气罩控制器、防护板电路、断路开关系统等。

4）消费类产品：照相机、录像机、摄像机、微型收音机、VCD 播放器、DVD 播放器、拾音器、计算器、健身监测器等。

5）工业控制：激光测控仪、传感器、加热线圈、复印机、电子衡器等。

6）仪器仪表：核磁分析仪、X 射线装置、红外分析仪、微料计测器等。

7）医疗器械：心脏理疗仪、心脏起搏器、电震发生器、内窥镜、超声波探测头等。

8）军事和航天：人造卫星、检测仪表、等离子体显示仪、雷达系统、喷气发动机控制器、夜间侦察系统、陀螺仪、电子屏蔽系统、无线电通信、鱼雷和导弹控制装置及新型自动化武器等。

12.1.4 挠性印制电路板的分类

1. 按电路板层数分类

1）挠性单面印制电路板（见图 12-1）：包含一个导电层，可以有或无增强层，其特点是结构简单，制作方便，质量也最容易控制。

2）挠性双面印制电路板（见图 12-2）：指包含两层具有镀通孔互连的导电层，可以有或无增强层，其结构比单面印制电路板复杂，需经过镀通孔的处理，控制难度较大。

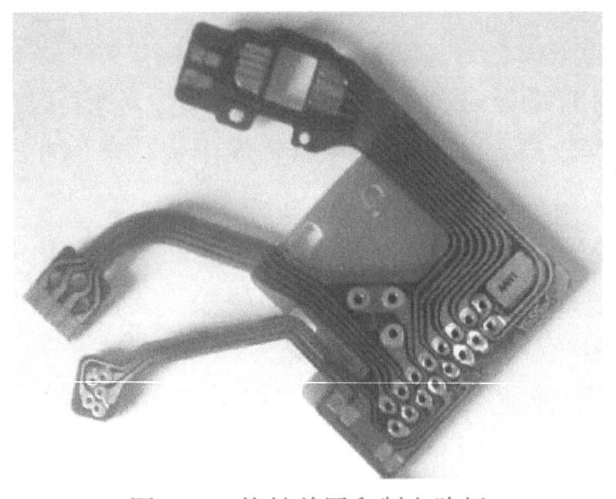

图 12-1 挠性单层印制电路板

图 12-2 挠性双层印制电路板

3）挠性多层印制电路板（见图 12-3）：指包含三层或三层以上，具有镀通孔的导电层，可以有或无增强层，其结构形式更复杂，工艺质量更难控制。

挠性多层印制电路板又分为分层型挠性多层印制电路板和一体型挠性多层印制电路板。

分层型挠性多层印制电路板指线路层间局部是分开的，不黏合在一起，有利于弯曲、折叠。

一体型挠性多层印制电路板指线路层与层之间是完全黏合在一起的。

4）挠性开窗板（见图 12-4）：板在有膜状覆盖层的场合下，还可以在覆盖膜上开窗口。

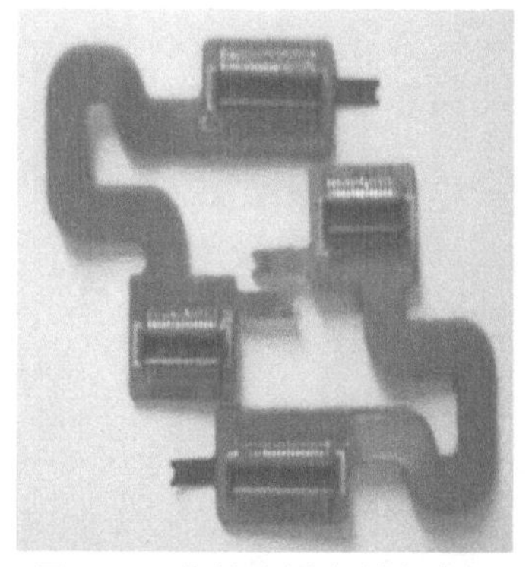
图 12-3　挠性多层印制电路板

图 12-4　挠性开窗板

2. 按物理强度分类

按物理强度的软硬分类，挠性印制电路板分为纯挠性印制电路板（见图 12-5）和刚挠结合印制电路板（见图 12-6）。在行业内，广义的挠性印制电路板包括使用纯挠性材料制作的挠性印制电路板以及刚性和挠性结构混合的刚挠结合印制电路板。

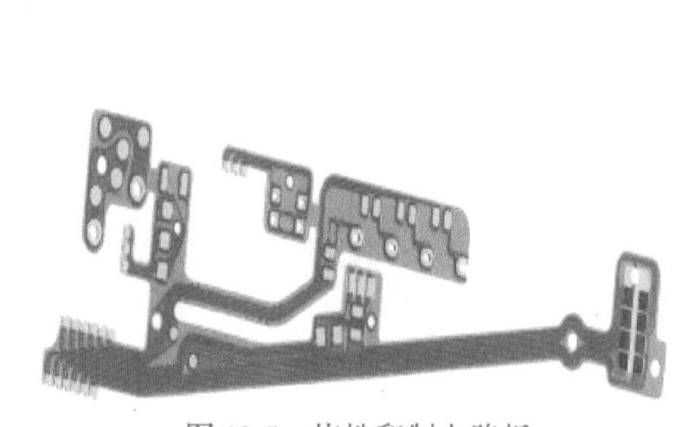
图 12-5　挠性印制电路板

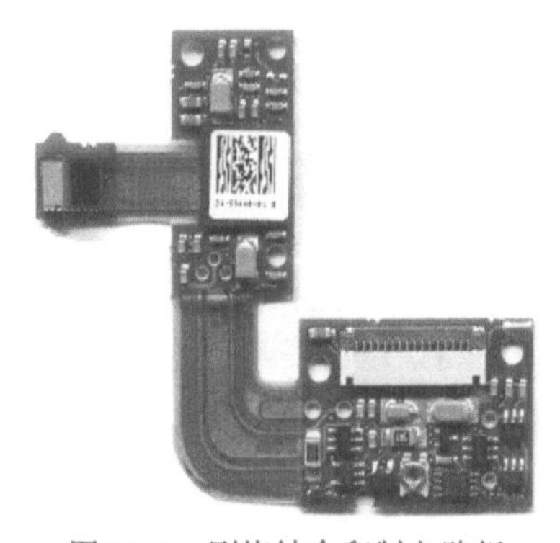
图 12-6　刚挠结合印制电路板

在实际应用中，又出现了经济型刚挠印制电路板。所谓经济型刚挠印制电路板是指挠性印制电路板与刚性印制电路板不用黏接材料，也不用插接件连接成一体，而是采用焊接方法装配成一体。这种焊接方法有热压焊接、手工拖焊等。

3. 按基材分类

1）聚酰亚胺型（Polyimide）挠性印制电路板（见图 12-7）：基材为聚酰亚胺的挠性印制电路板。

2）聚酯型（Polyester）挠性印制电路板：基材为聚酯的挠性印制电路板。

3）环氧聚酯玻璃纤维混合型（Epoxy/Glass/Polyester Fibers）挠性印制电路板：基材为环氧增强的玻璃纤维聚酯膜。

4）芳香族聚酰胺型（Aramide）挠性印制电路板：基材为聚酰胺酯的挠性印制电路板。

5）聚四氟乙烯（PTFE）介质薄膜：基材为聚四氟乙烯介质薄膜的挠性印制电路板。

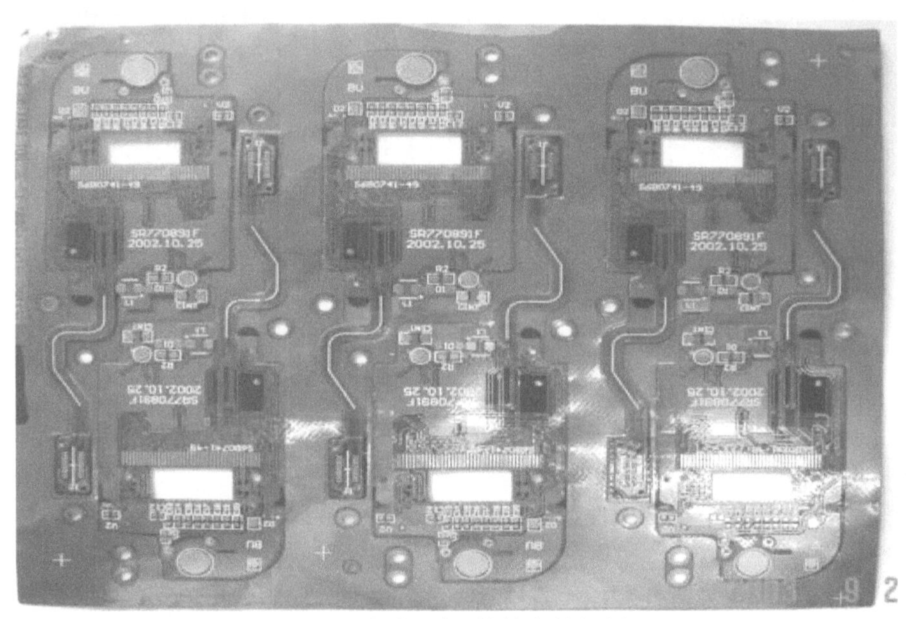

图 12-7　聚酰亚胺型挠性印制电路板

4. 按有无增强层分类

1）无增强层挠性印制电路板：通常指在挠性印制电路板板面没有黏接硬质片材对其进行补强。

2）有增强层挠性印制电路板：通常指在挠性印制电路板的一处或多处、一面或两面黏接硬质片材。增加增强层的目的，通常是增加机械强度，足以支撑较重的元器件，或形成平整的面，有利于装配。

5. 按有无胶黏层分类

1）有胶黏层挠性印制电路板（见图 12-8）：通常指挠性印制电路板在导体层与绝缘基材和覆盖层之间是通过胶黏层连接的。

2）无胶黏层挠性印制电路板（见图 12-9）：通常指采用的铜箔与基材之间无胶黏层的覆铜板而制成的挠性印制电路板。无胶黏层挠性印制电路板可大大提高动态弯曲次数。

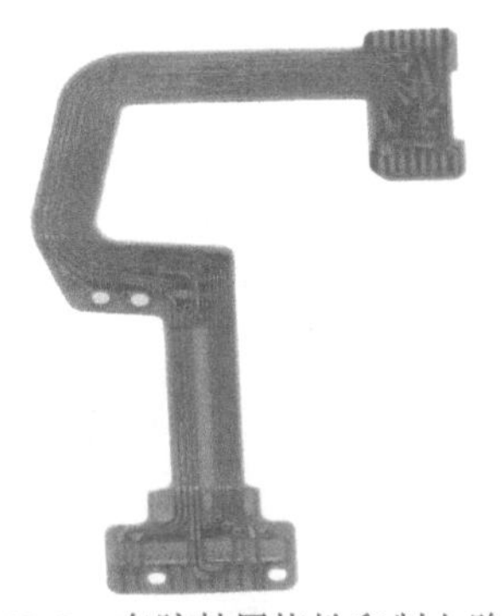

图 12-8　有胶粘层挠性印制电路板

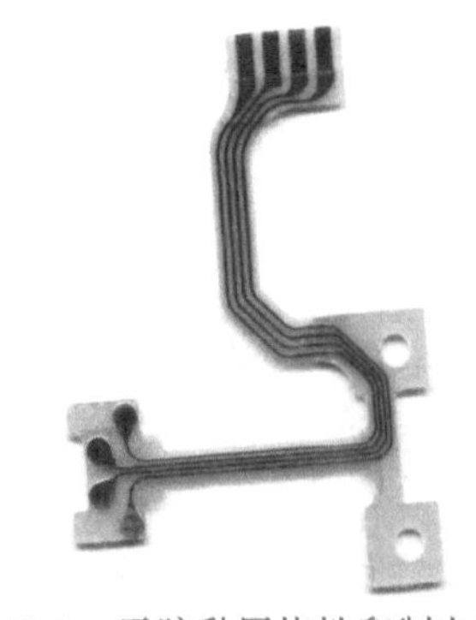

图 12-9　无胶黏层挠性印制电路板

6. 按线路密度分类

1）普通型挠性印制电路板：指常规线路密度和孔径的挠性印制电路板。

2）高密度互连（HDI）挠性印制电路板：是一种超细线距的新型挠性印刷电路板。TechSearch International 定义 HDI 电路板为节距小于 8mil（200 μm）、孔径小于 10mil（250 μm）的电路板。超 HDI（Ultra-HDI）电路板是 HDI 电路板的一个分支，是指节距小于 4mil（100 μm）、孔径小于 3mil（75 μm）的精细电路板。

7. 按封装分类

1）TAB（Tape Automated Bonding）挠性印制电路板：TAB 技术为一种带载芯片自动焊接的封装技术，凡采取卷带式（Roll to Roll）方式进行封装的相关技术，都可用 TAB 技术概括。半导体组件的发展越来越趋向于短小轻薄，此种趋势正好为 TAB 技术带来发展契机，它使用一种类似底片的材料，来取代 IC 引线框（Lead Frame）进行 IC 封装，因为它不像 IC 引线框那样硬且厚，所以能够将封装轻薄短小化。TAB 技术目前已大量应用于 LCD 面板所需驱动的 IC 封装上，其终端应用产品则涵盖了 TFT LCD 监视器、笔记本计算机、各类仪器及消费性电子产品，以及目前最热门的平板计算机和智能手机。

2）COF（Chip on Flex/Film）挠性印制电路板：COF 是指在挠性薄膜上安装芯片的技术，它主要应用于手机、等离子体显示器（PDP），及其他面积不大的液晶显示器（LCD）产品。COF 和 TAB 一样能够在玻璃上安装芯片，做到轻薄短小。COF 除了可连接 IC 外，也可依据所需在其电路上焊接其他零件，如电阻、电容等，甚至缩小 IC 相关电路所占空间，除了有零件区不可折外，其余部位皆为可折。COF 挠性印制电路板的结构简单，可自动生产，从而减少人工成本，相对降低模组（Module）成本，且可靠性高（如冷热冲击、恒温恒湿等）。其与 TAB 挠性印制电路板的最大不同为：COF 挠性印制电路板为两层结构（Cu + PI），且产品上无组件孔，其整体厚度较薄，柔性更好，抗剥离强度也更好，是未来软质封装基材的发展趋势。

3）CSP（Chip Scale Package）挠性印制电路板：CSP 即芯片级封装，指芯片封装后的总体积不超过原芯片体积的 20%。至于形成 CSP 的技术并不设限，由于 CSP 的成品尺寸与原芯片大小相差无几，更符合近来消费品的短小轻薄趋势，因此预计未来 CSP 挠性印制电路板将会大规模应用在可携式通信产品或消费性电子产品（如移动电话、摄录像机、数码相机、GPS 等）上。

4）MCM（Multi-Chip Module）：MCM 即多芯片模块，指把多个 IC 芯片焊接在挠性印制电路板上。在挠性印制电路板上钻好芯片所要求的孔，然后用与积层法相同顺序进行镀铜，形成通孔，蚀刻形成线路，在盘上形成凸盘或焊球，焊接 IC 芯片，然后用树脂密封。

12.1.5 挠性及刚挠印制电路板的结构形式

挠性印制电路板与刚挠印制电路板都以挠性材料为主体结构。图 12-10 所示为双面挠性印制电路板的结构示意图。图 12-11 所示为刚挠印制电路板的结构示意图。

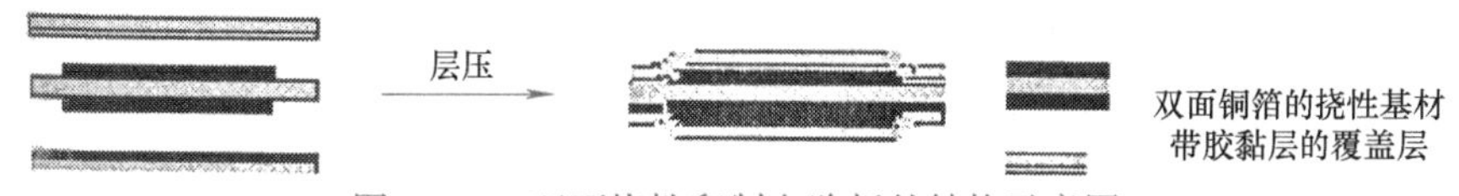

图 12-10 双面挠性印制电路板的结构示意图

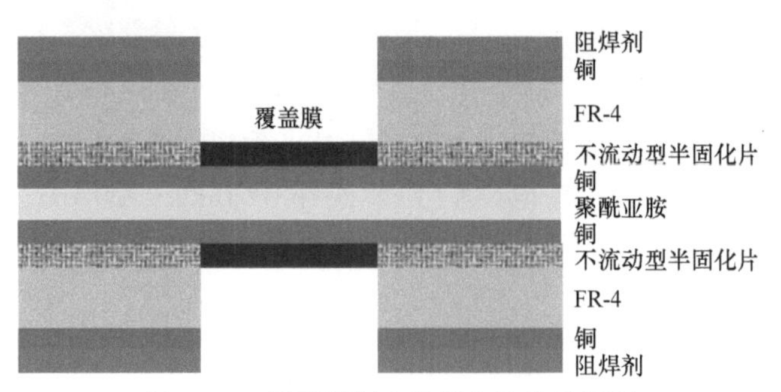

图 12-11　刚挠印制电路板的结构示意图

12.1.6　挠性印制电路板发展过程

毫无疑问挠性电路是当今最重要的互连技术之一，几乎每一类电子产品中都有其应用。从简单的玩具、游戏机到手机、计算机再到高复杂的宇航电子仪器等，都有利用挠性印制电路板进行电气互连的缩影。

对多数人来说，挠性电路或挠性印制电路很新奇，然而它们可能是现代电气互连技术中出现最早的技术之一。早在 1898 年发表的英国专利中记载了在石蜡纸基板上制作平面导体。有趣的是，几年后托马斯・爱迪生在与助手交换的试验记录中描述的概念使人联想到现在的厚膜技术。在 20 世纪前半个世纪，科研工作者设想和发展了多种新方法来使用柔性电气互连技术。真正规模化使用挠性印制电路板是美国军方在委托杜邦公司成功开发聚酰亚胺材料之后将其应用在军用产品中，从而翻开挠性印制电路板发展的历史新篇章。冷战结束后，推动美国挠性电路行业的军用挠性电路产品开始消失，并逐渐在民用产品中得到沿袭。其中，挠性电路在汽车工业的应用是一个亮点，通过印制和蚀刻的方法来制作简单的线路，令 20 世纪 90 年代后期挠性电路取得了惊人的发展。

挠性电路几乎用于每一类电器和电子产品中，而且是电子互连产品市场发展最快的产品之一，可以预见该技术将会得到持续发展，用户和生产商数量也会大大地增加。特别是在 IC 芯片封装中的应用，对 IC 封装的高密度互连（HDI）挠性印制电路板的需求将会持续增长，尤其是低成本封装。另外，柔性封装的性能优点使挠性电路赢得了在许多高端产品中的应用，显示器用的 LCD 驱动器、喷墨打印机墨盒以及硬盘驱动器等的增长驱使对 HDI 挠性印制电路板的需求增大，医疗仪器通过使用 HDI 挠性印制电路板来增加密度，计算机及通信设备密度的增加将会持续地促进 HDI 挠性印制电路板市场的快速发展。HDI 趋势在挠性印制电路板上兴起，顺应此发展的最显著趋势是间距走向更密集，如当前多层印制电路板的间距已发展至 100 ~ 125mm。HDI 挠性印制电路板将在近年内高速成长，且 COF 封装将取代 TAB 封装，挠性印制电路板将有更宽广的应用，COF 封装的盛行将带动挠性印制电路板间距缩小 25 ~ 50mm。

挠性印制电路板的发展过程可总结如下：

1）1953 年美国成功研制挠性印制电路板。

2）20 世纪 70 年代已开发出刚挠结合板，欧美技术和产能处于世界领先地位。

3）20 世纪 80 年代，日本取代美国，产能跃居世界第一位。

4）20 世纪 90 年代，韩国、中国开始批量生产挠性印制电路板。

全球挠性印制电路板市场在 2000 年产值达到 39 亿美元，2004 年挠性印制电路板的总产值已接近 60 亿美元。到 2019 年，挠性印制电路板占全球印制电路板市场总值的 24%，高达 160 亿美金。

进入 21 世纪，随着大批外资挠性专业生产商涌入我国，数以百计的国内挠性印制电路板专业生产商像雨后春笋般诞生，并在短短几年内取得蓬勃发展。我国也涌现了一批以厦门弘信、景旺电子、珠海元盛、奈电软性以及广州安捷利等为代表的挠性印制电路板企业。

12.1.7　挠性印制电路板技术现状

挠性印制电路板起源于美国，发展于日本，因而目前在技术水平来看，美国、日本等居于技术的第一梯队，掌握了挠性印制电路板上游大部分的软件、设备、原材料以及化学试剂等和高端挠性印制电路板的生产。韩国和我国台湾地区居于第二梯队，在技术上具备较好的基础并形成了较大的产业规模。我国内地企业居于第三梯队，产品居于中低端水平。近年的快速发展也促使国内众多企业在一些高端产品上拥有了一定的地位。在具体指标方面，国外已有企业具备加工 20μm 的精细线路，实现约 ϕ40μm 金属化互连孔，最高层数也突破了 10 层；国内目前的加工精度最高以 50μm 为主流，孔径控制在 75μm 左右，层数也突破了 10 层。但是，国内挠性印制电路板技术发展还受限于美、日等发达国家对上游核心材料技术与市场的垄断。

挠性及刚挠印制电路板材料及设计标准

挠性印制电路板的材料主要包括挠性介质薄膜和挠性黏接片薄膜。刚挠印制电路板除了采用挠性材料外，还需用到刚性材料，如环氧玻璃布层压板及其半固化片或聚酰亚胺玻璃布层压板及相应的半固化片。

12.2.1　挠性介质薄膜

常用挠性介质薄膜有聚酰亚胺类、聚酯类和聚氟类。聚酰亚胺具有耐高温特性，介电强度高，电气性能和力学性能极佳等优点，但是价格昂贵，且易吸潮。常用的聚酰亚胺介质薄膜主要来自于杜邦公司生产的 Kapton 膜。聚酯类薄膜的许多性能与聚酰亚胺相近，但耐热性较差，杜邦公司生产的聚酯介质薄膜 Mylar 膜也比较常用。表 12-1 为聚酰亚胺、聚酯、聚四氟乙烯介质薄膜的性能对照情况。聚酰亚胺是最常用的生产挠性印制电路板及刚挠印制电路板的材料；而聚酯由于它的耐热性差，决定了它只适用于简单的挠性印制电路板；聚四氟乙烯材料只应用于要求低介电常数的高频产品。

表 12-1　聚酰亚胺、聚酯、聚四氟乙烯介质薄膜的性能对照情况

性　能	聚酰亚胺（Kapton）	聚酯（Mylar）	聚四氟乙烯（PTFE））
极限张力/（N/mm^2）	172	172	20.7
极限伸长率（%）	70	120	300

（续）

性　　能	聚酰亚胺（Kapton）	聚酯（Mylar）	聚四氟乙烯（PTFE））
因蚀刻引起的尺寸变化/（mm/m）	2.5	5.0	5.0
相对介电常数（10^6Hz 下）	3.5	3.2	2.1
介质损耗角正切值（10^6Hz 下）	0.0025	0.005	0.0001
体积电阻率/MΩ·cm	10^{12}	10^{12}	10^{12}
燃烧性	自熄	易燃	不燃烧
介电强度/（mV/m）	275	300	17
吸湿率（%）	2.7	<0.8	0.01
耐热性能/℃	400	150	260
浮焊试验	通过	通过	通过

除了覆铜板介质薄膜外，挠性印制电路板还需要覆盖层的介质薄膜。介质薄膜上需要涂上一层黏接层才能贴覆到挠性印制电路板的表面，起到保护挠性印制电路板的作用。覆盖层的功能相当于刚性印制电路板的阻焊层，主要起到铜线路防氧化、阻焊以及防止外界环境影响等作用。

在生产挠性和刚挠印制电路板时，除了选择介质层的种类外，挠性覆铜箔基材和覆盖层的介质厚度以及铜箔厚度的选择也十分重要。首先，介质薄膜的厚度应不小于 13 μm，才能满足电气性能和力学性能的要求。而铜箔厚度则应根据电路密度、载流量以及耐挠性来选择。总之，介质薄膜及铜箔的厚度越小，挠性印制电路板的挠性就越好。

另外，由于覆盖层是覆盖于蚀刻后的电路之上，这就要求它有良好的敷形性，才能满足无气泡层压的要求。较薄介质薄膜的覆盖层敷形性好，层压压力低，因而层压后挠性印制电路板的变形小。但是，当覆盖层上要求余隙孔时，使用较厚的介质薄膜可以减少钻孔时余隙孔的变形。总之，从工艺角度讲，更希望采用较厚的覆盖层，而从层压角度讲，则希望采用较薄的覆盖层。

目前，杜邦公司已生产出一种感光型覆盖层。它具有对位准确、简化挠性生产工艺（省去了覆盖层的钻孔以及层压工序）、降低生产成本的优点。这种覆盖层的许多性能与聚酰亚胺覆盖层相近，比较适用于简单的挠性印制电路板。在挠曲半径为 5mm 时，能耐 10^7 次挠曲循环。这种覆盖层的工艺操作与阻焊干膜相似，即只需要经过真空贴膜、曝光、显影、后固化等工序即可实现覆盖层的贴覆。

12.2.2　黏接片薄膜

生产挠性及刚挠印制电路板的黏接片薄膜主要有丙烯酸类、环氧类和聚酯类。比较常用的是杜邦公司的改性丙烯酸薄膜和 Fortin 公司的无增强材料低流动环氧黏接片薄膜以及不流动环氧玻璃布半固化片。表 12-2 为两种编织类型玻璃布做增强材料的不流动环氧半固化片的性能参数。丙烯酸与聚酰亚胺薄膜的结合力极好，具有极佳的耐化学性和耐热冲击性，而且挠性很好。环氧树脂与聚酰亚胺薄膜的结合力不如丙烯酸树脂，因而主要用于黏接覆盖层和内层。另外，环氧树脂的热膨胀系数低于丙烯酸数倍，在 Z 方向的热膨胀小，利于保证金属化孔的耐热冲击性。因此，在选用改性丙烯酸薄膜作为内层的黏合剂时，两个内层之间的丙烯酸厚度一般不超过 0.05mm，以防止热冲击时 Z 方向膨胀过大而造成金属化孔的断裂。当 0.05mm 厚的丙烯酸无法满足黏接要求时，应改用环氧树脂型黏接片代替。表 12-3 为不同类型黏接片的覆盖层性能比较。

表 12-2 不流动环氧半固化片的性能参数

玻璃布类型	半固化片厚度/mm	玻璃布厚度/mm	层压后半固化片厚度（压力 1379kPa）/mm	含胶量（%）	流动度（%）	凝胶时间/s
104	0.064	0.025	0.064	72±1	2	无
108	0.088	0.05	0.088	62±1	2	无

表 12-3 不同类型黏接片的覆盖层性能比较

介质薄膜类型		聚酰亚胺		
黏接片类型		丙烯酸-IPC	丙烯酸（V）	环氧
项目及测试方法	抗剥强度/（Pa/cm）	14.41	19.05	14.41
	低温可挠性（IPC-TM-650，2.6.18）	通过	通过	通过
	黏接片最大流动度（IPC-TM-650，2.3.17.1）（%）	5.0	2.7	5.0
	挥发组分（IPC-TM-650，2.3.37）（%）	1.5	0.8	2
	相对介电常数（1MHz 下）（IPC-TM-650，2.5.5.3 最大值）	4.0	3.8	4.0
	介电强度（ASTD-D-149）/（kV/mm）	80	180	80
	体积电阻率（IPC-TM-650，2.5.17）/Ω·cm	10^{12}	10^{12}	10^{12}
	表面电阻（IPC-TM-650，2.5.17）/Ω	10^{11}	10^{10}	10^{10}
	绝缘电阻室温下（IPC-TM-650，2.6.3.2）/MΩ	10^{4}	10^{5}	10^{4}
	吸湿率（IPC-TM-650，2.6.2 最大值）（%）	6.0	1.0	4.0
	介质损耗角正切值（1MHz 下）（IPC-TM-650，2.5.5.3）	0.04	0.03	0.04
	浮焊试验（IPC-TM-650 方法 B 2.4.13）	通过	通过	通过

12.2.3 铜箔

印制电路板采用的铜箔主要分为电解铜箔和压延铜箔。电解铜箔采用电镀方式形成，其铜微粒结晶状态为竖直针状，易在蚀刻时形成竖直的线条边缘，利于精细导线的制作；但是在弯曲半径小于 5mm 或动态挠曲时，针状结构易发生断裂，因此适用于刚性印制电路板或者挠曲次数要求不高的挠性印制电路板。对于挠曲次数要求较高的产品，设计挠性印制电路板时应选用压延铜箔的覆铜板基材。由于压延铜箔是铜板经过加热、加压多次挤压而成的，因而其铜微粒呈水平轴状结构；但这种铜箔在蚀刻时在某种微观程度上会对蚀刻剂造成一定阻挡。图 12-12 所示为两种铜箔的晶粒结构图。

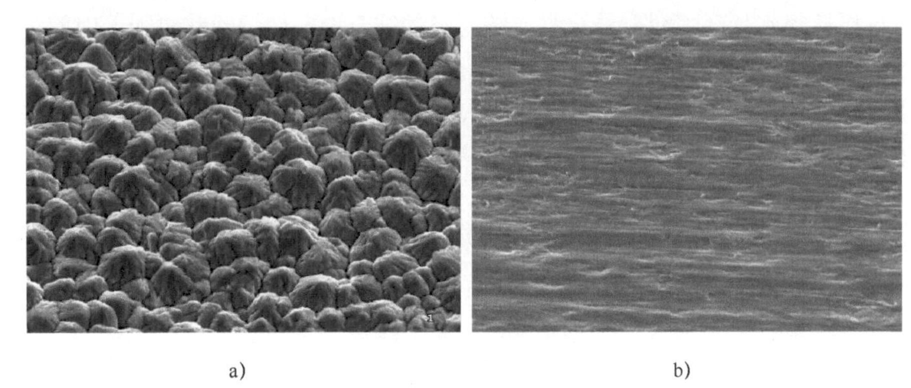

a) b)

图 12-12 电解铜箔和压延铜箔的晶粒结构图

a）电解铜箔 b）压延铜箔

12.2.4 覆盖层

覆盖层是指盖在挠性印制电路板表面的绝缘保护层，起着保护表面导线和增加基板强度的作用。通常覆盖层与基材介质层采用相同材料，如聚酰亚胺挠性印制电路板采用涂有黏合剂的聚酰亚胺薄膜。有的消费类电子产品为节约成本，采用涂覆阻焊层代替覆盖膜，也能起到保护导线的作用。

覆盖层是挠性印制电路板和刚性印制电路板的最大不同之处，其作用超出了刚性印制电路板的阻焊膜，它不仅起阻焊作用，而且使挠性电路板不受尘埃、湿气、化学药品的侵蚀以及减小弯曲过程中应力的影响。因此，覆盖层具有能忍耐长期挠曲的性能特点。由于覆盖层是覆盖于蚀刻后的电路之上，这就要求它具有良好的敷形性，才能满足无气泡层压的要求。

覆盖层材料根据其形态可分为干膜型和油墨型；根据是否感光可分为非感光覆盖层和感光覆盖层。传统的覆盖膜在物理性能方面有极佳的平衡性能，特别适合于长期的动态挠曲。遗憾的是，覆盖膜的贴覆是一个非常复杂、耗时耗工的工序，而且很难引入自动化生产系统，只能采用人工操作完成。因此，覆盖膜很难制作高尺寸精度的焊盘预留窗口。例如，有的 HDI 挠性电路板需板要制作的窗口直径小于 200 μm，位置精度要求要小于 100 μm，采用手工方法就很难达到。

网印柔性油墨能够提供低成本的批量生产，但是，对于高尺寸精度的小窗口，它既无法提供好的解决方法，也不具有好的力学性能，不能用于动态挠曲。液体感光型覆盖层采用标准的 UV 曝光，水溶性显影液显影，然后加热进行后固化工艺，省去了传统的层压工序。由于减少了两张覆盖层上的黏接层，因而提高了印制电路板的散热性以及增加了可弯曲性。液体感光型覆盖层也可以采用掩孔工艺，掩住导通孔，从而为将导通孔设计在元器件下提供了条件。液体感光型覆盖层能耐 120℃的工作环境温度，在弯曲半径为 5mm 时能耐 10^7 次挠曲循环，其分辨率达 0.07mm，而且显影后膜的侧面是陡直的，适用于 SMT 的挠性印制电路板。

近 10 年来，为了迎合 HDI 挠性电路板发展的需求，开发了两类新的覆盖层制作工艺，在传统覆盖膜上进行激光钻孔以及感光的覆盖层。几种覆盖层工艺的比较见表 12-4。

表 12-4 几种覆盖层工艺的比较

工　艺	精度（最小窗口直径/μm）	可靠性（耐挠曲性）	材料选择	设备/工具	技术难度和经验需求	成　本
传统的覆盖膜	低（800）	高（寿命长）	PI，PET	数控钻床、热压机	高	高
覆盖膜 + 激光钻孔	高（50）	高（寿命长）	PI，PET	热压机	低	高
网印液态油墨	低（600）	可接受（寿命短）	环氧，PI	网印设备	中	低
感光干膜型	高（80）	可接受（寿命短）	PI，丙烯酸	层压、曝光、显影设备	中	中
感光液态油墨型	高（80）	可接受（寿命短）	环氧，PI	涂布、曝光、显影设备	高	低

随着工业 4.0 技术在各行各业的大力推广，挠性印制电路板自动化贴膜难题也逐渐得到解决，因而对于高精度的贴膜要求，覆盖膜逐渐开始实现工业化。

12.2.5 增强板

增强板是黏合在挠性印制电路板局部位置的板材，对挠性薄膜基板起支撑加强作用，便于印制电路板的连接、固定、插装元器件或其他功能。增强板一般采用和基材相同材质的薄膜或刚性印制电路板所使用的原材料，如纸酚醛板、环氧玻璃布、PET、PI、金属板等。

如果插装焊接大量的有引线的元器件和大型接插件时，应使用较厚的环氧玻璃布层压板。环氧玻璃布层压板的机械强度远比纸酚醛层压板大，因而在树脂增强板选择方面优选环氧树脂材料。由于金属板还可兼作散热板，不仅机械强度大，而且成形加工容易，使用铝板和不锈钢板作为增强板的情况不断地增加。金属板和其他材料的增强板在形加工方面有些不同，特别是不锈钢板黏接融合差，黏接前必须进行适当的表面处理。

12.2.6 刚性层压板

用于生产刚挠印制电路板的刚性层压板主要有环氧玻璃布层压板和聚酰亚胺玻璃布层压板。聚酰亚胺玻璃布层压板是生产刚挠印制电路板比较理想的材料。聚酰亚胺具有高耐热性，但是价格昂贵，且层压工艺复杂，聚酰亚胺层压板及半固化片的价格是环氧玻璃布层压板价格的 5 ~ 7 倍。环氧玻璃布层压板是生产刚性印制电路板最常用的材料，其价格比较便宜，但是耐热性差。而且环氧玻璃布层压板的热膨胀系数较大，因而在 Z 方向的膨胀较大。GF 型环氧玻璃布层压板由于在其玻璃化温度（T_g = 180℃）以下的热膨胀系数与聚酰亚胺相近，因而被广泛用于刚挠印制电路板的生产。

12.2.7 屏蔽层材料

在微弱高频信号传输过程中，电路中信号极易受外界干扰。为此，需要在挠性印制电路板表面设计屏蔽层。金属薄膜对于高频信号有非常好的屏蔽作用，但是，当频率较低时，需要结合磁性材料薄膜进行屏蔽，实现高低频信号的抗干扰。图 12-13 所示为典型的挠性电路板的屏蔽膜结构。

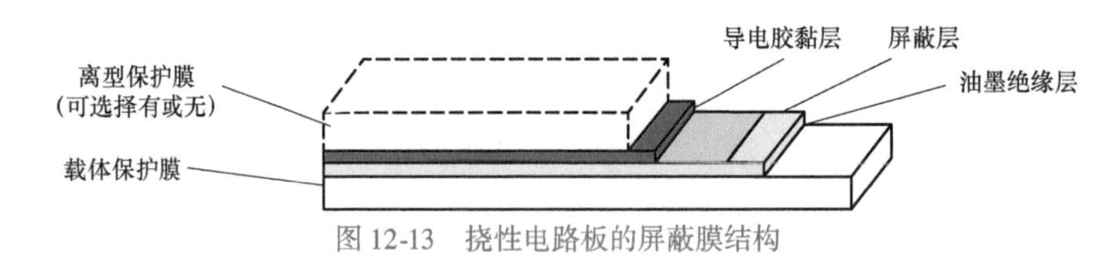

图 12-13 挠性电路板的屏蔽膜结构

实现干扰信号的屏蔽，要将屏蔽材料覆盖到挠性印制电路板表面来进行外界抗干扰。目前屏蔽材料的屏蔽性能在 40dB 以上，可以满足绝大部分信号屏蔽的需求。

12.2.8 材料的热膨胀系数

刚挠印制电路板材料的热膨胀系数（CTE）对保证金属化孔的耐热冲击性十分重要。热膨胀系数大的材料，在经受热冲击时，在 Z 方向上的膨胀与铜的膨胀差异大，因而极易造成金属化孔的断裂。通常玻璃化温度（T_g）低的材料，其热膨胀系数也较大。表 12-5 为几种材料的玻璃化温度及热膨胀系数。由表 12-5 可以看出，四种材料的玻璃化温度和 Z 方向热膨胀系数相差甚远。其中，丙烯酸的玻璃化温度最低（接近室温），热膨胀系数是其他材料的数倍。因而，在加工刚挠印制电路板时，应尽可能少地使用丙烯酸黏接片。如果选用，一定要控制丙烯酸黏接片的厚度。试验证明，刚挠多层印制电路板的平均热膨胀系数是随丙烯酸树脂厚度百分比的提高而升高的。平均热膨胀系数小的刚性印制电路板，随着温度的升高其尺寸变化最小；平均热膨胀系数大的挠性印制电路板尺寸变化最大；刚挠印制电路板由于是刚挠混合结构，因而热膨胀系数居中。

表 12-5 几种材料的玻璃化温度及热膨胀系数

特　性	试验方法	丙烯酸膜	聚酰亚胺膜	环　氧	铜
玻璃化温度/℃	IPC-TM-650，2.4.25	45	185	103	无
Z 方向热膨胀系数/10-6℃$^{-1}$	IPC-TM-650，2.3.24（25～275℃）	500	130	240	17.6

总之，在选择材料加工挠性和刚挠印制电路板时，不仅要考虑材料的力学、物理、化学特性，还要考虑产品的应用要求、安装结构要求、环境条件以及材料对可加工性的影响。只有这样，才能生产出性能价格比最佳的挠性及刚挠印制电路板。

12.2.9 挠性印制电路板设计标准

挠性印制电路板设计规则与刚性印制电路板有很大区别，设计时要求考虑挠性印制电路板的基材、黏接层、铜箔、覆盖层和增强板及表面处理的不同材质、厚度和不同组合，还要考虑其性能，如抗剥离强度、抗挠曲性能、弯曲寿命、化学性能、耐湿性能、抗电迁移性能、工作温度等，特别要考虑客户是如何装配和具体应用所设计的挠性印制电路板。挠性印制电路板的设计标准可参考 IPC 标准 IPC-D-249 和 IPC-2233。

12.3 挠性及刚挠印制电路板制造

挠性及刚挠印制电路板的制造应根据印制电路板的复杂程度选择合理的加工技术。以下按挠性及刚挠印制电路板类型进行介绍。

12.3.1 挠性单面印制电路板制造

挠性单面印制电路板是用量最大、最普通的一类产品。按产品的生产方式进行分类，可分为卷对卷连续式和单片间断式。卷对卷连续式生产是成卷加工，加工过程如图 12-14 所示。这种方式设备的工装投资大，但适合于大批量加工，可降低加工成本，获得好的经济效益。其优点是生产效率高，但产品品种生产变化不灵活。

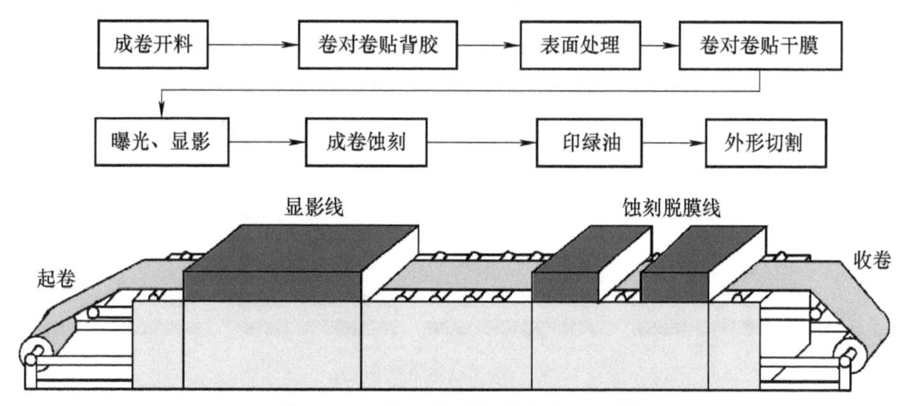

图 12-14 卷对卷连续式生产示意图

连续式加工生产按挠性覆铜板受力方式又分为两种：

1）卷轴传动连续法。卷轴转动拉着卷状挠性印制电路板前进，这种拉力对挠性印制电路板的伸缩和形变有一定影响。

2）齿轮传动连续法。就像电影胶片一样，先对卷状挠性覆铜板的两边冲制连续的方孔，方孔套住齿轮的齿牙，齿轮转动，齿牙拉着有方孔的挠性印制电路板前进。这种拉力对挠性印制电路板的伸缩和形变的影响很小。

单片间断式生产是把覆铜箔基材裁切成单块，按流程顺序加工。各工序是间断性地加工，即通常所说的单片加工。其优点是产品品种生产变化灵活，但生产效率低。

这两种生产方式不同，但其中所应用的工艺方法有许多是相同的。以下介绍挠性单面印制电路板加工工艺方法。

1. 蚀刻加工法（减成法）

印制和蚀刻加工法是挠性印制电路板制造最常用的工艺方法。在绝缘薄膜基材上覆盖有金属箔 - 铜箔，在铜箔表面印制产生线路图形，再经化学蚀刻去除未保护的铜箔，留下的铜箔形成电路。

挠性印制电路板的孔通常由钻孔或冲孔产生，可以在基板裁切后先进行，或在印制蚀刻后进行，也可以在最终成型时进行。较多的是在生产开始时就加工出孔。图形蚀刻完成后，接着采取覆盖膜或涂覆层保护，元器件安装孔连接盘或其他暴露部分是为保护层开窗口而留出的。

图 12-15 所示为挠性单面印制电路板的加工过程示意图。大多数挠性单面印制电路板

是按此工艺方法生产的，包括卷对卷连续生产也是采用此种工艺。图 12-16 所示为挠性单面印制电路板的生产工艺流程。

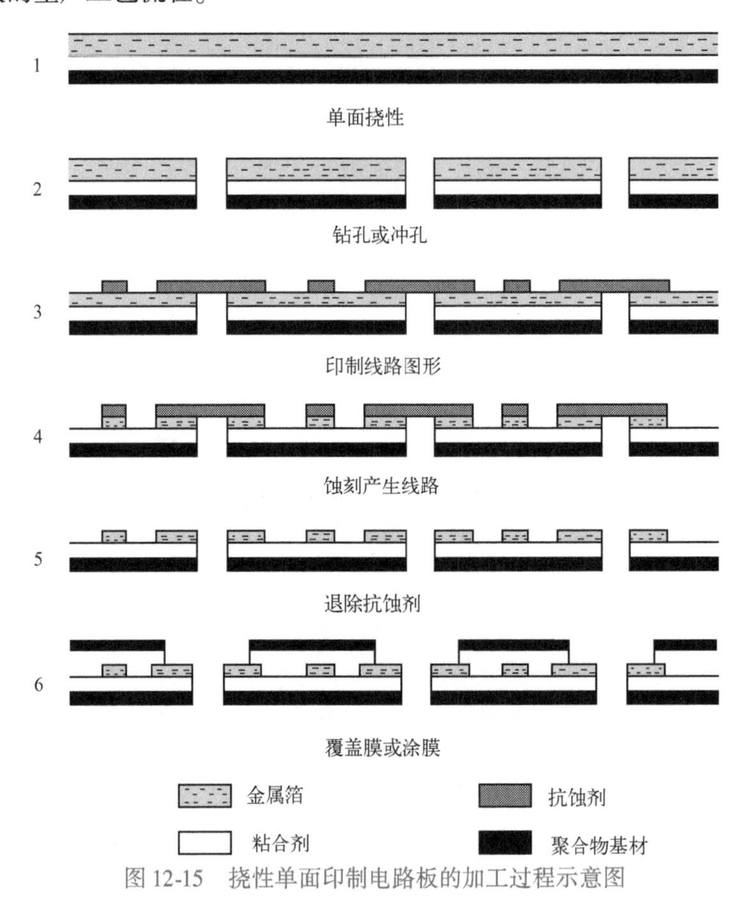

图 12-15 挠性单面印制电路板的加工过程示意图

2. 模具冲压加工法

模具冲压加工法是用特殊制作的模具，在成卷铜箔上冲切出电路图形，并同步把导体线路层压在有黏合剂的薄膜基材上。此工艺不需要蚀刻处理，被成功地应用于制作较粗线路的挠性单面印制电路板中，如电源输电排线和自动控制板线路，此方法产量大又经济。

3. 加成和半加成加工法

1）挠性印制电路板制造中采用聚合厚膜技术是一种加成法工艺。该方法本身是相当简明的，采用导电涂料经丝网将电路图形印制在薄膜基材表面，再经过紫外光或热辐射固化。导电图形表面又用丝网印刷保护覆盖层，或层压被钻孔或者冲孔开窗口的覆盖膜。这类产品上可同时印制电阻，也可印制石墨涂料的图形成表面接触开关。因为常用的基材是聚酯薄膜，也可以按要求形状进行热成形制作成低成本的圆穹形开关。

2）挠性印制电路板制造中采用先进的阴极喷镀涂技术，类似于半加成法工艺。这是在薄膜基材上喷镀处理形成高厚度的铜膜层，再经印制图形和蚀刻得到精细线条电路。电路线条和间距可达到 25 μm。这种挠性印制电路板还有适用于动态挠曲的优点。

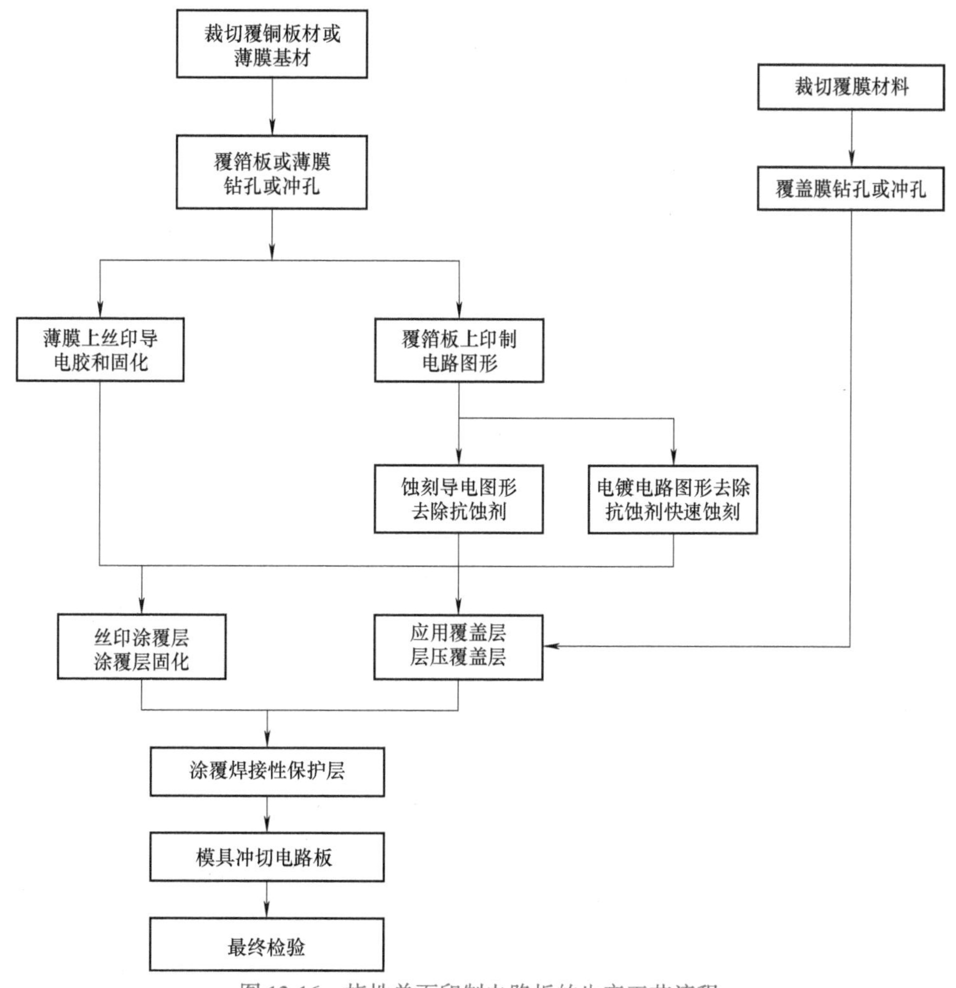

图 12-16　挠性单面印制电路板的生产工艺流程

4. 挠性单面印制电路板镂空线路的加工法

该类挠性印制电路板只有一层导体层，因此也是单面印制电路板。当要做成镂空线路使得线路的两个表面都有露出的连接盘（点），则需要去除多余的介质材料，常用的加工方法有：

（1）预冲薄膜基材层压铜箔法　此种方法是常规可行的、最流行的镂空电路制造法。先将挠性薄膜基材上需镂空位置进行钻孔或冲孔开窗口，再层压铜箔，制作电路图形，并蚀刻得到线路，随后层压有孔的覆盖层。这样得到的镂空线路露出了双面焊盘。

（2）聚酰亚胺的化学蚀刻法　这是采用聚酰亚胺薄膜基材时可采用的特殊方法。由于聚酰亚胺是化学性能非常不活泼的材料，在强腐蚀性或碱性环境中一般不会溶解，但浸入热的强腐蚀性溶液中会溶解。因此采用一种专用的金属层或有机物层作为抗蚀层，形成图形保护聚酰亚胺，而未被保护的聚酰亚胺在蚀刻液中被溶解去除，暴露出铜箔盘（点）。

（3）机械刮削法　此种方法是对已覆盖有绝缘保护膜的导体层上局部应暴露处之覆盖膜采取机械方式刮削去除。可使用玻璃纤维棒加工成一定几何形状，作为旋转磨刮工具，使得聚合物膜在铜面上被除去。也可以使用面铣刀加工，以铣切去除覆盖膜暴露出金属面。机械刮削方法加工成本较大，不利于批量生产，但它适于少量试样加工或工程更改试制。

（4）激光加工法　在高密度印制电路板中微小孔的加工已采用激光穿孔，常用 CO_2 或 YAG 激光和准分子激光，这同样可用于贯穿覆盖膜使铜面暴露，得到两面通路的单面印制电路板。CO_2 激光对覆盖薄膜的切割容易，但边缘不光洁，会炭化，较好的方法是用准分子激光产生非常光洁的边缘。激光加工的操作和维护费用较贵。

（5）等离子蚀刻加工法　这是用等离子体蚀刻去除挠性印制电路板上覆盖膜，挠性印制电路板在进行等离子体蚀刻前不希望被蚀刻的覆盖膜使用金属层遮盖保护，仅露出需去除覆盖膜区域，经蚀刻开口得到露背面。此方法加工过程相对较慢，用得最少。

12.3.2　挠性双面印制电路板和挠性多层印制电路板制造

挠性双面印制电路板是在挠性单面印制电路板制造技术基础上实现双面孔互连后形成的，因而较单面印制电路板更为复杂。近年来卷对卷连续式生产方式的发展逐渐解决了通孔互连问题，因此，挠性双面印制电路板也能实施单片间断式和卷对卷连续式生产方式。图 12-17 所示为挠性双面印制电路板的常规工艺流程。

挠性多层印制电路板由三层或三层以上导体层构成，可以获得高密度和高性能的电子封装。当然，其设计和制造要求非常复杂。在制造方式上它不能采用挠性单面印制电路板和挠性双面印制电路板所采用的卷对卷连续式生产式，只能采用单片间断式生产方式。挠性多层印制电路板的常规工艺流程如图 12-18 所示。

图 12-18 中的工艺采用的是图形电镀蚀刻法，也可采用整板（全板）电镀蚀刻法。整板电镀蚀刻法生产挠性多层印制电路板的制造工艺如图 12-19 所示。

下面对挠性印制电路板加工的各个工序进行详细介绍。

1. 下料

挠性印制电路板的下料与刚性印制电路板有很大不同。挠性印制电路板的下料内容主要有挠性覆铜板、覆盖层、增强板，以及层压用的主要辅助材料，有分离膜、敷型材料或硅橡胶板、吸墨纸或铜板纸等。挠性覆铜板和覆盖层都是卷状的，因此要用卷状材料自动下料机。由于挠性覆铜板又软又薄，加工和持拿时很容易弄皱铜面，因此加工和持拿要倍加小心。对压延铜的覆铜板，下料时还要注意压延铜的压延方向。

2. 钻孔

无论挠性覆铜板还是覆盖层，它们都是又软又薄，不能直接在其上面钻孔。因此，在钻孔前要叠板，即十几张覆盖层或十几张覆铜板叠在一起去钻孔。与刚性印制电路板一样，挠性印制电路板也需要在叠板上放置一张薄铝片以达到散热和清洗钻头的目的。叠板时，上下夹板（即盖板与垫板）可用酚醛板，垫板要厚一些，厚度一般为 1.5mm，以防止其钻到数控钻床的工作台面上。此外，垫板还应均匀、平整、对钻头磨损小且不含能引起钻污的成分。

影响钻孔质量的因素包括盖垫板、进给速度以及钻速。盖板能防止板子的上表面产生毛刺和钻头钻偏，起导向作用。盖板一般采用 0.3mm 厚的硬铝板，铝板还能起到散热作用从而减少钻污的作用。垫板具有保护工作台、防止板下表面产生毛刺的作用。一种覆铝箔层压板是较为理想的盖板/垫板，它是以木屑和纸浆为芯，两面是硬铝箔，用不含树脂的胶作为黏合剂，这种材料的散热效果非常好。钻孔过程中进给太快则容易造成断钻头、黏接片以及介质层的撕裂和钉头现象。通常直径为 0.6mm 的孔，其典型的钻孔工艺参数为：进给量 70mm/s，转速 50000r/min。对于有附连测试图形的在制板，附连测试图形的孔应最后钻，这样才能真实地反映加工板孔内的情况。

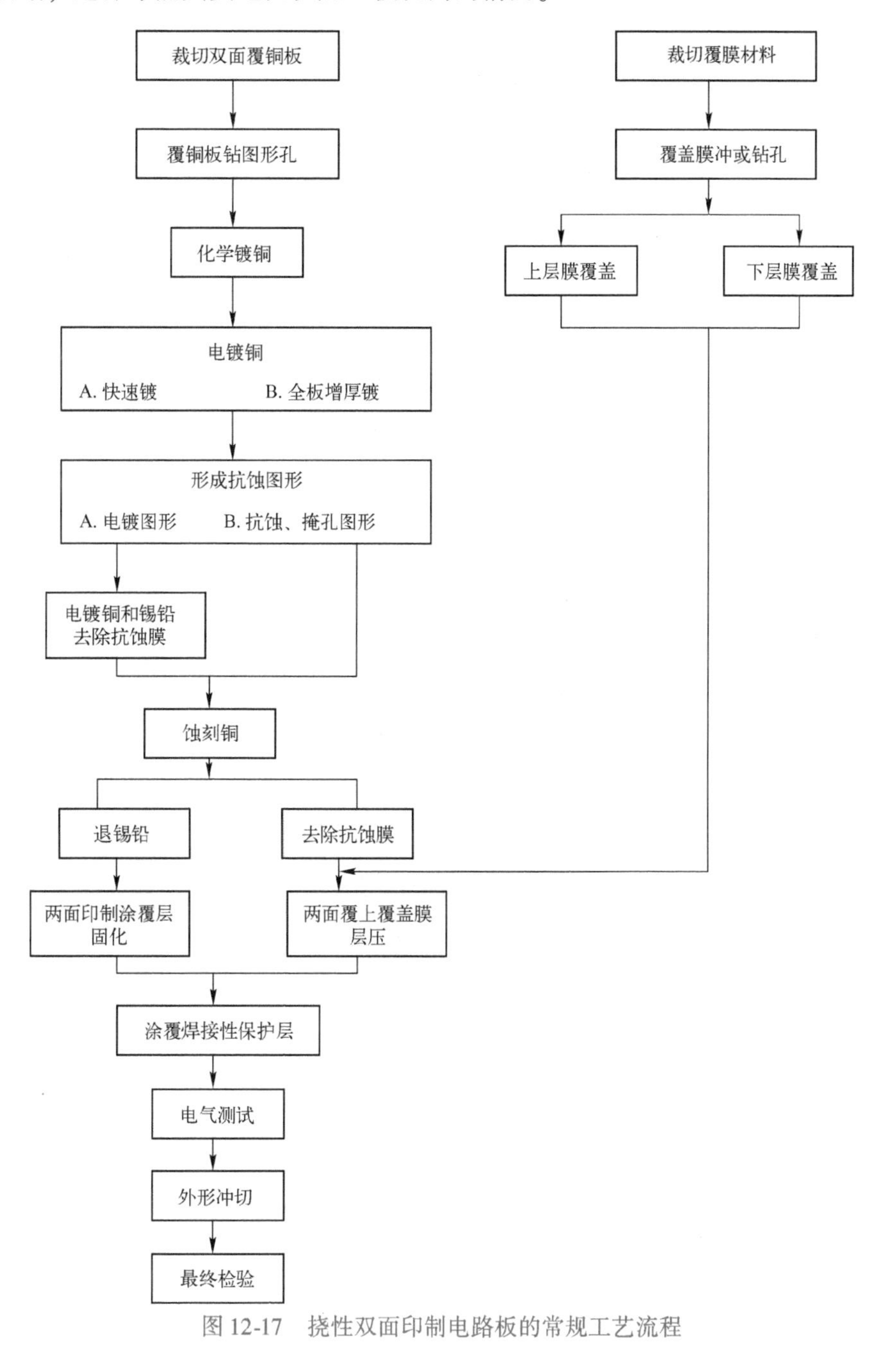

图 12-17　挠性双面印制电路板的常规工艺流程

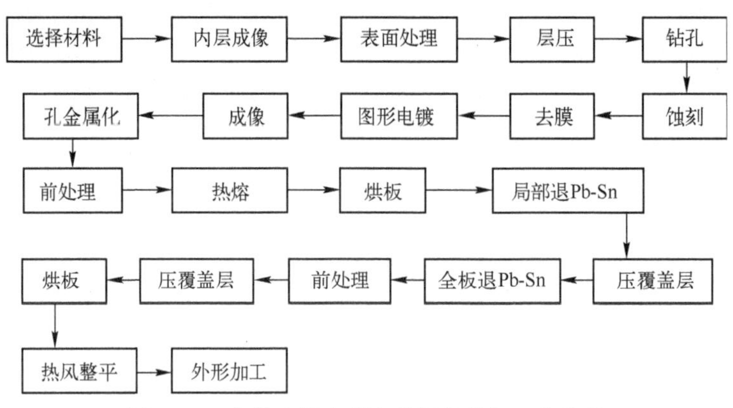

图 12-18　挠性多层印制电路板的常规工艺流程

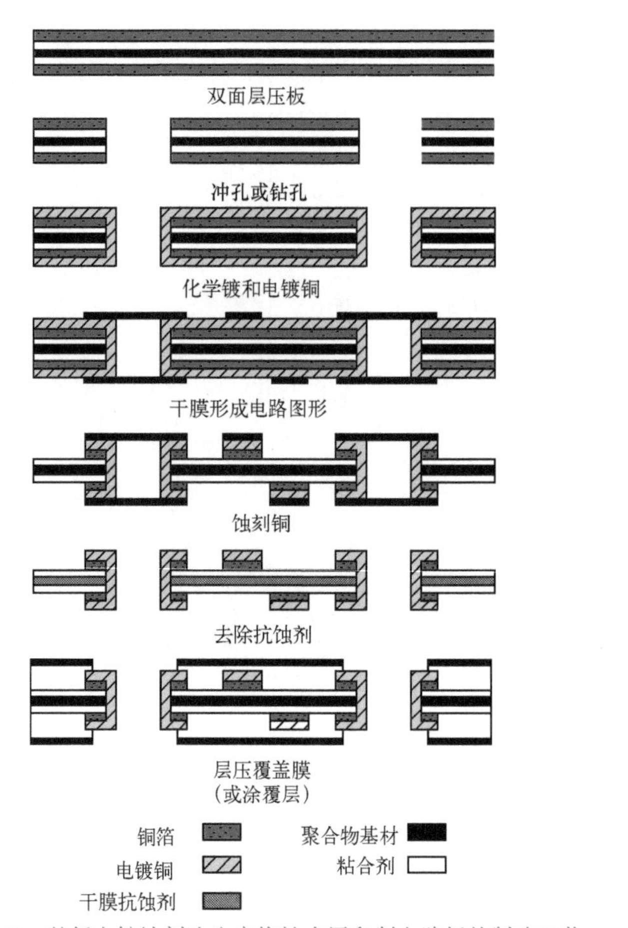

图 12-19　整板电镀蚀刻法生产挠性多层印制电路板的制造工艺

当覆盖层上开窗口采用冲孔方法加工时，一定要注意将带有黏接层的一面向上，否则很容易产生钉头现象，如图 12-20 所示。当覆盖层上的钉头是向着胶面时，会降低覆盖层与挠性电路板的结合力。

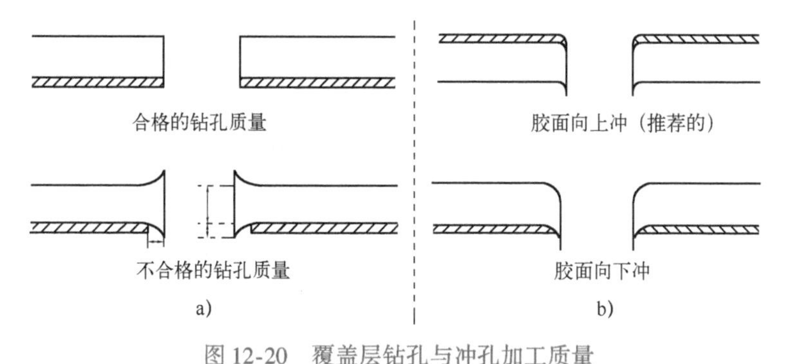

图 12-20　覆盖层钻孔与冲孔加工质量

a）钻孔方法加工的覆盖层窗口　b）冲孔方法加工的覆盖层窗口

3. 去钻污和凹蚀

经过钻孔的印制电路板孔壁上可能有树脂钻污。只有将钻污彻底清除才能保证金属化孔互连与应用的可靠性。双面挠性覆铜板经钻孔后需要去钻污和凹蚀才能进行下一步的孔金属化。

通常，聚酰亚胺板产生的钻污较小，而改性环氧板和丙烯酸板产生的钻污较多。环氧板钻污可用浓硫酸去除，而丙烯酸板钻污只能用铬酸去除。采用铬酸法处理不仅污染环境，对操作人员的健康也极为不利。由于聚酰亚胺不耐强碱，因此强碱性的高锰酸钾去钻污不适用于挠性印制电路板。目前，许多厂家采用等离子体去钻污和凹蚀。根据 IPC-A-600F 规定，挠性多层印制电路板的去钻污凹蚀深度不应超过 0.05mm。

4. 孔金属化和图形电镀

（1）工艺流程　工艺流程如下：

去除钻污和凹蚀→化学镀铜→电镀铜加厚→成像→图形电镀。

（2）化学镀铜　由于挠性基材（如聚酰亚胺和丙烯酸）不耐强碱，因此孔金属化的前处理最好采用酸性溶液，活化宜采用酸性胶体钯而不宜采用碱性的离子钯。

刚性印制电路板经过调整后可以在孔金属化溶液中进行化学镀铜，但需注意既要防止反应时间过长又要防止反应速度过快。由于化学镀铜溶液大都是碱性溶液，因此反应时间过长会造成挠性材料的溶胀。反应速度过快会造成孔空洞和铜层的力学性能较差。有时在较快的反应速度下孔金属化的挠性印制电路板，虽然在目检时并没有发现孔空洞，但是在孔的周围有一个亮圈，在做背光试验时，会观察到有分散的亮点，这说明化学镀铜反应速度过快造成了铜层粗糙和力学性能差。这种孔金属化的挠性印制电路板在图形电镀后孔的截面如图 12-21所示，虽然这种板子通常都能通过通断测试，但却往往无法通过后续的热冲击等试验或在用户调机过程中会出现断路现象。

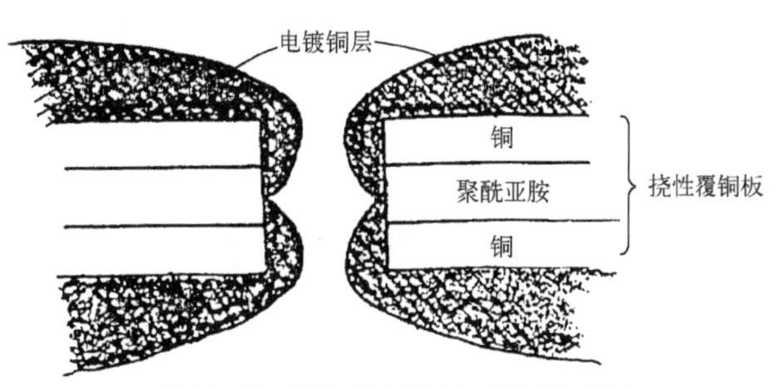

图 12-21　环形空洞金属化孔的截面

由于聚酰亚胺和聚酯材料钻孔

后的表面比环氧玻璃布的表面要光滑许多，因此它们的表面积比环氧玻璃布小，每平方米挠性印制电路板消耗的化学试剂也较少。当采用刚性印制电路板的化学镀铜溶液时，挠性印制电路板的反应速度会过快，最终导致孔空洞出现。合适的速率为5cm×5cm玻璃布试验引发化学镀铜反应发生时间为5～6s，覆盖时间为15～20s。刚性印制电路板用孔金属化溶液如硫酸铜体系化学镀铜溶液，应将反应速度降低至原来的62%～72%。可以通过降低反应温度、减少溶液中各组分的浓度等方法降低溶液反应速度。在调整后的孔金属化溶液中进行化学镀铜反应，反应30min后的化学镀铜层的厚度为0.6～0.8 μm。

（3）电镀铜加厚　由于化学镀铜层的力学性能（如伸长率）较差，在经受热冲击时易断裂。因此一般在化学镀铜层厚度达到0.3～0.5 μm时，立即进行全板电镀，将铜层加厚至8～10 μm，以保证在后续的处理过程中孔壁镀层的完整。

（4）前清洗和成像　在成像之前，需要对挠性印制电路板表面进行清洗和粗化，其工艺与刚性印制电路板大致相同。但是，挠性印制电路板在清洗过程中易发生变形和弯曲，因而适合采用化学清洗或电解清洗，也可以手工采用浮石粉或专用浮石粉刷洗。

挠性印制电路板的贴膜、曝光以及显影工艺与刚性印制电路板大致相同。但是，在贴膜过程中，板材的持拿要十分小心，板材的凹痕或折痕会造成干膜贴不紧，干膜起翘蚀刻断线，曝光时底版无法贴紧从而造成图形的偏差。这一点对于精细导线和细间距图形的成像尤为重要。显影后的干膜由于已经发生聚合反应，因而变得比较脆，同时它与铜箔的结合力也有所下降。因此，显影后的挠性印制电路板的持拿需更加注意，务必避免干膜起翘或剥落。

（5）图形电镀　图形电镀的目的就是对金属化孔的孔壁镀铜层进一步加厚。电镀过程中片面地增加铜层厚度并不能提高金属化孔的可靠性。这是由于随金属化孔镀层厚度的增加，孔内横向应力增加。此外，为了保证线路的弯曲性能，电镀中也不能过多地加厚导电线路。根据IPC-6013规定，镀通孔的挠性双面印制电路板的镀铜层厚度为10～12 μm，挠性多层印制电路板的镀铜层厚度为20～35 μm。

5. 蚀刻

挠性覆铜板的蚀刻与刚性印制电路板略有不同。通常挠性印制电路板弯曲部位往往有许多较长的平行导线。为保证蚀刻的一致性，可以在蚀刻时注意蚀刻液的喷淋方向、压力及印制电路板的位置和传输方向。当制作精细导线时，应将线路精度要求比较严格的一面向下放，这样可以防止蚀刻液的堆积，从而提高蚀刻的精度。

此外，在蚀刻前，由于聚酰亚胺介质薄膜上全板覆有铜箔，挠性印制电路板比较硬。在蚀刻过程中铜被蚀刻掉之后，挠性印制电路板会变得十分柔软，从而造成传输困难，甚至板材会掉入蚀刻液中造成报废。因而蚀刻时，应在挠性印制电路板之前贴一块刚性印制电路板牵引它前进。最后，为保证蚀刻的最佳效果，蚀刻液的再生与补加应当快捷、有效，最佳方式是采用蚀刻液自动再生补加系统。

6. 覆盖层的对位

蚀刻后的电路板在对位覆盖层之前，要对表面进行处理以增强结合力。使用浮石粉刷洗效果最好，但是浮石粉颗粒容易嵌入基材中，导致结合力大大降低，因而将浮石粉颗粒彻底冲洗干净十分重要。

钻孔后的覆盖层以及蚀刻挠性电路都会有不同程度的吸潮，因此这些材料在层压之前应在干燥烘箱中干燥 24h，叠放高度不超过 25mm。

在覆盖层对位蚀刻电路板时，可用专用对位夹具，也可用目视放大镜对位，在对位后可用丁酮或热烙铁固定。

7. 层压

（1）挠性印制电路板的覆盖层层压　图 12-22 所示为挠性印制电路板的叠层实例。根据不同的挠性印制电路板材料确定层压时间、升温速率及压力等层压工艺参数。典型的层压工艺参数如下：

层压时间：全压下净压时间为 60min；升温速率：在 10 ~ 20min 内由室温升至 173℃；压力：150 ~ 300N/cm²，需在 5 ~ 8s 内达到全压力。

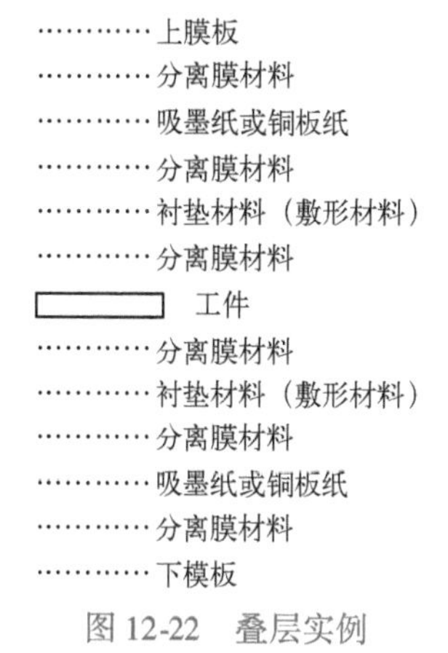

图 12-22　叠层实例

（2）层压的衬垫材料　衬垫材料的选用对于挠性及刚挠印制电路板的层压质量十分重要。理想的衬垫材料应该具有良好的敷形性、流动度低、冷却过程不收缩等特点，以保证层压无气泡和挠性材料在层压中不发生变形。衬垫材料可分为柔性体系和硬性体系。

柔性体系主要包括聚氯乙烯薄膜或辐射聚乙烯薄膜等热塑性材料。这种材料在各个方向的压力以及成形都比较均匀，而且敷形性非常好，能满足无气泡层压的要求。但是这种材料在压力较大的情况下，其流动度大大增加，从而造成挠性材料变形，因而这类衬垫材料适合于简单的挠性印制电路板的制作。

硬性体系主要是采用玻璃布做增强材料的硅橡胶。硅橡胶在各个方向的压力都十分均匀，并且在 Z 方向上适应凹凸不平的电路，具有良好的敷形效果。其中的玻璃布则起到限制硅橡胶在 X、Y 方向上移动的作用，即使层压的压力较大，也不会引起挠性内层的变形。硅橡胶的价格虽然比聚氯乙烯薄膜昂贵，但它却可以重复使用。硅橡胶的缺点是，所形成的黏接层的流胶形状是球形的，而柔性体系流胶形状则是凹形的。球形流胶的结合力比凹形流胶稍差，而且在焊接时容易造成焊料芯吸到覆盖层下。

挠性多层印制电路板尤其是刚挠印制电路板的层压比普通刚性多层印制电路板复杂得多。无论基材的选择、黏接片的选择还是衬垫材料的选择都十分讲究。只有在正确选择材料的基础上，正确把握工艺条件才能达到理想的层压效果。

8. 烘板

烘板主要是为了去除加工板中的湿气。因为丙烯酸树脂和聚酰亚胺树脂的吸湿率远比环氧树脂大。烘板的工艺条件为 120℃下烘 4 ~ 6h。

9. 热风整平（热熔）

由于挠性印制电路板厚度薄，在热风整平时，一般不会出现刚性印制电路板常见的堵孔、起瘤和焊料层粗糙等现象，但容易出现基材分层起泡问题。由于挠性印制电路板的吸湿率大，因此在热风整平（或热熔）之前一定要烘板以去除湿气，防止在经受热冲击时出现板分层、起泡问题。烘完后的印制电路板应立即进行热风整平（或热熔），以防止板重新吸潮。

挠性印制电路板由于很软，在热风整平时需固定在特制的夹具上。刚性印制电路板热风整平的温度为230～250℃，浸焊时间为3～5s。而挠性印制电路板由于非常薄，其进入焊料后温度能迅速上升，因此在保证热风整平质量的前提下，应最大限度地减小热冲击的力度，挠性印制电路板在热风整平时应适当降低温度，减少浸焊时间，典型工艺参数为：温度230～240℃，浸焊时间2～3s。

由于热风整平机前风刀的压力要大于后风刀的压力，因此在热风整平时最好将挠性印制电路板带夹具的一面向着前风刀，以使光滑的另一面略微靠近后风刀。这样可以防止板提升时挂住两边风刀上方的钩子。另外，挠性印制电路板的热熔工艺通常采用甘油热熔，它比红外热熔更易控制。

造成挠性印制电路板在热冲击时分层起泡的原因很多，除了烘板以外，在工艺上保证覆盖层的结合力也能减少分层起泡情况的发生。

10. 外形加工

在大批量挠性印制电路板外形加工生产时采用无间隙精密钢模冲模，可一模一腔，也可一模多腔。

样品或小批量生产时用精密刀模，可一模一腔，也可一模多腔。

当然样品外形加工最简便的方法是用剪刀剪，但不能保证外形质量。

11. 包装

挠性印制电路板又薄又软，外形很不规则，因此其包装与刚性印制电路板有很大区别。通常可采用块与块之间加包装纸或泡沫垫分离，几块板子一起上下加泡沫垫用真空包装机真空包装，也可在真空包装袋内加放干燥剂，延长存放时间。

12.3.3 刚挠印制电路板制造

刚挠印制电路板是目前互连结构最复杂的电路板产品，为复杂的电子封装互连提供了极好的解决方案，目前已经在工业领域获得了非常成功的应用。

刚挠印制电路板制造工艺结合了刚性印制电路板和挠性印制电路板两者的制造技术。最简单的类型是将刚性基材电路板与挠性基材电路板层压在一起，再由孔金属化连通混合构成刚挠印制电路板。最简单的结构中，构成刚挠印制电路板的导体层可以有两层：一层是刚性，一层是挠性。复杂的刚挠印制电路板的导体层可以是10层、20层或者更多层构成，是把挠性多层夹叠在刚性外层间构成。每块刚挠印制电路板上有一个或多个刚性区和一个或多个挠性区。

刚挠印制电路板工艺流程如图12-23所示。

按上述工艺流程，利用前面所学的加工工艺分别对挠性层和刚性层进行加工，直至层压工序。

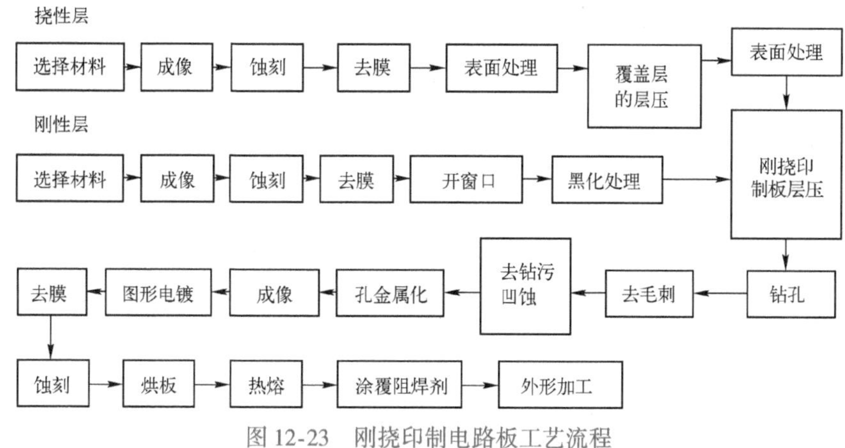

图 12-23　刚挠印制电路板工艺流程

12.4 挠性及刚挠印制电路板的性能要求

有关挠性及刚挠印制电路板的性能要求标准有 GB/T 14515—2019、GB/T 4588.10—1995、IPC—6013、IPC/JPCA 6202、IEC/PAS 62249—2001、IEC 60326—9—1991、IEC 326—7、IEC 326—8、JIS—C 5017、JPCA—FC01、JPCA—FC02、JPCA—FC03 等。

根据印制电路板功能可靠性和性能要求，印制电路板产品分为三个通用等级：1 级——一般的电子产品，2 级——专用设施的电子产品，3 级——高可靠性电子产品。

按性能要求的不同，挠性印制电路板可分为五种类型。

1 型：挠性单面印制电路板，包含一个导电层，可以有或无增强层。

2 型：挠性双面印制电路板，包含两层具有镀覆通孔的导电层，可以有或无增强层。

3 型：挠性多层印制电路板，包含三层或更多层具有镀覆通孔的导电层，可以有或无增强层。

4 型：刚挠材料组合的多层印制电路板，包含三层或更多层具有镀覆通孔的导电层。

5 型：挠性或刚挠印制电路板，包含两层或更多层无镀覆通孔的导电层。

12.4.1 挠性印制电路板的试验方法

挠性印制电路板有如下的试验方法，具体的测试方法可参考 IEC-326-2、IPC-TM-650 以及 JIS C 5016 等标准。

1）表面层绝缘电阻。

2）表面层耐电压。

3）导体剥离强度。

4）电镀结合性。

5）焊接性。

6）耐弯曲性。

7）耐弯折性。

8）耐环境性。

9）铜电镀通孔耐热冲击性。

10）耐燃性。

11）耐焊接性。

12）耐药品性。

12.4.2 挠性及刚挠印制电路板的尺寸要求

挠性印制电路板应符合采购文件规定的尺寸要求，诸如挠性印制电路板的边缘、厚度、切口、槽、凹槽以及连到键盘区的板连接器等的尺寸都应符合采购文件的规定。尺寸检验主要包括以下几方面：

1）外形。

2）孔。

3）导体。

4）连接盘。

5）金属化孔镀铜厚度。

6）端子电镀层厚度。

IEC 326、IPC-6013 以及 JIS C 5016 等标准对挠性印制电路板尺寸要求有详细描述。

12.4.3 挠性及刚挠印制电路板的外观

1. 导体

导体不允许有断线、桥接、裂缝，导体上缺损或针孔宽度应小于加工后导体宽度的30%，残余或凸出的导体宽度应小于加工后的导体间距的1/3，由腐蚀后引起的表面凹坑，不允许完全横穿过导体宽度方向。刷子等摩擦伤痕的深度应小于导体厚度的20%，打痕、压痕的深度应在离表面0.1mm以内。在深度测量困难时，按背面基板层凸出的高度与打痕深度是相等的。对反复弯曲部分不应有损弯曲特征。

由于单一缺陷（如导线边缘粗糙、缺口、针孔、压痕或划痕等）所导致的最细导线宽度/最小导线厚度的减少量，对2级和3级板而言，不得超过最细导线宽度/最小导线厚度的20%；对1级板而言，不得超过最细导线宽度/最小导线厚度的30%。

由于导线边缘粗糙、铜刺等组合导致的最小导线间距的减小量，对1级和2级板而言，不得超过标准值的30%；对3级板而言，不得超过标准值的20%。

2. 绝缘基板膜

绝缘基板膜面的缺陷允许范围见表12-6，不允许有其他影响使用的凹凸、折痕、皱纹以及附着异物。

表12-6 绝缘基板膜面的缺陷允许范围

缺陷类型	缺陷允许范围
打痕	表面打压深度在0.1mm以内。另外，膜上不可有锐物划痕、切割痕、裂缝以及黏合剂分离等
磨痕	刷子等磨刷伤痕应在膜厚度20%以下，而且反复弯曲部分不应有损弯曲特征

3. 覆盖层

覆盖膜及覆盖涂层外观的缺陷允许范围见表12-7，不允许有影响使用的凹凸、折痕、皱纹及分层等。

表 12-7　覆盖层及覆盖涂层外观的缺陷允许范围

缺陷类型	缺陷允许范围
打痕	表面打压深度在 0.1mm 以内，而且在基材膜部分不可有裂缝
气泡	气泡的长度在 10mm 以下，两条导线间不应有气泡，在反复弯曲部分不应有损弯曲特征
异物	残余或凸出的导体宽度应小于加工后的导体间距的 1/3，非导电性异物不得有搭连三根导线以上的异物，而且反复弯曲部分不应有损弯曲特征
磨痕	经刷子磨刷的基材膜厚度减少小于 20%，而且反复弯曲部分不应有损弯曲特征

4. 电镀外观

（1）镀层空洞　对于 1 级产品，每个镀覆孔允许有 3 个空洞，同一平面不准有 2 个或 2 个以上的空洞。空洞长度不允许超过挠性印制电路板厚的 5%，不准有周边空洞。对于 2 级和 3 级产品，每个试样的空洞应不超过一个，且必须符合以下判据：

1）不论镀层空洞的长短或大小，每个试样的镀层空洞都不能超过一个。

2）镀层空洞尺寸不应超过挠性印制电路板厚的 5%。

3）内层导电层与电镀孔壁的界面处不应有空洞。

4）不允许有环状空洞。

（2）镀层完整性　对于 2 级和 3 级产品，不应有镀层分离和镀层裂缝，并且孔壁镀层与内层之间没有分离或污染。对于 1 级产品，只允许 20% 的有用焊盘有内层分离，而且只能出现在每个焊盘孔壁的一侧，弯曲处允许分离的最大长度为 0.125mm，只允许 20% 的有用焊盘有夹杂物，而且只能出现在每个焊盘孔壁的一侧。

（3）电镀渗透或焊料芯吸作用　焊料芯吸作用或电镀渗透不应延伸到弯曲或柔性过渡区，并应满足导体间距要求。电镀或焊料渗入导体与覆盖层之间部分对于 2 级产品应在 0.5mm 以下，对于 3 级产品应在 0.3mm 以下。

5. 刚挠印制电路板外观

刚挠印制电路板成品板的挠性段或挠性印制电路板，它们的切边应无毛刺、缺口、分层或撕裂。电路接头引起的缺口和撕裂的限度应由供需双方商定。边缘至导体的最小值应在采购文件中加以规定。

刚性印制电路板的边缘、切口边缘以及非镀覆孔边缘上出现的缺口或晕圈，要求其延伸到板内的深度未超过边缘至最近导体距离的 50%，或不大于 2.5mm。切边要整齐，而且没有毛刺。刚性段到挠性段的过渡区指的是从刚性段伸展到挠性段，并以刚性边缘为中心区域，其检验范围限制在过渡区中心左右的 3mm 范围内，如图 12-24 所示。

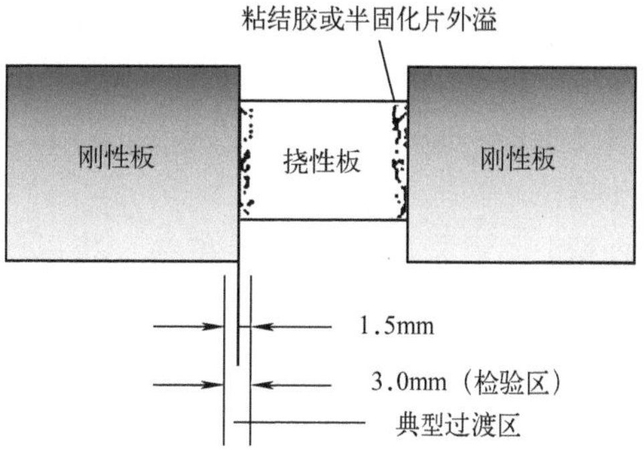

图 12-24　刚挠印制电路板的过渡区

12.4.4 物理性能要求

1. 耐弯折性

1 型板和 2 型板的弯折半径应为挠性印制电路板弯折处总厚度的 6 倍，但应不小于 1.6mm。3 型板、4 型板和 5 型板的弯曲半径应为挠性印制电路板弯折处总厚度的 12 倍，但应不小于 1.6mm。挠性和刚挠印制电路板在经过 12～27 次弯折后，不应出现性能降低或不可接受的分层现象。

2. 耐弯曲性

1 型和 2 型板的挠曲半径为挠曲处总厚度的 6 倍，最小约为 1.6mm。3 型、4 型、5 型板的挠曲半径应为挠曲处总厚度 12 倍，最小约为 1.6mm。挠性和刚挠印制电路板应能耐 100 000 次挠曲而无断路、短路、性能降低或不可接受的分层现象。耐挠曲性采用专用设备（例如柔性疲劳延展性测试仪 FOF-1 型），也可采用等效的仪器测定，被测试样应符合有关技术规范要求。

布设总图应规定下列要求：

1）挠曲周期数。

2）挠曲半径。

3）挠曲速率。

4）挠曲点。

5）回转行程（最小 25.4mm）。

12.5 挠性及刚挠印制电路板发展趋势

随着挠性及刚挠印制电路板在电子产品中应用越来越广泛，挠性及刚挠印制电路板的技术需求也在不断地提高。这包括要求挠性及刚挠印制电路板向高密度、多层化以及高频化等方向发展。

12.5.1 高密度化

随着电子产品的小型化，各种电子元器件也都向小型化、微细化方向发展，挠性印制电路板的发展也不例外。由于挠性印制电路板大多被用作电缆，因此它比刚性印制电路板的密度更高。如果说导线宽或间距是 100 μm 左右的线路图形是精密线路的话，那么最近有些挠性印制电路板制造厂已能批量生产线宽或间距 40～50 μm 的更加精细的线路图形，这种精细图形采用 RTR（卷对卷）技术也能生产。RTR 技术不仅可以小批量制作 20～25 μm的线路，而且也能制作样品为 10 μm 左右的线路图形。高密度化挠性印制电路板示意图如图 12-25 所示。

另外，现在导通孔的孔径也越来越小，用普通的数控钻床钻孔只能钻孔径为 100～150 μm的孔，这基本上已经达到了数控钻床钻孔直径的极限。近年来激光钻孔技术以及其他技术的介入，成孔直径为 50～100 μm 的孔也已达到批量生产的水平，甚至可以制成少量孔径为 25～50 μm 的孔。挠性印制电路板为了有效地利用狭小空间，也已开始采用盲孔，可以预计在芯片封装领域里，挠性印制电路板今后也将会成为主流。

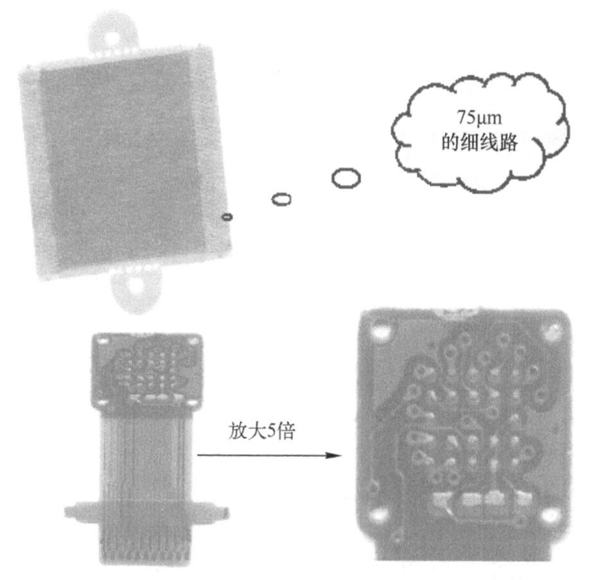

图 12-25　高密度化挠性印制电路板示意图

电路高密度化不仅仅是微细导体的蚀刻、微细通孔的钻孔，还有覆盖膜的开窗口，各类电镀处理过程中尺寸精度的控制等内容，以及精密管理的综合技术，并且还有与应用方面的关系问题。另外，精密图形技术还应该推动用户方面的超前需求，否则就算能制造高密度电路图形，但用户对这些项目并没有需求，那么也就没有实际意义了。

12.5.2　多层化-刚挠结合化

欧美国家采用军用技术开发出了制作刚挠多层印制电路板的高新技术，可制作近 40 层以上的非常复杂的刚挠多层印制电路板，但是这样的产品价格极其昂贵。

另外，在近 10 年时间里，刚挠多层印制电路板在民用产品中的应用也大幅度增加，当然对军用技术不能死搬硬套，还必须开发许多新的技术，这是因为民用产品大都面向价格相对较低，层数为 6～8 层的精密度相对较高的刚挠印制电路板。

为了使低价格生产刚挠印制电路板成为可能，根据独特制造工艺提出了新的刚挠多层印制电路板方案，已经实际应用的例子有美国 Teledyne 公司的 Regal Flex、美国 Parlex 公司的 Pal Core、瑞士 Dyconex 公司的 Dyco Flex 等。

最近引人注目的刚性多层印制电路板积层法技术（E-Flex），也正在刚挠多层印制电路板上进行应用试验，并且已应用在批量生产的笔记本计算机、平板计算机上等，可以预计今后以民用电子产品为中心将会广泛地采用这一技术。

12.5.3　薄型化

薄是挠性印制电路板的特征之一，但 CSP（芯片级封装）等要求线路高度要尽量低，

HDD（硬盘驱动器）要求线路尽量要柔软，这就要求进一步把挠性印制电路板做得更薄。薄型化挠性印制电路板示意图如图 12-26 所示。

图 12-26　薄型化挠性印制电路板示意图

至今挠性印制电路板大都是以基底膜厚度为 25 μm 的聚酰亚胺膜为基准，但近来厚度为 12.5 μm 的基底膜也正在标准化。特别是要求反复弯曲运动而寿命要长及高柔软性的场合，基底膜、覆盖膜都使用厚度为 12.5 μm 的聚酰亚胺薄膜。

无黏合剂型挠性覆铜箔层压板更有助于降低厚度，特别是利用电镀工艺制造的铜箔层压板，5 μm 左右厚度的导体层已经可以标准化批量生产，若将其应用于 12.5 μm 的基底膜上，即便是双面通孔板，其厚度也只有 30 μm 左右。如果覆盖膜和屏蔽层也都使用无黏合剂型挠性覆铜箔层压板，那么即使是多层印制电路板，与过去标准相比，其厚度也可能降低一半。薄的导体层若采用无黏合剂型铜箔板制成电路并能涂布液态聚酰亚胺涂覆层，则可以获得极高的弯曲寿命。

12.5.4　信号传输高速化

电路一方面要求高密度化，但其对信号传输高速化的影响又开始成为新的问题。具有特性阻抗控制的挠性印制电路板，其厚度不能过度增加，因此需采用增加屏蔽层的设计。此外还必须对导线的尺寸进行严格的控制。可采用溅射法（在真空容器中使物体表面形成金属薄膜的技术）或涂布导电胶等方法形成屏蔽层，预计今后对这方面的要求将会迅速增加。为了达到既能不增加线路厚度又能不损害挠性印制电路板的目的，在开发低介质损耗的新材料和更高的精度加工技术的同时，还必须进行良好的成本/性能设计。

12.5.5　覆盖层 - 精细线路的开窗板制作

挠性印制电路板外表面的覆盖层是制约其高密度化的瓶颈，虽然蚀刻能制作 100 μm 以下的精细图形，但在有膜覆盖层的场合下，最小窗口孔径为 0.6 ~ 0.8mm 而其加工精度误差却是 ±0.2mm。若采用丝网漏印液态涂覆层，虽然可以改善窗口形状的自由度和尺寸精度，但要牺牲弯曲等力学特性，而且这样也不能适应高密度 SMT 要求。覆盖层 - 精细线路的开窗口挠性印制电路板如图 12-27 所示。

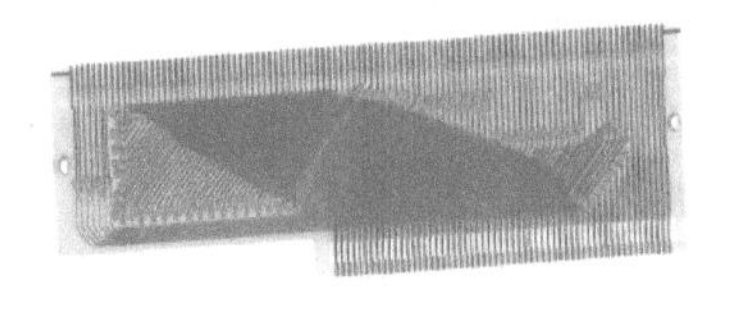

图 12-27　覆盖层 – 精细线路的开窗口挠性印制电路板

近年来，随着激光钻孔和光致涂覆层材料的实用化，可加工 75 μm 以下的精细覆盖膜窗口，特别是应用感光涂覆层无论材料费用还是加工费用都不太高，今后将会在民用产品得到更加广泛应用，如图 12-28 所示。

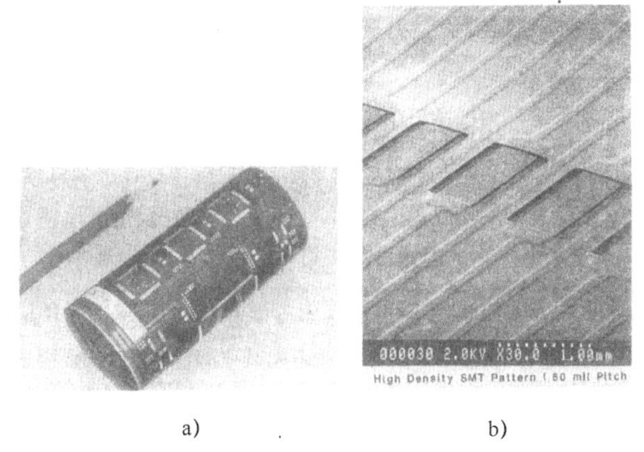

a)　　　b)

图 12-28　应用感光涂覆层示例（电路宽 0.1mm，连接盘节距 1mm，连接盘宽 0.4mm，涂覆层窗宽 0.6mm）

a）弯曲状态　b）扫描电子显微照片

12.5.6　两面凸出结构

两面凸出结构也称为悬空引线结构、翅状引线结构或指状引线结构，如图 12-29 所示，这种结构并非是新的构造。近年来，这种结构大多作为高密度连接用于芯片级封装（CSP）和硬盘驱动器（HDD）的无线浮动或超声波诊断仪等，显著地提高了微细化水平。由于翅状引线部位完全去掉了有机绝缘层，从而大大提高了耐热性和传热性，因此更容易适用于处理高温的连接技术，例如反复的高温焊接或金属丝压（焊）连接等，对露出的导体应进行镀金等适当的表面处理。虽然悬空引线部位的线宽十分精细，用裸金属丝把芯片元器件与基板电路之间的微细连接技术已经实用化，但是如果这种悬空引线部位直接采用金属丝连接，应可以把连接的空间控制在极小范围之内，今后的应用范围应该会更加广泛。悬空引线结构的加工技术有激光加工、等离子体加工等几种方法，可以加工复杂、高密度的引线。如图 12-30 所示为导体厚度 18 μm、节距 50 ~ 100 μm 的悬空引线结构的基板实物图。这种技术对双面、多层挠性印制电路板的悬空引线结构都能进行加工，不过加工成本较高。

连接器插入部位
绝缘层
（基底）
增强板
元器件组装部位
悬空引线
绝缘层
（覆盖层）

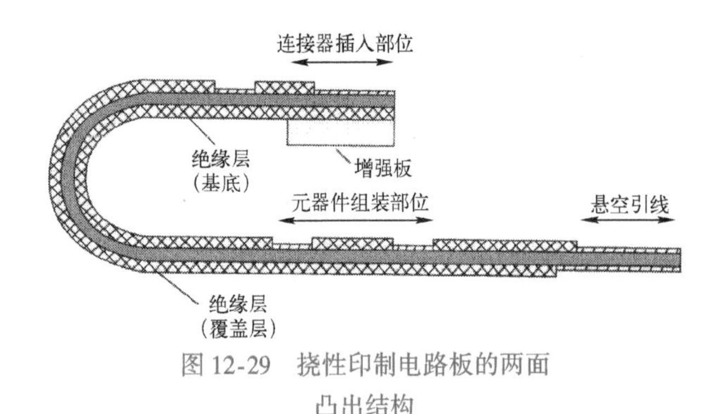

图 12-29 挠性印制电路板的两面凸出结构

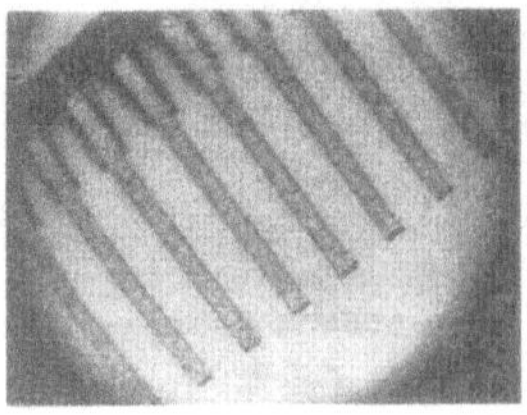

电路宽：50μm
线路布距：50μm
导体厚度：18μm
表面处理：镀镍/金

图 12-30 悬（架）空引线结构的基板实物图

12.5.7 微凸盘阵列

为了实现 CSP、倒装芯片或二维连接器连接，在挠性印制电路板上形成各种形状的微凸盘的例子不断增加，简单地说就是把连接盘部位进行表面微凹凸加工（在电路的背面加一点压力，使连接盘的一部分凸出的加工技术）。由于这种加工方法加工的挠性印制电路板成本低，因此这种结构大量作为廉价喷墨打印机的打印头电缆使用，其常见极限节距是 1.5 ~ 2.0mm。CSP 和 MCM（多芯片模块）的内插器或倒装芯片要求采用更小节距的微凸盘阵列。像这种小节距的微凸盘大多都是用电镀法制造的，其密度更高，甚至可以制作节距在 0.1mm 以下的凸盘。目前正在按凸盘的形状、材质和不同用途，加工各式各样的微凸盘，有的像 BGA（球栅阵列）那样的焊球形微凸，也有的在铜微凸阵列表面镀镍或镀金。这些都已成为常见的微凸阵列，如图 12-31 所示。

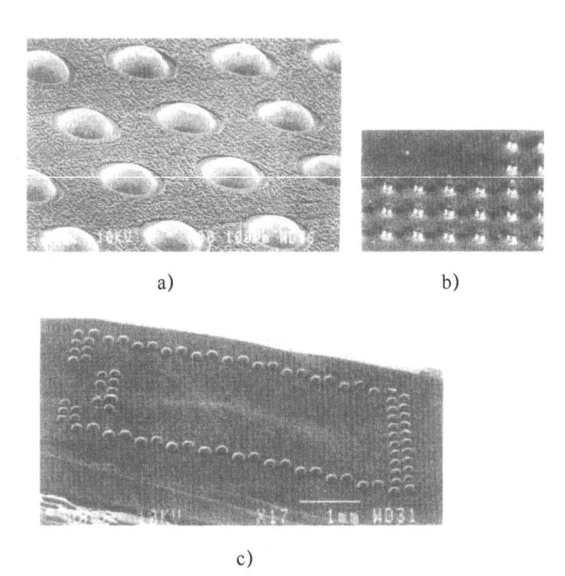

a)

b)

c)

图 12-31 挠性印制电路板上形成的微凸盘阵列

a）焊球形微凸盘阵列（节距：0.5mm） b）传感器用铜微凸阵列（节距：0.5mm）

c）倒装芯片用焊球形微凸盘阵列（节距：0.25mm）

12.6　习题

1. 挠性及刚挠印制电路板如何定义？它们有哪些性能特点和应用？

2. 挠性印制电路板按照线路层数、物理强度、基材、有无增强层、有无黏接层、线路密度和封装类型如何进行分类？

3. 常用的挠性介质薄膜有聚酯类、聚酰亚胺类和聚氟类，而聚酰亚胺是最常用的生产挠性印制电路板及刚挠印制电路板的材料，试从性能上加以说明。对挠性介质薄膜的厚度和挠曲次数有何要求？

4. 生产挠性及刚挠印制电路板的黏接片薄膜主要有哪几类？为什么？比较常用的是杜邦公司的改性丙烯酸薄膜和 Fortin 公司的无增强材料低流动度环氧黏接片薄膜以及不流动环氧玻璃布半固化片。试比较其性能特点并加以说明。

5. 挠性覆铜基材多选用压延铜箔，为什么？

6. 挠性印制电路板的覆盖层和增强板有何功用？常用什么材料？

7. 挠性单面印制电路板生产过程有卷对卷连续式和单片间断式两类，说明这两类生产方式的优缺点。简述四种挠性单面印制电路板加工方法的工艺要点。

8. 画出挠性双面印制电路板和挠性多层印制电路板制造的常规工艺流程，并说明工艺流程中每一步的作用及操作要点。

9. 画出刚挠多层印制电路板的制造工艺流程，并对每道工序加以说明。

10. 参照相关标准简述对挠性及刚挠印制电路板的性能要求。

11. 对挠性印制电路板的技术现状和发展趋势从七个方面加以说明。

第13章 高密度互连积层印制电路板

13.1 概述

随着移动通信技术的快速发展，个人计算机、平板计算机、智能手机以及可穿戴电子产品等设备的小型化、轻量化以及高性能化已经成为必然发展趋势。构成其功能化的电子元器件包括IC芯片、印制电路板、无源电子器件等正在促进电子产品实现这一目标。高密度互连（High Density Interconnection，HDI）积层印制电路板采用积层的方法，提高平面与Z向的三维互连密度，使得多层印制电路板能够承载更多信号互连。

早在1976年就有文献报道过PCB的积层方法，直到1991年IBM（日本分公司）发表的积层方式引起多方关注，1996年发表了开发产品报告，1999年以来已经形成了相当大的生产规模，并迅速应用于移动电话中，尤其是采用涂树脂铜箔的积层板已在全世界范围内得到普及。

相比普通的多层印制电路板，高密度互连印制电路板在三维上实现了微尺寸、高密度的互连。产品是否为高密度互连积层印制电路板，可从如下特征判断：

1）含有微盲孔、埋孔，最小孔径$\leqslant\phi0.1$mm；孔环$\leqslant0.25$mm。

2）微导通孔的孔密度$\geqslant600$孔/in^2（1in = 25.4mm）。

3）导线宽或间距$\leqslant0.10$mm。

4）布线密度（设通道网格为0.05in）超过117in/in^2。

在高密度互连积层印制电路板制造中，微导通孔技术不仅取决于积层多层印制电路板制造工艺方法，而且还取决于所选择介质材料。因此积层多层印制电路板可按照基层用介质材料的类型和微导通孔形成方法以及电气互连形式分为如下几类：

（1）按积层印制电路板的介质材料分类

1）用感光性材料制造的积层印制电路板。

2）用非感光性材料制造的积层印制电路板。

（2）按微导通孔形成工艺分类

1）光致法成孔积层印制电路板。

2）等离子体成孔积层印制电路板。

3）激光成孔积层印制电路板。

4）化学法成孔积层印制电路板。

5）射流喷砂法成孔积层印制电路板。

（3）按电气互连方式分类

1）电镀法的微导通孔互连多层印制电路板。

2）导电胶塞孔法的微导通孔互连多层印制电路板。

综上所述，高密度互连积层印制电路板的类型尚无统一的划分和规定，还需在今后的研究和生产过程中，根据积层多层印制电路板特性，制定出更确切、更规范化、更科学化的分类方法。

13.2 高密度互连积层印制电路板用材料

实施印制电路板的高密度互连所采用的材料在满足轻、薄等情况下还应具备良好的电气导通和介质绝缘性能。

1. 铜箔材料

根据 IPC-4562 标准测定铜箔粗糙度，可将铜箔粗糙度根据 *Rz* 的差异划分为以下四种，如图 13-1 所示：当 *Rz*≥10μm 时，铜箔属于 HTE 铜箔（标准铜箔）；当 10μm > *Rz*≥5μm 时，铜箔属于 VLP 铜箔（低轮廓铜箔）；当 5μm > *Rz*≥2.5μm 时，铜箔属于 HVLP 铜箔（超低轮廓铜箔）；当 *Rz* < 2.5μm 时，铜箔属于 FP 铜箔（平面轮廓铜箔）。其中，FP 铜箔目前仅在研发阶段，还未投入批量应用。市售产品以 HVLP 及以上级别的铜箔为主。

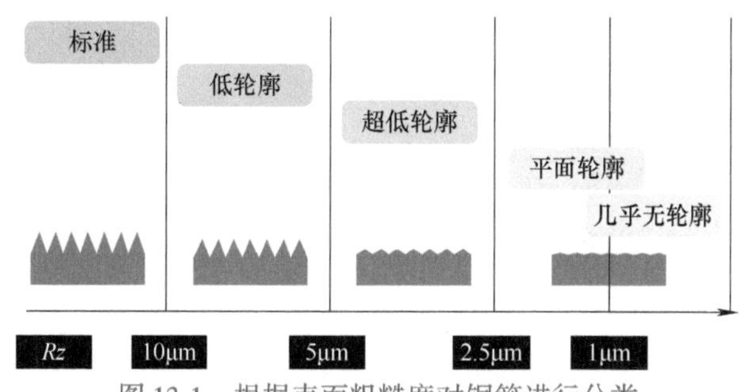

图 13-1　根据表面粗糙度对铜箔进行分类

对于高密度互连积层印制电路板，铜箔的粗糙度不但关系到线路的精细化，而且对于高频信号的传输损耗和阻抗有较大的影响。线路的精细化要求铜箔的粗糙度必须实现低粗化。在目前的生产技术中，100μm 左右的线路采用低轮廓铜箔即可，而要达到 50μm 的线路，则铜箔的粗糙度需控制在超低轮廓尺度。

2. 积层树脂材料

高密度互连积层印制电路板是通过多次积层的方式加工形成的，因此，积层用的树脂材料不但要满足轻、薄的要求，还需要能够承受多次层压。总体来说，积层树脂按有无纤维来增强划分为两大工艺技术“分支”。按照这两大分支，以发展时间为序对积层树脂材料的技术发展的回顾，可用图 13-2 描述。在两大分支及其各个方面，都在近 20 年来有着很大的发展变化。这种变化，既表现在工艺技术上，还表现在材料技术、产品形式、应用领域等方面。

根据积层树脂材料的基本特性、应用加工性、成本性等方面的综合预测，未来多年在积层树脂材料市场上，半固化性的有机树脂薄膜基材、涂树脂铜箔（Resin Coated Copper，RCC）基材以及适于激光加工微小孔径导通孔的玻璃纤维增强的半固化片基材将是占有主流位置的基板材料品种。

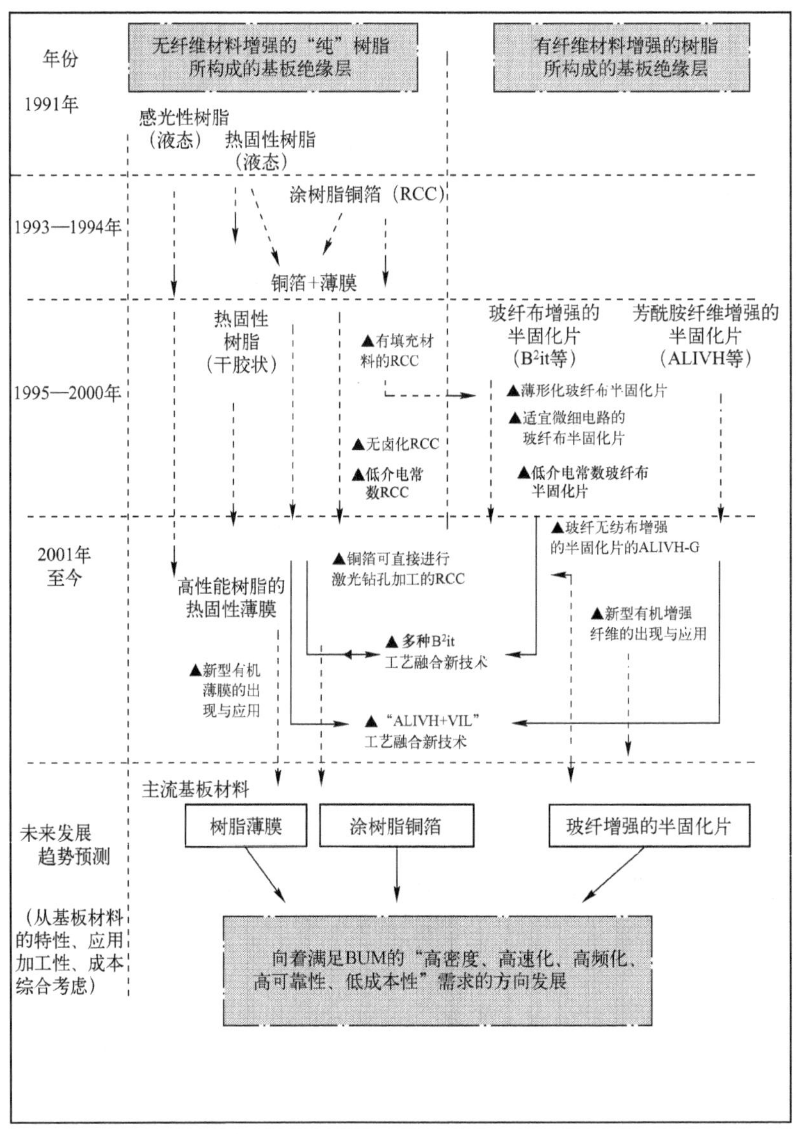

图 13-2　积层多层印制电路板用基板材料的发展示意图

B^2it—Buried Bump Interconnection Technology（埋入凸块互连技术）

ALIVH—Any Layer Interstitial Via Hole（任意层内导通孔）

VIL—由热硬化性树脂和激光导通孔构成的“基板＋积层的层”构造的高密度积层板

BUM—Build up Multilayer（积层法多层板）

高密度互连积层印制电路板所使用的原材料大部分为环氧树脂材料，如按绝缘材料制造的产品形态特性及绝缘层微导通孔形成方式分类，主要有三种材料类型：感光性树脂、非感光性热固性树脂和涂树脂铜箔。

感光性树脂的主要类型有液态型和干膜型。非感光性热固性树脂的树脂类型多为环氧树脂，固化后树脂绝缘层厚度一般为 40～60μm。积层印制电路板用的涂树脂铜箔是由表面经过粗化、耐热、防氧化处理的铜箔，在粗化面涂布半固化绝缘树脂组成，其结构如图 13-3所示。

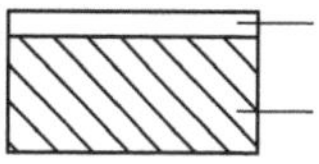

铜箔（9～18μm）
树脂层（60～100μm）

图 13-3　涂树脂铜箔结构

作为 RCC 的树脂层，除了具备与 FR－4 半固化相同的制造工艺外，还要满足积层多层印制电路板的有关性能要求，如：①高绝缘可靠性和微导通孔可靠性；②高玻璃化转变温度（T_g）；③低介电常数和低吸水率；④与铜箔有较高的黏合强度；⑤固化后绝缘层厚度均匀。

RCC 是一种无玻璃纤维的新型产品，有利于激光、等离子体的蚀孔处理，能较好地满足多层印制电路板的轻量化和薄型化要求。此外，涂树脂铜箔具有 12μm、18μm 等薄铜箔，在加工过程中不需要贴覆铜箔，因而加工过程更为简单。

RCC 中铜箔多采用电解铜箔，但根据涂树脂铜箔材料在积层内层板上复合形成绝缘层的方式需要，或对多层印制电路板线路信号传输特性需要，也可以采用压延铜箔。绝缘树脂大部分采用环氧树脂，少数也有采用聚二苯醚树脂（PPE）、聚酰亚胺树脂（PI）等。

高密度互连积层印制电路板的关键工艺

13.3.1　高密度互连积层印制电路板芯板的制造

绝大部分的积层多层印制电路板是采用有芯板的方法来制造的，也就是说，在常规的印制电路板的一面或双面各积层上 n 层（目前一般 $n=2～4$）而形成高密度的互连层。用来积层的单、双面印制电路板或多层印制电路板称为高密度互连积层印制电路板的芯板。

高密度互连积层印制电路板的结构如图 13-4 所示。大多数的积层多层印制电路板中芯板都采用全贯通孔或具有埋孔、盲孔、通孔结合的结构，以提高互连密度，甚至采用含金属芯结构的多层印制电路板芯板。一般来说，芯板的制造大都是利用现有印制电路板厂的原料、设备和生产技术。显然，芯板的密度比积层多层印制电路板的密度低很多，其通孔孔径一般大于 0.2mm，线宽与间距大于 0.08mm，层数在 2～6 层居多。而在芯板上一面或两面积层上 1～4 层为更高密度的导体层，其孔直径小于 0.1mm，线宽与间距小于 0.75mm。目前，若将上述这两种密度结合起来形成积层多层印制电路板，能满足很高密度芯片级的封装和其他形式的组装要求。

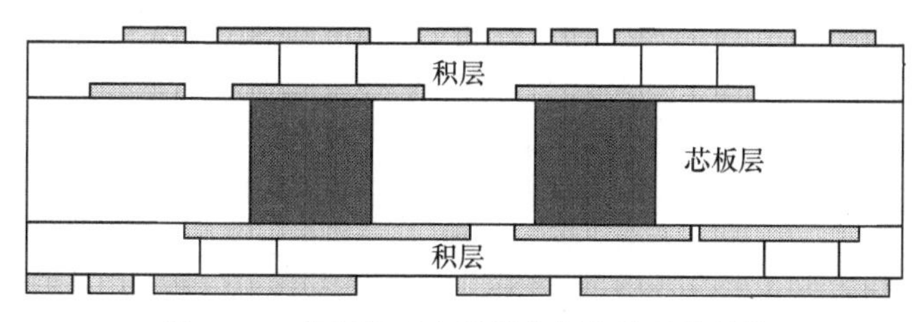

图 13-4　高密度互连积层印制电路板的结构

高密度互连积层印制电路板芯板不仅起积层的刚性支撑作用，而且还起着与积层间的物理黏接和电气互连作用，甚至还起到导（传）热作用。因此，为了在芯板上一面或两面牢固积层，以保证整体板面平整度和电气连接的可靠性，必须对芯板进行适当处理。如芯板通孔和盲孔的堵塞处理、磨平（擦板或磨板）表面处理、表面化学镀铜和电镀铜处理以及导电图形的制造。

13.3.2 孔加工

高密度互连积层印制电路板主要以加工盲孔为特点。针对非感光性的热固性树脂层和涂树脂铜箔层，采用激光加工盲孔。对于光敏的绝缘树脂，采用 UV（紫外）光通过掩膜曝光、显影的方式进行盲孔的制作。

激光有 CO_2激光和 UV 领域的 Nd：YAG 激光，均适合树脂层的激光加工。由于 CO_2激光加工盲孔在性能和速度方面有明显的优势，因而其应用已经得到普及。UV－YAG 激光适用于微导通孔加工，今后有望普及。CO_2激光加工是通过热烧蚀实现的，但热烧蚀积聚的大量热容易使树脂与铜箔分离，因此需要注意加工条件的设定。

CO_2激光不能直接烧蚀铜箔，因此涂树脂铜箔激光加工时，先通过蚀刻铜制成铜窗口，再通过铜窗口下进行激光加工。该方法加工的孔位置和孔径受到掩膜的制约，而且由于光的过度烧蚀容易引起掩膜下部的空隙外伸而造成孔的互连可靠性问题。为解决该问题，开发了 CO_2激光直接烧蚀的加工技术，该技术无须制作铜窗口。但是 CO_2激光直接加工前必须对铜箔进行表面黑化或棕化的前处理。

13.3.3 绝缘层的黏接

无论涂树脂铜箔还是半固化覆铜层压，都有面临导电铜图形与树脂之间的黏接问题。高密度互连积层印制电路板的线路精细，因而层压结合力比普通多层印制电路板更高，以防止线路之间发生短路或信号干扰等问题。

因此，对于高密度互连积层印制电路板，一方面要求在制造过程中其表面的清洁度非常高，以减少外界因素对其电性能的影响；另一方面还需要对铜箔进行粗化与化学亲水处理。通过棕化技术，使得铜表面形成粗糙的状态，以实现在层压过程中与树脂材料的机械咬合。同时，棕化后表面状态由原来亲水性较差变成亲水性较好，从而提升了其层压黏接性能。

铜箔表面粗化问题在超精细线路（≤50μm）制作中会影响图形的精确性，增加了信号传输的损耗和信号传输线的阻抗值。为解决该问题，目前已经逐渐在开发超粗化技术以及非蚀刻型的表面黏接增强技术，以满足高密度互连印制电路板不断地向微型化发展的要求。

13.3.4 电镀和图形制作

高密度互连积层印制电路板的制造过程中需要实施盲孔电镀，甚至盲孔的填铜。因此，在电镀工艺的选择上，积层印制电路板主要选择整板电镀技术。

盲孔电镀过程伴随着表面铜层的不断加厚。在前期电镀溶液技术不是很成熟的时期，需要完成盲孔电镀或填铜之后对表面铜层进行微蚀，以达到目标厚度。但现有电镀技术已经逐渐成熟，在 9μm 或 12μm 的薄铜箔基础上直接进行盲孔电镀铜或填铜过程，其表面厚度可达到只增加数微米，从而避免了二次微蚀造成工艺的不稳定。

13.3.5 多层间的连接

积层法中层间互连是通过盲孔叠层实现多层连接的。图 13-5 所示为不同盲孔叠层的形式。图 13-5a 所示为交错式盲孔叠层形成的导通孔，该结构配线密度较低，电性能也较差。因此，目前盲孔的叠层主要采用图 13-5b ~ e 所示的导通结构。图 13-5b 所示为采用镀层充填孔内的填充型导通孔，通过 PRC（周期反向电流）法或者电镀添加剂得以实现。图 13-5c所示为由镀层堆积成的镀层柱法，采用图形电镀和半加成镀形成导通孔柱状镀层和图形。图 13-5d 所示为导通孔上重叠导通孔的堆积导通孔，采用绝缘树脂或者导电胶填充图形的盲孔内部。图 13-5e 所示为激光贯通导体层，孔内填充导电体的漏斗状导通孔。

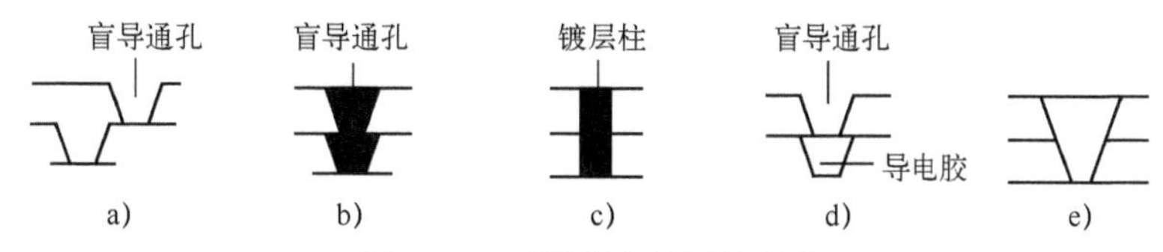

图 13-5 不同盲孔叠层的形式

a）交错式连接 b）填充型导通孔 c）镀层柱法 d）导电胶填充法 e）漏斗状导通孔法

13.3.6 焊盘的表面处理

成品积层印制电路板的表面处理对于元器件的焊接、线黏接和球栅阵列（BGA）的凸块连接都很重要。表面处理包括助焊剂、热风整平等焊料涂层、Ni/Au 镀层等，可根据用途加以选择，其中以 Ni/Pd/Au 镀层为佳。由于电镀 Ni/Pd/Au 存在电镀工艺导线问题，因此目前生产上大量使用置换型或还原型的化学镀 Ni/Pd/Au 实现积层印制电路板焊盘的表面处理。

13.4 积层多层印制电路板盲孔制造技术

13.4.1 盲孔的形成

数控钻床批量钻孔最小孔径为 0.1 ~ 0.3mm，因而传统的机械钻孔工艺已不能满足微小孔的生产。对于盲孔的制作，如果采用机械钻孔，要求刀具在 Z 方向具有很高的精确度，才能确保刚好将环氧层钻透，而又不破坏下一层的铜箔。但是，现实中受钻床台面的平整度、印制电路板的翘曲度等因素影响，不能严格保证机械钻盲孔的精度，只能控制钻头深度在 ±50μm，这远远不能满足盲孔生产的需要。

采用钻头感应的方法可较好地解决该问题。基于电场传感器的理论基础，钻头作为天线探测信号。当钻头接触到金属表面（如电路板的铜表面）时，相应的电场信号就会发生突变。通过该方法可以实现控制深度为 5μm，解决了 Z 方向深度控制问题，从而达到制造盲孔的要求。但是，对于尺寸小于 0.1mm 的微孔制作，该方法仍然存在较大的制作困难与成本问题。

激光蚀孔技术在埋孔、盲孔制作方面有着独特优势，激光钻孔之所以能除去被加工部分的材料，主要靠光热烧蚀和光化学烧蚀。印制电路板钻孔用的激光器主要有 RF（射频）激发的气体 CO_2激光器和 UV 固态 Nd:YAG 激光器两种。激光钻孔较快（1min 可完成3000个孔的制作），不过钻孔时板必须是单层而不是叠层放置的，并且钻孔机的价格昂贵（激光钻孔机价格约为机械钻孔机的 8 倍），所以钻孔成本相对高许多。

等离子蚀孔首先是在覆铜板的铜箔上蚀刻出窗孔，露出介质层，然后放置在等离子的真空腔中，通入介质气体如 $CF_4/H_2/O_2/He/Ar$，在超高频射频电源作用下气体被电离成活性强的自由基，与高分子反应起到蚀孔作用。它的优点是所有导通孔一次加工并且不留残渣，缺点是处理时间较长，且成本高，不适于大批量生产。

喷砂成孔法是在“芯板”上涂覆绝缘介质树脂，经烘干、固化再贴上抗喷砂干膜，经曝光、显影后露出喷砂“窗口”，接着采用喷砂泵（或射流泵），喷射出射流化的碳化硅微粒而喷削掉裸露的介质树脂，形成导通孔，然后除去抗喷砂干膜，再经过电镀覆孔、图形，形成层间互连的导电图形，依此反复制成积层多层印制电路板。

喷砂成孔法的主要优点是可以形成上大下小的理想圆锥孔，微孔可达 $\phi 50\mu m$，成本中等。

上述几种成孔工艺各有优缺点，见表 13-1。

表 13-1 几种成孔工艺的优缺点

工艺类型		优 点	缺 点
光致法成孔		1. 生产效率高 2. 工艺成熟、操作简单 3. 设备投资少 4. 成本低	1. 介质材料与铜箔黏接强度低 2. 工作环境要求高 3. 机械加工性能差 4. 需专用光致绝缘介质材料
等离子成孔		1. 生产效率高 2. 加工能力强，可加工孔径为 $\phi 0.075mm$ 的微盲孔 3. 工作环境要求一般	1. 设备投资中等 2. 加工范围窄 3. 成本较高
激光成孔	CO_2激光	1. 工艺简单，成本低 2. 钻孔速度快，可达 3000 孔/min 以上 3. 可钻 $\phi 0.05mm$ 的微盲孔 4. 生产效率高	1. 投资大（设备） 2. 用 CO_2钻孔，对铜箔和有增强材料的介质难度大 3. 易产生侧蚀，孔壁粗糙、炭化、介质层分离及形成鼓孔等问题，需加强孔内清洗处理
激光成孔	Nd：YAG 激光	1. 具有高能量，可加工 $\phi 0.05mm$ 的微导通孔 2. 适合各种介质材料 3. 简化工序，成本中等 4. 产量较高 5. 可靠性好 6. 孔加工厚，孔内较光滑，无残渣，不需要清洁处理，可直接孔金属化	1. 设备一次性投资大 2. 钻孔速度比 CO_2激光慢

（续）

工艺类型	优　点	缺　点
射流喷砂成孔	1. 能制成接近圆锥体形状的微孔 2. 成孔尺寸可小到 $\phi0.05$mm 3. 具有较高的分辨率	1. 需要一套庞大的射流喷砂设备及其他配套设备，设备投资大 2. 工艺控制比其他成孔难度大

化学蚀刻法在涂树脂铜箔上制作盲孔是一种低成本而又行之有效的工艺方法。化学蚀刻法是在覆铜板表面做抗蚀层（干膜或湿膜），用只含盲孔孔位的底版曝光/显影/蚀刻铜，去掉孔表面的铜形成裸窗口，露出介质层树脂，然后用加热的浓硫酸喷射到裸窗口上，腐蚀掉树脂，形成盲孔。化学蚀刻法形成盲孔示意图如图 13-6 所示。

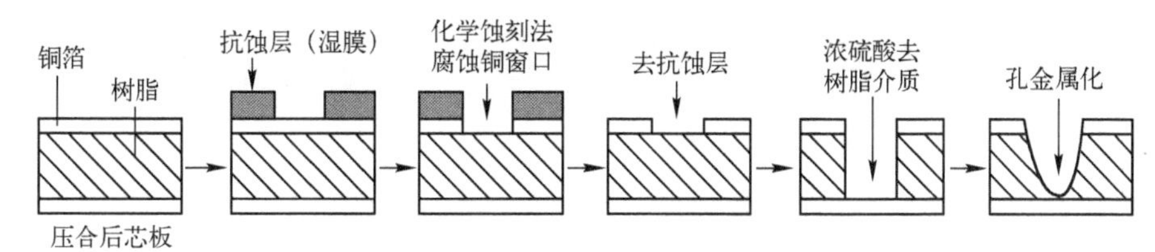

图 13-6　化学蚀刻法形成盲孔示意图

对于不含玻璃纤维的 RCC 材料，加热的浓硫酸在较强的喷射压力下能较快去除环氧介质，而且不需要去玻璃纤维头。其蚀刻深度与浓硫酸浓度的关系如图 13-7 所示。

因盲孔一般都是小于 0.3mm 的微小孔，而浓硫酸因其黏度高难以进孔。若将其加热可有效地增加流动度，并辅之以机械振动或喷淋压力，热浓硫酸就能充分发挥自身优势。而浓硫酸对铜表面和下一层的铜无腐蚀作用，且能有效地清除环氧树脂，不像机械钻孔、激光钻孔会产生树脂腻污，也不会出现类似机械钻孔钻到下一层铜箔的情形。图 13-8 所示为在无机械喷淋条件下，浓硫酸蚀刻出的盲孔的显微横截面照片。如果有均匀的喷淋压力，盲孔的孔壁会更加垂直，侧蚀会减小。

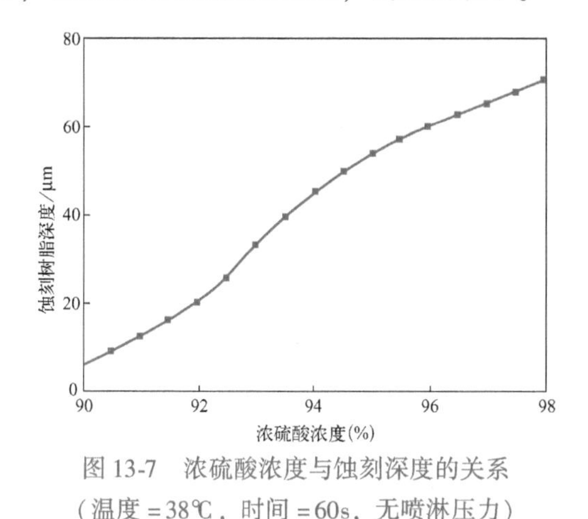

图 13-7　浓硫酸浓度与蚀刻深度的关系（温度 =38℃，时间 =60s，无喷淋压力）

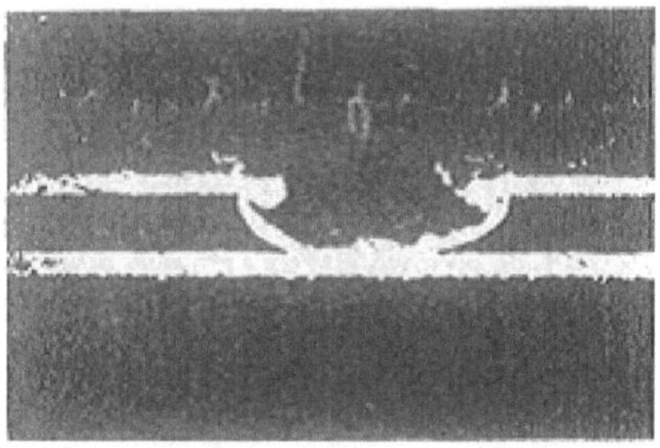

图 13-8　浓硫酸蚀刻后盲孔的显微横截面照片（无机械喷淋条件）

因浓硫酸蚀刻环氧介质时，其蚀刻能力是各向同性的，当它垂直蚀孔的同时也侧向蚀刻，导致铜箔下面产生侧蚀问题。又因为浓硫酸吸水性强，浓度易变，因此需严格监控浓硫酸浓度，固定温度指数。根据 RCC 材料的树脂蚀刻深度和硫酸浓度关系（见图 13-7）、结合温度确定洗孔时间，最终确保环氧介质被完全去除且产生的侧蚀又最小。

13.4.2 化学镀铜

含盲孔的印制电路板生产过程中需要重点控制的另一个工序为化学镀铜。因积层法制多层印制电路板，需一次或多次镀铜。盲孔孔径小，化学镀铜溶液难以进孔，而且不如贯通孔，溶液能够顺利进出交换更新。因此，实现盲孔的金属化使层与层之间互连便成为至关重要的工作。而 RCC 材料较其他环氧覆铜板薄，对其制作相同孔径的盲孔，它的层与层间板厚孔径比见表 13-2。

表 13-2 RCC 材料的层与层间板厚孔径比

材 料 类 型	铜箔厚度/μm	树脂厚度/μm	板厚孔径比（盲孔）
RCC 材料	18	50	0.34：1
		100	0.5：1

由表 13-2 可知，利用 RCC 材料制作盲孔，板厚孔径比小于 1：1，孔金属化相对更容易。板厚孔径比大大减小，有利于活化溶液、还原溶液、化学镀铜溶液在孔内的交换。另外，化学镀铜生产线再辅以板面移动、空气搅拌，会减少气泡在盲孔内滞留的机会，因此确保了盲孔的电气互连万无一失。

13.4.3 生产工艺流程及工艺问题

以含有双面芯板的 6 层高密度积层印制电路板为例介绍产品的工艺流程（1~2 层、5~6层含盲孔，2~3 层、4~5 层含埋孔）。典型的生产工艺流程如下。

芯板制作：下料（芯板 3、4 层）→制作芯板→芯板通孔填充（填树脂或导电胶）→表面棕化。

第一次积层：层压 2、5 层（涂树脂铜箔）→表面棕化→CO_2激光钻孔→孔金属化或填铜→图形转移→表面棕化。

第二次积层（外层制作）：外层层压（1、6 层）→表面棕化→CO_2激光钻孔→机械钻通孔→前处理→化学镀铜→外层图形转移→电镀→蚀刻→印阻焊剂→热风整平或其他焊接性保护层→铣外形→通断测试→检验→包装。

与普通多层印制电路板制造相比，高密度互连积层印制电路板制造面临着一些新的问题，需要在制造过程中尤为关注。

1）因盲孔孔径小，多层盲孔图形转移时应注意定位精确，否则盲孔重合度差。一般要求盲孔定位误差≤25μm。

2）盲孔填铜是高密度互连积层印制电路板需要特别关注的工序。盲孔填铜过程是一个超等角的沉积过程，因而对于填铜溶液和填铜工序参数控制特别严格。否则，很容易形成空心填孔从而导致可靠性问题。

3）层压也是制作盲孔的关键工序，控制与普通内层板基本一致。为了达到满意的层压效果，对于盲孔填孔应注意避免气泡难以排除而最终影响层与层间的结合力。但因 RCC

材料具有较薄的优势，当盲孔孔径又很小时，孔内滞留的气体相对较少，利用真空层压机进行层压，控制好升温速率、压力，即可得到合格的层压板。

13.5 ALIVH 积层多层印制电路板制造工艺

高密度互连印制电路板制造工艺可分为两种类型：一种是无“芯板”的积层印制电路板；一种是有“芯板”的积层印制电路板。ALIVH（任意层内导通孔，Any Layer Interstitial Via Hole）技术和 B^2it（埋入凸块互连技术，Buried Bump Interconnection Technology）两种工艺方法均属于前一种工艺，它不采用“芯板”和镀覆孔的工艺方法，积层多层印制电路板的层间互连是采用导电胶的方法实现的，可制作达到很高密度的互连结构，在布线层的任意层位置形成内层导通孔的、信号传输线路短的积层多层印制电路板。因为其整体层间的互连密度是相同的，所以能达到很高密度的互连等级。采用此种类型工艺制造的积层多层印制电路板将具有厚度更薄或尺寸更小的特点。

导电胶堵孔工艺方法就是采用芳胺纤维无纺布和浸渍高耐热性环氧树脂半固化片，使用紫外激光（Nd：YAG 或脉冲振动型 CO_2激光）进行微导通孔的加工，并在微导通孔内充填导电胶的工艺方法，其主要工艺流程如图 13-9 所示。

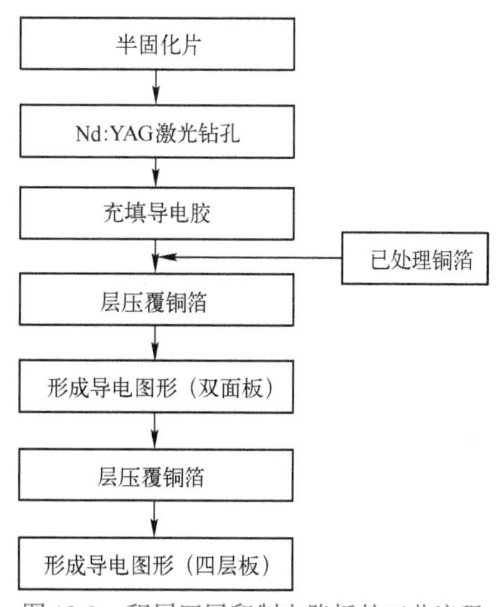

图 13-9　积层四层印制电路板的工艺流程

1. 工艺要点

1）介质绝缘材料的选择必须满足基板的功能特性要求，具有高的玻璃化温度（T_g）、低的介电常数。Aramide 无织布具有重量轻、介电常数低和热膨胀系数小及平滑性好等优点，因而被选为增强半固化片材料。此外，它还具有热膨胀系数（CTE）为负数的特点，因此可通过调整其与环氧树脂组成的比例得到复配的树脂，达到与芯片的热膨胀系数相匹配的目的。

2）选择与环氧树脂特性相匹配的导电胶。所采用的堵孔导电胶应具有收缩小的特点，即挥发物少或者 CTE 应与芯板的 CTE（最好小于 $35\times10^{-6}℃^{-1}$）相匹配。另外，还应具有高的导电性能和热导率，并具有高的耐热或耐焊接的热冲击力。

3）要根据芯板通孔直径大小、形状，合理地制作模板网孔尺寸和形状，确保堵塞的导电胶能形成凸出的半圆形状。

4）合理选择导电胶中金属颗粒大小、形状和等级以及最佳树脂体系，以确保形成一种具有低黏度的导电胶，对高密度导通孔堵塞，实现“零”收缩现象。

5）提高表面的平整度，必须选择好的研磨工艺，对其凸出的导电胶磨平形成与表面一致性良好的无沾污的待加工表面。

该技术制造的积层印制电路板特点是所用的层数少、装联密度高、设计简单、制造方便，现已大量应用于便携式通信系统。

2. 实现此种工艺必须解决的技术问题

1）层间的连接材料。核心的连接材料是导电胶。导电胶不含溶剂，由铜粉、环氧树脂和固化剂混合而成。在采用激光加工形成的盲孔中充填这种导电胶，并在半固化片两面放置铜箔，经热压至固化，实现层与层间电气连接。每个孔的接触电阻应该较低（小于1mΩ）。

2）内通孔的加工工艺。采用脉冲振动型CO_2激光加工而成。这种工艺方法速度很快，比机械钻孔工艺方法快10倍以上。

3）所采用的半固化片是无纺布在耐高温环氧树脂中浸渍而成的基板材料。

3. 与常规多层印制电路板加工工序比较

1）制造工序减少一半（对生产六层板工序而言），既适用于多品种小批量生产，也适用于量产化的大生产。

2）组合简单，因为它的组合全部都由铜箔形成，可制作更高密度电路图形，而且表面平整性好，有助于装联性能的提高。

4. 技术特性

1）该结构的印制电路板在各种热冲击试验［包括高温储存、低温储存、高温高湿储存、PCT（压力锅蒸煮试验）等高湿度环境储存、温度循环、热油及回流焊等］中，其电阻值非常稳定，变化率小于10%。即使在200℃以上的环境温度变化中，也不会出现导线断裂现象，可靠性很高，对于高要求的电子设备来说，可以保证运行的可靠性和工作的稳定性。

2）相对介电常数小于4.1，玻璃转化温度高达160℃。

3）电气性能、热性能及力学性能都比常规所采用的原材料高。

5. 量产化方面

批量生产的导电胶堵孔结构印制电路板技术规格见表13-3。

表13-3　ALIVH技术规格

技术规格	基本尺寸	技术规格	基本尺寸
基板厚度/mm	四层0.40；六层0.65	导体最小间宽/μm	60
内通孔直径/μm	150	导体最小间隙/μm	90
焊盘直径/μm	360		

根据导电胶堵孔结构的特点，采用先进工艺装备，就能形成比较高的规模化生产，为电子设备的小型化、轻量化和多功能化提供可靠的基础组装件，从加工技术方面完全有可能制造出更高质量的积层多层印制电路板。

6. 与常规多层印制电路板技术的比较

1）同传统的通孔电镀型多层印制电路板相比，导电胶堵孔印制电路板在采用同样的设计规范情况下，其面积可减少50%；在两者都是六层板而且面积相同的情况下，导电胶堵孔结构印制电路板的质量为16g（而传统板为34g）；采用计算机辅助设计（CAD）系统进行自动布线的布通率为70%～100%，设计周期由30天缩短到10天，大大提高了工作效率。

2）导电胶堵孔印制电路板布线适用于表面安装技术，而且也适用于裸芯片封装技术，此时所需占用的面积远远低于表面安装印制电路板。

3）导电胶堵孔印制电路板需用的面积小、厚度薄、重量轻、研制开发周期短，便于加强 EMC（电磁兼容）性能，属于环保型的产品。由于不需要进行通孔电镀加工，导电胶堵孔印制电路板能满足多种封装形式元器件的装联需要。它是实现电子产品小型化、组合化、多功能化及提高装联密度等的一种较为先进的印制电路板加工技术。

7. ALIVH 积层多层印制电路板的类型

ALIVH 是日本松下电器株式会社于 1996 年开发成功的一种积层多层印制电路板的工艺制程。由于它优点众多，因而很快获得极大的发展与应用。在 1997—1999 年间手机印制电路板至少已生产 1800 万片，并占日本手机印制电路板的 60% 以上。此种制作工艺技术有三种类型，即用于手机印制电路板的标准 ALIVH 导电胶堵孔工艺、用于高等级大型主机印制电路板与芯片级封装等封装印制电路板的 ALIVH-B、用于晶片直接安装 DCA 的更精密的 ALIVH-FB 等，现分别简介如下。

（1）标准 ALIVH 制造工艺

1）优点：

① 采用铜膏塞孔进行互连导通，无须采用镀覆孔与电镀铜工艺，解决了深盲孔电镀的技术问题，不但节省设备成本，而且十分有利于环保。

② 它比传统多层印制电路板的重量减轻 30% ~50%，而介电常数也较低（1MHz 下为 4.1），对电信号传输更为有利。

③ X、Y 方向的热膨胀系数仅有（6 ~ 10）$\times 10^{-6}$℃$^{-1}$，比 FR-4 的 15×10^{-6}℃$^{-1}$低，但 Z 方向膨胀却较差。

④ 任意层次间均可互连，方便电气性能设计，最多可达到八层板，线宽/线间距为 60μm/70μm ~ 100μm/100μm，孔直径为 150 ~ 200μm，铜焊盘直径为 300 ~ 400μm。

⑤ 一次总层压即可形成多层印制电路板，无须芯板外逐次增层，重合精度较易控制。

⑥ 材料采用芳酰胺纸材（Aramid 短纤维长度为 3 ~ 6mm），其特点是刚性、韧性均好且耐高温。

⑦ 铜导电膏覆孔互连可靠性较高，其测试项目与结果见表 13-4。

表 13-4 ALIVH 互连可靠性测试项目与结果

测试项目	技术条件	结果
高温存放	100℃、1000h	通过
低温存放	-65℃、1000h	通过
高温高湿存放	85℃、85% RH、1000h	通过
压力锅蒸煮试验（PCT）	200kPa、121℃、30h	通过
温度循环试验	-55 ~ +135℃（各 30min）、1000 次	通过
热油试验	20 ~ 260℃（各 10s）、200 次	通过
漂锡试验	260℃、10s、10 次	通过
	230℃、5min	通过

2）ALIVH 基本规格和特性。根据所采用元器件的特性和封装技术，使用的基材具有低热膨胀系数、低介电常数、耐高温、高刚性和轻量等特征，它与常规 FR-4 材料制造的多层印制电路板比较，ALIVH 的介电常数、密度和热膨胀系数小，玻璃化温度高。所以，在选择材料时，必须首先充分了解此种类型的工艺方法的加工特点，再根据材料的特性，制订正确的工艺方案，以达到设计的总体要求。

基于标准 ALIVH 结构的设计特征（见图 13-10），其主要特征如下：

① 从 ALIVH 结构分析，全层设有内层导通孔（IVH）构造，导通孔设置层无限制。

② 从 ALIVH 结构分析，全层均一规格，无其他不同的导通孔种类，与邻近层导通孔的位置无限制。

③ 导通孔上的焊盘可与元器件安装焊盘共用。

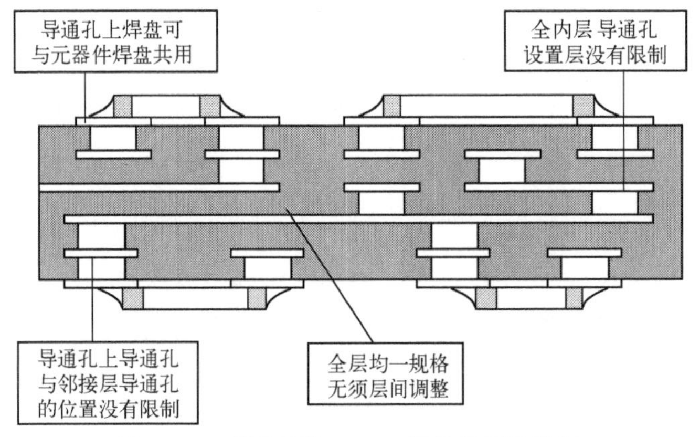

图 13-10　基于标准 ALIVH 结构的设计特征

这种结构的设计特征，使导通孔的影响减少到最小程度，提高了导通孔配置的自由度，扩大了空间，使布线进行更加容易。因为此种类型的结构属叠加构造，所以导通孔可以设置在元器件安装焊盘的正下方。另外，由于此种类型结构的全层设置内导通孔构造是均一规格，因此电源层/地线层分配的屏蔽层设定可与常规多层印制电路板的设计相同。这种设计技术可适应高密度化、布线领域宽、容易抑制环路面积、确保电路的通路。此种结构是靠导电胶与外层连接的，完全可以抑制传统贯通孔产生的电磁干扰，因此它与常规贯通孔的四层印制电路板相比，可缩小 55% 的布线面积，显著地抑制放射时的噪声。

（2）高密度 ALIVH-B 制造工艺　高密度 ALIVH-B 制造工艺流程如图 13-11 所示。ALIVH-B 与标准 ALIVH 工艺基本相同，但是技术能力比 ALIVH 工艺更强，包括孔径由原来的 200μm 缩小到 120μm，绝缘介质材料的厚度也减薄到 50 ~ 125μm、导线的线宽/间距精细到 75μm，达到高密度互连结构的各种高级主机板与载板的技术要求。由于钻孔的孔径比较小，采用标准的 CO_2 激光设备就比较难以解决，必须对现有的激光机进行技术改造，以便实现更小孔径的导通孔的加工。标准的激光机采用的光学系统是聚光光学系统，加工比较大的孔径较合适，但不适合加工小孔径的孔，需通过掩膜转换加工不同孔径导通孔的成像光学系统激光加工装置，这样可以获得孔径为 120μm 的均一导通孔，并且能稳定导通孔形状和层间电阻值。实际上这是在光径路途中加设遮光罩（即掩膜），将光束外围的弱光能量挡住，只利用中间部分的能量较强的光束去烧蚀小孔。

为确保导线宽与间距的误差减至最小，提高精细导线的精度，在图像转移过程中，需采用厚度薄的干膜和适当的曝光速度。最好选择高分辨率的曝光设备，采用以短弧灯为光源的平行光系统，以达到抑制区域内光通量的散射，确保图像的清晰度和不失真，使图像符合设计技术要求。采用优化后的平行光学系统，并提高位置的重合精度后，ALIVH-B 能制造高精度的导通孔径/焊盘，即 120～250μm 的导通孔。

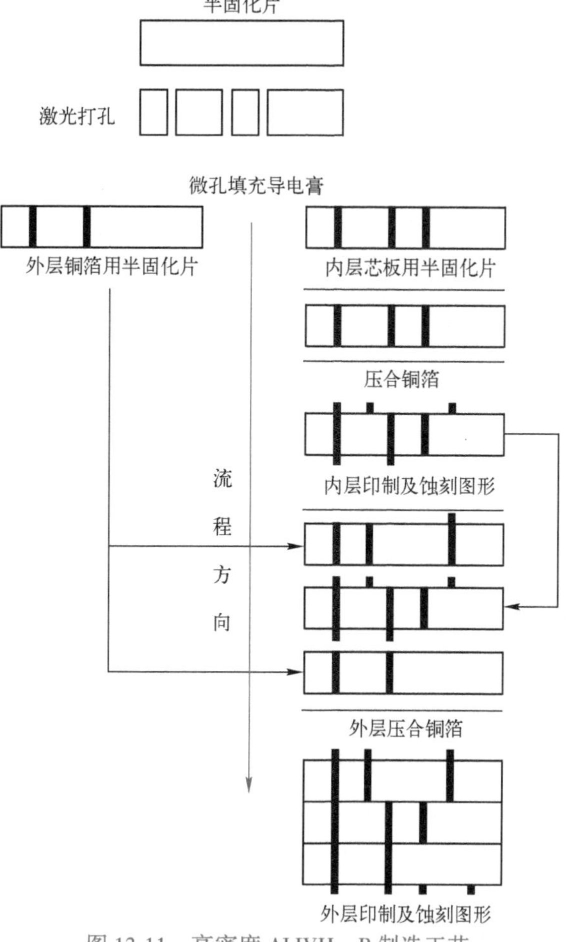

图 13-11　高密度 ALIVH－B 制造工艺

生产经验证明，涂覆的光致抗蚀膜层越薄，其分辨率也就越高，高精度、高密度的电路图形失真的可能性很小，再加上所选择的铜箔越薄，蚀刻时间就越短，产生侧蚀的可能性就很小，导线的线宽与间距的精度要求就能得到保证。要获得蚀刻的高质量，就必须选择比较温和的蚀刻剂（三氯化铁蚀刻液）和经过改进的蚀刻设备及选择最佳蚀刻条件，只有这样才能制造出线宽/间距为 50μm/50μm 的电路图形。

上述工艺的主要特点基本上与 ALIVH 相同，但由于精度与密度较高，特别是在选用各种基本材料时需考虑确保特殊封装和组件的高可靠性，所研制开发或改进的介质绝缘材料、薄铜箔和导电胶等，不仅要提高其材料的特性，而且还要确保各种材料之间的整合性和工艺匹配性。其中绝缘基板的材料在 X、Y 方向的热膨胀系数为 6×10^{-6}℃$^{-1}$，它与硅芯片的热膨胀系数 3×10^{-6}℃$^{-1}$非常接近，同时玻璃化温度（T_g）有所提高，达到 198℃，高于母板，较易保证裸芯片封装的可靠性。

在导电胶（膏）的选择上，最好通过改善铜箔的表面处理工艺，同时还要改进铜粉的形成和具有耐热、耐湿性、收缩性很小的优良黏合剂。只有这样，制造出来的 ALIVH－B 结构的多层印制电路板才能拥有高的耐热性和高的耐湿性，在经过压力锅蒸煮试验（PCT）后依然很可靠。

3）ALIVH-B 设计数据。设计所提供的数据是根据元器件的特殊性能以及结构特殊性的多层印制电路板提出的最小电路设计数据（见表 13-5），以满足封装技术要求。

表 13-5 最小电路设计数据

项　　目	导线宽度/μm	间距/μm	焊盘直径/μm
外层	50	50	250
内层	50	50	250
孔径/μm	120		
介质层厚度/μm	50～125		

（3）更高密度 ALIVH-FB 制造工艺　随着电子设备的小型化、轻量化、高性能化以及半导体器件的飞速发展，半导体的高速信号传输速率增加到 1GHz，而器件的多针化和细间距化要求，导致输入/输出（I/O）焊脚数目增加到 1000 以上，甚至达到数万，因而对各种封装板的要求也更加严格，其中包括更高要求基板的平整度，更薄、更耐热的绝缘层。因此，绝缘基板材料普遍选用厚度为 13.5μm 的聚酰亚胺，其厚度公差为 ±5%，线宽蚀刻后可低至 20μm。由于基板本身的热膨胀系数接近裸芯片，因而在封装集成电路等元器件时具有非常可靠的性能保障。这就是 21 世纪开发与研制的新工艺——ALIVH-FB。

ALIVH-FB 制造工艺流程如图 13-12 所示。线宽/线距为 25μm/15μm 的 ALIVH-FB 制作工艺，根据铜箔的厚度有两种工艺方法制作精细导线，一种方法是传统的减成法；另外一种方法是加成法。减成法工艺是将铝载体铜箔与有导电胶的导通孔的聚酰亚胺层，精确地压贴在 ALIVH-B 式结构的芯板上。由于铝是两性金属，可以采用盐酸或热碱溶液蚀去载体铝金属，即获得厚度为 9μm 的铜层表面，然后采用薄的光致抗蚀膜层，进行精密的图形转移，通过显影与直接蚀刻而完成外层线路图形。

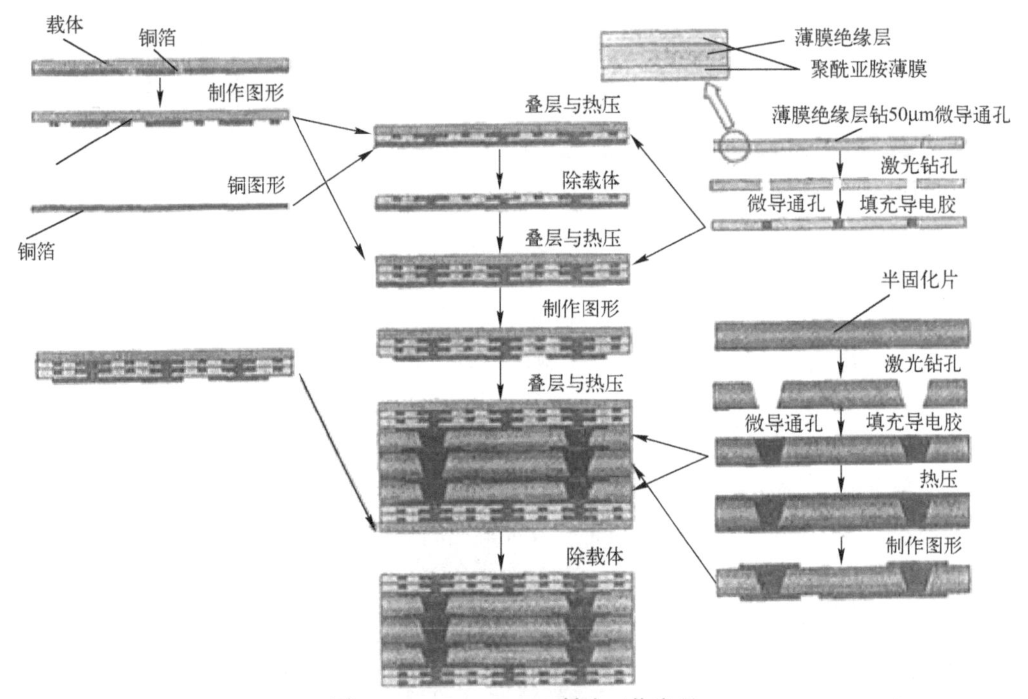

图 13-12　ALIVH－FB 制造工艺流程

加成法工艺的具体做法是首先在承载用的铝金属片上进行铝合金电镀前的镀锌处理，使铝表面沉积一层锌镀层，然后涂覆薄的光致抗蚀剂膜层，再进行精密的图像转移，制作出导线宽度为 25μm，然后在锌层表面直接进行选择性电镀铜层，电镀 25μm 宽的铜层，除去抗蚀层，再将具有铜导线的面贴向聚酰亚胺膜，并同时压在芯板上，完成外层电路图形制作。

13.6 B^2it 积层多层印制电路板制造工艺

B^2it 技术是把印制电路技术与厚膜技术结合起来的一种更高密度化互连技术，它比 ALIVH 技术更为先进。B^2it 技术不仅不需要印制电路板工艺中的孔化、电镀铜等，而且也不需要数控钻孔、激光蚀孔或其他成孔技术（如光致成孔、等离子体成孔、喷砂成孔等），因此高密度互连积层电路采用 B^2it 技术是印制电路板生产技术的一个重大变革。它不但使印制电路板的生产过程简化，获得很高的密度，而且可明显降低成本。B^2it 高密度互连印制电路板能较好地满足 MCM 的基板和芯片级封装（CSP）要求。

与传统采用金属化孔实现的互连技术不同，B^2it 工艺是采用一种埋入式凸块而形成的很高密度的互连技术，它是通过导电胶形成的导电凸块穿透半固化片连接两面铜箔表面来实现互连技术的一种新颖的工艺方法，其工艺流程如图 13-13 所示。

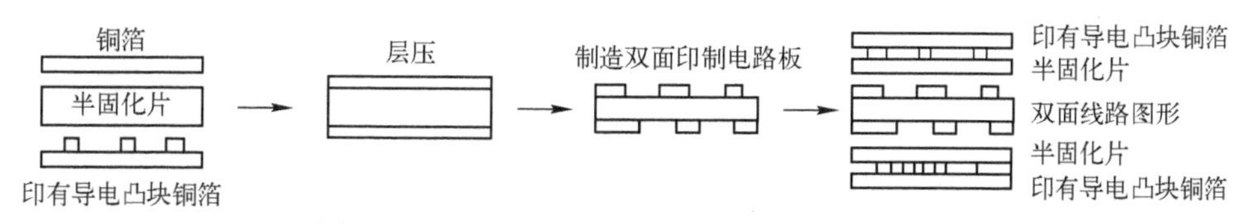

图 13-13　四层基层印制电路板制造工艺示意图

1. 主要工艺说明

这种类型积层印制电路板制造难度较高，需认真地进行结构分析，从结构的特性找出带有规律性的经验，以便更好地掌握制作技巧。

1）根据结构的特点，必须对所使用的原材料进行筛选，特别是提高电气互连用的导电胶和含有玻璃布的半固化片材料。选择的导电胶树脂材料的玻璃化温度必须比半固化片玻璃化温度高 30～50℃，目的是便于穿透已软化的半固化片层。此外，还要确保导电胶黏度的均匀性和最佳的触变性，确保网印的导电胶不流动、不偏移和不倾斜。

2）在确保导电凸块与铜箔表面牢固结合的同时，要求导电凸块的高度要均匀一致，严格地控制高度公差在规定的工艺范围内。

3）通过精密的模板，导电胶网印在经过处理的铜箔表面，经烘干后形成导电凸块，并严格控制导电凸块的直径在 0. 20～0. 30mm 之间，呈自然圆锥形，以顺利地穿透软化的半固片层，与另一面已处理过的铜箔表面准确、紧密地结合。导电凸块高度控制的工艺方法是根据半固化片经热压后厚度的变化状态，通过工艺试验来确定适当的导电凸块的高度，然后进行模板材料厚度的选择。这样能确保经热压后导电凸块能全部均匀地与铜箔表面牢固接触，形成可靠的三层互连结构。

4）此种类型结构的印制电路板的层间互连是通过加压、加热迫使导电凸块穿过半固化片树脂层形成的。关键是控制半固化片玻璃转化温度，使导电凸块的尖端顺利穿过软化的半固化片树脂层，并确保导电凸块对树脂具有相应的穿透硬度，且不变形。通常要通过工艺试验来确定导电胶凸块和半固化两者之间的温差。一般情况下，两者的温差设定为30～50℃较为适宜。温度控制过低，树脂层软化未达到工艺要求，就会产生相当的阻力，阻碍导电凸块的穿透；若控制的温度过高，就会造成树脂流动，使导电凸块歪斜和崩塌。当温度和导电凸块外形调整到最佳时，导电凸块能很容易地穿过半固化片的玻璃纤维布编织的网眼并露出尖端与铜箔实现可靠的互连，然后升高到固化所需的温度和压力下进行层压工序。

2. 原材料的选择

（1）半固化片的选择　半固化片选择的原则是根据树脂的玻璃化温度与导电胶树脂的玻璃化温度的差值，并确保相匹配。在进行层压时，使导电凸块能顺利通过已被软化的半固化片的网眼与表面铜箔牢固接触，但凸块必须全部均匀地与铜箔表面形成黏接。即当半固化片处于熔融状态时，导电凸块内所含的树脂必须处于固化状态，才能顺利地穿透半固化片到达另一面铜箔表面上。

（2）导电胶的选择　导电胶主要起层间电气互连作用，是此种类型结构的主要原材料。导电胶是由具有导电性能的铜粉或银粉、黏接材料（多数采用改性环氧树脂）、固化剂等原材料组成的，所形成的导电凸块固化后互连电阻应小于1mΩ，具有高的导电性和热的传导性，而且具有一定的黏度，以确保与金属材料（颗粒）均匀调和，使其固化后的电阻值符合设计技术要求。

（3）导电材料的选择　导电胶的组成主要是起导电作用的铜粉或银粉，无论采用何种导电材料，必须按照所需要的导电材料所形成的颗粒尺寸大小进行选择，主要依据是所用的导电材料的颗粒尺寸应小于玻璃布网目边长的1/2。

（4）树脂的要求　为满足安装高速元器件的要求，必须选择具有低介电常数的树脂，如改性BT树脂、PPE（聚苯撑醚）树脂、改性聚酰亚胺或聚四氟乙烯等。

3. B^2it 结构的高密度互连积层印制电路板的类型

具有 B^2it 结构类型的高密度互连积层印制电路板可分为全 B^2it 结构和混合式 B^2it 结构。混合式 B^2it 技术可以认为是把 B^2it 技术与传统的印制电路板技术结合制成的印制电路板，如图13-14所示。

混合式 B^2it 板的制造过程是各自预先制备双面或四面等 B^2it 板和传统板，然后经对位层压而成。这种混合 B^2it 板相比纯 B^2it 板具有改善散热（传导热）的贯通孔结构，比传统的多层印制电路板又具有显著增加布线自由度和随意布设内部导通孔的优点，从而达到更高的密度特性，并能满足单芯片模块（SCMs）和多芯片模块（MCMs）的高密度安装要求。

4. 可靠性试验结果分析

B^2it 积层多层印制电路板制作的工艺关键是选用合适的导电胶材料，印制成均匀一致、高度差极小的导电凸块和控制层压时的工艺参数。这三方面都必须采取相应的工艺对策，才能生产出高质量的、达到高密度互连结构的积层印制电路板。对研制和生产的积层多层印制电路板的试样进行可靠性测试，结果见表 13-6。

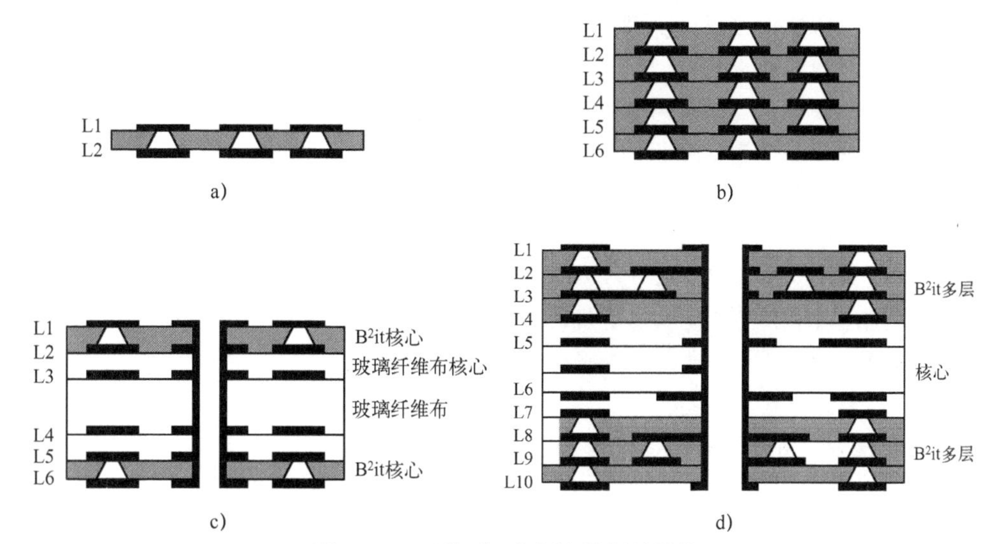

图 13-14　四种 B^2it 印制电路板的结构

a）双面 PCB（B^2it 核心）　b）多层 PCB（全 B^2it）　c）混合式 B^2it 板（6 层）　d）混合式 B^2it 板（10 层）

表 13-6　B^2it 积层多层印制电路板可靠性测试结果

测试项目	测试条件	标准要求	参考标准	结果
导体剥离强度	十字头速度 500mm/min	1.4kN/m	JSIC-5012	良好
温湿度循环	20～65℃，90%～98%，240h	$5\times10^7\Omega$	JSIC-5012	良好
热冲击	−65（30min）～125℃（30min），100 个周期	互连电阻最大变化量达 10%	JSIC-5012	良好
热油	260（10s）～20℃（20s），100 个周期	互连电阻最大变化量达 10%	JSIC-5012	良好
高温影响	100℃，0.3A，1000h	互连电阻最大变化量达 10%	JSIC-5012	良好
焊盘剥落	经焊接脚座后垂直拉开	$10N/mm^2$	-	良好
弯曲	在 ±10% 尖端弯曲导线架，1000 个周期	互连电阻最大变化量达 10%	-	良好
腐蚀性气体	H_2S 0.1×10^{-6}g/L，SO_2 0.5×10^{-6}g/L，12V，500h	互连电阻最大变化量达 10%	-	良好

从上述可靠性测试数据表明，研制与生产 B^2it 积层多层印制电路板的关键是选择合适的导电胶材料，有效控制印制导电凸块和高密度结构互连层压。为此，在拟订研制与生产工艺方案时，必须分析高密度互连结构的工艺特性，选择适合该结构所需原材料的物理化学性能尤为重要。特别指出印制导电凸块的工艺方法和工艺对策，对制作高质量的模板非常重要，因为要达到严格控制导电凸块高度均一性目的，过高或过低都会不利于结构的可靠性，特别是高度差异过大，必会导致低水平的层压结构，甚至造成互连失败，所以选择合适的导电胶和印制工艺方法及相应的工艺设备是 B^2it 工艺的关键。

13.7 习题

1. 积层多层印制电路板的类型有哪些？

2. 与传统印制电路板相比，积层多层印制电路板的布线密度和电性能各有什么特点？

3. 应用于积层多层印制电路板的主要材料有哪些？

4. 简述积层多层印制电路板的关键工艺。

5. 简述积层多层印制电路板盲孔形成的方法及各方法形成的原理，并比较它们之间的优、缺点。

6. 化学蚀刻法制备盲孔的工艺有哪些？

7. 简述 ALIVIH 工艺流程和需要解决的技术问题。

8. 简述 ALIVIH 工艺的类型及各自的特点。

9. B^2it 工艺的特点有哪些？

10. B^2it 技术中对原材料的要求有哪些？

第 14 章　器件一体化埋入印制电路板

14.1 概述

14.1.1　埋入无源器件印制电路板的应用

人们对电子产品功能更完善的不断追求，推动着电子技术的进步。集成电路集成度、芯片处理速度的快速提高，为设计功能更为强大的电子终端产品提供了可能，但也对印制电路板制造技术提出了挑战。芯片 I/O 数增多，电子产品的多功能集成，信号传输高频化和数字信号传输高速化发展，以及芯片级封装技术的进一步应用，要求在印制电路板上搭载更多的有源/无源器件。目前，印制电路板组装的无源器件（主要指电阻、电容、电感等）和有源器件的数量比一般为（15 ~ 20）：1，见表 14-1。随着 IC 集成度的提高以及 I/O数的增加、信号传输频率/高速数字化的发展，无源器件数量还将持续且迅速地增加，最终超过 33：1，或甚至达到更大比率。

表 14-1　常用印制电路板中各种元器件数量比

元器件名称	IC 组件	电容	电阻	电感	其他
各种元器件的件数比率	5%	40%	33%	4%	18%

另外，未来电子设备向更为复杂或多功能方向发展，促使了电子设备的工作电压不断地下降，如早期的工作电压从 12 V 降到了 5 V，而目前已经降到了 3.3 V、2.0 V 和 1.5 V。未来“纳米时代”还可能把电子设备的工作电压降到更低。随着工作电压的不断降低，不管是在高频信号还是高速数字信号的传输过程中，其杂信号和干扰将会越来越严重。即对无源器件的需求数量将随着杂信号和干扰的复杂化而成倍地增加。因此，原本担任配角的电子器件成了众所注目的主角。如果将这些电子器件用表面安装技术（Surface Mounting Technology，SMT）全部安装在印制电路板上，则需要增加印制电路板的表面积和焊接点，而焊接点的增加势必导致电子产品的可靠性降低。

在印制电路板制造领域，搭载元器件数量的迅速增多与印制电路板可提供的搭载面积产生了难以调和的矛盾。目前解决这一问题的有效技术手段之一是采用高密度互连技术，即通过减小线路宽度、间距，增加埋孔、盲孔等措施腾出更多的表面积。如今，高密度互连印制电路板的线宽/线距已经达到 15μm/15μm，进一步解决印制电路板的线宽/线距在材料选用、制造成本、处理线间电气干扰等方面遇到难以克服的技术难题。但采用埋入技术将电子元器件从表面安装移入印制电路板内部，实现立体安装是最佳技术进步路线，这也是近年来在电子封装领域兴起系统集成技术的原始动力。系统集成技术的核心技术之一是将原本安装在印制电路板表面的无源器件转移到印制电路板内部，在增加无源器件数量时不增加印制电路板表面积。

14.1.2 埋入无源器件印制电路板的优点和问题

埋入无源器件技术自21世纪初提出以后，已经开始应用在航天、通信以及个人消费品领域。相比表面安装结构的印制电路板，埋入无源器件印制电路板具有许多优点，具体如下。

1. 促进了印制电路板高密度化

分立无源器件不仅组装的数量很大，而且还占据印制电路板板面的大量空间，如智能手机的无源器件数量占据了印制电路板约60%的面积。如果能将50%的无源器件埋入印制电路板，则可使印制电路板板面尺寸缩小约30%之多。与此同时，还可使导通孔（无源器件所需的导通孔）大量减少，减少和缩短连接导线，消除一半以上的连接焊盘（无源器件的焊盘）等。这样，不仅可增加印制电路板设计布线自由度，而且可以减少布线量和缩短布线长度，从而提高印制电路板的密度或缩小印制电路板尺寸（或减少层数）。

2. 提高印制电路板组装的可靠性

埋入无源器件到印制电路板内部可明显提高印制电路板组装件的可靠性，主要基于两个方面：

1）可以减少大量的印制电路板板面的焊接点（SMT或PTH），从而提高可靠性。一般来说，无源器件的焊接点约占印制电路板全部焊点的25%，因而减少焊接点就意味着由焊接点而引起的故障（主要是由于焊接工艺完美性程度和材料之间热膨胀系数差别而产生的失效）概率大大降低，提高了印制电路板组装件的可靠性。

2）埋入的无源器件受到有效的“保护”，从而提高可靠性。由于这些埋入的无源器件是整体埋入印制电路板内部（或至少有阻焊剂覆盖着），而不像分立（或离散）的无源器件用引脚焊接（或黏接）到印制电路板板面的连接（焊）盘上那样，因而也不会受到大气中的湿气、有害气体（如CO_2、SO_2、NO等）的侵蚀而降低或损坏无源器件。到目前为止，还没有发现有关埋入无源器件发生失效的报道。因此，埋入无源器件是一种明显提高印制电路板组装件可靠性的重要而有效方法。

3. 改善了印制电路板组装件的电气性能

埋入无源器件到高密度化印制电路板中，可以明显改善电子互连的电气性能，主要体现在如下几个方面：

1）消除了离散无源器件所需要的焊盘（连接盘）、导线（含导通孔）和自身引线（引脚）焊接后所形成的回路。任何这样的一个回路将不可避免地产生寄生效应，即杂散电容和寄生电感。同时，这种寄生效应将随着频率或脉冲方波前沿时间的提高而更为严重。故而，消除这部分引起的寄生效应，无疑提高了印制电路板组装件的电气性能（即信号传输失真大大减小）。

2）提高了无源器件功能的稳定性，减小了无源器件功能失效。由于把无源器件埋入印制电路板内部（或有阻焊剂包覆），使无源器件处于四周有保护的密闭环境中，不会受大气的湿气或有害气体侵蚀而损坏或改变功能值，从而使埋入无源器件的功能值（电阻值、电容值和电感值）处于极为稳定的状态，使印制电路板组件中的信号传输有更好的一致性和完整性。大量实践和应用表明，埋入无源器件的印制电路板组装件比常规组装（焊接无源器件）有着更好的电气性能和使用寿命，因而允许埋入无源器件的功能值有较大的偏差，即使这样也能得到好而稳定的电气性能。例如，某采用平面电阻技术（Planar Resistor Technology，PRT）制造的电阻的电阻值误差虽为 10% ~15%，比起 SMT 的片式电阻的 1% 精度差得很多，但实际应用效果却更好。这是因为片式电阻在高频或高速数字信号传输条件下，由于寄生效应（尤其为电感等）的影响，引起特性阻抗变化高达 30% ~40%。如 1206 片式电阻的寄生电感为 0.9nH，在脉冲方波的上升时间为 0.25 ns 时，其感抗电阻达到 11.3 Ω，而平面电阻在相同条件下，几乎不产生寄生电感，其电阻值也几乎不变，效果反而更好。

4. 节省了成本

埋入无源器件到印制电路板中，可以明显节省产品或印制电路板组装件的成本。如在 EP（埋入无源器件）- RF（射频）的模型研究中，无源器件埋入后元器件成本可节省 10%，基板成本可节省 30%，而组装（焊接）成本可节省 40%。

目前，平面式无源器件用的覆箔和油墨材料比较昂贵，还处于大力开发和研究过程中。一旦埋入无源器件材料与工艺取得突破性的成果之后，其成本才能真正地降下来。就目元前埋入技术的研究情况而言，采用模块的方式实施印制电路板无源器件的埋入成为解决成本问题的重要途径，可明显地节省成本，提高无源器件实施的可行性。

阻碍埋入无源器件的大规模应用主要在于该技术还存在众多问题没有得到解决，这包括：

1）目前在印制电路板中还无法埋入功能值很大的器件，如很大的电阻值、很大的电容值和很大的电感值。这还需要在无源器件材料、设计以及加工方面取得突破。

2）埋入无源器件的功能值误差控制较难，特别是丝网漏印的平面型埋入无源器件材料的功能值误差控制更困难些。目前虽然可以采用激光技术来修整控制埋入无源电源器件的功能值误差，但并不是所有埋入无源器件都可以采用激光技术来修整的。

14.1.3 集成印制电路板中埋入器件的类型

印制电路板内部埋入元器件除可将元器件的材料埋入形成器件外，还可以将分立的元器件埋入。不过，分立元器件埋入导致 Z 方向的尺寸较高，对于厚度要求较为严格的应用难以实施。根据元器件的分类，印制电路板埋入元器件可分为电阻、电容、电感以及有源器件等。

1. 电阻

集成印制电路板内置无源电阻示意图如图 14-1 所示。制作埋入电阻大多采用金属、金属合金、半导体、陶瓷或导电填料－树脂等薄膜材料。根据材料不同，埋入电阻的制作技术可以分为四大类，即蚀刻金属薄膜电阻埋入技术、丝网印刷厚膜电阻埋入技术、喷涂油墨电阻埋入技术以及选择性电镀（或溅镀）金属薄膜电阻埋入技术。埋入电阻可以选择从数欧到数百兆欧的阻值范围。

埋入金属薄膜电阻的优点是有较精确的电性能指标，有缺陷的器件可在埋入前被筛选掉，但价格比较昂贵。丝网印刷电阻是将固定的电阻浆料用网印方法印在板面上，固化后在其表面覆盖绝缘层或阻焊层，还可以在绝缘层或阻焊层上再次网印第二层或更多层。这种方法很容易实现，但所印电阻数值误差较大（同原材料及操作有直接关系）。

2. 电容

在印制电路板上实现薄膜电容器埋入，是通过在铜电极（不同电路板层）之间夹置高介电常数的有机介质薄膜材料，然后利用印制电路板成熟的蚀刻、层压等技术而实现。根据平板电容器电容计算公式可知，埋置电容器的电容值，与电极间距成反比，与介质薄膜介电常数成正比。因此，电极之间的有机介质薄膜材料的厚度、介电常数决定了埋置电容器的电容值大小，成为埋入电容技术研究的核心和重点。受材料电气性能、力学性能及加工性能等因素影响，至今还没有能够主导埋入电容有机介质薄膜的材料。集成印制电路板内置无源电容示意图如图 14-2 所示。

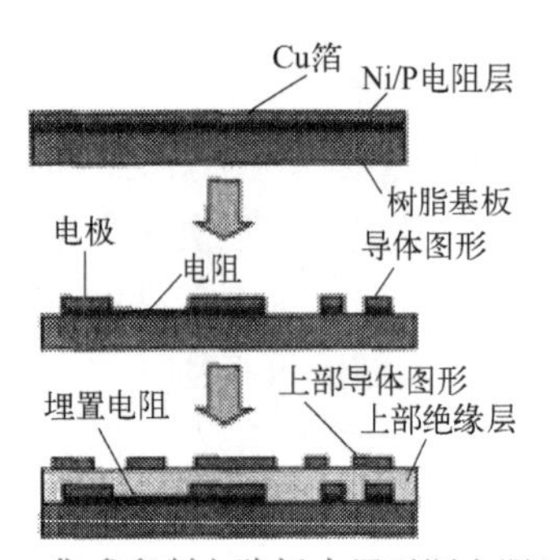

图 14-1　集成印制电路板内置无源电阻示意图

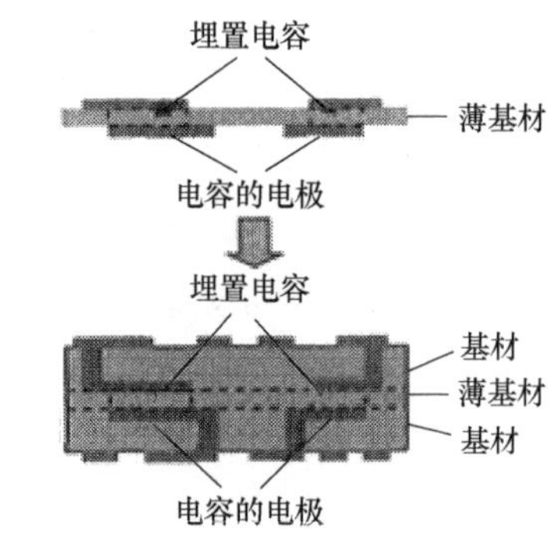

图 14-2　集成印制电路板内置无源电容示意图

3. 电感

将铁磁性粉体加入树脂中，制成膜片或浆料，通过铜箔及导电浆料形成电极，用以制作电感器件；或者在通常的绝缘膜片上通过溅射镀膜或化学气相沉积制备无源电感器件。集成印制电路板内置电感示意图如图 14-3 所示。

图 14-3　集成印制电路板内置电感（膜片型）示意图

4. 埋入有源及无源器件的系统集成封装基板

除了无源器件的埋入外，有源器件如 IC 芯片、传感器等也有埋入的需求。将所有无源、有源器件统统埋入基板内部，则不仅能使有源、无源器件间的引线缩短，提高整体性能，而且对实现超小型、薄型化极为有利。埋入有源及无源器件的系统集成封装基板的示意图如图 14-4 所示。IC 器件与无源器件不同，不能在基板内做成，只能采用薄型封装或裸芯片等形式，将其埋入基板之中。

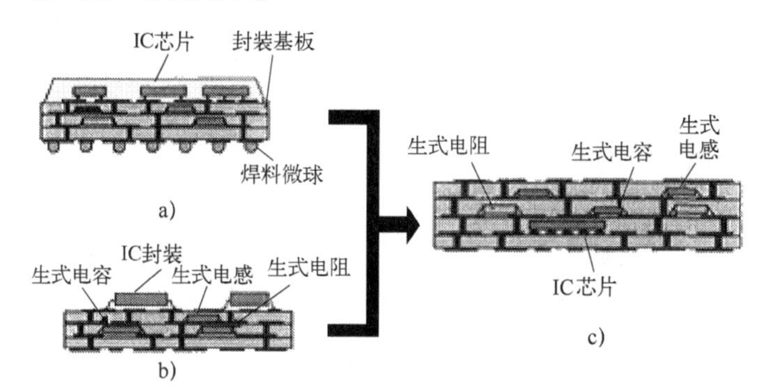

图 14-4　埋入有源及无源器件的系统集成封装基板的示意图

a）在基板中埋入无源器件的封装　b）在基板中埋入无源器件的模块　c）埋入无源和有源器件板的系统集成模块封装

集成印制电路板是涉及范围很广的系统工程，在实现埋入系统集成封装基板的产业化过程中，扮演关键角色的，除了印制电路板厂家、电子元器件厂家及装配、封装厂家之外，还包括大规模集成电路厂家。作为继 SMT 之后的下一代封装技术，埋入电子器件的基板技术有可能反过来促使电子元器件产业及装配、封装产业发生重大的变革，还有可能从原来由芯片到封装、组装，再到整机的由前决定后的垂直生产链体系，变为前后彼此制约的平行生产链体系。

14.2 埋入平面电阻印制电路板

埋入电阻印制电路板又可称为埋入平面电阻印制电路板，简称为平面电阻印制电路板。埋入电阻印制电路板的技术可分为薄膜型电阻技术、厚膜（网印）型电阻技术、喷墨型电阻技术、电镀型电阻技术以及烧结型电阻技术等类型。

14.2.1 方块电阻

在印制电路板电阻埋入技术中，根据制作的方法不同，埋入电阻材料可以是数十到数百纳米厚的金属/合金薄膜，也可以是数微米厚的导电填料，如树脂油墨、半导体、陶瓷等，使用这些新材料的优势在于可以与现有的印制电路板制造工艺有机融合。由这些材料形成的电阻薄膜的阻值为

$$R = \frac{\rho L}{Wt} \tag{14-1}$$

式中　R——埋入电阻的阻值（Ω）；

ρ——材料的电阻率（Ω · cm）；

L——两电极的距离（cm）；

W——电阻的宽度（cm）；

t——电阻的厚度（cm）。

现有工艺形成的埋入电阻多为薄膜结构，通常使用方块电阻的阻值来表示埋入电阻的阻值。方块电阻的阻值是指薄膜在长度 L 和宽度 W 相同的情况下，薄膜电阻所表现的阻值

大小。埋入电阻的阻值只需要使用方块电阻的数量来计量。因此，埋入电阻的阻值及方块电阻的阻值为

$$R = NR_{\mathrm{W}} = N\frac{\rho}{t} \tag{14-2}$$

式中　R——埋入电阻的阻值（Ω）；

R_{W}——方块电阻的阻值（Ω/方块）；

N——方块电阻的数量。

由式（14-2）可知，埋入电阻薄膜的方块电阻的阻值大小不仅取决于薄膜的厚度，还取决于薄膜的材料组成。

当平面电阻材料和厚度确定以后，埋入平面电阻的阻值将由方块电阻的阻值组合数量和方法决定。因此可以通过方块电阻的组合来构成各种各样符合设计要求的阻值。故而，在埋入电阻中也采用方块电阻的阻值来表示不同电阻材料和不同厚度的电阻性质，如 25 Ω/方块、50 Ω/方块、100 Ω/方块、250 Ω/方块、500 Ω/方块、1000 Ω/方块等。

14.2.2　平面电阻的组合

埋入电阻印制电路板的设计者必须了解和掌握每种电阻材料在各种厚度下对应的方块电阻的阻值，从而选择合适的或便于组合成所需的埋入电阻，以满足设计时匹配电阻的要求。

根据电阻特性和规律，可获得如下结论：

采用电阻串联（直线）时，总电阻 R 为各分电阻（方块电阻）之和，则可写成

$$R = mR_{\mathrm{W}} \tag{14-3}$$

其中　m——方块电阻数量；

R_{W}——方块电阻的阻值。

例如，在选定某种厚度的电阻材料时，其方块电阻的阻值便确定下来了，则有如图 14-5所示的情况。

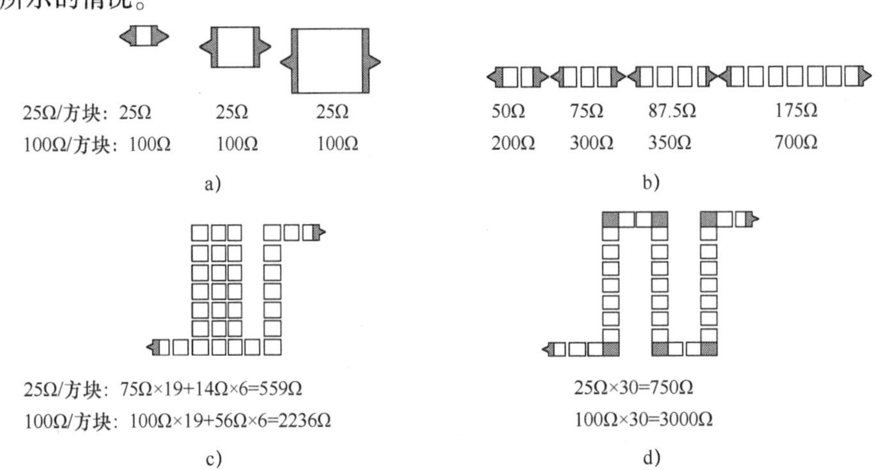

图 14-5　方块电阻的连接

a）单个方块电阻　b）多个方块电阻串联　c）拐角由方块电阻组成的 27 个方块电阻

d）拐角由铜方块（黑色）组成的 30 个方块电阻

1）小方块电阻的阻值与按比例增加的大方块电阻的阻值是相同的，其直线串联埋入电阻的阻值按式（14-3）计算。而方块大小（可为正方形也可为长方形，一般采用正方形以便于随机组合）将由印制电路板设计者和制造商根据印制电路板密度和阻值误差控制等要求确定。

2）当电阻材料的方块电阻的阻值大小选定后，则可按电阻串联规则组合成所需的任何阻值。如果选定方块电阻的阻值为 25 Ω/方块，则可组合成阻值 50 Ω（串联两个 25 Ω/方块）、75 Ω（串联三个 25 Ω/方块）、87.50 Ω（串联 3.5 个 25 Ω/方块）、175 Ω（串联 5 个 25 Ω/方块）等，如图 14-5b 所示。

3）当埋入电阻的阻值很大时，如要求埋入电阻的阻值为 3000 Ω，选用 25 Ω/方块的电阻材料则要求串联 120 个方块电阻。很显然，如此串联方块电阻而成的电阻其长度很长（可用拐弯串联办法，见图 14-5c、d），不仅需占用很大的印制电路板面积，而且当有高频信号等通过时会产生很大的寄生电感并伴随大的杂信（串扰）。因而不宜采用串联方法，除非选用大阻值的方块电阻，如 500 Ω/方块、1000 Ω/方块等的电阻材料。因此，在一块高集成多层印制电路板中往往采用埋入多种方块电阻来得到各种电阻值。但在端接电阻上，埋入平面电阻的电阻值很多处于 50～100 Ω之间，因此大多选用 25 Ω/方块或 50 Ω/方块的平面电阻材料。

14.2.3　埋入平面电阻材料

所有的电阻都是采用高电阻率的材料制成的，并能制成各种形状（带状、膜状、网状、层状或棒状等）和不同的阻值。这些高的或较高的电阻率材料可以是金属导体（如 Ni/P 合金等）或非金属材料（碳膜、碳棒、石墨等），也可以是金属颗粒、非金属填料（如硅微粉、玻璃粉）和黏合剂或分散剂等调制而成的复合物。

不论采用何种电阻材料和制成何种形状的电阻，其阻值为

$$R = \rho L/S \tag{14-4}$$

其中　R——电阻材料的阻值（Ω）；

ρ——电阻材料的电阻率（Ω·cm）；

L——电阻长度（cm）；

S——电阻面积（cm^2）。

由式（14-4）可得到如下结论：

1）电阻材料的阻值 R 与电阻材料的电阻率 ρ 和电阻长度 L 成正比，而与电阻面积 S 成反比。因此，要得到高的阻值 R 就必须提高电阻材料的电阻率 ρ，增加电阻长度 L 和减少电阻面积 S。

2）电阻材料的电阻温度系数。采用电镀金属（如 Ni/P 合金）电阻材料，阻值会受温度变化而改变（埋入电阻的阻值受湿度变化影响可忽略不计，因埋入电阻都是密封于印制电路板内部的，阻值一般变化较小）。但是，对于采用高分子材料或者树脂为载体制成的阻材料，其阻值受温度影响较大。用电阻温度系数（TCR）来表示温度变化对阻值的影响，其计算公式为

$$\mathrm{TCR} = \frac{R_1 - R_2}{R_1(T_2 - T_1)} \times 10^6 \tag{14-5}$$

式中 TCR——电阻温度系数（10^{-6}℃$^{-1}$）；

R_1——起始温度 T_1时的阻值（Ω）；

R_2——测试时温度 T_2时的阻值（Ω）；

T_1——起始温度（℃）；

T_2——测试时的温度（℃）。

大多数电阻材料的TCR为正值，只有少数电阻材料的TCR为负值（如碳膜等）。表面组装用的片式电阻的TCR大多在（100～200）×10^{-6}℃$^{-1}$之间，但某些电阻的TCR可达（500～1000）×10^{-6}℃$^{-1}$。各种离散式电阻的重要参数见表14-2。

表14-2 各种离散式电阻的重要参数

电阻类型	阻值范围/Ω	偏差范围（%）	电阻温度系数（TCR）/10^{-6}℃$^{-1}$	杂信/dB
碳素电阻	(2.7～100) ×10^6	±5～±20	±1200	-5
绕线电阻	(0.1～1) ×10^6	≥±1	±100	非常低
碳膜电阻	(1～10) ×10^6	±5	-500	<1
金属膜电阻	(10～50) ×10^3	≤±5	5～150	≤0.01
镍-铬膜电阻	25～300	±10	<50	-35
氮化钽电阻	(10～100) ×10^6	≥±0.05	±0.25	-40
陶瓷-金属薄膜电阻	(10～30) ×10^3	±1	±100	-15
金属箔电阻	(5～300) ×10^3	±0.0005	±5	非常低
金属氧化物电阻	(10～100) ×10^3	>±0.5	±50	<2
金属-玻璃粉电阻	(0.1～68) ×10^6	>±1	±200	2.5
高分子厚膜电阻	10～10×10^6	±5～±10	-200～800	0～35

3）电阻材料的阻值漂移。电阻的阻值会随着使用时间的延长而出现老化或性能降低现象，这可以用老化（或寿命）试验证实。试验和应用表明，采用埋入电阻比离散式电阻具有更小的阻值漂移和更长的使用寿命。

14.2.4 埋入平面电阻印制电路板的制造技术

在印制电路板中埋入电阻的制造技术，从目前来看主要有四大类：①蚀刻金属薄膜电阻技术；②丝网印制厚膜电阻技术；③选择性电镀（或溅镀）金属薄膜电阻技术；④喷涂油墨电阻技术。下面主要介绍前三类技术。

1. 蚀刻金属薄膜电阻技术

蚀刻金属薄膜电阻技术是目前印制电路板领域埋入无源器件较为成熟的技术。要实施该技术，首先需要制作金属薄膜印制电路板。下面以TICER公司的NiCr金属薄膜为例介绍该技术过程。使用溅射的方法将NiCr合金薄膜沉积到铜箔上；然后在250℃下处理5 h，使得NiCr的电阻性能稳定；最后将半固化片树脂、沉积有NiCr的铜箔层压制作成覆铜板，其制作流程及结构示意图如图14-6所示。通过这种方法制作的NiCr埋入电阻薄膜可分别制作25 Ω/方块、50 Ω/方块、100 Ω/方块的方块电阻。制作的NiCr合金电阻的阻值误差低于 5%，电阻温度系数 TCR 小于 $110\times10^{-6}℃^{-1}$。

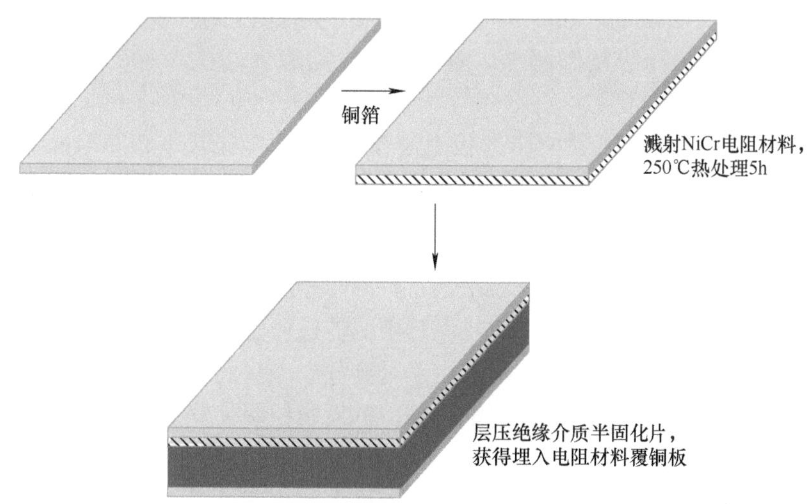

图 14-6　NiCr 埋入电阻覆铜板制作流程及结构示意图

将夹置有 NiCr 合金薄膜的覆铜板制作成印制电路板埋入电阻，需要进行两次蚀刻。第一次蚀刻采用酸性蚀刻液将铜箔和 NiCr 电阻层去除，形成铜导电图形；第二次蚀刻采用碱性蚀刻液去除铜箔，从而在铜电极之间留下 NiCr 薄膜，形成埋入电阻，具体制作流程示意图如图 14-7 所示。

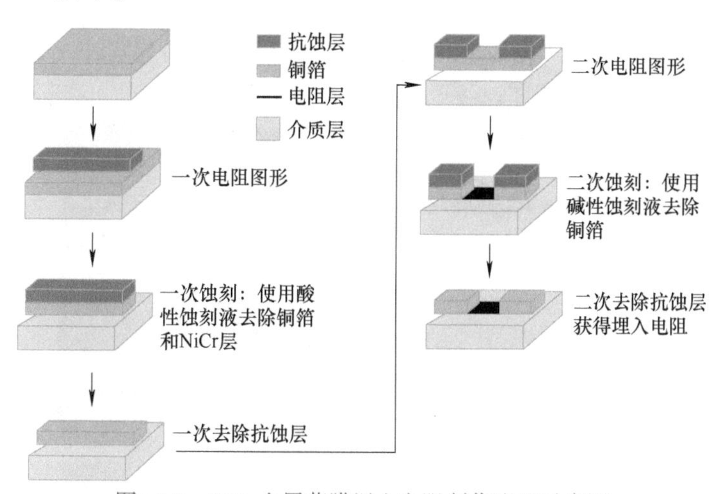

图 14-7　NiCr 金属薄膜埋入电阻制作流程示意图

Ohmega-Ply 电沉积 Ni-P 埋入电阻材料是市场上少有的商业化产品。该产品通过电镀的方式在铜箔的表面沉积 Ni-P 薄膜，然后与绝缘介质半固化片层压制作而成，是一种类似于 NiCr 埋入电阻覆铜板结构的材料。Ohmega-Ply 埋入电阻覆铜板的方块电阻的阻值可为 10Ω/方块、25Ω/方块、50Ω/方块、100Ω/方块和 250 Ω/方块，电阻温度系数 TCR 小于 $50\times10^{-6}℃^{-1}$。另外，该材料还具有良好的热可靠性。在 110 ℃下热处理 10000 h，其阻值只增加了 2%，并且在 40 GHz 高频下该材料依然能够保持很好的阻值稳定性。

Ni-P 覆铜板制作埋入电阻的技术流程与 NiCr 一致，分别需要在酸性氯化铜、碱性氯化铜蚀刻液中进行二次蚀刻。由于与印制电路板使用的蚀刻剂及工艺流程一致，使用 Ohmega-Ply 公司的 Ni-P 薄膜制作埋入电阻与印制电路板制作技术有良好的兼容性，适合用于制作印制电路板埋入电阻。

除了能够在印制电路板刚性树脂基板上制作 Ni-P 埋入电阻外，Ohmega-Ply 公司还实现了在挠性基板上埋入 Ni-P 金属薄膜电阻的技术。

2. 丝网印刷厚膜电阻技术

导电碳浆实现印制电路板埋入电阻采用了丝网印刷厚膜的方法。利用丝网印刷工艺把可流动的导电碳浆涂覆在印制电路板电路图形中的特定位置，通过固化使导电碳浆稳定地凝固在电路图形中，并提供一定的阻值。由于受到导电碳浆的组成成分、丝网印刷工艺以及导电碳浆固化时温度和固化时间的影响，阻值的精确控制十分困难，大部分丝网印刷电阻的阻值精度很难控制在 20% 以内。

在印刷的准备工作中，首先将丝网装置在网框上，再通过曝光显影的方式在丝网上设置挡墨图形，使丝网可按设计要求，具有局部下墨的能力。将网框架设在丝网印刷机上，并将待印刷的印制电路板放置在工作台面上，通过在丝网与印制电路板对应位置上设置的对位图形进行定位。印刷过程中，通过刮刀对丝网表面的印刷浆料形成一定的挤压，使其透过丝网，涂覆在印制电路板表面，形成具有一定功能的图形。

3. 选择性电镀（或溅镀）金属薄膜电阻技术

Ni-P 薄膜的化学沉积需要经历活化敏化、埋入电阻图形转移、Ni-P 薄膜沉积以及图形抗蚀层去除四个过程，具体如图 14-8 所示。

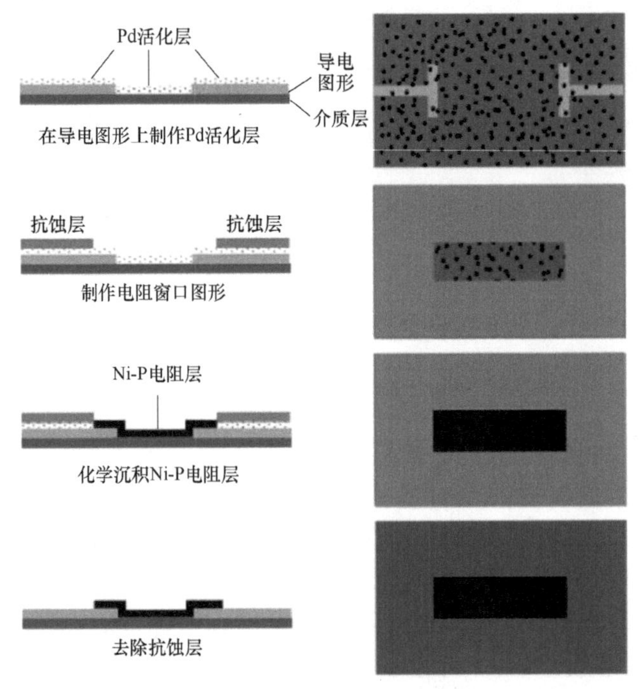

图 14-8　化学沉积法直接制作 Ni-P 埋入电阻的工艺流程示意图

采用制作选择性镀覆金属薄膜有很好的热及湿度稳定性。在温度为 85 ℃、湿度为 85% 的条件下放置 1000 h，并且在 -35 ~ 125 ℃之间循环 500 次，Ni-P 薄膜的阻值变化不到 2%。不过，电阻的阻值容差很难控制在 20% 以内，容易受镀覆条件的影响。此外，该方法制作的 Ni-P 方块电阻的阻值最高只能实现 100 Ω/方块，制作的埋入电阻的阻值覆盖范围较小，难以实现大阻值电阻的埋入。

14.3 埋入平面电容印制电路板

印制电路板中埋入平面电容技术，可简称为平面电容技术（Planar Capacitor Technology，PCT）。埋入平面电容技术也像埋入平面电阻技术一样，也可分为薄“芯”覆铜箔基材、网印聚酯厚膜（Polymer Thick Film，PTF）平面电容技术、喷墨打印平面电容技术和电镀或溅射平面电容技术等。

印制电路板中的埋入平面电容主要设计在导线与导线之间、导线与电源层之间、电源层之间和电源层与接地层之间等，用来消除或减小电磁耦合效应、外界的电磁干扰、寄生电容与电感等，以达到良好的特性阻抗匹配，保证有源器件负载电流稳定，对电源起稳压作用。在印制电路板内部埋入电容更有利于电容发挥其在电路板中的功能。

14.3.1 平面电容原理

电容是由绝缘（介质）材料把上、下两块平行金属薄板隔离开来而组成的，如果金属薄板面积为 A（m^2），电容介质厚度为 t（m），其电容量 C（F）的计算公式为

$$C = \varepsilon_0 \varepsilon_r A / t \tag{14-6}$$

式中 ε_0——真空的介质（电）常数（F/m）；

ε_r——绝缘介质材料的相对介质（电）常数（相对于真空而言）。

在式（14-6）中，ε_0是常数，因而电容量 C 将与绝缘介质材料的介电常数 ε_r和平行金属板面积 A 成正比，而与绝缘介质材料的厚度 t 成反比。增大面积 A 来提高 C 值，其最大面积也只能是印制电路板的面积（当然可以多层化电容层），这对于高密度化和微小型化是不利的。而减小介质厚度 t 可以增加电容量 C，目前介质厚度 t 已减小到 20 ~ 100 μm 之间，如果介质厚度再减薄，将会遇到电压击穿电容问题。因此，提高埋入平面电容的电容量主要依靠提高介质层材料的介电常数 ε_r。

绝缘材料的介电常数 ε_r大小，意味着绝缘材料中偶极矩有序排列的数量少，偶极矩有序排列数量少就意味着 ε_r小，相反，绝缘材料中偶极矩的有序排列数量多就意味着 ε_r大。但是，在绝缘材料中的偶极矩的正、负极，一般来说只有在一定的电场强度下才能有序排列，从而获得大的 ε_r，而在没有电场作用下，绝缘材料中的偶极矩排列是杂乱无章的。因此，要提高绝缘介质层中的 ε_r，可以加入某些物质，这些物质在一定电场作用下具有大量有序排列的偶极矩就能达到目的。

应注意的是，在高速数字信号和高频信号传输时，要求绝缘介质层的 ε_r要小，以减小不必要的电荷容存（即有序排列的偶极矩数量要尽量少），提高特性阻抗值和减缓时间延迟。但在要求“滤波”作用的电容的绝缘介质层中，则希望能容存更大量的电荷（即在

电场作用下有序排列的偶极矩数量要尽量多)，以提高埋入电容的电容量（C 值)，或者在一定电容量下减小电容的面积或增加电容介质的厚度。因此，在印制电路板的设计和制造中，电容材料是单独或组合地埋入印制电路板相应位置处，需根据所需电容量的大小埋入，否则将影响印制电路板的特性阻抗值。电容量 C 将随着平行金属板（铜或铝等）面积增大而增加，如果电容量 C 仍不足够，可适当地加入两张薄“芯”电容覆箔板材，但应串联起来使用。减薄电容的介质厚度 t 可以提高电容量 C，但当电容的介质厚度薄到一定程度时，会引起绝缘不良或电压击穿电容问题。因此，一般电容的介质厚度为 50μm 左右（与介质材料特性有关)，并且埋入电容材料应通过 500V/15s 的 DC（直流电流）试验合格后，才能保证其可靠性。

14.3.2 电容的设计

电容设计中最重要的是静电电容，电容量取决于电容材料的介电常数、电容介质厚度和电极面积。表 14-3 列出了使用 20μm 厚度的树脂薄片电容材料时的电容量计算结果。如果使用相对介电常数为 50 的材料，可以制作 20pF 左右的埋入电容基板。

表 14-3 电容量计算结果 （单位：pF）

序号		#1	#2	#3
电容材料的相对介电常数		10	30	50
电极尺寸	1.0mm×1.0mm	4.4	13	22
	1.0mm×0.5mm	2.2	6.6	11
	0.6mm×0.3mm	0.8	2.4	4.0
	0.4mm×0.2mm	0.4	1.1	1.8

电容是由等效电路模型中的电感成分和电导成分组成的，在电感成分或者电阻成分的等效电路上表示为电极或者引出线。图 14-9 所示为平板电容等效电路模型。由于电感成分和寄生的电感成分引起自激共振，限定了作为电容功能的频率范围。Q 值是表示电容性能水平的重要参数。所谓 Q 值就是感抗成分与损失成分的比值，该比值（Q 值）越高表示电容特性越好。

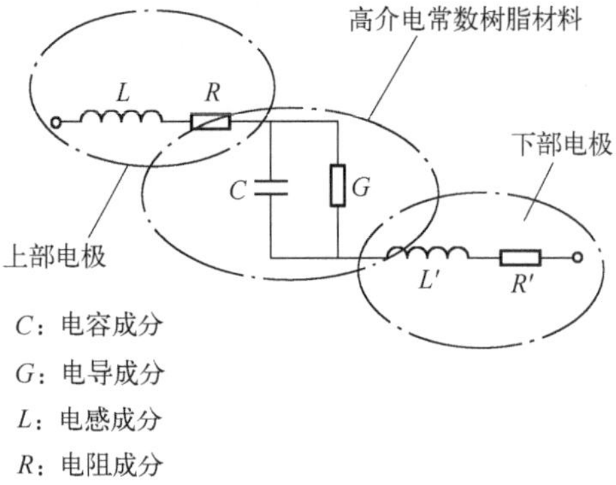

C：电容成分
G：电导成分
L：电感成分
R：电阻成分

图 14-9 平板电容等效电路模型

14.3.3 埋入电容的高频特性

1. 测试方法

表 14-4 表示了用于埋入电容的高介电常数树脂材料（HD-45）的电介质特性。材料形态是由环氧树脂和高介电常数无机填料组成的厚膜。与一般的环氧树脂材料相同，高介电常数树脂材料在 170℃左右的温度条件下可固化。除了环氧树脂材料以外，还可以使用

适应封装的玻璃环氧基板材料。

表 14-4　高介电常数树脂材料（HD－45）的电介质特性

频率/MHz	相对介电常数	$\tan\delta$
1	45	0.021
1000	42	0.047
2000	41	0.052

图 14-10 所示为埋入电容基板评价用的截面构造。在基板内层形成 20μm 膜厚的高介电常数树脂层。上部电极和测定端子由导通孔连接，上部电极为正方形，下部电极为地线层。

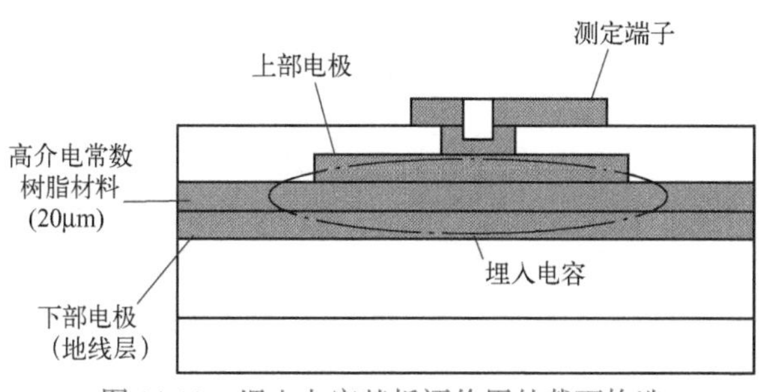

图 14-10　埋入电容基板评价用的截面构造

2. 高频特性评价结果

图 14-11 所示为埋入电容的高频特性评价结果（电极面积为 0.75mm²）。由图 14-11a可知，在 1MHz～2GHz 频率范围内电容量几乎不变，但是随着频率的持续升高，电容量出现急剧上升趋势，这是由于导通孔或电极电感成分的影响所致。大约在 6GHz 频率时引起共振。此外，随着频率的升高，Q 值表现出下降的趋势，这是由于电感成分的影响致使电容功能下降所致。图 14-12～图 14-14 所示为各种电容与电极面积的依存性。由图 14-12～图 14-14 可知，电容量与电极面积存在大致的比例关系，在 1.8GHz 频率时的电容量为 22pF/mm²，随着频率的升高，电容量越大，这是由于共振的影响所致。电极面积越大，自激共振频率和 Q 值越低，由此可见，自激共振频率和 Q 值与电容量是成反比的关系。

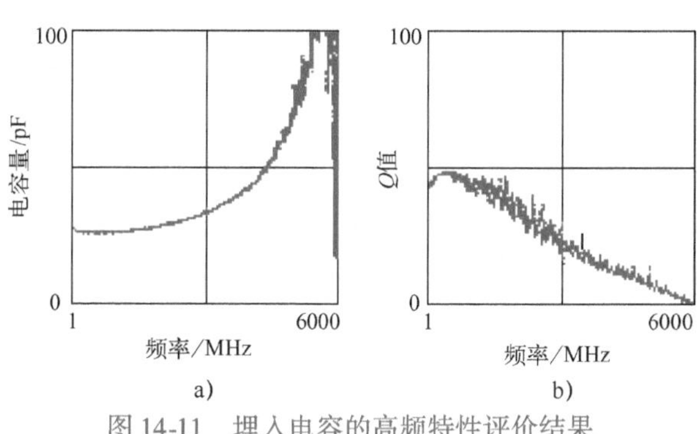

图 14-11　埋入电容的高频特性评价结果

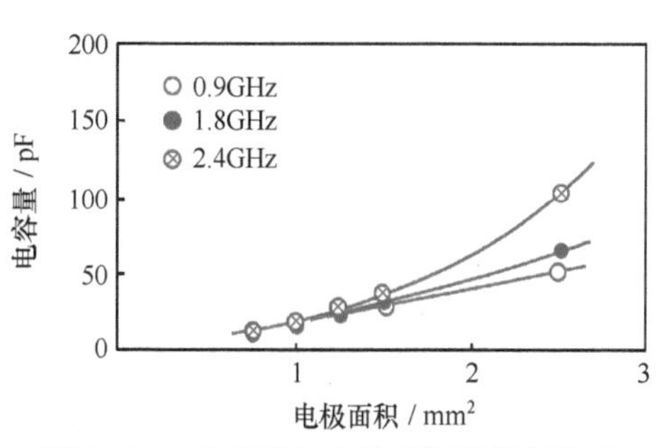

图 14-12　电容量与电极面积的依存关系

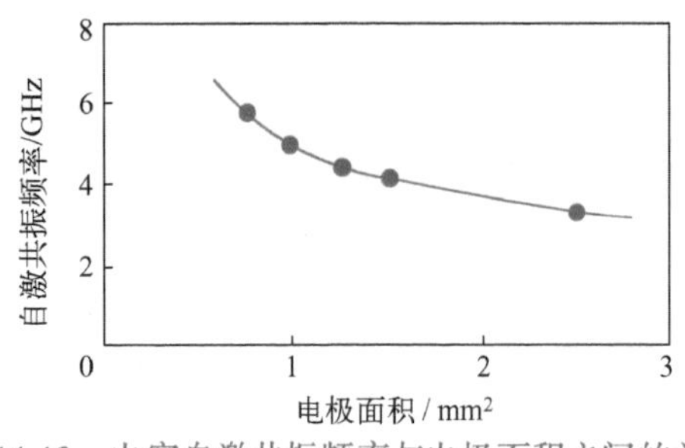

图 14-13 电容自激共振频率与电极面积之间的关系

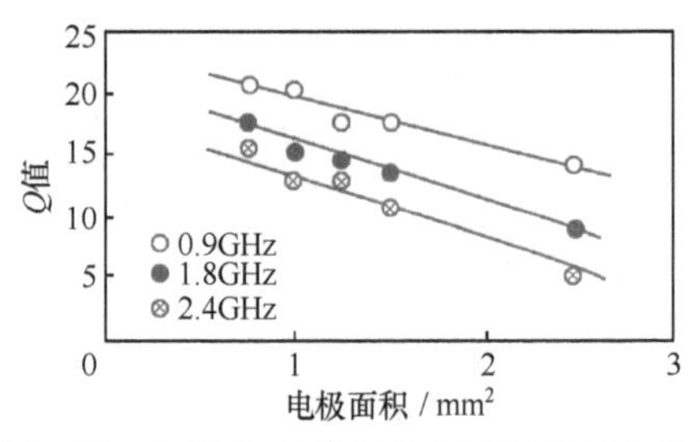

图 14-14 电容的 Q 值与电极面积之间的关系

14.3.4 埋入平面电容材料

电容材料实质上是指各种各样的绝缘（介电或介质）材料。这些材料在电场作用下会呈现出不同程度的“偶极性”。偶极性（矩）（极性粒子或极性分子）越多，则电容量就越大，反之越小。因此，在介质层有“偶极性”粒子或分子数量多的绝缘材料，才能用作电容材料。或者说绝缘材料中的偶极矩越多，其介电常数 ε_r 就越大，从而电容量就越大，反之越小。因此，电容材料是指介电常数 $\varepsilon_r \geqslant 10$ 的绝缘材料。某些陶瓷材料的介电常数 ε_r 可达到 1000 以上，如钛酸钡、锆酸铅等。通过将陶瓷粉料与树脂按不同配比形成的介电层，可制备不同介电常数或电容密度的电容材料。

值得一提的是，在“信号传输线”中进行信号高速传输时，要求介质（电）层的介电常数 ε_r 越小越好，这样才能接收到更完整（不失真或很小失真）的传输信号。因为在信号传输时会发生工作电压波动或变化，进一步引起绝缘材料（介电层）中偶极粒子（或分子或分子团）的极性波动（微观振动），从而造成“偶极矩”成分越多的绝缘材料对于高速或高频信号传输就越不利，故要采用“偶极性”成分少的绝缘材料（ε_r 小）来作为介电层。很显然，电容材料不宜用来作为高速数字信号和高频信号传输的介电材料，所以，在印制电路板中只有对电容量有要求的部位，才布设埋入电容材料。

在一定电场下，根据绝缘材料的“偶极性”成分含量多少，可以将绝缘材料分为微电性介电材料、顺电性介电材料和铁电性介电材料等。

1. 微电性介电材料

这种介电材料的介电常数 ε_r 大多数为 2～4（在 1MHz 下）。如印制电路板所使用的各种覆铜箔板内的介质（绝缘）层材料，特别是将各类树脂，如环氧树脂、酚醛树脂、聚酰亚胺树脂、BT 树脂、PPO（PPE）树脂、聚四氟乙烯（PTFE）树脂等热固性树脂和新开发（指应用于印制电路板中）的热塑性树脂（与环境友好的）与增强材料（玻璃布、芳纶不织布等）所组成的介电材料。

这一类介电材料，由于介电常数小，在电场作用下，其“偶极性”成分有序排列含（数）量很少，或能产生“偶极矩”数量太少，因而不能有效起到电容功能作用，所以不能作为电容材料使用，因此在印制电路板中仅作为传输信号的绝缘介电材料使用。

2. 顺电性介电材料

把某些介电常数大的物质颗粒（如硅酸盐类的陶瓷材料）均匀掺入或分散到各类树脂

或聚酯厚膜中，其介电常数 ε_r 可达到 100 左右，以此来作为电容材料，如用于 SMT 的片状钽电容（五氧化二钽）等。这一类材料所形成的埋入平面电容的电容量是处于低到中等值的电容量。

3. 铁电性介电材料

一般来说，铁电性介电材料是钙钛矿结构的铁电材料（或称为压电性陶瓷材料），同理，也是把这些介电常数 ε_r 很大的铁电陶瓷粉粒均匀地掺入或分散于各类树脂或聚酯厚膜（或油墨等）中去，这类形成的电容材料的介电常数 ε_r 可达到 1000 左右。常用的铁电性陶瓷材料有钛酸钡和锆酸铅等形成的电容材料。

14.3.5 埋入平面电容印制电路板制造技术

在印制电路板中埋入电容的制造技术，总体来说与埋入电阻印制电路板制造技术相类似，可分为蚀刻薄“芯”覆金属箔（铜或铝）电容层压技术、网印聚酯厚膜电容技术、喷墨聚酯薄膜电容技术和溅射薄膜埋入电容技术等。

1. 埋入厚膜电容制造技术

为了抑制电容特性的波动性，形成 0.02mm 厚度均匀的高介电常数层是非常重要的。为此，埋入电容基板是在平坦性优良的基板面上积层流动性低的高介电常数树脂膜，可以较好地解决上述问题，这种厚膜一般来说是陶瓷厚膜。图 14-15 所示为采用网印厚膜电容技术埋入电容基板的制造工艺流程。此外，从成本考虑，钻孔和电镀工序过程控制为与常见四层积层板结构相同的数量。

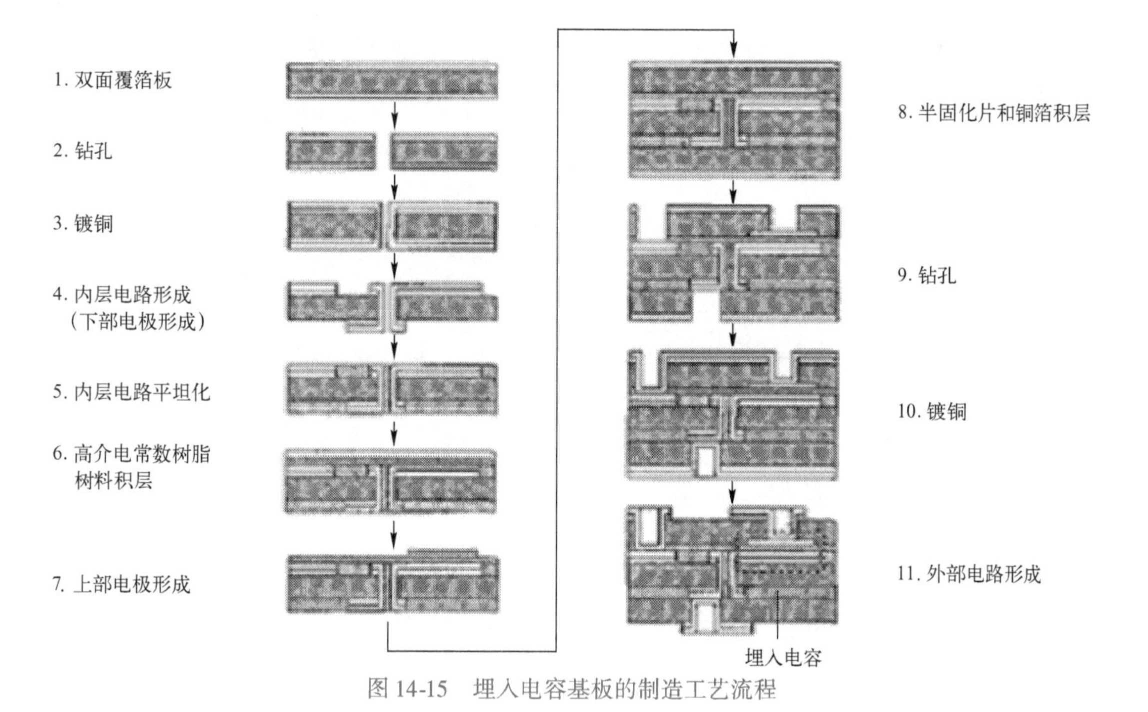

图 14-15　埋入电容基板的制造工艺流程

2. 埋入薄膜平面电容制造技术

利用电镀铜（或化学镀铜）、物理气相沉积（PVD）（如真空溅射、蒸镀等）或化学气相沉积（CVD）方法，在印制电路板芯板（材）或其他材料（如 PC 薄膜）表面形成薄膜电极（0.01 ~ 1μm 厚度），然后用网印、喷墨或旋涂电容性油墨，经烘干和固化处理，即形成电容性介质层。若电容性介质层厚度不够，或为防止针孔（眼），可以反复重复上述步骤进行加厚，直到电容性介质层测量合格为止。最后通过溅射等方法在顶部形成 300nm 厚的铝膜（铂）的另一个电极，这就形成了溅射薄膜电容。

这种技术要求印制电路板金属铂（或电极）表面粗糙度 <0.3μm，才能保证高频条件下使用的特性要求（低噪声等）。但如果沉积的电容性介质层厚度太薄（如 <0.01μm），会造成电容的两个电极之间短路或电压击穿问题。因此，这类埋入电容适用于低功率（或低电压）领域。

3. 蚀刻薄“芯”覆金属箔电容层压制作技术

蚀刻薄“芯”覆金属箔电容层压是目前已经商业化的制造技术。薄“芯”覆金属箔由三层结构组成，分别为上、下层金属箔，用于电极蚀刻；中间的薄“芯”材料，作为电容的介质层。介质层薄型化的目的在于降低电容电极之间的距离，提高电容的电容值。图 14-16所示为平面埋入电容制作的流程示意图。由图 14-16 可知，其制造过程是将覆金属箔材料按照多步蚀刻及层压的方法形成铜电极，工艺过程与印制电路板的制造技术一致。

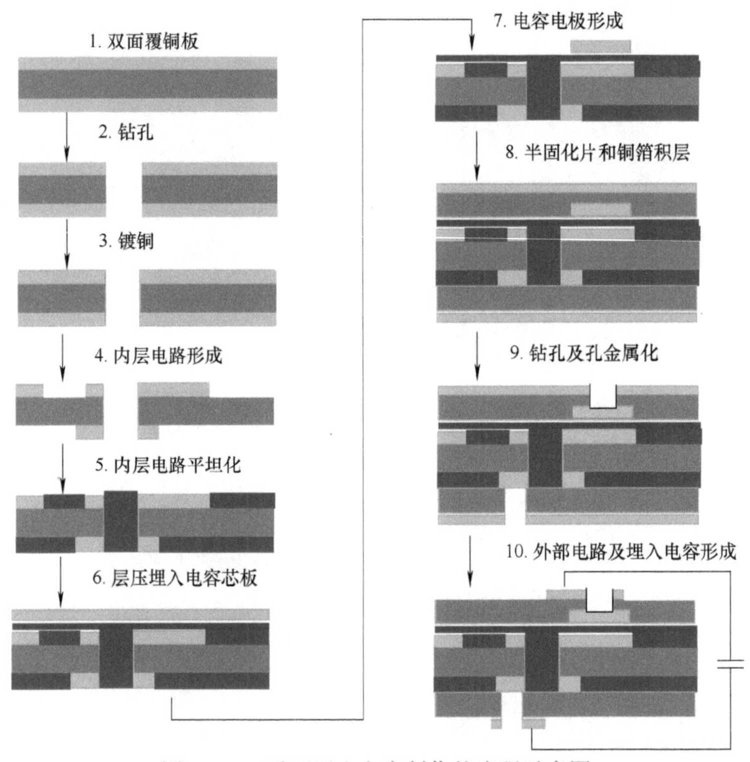

图 14-16 平面埋入电容制作的流程示意图

14.4 埋入平面电感印制电路板

在电子产品中，电感是高频、微波频段信号传输及处理的重要部件之一。由于电感涉及磁心、线圈等组件，在材料性能、工艺上都与成熟的印制电路板制造技术具有较大的差异，因此实施难度最大。目前，印制电路板电感的埋入是通过将印制电路板的铜层蚀刻成多匝环形、四边或者多边的导线，从而实现电感线圈的绕制，如图 14-17a ~ c 所示。为了节约印制电路板埋入面积，也可以通过使用铜导线和金属化孔在印制电路板的相邻层或者间隔层螺旋来绕制线圈，如图 14-17d 所示。受埋入面积的限制，大多数电感埋入仅能绕制数圈，其电感值很小，因此获得高电感值埋入电感仍然面临诸多难题。

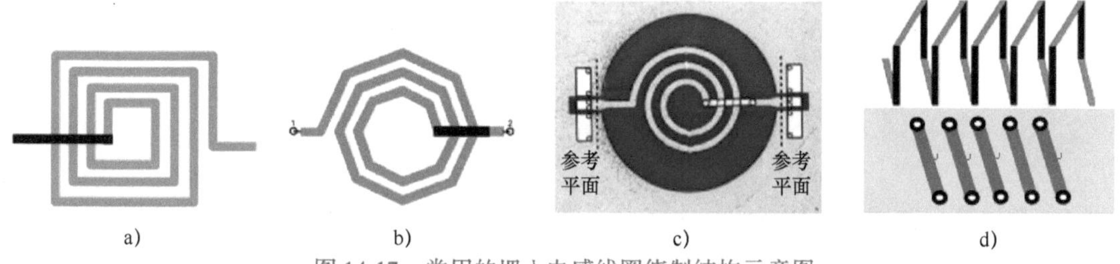

a)　b)　c)　d)

图 14-17　常用的埋入电感线圈绕制结构示意图

a）四边形绕制　b）多边形绕制　c）环形绕制　d）螺旋形绕制

电感的电感值除了与线圈的匝数、面积有关外，还与线圈中心有无磁心绕制，以及绕制的磁心材料有关，计算公式为

$$L = \frac{\mu_0 \mu_r N^2 W_M t_M}{l_M} \tag{14-7}$$

式中　μ_0——绝对磁导率；

μ_r——线圈中心绕制材料的相对磁导率，当无磁心绕制时，$\mu_r = 1$；

N——绕制圈数；

W_M、t_M和 l_M分别为线圈中心绕制材料的宽度、厚度及长度。

为提高埋入电感的电感值，通常将高心导率的磁心材料绕制在线圈中。对于磁心的绕制方式，最常使用的是在多边形或环形电感的上层和/或下层，或在螺旋绕制线圈中心埋入磁心的结构，如图 14-18 所示。

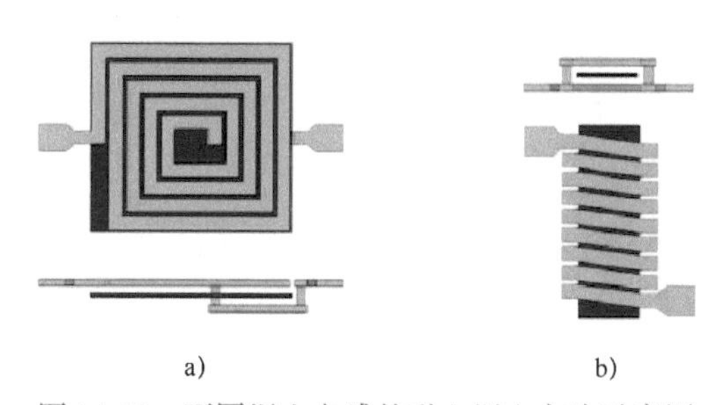

a)　b)

图 14-18　不同埋入电感的磁心埋入方法示意图

a）四边形线圈绕制磁心埋入设计　b）螺旋形线圈绕制磁心埋入设计

在电感线圈上层或/和下层埋入磁心提高电感值的制作方法相对简单，不过，由于线圈没有直接绕制在磁心上，因而对电感的电感值提高非常有限。对于螺旋形电感，线圈可以完全将磁心绕制在其中心，按照式（14-7）计算电感的电感值可知，这种磁心埋入结构可以较大地提高电感的电感值。但是，由于螺旋形电感的制作工艺复杂，如果要同时将磁心埋入线圈中心，其制作难度非常大。正因如此，螺旋线圈绕制磁心制作高电感值电感成了埋入电感技术研究的热门，相信不久，螺旋形电感将在印制电路板埋入技术中得到广泛应用。

除了考虑磁心埋入结构的设计，磁心材料的选择也很重要。磁心的相对磁导率 μ_r 越高，埋入电感获得的电感值就越高。不过，每种磁心材料都有其相应的最高工作频率，超过这个频率，该材料的磁导率就会下降。因此，在选用磁心材料时，还应注意电路的使用频率。另外，磁损耗、材料的电阻率等也是选择埋入电感磁心需要考虑的重要因素。

14.5 埋入无源器件印制电路板的可靠性

大量反复试验和实际应用表明，埋入无源器件印制电路板的可靠性，比起通孔插装或表面贴装无源器件要可靠得多。下面以埋入电阻为例（埋入其他无源器件类同）加以评述。

目前电阻层大多采用阻值为 25 Ω/方块和 100 Ω/方块的方块电阻来实现，其制造误差为 ±（5% ~15%），适用于大多数的数字逻辑电路。为了更精确地控制误差，可采用激光、磨削修整器或者机械修整方法对电阻材料加以修整。

平面电阻（埋入）的可靠性应用实例：

1）ECL（射极耦合逻辑）测试电路的设计规范见表 14-5。

表 14-5 ECL 测试电路的设计规范

基板材料	环氧玻纤布（FR-4）
应用基板尺寸	114.3mm×114.3mm×1.6mm
基板层数	4
基板结构	1 层——信号层，35 μm 厚的铜箔制成 2 层——分割开的电源层，35 μm 厚的铜箔制成导电层（包括电阻在内） 3 层——接地层，35 μm 厚的铜箔制成 4 层——信号层，35 μm 厚的铜箔制成
电阻特征	方块电阻的阻值为 25 Ω/方块 电阻尺寸为 1.27mm×0.635mm 额定阻值为 50 Ω，允许误差为 10% 32 个电阻/基板

2）对以表 14-5 为条件的试验基板进行试验，其试验条件和测试结果见表 14-6。

表 14-6　ECL 测试电路的试验条件和测试结果

试验项目及条件	平均阻值变化（%）
热油试验（96 个电阻）IPC 方法 2.4.6：260℃，20s	-0.1
浮焊试验（96 个电阻）MIL-STD202，方法 210：260℃，20s	+0.1
热冲击试验（96 个电阻）	-0.4
MIL-STD202，方法 107：-65～125℃，25 个循环潮湿试验，10 天（96 个电阻） MIL-STD202，方法 103：40℃，相对湿度 95%	+0.5
高温存储试验（128 个电阻）：45℃，10000h	+0.2
操作（负载）寿命试验，26mW（640 个电阻） MIL-STD202，方法 108：90min 加电、30min 关电反复循环，45℃，10000h	—

3）平面电阻的结构图形对可靠性的影响。作为端接的平面电阻大多处于 20～100 Ω 之间。这些电阻的图形结构有 8 字形和肘弯形，如图 14-19 所示。其额定阻值大约为 50 Ω。而由各方块电阻组成的环形电阻的阻值分别为 11 Ω、30 Ω 和 110 Ω。对这些不同结构的电阻图形进行了有关试验，结果见表 14-7。

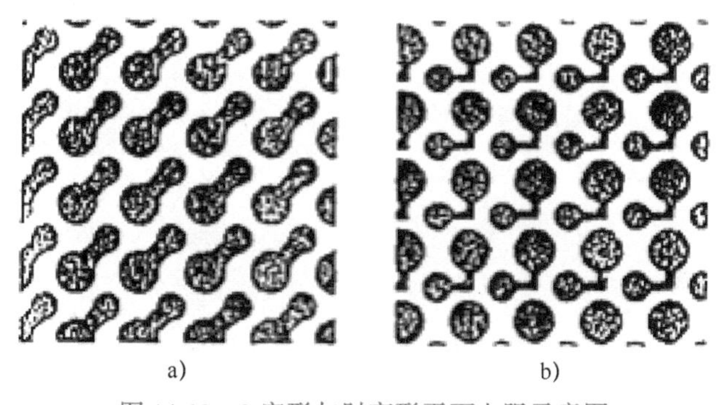

图 14-19　8 字形与肘弯形平面电阻示意图
a）8 字形　b）肘弯形

表 14-7　不同结构的电阻图形的试验结果

测试条件	8 字形和肘弯形 50 Ω	环形 11 Ω	环形 30 Ω	环形 110 Ω
短时间负载测试/mW	700	500	350	350
浮焊试验：260℃，20s，4 个循环，表面电阻值变化率不超过（%）	0.15	0.3	0.9	0.75
潮湿试验：相对湿度 90%、40℃ 下，24h，表面电阻值变化率不超过（%）	0.2	0.3	0.75	0.65
寿命试验：26mW、40℃ 下，1000h，表面电阻值变化率不超过（%）	0.1	0.8	1.25	1.8

由表 14-7 可知，8 字形和肘弯形的平面电阻在各种环境条件下比起环形平面电阻具有更大的稳定性。尽管有很多因素对电阻稳定性造成影响，特别是环形平面电阻，由于接近互连的导通孔，因而比 8 字形和肘弯形平面电阻更易受到较大的物理压力作用。因为印制

电路板的动态位移或应力主要是围绕着镀覆（导通）孔并以 X、Y 方向特别是 Z 方向最大而存在着。存在这种应力在受热和受潮下会显著产生漂移而使电阻值波动。这是因为印制电路板的介质材料、内层铜箔和镀覆（导通）孔的镀层之间膨胀率（或膨胀系数）差异而引起的不同机械性移动的结果。

在平面电阻的制造中最突出的问题是蚀刻电阻时产生的误差问题，对 8 字形和肘弯形电阻，采用减成法蚀刻所得到的电阻值可获得较小误差，可以达到 10%，而不必进行电阻修整。

片式电阻、聚酯厚膜电阻和埋入平面电阻（属 Ni-P 合金薄膜）的热循环试验结果见表 14-8。

表 14-8　片式电阻、有机聚合物电阻与平面电阻的主要特性对比

类型	制造误差（%）	调阻后	最小尺寸（长度×宽度×厚度）/mm	热循环后电阻值变化（−55℃，+125℃）			优　点	缺　点
				热循环次数	微带结构（%）	带状结构（%）		
片式电阻	±1	—	1.0×0.5×0.5	500	≤0.15	≤0.15	100%阻值可控制、易返工	降低多层印制电路板互连性；焊点多。系统可靠性降低；寄生效应大，由于电焊阻盘较导线宽，导致线阻抗的不连续性
网印聚合物或碳浆电阻	±40	1%	0.5×0.5×(0.1～0.13)依丝网目数而定	100	+3	+14	调值后适用于微带线结构、可集成于印制电路板内层，减少焊点，成本较低(不包括激光调阻成本)	本身可靠性较差，制造精度难以保证，厚度较厚，不适用于带状结构，受热、受压及环境影响可能出现化学变化
平面电阻	±10	0.5%	0.2×0.2×(0.001～0.004)	500	+2	+3	适用于任何印制电路板内层或外层，提高密度，增加系统可靠性，寄生效应小，匹配效果最佳，适用于各种结构	印制电路板制造工艺应适当调整，基材本身价格较高

注：表中是通过大量试验得出的数据，由此可以看出平面电阻具有很高的稳定性。Alcatel Bell、Cray Research、IBM、Dassault 也进行了各种可靠性试验，结果是令人信服的。

而以陶瓷粉粒充填的光致电容介质材料（Ceramic Filler Photoelectric，CFP）制成的埋入电容，其电容密度为 16.8pF/in^2（在电容介质厚度 12μm 下），在不足 2mm^{2}面积内可埋入 30pF 的电容量，这类埋入电容和其他（薄膜、厚膜、喷墨等）类型电容的可靠性可以得到保证。即使在试验或生产过程中由于吸潮，但经过烘烤可恢复到接近原来的数值，而埋入印制电路板内部以后，这些电容具有最小的电容量漂移。

总之，埋入无源器件的多层印制电路板经过热冲击、热循环、温湿度循环、静电位、振动等一系列试验，都表明在印制电路板中埋入无源器件比在印制电路板上采用通孔插装技术（THT）和表面安装技术（SMT）有更佳的可靠性。

14.6　习题

1. 埋入无源器件的类型主要有哪些？
2. 埋入无源器件印制电路板的特点主要有哪些？
3. 平面电阻的组合方式有哪些类型？
4. 简述埋入电阻的制造工艺过程。
5. 埋入电容的性能要求是什么？
6. 埋入电容的材料有哪些？
7. 简述埋入平面电容的工艺过程。
8. 简述埋入平面电感的工艺过程。
9. 埋入电阻性能的测试要求有哪些？

第 15 章　特种印制电路板

特种印制电路板包括高频微波印制电路板、金属基印制电路板和厚铜箔埋孔多层印制电路板。这些特种印制电路板技术与传统 FR-4 印制电路板技术在工艺、生产和性能上都有较大的不同。近年来，特种印制电路板得到迅速发展，在电子、通信、汽车、仪器、电源、军事和计算机等领域中大显身手，并在未来应用越来越广泛。本章着重介绍高频微波、金属基和厚铜箔埋孔这三类特种印制电路板的工艺技术问题。

15.1 高频微波印制电路板

15.1.1 概述

随着新一代通信技术不断地面向高频率进行信号传输，信号传输的载体——印制电路板也随之向着高频信号传输的方向发展。只要涉及信号接收/发射的部位，包括个人接收基站或卫星发射、汽车防碰撞系统、直播卫星系统、家庭接收卫星、卫星全球定位系统、汽车个人接收卫星、携带式通信天线系统、卫星小型地面站以及数字微波系统（基站与基站间接收）等，基本上都需要使用高频印制电路板。因此，高频印制电路板随着应用频率的不断提升，其需求量将会极大地增加。1956 年，美国杜邦公司发明了特氟隆（Teflon）材料（即聚四氟乙烯材料的商品名）后开启了高频印制电路板的应用，并开创了高频微波印制电路板大规模应用的新时代。

目前，在无线通信领域，个人通信系统的频率已经从 450MHz 更新到 900MHz 和 1.8GHz；而家庭及商用计算机的主频已经扩展到 2.5GHz 以上，它们已经进入微波频率的低端 1 ~ 4GHz、中端频率的 10 ~ 30GHz 并逐渐向更高频率 70GHz 发展。为了满足更高带宽的需求，使用更高频率设计是重要的方向。

传统的印制电路板材料，如低成本的 FR-4（一种环氧树脂和玻璃纤维增强的材料）、BT（双马来酰亚胺）/环氧和氰基树脂由于其较高的损耗导致其在微波频率上几乎无法使用了。而聚四氟乙烯（PTFE）树脂材料和其他不同增强材料（如玻璃纤维、陶瓷、SiO_2 等）按不同比例混合生产的复合材料，满足许多领域的应用需求。无论军事装备还是商业领域的应用，都使得微波印制电路板进入了一个全新的发展阶段，其制造技术也从能制造最小线间距 0.1mm 发展到今天能制造出 0.025mm 的线间距，孔径也从最小 0.30mm 发展到能制作出 0.075mm 的小孔。微波多层印制电路板使用频率从 1GHz 扩展至 70GHz，层数从 3 ~ 4 层发展到 20 层。

对一块普通印制电路板来说，使用频率一般都低于 300MHz。一般的消费类印制电路板对基材的基本要求是作为电气互连或元器件安装的载体或平台。随着频率的增加和混合集成电路的发展，需要将许多元器件平面化、小型化、轻量化、薄型化和集成化。混合集成电路的使用频率多为 1 ~ 20GHz，由于其能比传统的电路提供更高的可靠性、更好的可重复性、更好的电气性能、更小的尺寸和更低的成本，因此广泛用于卫星通信、相控阵雷达系统、电子战以及其他商业或军事电子领域。

集成电路常用的封装基板采用的介质材料是陶瓷，包括 Al_2O_3、AlN、BeO 陶瓷等。这些材料具有较好的导热性、尺寸稳定性和较小的介质损耗，但是这些材料的介电常数较高，可达到$\varepsilon_r = 10$，加工性差，成本也更高。由于线条尺寸问题使衬底的厚度受到限制，在薄介质衬底上高阻抗线条又要求导体的宽度很窄，这使损耗变大，同时线宽尺寸难以准确控制。对于微波频率高达 20GHz 以上的天线阵列，常要求介电常数小于 3.0。具有优良导热性能的陶瓷也无法满足要求，只能采用高性能的塑料材料才能做到。对于微波器件或天线应用来说，要实现其装置的小型化，必然要求其电路的小型化。而微波多层印制电路板可将电源层、接地层、信号层、无源电路（如滤波器、耦合器等）做在一块电路板上，使电路更加小型化、集成化。

1. 微波

广义的微波是指波长从 1m ~ 1mm 的电磁波，其频率范围为 300MHz ~ 300GHz，按波段划分，微波波段可进一步细分为分米波、厘米波和毫米波，而人们所指的微波，其频率一般为 1 ~ 18GHz。

2. 微波多层印制电路板的结构

微波多层印制电路板的结构与一般多层印制电路板的结构相似，包括内层和外层电路、电源层、接地层，以及层与层间互连的导通孔（PTH）。典型的六层微波多层印制电路板的结构示意图如图 15-1 所示。

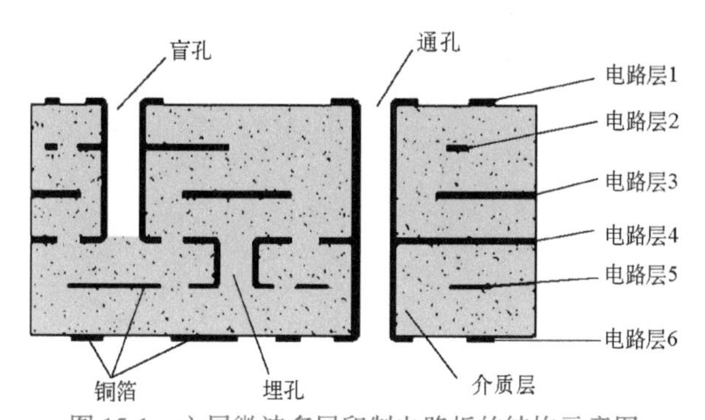

图 15-1　六层微波多层印制电路板的结构示意图

15.1.2　微波多层印制电路板基材的性能

随着高频通信、远距离导航、医疗、交通、计算机不断向大容量、高速度、小体积的方向发展，要求大幅度提高印制电路板的组装密度。要提高印制电路板的组装密度，无非有三个途径：①降低导线线宽和间距；②减小导通孔孔径；③增加多层印制电路板的层数。除此之外，还要求印制电路板具有良好的耐热冲击性能，在较高的温度环境下，基材的热膨胀系数（CTE）小，并能与金属铜的CTE相匹配，以保证印制电路板良好的尺寸稳定性和金属化孔良好的可靠性。同时还要求印制电路板具有可控制的高特性阻抗，使信号传输速度高、时间延迟小、电容量小、信号串扰小。这些对微波多层印制电路板的制造和性能影响是非常重要的。

为了偏足以上要求，就必须对微波印制电路板材料的性能、金属化孔的设计、内层板线宽的精度偏差要求、表面粗糙度及镀层的厚度、黏接膜的选择、多层印制电路板的层压工艺、外形铣切设计等方面进行综合考虑。

微波多层印制电路板除了提供电路互连，提供系统的电气和机械平台外，与普通多层印制电路板最大不同之处在于在微波频率下，微波多层印制电路板已经变成了一个集总元件，它更多的是扮演功能器件的角色，所以基材的性能对于提供系统合适的功能是非常重要的，其中最重要的性能是介电常数（ε_r）、介质损耗角正切值（$\tan\delta$）、热膨胀系数（CTE）、吸湿率、电路的可制造性和成本。

1. 介电常数及偏差

高频电路需要高的信号传输速度 v，而信号传输速度 v 与材料的介电常数 ε_r是有着密切关系的。它们之间的关系为

$$v = k\frac{c}{\sqrt{\varepsilon_r}} \tag{15-1}$$

式中 v——信号传输速度（m/s）；

c——光速（m/s），$c = 3 \times 10^8$m/s；

ε_r——基材的相对介电常数；

k——常系数。

由式（15-1）可以看出，信号传输速度 v 与基材的介电常数 ε_r的二次方根成反比，ε_r越小，v 越高，说明高介电常数的介质材料容易造成信号的传输延迟。而信号的传输延迟时间 t_{pd}（s）与介电常数 ε_r还有如下关系：

$$t_{pd} = \sqrt{\varepsilon_r}\frac{l_p}{c} \tag{15-2}$$

式中 l_p——信号线的长度（m）；

ε_r——材料的相对介电常数；

c——光速（m/s）。

由式（15-2）可以看出，介电常数越高，信号的延迟时间就越长。因此要实现快速的信号传输，必须选择介电常数低的基材。

传输速度很重要，因为信号传送时间影响着元器件时间的同步传输，决定着电路传输线的长度。空气的介电常数是1.0，根据式（15-1）可以计算出，电磁波在其中是以光速（3×10^8m/s）传播的；在1GHz时，标准的多层印制电路板材料FR-4的 $\varepsilon_r = 4.4$，其传输速度减小到 1.43×10^8m/s；而用低介电常数材料时，传输速度可达到 2×10^8m/s以上。

介电常数 ε_r不仅影响着传输速度，也影响着电路的阻抗。阻抗必须和高速电路匹配，

这意味着电路传输线的阻抗由电路其他因素的阻抗来确定。设计者可以使用标准方程来选择传输线的宽度、介质的厚度和达到所需阻抗（通常为 50Ω）的介电常数。然而诸如互连密度和微波多层印制电路板的图形容量等因素通常决定着线宽。这意味着设计者要对介质厚度和介电常数采取折中方案。更小的介电常数 ε_r 允许使用更薄的介质厚度。

较薄的微波多层印制电路板对设计者来说有几个优点，通常薄板孔金属化的可靠性更好，对导线和插头更适合。另外，它减少了邻近导体的跨接，由于薄层板的跨接更短，可以获得更薄、更可靠的微波多层印制电路板，因此就更需要低介电常数的材料。

微波材料的介电常数通常可分成 2.1～3.5、6～6.2、9.8～10.8 等几级。使用更高介电常数的材料可以减小贴片天线、滤波器、耦合器等器件的尺寸。对一个给定频率的多层印制电路板来说，介电常数 ε_r 是确定线宽和线长的重要因素。但对设计者来说，材料的介电常数通常并不是最重要的选择标准，对毫米波或更高频率的应用更是如此，因为这时导体的损耗起着支配作用，介电常数 ε_r 的一致性及其偏差才是最关键的、最重要的考虑因素，ε_r 控制得不好，将导致电路性能的不一致。常规的微波材料的偏差都较小，在 ±（0.02～0.05mm）的范围内；而数字材料的偏差为 ±（0.15～0.30mm），它对于大多数微波电路的设计是没有用的。

ε_r 易受温度变化的影响。对于微波设计者来说，常温（25℃）下 ε_r 的偏差已由材料供应商给出，但材料在工作时温度变化而引起的介电常数变化值，材料供应商则没有考虑。高频微波电路在使用温度大于 50℃ 的环境下，温度变化引起的介电常数的改变对微波电路性能有着很大的影响。高树脂含量的任意玻纤增强 PTFE 材料，在使用温度超过 -60～200℃ 的范围时，ε_r 的绝对变化值为 0.045，变化率为 2.5%。PTFE 树脂含量低的材料在超出这个温度范围时，ε_r 变化值很小，如 Rogers 公司的 Duroid 6002 的 ε_r 变化率小于 0.5%；Taconic 公司的 TLE-95 和 TLC 基板的 ε_r 变化率小于 0.75%。而数字基材（如 FR-4 材料）在超过设计温度时 ε_r 的变化值为 ±0.2。

2. 介质损耗角正切值（tanδ）

介质损耗角正切值（tanδ），又称为耗散因子，是挑选微波电路材料的一个重要标准。对谐振器件（如滤波器或振荡器）来说，要获得高 Q 值，必须使用低介质损耗角正切值的材料来减小插入损耗。平面天线、功分器、放大器和滤波器通常要求材料的介质损耗角正切值小于 0.003，大多数微波材料在频率为 800MHz～10GHz 时，其耗散因子为 0.001～0.004。

材料的介电常数是一个带有实部和虚部的复数，实部决定着传输电信号的速率，通常叫 tanδ。传输信号的能量损耗 α 与介质损耗角正切值 tanδ 成正比，这里 δ 是介电常数复数实部和虚部的夹角。它们之间的关系为

$$\alpha = kf\tan\delta \tag{15-3}$$

式中　k——常系数；

　　f——材料工作的频率（Hz）。

对标准的多层印制电路板材料 FR-4 来说，$\tan\delta=0.02$，在使用频率 $f>1\text{GHz}$ 时，会产生严重的损耗。因此，当材料工作在 1GHz 或更高的频率时，使用介质损耗角正切值是 0.001 的 PTFE 材料更好。

3. 吸湿率

材料的吸湿率也会影响电路的性能。高的吸湿率会导致介电常数的变化，从而导致谐振频率的变化，产生更大的耗散因子和相位随频率的更大移动。低的吸湿率则可提高电子封装产品的可靠性。吸湿率还会影响微波印制电路板的可加工性。大多数热固性树脂都含有一个不饱和的碳原子，这会导致加工过程中产生较大的吸湿率。聚四氟乙烯玻纤增强基板的吸湿率特别低，在加工过程中，可以直接除去孔中残留的化学物质，这样可以提高金属化孔的可靠性。而陶瓷填充的 PTFE 基板在电路制造过程中，会吸收湿气，所以在加工后要进行烘烤来除去湿气，否则会影响电路的性能。

4. 热膨胀系数（CTE）

一般微波印制电路板所用材料的热膨胀系数要高于陶瓷和硅片。高的热膨胀系数会导致微波多层印制电路板和组装器件之间的热膨胀不匹配，最终导致系统在电源不稳定的情况下，经历多种热循环时使焊点产生疲劳失效。最好的解决办法是使用能容纳 CTE 不匹配的兼容封装材料。通常在这种情况下，将低热胀金属如 Invar（因瓦）合金、铜板等层压进微波多层印制电路板中，这种板子可以起到散热和电源/接地板两种作用。

印制电路板所用的绝缘基材会因温度的升降而产生物性的变化。当其在常温时，它是一种结晶的无定形态的玻璃状物质。当温度到达某一高温时，这种玻璃状的物质会转变成一种橡胶状的弹性体，这一温度通常叫玻璃化温度（T_g），但并不是所有基材都有玻璃化温度。一般来说，热固性材料具有比较明显的玻璃化温度，而热塑性材料则没有明显的玻璃化温度。通常，基材的玻璃化温度（T_g）越高，其热膨胀系数（CTE）越小。一旦工作温度超过材料的 T_g，CTE 将会发生突变。例如，对于标准 FR-4 基材来说，T_g为 125℃。当温度小于 125℃时，其 Z 方向的 CTE 为 80×10^{-6}℃$^{-1}$；而当温度大于 125℃后，Z 方向的 CTE 突变为 330×10^{-6}℃$^{-1}$。而铜的 CTE 仅为 17.2×10^{-6}℃$^{-1}$。如果当温度从室温 25℃升至 215℃的焊接温度时，若多层印制电路板的厚度为 2.5mm，金属化孔在 Z 方向将被拉长 76 μm。如果铜层的延展性太小，孔壁的铜层很有可能被拉断。

所以对于微波材料，要选择使用温度较高，而且在某一温度条件下 CTE 不会发生突变的材料，这样才能保证印制电路板在高温下的可靠性。

5. 特性阻抗 Z_0

要使高频电路的电信号稳定地传送，基材的特性阻抗 Z_0是相当重要的。而在多层印制电路板的内层线路设计中，信号层与电源层或接地层设置成微带线和带状线。以微带线为例，假设 $Z_0=50\ \Omega$，$t=35\ \mu m$，$w=0.2mm$。计算选用标准 FR-4 材料（$\varepsilon_r=4.8$）和 PTFE 复合材料（$\varepsilon_r=2.20$），将以上条件代入微带线的特性阻抗计算公式，对标准 FR-4 材料，计算可得 $h_1=0.14mm$。对 PTFE 复合材料，计算可得 $h_2=0.10\ mm$。

当多层印制电路板的厚度为 20 层时，对标准 FR-4 材料来说，总厚度将至少达到（$0.14\times19+0.035\times20$）mm = 3.36mm。若该多层印制电路板上有直径为 0.3mm 的通孔，则厚径比将达到 11.2∶1，这对钻孔和孔金属化来说相当困难。而对 PTFE 复合材料来说，同样条件下，其总厚度仅为 2.6 mm，比 FR-4 降低了 23%。当特性阻抗 $Z_0=75\ \Omega$时，PTFE 复合材料多层印制电路板的总厚度将比 FR-4 降低 40%。

从上面的例子可以看出，特性阻抗越高，介质材料的厚度下降越明显，这将使微波多层印制电路板的制造难度大大降低；ε_r越小，传输阻抗越高，信号的传输速率越快，信号的延迟就越小，同时介质厚度也可减小。

除了材料与结构对特性阻抗有影响外，印制电路板表面形貌状态如粗糙度等对阻抗的稳定性影响也较大。因此，在进行阻抗设计时，需要考虑这些因素。

6. 常用微波材料的性能比较

微波多层印制电路板的设计常限制在微带线和带状线，所用的增强或填充材料是 GP、GR（任意玻纤增强）、GY、GX、GT（编织玻纤增强）以及陶瓷或 SiO_2粉末。所有这些材料都以 PTFE 树脂为黏合剂。这些材料在工程上可以提供理想的电气性能，特别是能提供极低的耗散因子，但是其力学性能和热稳定性相对较差，在微波多层设计中这些材料都受到层数的限制。

复杂、高密度、多层数字电路板的发展方向是更小通孔、更薄介质、更细线间距和更多层数。树脂基材（如 FR-4、BT/环氧、氰基树脂等）紧跟这些技术发展，通过高温树脂可以提供更好的孔金属化可靠性、更一致的厚度和控制阻抗的介电常数偏差，但是树脂基材却无法提供微波频率下所需的极低的损耗性能。

PTFE 材料技术已有重大发展，可以满足复杂的微波多层印制电路板力学和热稳定性的需要。在这些材料上制造高可靠的金属化孔是可能的，它通过调节 PTFE 树脂和增强材料的含量，生产的新材料就具有均匀的尺寸稳定性、刚性和低的热膨胀系数，并且可以保持优良的耗散性能和一致的介质性能，并且这些新材料的成本也低于传统的树脂材料。高频微波基板材料都是以 PTFE 树脂掺杂不同的增强材料或填充材料复合而成的，表 15-1 列出了一些适合于制造微波多层印制电路板的基材性能参数，这些参数都是设计者和制造商非常关心的。

表 15-1　部分基材性能参数

材　料		Duroid 5880	TLY-5A	DiClad 880	DiClad 527	TLX-9	Duroid 6002	TLE-95	TLC-32	AR 320
ε_r（10 GHz）		2.20 ± 0.02	2.17 ± 0.02	2.17 ± 0.02	2.50 ± 0.04	2.50 ± 0.04	2.94 ± 0.04	2.95 ± 0.05	3.20 ± 0.05	3.20 ± 0.05
Tanδ（10 GHz）		0.0009	0.0009	0.0009	0.0020	0.0018	0.0012	0.0028	0.003	0.003
CTE/（$10^{-6}K^{-1}$）	X 方向，Y 方向	31，48	20，20	25，34	14，21	10，12	16，16	9，12	9，9	10，12
	Z 方向	237	280	252	182	140	24	70	70	72
吸湿率（%）		0.015	<0.02	<0.02	<0.02	<0.02	0.10	<0.02	<0.02	<0.02
热导率/[W（m·K）]		0.26	0.41	—	—	0.35	0.60	0.24	0.30	—
结构构成		R	W	W	W	W	C	W，C	W，C	W，C
典型的使用频率/GHz		0.8～110	0.8～110	0.8～110	0.8～35	0.8～35	0.1～18	0.1～15	0.1～15	0.1～15
典型的层数		1～4	1～2	1～2	1～4	1～4	1～20	1～10	1～5	1～5
供应商		Rogers	Taconic	Arlon	Arlon	Taconic	Rogers	Taconic	Taconic	Arlon

注：1. 表中参数随不同测试条件会有所变化。

2. 在结构构成一栏中，R 为随意玻纤增强 PTFE 材料，W 为编织玻纤增强聚四氟乙烯材料，C 为陶瓷填充聚四氟乙烯材料。

15.1.3 微波双面印制电路板的制造

1. PTFE 印制电路板的加工难点

基于聚四氟乙烯（PTFE）板的物理、化学特性，其生产工艺有别于传统的 FR-4 工艺。若按常规的环氧树脂玻璃纤维覆铜板（FR-4）的相同条件加工，将无法得到合格的产品。PTFE 板的加工有以下难点：

（1）钻孔　基材柔软，钻孔叠板数不能多，通常 0.8mm 板厚以两张一叠为宜；转速不能用钻 FR-4 板的高转速，应慢一些；宜使用新的或返磨一次的钻头，对钻头的顶角和螺旋角也有特殊的要求。

（2）印阻焊剂　印制电路板蚀刻后，进入阻焊工序。丝印前是不能用刷辊磨板的，刷子研磨时氟树脂会转移到刷子上，进而转移到铜箔上，导致附着力下降。另外，磨板还会磨损基板。解决办法是蚀刻板后，板面通过钝化液槽，然后水洗、吹干，使板面不易氧化。另外，蚀刻完后印制电路板经检查并测线宽后尽量不要长时间停留，需快速进入印阻焊剂工序。

（3）热风整平　基于氟树脂的内在浸润性较差的性能，应尽量避免板材急速加热。热风整平前在 150℃，进行约 30 min 的预热处理，然后马上进行热风整平。浸锡温度尽量不要超过 245℃，否则孤立焊盘的附着力会受到影响，可能引起脱落或翘起。

（4）铣外形　氟树脂柔软，普通铣刀或纸平放在货筐内，整个生产过程不得用手指触及板内电路图形，只能双手夹板边，轻取轻放。全过程应防止擦花，任何线路的划伤、针孔、压痕、缺口都会影响信号传输。

（5）蚀刻　要严格控制线路侧蚀、锯齿、缺口等缺陷，线宽偏差严格控制在 ±0.02m，甚至 ±0.015mm。需用百倍放大镜检查，测量关键部位的线宽和间距。

（6）化学镀铜　化学镀铜的前处理是制造聚四氟乙烯印制电路板的难点之一，也是很关键的一步。按传统的 FR-4 印制电路板的化学镀铜工艺是不行的。现有的化学方法处理聚四氟乙烯基材不能润湿孔表面，即使孔内镀上了铜层，再经过板面镀铜、图形镀铜，孔内铜层厚度大于 20 μm，这些孔在做热冲击试验（288℃，10s）后，孔壁会炸裂，形成孔壁分裂，造成印制电路板报废。可以通过钠萘溶液和等离子体法解决 PTFE 化学镀铜的前处理问题。

2. 孔的加工

与普通印制电路板钻孔一样，PTFE 基复合材料在钻孔时同样会在内层板孔边缘产生树脂腻污。因此，在钻孔时，必须选取合适的钻孔参数和合适的盖板与垫板以减少腻污的出现，并获得平整光滑的孔壁表面。

微波印制电路板钻孔一般采用数控钻孔以提高钻孔精度，同时机床本身的精度也对钻孔精度也有很大的影响。由于 PTFE 基材料较软，钻孔时，最好是选用碳化钨硬质合金钻头。这种钻头具有良好的耐热性和很高的硬度，但较脆，受应力过大则易折断。碳化钨是一种极不易导热的材料，钻孔时，由于连续切削产生的摩擦热，使这种热量基本保持在钻头的顶尖部分，且热量消散很慢。因此处于热状态下的碳化钨钻头易使板子的孔壁撕裂。

为了解决这个问题，就要用上下垫板材料对 PTFE 复合基板进行保护，上下垫板材料最好选用 XP 型，且一面覆有铜或铝箔的纸基酚醛板，因为其表面较硬，能防止毛刺，也能清洁和冷却钻头。钻孔腻污主要是由树脂腻污进入孔壁形成的。钻孔产生的温度主要受主轴转速的影响，同时也受进刀速度的影响，速度越快，温度越高。

3. PTFE 基材料金属化前处理

由于 PTFE 具有极强的惰性，能耐各种化学物质的腐蚀，加之其表面能很低（约为 $20mJ/m^2$）、憎水，而 C—F 键能很高，为 484kJ/mol，因此直接化学镀铜或用常规高锰酸钾或硫酸前处理工艺，难以改变其表面结构，也无法获得附着力良好的金属化层。为了提高其表面能，必须采取特殊的化学处理或等离子蚀刻的方法对其进行处理。化学方法处理的溶液一般用钠萘溶液进行处理。钠是一种很强的还原剂，它和 PTFE 中的 C—F 键发生反应，生成许多羰基基团（—C ═ O，其键能为 743kJ/mol），使其表面呈酸性，因此更易吸附金属原子。在 N_2 或 NH_3 气体中进行等离子处理，可以使聚合物表面呈碱性。因此 PTFE经过处理后，其表面能可以增加到 $60 \sim 70mJ/m^2$。一般的规律是，如果液体的表面能高于固体的表面能，液体将无法润湿固体表面而成球形。室温（18℃）下去离子水的表面能为 $73mJ/m^2$，在 100℃时为 $58.9mJ/m^2$。因此经过处理，PTFE 表面在一定温度下就可以和水浸润了。

钠萘溶液的组成及工艺条件如下：

金属钠（Na）	23 ~ 40g/L
精萘（$C_{10}H_8$）	128 ~ 250g/L
四氢呋喃（C_4H_8O）	1000mL/L
石蜡	330 ~ 360g/L
氯化钙（$CaCl_2$）	3 ~ 5g/L
温度	10 ~ 25℃
处理时间	15 ~ 30s

在钠萘溶液配制过程中，一定要控制好反应的温度，并且在配制过程中的所有物品和器具均要烘干，严禁水进入反应容器中，同时环境的相对湿度也要保持在 50% 以下，否则反应过程中容易燃烧和爆炸。PTFE 在钠萘溶液中反应迅速，一旦其表层被—C ═ O 基团完全覆盖后，反应就停止了，所以反应时间过长对处理效果没有太大意义。

采用专用的等离子设备处理 PTFE 材料，对含有玻纤增强的 PTFE 材料来说，具体的工艺参数见表 15-2。

表 15-2 玻纤增强 PTFE 材料等离子体处理的典型参数

阶段	参数						
	N_2（%）	O_2（%）	CF_4（%）	系统压力/Pa	功率/kW	温度/℃	时间/min
第一阶段	10	90	0	35	3.5	40 ~ 75	10
第二阶段	0	85 ~ 90	10 ~ 15	35	3.5	40 ~ 110	15 ~ 40
第三阶段	0	100	0	35	3.5	40 ~ 110	5

对陶瓷填充 PTFE 材料来说，等离子处理的条件如下：

气体	NH_3或 70% H_2/30% N_2
压力	先抽至 13.3Pa，然后在 33.7Pa 的压力下工作
功率	4000W
频率	40kHz
处理时间	10～30min

用等离子体处理既可以清除孔壁钻污及凹蚀，同时还可以达到改善聚四氟乙烯表面的电性能和分子改性的目的，从而使聚四氟乙烯印制电路板的孔壁能较好地被孔金属化溶液润湿，以达到最佳的孔金属化效果。

经过处理的 PTFE 基板必须在 24h 内进行金属化，否则其处理的效果会因为太阳光或荧光灯中紫外线的影响而大大降低。处理良好的 PTFE 表面呈现深棕色。若表面呈不均匀灰色，说明处理不充分，应再次处理。

4. 孔金属化

孔金属化不仅可以为上下两面的导体提供电气互连，同时也可以为元器件的安装提供场所和载体。因此孔金属化的程度是微波多层印制电路板性能好坏的基础，而厚径比的大小又是获得良好孔金属化的依据。

由于 PTFE 基复合材料的 Z 向热膨胀系数 CTE_Z（CTE_Z最小的是 Duroid 6002，为 $24\times10^{-6}℃^{-1}$）均高于铜的热膨胀系数（CTE_Z为 $17\times10^{-6}℃^{-1}$），因此在高温环境下使用时，过高的厚径比会使孔壁铜层因热膨胀系数不匹配而发生断裂，从而产生电气失效。所以，一般微波 PTFE 金属化通孔的厚径比以不大于 4∶1 为宜。但通过改变电镀铜溶液的组分配比，金属化孔的厚径比可适当扩大至 8∶1。

5. 图形电镀

传统的孔化板主要采用掩孔法和堵孔法制作。掩孔法采用干膜掩孔，干膜越厚，弹性越好，其掩孔效果越好；但随干膜厚度的增加，其制作导线的精度越差，且在显影和腐蚀操作时，难以保证干膜不破裂，因此其掩孔可靠性难以得到保证。堵孔法费时费事，由于是手工操作，其堵孔效果难以令人满意，可靠性也令人怀疑。而图形电镀法反其道而行之，将覆铜箔板上的带线和孔裸露出来，直接电镀 Cu、Ni/Au 或 Sn/Pb，以 Au 或 Sn/Pb 作为最外面的抗蚀层，而后只腐蚀干膜下的 Cu 层，即可得电路。这样得到的电路图形，不但精度较高，而且孔的质量好，可靠性可以得到保证。

6. 选择电泳沉积有机涂层法

选择电泳沉积有机涂层法是在抗蚀干膜图形之前先化学镀和电镀镍到所需厚度，再电沉积有机涂层作为抗蚀层来保护镀层和通孔。在 20～40℃ 的范围内，通过调节电压和时间，可获得 5～25 μm 的有机涂层；然后用稀碱除去干膜，用 $FeCl_3$或 $CuCl_2$腐蚀液腐蚀掉多余的铜层，最后用含表面活性剂的有机羧酸稀溶液作为去膜剂除去有机涂层，再电镀金到所需厚度即可。该有机涂层是在含≤100nm 的固体粒子分散在由离子化氨基基团的丙烯酸组成的共聚物形成的胶束稀溶液中进行电解时，带正电荷的氨基基团电泳至阴极，并发生电极反应形成有机涂层。用此法可以制作出 50 μm 的线宽/间距，以及 35 μm 的线宽/焊盘。

7. 电极蚀刻电路图形的方法

在微波印制电路板制作过程中，电路图形的蚀刻一直采用湿法化学腐蚀，由于覆铜箔层压板的铜箔较厚（>17 μm）和湿法化学腐蚀的各向同性，因此带线蚀刻都要产生侧蚀。铜箔越厚，侧蚀越严重，这样给精细线条的制作带来了相当大的难度。用选择性电极腐蚀可以很好地解决这个问题。选择性电极腐蚀是将被腐蚀的铜箔浸入适当浓度的 H_2SO_4 或 HNO_3 溶液中，并在溶液与金属的界面施加一个钝化势能 E_1 使其形成 Cu_2O，然后在被腐蚀的表面施加腐蚀势能 E_2（$E_2 > E_1$）使腐蚀持续进行直至腐蚀结束，而其他表面仍处于 E_1 不受腐蚀。溶液温度一般为 40～60℃。这种方法对多层印制电路板来说相当重要，因为它在腐蚀表面铜箔时不致通过镀通孔而将内部铜箔腐蚀，从而达到保护内部通孔的目的。

8. 表面镀层的选择及影响

（1）微波电路导体材料的性能　微波电路的损耗除了介质损耗外，还有导体损耗，导体损耗除了与金属本身的电导率有关外，还与频率和金属表面粗糙度关系极大。作为一种经验法则，表面粗糙度必须保持在趋肤深度的 1/5 以下，在毫米波段，这意味着表面粗糙度要小于 0.1 μm。

对于微波电路理想的导体材料应具有以下特征：高的电导率、低的电阻温度系数、对基材具有良好的附着力和好的焊接性、易于沉积和电镀。

表 15-3 列出了三种常用导电材料的电阻率及其趋肤深度的值。这些材料不仅具有优良的电导率，而且可用多种方法沉积和光刻。导体的厚度至少应等于趋肤深度的 4 倍，以确保导体能通过 98% 的电流密度。

表 15-3　三种导体材料的电阻率和趋肤深度

导体材料	20℃时的电阻率/MΩ·cm	10GHz 时的趋肤深度/μm
Ag	1.59	0.62
Cu	1.67	0.67
Au	2.35	0.81

微波频率下，导体传送的电流大部分集中在导体的表面，并以指数规律向导体内部衰减。因此对于粗糙的导体表面而言，电荷分布的有效平面更靠近介质，即离介质层另一面的导体更近，则信号线的静电容将高于光滑表面导体的静电容，从而使线路的特征阻抗减小，传输时间常数增加，并随着介质厚度的减小，这种影响反而会增加。因此在频率很高时，当趋肤深度小于峰谷间的距离时，电流不得不经过波峰流到波谷，从而增加了电流的有效路径，也就增加了导体的传输损耗。所以在微波多层印制电路板层压前，为了增加铜层与介质的附着力，对铜表面进行粗化时，要严格控制粗化时间和粗化液的浓度，以免铜层表面太粗糙而增加电路的损耗。

（2）电镀金及其性能　线路表面镀金是微波电路最常用的一种表面处理方式。因为金（Au）是很稳定的金属，它在 1000℃ 下都不会发生氧化，同时它还具有良好的焊接性。典型的镀金结构是在 Ni 上化学镀 0.1 μm 厚的 Au（即 Cu/Ni/Au 结构）或在 Cu 上直接电镀 2 ~3 μm 金的 Cu/Au 结构。Ni 经常用作阻挡层，来阻止微带线上的 Cu 迁移到 Au 上来，这种方法可以增加焊接的可靠性，并使金的用量减少，节约成本。但在较高频率下，由于趋肤效应，大多数的电流会集中在损耗相对较大的 Ni 层上，从而产生额外的损耗。为了避免这种影响，常在 Ni 上镀厚金，或直接在 Cu 上镀金 4 ~6 μm。然而过厚的金层在钎焊时不能选择 SnPb 焊料，因为金在高温下要和 Sn 发生反应，生成金 – 锡间化合物而发生脆化，从而使焊接失效，因此钎焊时要选用其他特殊的焊料，如 AuGe 合金焊料，以避免焊接失效。

但较厚的镀金层对其钎焊性有好处。一般钎焊都采用热压焊、超声焊或热声焊。对于热导率较高的薄膜陶瓷电路，使用热压焊或超声焊就可以了。但对于聚四氟乙烯复合材料制作的微带电路，这两种方法都难以获得满意的焊接效果，容易使焊接失效。由于聚四氟乙烯热导率较低，基材较软，用热压焊时要求工作台的加热温度高（一般为 250 ~280℃）。若用超声焊，则由于聚四氟乙烯材料要吸收能量，对其施加的钎焊压力较大（一般要大于 250mN）。若用热声焊接，可以降低焊接温度和焊接压力，温度可以降低 100℃，压力可以减小 20% ~30%。

例如，对一个 Cu/Ni/Au 结构的聚四氟乙烯微波电路片，用 West Bond 7400B 型钎焊机，15μm 金丝双点热声焊接镀层，超声功率为 64mW，焊接温度为 160℃，施加 210mN 的力，时间为 30ms，就能获得良好的焊接效果。由于钎焊机通用劈刀的长度为 15.9mm，因此所有焊接面的腔体深度不能超过 12mm。若特殊设计的腔体深度超过 12mm，必须用特制劈刀。若腔体内电路的焊接面与管芯在同一平面上，则不需要考虑劈刀形状就可以焊接，如图 15-2 所示。若焊接面不在同一平面上，则必须考虑劈刀形状，否则无法焊接，解决的方法只能是将管芯垫高或将通孔加大。

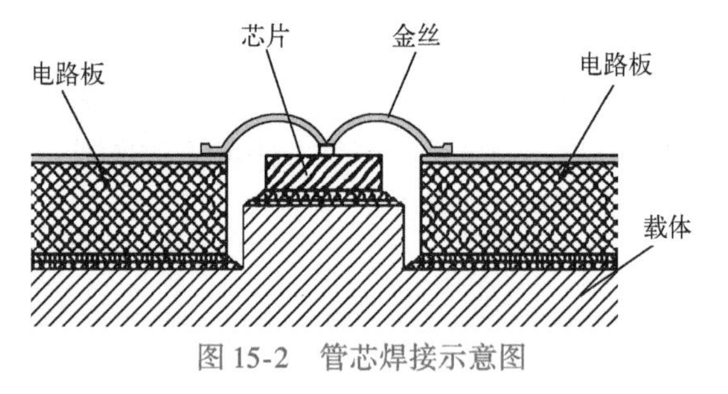

图 15-2　管芯焊接示意图

15.1.4　微波多层印制电路板的制造

微波多层印制电路板可以连接诸如功率放大器和低噪声放大器这类器件。另外，它还可以将诸如滤波器、耦合器等无源器件直接印制在上面，减少单个器件的使用，提高系统的可靠性。同样，长的或短的延迟线也可放在不同的层上，从而减小封装尺寸，缩小系统体积，提高电路的集成度。在内层印制电路板制造以后，微波多层印制电路板制造工序紧接着包括黏接膜的制备、内层板的叠加以及层压等。

1. 微波多层印制电路板黏接前的准备

（1）黏接膜的性能　黏接膜（对热固性树脂的黏接膜称为半固化片），是一种加热加压就会变形和变质或流动的塑料膜。微波多层印制电路板中常用黏接膜的特性见表 15-4。

表 15-4　常用黏接膜的特性

黏接膜型号	FEP	3001	HT1.5	Speedboard C
组成成分	氟化乙丙烯共聚物	三氟氯乙烯共聚物	热塑性树脂	热固性树脂
介电常数	2.1	2.28	2.35	2.60
耗散因子	0.0007	0.003	0.0025	0.0036
熔点/℃	260	200	203	220（T_g）
推荐的黏接温度/℃	285	210	220	240
供应商	Du Pont	Rogers	Taconic	W. L. Gore

一般多层印制电路板所用的 FR-4 和 PI（聚酰亚胺）材料是热固性材料，而 PTFE 是热塑性材料，它们的区别在于热固性材料一旦成形，其形状将不能被改变；而热塑性材料不仅有固化特性，而且当温度超过熔点温度时，将再次熔化，并能同时保持良好的电性能，但是仍会失去正常温度下的力学性能和外形尺寸。因此在黏接时，一定要选择不同的黏接材料和黏接温度。

（2）黏接前处理　多层印制电路板在层压黏接前，铜电路要进行微蚀，确保彻底除去抗蚀剂残渣和提供充分的机械附着表面，但不能蚀刻过分，更不能进行机械擦洗，否则对高频电路会产生很大的损耗。一般金属层微蚀后，表面粗糙度要小于 0.5μm。同样，PTFE 介质片也必须在钠萘溶液中进行处理，使其表面能充分润湿，以提高附着力。

在黏接大面积铜电路和接地层时，要对铜层进行棕化表面黏接增强处理。所有黏接表面不能有灰尘、油污、指纹、汗渍、非附着氧化物、盐或其他化学残留物等的污染。对于黏接表面的任何微小污染，均要用高纯溶剂进行超声清洗，然后在大于 15mΩ的去离子水中进行漂洗，再用试剂纯的异丙醇或乙醇浸洗，最后烘干后才能使用。注意清洗后不能用压缩空气吹干，因为空气中可能存在着某些空气污染物（如油、尘埃等）而污染黏接面。

为了防止黏接面变质或受到再次污染，经过前处理的黏接膜和电路板要在 24h 内完成叠合和层压。例如，对于 Rogers 3001 黏接膜而言，黏接压力以 68.6 ~ 137.2N/cm^2 为好。由于热板和黏接的多层印制电路板间存在着温差，因此一般以热板的温度为 220℃，黏接温度为 210℃为好。通常 3001 黏接膜的使用温度为199 ~ 240℃，但要避免温度超过 240℃，因为过高的温度会使树脂流动加快，在压力作用下会导致材料分层和过分蒸发。同时在加热过程中，要注意保持上下热板温度一致，以误差在 1 ~ 5℃为宜。

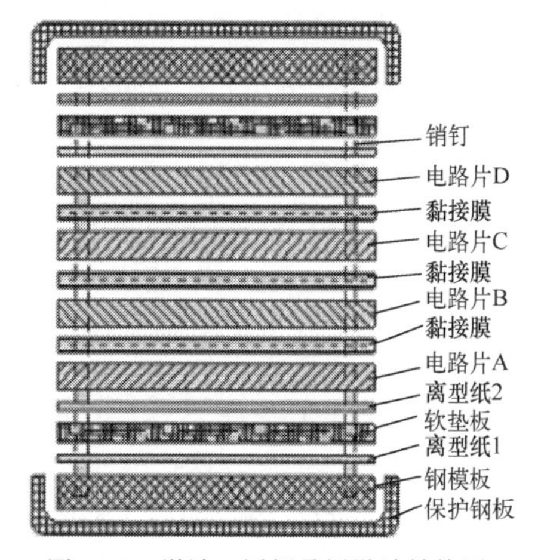

图 15-3　微波 4 层板叠层设计结构图

2. 多层印制电路板的叠层设计

微波多层印制电路板在叠层过程中要使用大量的辅助材料，如离型纸、软垫板、上下模板等，其叠层结构如图 15-3 所示。

对有多个开档的层压机来说，可在各个开档间放置一个或几个多层印制电路板叠层结构。同样在叠层结构中通过加隔离板可以放置两个以上的多层印制电路板电路层压结构，但这要取决于开档的大小，并且销钉的长度不能超过多层印制电路板叠层结构的上模板。

3. 微波多层印制电路板的层压黏接

（1）黏接方法及黏接膜的选择　多层印制电路板层与层间的黏接有多种方法可供选择。对微波多层印制电路板而言，要获得高可靠性的黏接效果，比较合适的方法是直接黏接法和黏接膜层压黏接法。直接黏接法不需要黏接膜，它是将几块 PTFE 电路板直接在高温高压下黏接而成的。这种黏接方法适用于那些使用温度大于 315℃（甚至 400℃）的带线电路，因为两块电路板的介电常数相同，不会发生阻抗变化。通过直接熔融黏接制造的微波多层印制电路板，电路板间不会分层，可以保持介电常数的均匀性和良好的电性能，但却失去了正常温度下的机械属性和发生外形尺寸变化的可能，因此一般以黏接膜层压黏接法最为常用。

黏接膜的厚度通常为 0.025mm 和 0.05mm，也有 0.0375mm 的规格。黏接膜用量的多少，应根据内层铜箔的厚度而定。一般规律是，黏接膜的厚度应大致等于内层铜箔的厚度，以便黏接膜热压流动时能充分包容铜箔，不致出现空洞。但在黏接整板铜箔或有密集信号层的电路板时，黏接膜通常要比内层铜箔稍稍薄一些。

在黏接时，要避免使用过厚、过多的黏接膜，否则，黏接时因膜的过分流动而产生尺寸变形，同时因黏接膜与介质层的介电常数不同，过多的黏接膜会引起微波多层印制电路板的厚度发生变化，从而导致其阻抗发生改变。根据微带线的计算公式可以看出，在确定多层印制电路板的线宽时必须考虑黏接膜对有效介电常数和电路层介质厚度的影响。

（2）层压参数的控制　层压参数控制的好坏对微波多层印制电路板层压效果有着重要的影响，层压参数一般包括压力、温度、时间等。对于微波 PTFE 多层印制电路板层压来说，由于 PTFE 材料较软，在微波多层印制电路板的制造过程中易产生翘曲，因此制造时要特别小心。为了减小翘曲度，提高层压板的尺寸稳定性，确保产品质量，最好使用分步升温升压的真空层压机进行层压。

使用真空层压机层压多层印制电路板有以下几个优点：

1）可使层压压力减小 50%，易于控制多层印制电路板的厚度。

2）由于层压压力低，树脂流动量小，能使多层印制电路板的翘曲度减小。同时可减少层间的树脂固化片量，使多层印制电路板不易出现白斑、裂纹，层间不易错位，板内应力小，板的尺寸稳定性好。

3）抽真空可以除去叠层间的空气、湿气、挥发物，层压后的多层印制电路板内不易留下气泡、空隙、麻点和分层等缺陷。

真空层压可以大大提高微波多层印制电路板制造的可靠性。这种真空层压机一般有手动和半自动两种工作模式。好的真空层压机的真空度在 3min 内就可达到 3.5kPa。对于微波 PTFE 多层印制电路板来说，层压压力一般为（98 ±9.8）N/cm^2较好，低压压力控制在高压的 10% ~20%。因 PTFE 材料较软，过高的压力会损坏线路板上的电路。而对于 FR-4 环氧板而言，高压一般为 196 ~392N/cm^2，低压则需要 68.6 ~137.2N/cm^2才能使玻纤布完全被环氧树脂浸润。

15.2 金属基印制电路板

15.2.1　概述

金属基印制电路板是由金属基板、绝缘介质层和线路铜层三位一体而制成的复合印制电路板。金属基通常为铝、铁、铜、殷铜、钨钼合金等，绝缘介质层常用改性环氧树脂、聚苯醚、聚酰亚胺等，而线路层则是铜层等。与刚性印制电路板分类一样，金属基印制电路板也可分为单面、双面和多层。

金属基印制电路板是印制电路板的一个特殊品种。它具有优异的导（散）热、电磁屏蔽、尺寸稳定等性能，近年来在通信电源、汽车、摩托车、电动机、电器、办公自动化等领域得到了越来越广泛的应用。

金属基印制电路板具有以下特性。

1. 散热性

目前很多双面印制电路板、多层印制电路板密度高、功率大，并且要求散热性好。常规的印制电路板基材一般都是热的不良导体，层间基本是热绝缘，热量散发不出去。若热量在印制电路板内部不能排除，将导致电子元器件高速失效，而金属基印制电路板可解决这种散热难题。不少电子设备、通信设备采用了金属基印制电路板，将设备内的风扇去掉，使设备体积大大缩小，效率也得到提高。

2. 热膨胀性

热胀冷缩是物质的共同本性，不同物质热膨胀系数是不同的。印制电路板是树脂、增强材料、铜箔的复合物。在 X、Y 方向，印制电路板的热膨胀系数（CTE）为（13～18）$\times10^{-6}℃^{-1}$，在板厚 Z 方向是（80～90）$\times10^{-6}℃^{-1}$，而铜的 CTE 为 $16.8\times10^{-6}℃^{-1}$。片状陶瓷体的 CTE 为 $6\times10^{-6}℃^{-1}$。可以看到，印制电路板的金属化孔壁和相连的绝缘壁在 Z 方向的 CTE 相差很大，产生的热若不能及时排除，过大的热胀冷缩容易使金属化孔开裂、断开，导致电子设备出现失效问题。

表面安装元器件使这一问题更为突出。因为表面安装元器件的互连是通过表面焊点直接连接来实现的，陶瓷芯片的载体 CTE 为 $6\times10^{-6}℃^{-1}$。而 FR-4 基材在板面 X、Y 方向的 CTE 为（13～18）$\times10^{-6}℃^{-1}$，因此，贴装连接的焊点由于 CTE 的不同，长时间经受应力会导致疲劳断裂。

金属基印制电路板的尺寸随温度变化要比绝缘材料的印制电路板稳定得多。铝基印制电路板、铝夹芯板，从 30℃加热至 140～150℃，尺寸变化为 2.5%～3.0%。

此外，金属基印制电路板具有屏蔽作用，可替代散热器等部件，真正有效地减小印制电路板的面积，减少生产成本。

常用金属基板的比较如下。

1）铜基：导热性好，用于热传导和电磁屏蔽的地方，但自重大，价格高。

2）铁基：防电磁干扰，屏蔽性能最优，但散热稍差，价格低。

3）铝基：导热好，自重小，电磁屏蔽性能也不错。

15.2.2 金属基印制电路板的结构

目前，金属基覆铜板由三层不同材料构成：铜箔层、绝缘层、金属板（铜、铝、铁、钢板、殷铜、钨钼合金等），其中铝基、铁基较常见。

1. 金属基材

（1）铝基基材　使用工业纯铝、防锈铝、硬铝等铝材，要求抗张强度为 294N/mm^2，伸长率为 5%。一般厚度分别为 1.0mm、1.6mm、2.0mm、3.2mm 四种。

（2）铜基基材　抗张强度 245～313.6N/mm^2，伸长率 15%。一般厚度分别为 1.0mm、1.6mm、2.0mm、2.36mm、3.2mm 五种。

（3）铁基基材　使用冷轧压延钢板，低碳钢，厚度为 1.0mm、2.3mm。含磷的铁基厚度为 0.5mm、0.8mm、1.0mm。

2. 绝缘层

绝缘层起绝缘作用，厚度通常为 50～200 μm。若太厚，绝缘效果更好，并且能防止与金属基的短路，但会影响热量的散发；若太薄，可较好地散热，但易引起金属芯与导线的短路。

绝缘层放在金属基板与覆铜箔层之间，同金属基板和带形成电路图形的铜箔层都应有良好的附着力。这层绝缘层是制作金属基覆铜板的关键，绝缘层可以是聚酯和陶瓷、改性聚苯醚、改性的环氧树脂和玻璃纤维、聚酰亚胺等。

3. 铜箔

铜箔的背面是经过化学氧化处理过的，表面镀锌和镀黄铜，目的是增加抗剥离强度。铜箔层厚通常为 17.5 μm、35 μm、75 μm 和 140 μm。一般在通信电源上配套使用的铝基印制电路板常用的铜层厚度为 140 μm。图 15-4 所示为双面铝基板的结构示意图。

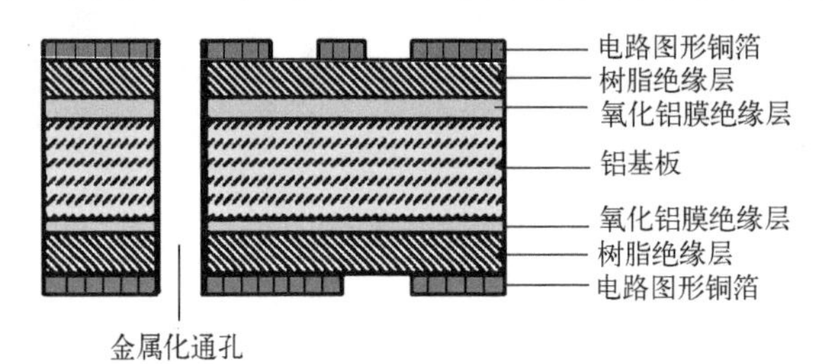

图 15-4　双面铝基板的结构示图

15.2.3 单面金属基印制电路板的制造

1. 工艺流程（以铝基印制电路板为例）

下料→钻孔→图形转移→检查→蚀刻→阻焊→字符→检查→热风整平→铝表面处理→外形加工→成品检查。

2. 工艺特殊控制要点

（1）下料　一般采用铝面有保护膜的基材，下料后，板材不必烘烤，并注意对铝基面保护膜的保护。

（2）钻孔　钻孔参数与 FR-4 基材相似。铝基板的孔径要求严格，钻头尺寸在钻孔前应预先测量。铜层厚度≥75 μm 的基材都应注意控制毛刺的产生。钻孔时，一般铜箔面朝上。孔内残余有任何的毛刺、铝屑都会影响耐高压测试。

（3）图形转移　表面处理时仅对铜面刷板，铝基面有保护膜，贴膜仅贴铜箔面；曝光、显影与传统工艺相同。

（4）蚀刻　蚀刻前，需确保铝基保护膜没有破损。酸性蚀刻液和碱性蚀刻液均可使用。工艺参数与传统工艺相同。

若铜层厚度≥75 μm，应注意加强线宽、间距的抽查，以确保工程设计时线宽、间距工艺补偿的可行性。

（5）阻焊　使用液态光成像阻焊油墨。流程如下：刷板（仅对铜面）→网印阻焊油墨（第一次）→烘干→网印阻焊油墨（第二次）→预烘→曝光→显影→后固化→印字符→转下工序。

也就是说，对于线路铜层厚度≥75 μm 的铝基板，需要做二次网印油墨，第一次和第二次使用的网版是不同的。低温（75℃）预烘，后固化应当分段进行，例如 90℃/50min、110℃/50min、150℃/60min。网印时应严格控制气泡。

（6）热风整平　如果铝基面上的保护膜是不耐高温的，在热风整平前需将保护膜撕掉。热风整平前应先烤板 130℃/30min。从烘箱取出在制板到热风整平之间的相隔时间应尽量短（比如 1 ~ 2min 内），以免温差大引起分层，阻焊膜脱落。控制热风整平工艺一次性成功，若不合格，如不平整、发白、发粗、不上锡等，可返工一次；若热风整平两次以上，绝缘层受到热冲击多次，会影响铝基印制电路板的耐压性能。

（7）铝基面处理　对铝基面，可以在铝基上刷板，若有明显划痕，应用 P2000 粒度以上的砂纸磨平后再去刷板。铝基面应有保护膜保护或做钝化处理。

（8）外形加工　铝基板的外形加工有四种方法：

1）铣外形，适用于样板的加工。

2）切割 V 形槽，切割 V 形槽时需要使用切削金属铝的特殊 V 形刀，切割速度应当慢些。V 形刀角度有 30°、45°、60°。

3）剪外形，对正方形或长方形整齐的外形边有用，但剪外形误差大，不适用于异形外形误差要求严格的外形和批量生产。

4）冲外形，这是最常用的批量加工方法。需要加工高效冲模，模具使用特种模具钢制作。冲外形和冲安装孔可以一次完成，也可以使用操作模，先冲安装孔，再冲外形。冲外形后，印制电路板翘曲度要求很苛刻，通常要求小于 0.5%。

3. 单面铁基印制电路板的制造

铁基覆铜箔板的介质层多为环氧树脂，厚度为 80 ~ 150 μm，铁基厚为 0.5mm、0.8mm、1.0mm，而铜箔面常用 17.5 μm、35 μm、75 μm 和 140 μm。铁基常为镀锌钢、含硅钢，属高磁性物体，可耐高热，与绝缘介质层有很高的附着力，具有高防锈能力，阻燃性为 94V-0 级。

单面铁基板的生产流程同铝基板相似，加工的不同点有：

基材为铁基，硬度比铝基要高，密度比铝基要大，钻孔参数需特别设定，速度宜更慢些，定位孔径建议大于 $\varphi1.5$mm。

铁基印制电路板在摩托车、微型电动机等散热方面用得较多，为节省成本，阻焊油墨往往使用 UV 型（紫外光固化型）。

印完阻焊后，表面涂覆耐热有机助焊剂或普通的助焊剂。铁基面的保护膜不宜撕掉，若有破损，需认真用胶膜补上，否则易损坏铁基面的防锈膜。

冲外形的模具材料建议使用高硬度钢，模具间隙为铁基总厚度的5%～6%。根据板面积大小，选用0.4～1MN 的压力机冲板，冲外形后的板边不能有毛刺和脏物。

在制造过程中，铁基不允许暴露在酸和碱的化学品中，以免引起基材被腐蚀、变色。线路面不得用刀修刮，否则会损伤介质层。

工程设计时，线宽和间距尽量加宽，以防高压时导线间漏电。导线和板边缘之间的最小距离应大于板的厚度。若用手工焊接，焊盘应尽量取大尺寸。应根据铁基板的使用条件和应用领域选择铁基板的类型和铁基厚度。

如果使用 UV 油墨作为阻焊膜，在网印前应撕去铁基层的保护膜，UV 油墨经过紫外光固化后，重新贴上保护膜，因为保护膜在过 UV 机固化时会被熔掉。

工艺流程如下：

下料→钻孔→图形转移（铜面贴干膜，若铁基面保护膜破损，则必须用蓝胶带补位）→蚀刻（碱蚀/酸蚀均可）→退膜（不能损伤保护膜）→酸洗→烘干→检查→UV 阻焊（网印前撕保护膜，过 UV 固化后重贴保护膜）→字符→涂覆耐热有机助焊剂→冲外形→耐高压测试→最终检查。

15.2.4 双面铝基印制电路板的制造

1. 夹心铝基双面印制电路板

1）根据工程设计，选择好合适的铝板型号、厚度、下料。

2）铝板钻孔。钻孔位置同成品铝基双面印制电路板的元器件孔，其孔径必须比第二次钻孔的孔径大一些（≥0.4mm）。

3）铝板做阳极氧化处理，使铝基板表面覆盖一层均匀的绝缘的无色氧化膜，膜厚度应大于10 μm。

4）根据工程设计，对应夹芯铝基板的结构对半固化片和铜箔下料。半固化片型号、尺寸及铜箔厚度、尺寸应符合工程设计文件的要求。

5）压制成型。压制工艺用 FR-4 层压工艺。

6）第二次钻孔。对层压完后的夹心铝基印制电路板的元件孔钻孔，必须保证第二次和第一次钻孔的孔中心重合。即使用第一次钻孔的磁带（盘），但第二次钻孔的孔径比第一次要小些，以避免元器件孔与金属铝板短路。

7）化学镀铜、板面镀铜、光成像、图形电镀、蚀刻、阻焊……外形加工，最终检查。各工序的制作同常规 FR-4 板工艺。

夹心铝基双面印制电路板的工艺流程如图 15-5 所示。

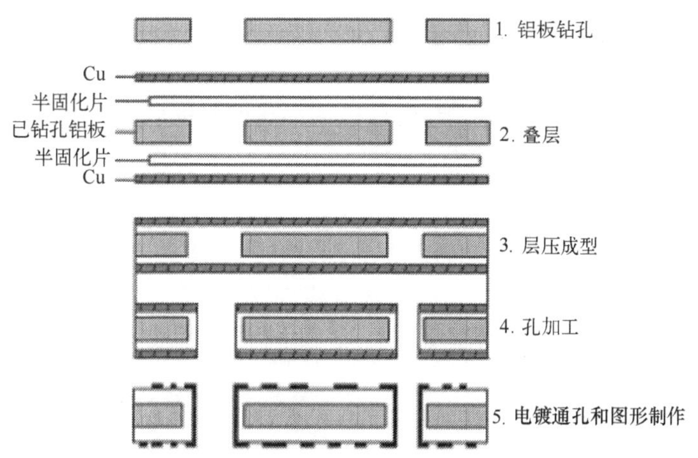

图 15-5 夹心铝基双面印制电路板的工艺流程

2. 盲孔双面铝基印制电路板的加工

1）选择符合设计要求的 FR-4 双面薄覆铜板下料，板厚、铜箔应符合设计要求，通常板厚为 0.2 ~ 0.5mm。按 FR-4 传统制作工艺，钻孔、全板电镀、图形转移、图形电镀、蚀刻、退膜、检查。然后对此双面印制电路板进行黑化（或棕化）。

2）根据设计要求，选择合适的铝板型号、厚度，按尺寸要求下料。对铝基板做阳极氧化处理，使其表面形成一层无色绝缘的氧化膜，膜厚≥10μm。

3）对半固化片下料，其型号、尺寸应符合要求。

4）根据设计结构，把已完成了黑化（棕化）的双面印制电路板、半固化片、铝板叠层，按常规工艺作层压。层压后裁去毛边，烘烤（150℃/4h），消除应力。

5）铝基面贴上保护膜。

6）对线路面刷板，印阻焊与字符。

7）根据设计要求，进行热风整平、镀镍/金或镀银，或涂覆耐热有机助焊剂。

若做热风整平，需撕去保护膜，热风整平后再贴上保护膜保护铝面。如果铝面已贴的是耐高温（250℃）保护膜，热风整平则可不必撕去保护膜。

8）外形加工（铣、冲、剪或铣 V 形槽），钻出安装孔。

9）最终检查，耐压、绝缘电阻测试。

盲孔双面铝基印制电路板的工艺流程如图 15-6 所示。

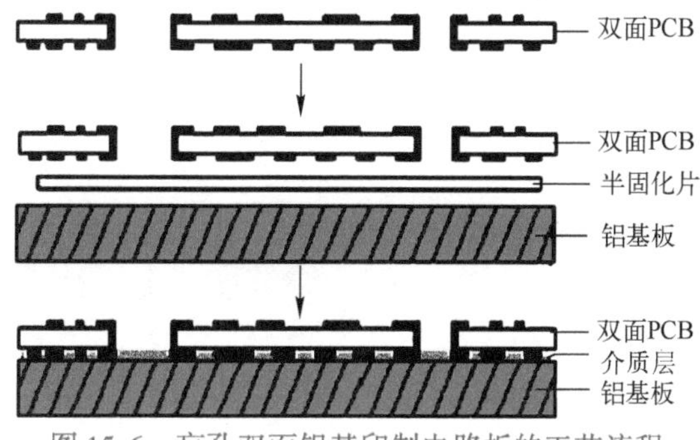

图 15-6 盲孔双面铝基印制电路板的工艺流程

15.2.5 金属基板热阻的测试

热阻是金属基印制电路板尤其是作为散热用铝基板的一个重要性能指标，这里介绍两种测试方法。

1. 方法一

（1）原理 在相同发热功率条件ΔP下，测试热量是通过铝基板的两面所形成的温差ΔT，即热阻$R = \Delta T/\Delta P$来进行的。这种方法不能定量测试绝缘层的电阻，同时测试方法也不够精确，但能定性地测出铝基板整板的热阻。由于是在同一测试条件下进行的，故可比较两种基板的热阻大小。这种方法是用铝基板电源模块作为电源，把铝基板、电源模块和散热器装配在一起，并用螺钉在3～4个装配孔中拧紧就可以测试了，如图15-7所示。

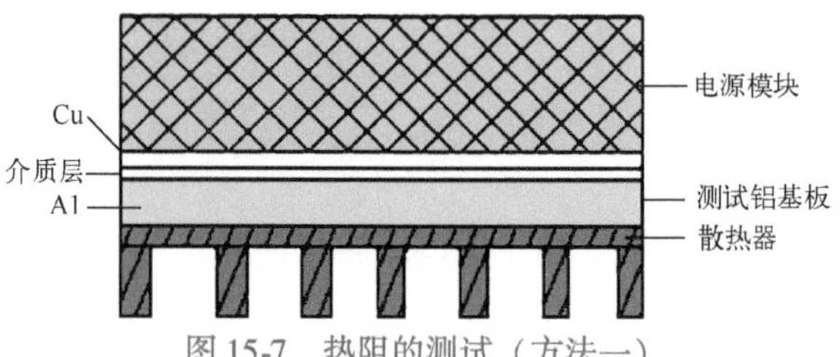

图15-7 热阻的测试（方法一）

计算公式热阻$R = \Delta T/\Delta P$，ΔT为模块温度和散热器温度之差，而ΔP为输入功率和输出功率之差，功率P为电压和电流的乘积。

（2）测试数据

1）测试两个铝基板试样时，输入电压为48V，输入电流为2.5A；输出电压为4.98V，输出电流为20A。两个试样模块温度分别为89℃、96℃，散热器温度为82℃、88℃，这样可以计算出两个试样的热阻分别为0.35℃/W和0.40℃/W，平均值为0.375℃/W。

2）如果测试两个铝基板试样，输入电压分别为47.88V、48.0V，输入电流分别为2.55A、2.56A；输出电压都为5.1V，输出电流都为20A，模块温度分别为92℃、102℃，散热器温度为81℃、90℃，这样计算该铝基板的热阻分别为0.57℃/W和0.54℃/W，平均值为0.555℃/W。

2. 方法二

（1）原理 温差是热量传递的推动力。在稳定条件下，导热量

$$P = (T_1 - T_2)/R$$

式中 P——导热量（W）；

T_1、T_2——两个测试点的温度（℃）；

R——热阻（℃/W），测试方法如图15-8所示。

（2）仪器设备

1）大功率晶体管1只，功率为5W，以及供电电源。

2）散热器1个，用铜板制成，将其置于恒温水槽中。

3）测温仪两台。

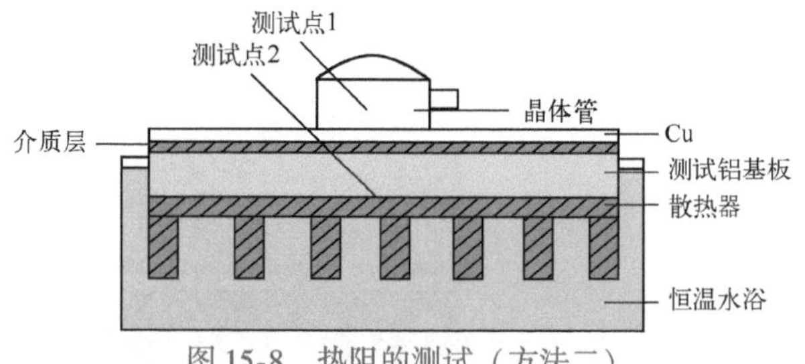

图15-8 热阻的测试（方法二）

（3）测试程序

1）连接好装置，将测温仪传感

器置于晶体管和铝基板上。传感器、散热器和试样的接触部分涂上硅脂（胶），把晶体管、铝基板和散热器三者固定在一起，使晶体管与试样、试样与散热器之间没有空隙。

2）晶体管与供电电源连接。

3）打开电源，每隔 5min 记录测试点 1 和测试点 2 的温度。当温度稳定时，从测温仪上读出 T_1 和 T_2。测量晶体管集电极和发射极之间的电压 U_C，以及集电极电流 I_C。

4）计算。铝基板热阻 $R = (T_1 - T_2)/P = (T_1 - T_2)/(U_c I_c)$ 。

15.3 厚铜印制电路板

厚铜印制电路板主要应用于强电流连接传输以及强弱电混合连接的部件上。随着我国汽车电子以及电源通信模块的快速发展，厚铜印制电路板逐渐成为一类具有广阔市场前景的特殊印制电路板，在汽车电子、IGBT（绝缘栅双极型晶体管）装联、风电变流器、点火线圈等方面都有需求；另外，随着印制电路板在电子领域的广泛应用，对其功能要求也越来越高，印制电路板将不仅要为电子元器件提供必要的电气连接以及机械支撑，同时也逐渐被赋予了更多的附加功能，因而能够将电源集成、提供大电流、高可靠性的超厚铜多层印制电路板逐渐成为印制电路板行业研发的新型产品，其前景广阔，利润空间较传统电路板要大，具有非常大的开发价值。超厚铜多层印制电路板在未来的高端电路连接市场中将会占有重要的地位，势必将迎来更加广阔的市场前景。

15.3.1　厚铜印制电路板制造的工艺难点

一般情况下，厚度为 105μm 及其以上的印制电路板用铜箔（包括经表面处理后的电解铜箔、压延铜箔），统称为厚铜箔。按铜箔厚度又可以具体划分为三种：105μm ~ 300μm 称为厚铜箔；300 ~ 600μm 称为超厚铜箔；600μm 及其以上称为超 MAX 铜箔。

用厚铜箔及超厚铜箔制成的印制电路板可称为“厚铜印制电路板”。它使用的导电材料（铜箔）及基板材料、生产工艺、应用领域都与常规印制电路板有所差异，因此它属于特殊印制电路板。厚铜印制电路板应用领域及需求量在近年得到了迅速的扩大，现已成为具有很好市场发展前景的一类“热门”印制电路板品种。

在厚铜印制电路板制造过程中，与普通印制电路板制造存在较多的制造工艺差异，主要体现在厚铜箔的蚀刻、厚铜箔的层压、厚铜箔的钻孔以及厚铜箔的印阻焊等方面。

1. 厚铜箔的蚀刻问题

超厚铜的蚀刻将造成较大的侧蚀问题，从而使得蚀刻出的线路剖面呈现“长梯形”甚至三角形的结构，造成其与印制电路板的设计存在极大的差异。因此，降低超厚铜箔过度蚀刻是厚铜印制电路板面临的难题。

2. 厚铜箔的层压问题

由于内层芯板铜箔较厚，相对普通厚度铜箔，厚铜箔需要填充的树脂量大增，对实现填充功能的树脂负载材料以及相应的加工工艺提出了较大的挑战：

1）传统半固化片所能承载的树脂含量有限，多张薄型半固化片叠加的方法虽然可以满足整体树脂含量需求，但仍有很大的概率出现因填充不满导致的压合空洞。

2）部分填充位置会因填充不实而存在细小微裂，热应力后出现开裂现象。

3）树脂在穿过玻璃纤维布渗透到下层待填胶区域这一垂直流动过程中，由于玻璃布的过滤作用，树脂与填料的均匀分布状态被破坏，局部位置填料多树脂少，对应填充位置的耐热性可能劣化。

4）压合过程中，玻璃纤维布出现位移，在贴近厚铜尖角位置形成应力集中点，热冲击时由于铜箔与树脂、玻璃纤维布热膨胀系数不一致，致使该应力集中点出现产生“裂伤”问题。

3. 厚铜箔的钻孔问题

因铜箔厚且发热量大，常常给钻孔孔壁质量带来裂伤等缺陷，对钻孔工艺也提出了较大的难度和挑战。

4. 厚铜箔的印阻焊问题

如果按照普通印制电路板进行阻焊丝印，由于丝印阻焊剂的量不足，难以很好地覆盖线路。如果增加阻焊油墨的剂量，油墨在填充厚线路时，容易产生气泡，造成难以满足工艺要求的问题。

15.3.2 厚铜印制电路板制造的工艺要点

目前，厚铜印制电路板的制造工艺流程与普通多层印制电路板基本一致，只是在一些关键工艺方面，与普通印制电路板存在差异。在解决关键工序方面，各生产厂商有其加工的方法。下面就从厚铜印制电路板制造的难题对产品的工艺要点进行介绍。

1. 厚铜蚀刻技术

厚铜蚀刻需要较长的时间完成蚀刻过程。因此，在蚀刻过程中，横向侧蚀也变得非常严重，如图 15-9 所示。解决横向侧蚀问题就是解决侧蚀难题。目前，解决侧蚀的方法由侧面蚀刻缓蚀法以及双面二次蚀刻法。

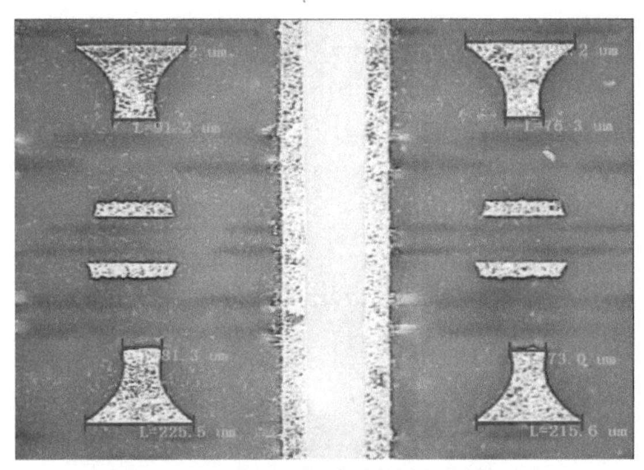

图 15-9 高厚铜线路蚀刻侧蚀剖面图

（1）侧面蚀刻缓蚀法 在蚀刻液中添加润湿剂和缓蚀剂可以降低蚀刻液对线路的侧蚀。蚀刻液润湿剂是一种降低蚀刻液与铜面之间界面张力的有机物，其能够使蚀刻液与铜面充分接触，进而提高蚀刻速率。蚀刻液缓蚀剂是一种能够吸附在铜表面的有机物。这种添加剂的作用方式是尖端吸附、线路正侧面喷淋压力存在差异等原因引起蚀刻液缓蚀剂在铜面不同部位的吸附量不同，从而导致线路侧面吸附蚀刻液缓蚀剂的量比正面大，致使侧面蚀刻速率低于正面，结果就是侧蚀量变小，呈现出来就是蚀刻因子的提高。例如，在蚀刻液中加入缓蚀剂苯并三氮唑将蚀刻因子提高到 3.0。如果能够将缓蚀剂与润湿剂设计得较好，蚀刻液可实现将侧蚀保持在 2μm 以内，从根源上提高了蚀刻因子，因此，未来印制电路厚铜酸性蚀刻液的探究方向是不断追寻新型的酸性蚀刻液添加剂。

（2）双面二次蚀刻法　厚铜线路不但难以一次蚀刻，而且成型压合难度也非常大。为解决以上难题，直接采用厚铜箔材料进行分步控深蚀刻技术，即铜箔先反面蚀刻 1/2 厚度，然后压合形成厚铜芯板，最后正面蚀刻得到内层电路图形。由于分步蚀刻，其蚀刻难度大大降低，同时也降低了压合难度。

针对双面二次蚀刻方法，每层线路的文件要设计两套照相底版。第一次蚀刻的图形要进行镜像处理，确保正/反控深蚀刻时，线路在同一位置，不会发生错位偏移。图 15-10 所示为双面二次蚀刻示意图。

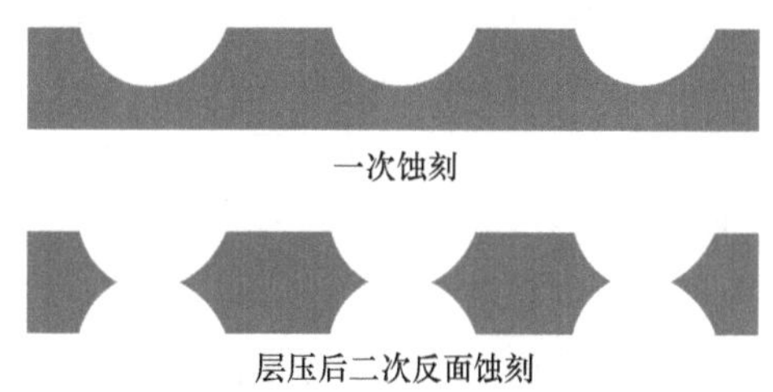

图 15-10　双面二次蚀刻示意图

为保证两次线路的重合度，第一次层压后需测量胀缩值，并调整线路的胀缩补偿；最好采用激光直接成像自动对位，有效提高了对位精度，经优化后，其对位精度可控制在 25μm 以内。

为提高超厚铜线路蚀刻质量，分别采用碱性蚀刻和酸性蚀刻两种方式进行对比测试，经验证，酸蚀线路毛边更小，线宽精度更高，可以满足超厚铜的蚀刻要求。

2. 厚铜层压技术

厚铜层压首先需要解决流胶问题，即实施阻胶技术。阻胶中阻流的对象是半固化片中的树脂。当温度处于 80～140℃时，树脂由常温下的半固化态转化为液态，此时在层压机的压力作用下，处于液态下的树脂向四周扩散。因此，在内层厚铜板的工艺边上设计阻胶结构。工艺边上设计阻胶的结构包括城墙砖式工艺边、PAD 模式工艺边以及混合式工艺边等。

为了让线路之间填胶，多层厚铜板需要保证板厚在要求范围内的前提下，尽量选用高树脂含量且细玻璃纤维布的半固化片。在均匀性控制方面，叠压过程中需要使用硅胶垫作为关键缓冲层，其在压合中起到均匀分布压力的作用。

如果通过改变层压参数仍然无法解决层压问题，则需要采用预涂树脂或粉粒等方法将高厚铜线路之间填满树脂，然后进行半固化层压，如图 15-11 所示。采用预填液体树脂或固体树脂粉的方式来应对高填充要求，再使用高树脂含量的半固化片进行补充以达到足够填充的要求，可以同时减轻玻纤布增强的半固化片层压后的应力造成的裂伤问题。

图 15-11　预涂树脂或粉粒实施高厚铜填胶示意图

3. 厚铜钻孔技术

为了解决厚铜散热问题，钻孔时钻孔的进刀速度、钻速以及退刀速度等都要适当地降低。降低的幅度根据铜箔的厚度进行相应的调整。在叠板时，也要降低叠层的厚度，建议一次钻孔只叠两张板子。

还可以通过调整盖板来解决散热的问题。采用降温式的盖板，在进、退刀时，盖板上面的水溶性物质可以浸润钻刀。钻刀在高温下可以得到降温，而水溶性的物质挥发成气体。

此外，钻孔时要注意防止孔内铜刺，钻孔参数要根据机器等条件适当降低，防止断钻头和机器移位。

4. 厚铜阻焊技术

阻焊制作是一个难点，因铜厚过厚，基材和铜有较大的落差，丝印无法达到，刮刀推1～2次使阻焊油填满基材，但推刮刀次数过多会造成油墨入孔，故必须先制作档点网只印基材位置。丝印时先以不同方向各印2～3次后检查丝印效果，需油墨填满基材位置，若未填满基材，需印白纸清洁网版后，刮刀以不同方向再印两刀后检查。每印一片板后需印白纸清洁网版再印下一片，以免油墨入孔，印完之后必须水平放置4h以上才能预烤。在最后一次印阻焊之前，前期印刷的阻焊油墨主要是用来铺平板面以利于后期干膜能贴紧，因此油墨高度与铜面高度应尽量保持一致。

建议阻焊制作流程：使用只印基材的网版印单面基材→单面白网印刷→静置→预烤→单面曝光→显影→检验→单面固化→使用只印基材的网版印另一面基材→单面白网印刷→静置→预烤→单面曝光→显影→检验→固化→第二次双面印阻焊→正常制作。

15.4 习题

1. 微波印制电路板基板性能要求有哪些？
2. 微波印制电路板加工的难点有哪些？
3. 聚四氟乙烯孔金属化前处理的方法有哪些？它们的原理是什么？
4. 微波多层印制电路板用黏接膜有哪些要求？如何进行黏接前的处理？
5. 简述微波多层印制电路板的层压工艺。
6. 金属基印制电路板的特点有哪些？
7. 简述单面金属印制电路板的工艺过程。
8. 简述双面铝基印制电路板的工艺过程。
9. 金属印制电路板热性能测试方法有哪些？各方法测试的原理是什么？
10. 厚铜箔印制电路板制造的工艺要点是什么？

第 16 章　无铅化技术与工艺

电子产品的无铅化技术不仅涉及印制电路板问题，而且是一个系统工程问题。它牵涉覆铜板（CCL）的性能、印制电路板生产工艺与技术、无铅焊料类型与组成、无铅焊料焊接方法与工艺、元器件性能以及无铅化产品可靠性的检验方法、规范与标准等一系列问题。因此，必须以整体观点来认识这个系统工程。

本章从电子产品实施无铅化的提出、无铅化焊料的基本特性、无铅化焊料焊接时的特点与要求等详细论述电子产品实施无铅化对电子元器件、覆铜板基板材料、印制电路板基板的主要要求以及相关的测试与标准的制定等，内容较多，涉及面较广。目的是使读者对此有一个较全面的了解，以利于电子产品（包含原材料、元器件、印制电路板、组装等）制造者特别是相关的工程技术人员，从整体的角度来理解、研究和解决电子产品无铅化问题，使电子产品能顺利而迅速地从有铅（锡－铅体系）时代过渡到无铅化时代。

16.1 电子产品实施无铅化的提出

16.1.1　电子产品实施无铅化消除对环境的污染

长期以来，在机械、化工和电子等领域，铅及含铅物质由于具有优良的机械、化学和电气特性，在地表内储藏量丰富，价格又便宜，因而在硫酸工业、巴氏合金（以铅为主体的合金）、电缆、蓄电池和防 X 射线等方面得到了大量而广泛的应用。近 50 年来，铅及铅合金在电子产品中的印制电路板加工（电镀、热风整平等）、焊接与组装（焊料、焊膏等）等领域内也得到了广泛的应用。

尽管电子产品行业所用的铅及铅合金（绝大部分是铅－锡合金）仅占全世界铅耗用量的 2% 以内，但废弃电子产品中的铅污染与铅含量却将随着电子产品的迅速发展而明显增加。如果这些含铅产品的制造加工，特别是废弃的电子产品处理不当，铅及铅离子就会渗入土壤或污染水源，并以“食物”链（通过鱼、虾、蔬菜等）和直接呼吸、饮水等进入人体内部，特别是极易进入血液并积累起来，造成铅中毒。这种铅在人体中毒之前，大多呈现慢性症状隐匿不易觉察。铅中毒症状主要有血浓度超标；多动症、脾气急躁甚至攻击人；注意力不集中、嗜睡无精神、记忆力下降、智力低下甚至痴呆；食欲不振，反复腹痛、腹泻或便秘；贫血、缺锌；反复呼吸道感染等。特别是对小孩的影响更甚，会引起发育迟缓等。因而在 20 世纪 90 年代前后，电子产品无铅化的问题引起了人们的广泛重视。

16.1.2 欧盟绿色指令的要求

在20世纪90年代初，美国首先提出了无铅工艺并制定了一个相应标准来限制电子产品中铅的含量。但由于当时无铅（印制电路板加工及其焊接焊料）技术还不成熟，没有合适的取代品。再加上强行限制电子产品的铅含量，会降低电子产品的可靠性。在今后的一段时间内，某些高端的电子产品，如国防、军品、航天、航空或高可靠性领域，还是要采用含铅的焊料。目前为止，最佳的锡－银－铜焊料SAC305，其性能虽然接近锡－铅焊料，但是其可靠性还是不如锡－铅焊料。

但是，无铅化的研究工作并没有停顿，锡－铅体系的取代品的开发进度进一步加强。近年来，先后开发成功了可实用化的锡－银－铜体系（如SAC305，Sn-96.5/Ag-3.0/Cu-0.5）和锡－铜体系（如Sn-99.2/Cu-0.8）等。这些体系的性能和可靠性都接近锡－铅体系。电子产品无铅化的条件和时机已接近成熟。

于是，欧盟于2003年2月13日颁布了RoHS指令（即《关于限制在电子电气设备中使用某些有害成分的指令》）和WEEE指令（即《废弃电气电子设备指令》），并在2006年7月1日起正式实施。接着，我国也相继制订了《电子信息产品污染防治管理办法》和《电子产品污染管理办法》等的相关立法（草案）工作（于2007年3月1日实施），以便控制国内电子产品加工、组装、使用和废弃等对环境的污染与危害，并鼓励和推动电子产品走绿色化的清洁生产与可持续发展的道路。这些指令的颁布和实施，标志着无铅化时代的到来。

欧盟两个指令的核心内容：① 2006年7月1日起，新投放市场的电气电子产品应不含铅、汞、镉、六价铬、多（聚）溴联苯（PBB）和多（聚）溴联苯醚（PBDE）这六种有害物质，作为树脂阻燃剂的四溴双酚A（TBBPA）没有列入；②电子产品生产商负责回收废弃电气电子设备的收集、分类和处理，并负担相关的费用；③处理废弃电气电子设备的机构应获得主管机关（部门）的许可，处理废弃电气电子设备的单位在存放和处理废弃电气电子设备时应符合WEEE指令附件三的要求。

从上述两个指令可看出，在电子产品最重要的部件之一的印制电路板（或覆铜板基材）中，用量最大的阻燃剂——四溴双酚A（TBBPA），经过长期实践和反复科学试验表明是无害的，不在有害物质之列。接着，欧盟又在2004年12月最新修订的危险评估报告中确认“四溴双酚A”对人体健康是安全的，对环境危险评估在2005年完成，2005年7月在深圳的“覆铜板及印制电路绿色环保生产与四溴双酚A的应用研讨会”上，溴科学与环境学会（BSEF）主席Dr. Raymond B Dawson又重申了这个观点，并指出四溴双酚A允许继续使用。从目前情况来看，对印制电路板或覆铜板的冲击是无铅化焊料问题而不是无卤化阻燃剂问题。因此，无铅化是目前和未来推动覆铜板材料、印制电路板生产和电子组装等行业变革与发展的热点。同时，无铅化电子产品是指电子产品（含原辅材料、印制电路板、元器件等）在制造、加工、焊接、组装和使用等过程中不含铅成分的产品。

16.2 无铅焊料及其特性

无铅焊料与传统Sn-Pb焊料相比，不仅组成体系不同，而且在各种性能上有着很大的差别。传统的 Sn-Pb 焊料体系已经应用了 50 多年，有着成熟的技术工艺和丰富的实践经验，其可靠性等各方面都是目前最好的。而无铅焊料，尽管研究了 20 多年，到目前为止，比较成熟的或勉强能取代 Sn-Pb 焊料体系的，主要是 Sn-Ag-Cu（SAC305）焊料体系，然而无铅焊料的实际应用，无论从应用时间，还是从应用领域与产量等都是不多或者是有限的。无铅焊料是电子产品整个无铅化工程的关键部分，必须对其深入加以了解，掌握其应用中的基本特点、问题和发展方向。同时，按无铅化焊料的诞生、发展和应用等过程来看，无铅化焊料还是个“新生事物”，总需要有一个从无到有、从小到大、从弱到强的发展壮大的过程。但是，这个无铅焊料及其焊接的“新生事物”对整个电子产品的制造、加工、焊接、组装、检测和使用等所带来的冲击和影响的程度，毫无疑问会给人们带来新的认识、新的内容、新的方向和新的问题。

16.2.1　无铅焊料的基本条件

无铅焊料要取代传统的有铅焊料必须符合或者接近有铅焊料的主要基本特性，包括：①无铅焊料的低共熔（晶）点；②无铅焊料的焊接性（润湿性）；③无铅焊料焊点的可靠性。

1. 无铅焊料的低共熔（晶）点

从电子产品的焊接和组装等工艺技术条件的要求考虑，无铅焊接过程不能破坏电子产品中的元器件、组装件和印制电路板基板等的基本特性。因此，无铅焊料的低共熔（晶）点应尽量接近传统 Sn-Pb 合金焊料的低共熔（晶）点 183℃。过高的无铅焊料的低共熔（晶）点将会破坏长期以来形成的电子产品中的元器件、组装件和印制电路板基板等的基本特性。

（1）元器件、组装件和印制电路板基板在高温焊接时的适应性　长期以来，电子产品焊接系统一直采用传统的 Sn-Pb 合金焊料体系，因而无铅焊料所建立起来的元器件、组装件和印制电路板基板等的耐热温度与 Sn-Pb 合金焊料体系的焊接条件与要求要相适应。如果无铅焊料的低共熔（晶）点过高或远超过 183℃，这意味着其焊接温度也会远超过 Sn-Pb 合金焊料的焊接温度。当无铅焊料的焊接温度超过元器件、组装件和印制电路板基板的耐热温度时，就意味着不能保证（保持）焊接组装后的元器件、组装件和印制电路板基板等的基本性能和可靠性。

从目前来看，可以取代传统 Sn-Pb 合金的最佳无铅焊料组成为 Sn-Ag-Cu（SAC305）合金体系，其低共熔（晶）点为 217℃，高出 Sn-Pb 合金焊料的低共（晶）熔点 34℃。因而无铅 Sn-Ag-Cu 合金焊料的焊接温度也相应地高出 20～40℃。为了适应无铅化焊料的低共熔（晶）点的提高，耐热性能较差的某些少数元器件、组装件和印制电路板基板等应及时进行改进与提高。例如，常规的印制电路板基板所用的普通 FR-4 基材，其环氧树脂的分解温度（T_d）太低，大多为 310℃左右，必须改进并提高到 350℃左右，才能适应目前无铅化焊料的焊接条件要求。对于耐热性能较差的元器件、组装件和印制电路板基板，可以采用比传统 Sn-Pb 焊料体系低共熔（晶）点低的无铅焊料进行焊接，如 Sn-Bi（58%）合金焊料的低共熔（晶）点为 139℃，但由于 Sn-Bi 合金焊料的性能决定着它仅适应于低成本、低档次或可靠性要求不高的低档电子产品的领域。

（2）焊接设备与设施在高温焊接时的适应性　目前绝大多数焊接设备和设施是基于传统的Sn-Pb合金焊料的焊接温度与条件而建立的。无铅焊料的低共熔（晶）点的提高，随之而来的是必然推高焊接前的预热温度和时间、焊接的最高温度和时间等。这就意味着必须提高无铅焊料的焊接设备的耐热性能，甚至耐腐蚀性能（如无铅焊料会明显腐蚀不锈钢槽，因而要改用钛钢材料等）和相应的设施条件。

2. 无铅焊料的焊接性

从电子产品的焊接工艺条件的基本要求看，最重要的是要求无铅焊料具有好的焊接性。也就是说，在焊接温度下熔融的无铅焊料对元器件的引脚（或凸块等）和印制电路板上的焊盘（垫）应具有良好的润湿性。只有良好的润湿性才能得到良好的焊接点，这是非常重要的。

无铅焊料焊接性好坏是指在焊接温度下其润湿性能力。无铅焊料在焊接温度下的润湿性好坏是由其表面张力大小来决定的，表面张力越大，其润湿性就越差，焊接性就越不好。因此，无铅焊料在焊接温度下的表面张力大小应接近传统的Sn-Pb焊料在焊接温度时的表面张力，以保证无铅焊料在焊接温度下的润湿性，从而保证其焊接性。尽管提高焊接温度可以降低无铅焊料的表面张力和提高润湿性。但是，过高的处理温度和焊接温度对于电子产品的整体可靠性是非常不利的。采用添加助焊剂可以改善焊接的表面张力和焊接性，但助焊剂的作用十分有限［在传统Sn-Pb焊料的焊接中已经采用，不可能再降低表面张力。相反，由于无铅焊料的焊接温度更高会破坏助焊剂（如热分解或挥发等）而失去助焊剂降低表面张力的作用。因此，要开发和采用更耐高温的无铅助焊剂，如300℃以上的高温助焊剂］。表面张力的大小或焊接性的好坏主要取决于无铅焊料本身的组成与特性。

3. 无铅焊料焊点的可靠性

影响电子产品可靠性的因素非常多，而无铅焊料所形成的焊点的可靠性是其中最重要的因素之一。

（1）焊点焊料的耐热疲劳强度　焊点的可靠性主要是由焊料本身的力学及物理特性来决定的，特别是焊料所形成焊点的耐（抗）热疲劳强度。也就是说，焊料不仅要能与元器件的引脚和印制电路板上的焊盘（垫）金属表面形成良好的（界面）结合力，而且焊料本身还应具有良好的耐（抗）热疲劳强度，焊点才能具有良好的可靠性。因为电子产品在焊接和使用等过程中，焊点总是不断地受到热冲击，避免不了要发生“热胀”“冷缩”现象，加上由于元器件引脚等的热膨胀系数（CTE）和印制电路板的*X*、*Y*方向的热膨胀系数之间存在较大的差异，焊点内的焊料层必然由“热胀”或“冷缩”而形成残余应力（俗称为热应力）。当这种残余应力的大小超过焊料的耐热疲劳强度或者结合力时，焊点处的焊料便会产生断裂，从而降低焊点的可靠性。

（2）焊点处焊料的结合强度　焊点处焊料的结合强度是指元器件引脚金属表面与焊料之间、焊料与印制电路板焊盘（确切地说应是印制电路板焊盘上的金属表面，可以是Cu、Au、Sn、Ag、Ni等）之间的结合强度，而焊点处焊料结合力是指元器件引脚金属表面与焊料之间、焊料与印制电路板焊盘之间的结合强度和结合面积之积的大小。同理，由于焊点处的热膨胀系数差异在焊接和随后的使用过程中的“热胀”“冷缩”等引起的残余应力

（或热应力），当这种残余应力不小于元器件的引脚金属表面与焊料之间的结合力，或者焊料与印制电路板焊盘金属表面之间的结合力时，在焊点的元器件引脚金属表面处或印制电路板焊盘上金属表面处，便会发生剥离现象，进而影响可靠性。

（3）焊点焊接的完整性（润湿性的表现） 焊点焊接的完整性是指在焊点处的焊接缺陷程度。焊点处的焊接缺陷与焊料类型、组成和生产（设备、操作等）条件等有关。焊接缺陷主要取决于焊料本身的物理特性，特别是指焊料在焊接温度下的表面张力（或湿润性）的大小。正如前文所述，焊料在焊接时的表面张力越大，焊料的湿润性就越差，则焊接的焊点的完整性就越差，如焊点不饱满、空洞、剥离、脆裂等。由于无铅焊料的表面张力大、焊接温度高、时间长和焊接后冷却速度快等，因此出现这些缺陷的概率和程度就较大。

（4）金属间化合物的影响 在高温焊接过程中，焊接界面处的表面金属或表面镀覆的金属会熔入熔融的焊料中，并形成金属间化合物，如 Cu_5Sn_6、Cu_2Sn_3、Ni_3Sn_4、Au_3Sn、$(Cu,Ni)_6Sn_5$ 等。在界面处的这些金属间化合物的厚度（或数量）将随着温度的高低、焊接方法与次数等而改变。同时，在这些金属间化合物中，有些是可焊接的（如 Cu_5Sn_6），有些是不可焊接的（如 Cu_2Sn_3）。如果同时出现 Ni_3Sn_4、$(Cu,Ni)_6Sn_5$ 时，由于界面存在的两种金属间化合物结构不同，会产生结构的内应力（晶格位错等），影响可靠性。此外，当 Au_3Sn 的质量分数超过 3% 时，可形成脆性焊点，降低焊接可靠性。

16.2.2 无铅焊料的类型与基本特性

20 多年来，欧美、日本等对无铅焊料体系进行了较系统的研究与开发，到目前为止，已经取得许多成果和进步，某些体系的性能已经接近有铅（Sn-Pb）焊料的特性。Sn-Ag-Cu 体系的 SAC305 等是目前最有可能取代 Sn-Pb 体系的无铅焊料，并在工业电子产品上开始得到了应用。尽管在航天、航空和国防等高可靠性领域内，有铅（Sn-Pb）焊料还要继续使用一段时间，但是，随着时间的推移和无铅焊料性能的不断改进，无铅焊料也一定会应用到这些高可靠性领域。对于可靠性要求稍低一些的民用电子产品，可以采用较低共熔（晶）点和性能较差的无铅焊料。目前，无铅焊料已经在民用电子产品中广泛应用。

1. 无铅焊料的类型

以锡（Sn）金属为基础的无铅焊料可分为二元体系、三元体系、四元体系等，表 16-1 列出的是目前认为有应用价值的无铅焊料成分和组成情况。

表 16-1 无铅焊料的类型、合金组成和低共熔（晶）点

二元体系	低共熔（晶）点/℃	回流焊焊接温度/℃
95Sn/5Sb	238	260～280
99.3Sn/0.7Cu	227	250～270
96.5Sn/3.5Cu	221	250～270
96.5Sn/3.5Ag	217	240～260
91Sn/9Zn	198	220～240
97In/3Ag	143	170～190

（续）

二元体系	低共熔（晶）点/℃	回流焊焊接温度/℃
42Sn/58Bi	139	160~180
48Sn/58In	118	140~160
63Sn/37Pb（属有铅系）	183	210~240
三元或四元体系	**低共熔（晶）点/℃**	**回流焊焊接温度/℃**
95Sn/3.5Ag/1.5In	223	250~270
96.5Sn/3.0Ag/0.5Cu	217	240~260
95.2Sn/3.5Ag/0.8Cu/0.5In	212	235~255
91.8Sn/4.8Bi/3.4Ag	210	230~250
77.2Sn/20In/2.8Ag	192	220~240

从表16-1中可以看出无铅焊料的类型，到目前为止，研究、试验和试用的二元体系主要集中于Sn-Ag、Sn-Cu、Sn-Zn和Sn-Bi四个系列上，而从焊接性和可靠性角度看，最有实用价值的应是三元体系的Sn-Ag-Cu体系（SAC305，其组成为96.5Sn/3.0Ag/0.5Cu，质量分数）。

2. 无铅焊料的基本特性

实际上，表16-1不仅列出了无铅焊料的类型，而且也列出了它们最基本的特征，即低共熔（晶）点和要求的回流焊焊接温度（通常应比低共熔点提高20~40℃）。由于各种无铅焊料的研究时间不长，试用不多，实用（即批量生产）很少，大多还处于改进开发之中。再加上相关的标准还未制定或正在制定中，因此有关无铅焊料的基本特性还没有完全统一，报道的也不多，并且特性相差甚远。表16-2列出的二元体系无铅焊料的基本特性是有关文章报道的综合数据。

表16-2 二元体系无铅焊料的基本特性

无铅焊料合金组成	低共熔（晶）点/℃	基本优点	主要缺点
Sn/0.7Cu	227	机械强度好、抗热疲劳强度好、成本低	合金熔点高、焊接温度高、润湿性较差
Sn/3.5Cu	221	机械强度好、抗热疲劳强度较好、成本较低	合金熔点高、焊接温度高、润湿性较差
Sn/3.5Ag	217	机械强度好、抗热疲劳强度较好	合金熔点高、焊接温度高、润湿性较差、成本较高
Sn/9.0Zn	198	机械强度好	润湿性差、易氧化、脆性大
Sn/58Bi	139	低熔点、润湿性良好	机械强度低、易形成空洞、脆性大

16.2.3 无铅焊料与有铅焊料的比较

正如前面所述，目前的无铅焊料从焊接性和可靠性等各方面综合结果来看，最有希望并能取代有铅焊料（指传统的 Sn-Pb 体系）的类型与组成应是三元体系的 96.5Sn/3.0Ag/0.5Cu（又可写成 SAC305）。其各种性能（化学、物理和力学等）都处在其他无铅焊料体系之上。因此，无铅焊料 SAC305 和有铅焊料 63Sn/37Pb 的比较见表 16-3。

表 16-3　无铅焊料与有铅焊料的比较

类　别	SAC305	63Sn/37Pb	比　较
低共熔（晶）点/℃	217	183	前者高出 34℃，焊接温度需提高 20～40℃
表面张力/（mN/cm）	5.5（230℃）；4.72（240℃）；4.6（260℃）	4.7（230℃）；3.96（240℃）；3.8（260℃）	前者表面张力高出约 0.8mN/cm，润湿性较差，易产生裂缝等缺陷
熔融焊料与 Cu 面接触角/（°）	44	11	前者接触角大 3 倍，因此润湿性差，易产生露铜等缺陷
焊接前预热温度/℃	接近 200	150 左右	前者预热温度高 50℃左右，这对元器件和基板皆不利
高温焊接温度/℃	250～270	220～250	前者至少高 20℃，特别不利于元器件与基材的可靠性
熔融态停留时间/s	90	60	前者不仅焊接温度高，而且停留时间长，这也是对印制电路板基板和元器件造成损害的重要原因
焊料助焊剂	焊接时挥发大，稳定性差，形成焊渣多	焊接时稳定性好，挥发少，焊渣也少	应开发大于 260℃（或 300℃左右）的助焊剂体系
湿润时间/s	2	0.6	前者润湿性差，要延长高温焊接时间，才能得到较满意的焊点
焊接温度曲线	升温速度 3℃/s；降温速度 6℃/s	升温和降温速度相同为 3℃/s	前者冷却速度太快，易造成焊点微裂缝、气泡等
焊点特性	抗热疲劳良好，但焊点不易饱满、结合力较差、各种缺陷多，可靠性较差	抗热疲劳较差，但焊点饱满、结合力良好、各种缺陷少，可靠性高	前者虽耐疲劳强度良好，但表面张力大、润湿性差等造成的各种缺陷多

从目前的无铅焊料和 Sn-Pb 焊料的焊接性能与效果来看，Sn-Pb 焊料的焊接性能与效果仍然好于无铅焊料的焊接性能，其主要性能比较见表 16-4。

表 16-4　无铅焊料 SAC305 与 Sn-Pb 焊料的焊接性能比较

类　别	SAC305	63Sn/37Pb
焊接温度	高	低
表面张力	大	小
润湿性（时间）	差（2s）	好（0.6s）
焊点外观	粗糙、微孔	饱满、光滑

（续）

类　别	SAC305	63Sn/37Pb
桥接、挂锡、拉尖等	多并易发生	少
氧化（量）	易发生（多）	难发生（少）
焊接故障概率	多	少
焊点结合强度	低	高
焊料抗热疲劳强度	良好	较差
焊点内应力	大	小
综合焊接可靠性	较差	良好

从表 16-3 和表 16-4 的无铅焊料（SAC305）和有铅焊料（63Sn/37Pb）的主要特性比较中可以看出，除了无铅焊料 SAC305 的抗热疲劳强度较好（但其内应力大，抵消了好的抗热疲劳强度）外，其他性能只是不同程度地接近传统的有铅焊料，但都比传统的有铅焊料（63Sn/37Pb）的性能差。这表明无铅焊料要完全取代传统的有铅焊料，特别是在高可靠性要求的航天、航空和国防军工领域还有时日；但在民用、工业用电子产品领域肯定会从有铅焊料过渡到无铅焊料，并必然全面地实施起来；而无铅焊料会在实施过程中，通过“实践、发现、改进”，最终在各个领域必将得到全面推广和应用。

16.3 无铅焊料的焊接

无铅焊料的焊接不仅要研究解决焊接过程的特征问题，还要研究无铅焊料焊接对电子产品实施无铅化带来的整个系统工程的影响问题。传统而通用的电子产品的焊接方法主要有三种，即波峰焊、回流焊（红外焊接、热风焊接、气相焊接等）和手工焊接（现在还兴起激光焊接等）。无铅焊料还必须延续这些焊接方法。但是，就目前无铅焊料的焊接来看，最关注的有三大问题：①无铅焊料的低共熔（晶）点偏高；②无铅焊料的润湿性差，焊接需要有更高的焊接温度、更长的高温停留时间和更快的冷却速度；③无铅焊料焊接后焊点（或焊接）的可靠性。

16.3.1 无铅焊料的低共熔（晶）点

从目前无铅焊料的可实用性角度来看，大多数的无铅焊料的低共熔（晶）点是很高的，如现在最佳的 SAC305 的低共熔（晶）点为 217℃，比起传统的 63Sn/37Pb 有铅焊料的低共熔（晶）点（183℃）高出 34℃。按照传统 Sn-Pb 合金焊料的长期应用实践与经验，焊料的焊接温度要高出焊料合金的低共熔（晶）点 40℃左右。这就意味着无铅焊料（SAC305 或 SAC405）的焊接温度比传统的 63Sn-37Pb 焊料的焊接温度还得提高 20～40℃。同样，对于所焊接的元器件、印制电路板等的预热温度也得相应提高（目前大多提高 50℃左右）。无铅焊料的焊接要求有更高的预热温度和焊接、更长的高温焊接时间和更快的冷却速度等，对热敏感大的元器件、印制电路板基板等都将带来新的考验与挑战，如图 16-1所示。

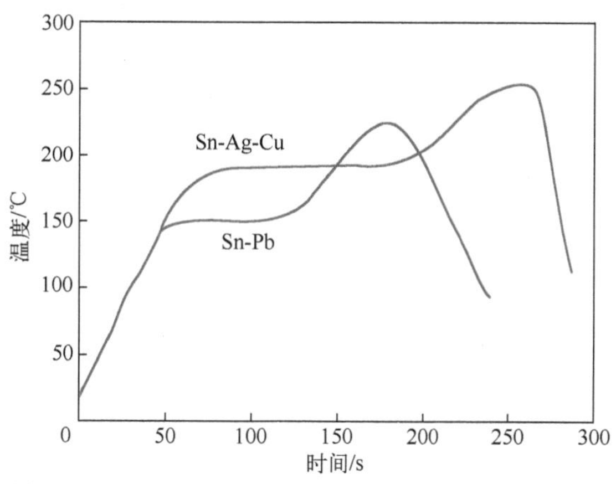

图 16-1　Sn-Pb 焊料与 Sn-Ag-Cu 焊料的焊接温度曲线

16. 3. 2　无铅焊料的润湿性能

无铅焊料（以 SAC305 为例）在高温熔融焊接时，由于表面张力比传统 Sn-Pb 焊料大（见图 16-2），因而其润湿性能较差，要求润湿时间更长。如焊料在 230 ~ 260℃之间时，无铅焊料 SAC305 的焊接润湿时间是传统 Sn-Pb 焊料的 2 ~ 3 倍（见图 16-3）。这就意味着，不仅要提高无铅焊料 SAC305 的焊接温度，而且高温焊接的停留时间也要更长（大约要再增加 50% 的时间，即由 60s 增加到 90s），才能获得较满意的焊接效果。同时，高温焊接后的冷却速度应比传统 Sn-Pb 焊料焊接后的冷却速度快一倍（由 3℃/s 增加到 6℃/s）才行，否则会使焊点的润湿性（或饱满程度）变差和产生裂缝等，但快速冷却容易引起更大的内应力和微空洞等，只能采取折中的方案。

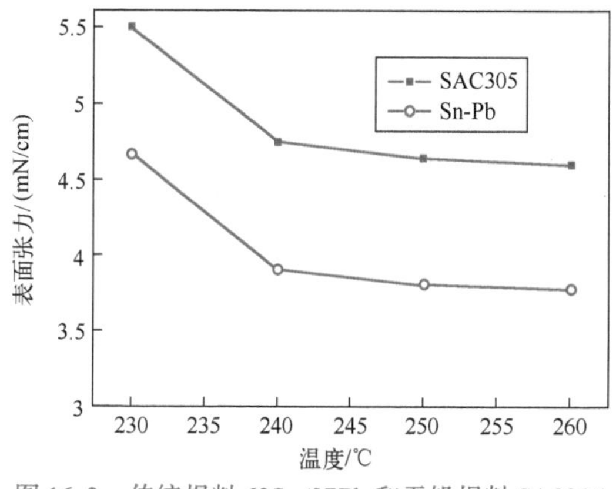

图 16-2　传统焊料 63Sn/37Pb 和无铅焊料 SAC305 的表面张力随温度变化情况

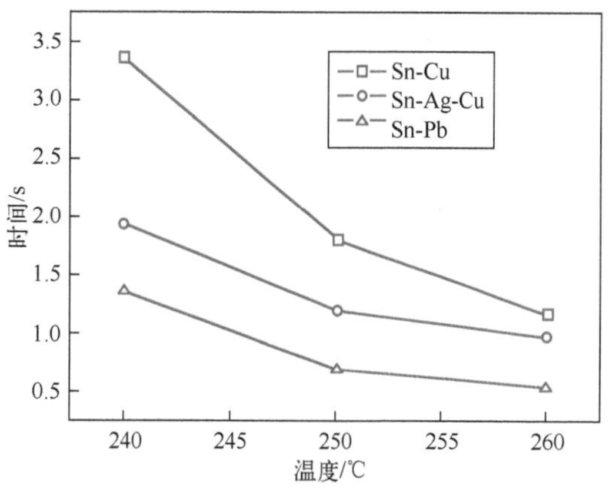

图 16-3　传统 Sn-Pb 焊料和两种无铅焊料的润湿时间与温度的关系

16. 3. 3　无铅焊料焊接的可靠性

1. 无铅焊料焊点的可靠性

从目前无铅焊料的试验、试用和报道来看，无铅焊料的焊点除抗热疲劳性能（强度）

优于传统 Sn-Pb 焊料外，其他的性能皆劣于传统 Sn-Pb 焊料所形成的焊点。无铅焊料所形成的焊点比起传统 Sn-Pb 焊料主要有如下不足与缺陷：

（1）无铅焊料焊接易于形成微空洞　在无铅焊料焊接时，这些微空洞主要发生在印制电路板焊盘（垫）表面与焊料接触的界面处（见图 16-4），尤其是铜焊盘的铜与锡界面之间将较为严重。焊盘上涂（镀）覆有有机焊接性保护膜、化学镀银、化学镀锡（特别是有机焊接性保护膜）等是较易于形成微空洞的。这些涂（镀）覆层很薄而仅仅是起保护铜表面（防氧化）的作用，在焊接时无铅焊料是与铜表面发生作用的，而热风焊料整平和化学镀镍/金与无铅焊料的界面处，在焊接时引起的微空洞是较少的。其主要原因是无铅焊料的表面张力大，再加上有机焊接性保护膜、化学镀银、化学镀锡和化学镀镍/金等的涂（镀）覆层总会含有不同程度微量有机物（主要来自添加剂），两者的共同作用都会引起不同程度的微空洞存在。

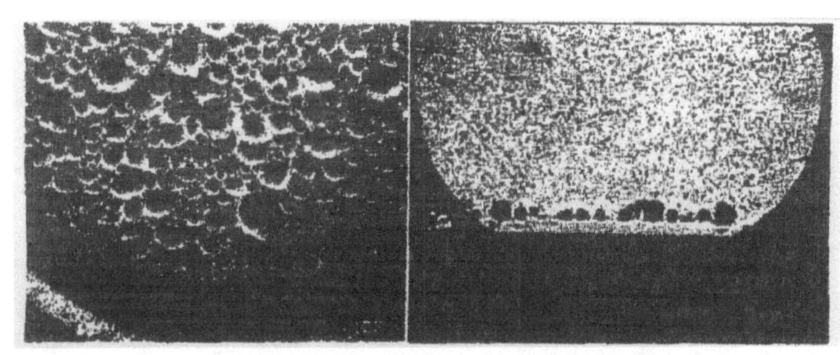

图 16-4　无铅焊料与焊盘界面处的微空洞

（2）微空洞的危害性　无铅焊料焊点处的微空洞是指焊料与焊盘界面处的微空洞，其最大直径可达 40μm，危害是很大的，它关系到焊接的可靠性。这是由于：①焊料与焊盘界面处的空洞就意味着连接的接触面积减少了，由于焊点的结合力大小是由结合强度和接触面积之积的大小来决定的，也就是说焊点的结合力减少了，结合力减少的程度将取决于微空洞的多少；②随着印制电路板等的高密度化发展，焊点和焊盘的接触面积将越来越小，也就是说焊点的结合力也会越来越小（假设焊料与焊盘的结合强度不变），这些微空洞的存在，会使其结合力变得更小；③微空洞的存在是焊点可靠性潜在的危险因素，在产品使用过程中，由于环境条件（特别是温度）的变化，使这些微空洞发生变化（如热胀冷缩）形成内（热）应力，从而削弱或破坏结合力；④微空洞可祸藏或滋生有害气体与物质等，当然也会损害焊点的结合力。这些微空洞影响焊接的可靠性主要表现在焊点处焊料与焊盘存在虚（假）焊、剥离、断裂等现象。好在无铅焊料具有较好的抗热疲劳强度，但必须减少微空洞的存在，才能保证可靠性所必需的结合力。

（3）微空洞的成因　无铅焊料在焊接中出现的微空洞结构主要存在于焊盘的铜表面与焊料的锡的界面之处。因此，产生这些微空洞主要取决于有机焊接性保护膜的耐热性能或热分解温度。这些因素决定了界面微空洞形成的程度。由于无铅焊料的焊接要求更高的焊接温度、更长的焊接时间以及更快的冷却速度，而有机焊接性保护膜更容易在界面处发生分解和挥发，更容易发生微空洞现象。因此，适用于 Sn-Pb 焊料焊接的有机焊接性保护膜不一定能适应无铅焊料的焊接，需要有更好耐热性能的有机焊接性保护膜材料。

此外，印制电路板焊盘表面状态（粗糙度、清洁度、氧化度等）也会影响界面微空洞的形成程度。如果焊盘表面粗糙度过大以及化学镀镍/金的镍表面粗糙度大而金层太薄或覆盖不完全等都能引起界面微空洞，甚至造成焊点发黑等。对于印制电路板焊盘铜表面微空洞形成来说，主要是表面粗糙度、氧化度和清洁度方面的原因。较小的粗糙度、没有氧化和清洁的铜表面是有利于降低出现微空洞概率的。因此，印制电路板的焊盘表面应该尽量减小粗糙度、防氧化和提高表面清洁度。

无铅焊料不仅锡的含量更高（比传统 Sn-Pb 焊料的 Sn 含量），而且焊接在更高的熔融温度和更长的时间下进行。这意味着锡和铜之间形成的金属间化合物会更加严重，其中以 Cu_6Sn_5化合物居多。无铅焊料在高温焊接时，焊接温度比传统 Sn-Pb 焊料更高，加上无铅焊料在焊接温度时的表面张力大，润湿性差，因此使 Sn 和 Cu 流动与扩散（主要是 Sn 向 Cu 表面流动与扩散）不均匀，来不及形成整体而均匀的 Cu_6Sn_5等金属间化合物润湿层，而是出现大小不一的微空洞，称为柯肯德尔空洞（Kirkendall voids）。因此，从这种微空洞的成因上看，降低无铅焊料的表面张力（可加入某些微量金属元素）、减小铜表面粗糙度和提高清洁度是有利的。

2. 无铅焊料焊接时印制电路板的可靠性

由于无铅焊料要求更高的预热温度、焊接温度和更长的高温焊接时间以及更快的冷却速度，因此印制电路板基板将受到比传统 Sn-Pb 焊料体系焊接时更大（高）的热冲击和热应力，从而对印制电路板基板也带来更大的损害，其结果必然影响印制电路板基板的可靠性。无铅焊料在焊接时对常规印制电路板基板可靠性的影响，主要表现在五个方面：①印制电路板基板分层、裂缝、变色等；②层间连接的导通孔发生裂缝、断开，甚至剥离（类似凹缩）；③焊盘（连接盘）翘起、脱落；④印制电路板基板扭曲、翘曲；⑤更易于发生导电阳极丝（CAF）现象。这五个方面发生的危害皆是与热（温度）成正比例的，因此其危害程度将比传统 Sn-Pb 焊料在焊接时带来的损害概率更高、程度更大。这些危害，既是对覆铜板的要求，也是向印制电路板基板提出的挑战。

（1）印制电路板基板分层、裂缝和变色等问题　印制电路板基板分层、裂缝和变色等的程度都是与热成正比例的。无铅焊料的焊接温度比传统 Sn-Pb 焊料要高 20～40℃（见表 16-5），而在高温焊接（熔融态）时的停留时间要长 1/3～1/2（见表 16-5）和冷却速度更快。这样便易发生如下问题：①由于基板内材料热膨胀系数的差异，在常规印制电路板基板发生层与层之间，特别是多层印制电路板内半固化片与覆铜箔层压板基片之间（含导电图形）更易于分层起泡，如图 16-5、图 16-6 和图 16-7 所示；②基板介质层内玻纤布与树脂或内层板面树脂发生微裂缝，这是由于玻纤布的 CTE（$5\times10^{-6}\sim7\times10^{-6}$℃$^{-1}$）和树脂的热膨胀系数（常规环氧树脂在温度小于 T_g下，热膨胀系数约为 80×10^{-6}℃，而在大于或等于 T_g 时，其热膨胀系数将超过 200×10^{-6}℃$^{-1}$）差异，或者是铜箔（热膨胀系数为 17×10^{-6}℃$^{-1}$）与介质层（热膨胀系数为 $14\times10^{-6}\sim17\times10^{-6}$℃$^{-1}$）的热膨胀系数差别，甚至覆铜箔层压板基片和半固化片的热膨胀系数（即主要是“新”“旧”介质层）之间差别等而引起的，也有可能是与树脂的分解温度（T_d）较低有关；③印制电路板基板表面变色（开始炭化的象征），这表明高温焊接下使树脂结构发生了变化或发生了分解现象。

表 16-5　在焊接时无铅焊料与 Sn-Pb 焊料的操作条件

焊料体系	合金低共熔点/℃	热风焊料整平温度/℃	最高焊接温度/℃	熔融态停留时间/s
Sn-Ag-Cu 系	217	250～260	250～260	90
Sn-Cu 系	227	260～270	260～270	90
Sn-Pb 系	183	220～240	220～240	60

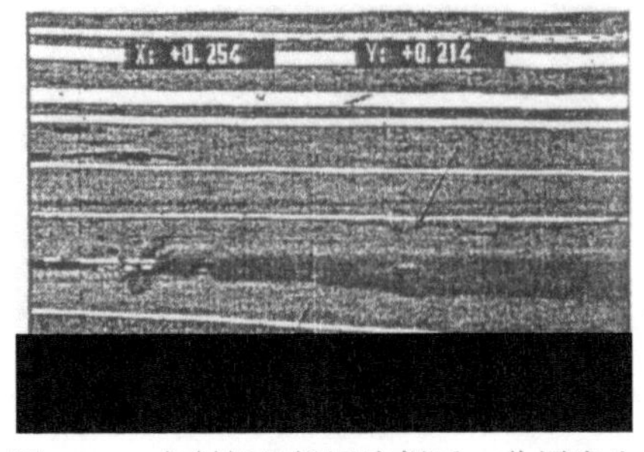

图 16-5　在制板经铅回流焊后，分层发生在 Cu－树脂和树脂－玻璃纤维的界面处

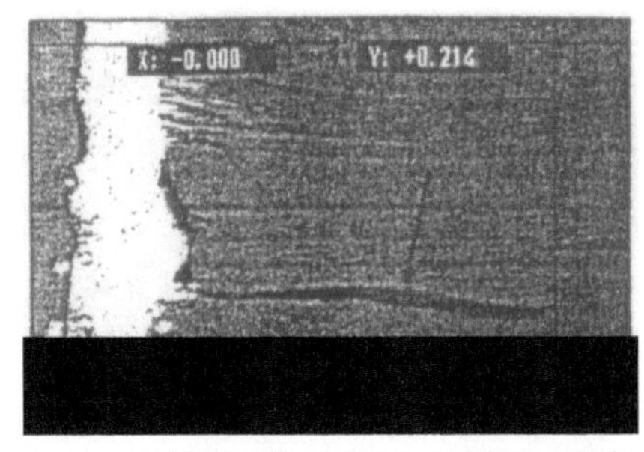

图 16-6　在球栅阵列（BGA）区域经无铅焊后，分层主要发生在树脂－玻璃纤维界面处

（2）层间连接导通孔的裂缝、断开与剥离　层间连接导通孔的裂缝、断开与剥离是由基板内介质层和导通孔铜镀层之间的热膨胀系数差别而引起的可靠性问题。所不同的是，这种热膨胀系数的差别主要是树脂与孔内镀铜层在 Z 方向的热膨胀系数差别大而发生的。

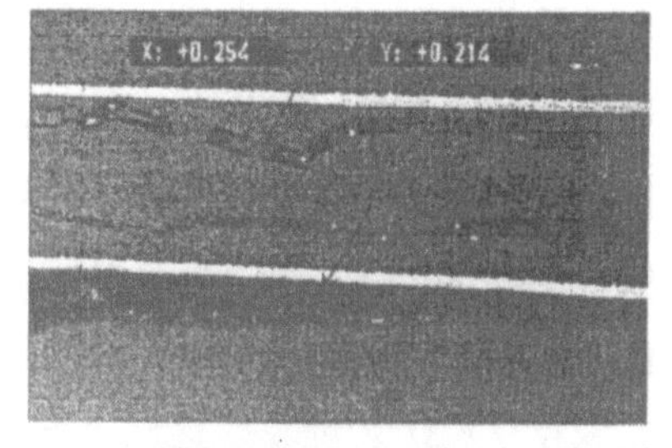

图 16-7　在制板经无铅回流焊后，分层发生在 Cu－树脂和树脂－玻璃纤维界面处

印制电路板的金相显微切片图显示，层间连接导通孔问题主要发生在：①在第 2 层和第（$n-1$）层与通孔铜镀层断开，因为在这两个连接处是多层印制电路板基板内铜结合较差（与最外层比，因最外层有更厚的铜保护）和第二大的膨胀处，当然也是热膨胀系数差别最大处；②在孔内壁某处局部裂缝，大多是发生在孔内镀层有缺陷处，如空洞、杂质或镀铜层较薄的地方等；③在孔内壁某处发生环形断开（裂），主要是由于孔内铜镀层厚度不均匀（往往发生在最薄处）造成的，特别是常规的直流电镀的情况。当然，这三种缺陷情况也可能是由于铜镀层的延展性不高（如铜镀层的延展性≤12%时），在无铅焊料的焊接条件下加剧了这些缺陷的发生概率与程度。

（3）焊盘翘起与脱落　在无铅焊料焊接时，印制电路板上的焊盘会出现概率更多的翘起与脱落（见图 16-8 和图 16-9）。根据研究报道，焊盘翘起与脱落主要有两个方面的原因：①在高热（高温焊接）冲击下，由不同材料（铜箔与树脂）热膨胀系数差别引起的高热应力，这意味着高的热应力（注意，这里是指无铅焊料焊接后的高凝固点和快速的冷却速度等产生的）已超过了焊盘铜箔与树脂之间的结合力（特别是高密度的小焊盘和狭小的环宽时，翘起更严重，参见图 16-8 与图 16-9）；②焊盘铜箔处具有更高的温度（铜的热导率高、传热率也高），使焊盘下的树脂表面具有更高的温度，从而使树脂（特别是常规的环氧树脂的分解温度 T_d较低，即 $T_d=310\sim320℃$）发生局部的高温分解所致。焊盘翘起与脱落的其他方面原因，如覆铜箔层压板基材的等级与性能、印制电路板的加工处理等。

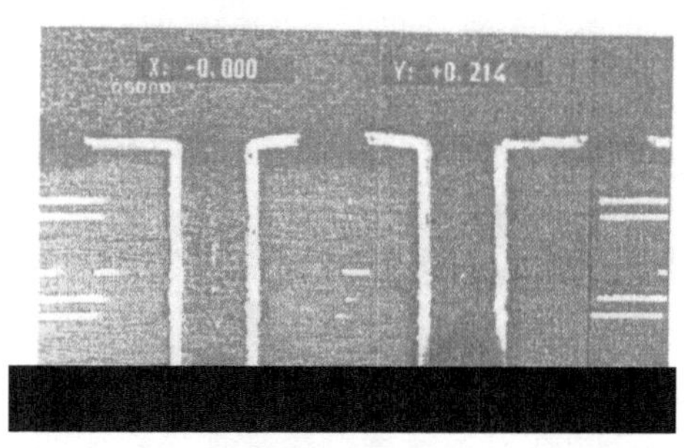

图 16-8　无铅焊接的温度更高，降低焊环宽度会引起更大的翘曲

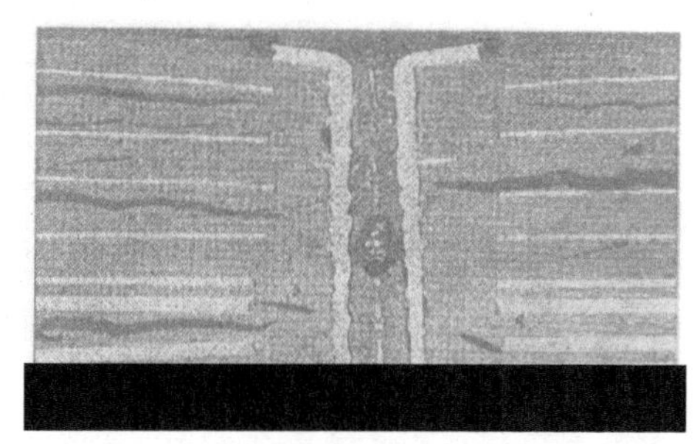

图 16-9　由双氰胺固化的制板在常规通孔处的树脂－玻璃纤维界面也会发生分层

（4）印制电路板基板发生翘曲与扭曲　无论普通的单双面印制电路板，还是多层印制电路板，无铅焊料的高温焊接均会形成更大的翘曲度和扭曲性。这是由于无铅焊料的焊接必须在更高温度与更长时间的条件下进行，加上焊接后需要更快的冷却速度和更高的凝固点（与低共熔点相同），因此使得整体的印制电路板基板内部的各种材料的热膨胀系数差别更大（注意，这里指无铅焊料焊接后的高凝固点和快速冷却温度等带来的结果），相应的综合热应力也较大，因而在冷却下来的“自由”态下，表现出更大的翘曲度和扭曲性。

（5）导电阳极丝　导电阳极丝（Conductive Anodic Filament，CAF）是铜迁移的一种。铜沿着层压板的玻璃纤维迁移，如果不遏制就会引起线路短路。采用无铅焊料焊接会不会产生更大概率的导电阳极丝，有关这方面的研究与报道的内容不多。但是，从导电阳极丝产生的机理可以知道，其产生条件有：①存在可移动的离子（可以是内部固有的或外来的）；②潮湿（湿气、水分、溶液等）条件；③形成电极的电压；④形成通道，如导电层（或孔、线）之间的介质层内有裂缝、分离或表面污染。很显然，无铅焊料要求有更高焊接温度和更长的焊接时间，因而使印制电路板基板在焊接时产生缺陷（形成导电阳极丝的通道）的概率和程度更大，这无疑给导电阳极丝的形成增加了更高的概率。在印制电路板不断走向高密度化的发展趋势下，导通孔与导通孔、导线与导线、层与层（介质层越来越薄）等的间距越来越小。高密度印制电路板发生导电阳极丝的概率也相应地增加。因此，在印制电路板面向高密度化发展的背景下实施无铅焊料焊接，导电阳极丝热问题应引起重视。

16.4 无铅化对电子元器件的要求

无铅化焊接时更高的焊接温度、更长的高温焊接时间以及更快的冷却速度对电子元器件及其引脚（线）表面涂（镀）层造成较大的热冲击，因而需要对电子元器件的耐热性能进行系统介绍。

16.4.1 元器件的耐热性能

无铅焊料决定了用于无铅化焊接的元器件需要有更好的耐热性能，特别是对于热敏感的元器件必须改进其耐热性能，否则会损害其特性，甚至产生可靠性问题。因为传统的元器件是以常规的 Sn-Pb 焊料焊接为环境条件而研发的。现有的无铅焊料的焊接环境条件恶化是否会影响元器件的性能，需要加以研究并改进。

对元器件耐热性能的失效问题，主要体现在一些潮湿敏感元器件。随着工艺温度的不断上升，元器件将会吸收大量的湿气，这些湿气在高温下，将会发生汽化，此时汽化将会发生快速膨胀，最终将会形成较大压力，此时将有可能会引起裂纹、分层等各种不良现象，进而将会降低电子元器件的质量，导致其性能受到影响。

无铅工艺对元器件可靠性的另一项影响是焊接的高温对元器件内部连接造成的影响。元器件的内部连接方法有超声压焊、金丝球焊，以及倒装焊等多种不同方法，尤其是 CSP（芯片级封装）、BGA（球栅阵列）和组合式复合元器件、模块元器件等新型元器件。倒装 CSP、BGA 内部封存芯片凸点采用的焊膏为 Sn-Ag 无铅焊料焊接。该焊料的熔点为 221℃。如果针对这样的焊接在具体焊接过程中，采用无铅焊接，期间内部焊点与表面组装焊点将会同一时间再融化、凝固一次。这一过程中会对元器件的可靠性造成巨大的不良影响。因此，无铅元器件内部连接采用的材料必须符合焊接工艺对于高温的要求，应当采用熔点比二级组装焊接需要的焊接温度更高的焊料，避免焊接期间内部连接点的重熔。

16.4.2 电子元器件引脚（线）表面涂（镀）层无铅化

为了提高焊接时的焊接性，电子元器件引脚（线）表面涂（镀）层类型在无铅焊料的焊接中也会影响无铅焊接的可靠性。

1. 电子元器件引脚（线）表面涂（镀）覆焊接性金属与合金

目前，电子元器件引脚（线）表面涂（镀）的焊接性金属或合金层有 Sn、Ag、Au、Sn-Pb、Sn-Ag、Sn-Cu、Sn-Bi、Au-Sn 等。它们除了起着引脚（线）表面保护（不被氧化等）作用外，还起着与无铅焊料的焊接作用，或者还与焊料在焊接时形成界面合金的作用，随之而来便有可靠性问题。

2. 电子元器件引脚（线）的焊接可靠性

在元器件引脚（线）表面的各种涂（镀）层进行无铅焊料 SAC305 焊接，在焊接层中发现含铅的 Sn-10Pb 层会形成熔融性剥离，即焊接时会形成 Sn-Ag-Pb 低共熔（晶）点（179℃）合金。这使引脚（线）脱离焊料，从而影响焊点的可靠性。其他各种表面涂（镀）层在无铅焊料 SAC305 的焊接中仍然有较好的可靠性。在引脚（线）镀金的情况下，如果镀金层太厚，金会熔入熔融的焊料中，当金的含量超过 3%（质量分数）时，焊点的焊料会发脆，从而会发生脆裂或断离等可靠性问题。

“熔融性脱离”的原理：当采用无铅焊料 SAC305 在高温焊接后冷却到 217℃时，整个焊点应该开始并完全凝固了。但是由于接近元器件引脚（线）表面含有 Pb 而与 SAC305 形成 Sn-Ag-Pb 合金，其低共熔（晶）点为 179℃，比 SAC305 合金低共熔（晶）点低

38℃，因此不会发生凝固。只有继续冷却到≤179℃才会发生凝固。由于冷却、凝固等发生冷缩，使引脚（线）脱离了焊接的焊料，这就是“熔融性脱离”。涂覆有 Sn-10Pb 焊料的元器件引脚（线）表面经过无铅焊料 SAC305 焊接的焊点，再经过温度循环试验（Temperature Cycle Test，TCT）后发现引脚（线）与焊料界面处脱离的缝隙或断裂，如图 16-10 所示。经温度循环试验（TCT）后的引脚（线）再进行拉脱试验的表面所黏接的焊料含量要少得多，如图 16-11 所示。

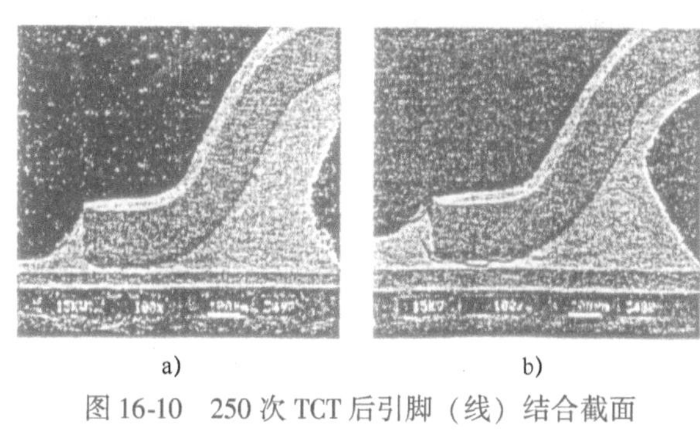

图 16-10　250 次 TCT 后引脚（线）结合截面

a）Sn-Bi　b）Sn-Pb

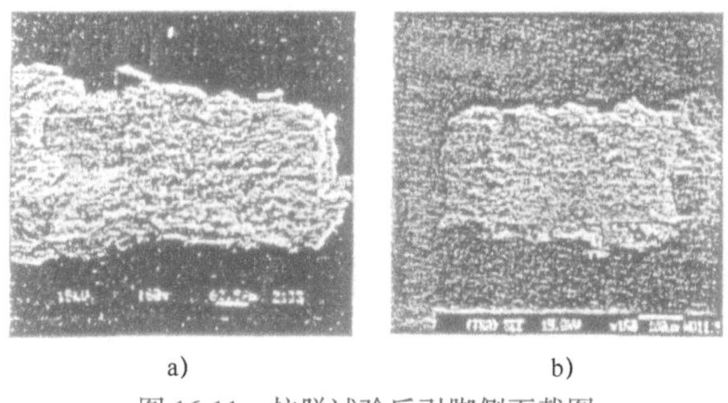

图 16-11　拉脱试验后引脚侧面截图

a）Sn-Bi　b）Sn-Pb

16.5 无铅化对覆铜箔层压板的基本要求

无铅焊接对覆铜箔层压板最基本的要求是要具备良好的耐热性能，这是由无铅焊料的特性来决定的。与传统 Sn-Pb 焊料相比，无铅焊料具有最根本的两大特征：①最有希望应用的无铅焊料 SAC305 的低共熔（晶）点为 217℃，比传统 Sn-Pb 系高出 34℃；②在高温焊接时表面张力大，因而润湿性差。无铅焊料的这两大特征决定着印制电路板基板在焊接中比传统 Sn-Pb 焊料有更高的要求：①需要有更高的预热温度（高 50℃左右）与更长的预热时间（长 15s 以上）；②要有更高的焊接温度（高 20～40℃）；③需要有更长的焊接时间，在熔融态的停留时间从 60s 延长到 90s；④焊接后需要有更快的冷却速度，由 3℃/s 提高到 6℃/s，即快一倍的冷却速度，才能保证焊点的完整性。另外，若采用无铅焊料进行热风整平时，印制电路板基板还要先受到更高温度的热伤害。

除了持续改进无铅焊料及其焊接工艺技术外，主要是要提高印制电路板基板的耐热性能和散热性能，其途径主要是通过印制电路板用的覆铜箔层压板基材、印制电路板制造工艺和热设计（对于板外的散热和导热措施，如风冷、液冷、板面贴压散热片等）等方法来解决。

要提高和改善印制电路板基板的耐热性能，最根本的是选用高耐热的覆铜箔层压板基材。能适应无铅焊料焊接条件的覆铜箔层压板应具备如下要求：高的热分解温度（T_d）、高的玻璃化温度（T_g）、低的热膨胀系数和好的耐导电阳极丝（CAF）特性等。

16.5.1 高的热分解温度（T_d）

无铅焊料焊接的印制电路板试验和应用表明，采用高分解温度（T_d）树脂的覆铜箔层压板基材是最重要的，或者说覆铜箔层压板的耐热性能主要取决于树脂的热分解温度。所以，仅仅采用高 T_g 和低热膨胀系数的基材是远远不够的。这不仅增加了制造成本，而且耐热性能也不能提高与改善（见表 16-6）。从表 16-6 中可看出，应选择低 T_g 和高分解温度 T_d（最好 $T_d \geqslant 350℃$）树脂组成的基材（LGHD）或高 T_g 和高 T_d 树脂组成的基材（HGHD），才能得到更好耐热性和可靠性的印制电路板。因此，只有提高覆铜箔层压板中树脂的热分解温度（如 $T_d \geqslant 350℃$，最近 IPC 草案规定 $T_d \geqslant 330℃$ 或 $\geqslant 340℃$），才能保证无铅焊接印制电路板的耐热性和可靠性问题（见图 16-12）。试验表明，采用酚醛固化的常规 FR-4 材料比起采用双氰胺固化的 FR-4 材料具有更高的分解温度，因而也具有更好的耐热性和适应于高温的无铅化焊接的要求。

表 16-6 四种 FR-4 材料层压为 2.36mm 厚的十层板耐热性能情况

基材特性	LGLD	HGLD	LGHD	HGHD
T_g/℃	140	172	142	175
T_d/℃	320	310	350	350
50～250℃的 Z 向膨胀率（%）	4.40	3.40	4.30	3.15
T_{260}/min	4.5	2	12.5	15

注：1. LGLD—低 T_g 和低 T_d 组成的树脂；HGLD—高 T_g 和低 T_d 组成的树脂；LGHD—低 T_g 和高 T_d 组成的树脂；HGHD—高 T_g 和高 T_d 组成的树脂。
2. 采用 LGHD 的基材和高延展性镀铜技术的印制电路板可以通过 299℃/5min 的热应力和 −40～+145℃ 热循环 2000 次。
3. 极限温度试验，甚至采用 T_{288} 条件进行。T_{260} 表示在 260℃ 进行试验的时间。
4. 采用酚醛固化的常规 FR-4 材料的缺点是“眼图”较小，因此在高频范围使用时，具有较大的损耗（即损耗因子较大）。

从成本与市场竞争力来看，目前最佳的途径应是采用具有高分解温度的常规 FR-4 或耐热（高分解温度）FR-4 基材和先进的电镀（精细晶粒结构）技术相结合的方法。但是，在选择 FR-4 基材时，最好选用低玻璃化温度（LG）与高分解温度（HD），或高玻璃化温度（HG）和高分解温度（HD）的材料，见表 16-6。这样可以得到更好耐热性能的印制电路板产品。

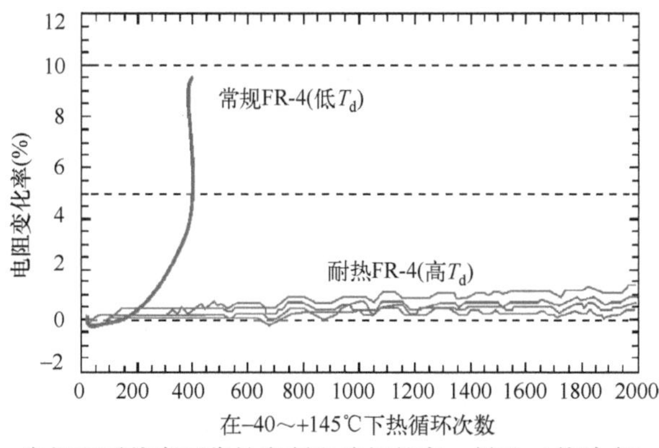

图 16-12　常规和耐热高可靠性印制电路板的高 - 低温（热冲击）循环情况

16.5.2　采用高 T_g 的树脂基材

高 T_g 树脂层压板基材具有较高的耐热特性，这对印制电路板无铅化无疑是有利的。这意味着，在常规的印制电路板基础上提高 T_g 后可以较好地提高其耐高温焊接性能（见表 16-7），在无铅焊料焊接时也能表现出更好的热尺寸稳定性。此外，相应材料的热膨胀系数（CTE）也比较低（见图 16-13），这对于印制电路板无铅化加工或电子产品实施无铅化是非常有利的。

表 16-7　各种基材树脂的 T_g 和 CTE

树 脂 名 称	T_g/℃	CTE/10^{-6}℃$^{-1}$	备　　注
常规环氧树脂	125～135	80～85	—
耐热（改性）环氧树脂	150～170	50～70	—
PPE/PPO 树脂	180～240	40～45	聚苯醚
BT 树脂	185～230	40～45	双马来酰胺 - 三嗪树脂
PI 树脂	220～260	40～45	聚酰亚胺

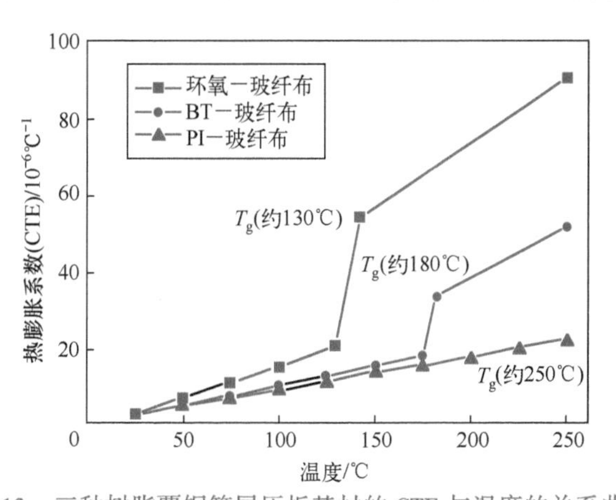

图 16-13　三种树脂覆铜箔层压板基材的 CTE 与温度的关系曲线

16.5.3 选用低热膨胀系数的覆铜箔层压板材料

印制电路板在高温焊接过程中，由于大多数的元器件的热膨胀系数为（5～7）$\times 10^{-6}$℃$^{-1}$，而常规印制电路板的 X、Y 方向的 CTE 为（13～15）$\times 10^{-6}$℃$^{-1}$，两者的热膨胀系数相差（8～10）$\times 10^{-6}$℃$^{-1}$。因此，对于无铅化印制电路板来说，选用在 X、Y 方向具有低热膨胀系数的材料至关重要。

这种由温度引起的 CTE 差别，形成了热和/或机的残余应力。随着印制电路板高密度化的焊点面积的不断缩小而影响印制电路板的可靠性（即前面所述的断裂、剥离、脱落、翘曲等）将越来越严重。一般要求两者的 CTE 差别要不大于 5×10^{-6}℃$^{-1}$才能保证印制电路板长期使用的可靠性。无铅化的实施使得两者的热膨胀系数差别（合金低共熔点更高了）更大。这意味着其热残余应力会更大。为了保证无铅化焊接的印制电路板的可靠性，无铅化焊接的印制电路板的热膨胀系数与元器件的热膨胀系数之间的差别要求比 5×10^{-6}℃$^{-1}$更小，例如≤3×10^{-6}℃$^{-1}$。这就要求无铅化用的印制电路板的覆铜箔层压板的 X、Y 方向的热膨胀系数进一步减小，见表 16-8。

表 16-8 印制电路板高密度化发展要求覆铜箔层压板的 CTE（X、Y 方向）

年 份	1998	2002	2005	2010
ΔCTE/10^{-6}℃$^{-1}$	≤7	≤5	≤5	≤3
X、Y 方向的 CTE/10^{-6}℃$^{-1}$	13～15	12～13	10～12	8～10

注：ΔCTE 是指印制电路板基材在 X、Y 方向的热膨胀系数与元器件引脚（线）热膨胀系数之间的差别。

由于覆铜箔层压板介质层内的玻纤布的热膨胀系数为（5～7）$\times 10^{-6}$℃$^{-1}$，它接近于元器件引脚（线）的热膨胀系数，因此覆铜箔层压板介质层的热膨胀系数完全取决于所含树脂的热膨胀系数［温度 $<T_g$ 时，一般为（40～85）$\times 10^{-6}$℃$^{-1}$，而温度 $\geq T_g$ 时，大多为（200～400）$\times 10^{-6}$℃$^{-1}$］，所以在覆铜箔层压板中要降低热膨胀系数的实质就是降低树脂的热膨胀系数问题。

16.5.4 提高耐 CAF 特性

在覆铜箔层压板介质层中，提高耐导电阳极丝（CAF）性能可以采取如下措施。

1. 提高树脂对玻纤布的浸润性

对玻纤布（纱）进行偶联剂（如硅烷类等）处理，降低表面张力使树脂易于湿润玻纤表面、扩大接触面并充分结合，减少介质层内显微裂纹与微泡等，从而降低硅烷水解的可能性或等级，提高耐导电阳极丝能力。因此，针对不同树脂，选择湿润性好（表面张力小）和抗水解能力强的偶联剂类型进行处理，对于提高耐导电阳极丝能力是有利的。

2. 选用新型结构玻纤布（开纤布或扁平布）**为增强材料**

由玻璃纤维纱（股）织成的布，经处理形成的开纤布或扁平布，其玻璃纤维是充分均匀地散开来的，而不是由纱股绞织并具有“孔眼”的玻纤布。因而，开纤布或扁平布是十分有利于树脂的渗透并形成均匀分布的介质层，不仅降低了介质层的热、机内应力，而且明显减少了显微裂纹与微泡等，因而对于提高耐导电阳极丝能力等是十分有利的。

3. 降低树脂中的离子含量

在覆铜箔层压板的介质层中往往会存在着多种离子（尽管是微量的），它们对产生导电阳极丝起着促进作用。从产生导电阳极丝部位分析得知，这些离子有铜离子（Cu^{2+}）、氯离子（Cl^-）和氨离子（NH_4^+）等。氨离子主要来自树脂的固化剂（如双氰胺），氯离子主要来自残留在树脂中的水解氯，而铜离子主要是“后天”的。因此，要提高耐导电阳极丝能力，首先要尽量降低覆铜箔层压板介质层内的氯离子和氨离子等的含量。

4. 降低覆铜箔层压板的吸湿率（性）

板材内存在水分（或湿气）是产生离子迁移（或导电阳极丝）的必要条件和充分条件。没有水分存在，离子无法运动，离子迁移（在电场或电势下）也不会发生。因此，降低覆铜箔层压板的吸湿率，将有利于提高耐导电阳极丝等级，降低离子迁移性程度。

16.6 无铅化对印制电路板基板的主要要求

电子产品实施无铅化，对印制电路板基板的主要要求是进一步提高其耐热性能，或者说要明显地提高其耐热的可靠性。这就是说除了提高覆铜箔层压板等材料的耐热可靠性外，印制电路板还要通过生产加工提高其耐热可靠性。解决耐热问题主要包括提高多层印制电路板的层间黏合力、孔壁的光洁度（降低粗糙度）、铜层之间的结合力、铜镀层的延展性和板面清洁度等。同时，为了提高和改善印制电路板的耐热性能，也需要改进印制电路板板内外的导（散）热性能。另外，印制电路板表面涂（镀）层的类型与状态等也影响无铅焊料的焊接性能。

16.6.1 印制电路板制板的加工改进

1. 提高多层印制电路板的层间黏合力

铜表面形成的氧化层很薄又很牢固，因此提高多层印制电路板的层间的黏合力大多数采用“黑氧化”或“红（棕）氧化”方法。但是，“黑氧化”后呈树枝结构，有较高的结合力，但工艺控制要求严格，熔融树脂充填较难，而“红（棕）氧化”后呈颗粒状结构，容易控制且稳定，因此目前大多数采用“红（棕）氧化”技术。但是，不论“黑氧化”，还是“红（棕）氧化”，它们都会产生“晕环（粉红圈）”。按照过去的标准这是可以接受的，然而由于高密度化的发展和耐热性的要求已经受到挑战，逐渐变成不可接受。解决办法是“红（棕）氧化”后，通过处理除去氧化层，或者使用化学工艺处理形成铜表面粗糙度。目前和今后的趋势是在铜表面粗糙度的基础上涂覆一层耐热的有机（或高分子）化合物，它的一面能与铜表面产生“络合”作用，而另一面能与半固化片中的树脂发生化学反应或熔融黏合作用，它可以更大程度地提高层间的黏合强度和耐热性。

2. 提高基铜（覆铜板上的铜）**和电镀铜的结合力**

采用“直接电镀”等工艺与技术，消除化学镀铜层结合力差的缺点，提高印制电路板内层与孔壁的结合力。

3. 提高镀铜层的延展性

目前大多数的镀铜层的延展率处于8% ~12%之间。其延展性不高主要是由于铜镀层中的晶粒过大，镀层中C、S（来自添加剂）含量较高等而造成的。因此，在镀铜过程中控制好“晶核形成大于‘结晶成长’的比率”，可获得较小的晶粒和表面粗糙度（凹凸）的结构，明显提高镀铜层的延展性（18% ~20%），因而大大提高了印制电路板（*Z*方向）导通孔的耐热可靠性。目前采用这种技术形成的电沉积的铜箔的延展性已经达到甚至超过冷轧的铜箔的延展性，并大量地使用于挠性印制电路板上。同时，在常规的FR-4基材上采用这种镀铜工艺与技术而生产的刚性多层印制电路板，也明显地提高了镀铜层的延展性，其耐热应力可达30次（在300℃/10s下）以上，高、低温循环（热冲击）次数高达1800次以上。

4. 提高镀铜层厚度均匀性

除了采用低电流密度和高分散能力镀液等条件外，目前已向脉冲电镀技术发展。脉冲电镀是最理想的达到镀铜层均匀厚度的电镀方式，均匀的孔内铜镀层无疑可提高*Z*方向的耐热性能。

5. 提高耐导电阳极丝性能

影响导电阳极丝性能的因素是多方面的，但是导电阳极丝的发生主要在孔与孔、导线与导线、层与层、孔与导线等之间，尤其是孔与孔之间的导电阳极丝问题占大多数。而影响印制电路板的导电阳极丝性能的因素，除了导电阳极丝基材外，从印制电路板制造加工角度看，主要是改善层间致密性和结合力、提高钻孔的对位度、改进钻孔参数、降低孔壁表面粗糙度（如小于15mm等）、提高在制板的表面清洁度等。这些措施都能提高耐导电阳极丝性能。

16.6.2 印制电路板导（散）热措施的改善

印制电路板中的介质层热导率很小（见表16-9），因而散热性较差。在印制电路板使用过程中极易使印制电路板内部温升过高，从而造成变形（不同材料CTE差别等形成的热应力）过大，最后也会引起耐热可靠性问题。

表16-9 各种原、辅材料的导热等性能情况

材料名称	热导率/[W/(m·℃)]	CTE/10^{-6}℃$^{-1}$	T_g/℃	备注
环氧树脂	0.133	80~85（≤T_g）	≥140	改性环氧树脂
聚苯醚（PPO/PPE）	0.186	40~45（≤T_g）	≥210	改性聚苯醚
聚酰亚胺（PI）	—	40~45（≤T_g）	≥230	改性聚酰亚胺
玻璃纤维布	1.0	5~7	—	增强材料
FR-4基材	0.5	13~15（*X*、*Y*方向）	≥140	介质层材料
氧化铝（Al_2O_3）	25~40	5~7	高热稳定性	可做填充材料
氮化硼（BN）	1300	—	高热稳定性	可做填充材料

（续）

材料名称	热导率/［W/（m·℃）］	CTE/10^{-6}℃$^{-1}$	T_g/℃	备　注
铜	403	17	—	金属芯或散热片
铝	236	23.6（0～100℃）	—	金属芯或散热片
氧化铝陶瓷基板	18	5～7	高热稳定性	IC 封装基板等

从表 16-9 中可看出，印制电路板的介质层材料的热导率很小，不能把印制电路板上由于焊接和使用过程产生的高热快速地传递（导）或释放出去，从而引起印制电路板可靠性问题。为了解决这个问题，可以采取下述五种有效措施来降低印制电路板的温升和高热（温）问题。

1. 在覆铜箔层压板的介质层中加入高导热性的材料（填料）提高印制电路板的热导率

在覆铜箔层压板介质层中加入高导热性材料，可把相当多的热量快速散发出去，使印制电路板中的热量不会聚集过多而引起高温，从而降低了印制电路板的整体温升，提高了可靠性。这种在印制电路板介质层中加入导热性材料是以“粉末颗粒”（如氮化硼、陶瓷粉料等）加入树脂中来形成介质层的，因此这些材料大多是由覆铜箔层压板制造商来完成的。这些材料的散热性能（程度）取决于加入导热性材料的数量与类型，即导体材料所占体积比率和热导率。此外，这些导热率高的材料加入还可带来热膨胀系数下降，有利于改善印制电路板的尺寸稳定性和耐热可靠性。

随着电子产品的便携化方向发展，要求印制电路板进一步朝着高密度化和薄型化的方向发展，通过填料方法来改善和提高印制电路板介质层的导热性能是今后发展的一个重要方向与课题。

2. 采用导热性能好的材料堵塞（充填）导通孔来改善和提高热导率

在印制电路板的导通孔中采用堵塞导电胶（如含银－铜颗粒），或者采用电镀铜填孔技术等方法，皆能得到很好的导热性能，快速地降低板内的温度，改善印制电路板的耐热可靠性。采用电镀铜填孔方法，技术已经成熟。由于镀铜堵（塞）孔具有很好的导热性能，因此要求有导热性能的高密度的表面安装印制电路板的导通孔皆采用了电镀铜填孔技术来满足导热的要求。

3. 改进导通孔结构设计来改善和提高导热性能

采用叠孔、盘内孔和先进型固态凹块工艺（Advanced Grade Solid-Bump Process，AG-SP）凸块等都能得到很好的导热效果，改善印制电路板在加工、焊接和使用时的耐热可靠性，如图 16-14、图 16-15 和图 16-16 所示。这些结构不仅能够改善印制电路板的导热性能，而且能提高电气性能，因此在便携式电子产品中得到了广泛的应用。

4. 在印制电路板内部夹入金属芯形成金属芯印制电路板

由于印制电路板内部加入金属芯（如铜或铝板等）可以把印制电路板内部产生的高热迅速地传导出来，从而降低了印制电路板内部和整体的温度。目前，金属芯（特别是铝基板）结构的印制电路板主要应用于大功率的印制电路板场合（如电源板、汽车电装板等）。

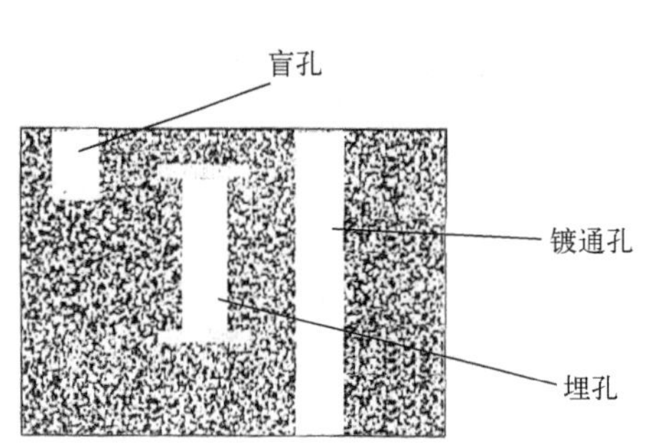

图 16-14　已填孔的各种导通孔

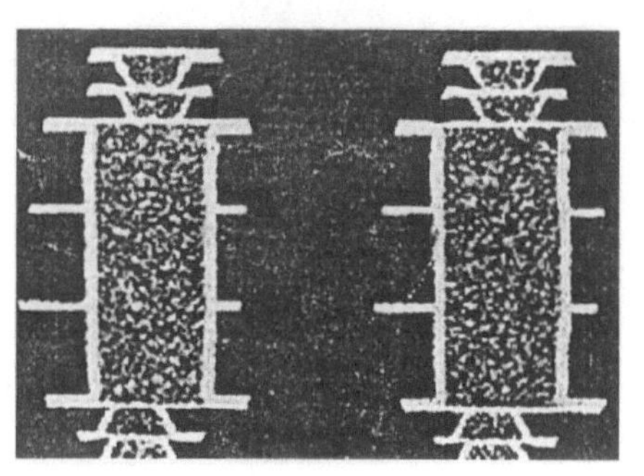

图 16-15　盘内孔及其盘上叠孔

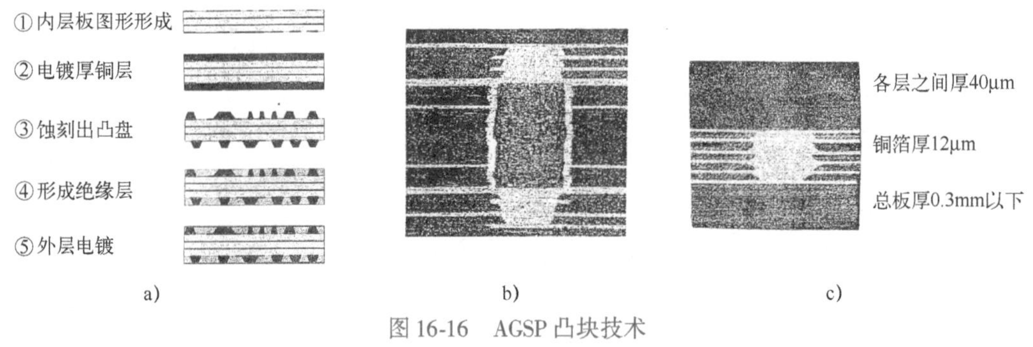

图 16-16　AGSP 凸块技术

a) AGSP 工艺　b) 三阶 AGSP 积层板　c) 全积层板

5. 在印制电路板的表面形成散热片结构

在印制电路板的表面安装上散热片，如铜板、铝板等按印制电路板结构加工的散热片，然后与导热黏合剂一起热压而成。这样，可以把大功率与高密度的组件产生的热或印制电路板内部传导出来的热通过散热片快速地散发出去，从而降低了产品的整体温度，提高了印制电路板体系的耐热可靠性。

以上的多种技术措施与方法，可分开或结合起来灵活使用，能得到很好的耐热、导热或降温效果，提高电子产品的电气性能和耐热可靠性。

16.6.3　印制电路板焊盘表面涂（镀）层的要求

印制电路板焊盘表面涂（镀）层的类型对无铅化焊接的可靠性会产生明显的影响。因此，印制电路板表面涂（镀）层必须适应无铅化产品生产的要求。目前印制电路板焊盘表面涂（镀）主要有热风焊料整平（无铅化焊料，如 Sn-Cu 或 Sn-Ni-Cu 系）、化学镀镍/金、OSP（有机焊接性保护膜）、化学镀锡、化学镀银五大工艺技术可供选择。这些表面涂（镀）层的基本要求见表 16-10。

表 16-10　印制电路板表面涂（镀）层的基本要求

序　号	基本要求	相关内容
1	生产成本低	原辅材料、设备仪器、废水处理、人力、产能、成品率等
2	焊接性好	耐热性能、焊料湿润性、保存期

（续）

序　号	基本要求	相关内容
3	可靠性高	焊接（点）内应力、缺陷、使用寿命
4	适用范围广	无铅化、精细化、阻焊剂、刚挠印制电路板
5	环保性良	易于处理，环境污染少

1. 热风整平

热风整平（HASL）是20世纪80年代取代红外热熔而发展起来的，到了20世纪90年代的中后期达到了顶峰时期，几乎占据着印制电路板表面涂（镀）层处理工艺的95%左右。近年来，由于印制电路板高密度化等的迅速发展，热风整平的应用下降到50%以下。热风整平主要适应于表面焊盘密度不高的印制电路板场合，而高密度化等的印制电路板已经不能采用。热风整平所遇到的主要挑战如下：

1）热风整平的熔融焊料（Sn-Pb系和无Pb系）的表面张力大。由于表面张力大（在240℃下，63Sn37Pb的表面张力为3.96mN/cm，而无铅焊料SAC305的表面张力还要增加20%，达到4.72mN/cm），将带来焊点（盘）的焊接（湿润）性和可靠性问题。

① 焊盘上的焊料呈半球面状态，会引起焊接可靠性问题。由于熔融焊料的表面张力大而收缩，在厚度确定的条件下，当印制电路板高密度化的焊盘尺寸小到某种程度时，在焊盘上的熔融焊料便会呈球形或半球形表面（因为表面张力越大越容易呈球形）。在球栅阵列（BGA）焊接时，由于焊盘上焊料呈球形表面，与元器件的引脚接触会形成点接触，并易于发生错（移）位（特别是BGA元器件的引脚也是球形），其结果会引起焊接可靠性问题。

② 焊盘上焊料太薄时，会带来不可焊问题。在高密度的印制电路板中，为了使细小焊盘上形成具有“平面”的表面，以便于与元器件引脚接触与对位。在热风整平时，加大风力（风速或风压）更多地吹去（整平）表面熔融焊料，使它不形成球形表面。但是，由于熔融的焊料吹去过多，从而使焊料层变薄。当焊料层薄到≤2μm时，在热风整平温度下，焊盘表面的铜（Cu）会明显扩散到熔融的焊料中，并组成不同的金属间化合物，在近焊盘铜表面处主要形成的是Cu_3Sn_2化合物，而远离焊盘铜表面处形成的是Cu_6Sn_5化合物。无铅焊料热风整平的温度更高，焊料层将形成更厚的Cu_3Sn_2化合物，加上加大风力使热风整平焊料更薄，从而有可能使热风整平的整个焊料层形成Cu_3Sn_2化合物。这种Cu_3Sn_2化合物是不可焊的（或焊接性差），所以热风整平的焊料层要保证3～5μm的厚度（由于无铅焊料焊接温度更高，其厚度要向大尺寸靠），才能保证焊接性。

2）热风整平使印制电路板在焊接前受到高温的热冲击，从而降低印制电路板的使用寿命。热风整平是使印制电路板在高温熔融焊料（Sn-Pb焊料为225～235℃，无铅焊料为250～270℃或更高）下形成焊接性涂层的，这个温度远远超过基板材料的T_g，因而必然会对印制电路板（它是由不同材料和结构组成的）产生热应力的“破坏”，影响可靠性或使用寿命。可靠性试验表明，采用热风整平（或红外热熔）的印制电路板板比采用有机焊接性保护膜的印制电路板，其孔化失效率（电阻增加或断裂）增加一倍，或者其使用寿命降低了50%，而采用有机焊接性保护膜作为表面涂覆层，获得了很好的效果。

3）热风整平使用的无铅焊料不用Sn-Ag-Cu系的SAC305，而是采用Sn-Ni-Cu系、Sn-

Cu-Co 和 Sn-Cu 系的焊料。因为 SAC305 在熔融状态下对印制电路板焊盘的 Cu 的熔蚀量是 Sn-Cu-Ni 和 Sn-Cu-Co 系的三倍，从而使熔融焊料中的 Cu 含量迅速增加。一般要求，w_{Cu} 在三种体系中为 0.5% 左右。如果在熔融焊料中的 w_{Cu}（主要来自熔蚀的 Cu）≥3% 时，涂覆的焊料层会发生粗糙、脆裂等问题，影响焊接性和可靠性。因此，必须频繁进行除 Cu 处理。当加入微小量（≤0.1%）的 Ni 或 Co 时，可以起到细化晶粒和平滑表面的作用，还可抑制氧化和铜的熔入，这就是为何不采用 SAC305 作为热风整平的焊料的根本原因。

4）热风整平时熔融焊料耐热助焊（保护）剂应具有更高的热分解温度。把常规的助焊剂用作无铅焊料的热风整平助焊（保护）剂，便会带来问题（发烟严重、焊料氧化严重），所以应采用新开发的更高的热分解温度的耐热保护（助焊）剂，其耐热分解温度应超过 330℃。

2. 化学镀镍/金

由于化学镀镍/金（ENIG）的镀层厚度均匀，平（共）面性好，表面金层具有优良的耐蚀性、耐磨性和焊接性，因而广泛应用于移动电话、计算机等领域。

利用氧化/还原的化学方法沉积镍层厚度 3～5μm，然后沉积金层（厚度由应用条件来决定）。由于采用化学沉积，因而镀层均匀。目前化学镀镍/金已迅速取代电镀镍/金。在化学镀镍/金中，化学镀镍既是关键又是最大难点，其工艺控制较难，应特别注意，具体参见第 6 章相关内容。

3. 化学镀锡

由于所有焊料都是以锡为主体的，因此锡镀层能与任何类型焊料相兼容，从这个角度看，化学镀锡可能是印制电路板表面涂（镀）覆技术最有发展前途的方法。

化学镀锡厚度为 0.8～1.2μm。常规镀锡会出现如下问题：①经不起多次焊接，因为很薄的锡层在一次焊接温度下就形成 Cu_3Sn_2 的金属间化合物而变成不可焊表面；②在合适条件下会产生锡须，威胁可靠性；③镀液易攻击阻焊膜，使阻焊膜溶解变色，并易对铜层产生侧蚀；④操作温度高（≥60℃），时间长，1μm 厚度需要 10min。近年来，由于镀锡溶液中加入新型添加剂，沉积锡层由树枝状结构变成含有少量有机物的颗粒状结构。由于它具有好的热稳定性，即使经过多次焊接过程，也不会形成不可焊结构化合物。同时，它也不会形成锡须和锡迁移问题。

4. 化学镀银

由于无铅化的提出与实施，加上目前无铅化焊料的最佳选择是含银的 SAC305 体系，因此化学镀银便得到了快速的发展。

化学镀银是印制电路板在制板时连接盘表面 Cu 被 Ag^+ 离子置换而沉积上 Ag 层的。从理论上讲，置换反应形成的银层应是一个 Ag 原子的厚度。但是，由于连接盘 Cu 表面是经过微蚀刻处理而形成粗糙的 Cu 表面，这使得沉积的 Ag 层呈多孔性结构，其结果是置换反应会继续进行，使 Ag 沉积厚度持续增加，一般控制 Ag 沉积厚度在 0.15～0.50μm 之间，具体厚度主要取决于 Cu 表面的粗糙度。为了防止 Ag 镀层腐蚀（即 Cu/Ag 的标准电极电位为 +0.344V/+0.799V，可形成一个腐蚀电池）和银迁移问题，在化学镀银溶液中要加入特制的有机添加剂，使 Ag 沉积层中含有 1%～3% 的耐热有机物，这样既阻止了 Ag 的腐蚀问题，又防止了 Ag 迁移。

由于化学镀银在无铅化领域应用的扩大，化学镀银的开发与应用研究也在发展着。目前化学镀银主要有两种体系：一种是酸性（硝酸系）化学镀银；另一种是碱性化学镀银。后一种开发和应用时间较短，在欧洲已开始应用，可克服酸性化学镀银的缺陷。

5. 有机焊接性保护膜

有机焊接性保护膜（OSP），又称为耐热预焊剂。从 HT-OSP（耐热有机焊接性保护膜）开发成功和推广应用以来，由于它具有低成本、高分解温度等优点，因此，有机焊接性保护膜在印制电路板中的应用必将逐步跃居到第一位。

实际上，有机焊接性保护膜在印制电路板中的应用，是早期松香型助焊剂的延续与发展。它经历了咪唑类→苯并咪唑类→烷基苯并咪唑类→烷基苯基咪唑类等几代的演变，其核心是提高耐热问题。目前，使用最多的是烷基苯并咪唑，而性能更佳的烷基苯基咪唑类是最近才开发和推广应用的，无铅化发展将会迅速走向烷基苯基咪唑类。

（1）烷基苯并咪唑类的有机焊接性保护膜　在铜焊盘上采用烷基苯并咪唑的 OSP，经无铅焊料 SAC305 焊接（235℃ 回流焊）后，焊接层形成了 Cu_3Sn（靠近焊盘 Cu 表面）→Cu_6Sn_5的过渡结构金属间化合物合金层，结晶颗粒大（≥3μm）、呈树枝状结构（见图 16-17 和图 16-18），合金层厚度较厚（可达 10μm），并在焊接层内会形成很多空洞（见图 16-19）。同时，在高密度区域的间隙易产生残渣，影响焊接与可靠性。这些现象将随着焊接温度提高、焊接时间延长而加剧。焊接层（界面）形成很多空洞，除了铜表面状态外，主要与有机焊接性保护膜的耐热性能有关。因此，烷基苯并咪唑类 OSP 是适应锡 - 铅焊料焊接开发的，而无铅焊接用的有机焊接性保护膜应具有更高的耐热性能，避免在高温焊接时发生热分解产生气体而形成空洞。

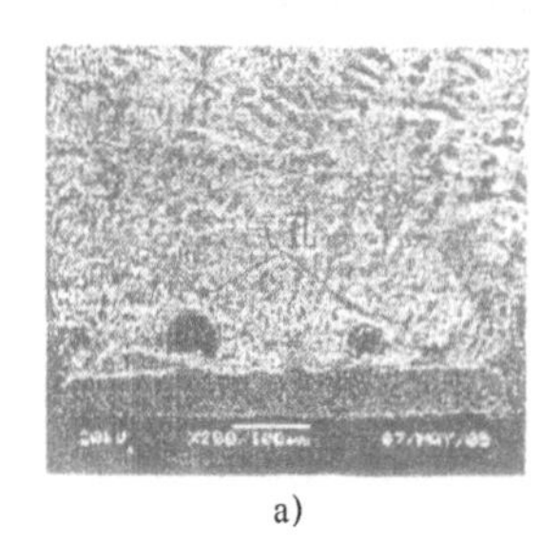

a)

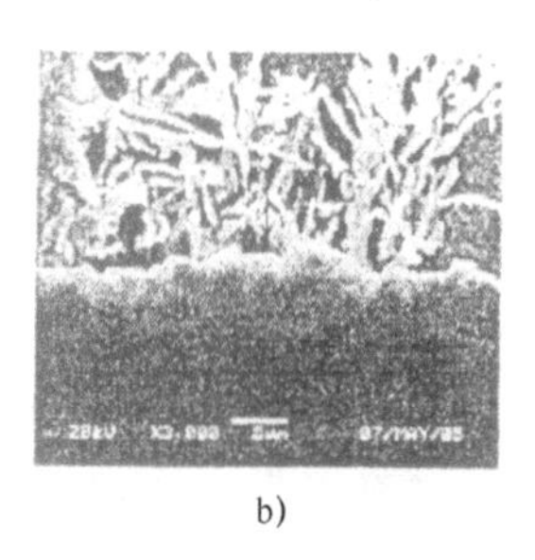

b)

图 16-17　涂覆有机焊接性保护膜的铜焊盘上 Cu_6Sn_5 的结晶形态

a）低放大倍数　b）高放大倍数

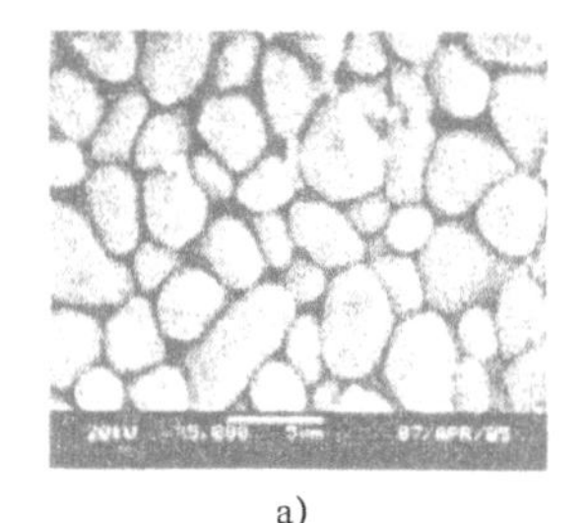

a)

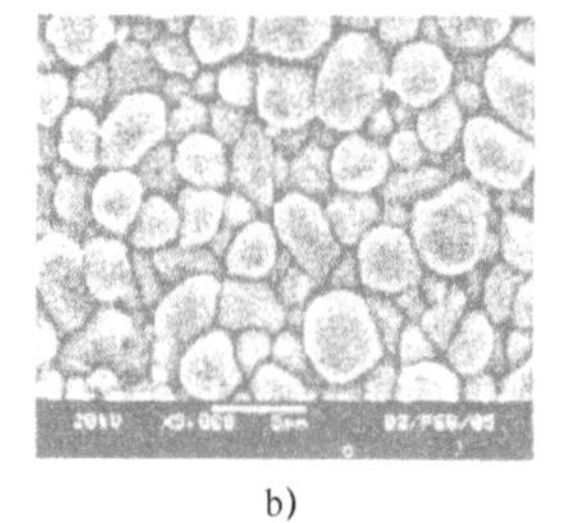

b)

图 16-18　焊点切片扫描电镜

a）采用有机保护层　b）采用浸银层

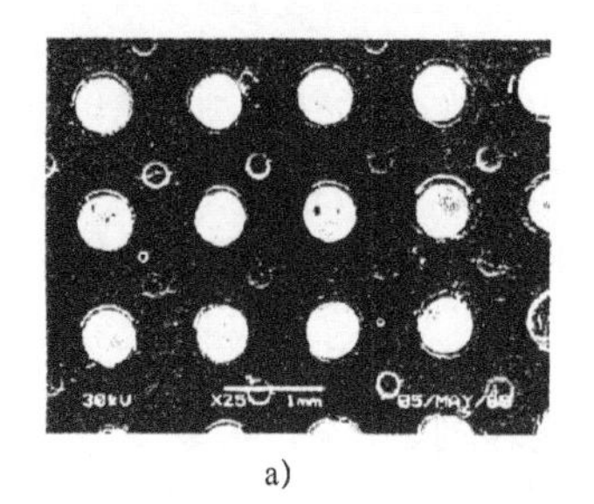

a)

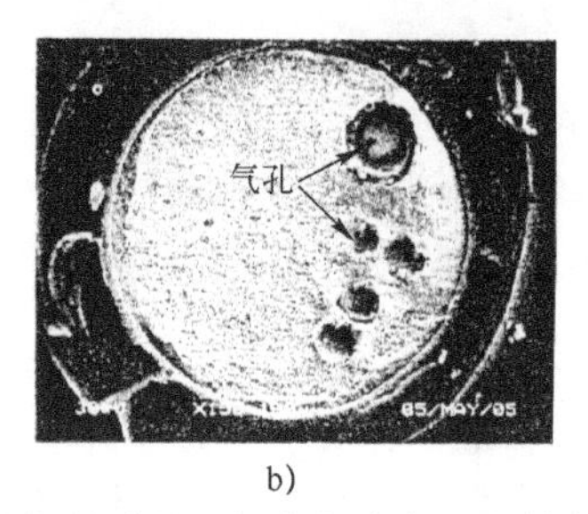

b)

图 16-19 拉脱试验后采用有机焊接性保护膜的无铅化焊点断面电镜扫描

a）低放大倍数 b）高放大倍数

（2）烷基苯基咪唑类的 HT-OSP 为了克服烷基苯并咪唑类采用有机焊接性保护膜的缺点，开发了性能更优良的高温－烷基苯基咪唑类的 HT-OSP。OSP 的结构演变如图 16-20 所示。

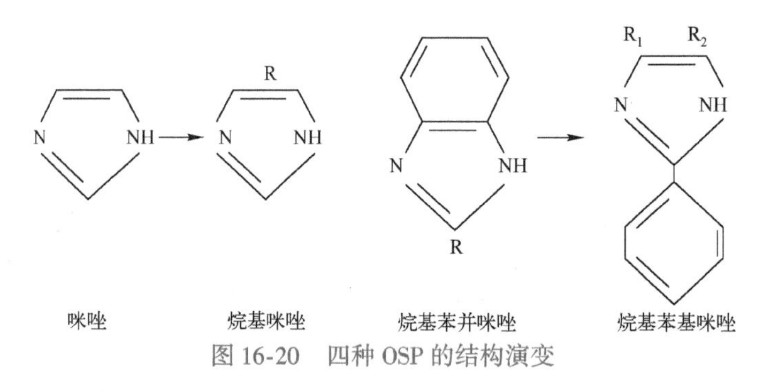

图 16-20 四种 OSP 的结构演变

由于 HT-OSP 的分解温度高达 354.7℃，因而在无铅焊接温度与环境下，具有很好的热稳定性，不会发生 OSP 热分解问题。在焊接的界面处，不容易形成微气泡和微空洞，明显提高了焊接结合力。同时，由于常规 OSP 水溶液中含有 Cu^{2+} 离子（才能保证足够厚度），在多种表面涂（镀）覆情况下，除了涂覆铜表面外，它也会同时覆盖在其他金属（如金、银、锡和焊料等）表面上，形成斑点或暗黑色，影响外观。

HT-OSP 的主要特点：①具有更高的耐热性能，其热分解温度达到 354.7℃（见图 16-21），而普通的 OSP 的热分解温度只有 250℃，因此，在更高温度的无铅焊接下，界面处不会发生分解起泡，也不会形成很多微小空洞；②在 HT-OSP 溶液中，不含 Cu^{2+} 离子，厚度更薄，不会污染其他金属涂（镀）覆层（如金、银、锡等）。烷基苯基咪唑类 HT-OSP 和烷基苯并咪唑类 OSP 的主要性能比较列于表 16-11 中。

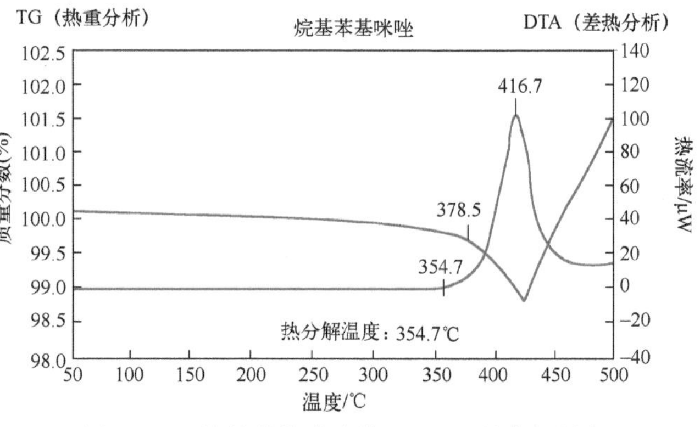

图 16-21 烷基苯基咪唑类 HT-OSP 的分解温度

表 16-11　HT-OSP 与常规 OSP 主要性能比较

主 要 性 能	烷基苯并咪唑类（常规 OSP）	烷基苯基咪唑类（HT-OSP）
溶液	含 Cu^{2+} 离子的水溶液	不含 Cu^{2+} 离子的水溶液
涂膜厚度/μm	0.3 ~ 0.6	0.1 ~ 0.2
分解温度/℃	250	354.7
涂覆性能	全部（Au、Ag、Sn、Cu 和焊料）涂覆	选择性（仅 Cu）涂覆
对金属表面污染性	污染明显，影响外观；焊料伸展和残留物影响金属接触电阻	不污染或极小
无铅焊接焊接性	不适用，界面易起泡、微空洞等	好，可多次焊接
无铅焊接可靠性	可靠性差	可靠

6. 五种表面涂（镀）覆膜的选择

上述五种涂覆膜类型中，从理论分析、应用实践、成本效益和今后发展趋势等各方面来看，最有发展前景的应首推有机焊接性保护膜，其次是化学镀银。这五类表面涂（镀）覆层的主要特性列于表 16-12 中。

表 16-12　五类表面涂（镀）覆层的主要特性

项　目	HASL	ENIG	化 学 镀 锡	化 学 镀 银	HT-OSP
制造成本	中高	高	中	中	低
处理温度/℃	≥240	≥80	≥60	50	常温至 40
处理时间	1 ~ 3s	40min	6 ~ 10min	60 ~ 120s	30 ~ 90s
表面状态	表面张力大	易黑斑、脆裂	锡须、攻击阻焊膜、黑/灰	变色、防硫、卤化物	稳定、防划伤
厚度/μm	3 ~ 5	3 ~ 5（镍）	0.8 ~ 1.2	0.3 ~ 0.5	0.1 ~ 0.2
保存期	1 年	1 年	半年	半年	半年

各种印制电路板铜焊盘表面涂覆（镀）层在 SAC305 无铅焊料焊接时的情况见表 16-13。

表 16-13　各种印制电路板铜焊盘表面涂覆（镀）层在 SAC305 无铅焊料焊接时的情况

涂（镀）层类型	焊接界面金属间化合物	焊接界面状态	可靠性评价
HT-OSP	$Cu_3Sn \rightarrow Cu_6Sn_5$，晶粒小，约 3μm	空洞极少	焊点结合力（强度）好
化学镀银	$Cu_3Sn \rightarrow Cu_6Sn_5$，晶粒较小，约 5μm，因 Ag_3Sn 薄片结构的阻挡作用	空洞极少	焊点结合力好
化学镀锡	$Cu_3S \rightarrow Cu_6Sn_5$，树枝状结构、晶粒较大	空洞少	焊点结合力好
化学镀镍/金	Au 熔入焊料成 AuSn、$AuSn_2$、$AuSn_3$，界面为 Ni_3Sn_4，颗粒很小	空洞很少	焊点结合力好。但 Au 层要覆盖好 Ni 表面，以薄为宜，否则焊点发脆
无铅焊料热风整平	$Cu_3Sn \rightarrow Cu_6Sn_5$	空洞少	需较厚涂覆层、表面张力大、平整性差，印制电路板受热伤害大

16.7 习题

1. 为何要提出电子产品实施无铅化？
2. 为什么电子产品实施无铅化是一个系统工程？
3. 简述 RoHS 和 WEEE 两个指令的主要内容。
4. 无铅焊料应具备哪些基本条件？
5. 简述无铅焊料与传统焊料（锡－铅焊料）的主要差别。
6. 简述目前无铅焊料焊接的注意事项和存在的问题。
7. 简评目前无铅焊料焊接的可靠性。
8. 何谓“熔融性脱离”？试举例说明。
9. 从无铅化焊接和性能/价格比的角度如何选择覆铜箔层压板材料？
10. 如何提高无铅焊料焊接的可靠性？
11. 何谓 CAF 现象？无铅焊料焊接如何影响导电阳极丝问题？
12. 你是如何认识和对待无铅焊料与无铅焊接的？

第 17 章　印制电路板常规检测技术

17.1 印制电路板检测技术概述

检测是采用现代科技方法与装置对工业现场半成品或者成品进行检测和测量，并将结果加以全面分析和利用的一项应用技术。它是工业产品生产、使用和修复必不可少的应用技术。在印制电路板生产制造和使用的过程中，检测技术为产品的制造良品率和应用可靠性提供了有效的保障。除了制造设备和工艺技术的稳定性，印制电路板检测也成为制造过程所必需的生产环节。

通过印制电路板或材料的检测，可以获知被测对象的信息，从而掌握其功能缺陷、变化规律和电气性能等，为自动化生产过程提供可靠的依据。印制电路技术与检测的关系是相互依赖、相互促进的。一方面，现代化的检测技术在很大程度上决定了印制电路生产和技术的发展水平；另一方面，科学技术的发展也反过来进一步促进了印制电路板检测技术的提高与进步。

17.1.1　印制电路板检测技术分类

1. 按自动化程度分类

(1) 人工检测　人工检测是简单的印制电路检测方法，其基本原理是在光线下，使用人眼或光学仪器直接观察印制电路板制造过程的电气互连性能，然后与原始电路设计进行对比，找出被测对象的问题，并指导修正印制电路板。人工检测虽然是印制电路板最直接的检测方法，但是检测效率低，容易发生漏检的问题，只适用于简单的印制电路板检测。

(2) 自动化检测　在印制电路板制造效率提高的需求下，自动化检测技术逐步渗透到印制电路板生产制造的各个环节。印制电路板自动化检测是借助光学采集设备和机械传动设备等捕抓被测对象的光学信息或电气互连信息，然后通过计算机设备转化成电学图形数据，并与原始设计的电路图形进行对比，最终获知被测对象缺陷发生的位置或问题等信息。自动化检测表现出快速高效的优势，是印制电路板制造过程监控、管理产品和材料可靠性的核心技术之一。

2. 按检测状态分类

(1) 瞬态（采样）检测　在同一批次的印制电路制造过程中，会适当地筛选部分对象进行检测，以确保制造质量的稳定性。该检测方法叫作瞬态（采样）检测。孔互连镀铜和图形蚀刻等工序会经常用瞬态（采样）检测。

（2）静态检测　静态检测是印制电路板外观或可靠性检测的主要方法之一。在静态检测过程中，被检测对象会固定放置，然后借助光学设备局部观察可能出现缺陷的区域、分析对象的性能或者测量对象的尺寸变化等。静态检测方法也会被引入瞬态（采样）检测过程。

（3）动态检测　当今印制电路板制造和可靠性的检测保障离不开动态检测。动态检测是基于自动化设备的在线检测方法，其发展水平是当今印制电路板制造技术进步的重要体现之一。蚀刻生产线是印制电路板制造中最先引入自动光学动态检测的工序，通过自动化设备的直接在线检测，将实测蚀刻图形与设计电路图形进行对比后，筛选标记出检测对象出现问题的区域，以加快检测对象的修复和制造效率。

17.1.2　印制电路板检测标准

检测标准化为印制电路板检测提供一个可信的检测指导方法及结果判定要求。欧洲、美国、日本和韩国等均制定了符合各自要求的印制电路板检测标准，如国际电工委会（IEC）标准、美国军用（MIL）标准、国际电子工业联接协会（IPC）标准、欧盟 RoHS 指令等；我国也根据国情颁布制定了一系列印制电路板检测标准，一些通用的材料检测国家标准（GB）也会应用在印制电路板检测中，我国电子电路行业协会也制定了印制电路板相关的标准。

国际电子工业联接协会所制定的 IPC-TM-650 试验方法手册（Test Methods Manual）在全球印制电路板行业影响最大，是广泛用于印制电路板检测的标准方法。

17.2　印制电路板通用检测技术与应用

17.2.1　外观放大检测技术与应用

1. 外观放大检测原理

体视显微镜由一个共用的初级物镜，对物体成像后的两光束被两组中间物镜（变焦镜）分开，并组成一定的角度（称为体视角，一般为 12°~15°），再经各自的目镜成像。它的倍率变化是由改变中间镜组之间的距离而获得的，利用双通道光路，双目镜筒中的左右两光束不是平行的，而是具有一定的夹角，为左右两眼提供一个具有立体感的图像。它实质上是两个单镜筒显微镜并列放置，两个镜筒的光轴构成相当于人们用双目观察一个物体时所形成的视角，以此形成三维空间的立体视觉图像。

体视显微镜是由目镜、物镜、镜身、照明器组件、手轮、支架及底座等组成的。根据实际的使用要求，目前的体视显微镜可选配丰富的附件，比如若想得到更大的放大倍数可选配放大倍率更高的目镜和辅助物镜，可通过各种数码接口和数码相机、摄像头、电子目镜和图像分析软件组成数码成像系统接入计算机进行分析处理，照明系统也有反射光、透射光照明，光源有卤素灯、环形灯、荧光灯、冷光源等。体视显微镜的这些光学原理和特点决定了其在印制电路板工业生产和科学研究中的广泛应用。

2. 外观放大检测案例

印制电路板互连孔的不平整会积累水气，当对印制电路板进行表面安装时，将焊料进行降温固化时，印制电路板孔内所积累的水气会引起未完全固化的焊料向孔外排出，最终产生焊料气泡，如图 17-1 所示。外观放大检测是最简单便捷的检测手段之一。

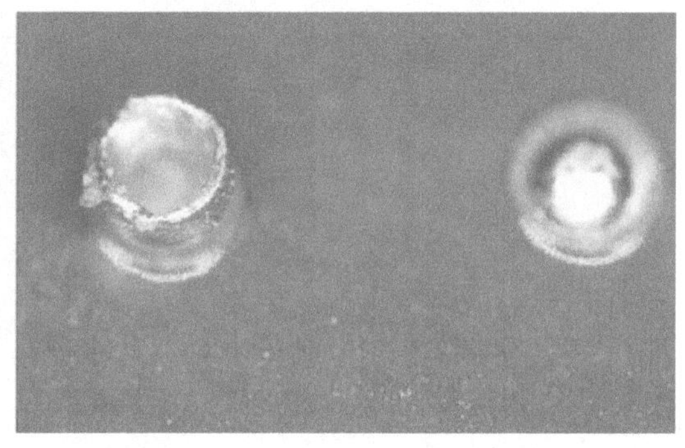

图 17-1　焊料气泡的外观

17.2.2　金相切片检测技术与应用

印制电路板的制造工艺复杂，若某一工序出现质量问题，将导致整板的报废而降低产品制造的良品率。印制电路板除了需要对成品检测，制造过程中的半成品或者原材料也需要进行放大检验。除常规的放大镜目检、背光检验等检测手段，显微剖切（金相切片）检测技术因其投资小、应用范围广，被印制电路生产厂家广泛采用。金相切片检测是一种破坏性测试，可测试印制电路板的表层和断面微细结构的缺陷和状况，如树脂钻污、镀层裂缝、孔壁分层、焊接情况、层间厚度、镀层质量、蚀刻效果、层间重合度和孔壁粗糙度等。

金相显微镜是印制电路行业应用最多的简易检测工具，从原材料至印制电路产品基本都需要用到金相显微镜检测。以下简单介绍三个金相显微镜案例。

1. 钻孔工序后的孔壁粗糙度检测

为保证印制电路板的孔金属化质量，必须对钻孔后的孔壁粗糙度进行检测。用不同大小的钻头在试验板钻孔，然后完成取样并制作切片，用金相显微镜观测并测量孔壁的粗糙度情况。为了使度量更准确，可将试样进行孔金属化后，再做切片，然后使用金相显微镜对比观测孔壁的情况，如图 17-2 所示。

2. 层间偏移检测

为保证印制电路板层与层之间的电路图形、孔或其他特征位置的对准程度，层压工序会采用靶标等定位辅助方法，但由于电路图形分布的不均和半固化的流动性不可预估等因素的影响，会造成压合时发生层间偏移。因此，必须对印制电路板进行切片观测抽检，以保证其符合质量要求。图 17-3 所示为金相显微镜所观测的层间压合效果。

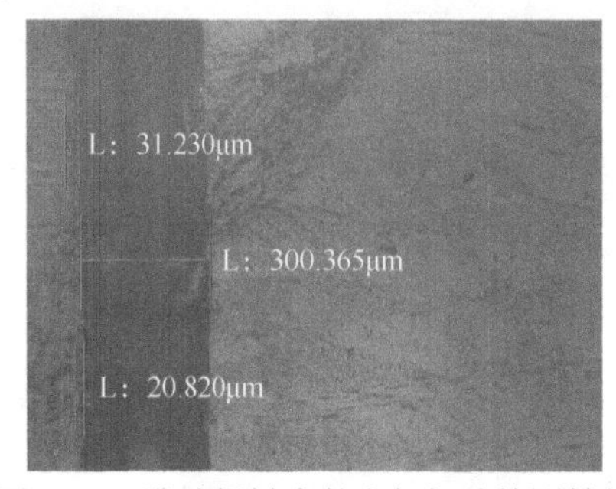

图 17-2 孔壁粗糙度的金相切片检测结果

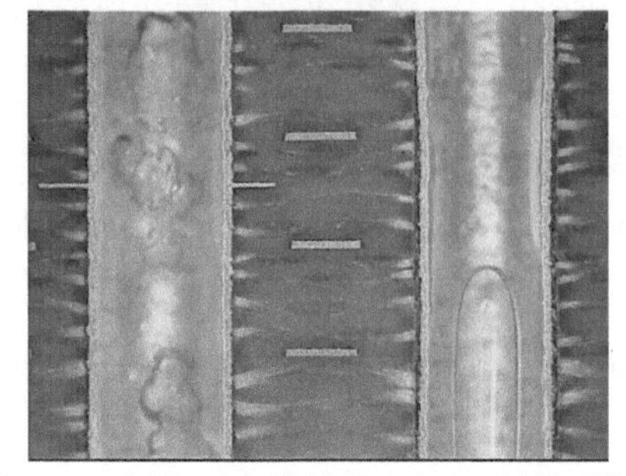

图 17-3 层间压合效果的金相切片检测结果

3. 镀层检测

将全板电镀或图形电镀后的试验板制作切片，可检测孔金属化的质量，常见的镀层质量问题有铜面镀瘤、铜丝、镀层空洞、孔壁分离等，如图 17-4 所示。

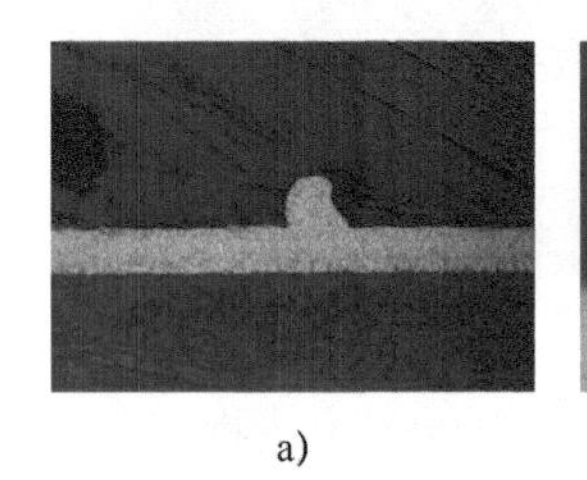

a)

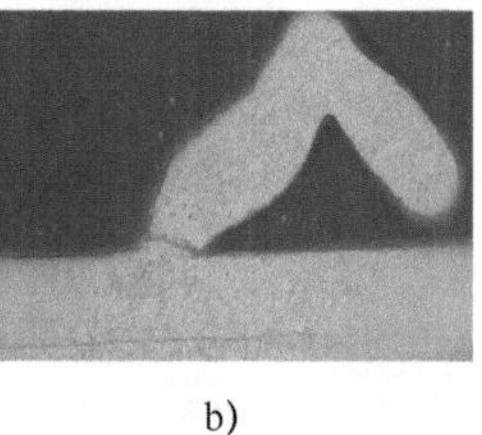

b)

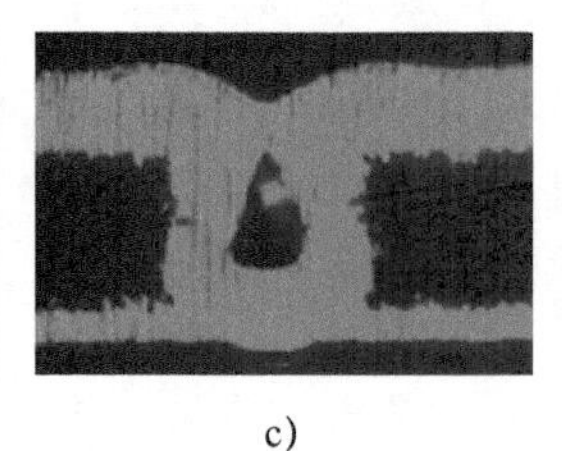

c)

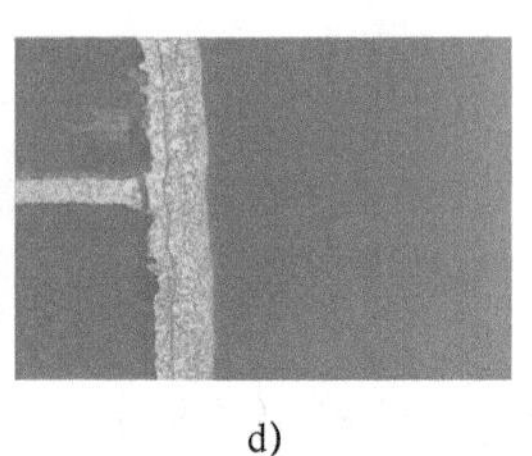

d)

图 17-4 镀铜层缺陷的金相切片检测结果

a）铜面镀瘤 b）铜丝 c）镀层空洞 d）孔壁分离

17.2.3 微观形貌检测技术与应用

金相切片检测在印制电路板检测中具有简便快捷的优势，但是当遇到微观形貌等检测时，则表现出分辨率低的劣势。扫描电子显微镜（Scanning Electron Microscope，SEM）景深大，放大倍率连续可变，适用于研究微小物体的立体形态和表面的微观结构。

孔内镀层缺陷是印制电路板经常发生可靠性问题的区域。图 17-5 所示为印制电路板发生吹孔问题的通孔切片，金相显微镜只能低分辨率地观测金属镀层的缺陷，而且只能在二维尺度进行样品对焦和图像显示，但是扫描电子显微镜则能在三维尺度上清晰地成像，

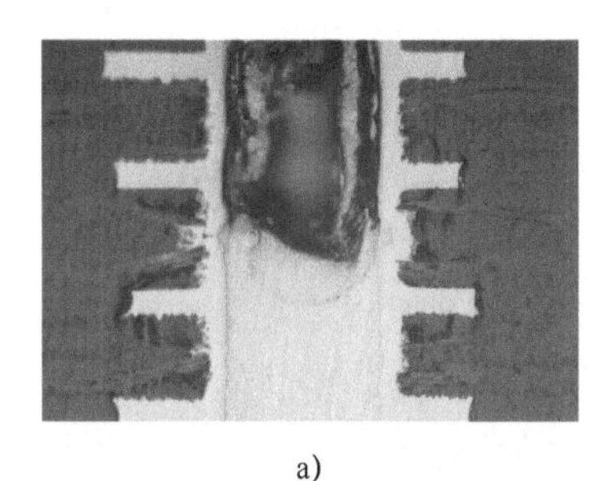

a)

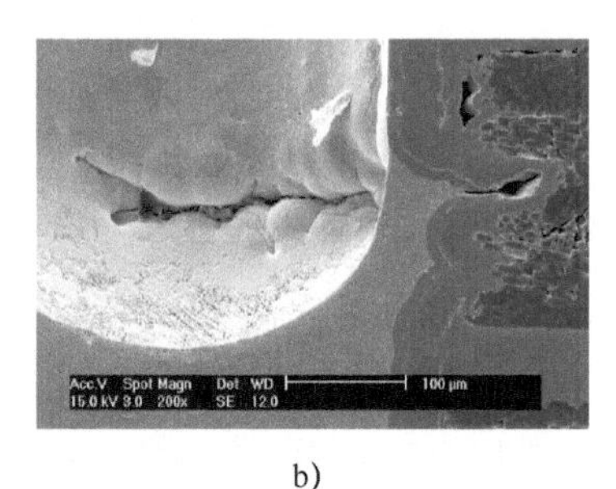

b)

图 17-5 通孔镀层质量观测效果的对比

a）金相显微镜 b）扫描电子显微镜

能够快速地判定通孔内部缺陷所发生的区域。另外，由于不同高度的微观形貌无法共对焦，金相显微镜很难拍摄到非常好的微观形貌效果，而扫描电子显微镜的拍摄倍数更高，成像分辨力也高，能直接拍出更高倍数的微观形貌效果。图 17-6 所示为两者观察微蚀后铜面表面形貌的对比。

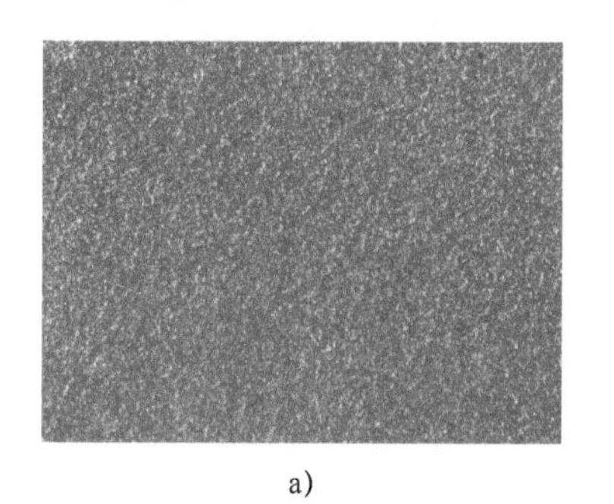

a)

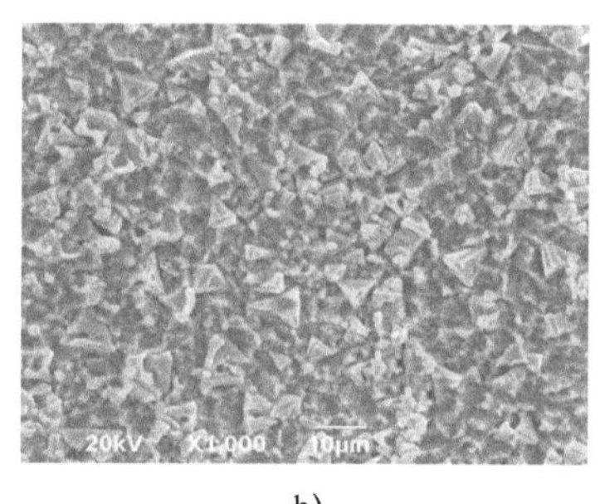

b)

图 17-6　微蚀后铜面表面形貌观测的对比

a）金相显微镜　b）扫描电子显微镜

17.3 印制电路板进料检测技术与应用

自欧盟颁布 RoHS 指令以来，印制电路板的材料逐步走向无铅无卤化，特别是无铅焊接的发展要求，给印制电路板原材料的耐热性带来了前所未有的考验。另外，在印制电路板设计时，还需获知印制电路板原材料的电性能；在印制电路板应用时，需要提前获得产品可靠性等信息。

17.3.1　材料热性能检测技术与应用

热分析是测量在程序控制温度下，物质的物理性质与温度依赖关系的一类技术，用于表征材料性质与温度关系的一种技术，在电子材料的测试方面起着不可或缺的作用。印制电路板考查原材料的性能主要包括玻璃化转变温度（Glass Transition Temperature，用 T_g 表示）、热膨胀系数、热分解温度以及导热性能等。

1. 差示扫描量热分析

用于差示扫描量热（Differential Scanning Calorimetry，DSC）的测试设备是差示扫描量热仪，其原理是在设定程序控制温度下，测量传感器样品侧和参比物侧的热流差与温度或时间之间的关系，其记录所得的曲线为 DSC 曲线，如图 17-7 所示。当样品由于热效应（例如熔融、结晶、化学反应、多晶转变、汽化或其他过程等）而吸收或放出热量时会产生热流差，DSC 曲线以样品吸热或放热的热功率，即热流率 dQ/dt（单位为 mW）为纵坐标，以时间 t 或温度 T 为横坐标。

印制电路基板的介质材料基本是由增强玻璃纤维布和无机填料改性高分子树脂复合而成的，常见的高分子树脂的种类包括环氧树脂、酚醛树脂、氰酸酯树脂、聚苯醚树脂以及聚四氟乙烯等。环氧树脂是基板中应用最多的高分子树脂，图 17-8 所示某类环氧树脂在固化过程中的DSC曲线，能够明显看出该环氧树脂的T_g、固化开始发生的温度以及固化过程中的热变化。

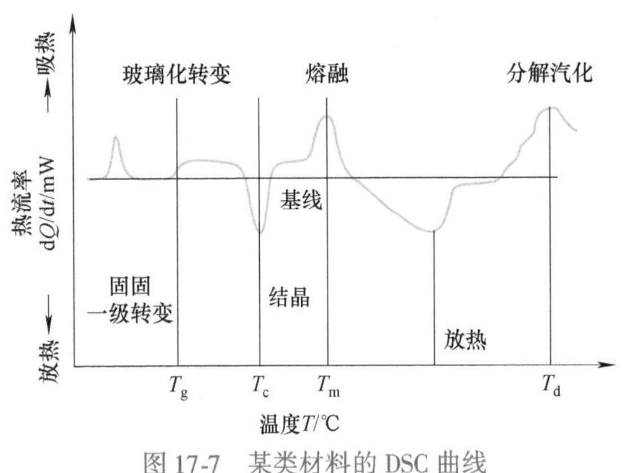

图17-7　某类材料的DSC曲线

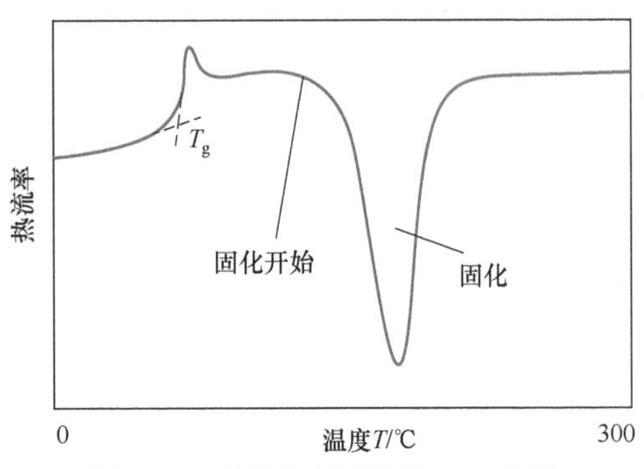

图17-8　某类环氧树脂的DSC曲线

2. 热机械分析

多层印制电路板主要包括铜和介质材料，其在制造过程中经历层间高温压合。铜和介质材料的热膨胀系数过分不匹配会引起爆板分层的问题。铜的热膨胀系数为$17.7\times10^{-6}℃^{-1}$，而介质材料的选择会根据印制电路板的应用范围而有所变化。这样就有必要测定介质材料的热膨胀系数，从而为印制电路板设计提供材料选择的指导方案。最常用于测定材料热膨胀系数的方法是热机械分析。

(1) 热机械分析的原理　热机械分析仪可以实现在宽泛的温度范围内对不同形状和大小的样品进行各种形变试验，而且通过内置的力/频率发生器，还可以执行静态或动态测量。热机械分析仪是材料热性能分析不可缺少的检测设备之一。

热机械分析（Thermo mechanical Analysis，TMA）是指当样品处在一定的温度程序（升/降/恒温及其组合）或者负载力接近于零的控制下，对样品施加一定的机械力，测量样品在一定方向上的尺寸或形变量随温度或时间的变化过程。若所施加的机械力可近似忽略，则为热膨胀测量，定量测试样品长度随温度的变化过程，能得出材料的线性膨胀、烧结过程、玻璃化转变温度、软化点等特性。由于各种物质随温度的变化，其力学性能相应地发生变化，因此热机械分析对研究和测量材料的应用温度范围、加工条件、力学性能等都具有十分重要的意义。

热机械分析仪有四种测量模式，分别为压缩模式、针入模式、拉伸模式和三点弯曲模式，见表17-1。热机械分析仪各种模式对应不同样品的不同测试内容，如压缩模式主要针对陶瓷棒、金属棒、塑料棒等棒状样品，测量样品的线膨胀系数、烧结、相变温度、软化点、压缩蠕变等性能；针入模式主要针对塑料粒子、涂层材料、泡沫材料等，测量样品的抗穿刺特性、穿刺温度、软化点等性能；拉伸模式主要针对薄膜、纤维、橡胶条等，测量样品的抗拉伸特性、拉伸力下的膨胀、蠕变、热收缩与应力释放过程等性能；三点弯曲模式主要针对金属棒、塑料棒等，测量样品的弯曲蠕变、抗弯特性等性能。

表 17-1　热机械分析仪的测量模式

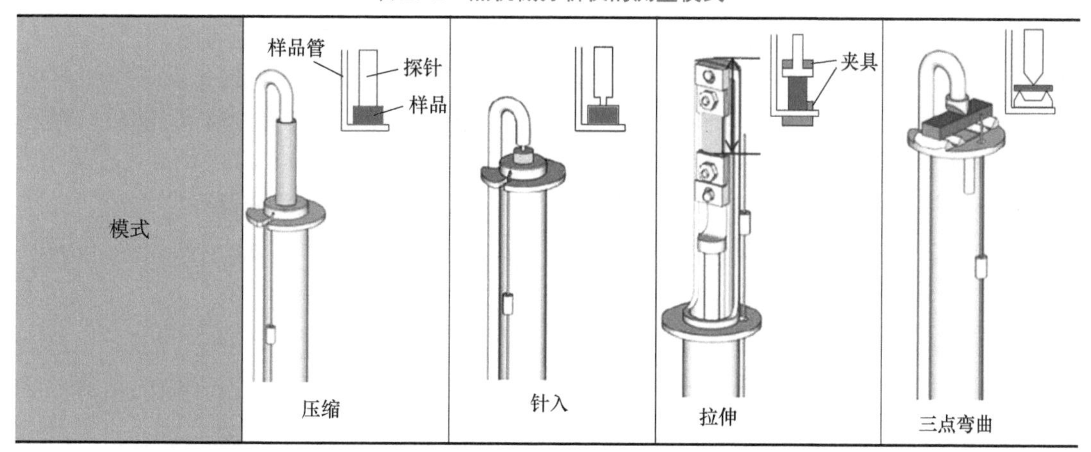

（2）印制电路板的热膨胀行为检测案例　热机械分析基本上只测量单一方向上样品尺寸的变化，但是由于材料、成分和结构等不同，在不同方向（加载方向），样品可能会出现大小存在差异的热膨胀或热收缩等行为。方向不同，物质的热行为特性也不同，有必要通过热机械分析来获知物质的异向性特性。印制电路板基板的热膨胀系数主要由树脂和玻璃布决定，测试其在三个方向的膨胀和收缩。结果表明，测量方向不同，热膨胀行为也不同；另外，在 130～150℃附近的膨胀率变化主要归因于印制电路板中环氧树脂发生玻璃化转化。

（3）介质材料的热膨胀系数检测案例　常用线性热膨胀系数和瞬间热膨胀系数来衡量物质的热膨胀行为。线性热膨胀系数是指某温度区间的平均热膨胀，瞬间热膨胀系数则是单位长度某个温度点的瞬间热膨胀，它们的计算公式分别为

$$\text{线性热膨胀系数}=\frac{\Delta L}{L_0}\frac{1}{\Delta T} \tag{17-1}$$

$$\text{瞬间热膨胀系数}=\frac{\mathrm{d}L}{L_0}\frac{1}{\mathrm{d}T} \tag{17-2}$$

式中　ΔT——某温度区间的大小；

ΔL——物质在某温度区间产生的厚度变化；

L_0——物质的初始厚度；

$\mathrm{d}L$——物质在某温度瞬间的厚度变化值；

$\mathrm{d}T$——某瞬间温度的变化值。

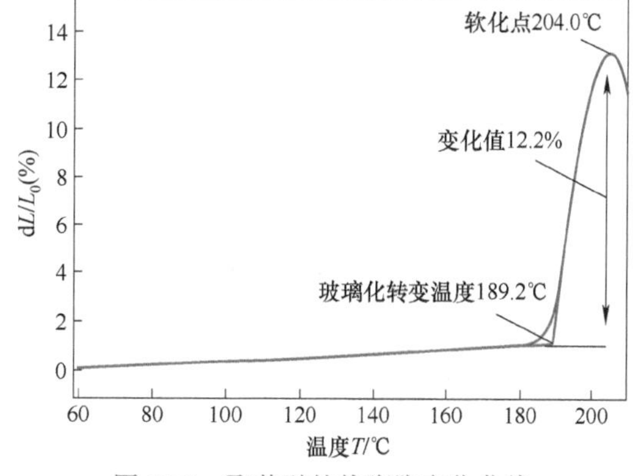

图 17-9　聚苯醚的热膨胀变化曲线

聚苯醚基板主要应用于高频印制电路板的介质材料。图 17-9 所示为采用热机械分析仪测出的聚苯醚热膨胀变化曲线，曲线的纵坐标和横坐标分别为 $\mathrm{d}L/L_0$ 和温度 T，在 60～204℃区间内，线性热膨胀系数的结果为 8.5×10^{-4}℃$^{-1}$。另外，从热膨胀变化曲线中还可直接获知聚苯醚原颗粒

的 T_g，即为 189.2℃。

(4) 印制电路板分层检测案例　热机械分析仪还可用于测定印制电路板的分层时间。分层时间，又称为耐热裂时间，是印制电路板样品在高温环境下从达到定点等温线温度（如 260℃、288℃或 300℃）起至失效（样品厚度出现不可回复的变化）的时间段。印制电路板的耐热裂时间越长，则耐热性能就越好。

测试样品在某温度下（如 260℃）恒温一段时间后，曲线显示的样品厚度在某一点开始急剧上升且不可恢复，表明此刻样品已失效，出现爆板分层现象。该点对应的时间即为样品的分层时间。

3. 热重分析

热裂解温度是高分子材料热重稳定性的一个重要指标参数。聚合物分子中的化学键都会在一定的外界能量下断裂，当温度升高到一定程度，这种裂解开始显著加快，如印制电路板中的树脂将会裂解成水蒸气和气体等，导致重量发生变化，开始发生裂解的温度称为热裂解温度（Thermal Decomposition Temperature），用 T_d表示。

(1) 热重分析原理　热重分析（Thermogravimetric Analysis，TGA）是将一定量的聚合物样品放置在热天平中，从室温开始，以一定的速度升温，记录失重随温度的变化，绘制热失重－温度曲线（简称热重曲线），然后根据热重曲线的特征，分析判断聚合物热稳定性或热分解的情况。换言之，热重分析是在程序控制温度和一定气氛的条件下，测量物质质量与温度或时间关系的一种热分析方法。为了排除氧的影响，样品的热重分析可在真空或惰性气氛条件下进行。如图 17-10 所示，热重曲线的纵坐标表示质量（或失重百分比），横坐标表示温度。热重曲线上质量基本不变的部分称为平台，如图 17-10 中的 *ab* 段和 *cd* 段；*b* 点表示变化的起始点，对应的温度 T_i即为变化的起始温度；图中 *c* 点表示变化终止点，T_f表示变化的终止温度。从热重曲线可求得试样组成、热裂解温度等有关数据。只要物质受热时质量发生变化，就可以用热重分析来研究其变化过程，如脱水、吸湿、分解、化合、吸附、解吸以及升华等。

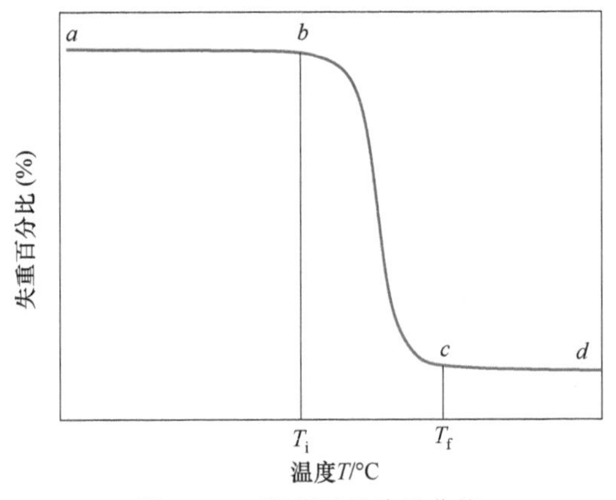

图 17-10　聚苯醚的热重曲线

(2) 热重分析仪的组成及工作原理　热重分析仪可看作为热天平，主要由天平、加热炉、温度调节器、测重放大器和记录器等构成。用于热重分析的热重分析仪是连续记录质量与温度函数关系的仪器，它是把加热炉与天平结合起来进行质量与温度测量的仪器，如图 17-11 所示。热重分析仪的主要工作原理是把电路和天平结合起来，通过温度调节器使加热电炉按一定的升温速率升温（或恒温）。当被测试样发生质量变化，光电倍增管能将质量变化转化为直流电信号；此信号经测重放大器放大并反馈至天平线圈，产生反向电磁力矩，驱使天平梁复位。反馈形成的电位差与质量变化成正比（即可转变为样品的质量变化），此变化信息通过记录仪描绘出热重曲线。

（3）热重分析案例 在印制电路板行业中，热重分析常用于考查基材中树脂的热稳定性，而基板中的树脂还会适当加入无机填料来增加导热和阻燃性能。以钡铁氧体（$BaFe_{12}O_{19}$）/聚苯醚（PPO）复合材料为例，测量不同 $BaFe_{12}O_{19}$ 含量的复合材料的热稳定性，如图 17-12 所示。当 $BaFe_{12}O_{19}$ 含量增大时，复合材料的热裂解温度逐渐降低。特别是当 $BaFe_{12}O_{19}$ 含量达到 50 %（质量分数）时，复合材料的热裂解温度降至 200℃，比纯 PPO 降低了近 80℃。这说明了 $BaFe_{12}O_{19}$ 的加入对 PPO 基体的热稳定性能产生了负面的影响，原因是高含量的填料将阻碍 PPO 单体聚合长链的形成。

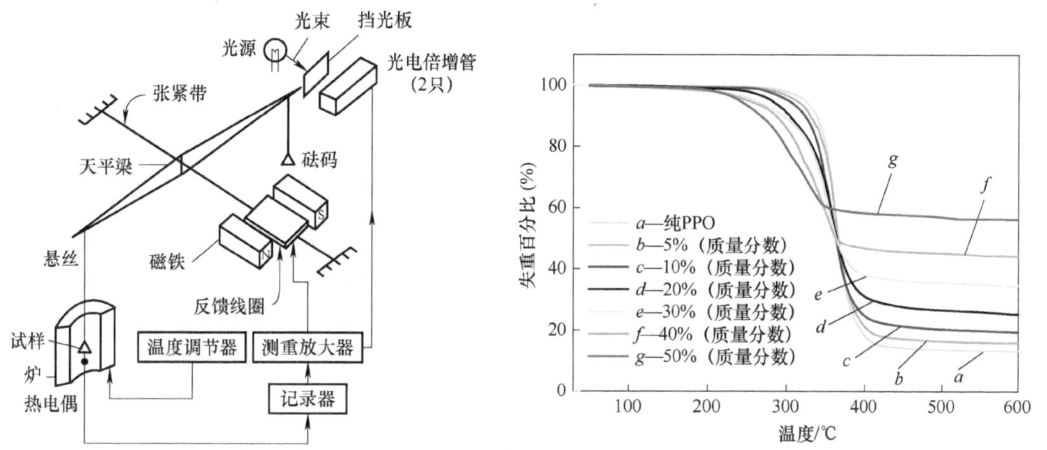

图 17-11 热重分析仪的系统结构示意图

图 17-12 纯 PPO 与 $BaFe_{12}O_{19}$/PPO 复合材料的热重曲线

4. 热传导分析

（1）物质热传导的机理 热传导主要是由于大量物质的导热是热能从高温向低温部分转移的过程，根据导热方式的不同可将热传递分为热传导、热对流与热辐射三种方式。热传导是材料内部分子间传递振动能的结果；热对流则是由于流体的宏观运动而造成流体各部分之间发生相对位移，冷热流体发生相互掺混过程而引起的热量传递过程；热辐射则是直接通过电磁波辐射向外发散热量，传导速度与热源的绝对温度成正比关系。热传导是固体物质热传递的主要方式，一般与热对流同时发生。

根据热力学第二定律，只有在各物体的温度存在差异时，热量才会在物体间发生传递（或者从物体内部发生传递），且热量是从温度最高处流向温度最低处，即此时存在着一个温度梯度，以热量形式的能量，朝着温度降低的方向流；在没有热源或热沉存在的情况下，热流的能量是守恒的，与热力学第一定律相符合。任意物体均可具有一个随空间坐标 x、y、z 和时间 τ 变化的温度分布 T，即

$$T = f(x, y, z, \tau) \tag{17-3}$$

式（17-3）说明等温面是某一时刻由物体中温度相同的点所构成的面，温度梯度是沿等温面的法线方向的最大温度变化率，一般用 grad T 表示。定义等温面的外法线方向为温度梯度的正方向。在直角坐标系中，温度梯度可表达为

$$\text{grad}\ T = \frac{\partial T}{\partial x}\boldsymbol{i} + \frac{\partial T}{\partial y}\boldsymbol{j} + \frac{\partial T}{\partial z}\boldsymbol{k} \tag{17-4}$$

式中，$\boldsymbol{i}$、$\boldsymbol{j}$、$\boldsymbol{k}$ 分别表示 x、y、z 方向的单位矢量。

物体的导热行为遵循傅里叶（Fourier）定律；在各向同性的介质中，傅里叶定律的矢量表达式为

$$q=-\lambda \text{grad}\ T=-\lambda\nabla T=-\lambda\frac{\partial T}{\partial \boldsymbol{n}}\boldsymbol{n} \tag{17-5}$$

式中　q——热流密度（W/m^2），或称为热能量，它是一个矢量，其大小等于单位时间内通过单位等温面面积的热量，并以等温面的外法线方向为正方向；

λ——比例系数，称为热导率［W/（m·K）］；

∇——Nabla 算子；

$\boldsymbol{n}$——法线方向的单位矢量。

热导率是表征材料热传递能力的物理量，材料的种类及其所处的状态均会导致热导率发生变化。热导率的定义式是由傅里叶定律确定的，傅里叶定律是试验测定材料热导率的基础。将式（17-5）变换后可得到热导率的定义式为

$$\lambda=-\frac{q}{\text{grad}\ T} \tag{17-6}$$

不同固体材料的热导率差别极大。一般而言，固体中的声子与电子都能传输热量。在温度梯度存在的情况下，金属中能量较高的电子和声子在高温区域的密度大于在低温区域的密度，粒子间发生相互扩散，则必产生不等量的能量交换，因而有热流的产生。金属的热导率是电子和声子共同贡献的总和。由于金属中存在大量的自由电子，可不停地做无规则热运动以传输热量，而且电子贡献的热导率远比声子的大，因此金属物质的热导率通常指其电子的热导率。自由电子气的热导率 $\lambda_{金属}$ 在形式上与理想气体的热导率公式类似，即

$$\lambda_{金属}=\frac{1}{3}c_{ve}v_F l_e=\frac{1}{3}C_{ve}v_F^2\tau_e \tag{17-7}$$

式中　c_{ve}——电子比热容；

v_F——费米速度；

l_e——电子平均自由程；

τ_e——电子的弛豫时间。

这是因为只有费米面附近的电子才有可能发生状态的改变而产生碰撞，并与离子发生热能交换。另外，金属导热性能的大小还与金属键的强弱有关。

绝缘固体由于没有自由移动的电子，其热传输主要通过声子实现。固体晶体的导热与气体很相似，气体导热主要依靠气体分子的相互碰撞把热量从高温端传向低温端。气体分子间尽管是近似无相互作用的，但却又必须通过碰撞达到平衡状态。当固体晶体中各处的温度不同时，可以认为声子气处于局部平衡状态，不同区域的平均声子数由该区域的局部温度所决定。温度高的地方平均声子数多，声子密度大，温度低的地方则声子密度小，因而声子气在无规则碰撞运动的基础上产生了平均的定向运动，由高密度区移向低密度区，即产生了声子的扩散运动。在声子的扩散过程中，能量由高温区传向低温区。在声子的碰撞过程中，声子平均发生两次碰撞之间所经过的路程定义为声子的平均自由程。设晶体沿 x 方向的温度梯度为 dT/dx，则晶体中相距 l 的两点间的温差 ΔT 为

$$\Delta T = -l\frac{\mathrm{d}T}{\mathrm{d}x} \tag{17-8}$$

若声子在晶体中沿 x 方向的移动速率为 v_x，则热流密度 q 可表示为

$$q = c_{\mathrm{v}}\Delta T v_x \tag{17-9}$$

式中　c_{v}——单位体积固体的比热容。

合并式（17-8）和式（17-9）可得

$$q = -c_{\mathrm{v}}v_x l_x\frac{\mathrm{d}T}{\mathrm{d}x} \tag{17-10}$$

而 x 方向的平均自由程 l_x可表示为

$$l_x = \tau v_x \tag{17-11}$$

式中　τ——声子两次碰撞间的平均自由时间。

把式（17-11）代入式（17-10）可得

$$q = -c_{\mathrm{v}}v_x^2\tau\frac{\mathrm{d}T}{\mathrm{d}x} \tag{17-12}$$

因此，固体晶体的声子的热导率取决于晶体单位体积的比热容、声子的平均速度和声子的平均自由程这三个因素。

（2）热导率测定方法及原理　热导率测试方法分为稳态法和瞬态法（又称为非稳态法）两类。稳态法包括平板法、护板法、热流法以及热箱法等，而瞬态法则包括热线法、探针法、热盘法、热带法和激光法等。各种热导率测试方法有其自身的适用范围。由于物质具有固、液、气三种状态，不同状态时，其热导率差异会很大；而不同状态时热导率的测量也会有很大的不同；相比于固体，液体和气体的热导率测量更加困难，因为流体状态物质内更容易发生自然对流，温度场会很快发生变化，需要采集的速度相当快（如 1s），以避开自然对流的影响，所以对于仪器的要求会更高。

稳态法是指当待测试样上温度分布达到稳定后，即试样内温度分布是不随时间变化的稳定的温度场时，通过测定流过试样的热量和温度梯度等参数来计算材料的热导率的方法。它是利用稳定传热过程中，传热速率等于散热速率的平衡条件来测量热导率。常见的热导率仪基本是源于稳态法中的热流法而设计的，其原理如图 17-13 所示。稳态法具有原理清晰、模型简单、可准确直接地获得热导率绝对值等优点，并适用于较宽温区的测量；缺点是试验条件苛刻、测量时间较长、对样品要求较高；为了获得准确的热流，需要严格保证测试系统的绝热条件，附设补偿加热器并增加保温措施，以减小漏热损失；为了保证一维导热，通常对样品的尺寸要求较大，而且为了保证整个受热面温度场的均匀一致，对样品表面的平整度要求较高。稳态法主要用于测量固体材料，特别是低热导率材料（如保温材料）。

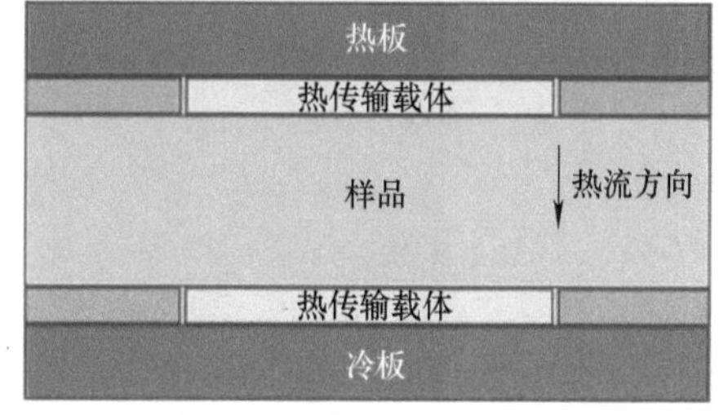

图 17-13　热流法测量原理

瞬态法运用的是闪射法测试原理，其中最具有代表性的是激光闪射法。激光闪射法是获得热扩散系数的方法，如果需要获得热导率，还需要有其他方法把测量得到的热扩散系

数 α、密度 ρ 和比热容 c_p 代入式（17-13）计算出热导率 λ，其热导率的不确定度与上述三个物理量的测量准确度相关。

$$\lambda = \alpha c_p \rho \tag{17-13}$$

图 17-14 所示为激光导热仪的示意图，其激光头位于仪器下部，样品放置在管状炉体中央的样品支架上。不同类型的炉子可达到的最高测试温度不同，最高可达 2000℃（石墨炉体）。用检测器测量样品背部的温升，该检测器位于系统的顶部。仪器的竖直结构确保了良好的信噪比与样品形状的灵活性。该仪器既能够测量液体与粉末样品，也能测量不同几何形状的固体样品。

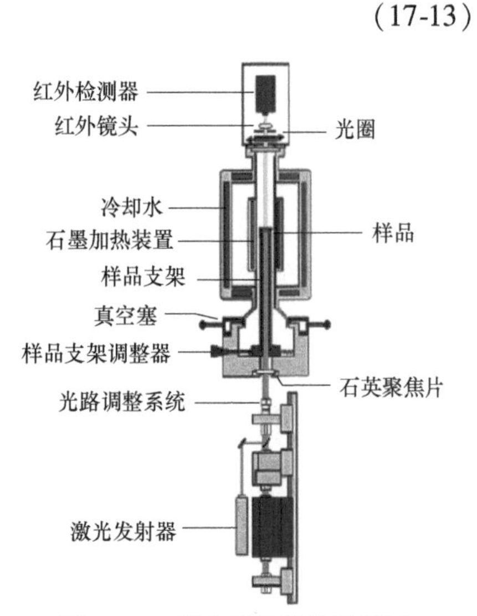

图 17-14 激光导热仪的示意图

（3）热传导检测案例 用激光导热仪测量二硅化钼（$MoSi_2$）（常用作高温炉体的加热元件）的热扩散性能与导热性能，测量结果如图 17-15 所示。热导率计算所需的比热容由差示扫描量热法测出。二硅化钼的热扩散系数与热导率均随温度上升而显著下降，在整个测量温度范围内，热导率下降了约 50%。在材料应用中必须考虑到这些现象，以防止出现某些问题，如在使用 $MoSi_2$ 作为加热元件的炉体中出现温度分布不均匀。

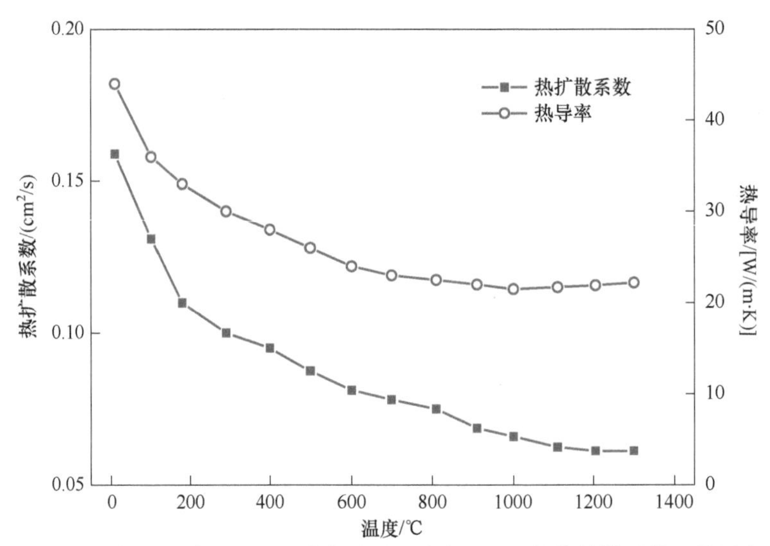

图 17-15 从室温到 1300℃，碳化硅纤维填充 $MoSi_2$ 的热扩散系数和热导率

采用热流法的热导仪测定不同碳纳米管 - 石墨烯含量的聚苯醚基复合材料的热导率，其中碳纳米管的质量比固定为 7.5 %，石墨烯含量不断增加，结果如图 17-16 所示。

复合材料热导率随填料含量增加而增大，其原因是高热导率的石墨烯与碳纳米管在热传递网络构建上的协同作用，即一维材料碳纳米管与二维材料石墨烯之间的相互桥接为热量传递提供了有效的热传导通道。

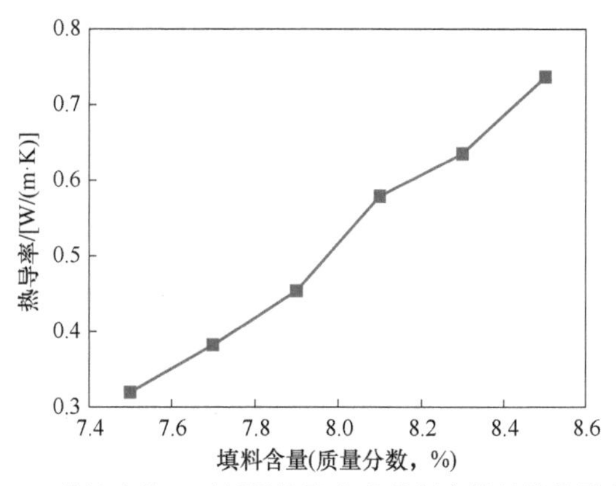

图 17-16 碳纳米管 - 石墨烯的聚苯醚基复合材料的热导率变化

17.3.2 材料电性能检测技术与应用

1. 电阻测量

（1）电阻率及其计算 电阻是用来描述导体对电流阻碍作用的大小。导体的电阻越大，表示导体对电流的阻碍作用越大。不同的导体，电阻一般不同，电阻是导体本身的一种特性。电阻将会导致电子流通量的变化，电阻越小，电子流通量越大，反之亦然。

电阻率是单位长度和单位横截面积物质的电阻。不同物质或不同大小同一物质的电阻会有所不同，但电阻率是材料的固有属性而不会变化。电阻率又分为体积电阻率和表面电阻率。

体积电阻率的计算公式为

$$\rho = \frac{RA}{T} \tag{17-14}$$

式中 ρ——体积电阻率；

R——体积电阻测试值；

A——保护电极有效面积；

T——样品平均厚度。

表面电阻率的计算公式为

$$\rho' = \frac{R'P}{D_4} \tag{17-15}$$

式中 ρ'——表面电阻率；

R'——表面电阻测试值；

P——保护电极有效周长；

D_4——测试间隙宽度。

（2）电阻率测定 印制电路板的铜箔电阻率可参考 IPC-TM-650 试验手册 2.5.14（铜箔电阻率）进行测定，该方法适用于长度至少为 30cm 且电阻值为 10 μΩ 以上的样品，电阻测量精度误差不大于 ±0.3%。

印制电路板的铜箔电阻率是通过铜箔电阻测量后换算的结果，测量仪器是 0.01mΩ 的微欧计或0.05级直流电桥，测量时电流应尽量小，以保证铜箔温升不超过1℃。测量样品的制作是从被测铜箔或覆铜板上切取长度为330mm、宽度为（25±0.2）mm的小块。测量过程是在距离300mm的触点间施加电流，在距离（150±1）mm的触点间测量出铜箔的电阻，测量四个样品的电阻值取均值，如图17-17所示。

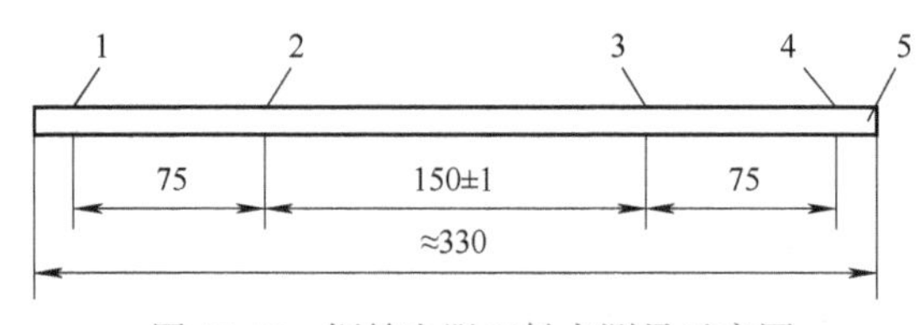

图17-17 铜箔电阻四触点测量示意图

1、4—电源触点 2、3—测量触点 5—试样

印制电路板的介质电阻率可参考IPC-TM-650试验手的2.5.17.1（绝缘材料的体积电阻率和表面电阻率）进行测定。电阻测量仪器的量程应达到1.0×10^{12} MΩ，测量时仪器具有对样品施加500V直流电流的能力。测定绝缘材料电阻率是通过电阻测量后换算的结果，电阻测量的样品分两类：①印制电路板厚度大于或等于0.51mm时，除非另有规定，样品尺寸为（101.6±3.2）mm×（101.6±3.2）mm×板厚，测量三个样品的电阻值取均值；②印制电路板厚度小于0.51mm时，除非另有规定，样品尺寸为（50.8±1.6）mm×（50.8±1.6）mm×板厚，测量三个样品的电阻值取均值。

2. 介电常数与介电损耗测量

在高频工作下，介电性能（介电常数与介电损耗）会制约印制电路板的信号完整性，因此必须获知电介质的实际介电性能才能为印制电路板设计提供可靠的指导。

（1）介电常数概念 电介质是指在电场作用下，能建立极化的一切物质。当在一个真空平行板电容器的电极板间嵌入一块电介质时，如果在电极之间施加外电场，则可发现在介质表面上感应出了电荷，即正极板附近的介质表面上感应出了负电荷，负极板附近的介质表面上感应出正电荷，这种表面电荷称为感应电荷，也称为束缚电荷。束缚电荷不会形成漏导电流，电介质在电场作用下产生感应电荷的现象，称为电介质的极化。相对介电常数ε_r是电介质极化能力的评价之一。

（2）介电损耗概念 一般电介质在电场作用下具体介电损耗的能量主要包括：

1）在外电场中各种介质极化的建立引起了电流，此电流与极化松弛等有关，引起的损耗为极化损耗。建立弹性位移极化达到其稳态所需时间很短，几乎不产生能量损耗。而松弛极化，则在电场作用下要经过相当长的时间，这种极化会损耗能量。

2）电导损耗。电介质不是理想的绝缘体，不可避免地存在一些弱联系的导电载流子。在电场作用下，这些导电载流子将做定向漂移，在介质中形成传导电流。传导电流的大小由电介质本身的性质决定，这部分传导电流以热的形式消耗掉，称为电导损耗。

3）电离损耗和结构损耗。在含有气相的材料中，还会发生电离损耗。含有气孔的固体介质在外电场强度超过了气孔内气体电离所需要的电场强度时，由于气体电离而吸收能量，造成损耗，即电离损耗。固体电介质内气孔引起的电离损耗，可能导致整个介质的热破坏和化学破坏，应尽量避免。结构损耗是在高频、低温的环境中，一种与介质内部结构的紧密程度密切相关的介质损耗。结构损耗和温度的关系很小，损耗功率随频率升高而增大，但介电损耗角正切值 $\tan\delta$ 则和频率无关。

（3）介电性能测量　材料介电常数与介电损耗的测量通过 LCR（电感、电容、电阻）测量仪完成。仪表上的数字显示是测试样品的电容和介电损耗值。

介电常数是通过测量平行板电容的方法间接获得的，介电常数 ε 与电容 C 之间的转化关系为

$$\varepsilon = \frac{Cd}{S} \tag{17-16}$$

式中　S——极板面积；

d——极板间的距离。

（4）介电性能测量案例　印制电路板聚合物基材的介电性能对电子设备的电信号传输的影响非常显著，其原因是基材的介电常数过高会造成电信号传播的严重延时，而介电损耗角正切值过大则会引起信号衰减而导致电信号的失真。图 17-18 所示为室温下聚芳醚腈（Polyarylene Ether Nitrile，PEN）基体加入不同体积含量的氮化铝（AlN）颗粒所形成的复合材料的介电常数。AlN 含量越高，复合材料的介电常数则越大。当 AlN 颗粒体积含量达到 42.3 % 时，复合材料的介电常数在 0 Hz 时约为 7.7，是纯 PEN 的 1.8 倍。由于 AlN 的介电常数比纯 PEN 高，当把 AlN 加入 PEN 基体时，AlN 主导着复合材料的介电性能，并随着 AlN 加入量的增多，复合材料体系的介电性能提高更显著。另外，当 AlN 颗粒尺寸变小时，加入相同含量 AlN 到 PEN 基体将会在复合材料体系形成更多的小电容网络，这将进一步提高 AlN/PEN 复合材料的介电性能。复合材料的填料颗粒尺寸与微观形貌（填料与聚合物基体的界面）也会影响聚合物基体复合材料的最终介电性能。AlN 球磨处理后，颗粒尺寸减小，易于在 PEN 基体中形成更多随机颗粒网络，而且其表面被半硅醇所吸附，AlN 能与 PEN 基体形成较强的界面结合力；颗粒减小与半硅醇吸附的协同效应则会减小复合材料体系内部产生空洞或气孔的概率，因而小颗粒的 AlN 在 PEN 基体中的良好分散效果导致 AlN 与 PEN 基体的偶极 - 偶极相互作用增大，最终使复合材料体系的介电常数升高。

从图 17-18 中还能发现在低频率的情况下，某一含量 AlN/PEN 复合材料的介电常数比在高频率的情况下的大。例如在频率刚施加时，42.3 % AlN/PEN 的介电常数约为 7.7，但当频率增大到 30 MHz 时，其频率则约为 7.5。另外，同一复合材料体系的介电常数随着测试频率的升高而减小，但频率继续升高（从 5 MHz 升高至 30 MHz），复合材料的介电常数不再依赖于频率的变化。这是因为当频率升高时，复合材料的介电常数变化主导因素是电子位移极化，其能瞬间对介电常数造成影响；松弛极化则需要更长时间建立，所以在快速变化的频率情况下，其对介电常数的影响非常小。在低频时，复合材料的介电常数由填料与聚合基体共同决定，而在高频时，其介电常数只依赖于填料及其体积含量。这表明在高频情况下，聚合物基体分子链上极性基团的电子位移极化所需时间太长而不能对复合材料体系的介电性能造成影响。因此，在高频情况下，仅有 AlN 的电子位移极化才能对复合材料的介电常数增大起到明显的作用。

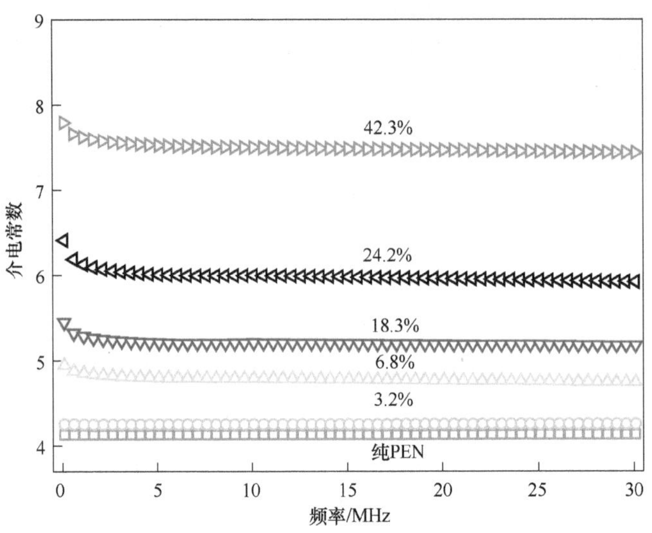

图 17-18　纯 PEN 与不同 AlN 含量（体积分数）的复合材料的介电常数（AlN 经球磨处理）

AlN/PEN 复合材料的介电损耗角正切值随着 AlN 含量的升高而呈现变大的趋势，如图 17-19所示。当 AlN 体积含量达到42.3 %时，PEN 基体复合材料体系的介电损耗角正切值增大到0.032，而纯 PEN 的仅为0.011；这同样归因于复合材料的介电损耗角正切值由 AlN 的体积含量来决定。另外，在低频（ <5 MHz）时，复合材料的介电损耗角正切值发生变小的趋势，且当频率继续升高（从5 MHz 升高至30 MHz），其介电损耗角正切值的大小同样不依赖于频率的变化；复合材料介电损耗角正切值随频率的变化趋势与介电常数的一样。介电损耗角正切值 $\tan\delta$ 与频率 ω 的关系为

$$\tan\delta = \frac{\sigma}{\omega\varepsilon_r} \tag{17-17}$$

式中　σ——自由电荷的电导率；

ε_r——相对介电常数。

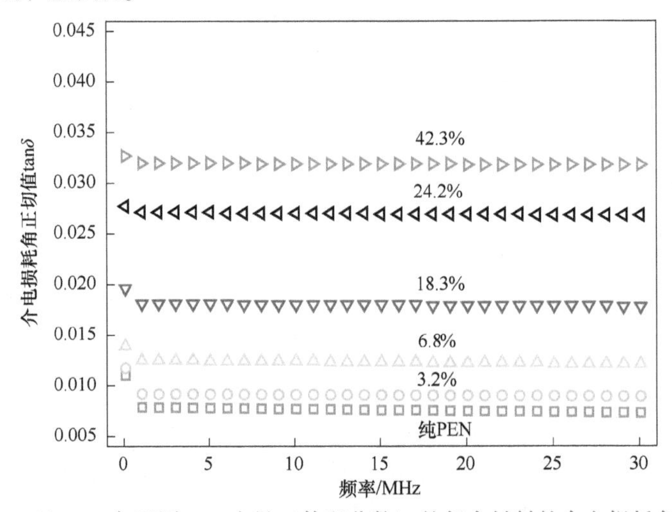

图 17-19　纯 PEN 与不同 AlN 含量（体积分数）的复合材料的介电损耗角正切值

当频率为 0 Hz 时，由于没有极化能量的消耗，材料的漏电效应使介电损耗角正切值表现出最大值。由式（17-17）可知，高频下的 $\omega\varepsilon_r \gg 1$，所以介电损耗角正切值随着频率的升高而变小。另外，材料的介电损耗角正切值是由松弛极化造成的，这一极化过程必将消耗能量以维持体系电荷状态的稳定性。但是，在高频情况下，极性复合材料体系的松弛极化没有足够的时间形成稳态。由此推导出，只有在无需能量消耗的电子位移极化主导复合材料体系的极化效应下，才会造成高频下介电损耗角正切值的变化几乎为零。

3. 电气强度测量

（1）电压施加方法　利用逐级（20s）升压法测量基材的垂直板面的电气强度，并以此表述绝缘基材耐短时工频电压击穿的能力。电压试验装置应配有合适的升压变压器、保护电阻、断路器以及电压控制系统。

按照 20s 逐级升压法在空气中进行试验。从表 17-2 中选出约等于击穿电压的 40% 作为起始电压，快速施加在试样上。如果据以前的经验尚未得知起始电压，则先用短时升压法（即以匀速使电压从零开始上升，并使击穿发生在 10 ~ 20s 之间），以求得起始电压。如果试样耐受电压 20s 还未击穿，则可接着每次逐级施加下一档更高的电压 20s，直到击穿发生为止。

表 17-2　施加的顺序电压（峰值电压/ $\sqrt{2}$ ）　　（单位：kV）

序号	起始电压	顺序测试电压点及范围													
1	0.5	0.55	0.6	0.65	0.7	0.75	0.8	0.85	0.9	0.95					
2	1	1.1	1.2	1.3	1.4	1.5	1.6	1.7	1.8	1.9					
3	2	2.2	2.4	2.6	2.8	3	3.2	3.4	3.6	3.8	4	4.2	4.4	4.6	4.8
4	5	5.5	6	6.5	7	7.5	8	8.5	9	9.5					
5	10	11	12	13	14	15	16	17	18	19					
6	20	22	24	26	28	30	32	34	36	38	40	42	44	46	48
7	50	55	60	65	70	75	80	85	90	95	100	105			
8	110	120	130	140	150	160	170	180	190	200					

（2）电气强度测试样品要求　只适用于厚度为 0.8mm 及以下的绝缘基材，对于覆铜板需要将铜箔全部蚀刻掉。电极采用铜或钢制成，其形状尺寸如图 17-20所示。从被试覆铜板上切取边长为（100 ± 1）mm 的正方形、厚度为原板厚的试样 5 个。

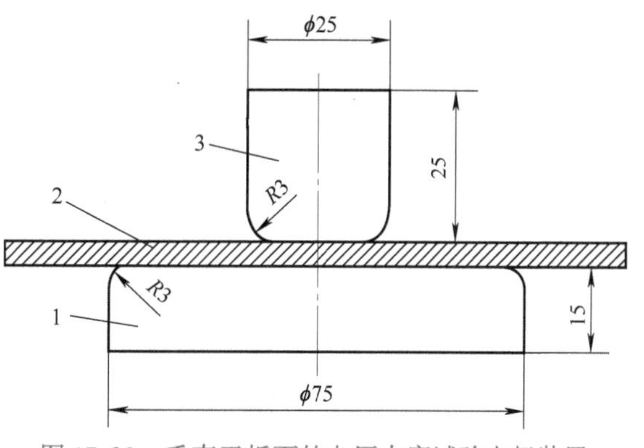

图 17-20　垂直于板面的电压击穿试验电极装置

1—下电极　2—试样　3—上电极

（3）电气强度结果的评定　以 5 个试样的电气强度平均值作为试验结果，用 MV/m 表示。如果任何一个试验结果超过平均值 15%，应再做 5 个，然后以 10 个试验结果的算术平均值作为其电气强度。

17.4 印制电路板制造检测技术与应用

多功能化和微型化的电子信息产品必须配套高密度的印制电路板，此类印制电路板的孔密度高、孔径小和线路精细，这将导致印制电路板的制造工序繁多且流程复杂。除了生产设备、材料、工艺的有效管控外，为了保证印制电路板的制造品质，必须做到每一个制程步骤的质量管控。现代自动化检测设备在印制电路板制造中扮演非常重要的角色，其高分辨力、高检测效率和高检测精度可以更好地保障印制电路制造过程的质量可控性和稳定性。先进合理的质量检测技术和手段则是高质量产品的重要保证。

17.4.1 互连导通检测技术与应用

互连导通检测技术的应用主要是检测印制电路的通断路，常用的测试方法有人工测试、电性能测试和光学测试三大类。人工测试由于投资小、方法简单，曾广泛应用，但此种方法在高密度印制电路板中受到越来越大的限制，比如当导线宽度和间距小于 0.2mm 时，人工目检大约漏掉 20% 的缺陷。目前主要是以电性能测试和光学测试为主。

1. 板级导通检测与应用

（1）板级导通电测方法与设备　印制电路板的互连电测从原理上可分为两类：电阻法测试和电容式测试。电阻法测试又可分为二线式测试和四线式测试；按照测试探头是否与印制电路板完全接触又可分为接触式测试和非接触式测试。

应用最广泛的导通电测方法包括夹具测试和飞针测试。夹具测试的探针按照印制电路板的测试点位置排布在测试夹具上而与其相应的测试点相连，分为专用型测试机和通用型测试机。飞针测试机只有几根探针，探针在印制电路板上快速移动与测试点接触。

1）专用夹具型测试机。专用型测试只可使用一个型号的夹具，其缺点是无法测试不同型号的板子，回收使用效率极低。在测试点数方面，单面 10240 个点以内、双面各 8192 个点以内均可做测试；在测试密度方面，由于探针头粗细的关系，较适合运用于厚度在 150μm 以上的板子。使用绕线或电缆连接的方式制作的夹具，通常称为专用夹具。另外，由泛用夹具和专用夹具进行整合后兼具两者部分功能的夹具，称为复合测试夹具，该夹具安装在专用测试机上面。专用型测试的优点为结构简单，技术难度小，设备成本低；缺点是密度高，测试点数有限，夹具制作成本最高。现在的印制电路板制造商均使用较少。

专用型测试机与泛用型测试机的区别只在于装载夹具方式的不同，其内部结构、原理都相同，专用型测试机的工作原理中主体为测试逻辑卡和专用测试夹具。专用测试夹具与专用测试机如图 17-21 所示。

2）通用夹具型测试机。印制电路板的线路版面依据网格（Grid）来设计，线路密度即为 Grid 的距离，Grid 的距离也能以间距（Pitch）来表示（也有用孔密度来表示的）。通用型测试就是依据 Grid 设计的原理，根据孔布设的位置在基材上做覆盖层（Mask），只有在孔的位置探针才能穿过 Mask 进行电测，因此夹具的制作简易而快速，而且探针可重复使用。通用型测试具有极多测点的标准 Grid 固定大型针盘，可分别按不同印制电路板型号制作活动式探针的针盘，量产时只须改换活动针盘，就可以对不同板型号进行量产测试。同样，通用测试针对不同板型号，也需要配备对应的测试夹具。另外，为保证完工的印制电路板线路系统通畅，需在使用高压电（如 250V）多测点的通用型电测母机上采用特定接点的针盘，这样才能有效地对印制电路板进行通断路电性能测试。通用测试夹具与通用测试机如图 17-22 所示。

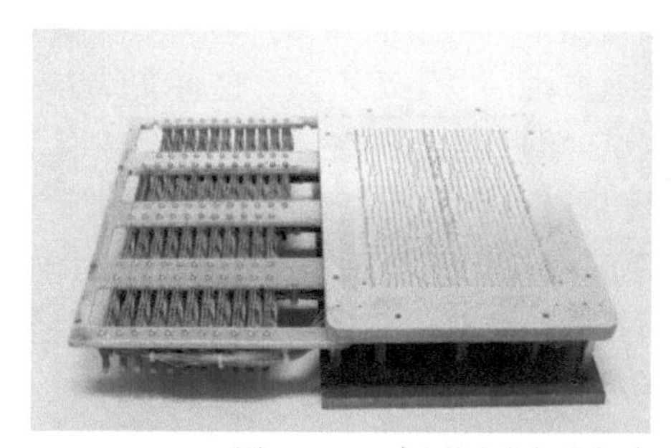

图 17-21　专用测试夹具与专用型测试机

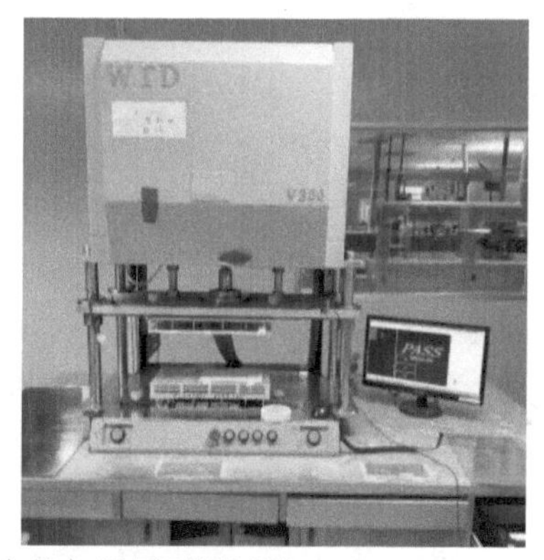

图 17-22　通用测试夹具与通用型测试机

通用型测试点数通常在 1 万个点以上，测试密度在 15 个点/cm^2或 30 个点/cm^2的测试称为 on-grid 测试；若是应用于高密度印制电路板，由于间距太密，已脱离 on-grid 设计，因此属于 off-grid 测试，其夹具就必须要特殊设计，此时通用型测试的测试密度可达 60 个点/cm^2。

3）飞针测试机。飞针测试的原理是两根探针做 X、Y、Z 方向的移动来逐一测试各线路的两个端点，通过两根探针同时接触网络的端点进行通电，所获得的电阻与设定的开路电阻比较，从而判断开路与否。飞针测试由于属于端点测试，测速极慢，为 10～50 个点/s，较适合样品及小批量生产。在测量密度方面，飞针测试可适用于极高密度的印制电路板。

在开路测试原理方面，飞针测试和针床电测是相同的，但在短路测试原理方面，飞针测试又表现出不同。由于测试探针有限（通常为 4～32 根探针），同时接触板面的点数非常小（相应为 4～32 点），若采用电阻测量法，测量所有网络间的电阻值，那么对具有 N 个网络的印制电路板而言，就要进行 $N/2$ 次测试，大大限制了测量的效率。另外，飞针测试过程中的探针移动速度有限，一般为 10 ~ 50 个点/s。因此，除了常规电阻测量法，飞针测试测量开/短路还有其他方法，具体包括充/放电时间法、电感测量法、电容测量法、相位差法以及自适应测试法等。

① 充/放电时间法。每个网络的充/放电时间（也称网络值）是一定的。如果有网络值相等，它们之间有可能短路，仅需在网络值相等的网络测量短路即可。它的测试步骤是，第一块测试板：全开路测试→全短路测试→网络值学习；第二块之后的测试板：全开路测试→网络值测试，在怀疑有短路的地方再用电阻法测试。这种测试方法的优点是测试结果准确，可靠性高；缺点是首件板测试时间长，返测次数多，测试效率不高。

② 电感测量法。电感测量法的原理是以一个或几个大的网络（一般为地网）作为天线，在其上施加信号，其他的网络会感应到一定的电感。测试机对每个网络进行电感测量，比较各网络电感值，若网络电感值相同，则有可能短路，再进行短路测试。这种测试方法只适用于有地电层的板的测试，若对双面板（无地网）则测试可靠性不高；在有多个大规模网络时，由于有一个以上的探针用于施加信号，而提供测试的探针减少，测试效率低，但其优点是测试可靠性较高，返测次数低。

③ 电容测试法。电容测试法类似于充/放电时间法。根据导电图形与电容的定律关系，若设置一个参考平面，导电图形到它的距离为 L，导电图形面积为 A，则 $C = \varepsilon A/L$。如果出现开路，导电图形面积减少，相应的电容减少，则说明有开路；如果有两部分导电图形连在一起，电容相应增加，说明有短路。在开路测试中，同一网络的各端点电容值应当相等，若不相等则有开路存在，并记录下每个网络的电容值，作为短路测试的比较。这种方法的优点是测试效率高，不足之处是完全依赖电容，而电容受影响因素较多，测试可靠性低于电阻法，特别是关联的电容和二级电容造成的测量误差，端点较少的网络（如单点网络）的测试可靠性较低。

④ 相位差法。相位差法是将一个弦波的信号加入地层或电层，由线路层来取得相位落后的角度，从而取得电容值或电感值。测试步骤是首件板先测开路，然后测其他网络的相位差值，最后测短路；第二块以上板先测开路，再测网络相位差值，对有可能的短路再用电阻法测试验证。这种方法的优点是测试效率较高，可靠性高；不足之处是只适合测 4 层以上的板，若测双面板只能用电阻法。

⑤ 自适应测试法。自适应测试法是每个测试应用过程都是一次测试完成后，根据板子具体情况和测试规范及设备选择适当的测试过程，如一个网络的网络值（充电时间或电容等）小于设备测试误差，设备会自动采用电阻测试和电场测试。这种测试方法速度最快，测试效果最好。不过，到目前还没有接触过采用此种测试方法的测试机。

飞针测试机是专门针对小批量、多品种生产的测试系统，其使用独立控制的、来回移动的探针对整块的电路板进行测试。探针使用无向量技术测试数字、模拟和混合信号元件的连接。对于通断测试而言，飞针测试的过程是通过加工若干个相应的带有弹性的直立式接触探针数组（即常说的针床），经压力与探针相连，进而识别待测印制电路板的焊点位置；而探针的另一端引入测试系统，完成电源、信号线和测量线的连接，从而完成测试，如图 17-23 所示。但是，印制电路的高密度化制造表现出小焊点尺寸、窄焊点间距和高焊点密度，因此飞针测试方法的测试效率进一步受限，需要开发更高速可靠的飞针测试仪。

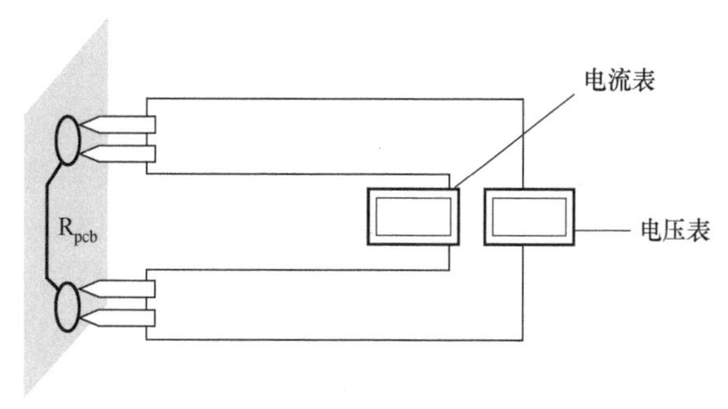

图 17-23　飞针测试机的简易工作原理

为更好地适应测试板的结构，飞针测试机的设计有所区别，包括竖直式飞针测试机和卧式飞针测试机，如图 17-24 所示。竖直式飞针测试机主要针对刚性印制电路板，也是使用范围最广的机型结构；卧式飞针测试机主要针对的是挠性印制电路和特殊软性材料板的测试，由于要平行放置板，且不能起翘，多数机型为单面测试，这就导致测试效率更低。

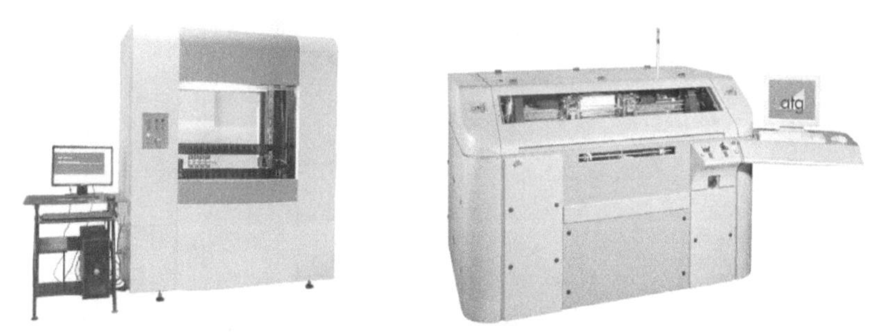

图 17-24　竖直式飞针测试机和卧式飞针测试机

2. 板级互连光学检测与应用

自动光学检测（Automatic Optic Inspection，AOI）设备是基于光学原理的检测设备，其原理是通过用发光二极管光源等代替自然光，用光学透镜和 CCD（电荷耦合器件）取代人眼，通过光学镜头拍摄的方式获得元件或焊点的图像，然后通过微处理机处理、分析和比较焊点的缺陷和故障。

AOI 系统由图像处理软件对采集到的数据进行处理、分析和判断，可以从外观上检测印制电路板的质量。图像处理技术包括彩色图像判别技术、相关匹配法技术和基于规则算法技术等，可在缺陷检测过程中降低误判率和提高设备的使用效率。AOI 的工作原理如图 17-25 所示。

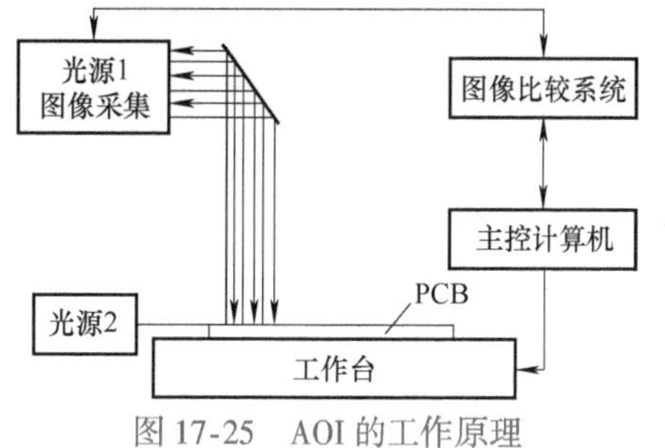

图 17-25　AOI 的工作原理

AOI 可分为设计规则检测（Design Rule Check，DRC）和图像识别两种方法。DRC 法是用给定的设计规则来检查电路图像，它保证了被检测元件功能的正确性，帮助控制每一道工序中的质量，而且该法的数据处理速度快，编程量小；但它很容易受到外界条件的影响。图像识别法是用已经存储在计算机里的数字化设计图像与实际图像按照精确的电路模板或计算机辅助设计（CAD）时编写的检测程序进行比较，光学系统的分辨率和检测程序设定的参数决定了整个检测系统的精度。这种方法用设计图像取代 DRC 法中预定的设计方法，具有一定的优势，但需要采集大量的数据，因而对系统的实时性要求较高。

AOI 是用来检测 PCB 表面缺陷的方法。光垂直或倾斜地投射到 PCB 表面上，利用摄像头拍摄得到一幅二维图像。这个二维图像沿着 X 轴和 Y 轴把电路板真实地显示出来了。目前最高配置可由 1 个下视摄像头和 4 个侧视摄像头组成，可高速检测 PCB 上的各种缺陷，包括焊点检测和导电线路开短路检测等，从而提高 PCB 的产品质量。

AOI 的应用包括以下几个方面：

（1）线路短路检测　印制电路板在图形转移的酸性或碱性蚀刻加工过程中，经常会因为显影不净、蚀刻脏物而造成细小线路短路。AOI 识别的线路短路问题如图 17-26 所示。

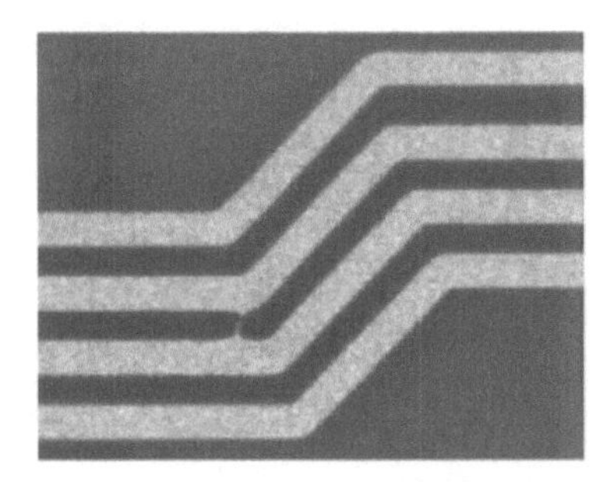

图 17-26　AOI 识别的线路短路问题

（2）线路开路检测　印制电路板不仅会发生线路短路，精细线路蚀刻过度也会造成开路问题（见图 17-27a），而且在加工过程中线路也会发生划伤问题（见图 17-27b），这也会造成线路开路。AOI 识别的线路开路问题如图 17-27 所示。

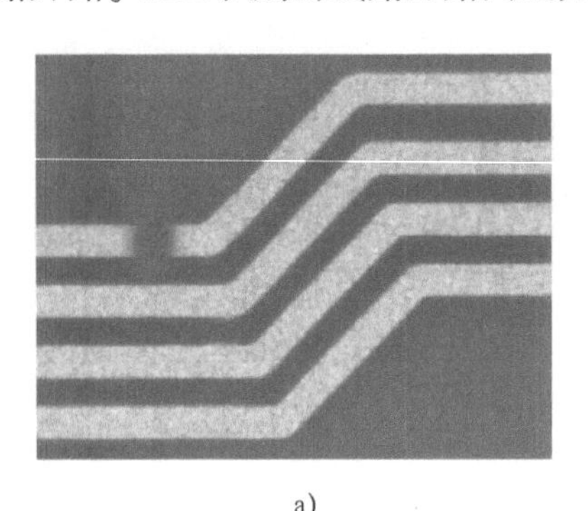

a)

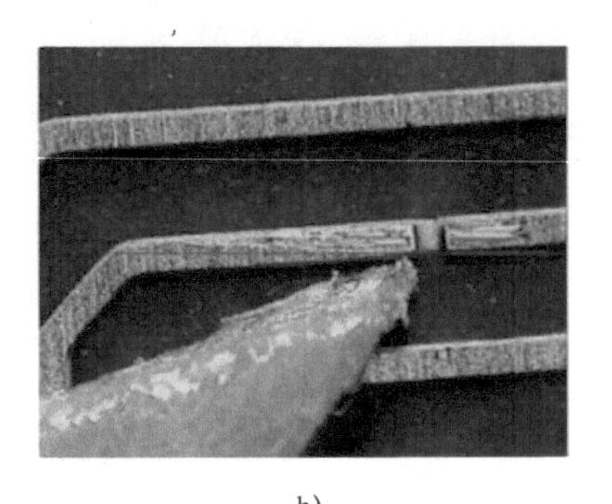

b)

图 17-27　AOI 识别的线路开路问题

（3）其他缺陷检测　AOI 利用摄像头、扫描仪等对印制电路板进行图像扫描，将标准设计的印制电路板和被测印制电路板的图形进行比较，AOI 不仅能检查出线路开路、短路的缺陷，还可检查出孔位置偏移、孔径尺寸、走线宽度以及贴装电子元件的缺陷等问题，这是电测法所不能完成的。AOI 对高密度印制电路板、超小型元器件的检测也比电测法更优越。此外，AOI 是一种快速的在线测试法，完全满足高速生产线的需要。

目前，配置在线 AOI 设备直接检测的蚀刻线已开发出来，如图 17-28 所示。在线 AOI

的出现，蚀刻制程后无须移板，可以快速检测、现场直接筛选出有图形蚀刻问题的板件，进一步了提高印制电路板的生产效率。

图 17-28　蚀刻生产线的在线 AOI

17.4.2　金属层厚度检测技术与应用

在印制电路板制造过程中，金属层的厚度直接影响导电线路的阻抗值，很大程度上影响着产品的可靠性和使用寿命，因此，电镀铜、化学镀镍/金、喷锡等工序的金属层厚度都有严格的要求。印制电路板制造过程中金属层厚度的检测技术主要有电量法测厚技术、电解法测厚技术、光电法测厚技术、金相显微镜法测厚技术以及 X 射线荧光测厚技术等。

1. 电量法测厚技术

镀层电量法测厚技术的原理是基于法拉第定律，即通过安培小时计测量电镀过程中的电量，然后在假设所有通过电量均用于镀层沉积的条件下计算镀层的厚度。这种方法只需要在电镀电源上配置一个安培电流计，在电镀过程中实时记录电镀过程所消耗的电量，并计算得到镀层的厚度。目前基本上所有的电镀电源均配备有安培电流计，可实现镀层厚度的实时测量。其优点是方便快捷，可实现镀层厚度的实时测量，缺点是测量精度不高。这是由于镀液的耗电系数是随镀液的种类、温度、pH 值和电镀时的压力以及电流密度的变化而改变的，并且其相互之间的关系非常复杂。但是，采用该方法进行镀层厚度测量时，一般认为耗电系数是恒定的，因而导致了测量结果的系统误差。

2. 电解法测厚技术

电解法的原理是在镀层表面的已知面积上，以恒定的直流电流在适当的溶液中溶解镀层金属。当镀层金属溶解完毕，裸露基体金属或中间层镀层时，电解池电压发生跃变，即指示测量已达终点。镀层的厚度根据溶解镀层金属消耗的电量、镀层被溶解的面积、镀层金属的电化当量、密度及阳极溶解的电流效率计算确定。

根据电解法设计的电解测厚仪的测厚过程类似于电镀，但化学反应的方向正好相反，即通过对被测部分的金属镀层进行局部阳极溶解，通过阳极溶解镀层到达基体时的电位变化及所需时间来进行镀层厚度的测量。电解测厚仪具有测量准确、不受基体材料影响、重现性好和使用简便等优点，在国内外电镀行业得到了广泛应用。与其他测厚仪相比，电解测厚仪还具有一个突出的优点就是能够测量多镍镀层中每层镍的厚度及各镀层之间的电化学电位差。

3. 光电法测厚技术

光电法测厚是以光电器件为传感元件进行光电转变，通过对电信号的处理来实现厚度测量。采用该方法还可检测出长、宽、直径、表面粗糙度和角度等其他多种几何量。测量对象也较广，并不局限于金属或非金属，而且测量精度高、性能稳定，可实现非接触测量等，因而在几何量测量领域使用较多。该方法的缺点是仪器对环境、振动、温湿度等较为敏感。激光作为一种新型光源，与其他光源相比具有单色性好、方向性强、光亮度高的优点，目前光电法测厚常用的光源一般采用激光。

4. 金相显微镜法测厚技术

金相切片检测技术与应用参见 17.2.2 节。金相显微镜法测厚属于镀层破坏试验，在光学显微镜下直接测量切片横断面中镀层的厚度，由于是直接测量，精确度较高，常作为其他测厚方法的仲裁。相对误差一般为 10%。可测量薄镀层，精确到 ±0.8μm。当镀层厚度大于 25μm 时，可使误差降到 5% 以内。

为了能在观察中分辨不同工序的铜镀层，可以使用微蚀液来区分镀层。精抛后镶有样品的切片的模子在微蚀液中适度浸泡，并立即洗净干燥后，即可清晰地分辨出孔剖面中不同的铜镀层。这项操作步骤会使金相显微镜法获得良好的效果，但它的关键在于根据不同的环境温度掌握浸泡的时间，某些在室温下可能只有几秒钟。另外，浸泡后必须立即冲洗干净，停止微蚀液的化学反应。不同电流密度下电镀铜厚度的金相切片厚度如图 17-29 所示。

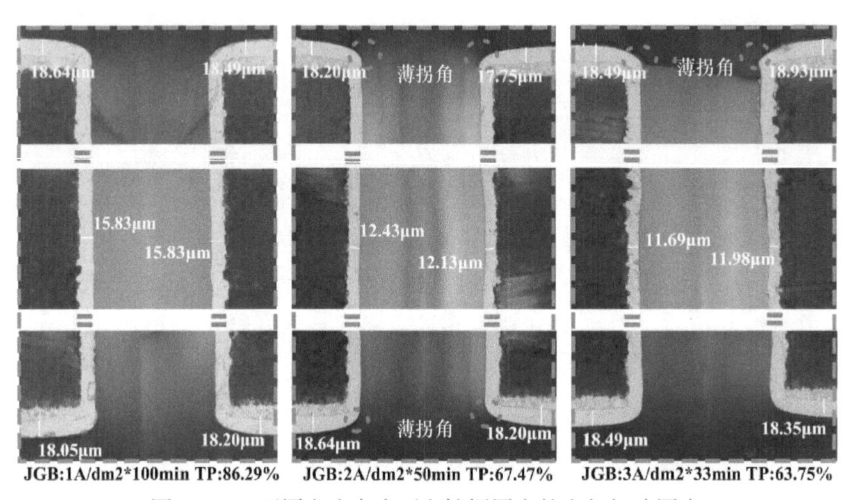

图 17-29 不同电流密度下电镀铜厚度的金相切片厚度

5. X 射线荧光测厚技术

X 射线荧光（X Ray Fluorescence，XRF）法的基本原理是当来自 X 射线管具有足够能量的初级 X 射线与试样中的原子发生碰撞，并从该原子中逐出一个内层电子时，在此壳层就形成一个空穴，随后由较外层的一个电子跃迁来填充此空穴；同时，发射出二次 X 射线光电子，即荧光 X 射线；光子的能量等于完成两个壳层之间跃迁的能量差，即该原子的特征 X 射线。根据探测该元素特征 X 射线的存在与否，可以进行定性分析；而其强度的大小可做定量分析。鉴于高灵敏度和多用途的要求，X 射线荧光法定量分析多采用高功率的封闭式 X 射线管为激发源，配以晶体波长色散法和高效率的正比计数器和闪烁计数器，并用计算机进行程序控制、基体校正和数据处理，具有准确度高、分析速度快、试样形态多样性、非破坏性等特点。

X 射线荧光镀层测厚仪的工作原理是通过高压产生电子流打入 X 射线管中的靶材产生初级 X 射线，初级 X 射线经过过滤和聚集射入被测样品产生次级 X 射线，即通常所说的 X 射线荧光，X 射线荧光被探测器探测到后经放大、数/模转换输入计算机，计算机计算出需要的厚度结果。X 射线荧光测厚仪如图 17-30 所示，其几乎可以测出各种金属镀层的厚度，并可精确地测量双镀层厚度、合金的厚度以及合金的组合比例。X 射线荧光测厚仪可满足各种不同厚度样品以及不规则表面样品的测试需要，镀层厚度检测范围一般为 0.005～50μm。

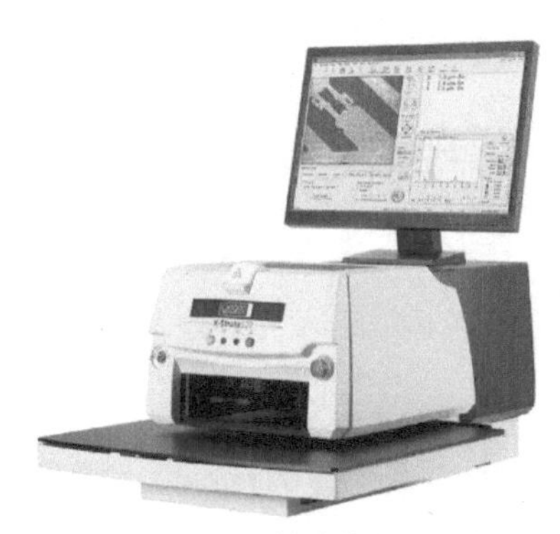

图 17-30　X 射线荧光测厚仪

17.4.3　板级对位检测技术与应用

印制电路板的叠层结构是通过半固化黏接基板实现的，而黏接工序是在热压条件下固化半固化状态的环氧树脂，但是热压温度在 190℃左右，基本达到环氧树脂的玻璃化转变温度，这种流动性的环氧树脂受电路图形分布、层压垫片厚度均匀性、压力分布以及材料间热膨胀系数差异等影响，最终导致层间对位的偏移。另外，通孔填塞树脂的磨板工序也会对基材的对位偏移产生影响。因此，板级对位效果的提前预判检测显得非常重要，这样才能根据对位偏移程度提前对后序叠层做出对位补偿，提高层间对位的精度。

二坐标测量仪（或称二次元测量仪）和三坐标测量仪（或称三次元测量仪）都可用于测量印制电路板对位靶标间的尺寸，并根据对测量结果的分析，判定印制电路板层间对位的偏移程度。

二次元测量仪主要由 CCD 摄像系统、连续变倍物镜、显示器、视频十字线发生器、精密光学尺、多功能数据处理器、2D 数据测量软件和工作台等组成，其实物如图 17-31 所示，其工作原理如下：由光学镜头对待测物体进行高倍率放大成像，经过 CCD 摄像系统将放大后的物体影像送入计算机后，能高效地检测各种复杂工件的轮廓和表面形状尺寸、角度及位置，特别是精密零部件的微观检测与质量控制。

三次元测量仪是近 50 年发展起来的一种高效率的精密测量仪器。一方面，三次元测量仪的出现是由于自动机床、数控机床高效率加工以及越来越多复杂形状零件加工需要有快速可靠的测量设备与之配套；另一方面，由于电子技术、计算机技术、数字控制技术以及精密加工技术的发展，为三次元测量仪的产生提供了技术基础。由于三次元测量仪的通用性强、测量范围大、精度高、效率高、性能好，且能与柔性制造系统相连，已成为一类大型精密仪器，故有“测量中心”之称。三次元测量仪的主体主要由以下各部分组成：底座、测量工作台、立柱、X 向及 Y 向支撑梁和导轨、Z 轴部件及测量系统（感应同步器、激光干涉仪、精密光栅尺等）、计算机及软件，如图 17-32 所示。

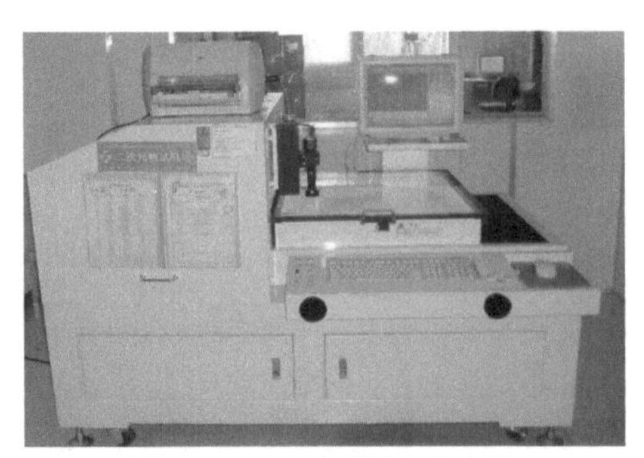

图 17-31　二次元测量仪实物

图 17-32　三次元测量仪结构示意图及实物

物体的几何量测量是以点的坐标位置为基础的，它分为一维、二维和三维测量。三次元测量仪的基本原理是将被测零件放入它容许的测量空间，精密地测出被测零件在 X、Y、Z 三个坐标位置的数值，根据这些点的数值经过计算机数据处理，拟合形成测量元素，如圆、球、圆柱、圆锥、曲面等，经过数学计算得出几何公差及其他几何量数据。

利用三次元测量仪对开有多条狭缝的样件进行平面度的几何测量。从测量结果（见图 17-33）可以直观地得到相关的测量元素和坐标数值及所有测量数据。用户可根据需要给出实际尺寸、公差值、与理论值的偏差、超差情况等详细的信息，用户保存后可随时调看。

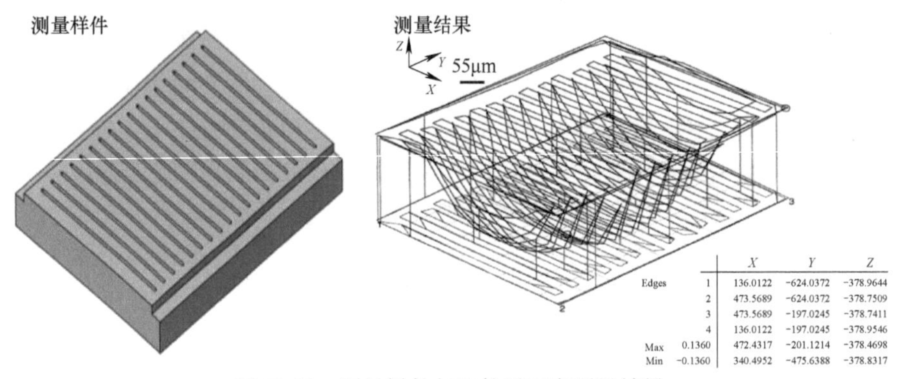

		X	Y	Z
Edges	1	136.0122	-624.0372	-378.9644
	2	473.5689	-624.0372	-378.7509
	3	473.5689	-197.0245	-378.7411
	4	136.0122	-197.0245	-378.9546
Max	0.1360	472.4317	-201.1214	-378.4698
Min	-0.1360	340.4952	-475.6388	-378.8317

图 17-33　测量样件与工件平面度测量结果

17.4.4　板级信号完整性检测技术与应用

1. *S* 参数测量和应用

S 参数（S-parameter）是发射信号或传输信号与参考信号之比，用于描述网络在正向和反向传输信号时以幅度和相位表示的发射和传输性能。反射信号与参考信号之比称为反射损耗（S_{11}），传输信号与参考信号之比称为插入损耗（S_{21}）。S 参数是用来表征高速信号传输反射损耗和传输损耗的测量结果，是射频领域最重要的指标。因此，通过 S 参数的测量，可实现信号完整性的测试。

S 参数是通过矢量网络分析仪测量的。矢量网络分析仪由合成信号源、*S* 参数测试装置、幅相接收机及显示模块四部分组成，其工作原理是合成信号源产生扫频信号，该信号与幅相接收机中心频率实现同步扫描，*S* 参数测试装置用于分离被测件的入射信号 R、反射信号 A 和传输信号 B。幅相接收机将射频信号转换成频率固定的中频信号。采用系统锁相技术，以保证被测器件或网络的幅度信息和相位信息都不丢失。包含被测器件或网络的幅度信息和相位信息的中频信号，由 A/D 转换器转换为数字信号，嵌入式计算机和数字信号处理器（DSP）从数字信号中提取被测器件或网络的幅度信息和相位信息，通过比值运算求出被测网络的 *S* 参数，显示模块最终将测量结果以文字和图表方式显示出来。矢量网络分析仪的工作原理框图如图 17-34 所示。

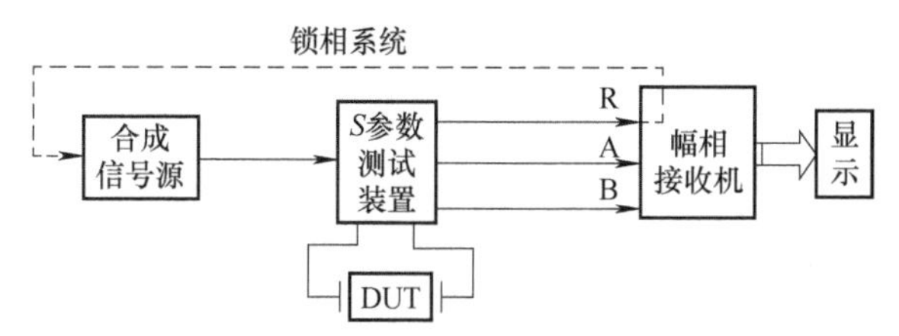

图 17-34　矢量网络分析仪的工作原理框图

插入损耗（Insertion Loss，IL）测量案例：对两种不同表面处理的铜线进行插入损耗测量。处理采用的方法原理为 Delta-L 方法，测试板线路设计如图 17-35 所示，采用两种不同长度带孔的线路结构，以具有 X_2（单位为 in，1 in = 2. 54 cm）长度的 B 线路为参考，另外一条是具有更长 X_1（单位为 in）长度的 A 线路。测试时线路 A 和 B 之间的插入损耗差异（$IL_A - IL_B$）就是植入孔后带有通道效应（Via Effect）的传输长度（$X_1 - X_2$）的信号损失，单位长度内的插入损耗可以通过下式计算得出：

$$\mathrm{IL}(\mathrm{dB/in}) = \frac{\mathrm{IL_A} - \mathrm{IL_B}}{X_1 - X_2} \tag{17-18}$$

图 17-36 所示为测试铜面分别经白化和棕化两种不同处理方式的信号损失情况。在低频下，两种表面处理方式的信号损失差异并不明显，图上两条线基本重合，但是随着频率的不断增加，这种差异越来越明显，在 20GHz 时，这种差异已经达到 0. 1075 dB/in。从图上看差异不算很大，这是因为在此处所用材料、测试方法都一样，可以排除介质损耗、辐射损耗等引起的差异，仅体现出了表面处理差异和粗糙度效应造成的损耗差异。两条曲线都不够平滑和线性，这是由在线路末端的孔之间的多次反射引起的。

2. 眼图测试和应用

眼图是一种快速直观评估信号质量的方法，它是用一个示波器跨接在接收滤波器的输出端，然后调整示波器扫描周期，使示波器水平扫描周期与接收码元的周期同步，在示波器上观察到的一种图形。从眼图上可以观察出码间串扰和噪声的影响，从而估计系统优劣程度。眼图的“眼睛”张开大小表示了失真的程度，反映着码间串扰的大小。眼睛张得越大，且眼图越端正，表示码间串扰越小，否则表示码间串扰越大。因此，眼图测试在信号完整性检测方面发挥着重要作用。

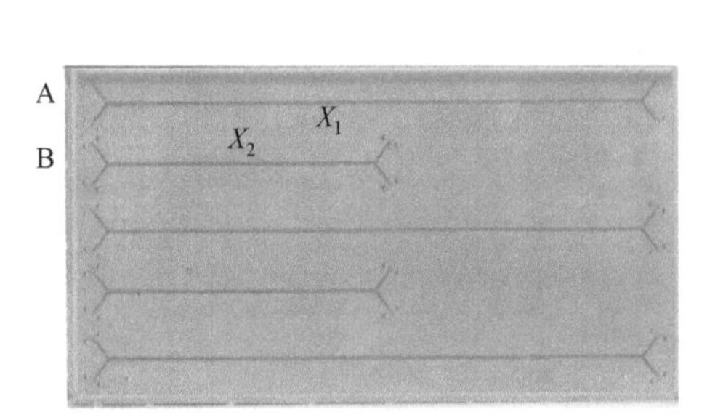

图 17-35　插入损耗测试板线路设计示意图

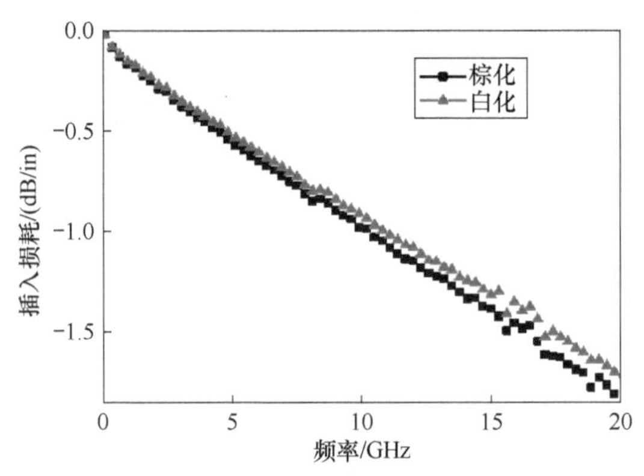

图 17-36　两种不同处理方式的信号损失情况

眼图的检测设备是示波器或眼图测试仪。示波器或眼图测试仪种类多样。以力科示波器为例，其主要由示波管控制电路、水平放大电路、竖直放大电路、扫描发生器电路、触发同步电路和电源电路等组成。其眼图测试原理如下：示波器首先捕获一组连续比特位的信号，然后用软件 PLL 方法恢复出时钟，最后利用恢复出的时钟和捕获到的信号按比特位切割，切割一次，叠加一次，最终将捕获到的一组数据的每个比特位都叠加到了眼图上。即其基本步骤：①按照捕获信号的基本原则（过采样、最小化量化误差、捕获足够长的时间）实现对信号的高保真捕获；②设置合适的 PLL；③设置眼图的模板和子模板；④测量相关眼图参数。图 17-37 所示为眼图测量方法的原理。

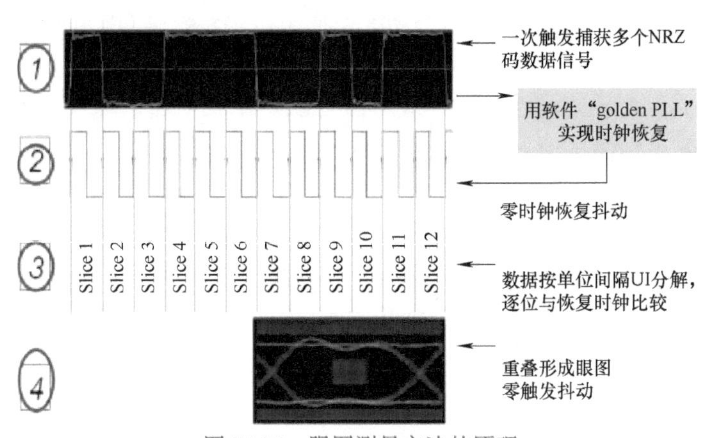

图 17-37　眼图测量方法的原理

检测案例：通过各种高低速串行信号的眼图测试，分析信号完整性问题。以 LDVS 信号的眼图测试为例，LDVS 电路板的测试样板如图 17-38 所示。比较图 17-39 所示的发送端眼图和接收端眼图可发现，信号经传输后，眼皮厚度变大，眼张开幅度变小，说明传输系统受到噪声的影响比较大；眼图形状变差，不规则，说明有信号串扰，信号经过传输产生了畸变；上升/下降沿变粗，说

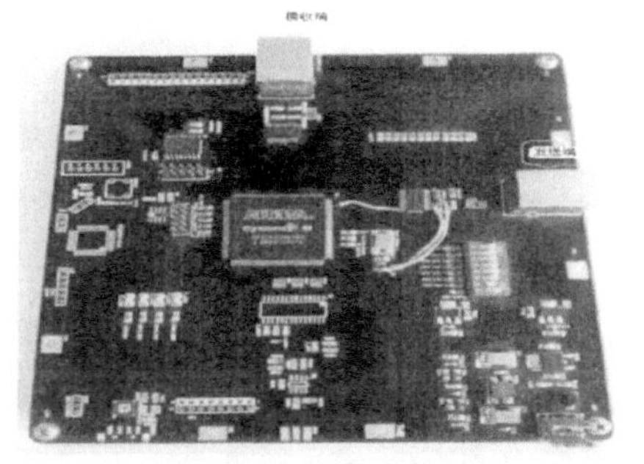

图 17-38　LVDS 电路板

明系统抖动增加。

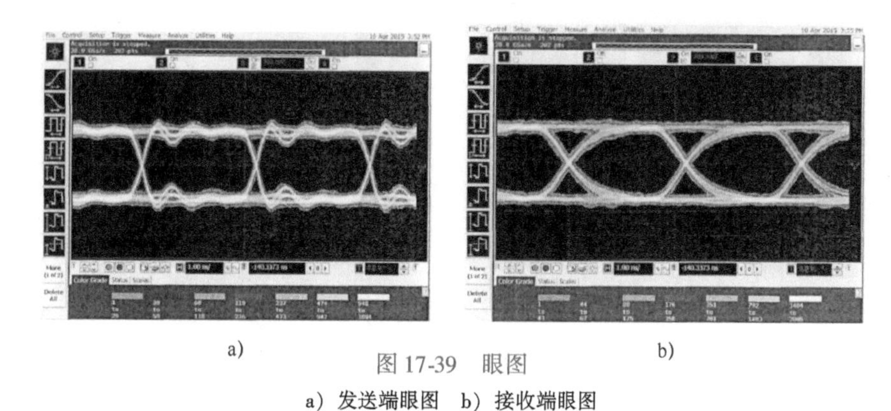

a)　　b)

图 17-39　眼图

a）发送端眼图　b）接收端眼图

17.5 印制电路板的其他检测

除了常规的印制电路板产品检测，印制电路板的工作可靠性检测也是非常重要，这些可靠性检测包括耐蚀性能检测、耐热性能检测（恒温恒湿、冷热冲击、回流焊、热应力和锡炉等）、力学性能检测（剥离强度、镀铜伸长性、挠曲性测试等）、材料成分检测（X 射线能谱、X 射线衍射、红外光谱、电感耦合等离子体－发射光谱等）以及金属面浸润性检测（接触角和表面粗糙度等）。

17.6 习题

1. 如果需要观测印制电路板填铜的质量，可以做哪些检测来表征？
2. 如何评价高频印制电路板的介电性能？
3. 印制电路板的信号完整性检测包括哪些检测方法？
4. 大功率印制电路板所使用的基材的玻璃化转变温度如何测定？如何读取？
5. 为了保证印制电路板电路图形导通的质量，可做哪些检测？

第 18 章 印制电路板清洁生产与环境保护

印制电路板制造是一项非常复杂的综合性加工技术，含有干法工序（如设计和布线、照相制版、贴膜、曝光、钻孔、外形加工等）和湿法工序（如化学镀、电镀、蚀刻、显影、去膜、内层氧化、去钻污等），在生产过程中不可避免地产生废弃物和逸出环境危害物，也就是人们常说的“三废”：“废气”“废水”和“固体废料”。特别是湿法工序需要耗费大量水资源，并在生产制造过程中，产生含有大量有害物质的废弃溶液和清洗后的废水。若不加以管控和处理，这些“三废”不但直接威胁到一线生产人员的身心健康，在直接排放进入公共空间后势必会恶化当地社区环境，对更广泛的人群造成危害。随着我国印制电路板行业的不断成长和壮大，协调生产制造和环境共同发展已经刻不容缓。

另外，环保政策不断严厉和环保技术不断进步的双重推动下，促使印制电路板制造企业生产管理水平不断提高，环境保护意识不断增强。通过近十来年的实践和持续改进，印制电路板企业的环保工作已经从以往被动的收集、处置废弃物模式进入当前的高效现场回收、回用模式，环保投入也从单纯增加生产成本转变为获取经济效益的良性发展。

本章介绍我国印制电路板制造行业遵循的环境法律、法规，重点讨论在印制电路板制造过程中产生的废弃物和环境危害物的来源、普遍的控制技术和回收、回用方法，并介绍废旧印制电路板的回收处理。

18.1 印制电路板制造相关环境标准

近年来，我国的环保法规日趋完整，对工业排放要求也越来越完善和详细，指标越来越高，对印制电路板制造行业的要求也越来越严格。在《中华人民共和国环境保护法》和《中华人民共和国清洁生产促进法》的指导下，生态环境部科技标准司组织中国印制电路行业协会、中国环境科学研究院共同制定了 HJ 450—2008《清洁生产标准 印制电路板制造业》，规定了印制电路板制造业清洁生产的一般要求。另外，印制电路板企业较为密集的长三角、珠三角等地区，也出台了一系列地方法规。

目前国内印制电路板制造企业一般通过三种渠道来实现清洁生产和污染物处理：自建环保设施自营处理、园区统一处理和第三方环保公司处理，企业根据自身条件灵活选择。大规模企业通过自建清洁、回收系统和购买环保公司第三方外包服务，来达到排放标准的规定。而众多中小型企业和代加工企业，在硬件投资和清洁生产管理水平上相对薄弱，一般通过入驻具有相关清洁生产和回收处理资质的产业园，由产业园自建或联合大型环保企业来集中处理废弃物资源化和排放问题，这是现阶段规范中小企业生产、促进中小企业发展的一种常见模式。第三方环保公司处理需要统一焚烧、填埋的废弃物更有优势，一般是废弃物处理的最后一道关口。

印制电路板行业属于电子工业的一部分，随着中国加入 WTO，我国印制电路板行业产值占到全球的约六成，其中很多板件属于直接出口的外贸订单。所以印制电路板及其生产环节不但要符合我国的法律法规，还需要满足进口国家（地区）的法律法规，例如欧盟颁布的《关于限制在电子电气设备中使用某些有害成分的指令》，即 RoHS 指令。同时，越来越多的企业在环境管理和清洁生产方面与国际接轨，通过进行 ISO 14000 系列认证，提高自身的管理水平和规范化程度。

18.1.1　我国的印制电路板清洁生产标准

HJ 450—2008《清洁生产标准　印制电路板制造业》将清洁生产指标分为五类：生产工艺与装备要求、资源能源利用指标、污染物产生指标（末端处理前）、废物回收利用指标和环境管理要求。并根据当前行业技术、装备和管理水平，分为三个等级技术指标：一级代表国际清洁生产先进水平，二级代表国内清洁生产先进水平，三级代表国内清洁生产基本水平。印制电路板制造业清洁生产的指标要求见表 18-1。

表 18-1　印制电路板制造业清洁生产的指标要求

<table>
<tr><th>清洁生产指标等级</th><th>一　级</th><th>二　级</th><th>三　级</th></tr>
<tr><td colspan="4">一、生产工艺与装备要求</td></tr>
<tr><td>1. 基本要求</td><td>工厂有全面节能节水措施，并有效实施。工厂布局先进，生产设备自动化程度高，有安全、节能工效</td><td>工厂布局合理，图形形成、板面清洗、蚀刻和电镀与化学镀有水电计量装置</td><td>不采用已淘汰的高能耗设备；生产场所整洁，符合安全技术、工业卫生的要求</td></tr>
<tr><td>2. 机械加工及辅助设施</td><td>高噪声区隔声吸声处理；或有防噪声措施</td><td>有集尘系统回收粉尘；废边料分类回收利用</td><td>有安全防护装置；有吸尘装置</td></tr>
<tr><td>3. 线路与阻焊图形形成（印制或感光工艺）</td><td colspan="2">用光固化抗蚀剂、阻焊剂；显影、去膜设备附有有机膜处理装置；配置排气或废气处理系统</td><td>用水溶性抗蚀剂、弱碱显影阻焊剂；废料分类、回收</td></tr>
<tr><td>4. 板面清洗</td><td colspan="2">化学清洗/机械磨刷，采用逆流清洗或水回用，附有铜粉回收装置或污染物回收处理装置</td><td>不使用有机清洗剂，清洗液不含络合物</td></tr>
<tr><td>5. 蚀刻</td><td colspan="2">蚀刻机有自动控制与添加、再生循环系统；蚀刻清洗水多级逆流清洗；蚀刻清洗浓液补充添加于蚀刻液中或回收；蚀刻机密封，无溶液与气体泄漏，排风管有阀门；排气有吸收处理装置，控制效果好</td><td>应用封闭式自动传送蚀刻装置，蚀刻液不含铬、铁化合物及螯合物，废液集中存放并回收</td></tr>
<tr><td rowspan="2">6. 电镀与化学镀</td><td colspan="3">除电镀金与化学镀金外，均采用无氰电镀液</td></tr>
<tr><td colspan="2">除产品特定要求外，不采用铅合金与含氟络合物的电镀液，不采用含铅的阻焊锡涂层。设备有自动控制装置，清洗水多级逆流回用。配置废气收集和处理系统</td><td>废液集中存放并回收。配置排气和处理系统</td></tr>
</table>

（续）

清洁生产指标等级	一　级	二　级	三　级
二、资源能源利用指标			
1. 新水量/（m^3/m^2）			
单面板	≤0.17	≤0.26	≤0.36
双面板	≤0.50	≤0.90	≤1.32
多层板（2+n层）	≤（0.5+0.3n）	≤（0.9+0.4n）	≤（1.3+0.5n）
HDI板（2+n层）	≤（0.6+0.5n）	≤（1.0+0.6n）	≤（1.3+0.8n）
2. 耗电量/（kW·h/m^2）			
单面板	≤20	≤25	≤35
双面板	≤45	≤55	≤70
多层板（2+n层）	≤（45+20n）	≤（65+25n）	≤（75+30n）
HDI板（2+n层）	≤（60+40n）	≤（85+50n）	≤（105+60n）
3. 覆铜板利用率（%）			
单面板	≥88	≥85	≥75
双面板	≥80	≥75	≥70
多层板（2+n层）	≥（80−2n）	≥（75−3n）	≥（70−5n）
HDI板（2+n层）	≥（75−2n）	≥（70−3n）	≥（65−4n）
三、污染物产生指标（末端处理前）			
1. 废水产生量/（m^3/m^2）			
单面板	≤0.14	≤0.22	≤0.30
双面板	≤0.42	≤0.78	≤1.32
多层板（2+n层）	≤（0.42+0.29n）	≤（0.72+0.39n）	≤（1.3+0.49n）
HDI板（2+n层）	≤（0.52+0.49n）	≤（0.85+0.59n）	≤（1.3+0.79n）
2. 废水中铜产生量/（g/m^2）			
单面板	≤8.0	≤20.0	≤50.0
双面板	≤15.0	≤25.0	≤60.0
多层板（2+n层）	≤（15+3n）	≤（20+5n）	≤（50+8n）
HDI板（2+n层）	≤（12+8n）	≤（20+10n）	≤（50+12n）
3. 废水中化学需氧量（COD）产生量/（g/m^2）			
单面板	≤40	≤80	≤100
双面板	≤100	≤180	≤300
多层板（2+n层）	≤（100+30n）	≤（180+60n）	≤（300+100n）
HDI板（2+n层）	≤（120+50n）	≤（200+80n）	≤（300+120n）
四、废物回收利用指标			
1. 工业用水重复利用率（%）	≥55	≥45	≥30
2. 金属铜回收率（%）	≥95	≥88	≥80

（续）

清洁生产指标等级	一　级	二　级	三　级
五、环境管理要求			
1. 环境法律法规标准	符合国家和地方有关环境法律、法规，污染物排放达到国家和地方排放标准、总量控制指标和排污许可管理要求		
2. 生产过程环境管理	有工艺控制和设备操作文件；有针对装备突发损坏，对危险物、化学溶液应急处理的措施规定		无跑、冒、滴、漏现象，有维护保养计划与记录
3. 环境管理体系	建立 GB/T 24001 环境管理体系并被认证，管理体系有效运行；有完善的清洁生产管理机构，制定持续清洁生产体系，完成国家的清洁生产审核		有环境管理和清洁生产管理规程，岗位职责明确
4. 废水处理系统	废水分类处理，有自动加料调节与监控装置，有废水排放量与主要成分自动在线监测装置		废水分类汇集、处理，有废水分析监测装置，排水口有计量表具
5. 环保设施的运行管理	对污染物能够在线监测，自有污染物分析条件，记录运行数据并建立环保档案，具备计算机网络化管理系统。废水在线监测装置经环保部门比对监测		有污染物分析条件，记录运行的数据
6. 无线物品管理	符合国家《危险废物贮存污染控制标准》规定，危险品原材料分类，有专门仓库（场所）存放，有危险品管理制度，岗位职责明确		有危险品管理规程，有危险品管理场所
7. 废物存放和处理	符合国家相关规定，危险废物交有资质的专业单位回收处理。应制定并向所在地县级以上地方人民政府环境行政主管部门备案危险废物管理计划（包括减少危险废物产生量和危险性的措施以及危险废物贮存、利用、处置措施），向所在地级县以上人民政府环境保护行政部门申报危险废物种类、生产量、流向、贮存、处理等有关资料。针对危险废物的产生、收集、贮存、运输、利用、处置，应当制定意外事故防范措施与应急预案，并向所在地县级以上地方人民政府环境行政主管部门备案。废物定置管理，按不同种类区别存放及标识清楚；无遗漏，存放环境整洁；如是可利用资源应无污染地回用处理；不能自行回用则交有资质专业回收单位处理。做到再生利用，没有二次污染		

注：1. 表中“机械加工及辅助设施”包括开料、钻铣、冲切、刻槽、磨边、层压、空气压缩、排风等设备。

2. 表中的单面板、双面板、多层板包括刚性印制电路板与挠性印制电路板。由于挠性印制电路板的特殊性，新水用量、耗电量和废水产生量比表中所列数值分别增加 25% 与 35%，覆铜板利用率比表中所列数值减少 25%，刚挠结合印制电路板参照挠性印制电路板相关指标。

3. 表中所述印制电路板制造适合于规模化批量生产企业，若为小批量、多品种的快件和样板生产企业，其新水用量、耗电量和废水产生量可在表中指标值的基础上增加 15%。

4. 表中印制电路板层数加“n”是正整数。如 6 层多层板是（2+4），n 为 4；HDI 板层数包括芯板，若无芯板则是全积层层数，都是在 2 层基础上加上 n 层；刚挠板是以刚性或者挠性的最多层数计算。

5. 若采用半加成法或加成法工艺制作印制电路板，能源利用指标、污染物产生指标应不大于本标准。其他未列出的特种印制电路板参照相应导电图形层数印制电路板的要求。如加印导电膏线路的单面板、导电膏灌孔的双面板都按双面板指标要求。

6. 若生产中除用电外还耗用重油、柴油或天然气等其他能源，则可以按国家有关综合能耗折标煤标准换算，统一以耗电量计算。如电力：1.229t／（万 kW·h），重油：1.4286t/t，天然气：1.3300t/10^3 m^3，则 1t 标煤折电力 0.81367 万 kW·h，1 吨重油折电力 1.1624 万 kW·h，1000m^3 天然气折电力 1.0822 万 kW·h。

印制电路板生产企业厂区大气质量、水排放需遵循国家相关规定，如 GB 21900—2008《电镀污染物排放标准》、GB 37822—2019《挥发性有机物无组织排放控制标准》或当地环保部门制定的法律法规。

18.1.2 RoHS 指令

RoHS（Restriction of Hazardous Substances）指令是由欧盟立法制定的一项强制性标准，它的全称是《关于限制在电子电气设备中使用某些有害成分的指令》。该指令已于 2006 年 7 月 1 日开始正式实施，并在 2011 年 11 月进行了扩展，主要用于规范电子电气产品的材料及工艺标准，使之更加有利于人体健康及环境保护。该标准的目的在于消除电器电子产品中的铅、汞、镉、六价铬、多溴联苯和多溴二苯醚（PBDE）共 6 项物质，并重点规定了镉的含量不能超过 0.01%。

RoHS 指令的涵盖范围包括了我国向欧盟出口的全部电子产品名录，如大型家用电器电冰箱、洗衣机、微波炉、空调等，小型家用电器吸尘器、电熨斗、电吹风、烤箱、钟表等，计算机、传真机、电话机、手机等通信和 IT 设备，还有乐器、照明器具、电动工具、玩具/娱乐和体育器械、医疗器械、监视/控制、自动售货机以及半导体器件。

RoHS 指令不仅包括整机产品，而且包括生产整机所使用的零部件、原材料及包装件，关系到整个生产链，因而对印制电路板行业造成了较深远的影响。在 RoHS 指令颁布之前，铅广泛应用于印制电路板的表面处理和焊料中，而多溴联苯（PBBS）、多溴二苯醚（PBDE）则用于 PCB 基材中的阻燃剂。

铅是印制电路板行业首先要排除的元素，不但含铅焊料和含铅的表面处理技术被舍弃，还因为铅是自然界中丰度较高的元素，印制电路板制造中所用的所有原料、设备都需要经过铅含量测定才能够被使用。但无铅化引起的电子设备的焊接可靠性问题、抗蚀问题等至今还困扰着电子行业，仍然是全行业研究的重点和热点。

在实际的 RoHS 执行过程中，不但限制了多溴联苯（PBBS）、多溴二苯醚（PBDE）的使用，为杜绝废弃印制电路板中产生二噁英，氯和溴元素的浓度也在严格控制之列。这项规定不但要求印制电路板基础材料进行革新，采用不含有氯、溴元素的介电材料、填料和阻焊剂等，还对印制电路板制造过程中的处理液等也提出了无（残留）氯、溴的要求，这涉及整孔、孔金属化、棕化、表面处理等诸多制程中处理液配方的修改和升级。

目前，印制电路板制造企业采用的分析 RoHS 限制物质的方法有 X 射线荧光（XRF）法测定铅、汞、镉、铬、溴元素；采用电感耦合等离子体原子发射光谱仪（ICP）、火焰石墨炉原子吸收光谱仪（AAS）测定铅、镉、铬、汞元素；采用气象色谱质谱联用仪（GC-MS）测定 PBBS、PBDE 等物质。

18.1.3 ISO 14000 系列标准

ISO 14000 系列标准是国际标准化组织（ISO）继 ISO 9000 系列标准后提出的又一套重要的系列标准。它是一套全新的、国际性的、环境方面的管理性标准，包括环境管理体系、环境审计、环境标志、环境行为评价、生命周期评估、术语和定义等 6 个方面，共 60 余项标准组成。环境管理体系认证由第三方公证机构依据公开发布的 ISO 14000 环境管理系列标准，对生产制造企业的环境管理体系实施评定，评定合格后由第三方机构颁发环境管理体系认证证书，并给予注册公布，证明该生产制造企业具有按既定环境保护标准和法规要求提供产品或服务的环境保证能力。通过环境管理体系认证，可以证实生产制造企业使用的原材料、生产工艺、加工方法以及产品的使用和用后处置符合环境保护标准和法规的要求。我国新版环境管理体系认证标准是 GB/T 24001—2016《环境管理体系 要求及使用指南》，等同于 ISO 14001：2015。

我国的印制电路板制造企业通过实施 ISO 14000 系列标准，能够帮助企业获得国际市场准入许可，有利于消除国际贸易中的“绿色”壁垒；有利于企业遵守法律法规并达到排放标准；有利于企业推行清洁生产技术，并提高企业的环境管理水平；有利于培养和提高员工的环境意识，减小环境风险，改善企业的公共关系；有助于提高企业商誉，增强市场竞争力。

ISO 14000 系列标准中只有 ISO 14001 是唯一的规范性标准，本标准要求企业组织建立环境管理体系，利用一套程序来确立环境方针和目标，实现并向外界证明其保障环境管理体系所具备的能力和机制，并以改进总体环境业绩为目标持续运作。根据实践工作的经验，实施 ISO 14001 的指导原则主要有五个方面。

1. 环境管理目标是改善生产和生活环境

通常情况下，印制电路制造企业主要关注自身的经营和发展，但环境管理工作要着眼于社会环境和可持续发展。许多情况下企业为了生存和发展而破坏当地环境，将企业发展和环境管理对立起来。但随着社会发展、公众环境意识提高、政策法规逐渐严厉，企业必须将环境管理也视为企业生存和发展的主要组成。

2. 管理者的重要作用

在环境管理中，管理者对环境问题的理解和领导力对环境管理执行程度起到非常重要的作用。管理者对环境问题有深层次理解，就能够从全局出发做出决策判断，而不是将环境管理工作交于某个部门，造成工作出现偏离；领导力体现在协调各个部门的管理，使环境管理工作深入透彻进行，不止步于表面。在环境管理过程中，不能允许不能胜任的人员在岗，因为一旦造成环境问题，其后果是严重的、无法挽回的。

3. 全员参与环境管理工作

环境管理是一项全员参与的管理工作，一线的员工更容易发现环境管理中存在的问题，而他们并没有解决这些问题的权限和统筹全局的视野。因此需要管理者在充分调动全员积极性和能动性的基础上，高效地倾听、归纳总结和解决问题，做出良好的范例，形成环境管理的正向互动。

4. 实施过程控制

过程控制就是对生产过程进行控制，减少不合格品产生和环境问题产生的可能性，可以明显减少残次品造成的浪费并且保证质量。在环境管理中，减少生产过程中污染产生的过程控制，比针对产生的污染物实施治理的末端管理方式更加有效和经济。末端治理往往投资更大、运行费用更高，且只是污染物的转移而不能彻底治理，也造成了原料和资源的浪费，所以，实施生产过程控制，减少污染的产生，才是从根本上解决环境问题的关键。

5. 持续改进

环境管理是一个不断发展、不断改进的过程。通过过程控制从环境管理中提升原料利用率，降低残次品产生，始终能够为企业提高经济效益。在环境管理取得初步成绩、环境得到改善后，不但要保持现有的环境管理水平，还要保持持续改进的意识，提升管理绩效。

18.2 印制电路板制造过程中的清洁生产

清洁生产在不同的发展阶段或者不同的国家有不同的叫法，例如“废弃物减量化”“无废工艺”“污染预防”等。但其基本内涵是一致的，是生产制造中的一项过程管理，即对产品和产品的生产过程、产品及服务采取预防污染的策略来减少废弃物以及污染物的产生。企业通过不断改进设计，使用清洁的能源和原料，采用更先进的工艺技术和设备，从源头提高资源利用效率，削减污染，是实现清洁生产的主要手段。

印制电路板制造过程涉及诸多加工工艺和原材料，贯彻执行清洁生产管理制度，将节能减排、降废增效落实到每个环节，不但能够改善生产环境和保障员工身心健康，还能够给企业带来实际的经济效益。

18.2.1 印制电路板制造中产生的废弃物

要对印制电路板生产中的“三废”进行处置，就必须弄清其来源。无论干法工序还是湿法工序，都会产生边角料等废弃物以及逸出污染环境的有害物质。在常规生产印制电路板的过程中，会成为污染源的主要工序和废弃物有：

1）照相制版工序。废显影液和废定影液中有银和有机物。

2）孔金属化和金属镀铜工序。在废液和漂洗水中含有大量铜和少量锡、甲醛、有机络合剂、微量钯和化学耗氧量（COD）等。

3）图形镀铜和镀铅锡或镀锡工序。在废液和漂洗水中含有大量铜和少量铅、锡及氟硼酸、化学耗氧量等。

4）内层氧化工序。含有铜、次亚氯酸钠、碱液、化学耗氧量等。

5）去钻污工序。含有铜、高锰酸钾、有机还原剂等。

6）镀金工序。含有金、镍和微量氰化物，有的还含微量铅、锡。

7）蚀刻工序。在废液和漂洗水中含有大量铜和氨，少量铅、锡等。

8）显影和去膜工序。含有大量有机光致抗蚀剂、碱液和化学耗氧量等。

9）铜箔减膜和去毛刺工序。含有大量铜粉。

10）开料、钻孔、砂磨、铣、锯、倒角和开槽等机械加工工序，都会产生有害于工作人员健康的噪声和粉尘。在外形加工后的边角料中产生的金镀层和含金粉末。

11）从湿法加工车间产生的酸性或碱性气体，如硫酸、盐酸的酸雾，氨和有机碱等。

可以看出，印制电路板生产过程中产生的污染源和废弃物具有气、液、固三种不同的形态。从组成来看，其中大量的是铜和铜离子、有机聚合物碎屑和玻璃微粒，少量的是铅、锡、镍、银、金、钯、锰等金属和离子，水溶液中的有机物和有机络合剂、有机溶剂和挥发性有机物等。

18.2.2　印制电路板制造中的清洁生产

印制电路板行业的污染源是相当多的，不但产生有害的粉尘，而且排放有毒、有害的废水，给环境造成严重的污染。过去解决印制电路板行业的污染问题只注重末端治理，为此企业投入大量的设备费用和运转费用，给企业造成很大的负担。清洁生产就是在印制电路板生产的全过程、全方位地削减污染和预防污染，最大限度地减轻末端治理负担，做到“以废养废”“以废治废”，从中获得经济效益。针对 18.2.1 节中所述印制电路板制造过程中产生的废弃物和环境污染物，已经开发出比较完善的生产过程管理和废弃物处置方法。根据印制电路板制造工艺过程，一般的清洁生产方法是制订一套清洁生产的方法和管理措施。

首先是通过封闭生产设备或生产环境，防止生产过程中的原料、产物和副产物自由散逸到公共空间，然后采用收集、抽气（集气）、过滤等方法，将污染物进行分别类的收集和归纳，最后针对不同种类的污染物进行针对性处置。其中的关键因素如下：

1. 加强管理

1）加强质量控制和质量管理，减少废品率，这是最有效的消污方案，也能获得很可观的经济效益。

2）加强设备和预修管理，杜绝设备跑、冒、滴、漏，防止水和化工原料的浪费和污染。

3）要有节水措施，每个工序都应装水表，注意电磁阀、水阀门的检修，养成节约用水的好习惯。

2. 回收利用

1）蚀刻废液中铜的回收。一般是从酸性蚀刻废液中回收成氯化亚铜，从碱性废液中回收成氧化铜。这样既能除去铜的污染，获得良好的环境效益，又能获得很大的经济效益。

2）蚀刻液的无排放、循环使用及铜的回收装置。这项技术和装置既能回收大量的铜，又能获得良好的、稳定的蚀刻效果。

3）插头镀金边角料中金的回收。

4）刷板机的铜粉回收。通过滤布，把刷板机产生的混合水中的铜粉过滤、回收。

5）离子交换产生再生废酸碱的回用。离子交换树脂再生时产生的废酸碱，回用到废水处理中去，可消除废酸碱的污染。

6）废水的重复利用。经过净化系统，废水可回用到生产中去，可节约水资源，减少废水的排放量。

7）覆铜板边角料的回收利用。

3. 工艺改革

1）加成法代替减成法，可消除大部分铜的排放、污染。

2）直接电镀代替化学镀，可消除有机络合物和甲醛的污染。

3）采用硝酸代替氟硼酸退 Sn，可消除氟的污染。

4）采用 CAD 和光绘制版，可提高底版质量，减少照相底版的浪费和污染。

5）采用激光直接成像工艺，可以省略照相制版工序，从而避免照相底片的浪费和污染。

18.2.3 印制电路板制造中的废气处理

印制电路板制造中产生的废气种类较多，需要分门别类进行收集后，针对性处理。如图18-1所示，一般废气处理的过程是在废气产生的源头进行收集，如在湿法制程的液槽上加装顶盖和抽风系统，将龙门电镀线放置在单独的房间并保持抽风等。收集后的气体经过过滤、降尘，将其中含有的固体粉末分离，特别是钻孔、铣板、砂磨等机械加工工序以及等离子处理工序，要将粉末颗粒物单独收集。除尘后的气体一般通过吸收塔中用相应的溶液进行喷淋洗涤，或者采用活性炭吸收、燃烧等方式处理达标后，直接排放。对于不同的废气，需要采用不同的洗气吸收和处理方式。表18-2列出了常见废气排放限值参考标准。

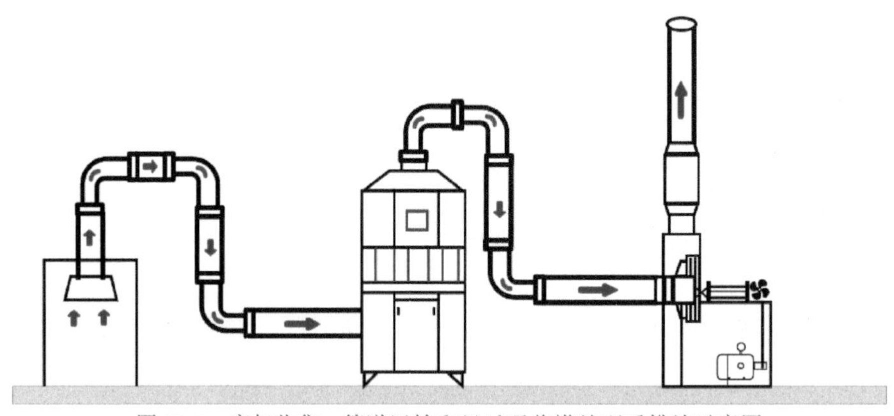

图18-1 废气收集、管道运输和经过吸收塔处理后排放示意图

表18-2 常见废气排放限值参考标准

序号	废气类型	排放浓度/(mg/m^3)	排放速度/(kg/h) 排气筒高15m	参考标准
1	氨气	1.5	4.9	GB 14554—1993《恶臭污染物排放标准》
2	氮氧化物	120	0.64	DB44/27—2001《大气污染物排放限值》第二时段二级标准
3	甲醛	25	0.21	
4	铅及其化合物	0.7	0.004	
5	锡及其化合物	8.5	0.25	
6	粉尘	120	2.9	
7	氯化氢	30	0.21	GB 21900—2008《电镀污染物排放标准》表5和表6标准
8	硫酸雾	30	1.3	
9	氰化氢	0.5	1.3（25m）	
10	总挥发性有机物（VOCs）	180	5.1	DB44/815—2010《印刷行业挥发性有机化合物排放标准》“丝网印刷”Ⅱ时段标准
11	苯	1	0.4	
12	甲苯与二甲苯合计	15	1.6	
13	二甲苯	—	1	

1. 酸性废气的处理

酸性废气主要由内层前处理、水平镀通孔沉铜线、酸铜电镀线、沉金、干膜显影蚀刻、沉锡、有机焊接性保护膜生产线、成品清洗等工艺或辅助设施产生，其主要成分是氯化氢、硝酸以及氮氧化物、硫酸的酸雾，可在吸收塔中用稀 NaOH 或碳酸钠等碱性溶液吸收。化学反应如：

$$HCl + NaOH \rightarrow NaCl + H_2O$$

2. 碱性废气的处理

碱性废气处理主要是碱性蚀刻工序中逸出的氨气、整孔溶液中的小分子量有机碱等，可在吸收塔中用稀 H_2SO_4（1∶4）来吸收，化学反应如：

$$2NH_3 + H_2SO_4 \rightarrow (NH_4)_2SO_4$$

3. 其他废气的处理

其他废气主要由阻焊静电喷涂、阻焊预烤、文字后烤、内层涂布、印制线、回流炉喷锡等工艺产生，其主要成分是小分子量有机物或有机溶剂、树脂分解产物、油墨、松香油等。以往采用的高空排放的方法现在已经被禁止，针对这类废气的物理化学特性，一般采用活性炭吸收的物理方法或者紫外光解法、蓄热式催化燃烧法、低温等离子处理法等化学氧化法处置，能够达到一般的排放标准。

18.2.4　印制电路板制造中的废液处理

废液处理就是采用各种技术和手段，将废液中的污染物质分离、回收利用或转化为无害物质，印制电路板制造中产生的废液主要是酸性或碱性的重金属、表面活性剂、高分子有机物、含氮化合物、危化物等超标而无法直接排放的废水，只有极少数如绿油退除等工艺存在有机溶剂废液。废水处理是对水体进行物理、化学、生物的处理后得到净化的过程，处理后的水质能够达到排入某一水体或再次使用的要求。

印制电路板生产中的废水处理主要是针对含铜等重金属废水的处理技术、表面活性剂和有机氮化物消解技术、F^- 等有害物质处理技术等，主要表征处理后出水的水质指标有 pH 值、悬浮物、重金属、化学需氧量（COD）和总有机碳含量（TOC）、氨氮（NH_3-N）和总氮（TN）等。处理后的水排放要达到国家或者地方规定的标准，如 GB 3838—2002《地表水环境质量标准》、GB 21900—2008《电镀污染物排放标准》、DB 44/26—2001《水污染物排放限值》等。

1. 印制电路板废水处理工艺流程

单面印制电路板生产流程短、工艺简单，产生的废水种类也较少，主要是酸性氯化铜（或三氯化铁）蚀刻所产生的废水和含有干膜、网印料等有机成分的废水。

双面和多层印制电路板制造中产生的废水比较复杂，除了酸性蚀刻废水和含干膜、网印料废水外，还有孔金属化、电镀铜、电镀锡、碱性蚀刻、黑化、去钻污等废水。这么多种类废水，不可能分别单独处理。因此，根据废水的性质和处理方法，可归纳为一般酸性或碱性废水、含络合物废水、高浓度有机物废水、含危化物废水等，主要处理工艺流程如图 18-2 所示。

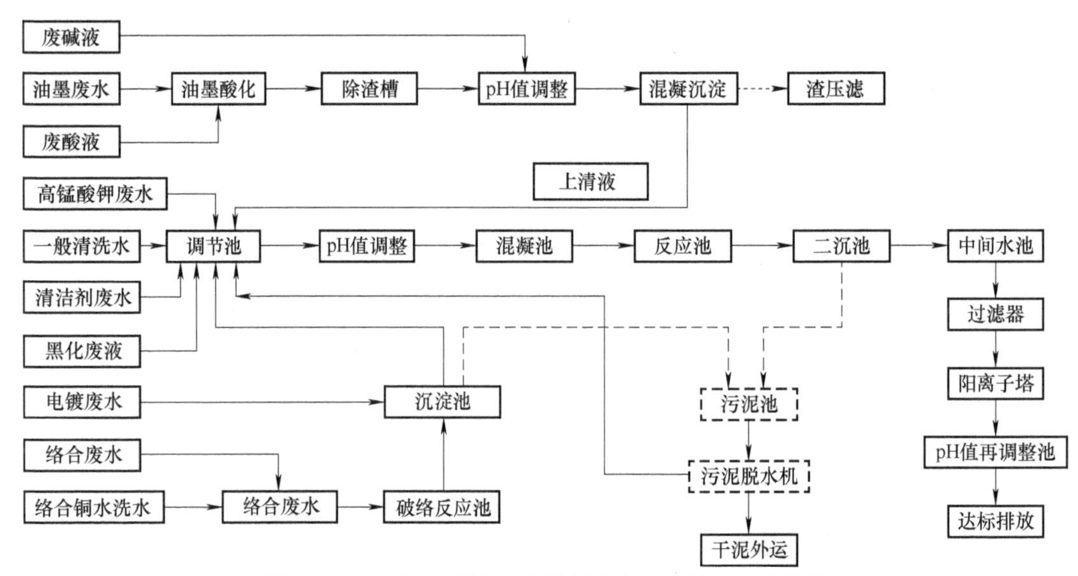

图 18-2　双面和多层印制电路板生产废水处理工艺流程

2. 含重金属废水的处理方法

处理重金属的方法主要有化学沉淀法、离子交换法、电解法、蒸发回收法、电渗析法和反渗透法等。后四种方法成本较高，能源消耗大，很难形成系统的处理能力。化学沉淀法是处理铜和大多数重金属废水的标准方法，如果辅以离子交换法，处理效果会更好。

（1）普通含重金属离子废水　一般直接采用化学沉淀法处理。化学沉淀法是指向废水中加某些化学沉淀剂，使之与废水中欲除去的污染物（重金属离子）发生直接化学反应，形成难溶的固体物而分离除去的方法。其工艺主要包括下列三部分：

1）投加化学沉淀剂，发生化学反应，生成难溶的化学物质，使污染物（重金属离子）沉淀析出。化学沉淀剂主要有 NaOH、$Ca(OH)_2$、CaO、Na_2CO_3或 Na_2S 等。一般是用 NaOH、$Ca(OH)_2$或 Na_2S 作为沉淀剂。用 NaOH 作为沉淀剂产生的污泥少，便于回收铜，但颗粒小，难于过滤，成本高。用 $Ca(OH)_2$作为沉淀剂，产生的污泥颗粒大，其本身也是助滤剂，便于过滤，成本低但产生的污泥量大。如果用 Na_2S 作为沉淀剂，重金属离子的硫化物沉淀的溶度积比重金属离子的氢氧化物的溶度积低得多，因而硫化物的沉淀效果更好，但硫化物有臭味，过量的硫化钠会造成水污染，同时需要铁离子除去多余的硫离子，因此成本更高。

2）通过凝聚、沉降、浮选、过滤、离心、吸附等方法将沉淀从溶液中分离出来。凝聚剂主要有聚丙烯酰胺、聚合碱式氯化铝、硫酸亚铁等。

3）污泥经过浓缩、压滤、脱水等处理后进行回收利用或填埋等。

（2）含重金属离子络合物废水　络合物废水主要是指印制电路板的孔金属化工序产生的主要为 pH 值为 8 ~ 9 的含有 Cu^{2+} 及其各类络合剂的废水，占总废水量的 3% ~ 5%，Cu^{2+} 离子浓度达到 300mg/L 以上络合剂主要为乙二胺四乙酸（EDTA）、NH_3、酒石酸盐、柠檬酸盐等。这些铜的络合离子在碱性条件下较为稳定，严重影响铜离子的沉淀，出水中的铜含量无法达到 Cu^{2+} ≤0.5mg/L 的要求。能否有效破除络合铜是废水处理工艺是否成功的关键。目前常用的方法除化学沉淀法外，还有氧化法还原法、生物化学法等。

1）碱沉淀法。直接在 EDTA 络铜溶液加入碱是无法沉淀铜的，因而先要往废水中加入盐酸等调节 pH 值在 2 ~ 3 之间使 Cu^{2+} 游离出来，去除 EDTA 后再加入 NaOH 或 $Ca(OH)_2$ 至 pH 值为 8 ~ 9，使 Cu^{2+} 沉淀出来，如果沉淀不理想，可再加入 Na_2S，进一步沉淀。该方法步骤多且要消耗大量的酸和碱，造成处理费用较高。

2）重金属捕集剂法。重金属捕集剂是一种水溶性的能够与 Cu^{2+} 形成稳定不溶于水螯合物的化合物，能够不受共存络合物的影响，直接从水溶液中形成沉淀去除 Cu^{2+}。该方法操作简便，但一般重金属捕集剂价格较高，造成了较高的处理费用。

3）硫酸亚铁沉淀法。酸性条件下，EDTA-Fe^{3+} 的稳定常数要高于 EDTA-Cu^{2+}，因此用 Fe^{3+} 可以将 Cu^{2+} 置换出来，再调高废水的 pH 值，可以使 Cu^{2+} 完全沉淀。实际工程中是加入硫酸亚铁并鼓入空气氧化部分 Fe^{2+} 产生 Fe^{3+}，再调高 pH 值到 9 左右，生成 $Fe(OH)_2$、$Fe(OH)_3$、$Cu(OH)_2$ 沉淀，利用 $Fe(OH)_3$ 吸附性强、沉淀速率快的优势，可加速铜的去除，该方法在工程上有一定应用，但缺点是加药量大，产生的污泥量也比较大。

4）氧化法。氧化法是通过强氧化剂 NaClO、Fenton 试剂等将 EDTA 等有机配体氧化降解，释放出游离 Cu^{2+} 后，再用碱沉淀的方法，采用氧化法不但能够破络沉淀 Cu^{2+}，还能够同时降低废水中的 COD 和 NH_3-N。该方法简单易行，但由于投加大量氧化剂费用较高，故此较少被采用。

5）还原法。还原法是通过向废水中加入还原性金属粉末，如 Fe、Al 等，置换出铜的同时产生絮凝沉淀的效果，具有节水节电的优势，Al 粉还原沉淀法是国外应用得较多的一种方法。

6）生物化学法。在厌氧条件下利用微生物的吸附、吸收和转化等作用降解、破坏络合物，使 Cu^{2+} 释放出来与厌氧条件下生成的 S^{2-} 结合为 CuS 沉淀。该方法不但能够有效降低出水中 Cu^{2+} 浓度，还可以同时降低 COD 和 NH_3-N，在国内的一些印制电路板制造企业得到了应用。

3. 含有机物废水的处理方法

显影退膜、蓬松、除油、阻焊油墨等工序是含有机物废水的主要来源，一般需要通过消解反应处理废液中的 COD、NH_3-N 等才能够达到排放标准。

显影退膜废液的主体有机污染物为包含黏合剂、光聚合性高分子、光聚合引发剂、增塑剂、稳定剂、稀释剂、阻聚剂及防光晕用染料的感光涂料等，其中的黏合剂和光聚合性高分子占成膜重量的 80% 左右，主要为丙烯酸型不饱和聚酯、丙烯酸聚醚、丙烯酸环氧树脂、丙烯酸聚氨酯等。通过酸化脱稳，可以将大部分树脂从废液中固液分离出来，这部分的 COD 占混合废液总 COD 的 80% ~90%。显影退膜废液中的有机污染物包含占显影退膜工作溶液体积约 0.25% 的消泡剂，一般为烃类、高级脂肪酸盐与乳化剂（表面活性剂），也是废液中 COD 的重要来源。废弃的除油、整孔工作溶液中主要含有表面活性剂和少量的有机溶剂，它们的 COD 分别在 3000 ~ 5000mg/L 和 100000 ~ 150000mg/L 的水平。

印制电路板高 COD 废水一般采用化学法或生物化学法对有机物进行氧化消解。常用的化学法有化学混凝法、电化学法、Fenton 氧化法等。生物化学法主要分为厌氧降解法和好氧处理法。厌氧降解法可以将水中的可溶性的大分子变成小分子，最后变成甲烷气体，这种方法很适合处理高浓度的COD；而好氧处理法是最广泛、最常规的方法，主要是通过对含有细菌的活性污泥曝气进行COD降解。

需要注意的是，蓬松废液为碱性醇醚类或酰胺类有机溶剂，COD可高达200g/L，不宜混入高浓度有机废液体系，应该予以单独收集、处置。

4. 含氟等废水的处理方法

印制电路板制造产生的废水中，孔金属化的解胶、棕化处理、电镀氟硼酸铅锡废水等含有F^-、BF_4^-等，一般还含有Pb^{2+}、Sn^{2+}等有害物质。

对于F^-，只要添加$Ca(OH)_2$或$CaCl_2$，便可产生沉淀：

$$Ca^{2+} + 2F^- \rightarrow CaF_2\downarrow$$

但除了F^-以外，还有大量的未经水解的BF_4^-。在室温下，BF_4^-能在稀溶液中缓慢地水解：

$$BF_4^- + 3H_2O \rightarrow H_3BO_3 + 4F^- + 3H^+$$

从反应中可看出，水解的结果是溶液呈强酸性。为了提高水解速度，就必须升高温度，提高pH值，添加Ca^{2+}，使反应向右进行，就能促使BF_4^-完全水解：

$$BF_4^- + 2Ca(OH)_2 \rightarrow H_3BO_3 + 2CaF_2\downarrow + OH^-$$

在pH值升高的条件下，又可使Pb^{2+}产生沉淀：

$$Pb^{2+} + 2OH^- \rightarrow Pb(OH)_2\downarrow$$

所以一般反应条件将温度控制在80～90℃，加入$Ca(OH)_2$至pH值在8～10之间，反应时间30 min。总反应为

$$Pb(BF_4)_2 + 4Ca(OH)_2 \rightarrow 2H_3BO_3 + 4CaF_2\downarrow + Pb(OH)_2\downarrow$$

从印制电路板生产废水处理工艺可看出，该行业废水处理过程是非常复杂的，一套完整的废水处理系统的设备占地面积大、管道和泵组多、投资和运营费用高、耗电量大，需要专业操作人员，管理难度大，对于中小企业来说难以承担。目前我国多采用产业园集中管理模式，以降低中小企业投资和运营成本。

18.2.5 印制电路板制造中的固体废弃物处理

1. 泥渣的处理

单面印制电路板的泥渣比较单一，都是$Cu(OH)_2$，可以回收做成$CuSO_4$。而多层印制电路板的泥渣比较复杂，大多是混合污泥，较难回收。目前，对印制电路板制造企业含铜污泥的资源化综合利用技术主要可分为四类：污泥中金属铜的回收技术、污泥的热化学处理技术、污泥固化填埋处理和污泥的材料化技术。

含铜污泥中铜的回收通常采用酸浸、氨浸或生物浸取等方法将铜浸出，然后采取化学沉淀法、离子交换法、电解法、溶剂萃取法及微生物净化法等进行回收单质铜或铜盐。当前，含铜污泥的资源化与无害化处理技术也在不断探索更新，回收效率高、污染少的技术工艺必将取得进一步发展。

2. 边角料和固体粉尘的处理

覆铜板边角料和钻孔、铣板、磨板等收集下来的固体粉尘主要由铜箔（约占 15%）、环氧树脂和玻璃纤维组成。详细的处置方法参见 18.4 节。

18.3 印制电路板制造中的回用和回收技术

18.3.1 印制电路板生产中的废液再生和回用技术

印制电路板制造工序多，流程复杂，产生废水的种类和体量也较多，为实现节能减排，近年来，废液的再生和回用技术得到了快速发展。再生是指一些工作液达到更换标准后，通过一些简单的处理和调整，主要性能指标能够恢复到管控要求之内的技术，而回用是指将这些经过简单处理后的工作液重新投入原生产流程继续使用。再生和回用技术能够极大地减少印制电路板生产过程中的排放，也减少了原物料的耗用，还能够提取粗铜等副产品，具有极好的经济价值和环境价值。

1. 低浓度废水的回用

印制电路板制造过程中对水的需求量极大，一些生产过程中产生的清洗用水、冷却用水中污染物种类较为简单，重金属离子、COD 等指标也远低于一般废水浓度，将这些低浓度废水直接汇入调节池或曝气池将稀释原有废水浓度，增加待处理废水量，反而降低了水处理效率。将这类废水单独收集并经过一些简单的处理，还能够返回原制程使用，或者用于其他对水质要求较低的环节。

钻孔、磨、铣加工产生的清洗、冷却废水中主要含有表面活性剂（清洗剂、切削液等）和铜粉、树脂颗粒、玻璃纤维碎屑等固体颗粒物，通过沉降等固液分离处理后，可以回收铜粉，出水可以直接回用到原有清洗、冷却工序。

清洗设备和板材的废水采用“预处理 + pH 值调整 + 混凝沉淀 + 物理过滤 + 膜处理”后，能够达到 GB 21900—2008《电镀污染物排放标准》的要求，可以重新回用到设备和板材的清洗工序，也可以直接用于园区绿化、地面清洁和卫生间保洁等。

电镀铜生产线的清洗水中含有较高的铜离子，但 COD 较低。这类废水经过化学混凝沉淀之后调节 pH 值，再进入反渗透系统，出水可以回用到电镀铜生产线。

目前技术条件下，这类低浓度废水的回收率可以稳定在 80% 左右，废水处理成本也较为经济。其余 20% 左右的残水送往废水系统，处理达标后排放。

2. 碱性蚀刻液再生及回用

蚀刻是印制电路板制造中耗用工作液较大的工序，也是产生废液最多的工序，一般生产 $1m^2$ 双面板产生 2 ~ 3L 废蚀刻液、50 ~ 75L 一次洗涤废水和 80 ~ 100L 二次洗涤废水。如果以末端处理的方式进行铜回收，不但产生运输费用，还存在跑、冒、滴、漏等污染扩散风险，并且集中处理时，其处理工艺只能提取铜回收利用，氨水、氯化铵和有机添加剂等只能中和处理后排放，既造成原物料浪费，又容易引起二次污染。目前国家已经在印制电路板制造行业中强制推广蚀刻液再生回用技术，如 HJ 450—2008《清洁生产标准　印制电路板制造业》中就规定蚀刻线必须配套再生系统。

碱性蚀刻液在工作过程中，Cu（Ⅱ）不断被还原成 Cu（Ⅰ），溶液中的游离 NH_3浓度也不断降低，造成蚀刻能力不断下降，必须要通过补充原物料并对碱性蚀刻液进行氧化处理，在这个过程中蚀刻液的总量不断增多。目前主流的碱性蚀刻液再生及回用方法采用有机相萃取法从废蚀刻液中提取铜，将 Cl、NH_3、有机添加剂等再重新投入使用。碱性蚀刻液的再生及回用流程示意图如图 18-3 所示。

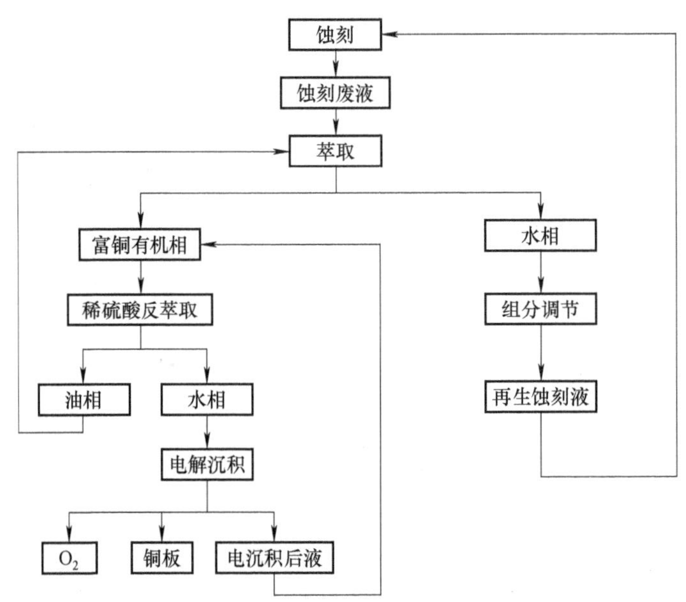

图 18-3　碱性蚀刻液的再生及回用流程示意图

有机萃取液能够直接从氯化铜氨络合物中提取铜，而不影响也不萃取氨和氯，这也是整个碱铜蚀刻液再生及回收的关键。通过充分混合有机萃取液与废蚀刻液，大部分铜转移到有机相，游离出的氨和氯化铵保存在水相中，实际运行过程中，氨和氯化铵都有 10% 左右损耗，因此要经过分析后按照工艺标准在回收液中补充和调整氨、氯、铜（Ⅱ）和有机添加剂等的浓度和比例以及 pH 值，使其成为再生蚀刻液，能够返回蚀刻槽中继续使用；含有铜的有机萃取液再进入反萃取室用稀硫酸溶液反复洗涤，卸载铜的有机萃取剂可以再投入萃取室使用，而反萃取的硫酸铜在电解室中用惰性电极作为阳极电解，得到粗铜板。由于氨挥发性强，在整个过程中需要进行气体回收，溶解在淋洗液中的氨能够进入蚀刻液重用。

整个工艺流程中存在蚀刻液、萃取剂、电镀液、氨液的 4 条物料闭路循环，并且在回收铜的过程中采用的萃取方法不破坏蚀刻液原有的其他成分，使蚀刻液得以完全回用同时不产生新的污染源，实现废物零排放。经过一些环保公司测算，每吨废碱蚀刻液通过再生及回用，可以比直接售卖碱性蚀刻废液提高约 3000 元收益。

3. 酸性蚀刻液再生及回用

酸性氯化铜蚀刻液具有蚀刻速率快、稳定、易控制及更好的侧蚀性能，特别适合高精度的印制电路板，目前酸性氯化铁蚀刻液应用更为普遍。酸性氯化铜蚀刻液的蚀刻速率随

Cu（Ⅰ）的浓度升高而急剧下降，当Cu（Ⅰ）浓度达到6g/L后，蚀刻速率就很难满足精密印制电路板的工艺要求，需要更换蚀刻液。以当前的技术，$1m^2$印制电路板需要消耗2～2.5L蚀刻液。

酸性氯化铜蚀刻液再生较为容易，一般有化学再生法和电化学再生法等方法。化学再生法通常采用氯气、氯酸钠、过氧化氢等氧化剂将蚀刻液中的Cu（Ⅰ）氧化到Cu（Ⅱ），并补充Cl^-等成分。随着蚀刻工作的不断进行，含铜蚀刻液的量会不断增大，最终都会对外排出一部分酸性蚀刻废液，带来更多的末端处理工作量，也造成更多原物料的消耗和浪费。

采用电化学再生法，能够在阳极发生Cu（I）的氧化反应，再生成为具有蚀刻能力的Cu（II），在阴极使Cu（I）发生还原反应沉积出金属Cu。但要注意的是，阳极容易发生析出氯气、阴极容易发生析出氢气的副反应：

$$2Cl^- \rightarrow Cl_2 + 2e$$

$$2H^+ + 2e \rightarrow H_2$$

因此，采用电解法再生蚀刻液对电化学反应器及工艺参数控制的要求更严格。设计合适的电化学反应器、提高电解液传质速率及严格控制阴极、阳极电流密度等，能够将阳极析氯与阴极析氢的程度降到最低，甚至完全避免。酸性蚀刻液电化学再生主要有常规电解法和隔膜电解法。常规电解法一般采用小阴极与大阳极配置，阳极液与阴极液相通，阳极区Cu（Ⅱ）迁移到阴极区还原为Cu或Cu（I），造成电流效率较低，且电流密度分布较不均匀而无法避免Cl_2在阳极上析出。

隔膜法是现在较为通用的方法，其特点是采用离子交换膜或陶瓷膜将阴极室和阳极室隔开，具有较高的电流效率和蚀刻液原位再生效果。如图18-4所示，蚀刻废液首先进入电解池阴极室，蚀刻废液中的铜在阴极上沉积，从而达到回收铜的目的，待该部分蚀刻液中Cu浓度降低到一定程度后，再加入补充部分含有较高Cu（Ⅰ）浓度的蚀刻废液混合后进入阳极室，将其中的Cu（Ⅰ）氧化为Cu（Ⅱ）后送到再生蚀刻液收集槽中，依据检测结果，调整和补充其他组分（如蚀刻助剂、水、盐酸、氯化钠等）的浓度后，作为新鲜蚀刻液送入刻蚀工序，循环利用。电化学法再生与铜回收，理论上可以做到100%铜回收，且再生与铜回收可同时进行。

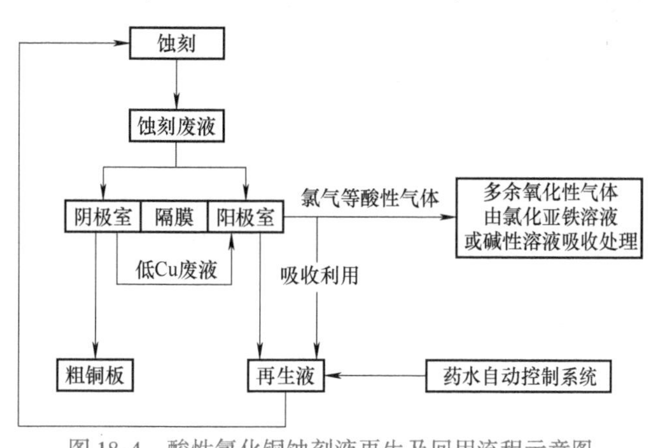

图18-4　酸性氯化铜蚀刻液再生及回用流程示意图

酸性氯化铜电解再生法的重点在电解池的设计上，若阴极为平板状电极，阳极为多孔性的可渗流性阳极，阳极的可渗流性使其真实表面积远远大于阴极，从而保证了在相同电流下的大阴极电流密度和小阳极电流密度配置。另外，能够通过调整流速和电极厚度来控制溶液传质速率与局部电流密度，因此有较低的工作电压和能耗，产生的热量也较少，阴极得到纯度较高的粗铜板。电解过程中产生或逸出的 Cl_2、HCl 等酸性气体通过喷淋吸收后，也可以重新投入蚀刻液中再用。

目前未见酸性氯化铁蚀刻废液再生回用的案例，一般还是采取末端回收的方法，将含 Fe、Cu 的废液采用碱性沉淀的方式处理。

18.3.2 印制电路板生产中的金属回收技术

从印制电路板生产的污染源的组成中可以看出，印制电路板生产废液中含有大量的铜，因而具有回收价值。另外，废液中少量的贵金属更具有回收价值。因此，印制电路板生产废液的回收主要是指金属铜和金的回收。

对于铜和金的回收技术，大多用化学法和电解法。但是电解法耗电量大，所以这里主要是介绍化学法回收技术。

1. 三氯化铁蚀刻废液中铜的回收

目前有部分印制电路板厂家仍采用三氯化铁蚀刻液进行单面印制电路板或不锈钢网板的蚀刻。根据理论计算，当溶液中的 Fe^{3+} 的消耗达到 40% 时，溶铜量达到 68.5g/L。此时，蚀刻液的蚀刻时间就急剧上升，蚀刻速度变慢，表明此时的三氯化铁蚀刻液已不能使用，需要更换新的三氯化铁蚀刻液。因此，三氯化铁蚀刻废液中的含铜量在 50g/L 左右，是很有回收价值的。

目前，从三氯化铁蚀刻废液中回收铜的方法很多，其中置换法具有投资少、回收率高、成本低、方法简单、操作方便和见效快等特点。下面介绍用工业废铁置换回收铜的方法。

（1）反应原理　根据电化学原理可知，电极电位负的金属易氧化，电极电位正的金属易还原。当某一电位负的金属浸到电位正的金属离子的溶液中，电位负的金属将发生溶解，电位正的金属将被还原成金属而“析出”，这就是金属间的置换反应。

Fe^{2+}/Fe 的电位是 -0.44V，而 Cu^{2+}/Cu 的电位是 +0.34V。铁的电位比铜的电位负，当把铁屑浸到铜离子的溶液中，就会发生置换反应，铁屑溶解成铁离子，而铜离子被还原成金属铜，在铁屑上产生所谓的“置换铜层”：

$$Fe + Cu^{2+} \rightarrow Fe^{2+} + Cu\downarrow$$

如何使反应彻底进行，是提高铜的回收率的关键。

（2）反应条件

1）铜层的剥离。置换反应是在铁屑的表面进行的。随着反应的进行，反应生成的铜层吸附在铁屑表面上，形成包晶，阻塞 Cu^{2+} 同铁屑的接触，阻碍铁屑的继续反应。因此要不断地把海绵状的铜从铁屑表面上剥离，才能使置换反应不断地进行下去。比较好的方法是用 25 目尼龙网装铁屑并浸泡在蚀刻废液中，不断翻动，互相摩擦，使铜被不断剥离，又不断地被置换上去。

2）铁屑的种类和粒度。铁屑的种类对置换反应也很有影响，试验表明不锈钢几乎不产生置换反应，铸铁屑能比较好地产生置换反应，而刨床加工的铁屑又比车床加工的铁屑效果好。原因是刨床线速度小，对铁屑表面结构破坏小，这样的铸铁屑呈多孔性，比表面积大，置换反应时反应面积大，成气泡细而密，有利于铜的剥离。

一般采用 6 目尼龙网通过的铸铁屑来进行铜的回收。

3）pH 值的影响。高浓度的三氯化铁蚀刻液（密度为 1.45g/mL）只有 0.2% ~0.4% 的盐酸。为了抑制三氯化铁水解，提高蚀刻能力，一般加入盐酸，调整到 pH 值为 1.5，这样的蚀刻效果最好。

如果在 pH 值为 1.5 的情况下进行铜的回收，效果不好，这是因为此时 Fe^{3+} 含量高，从 Fe^{3+}/Fe^{2+} 电极电位（0.77V）来看，Fe^{3+} 势必先与铁屑反应：

$$Fe^{3+} + Fe \rightarrow 2Fe^{2+}$$

等 Fe^{3+} 反应完全后，铁屑才会与 Cu^{2+} 发生置换反应，这样大量消耗铁屑。可用 NaOH 调整 pH 值在 2.5 ~3.0 之间，此时的置换反应最理想，回收率最高。

4）废蚀刻液含铜量的影响。蚀刻废液中含铜量越高，回收率就越高。如果废液中含铜量过高（如超过 1mol/L），反应温度就会激烈上升，铜的沉积速度过快，产生很严重的包晶，使铁屑难以继续参加置换反应，就会影响回收率。如废液中的含铜量过低，反应温度就会过低，反应速度就会很慢，回收率也差。一般废蚀刻液中的含铜量在 20 ~30g/L 时，回收率最高。

5）反应温度。蚀刻废液中，含铜量过高，反应温度会激烈上升；含铜量过低，反应温度过低。而含铜量在 20 ~30g/L 时，此时的反应温度在 45 ~50℃，回收率最高。

2. 酸性氯化铜蚀刻废液中铜的回收

酸性氯化铜蚀刻液的特点是回收和再生方法比较简单，如果采用具有再生装置的连续蚀刻机进行蚀刻，不但蚀刻速度恒定，而且可以保证产品质量，提高生产效率。

当蚀刻液中含铜量增加到一定程度，蚀刻速度就下降，需要再生，恢复其蚀刻速度。再生反应为

$$4CuCl + 4HCl + O_2 \rightarrow 4CuCl_2 + 2H_2O$$

在再生产过程中，有多余的酸性氯化铜蚀刻液，这部分蚀刻液中含铜量为 150 ~250g/L，是很有回收价值的。其回收方法有：

（1）化学沉积法　将酸性蚀刻废液放入回收槽中，慢慢加入 30% 的氢氧化钠，中和至 pH 值在 6 ~9 之间，静置沉淀，排掉上层清液，用自来水反复清洗，把残存的 NaCl 洗净，此时的沉淀物为氢氧化铜。用浓硫酸慢慢倒入，冷却结晶，即成纯度为 96% 的硫酸铜。此法可用于电镀行业，但成本较大，可用于小批量回收。

（2）电解法　该法与电镀原理一样。通过电解把废液中的铜回收出来，但要消耗能源，如果仅用电解法来达到排放标准是不经济的。因此电解法只能用于回收废液中高浓度的铜，然后用中和法或离子交换法来处理废液，使其达到排放标准。

（3）氯化亚铜法　用氯化铜蚀刻废液，制成氯化亚铜，在成本上是最合适的，市场需要量也大，印染、颜料生产都需要氯化亚铜，有一定的经济价值，生产过程一般厂家都能掌握。其工艺方法如下：将氯化铜溶液的 pH 值控制在 2 左右，用纯铜粉或旧的电动机铜丝或用置换出来的海绵铜加入氯化铜溶液中，再加入氯化钠，用清水稀释，沉淀下来的白色粉末就是氯化亚铜。然后过滤、烘干，用乙醇过滤即成成品。

3. 碱性氯化铜蚀刻废液中铜的回收

碱性氯化铜蚀刻液用于金、镍、铅 - 锡、锡 - 镍 - 锡等电镀层作为抗蚀层的印制电路

板的蚀刻。它蚀刻速度比较快而易控制，溶铜量大，可达130g/L，维护方便，成本低，所以在图形电镀蚀刻工艺中已广泛使用碱性氯化铜蚀刻液。

碱性氯化铜废液中含铜量为150～250g/L，是很有回收价值的。其回收方法有：

（1）酸化法　向碱性氯化铜废液中加入一定量的工业盐酸，使pH值在6～7之间，此时生成氢氧化铜沉淀和复盐$CuCl_2 \cdot NH_4Cl \cdot 2H_2O$，经过滤和洗净，沉淀用硫酸溶解制成硫酸铜或电解成精铜。

（2）碱化法　向碱性氯化铜蚀刻废液中加入一定量的氢氧化钠溶液，此时，生成氧化铜：

$$Cu(NH_3)_4Cl_2 + 2NaOH \rightarrow 2NaCl + CuO + 4NH_3\uparrow + H_2O$$

氧化铜可用硫酸溶解成硫酸铜，氨可用硫酸吸收。

4. 镀金液中金的回收

金在印制电路板生产中广泛用作印制电路板的插头、导线图形的抗蚀层及焊垫的焊接层，具有良好的导电性。作为贵金属，金的回收是很有意义的，也有较好的经济效益。金的回收是指镀金废液、废水，外形加工中冲裁的边角料及倒角的含金粉末中金的回收。含金废液、废水主要采用离子交换法进行回收。

印制电路板边角料中金的回收：

1）利用金不溶于硝酸，而硝酸却能溶解某些重金属如铜、铅、锡和镍等特点，使金层从印制电路板中剥离出来。而上述重金属分别生成$Cu(NO_3)_2$、$Ni(NO_3)_2$、$Pb(OH)NO_3$、H_2SnO_3。

将冲裁下来的边角料，放在耐酸容器中，加入稀硝酸（1∶4或1∶5），加热2～3h，至金层从印制电路板中脱落。取出金层，用水洗净，再加入稀硝酸煮30 min，以便使其他金属溶解，冷却后将酸倒出，用水洗净、烘干。

2）用蚀刻液回收镀金边角料中的金。

蚀刻液配方：

$CuCl_2$　300g/L

HCl　100g/L

把边角料放入蚀刻液中，通入压缩空气，边再生边腐蚀，10天左右，基体铜层腐蚀掉，金层剥离。

18.4 废、旧印制电路板的处理与回收

电路板在生产的过程中，由于设计不合理、生产设备系统误差、电镀或蚀刻液作用不稳定、人员操作失误等原因，会产生一定数量的无法修复的报废电路板。这些报废电路板随着生产时间变长，累计数量会一直增长。由于报废电路板还有有机塑料、重金属等环境有害物质，将其直接丢弃是禁止的，需要进行系统回收处理。回收处理既可以消除直接丢弃造成的污染问题，也可以获得电路板生产原材料，降低原材料消耗。此外，日常使用报废的电子产品也会产生大量废弃电路板，这些电路板都需要进行集中处理，防止污染。

报废电路板中处理和回收的对象主要分为金属材料、非金属基材以及电子元件。目前

主流的前置处理流程为：拆解（预处理）→物理破碎→分选。而后续的材料处理回收方法可以大致分为机械物理法与化学湿法冶金法。其中，机械物理法主要强调后续分选的技术，包括磁选法、高压静电分离法、气流分选法和湿法重力分选法等；化学湿法冶金法则是将破碎后的电路板颗粒金属富集、溶解在强酸强碱（硫酸、硝酸、氨水－铵盐）等溶液中，再通过萃取、电解、浸出、蒸馏等手段回收金属。

18.4.1 报废印制电路板上元器件的处理与回收

印制电路板表面拥有大量的电子元器件，包括电阻、电容、电感等无源器件以及其他芯片等复杂功能器件。作为报废电路板回收的预处理步骤，电路板电子元器件的拆卸主要是将元器件、焊锡和基板分离，然后分类进行材料回收和无害化处理。其中，对高价值且性能尚好的元器件可进行直接重新利用，对元器件中无法直接利用的高价值材料进行回收利用，以及对含有毒物质的元器件进行无害化处理。上海交通大学的徐振明等总结了报废印制电路板中元器件回收的基本工艺流程，如图 18-5 所示。

电子元器件和电路板通常通过焊锡连接起来。因此，要实现元器件与电路板的分离，首先要去除焊锡的连接效应，即解锡。目前解锡技术主要有加热解锡技术和化学解锡技术。加热解锡技术是在元器件不受到热损害的前提下，通过加热，使焊锡的温度超过熔点从而熔化，以便后续能够直接将元器件分离。目前常用的加热解锡方法有空气加热法、液体加热法、红外线加热法等。而化学解锡技术则将焊锡在硝酸、王水等强酸或强氧化性溶液中直接溶解。

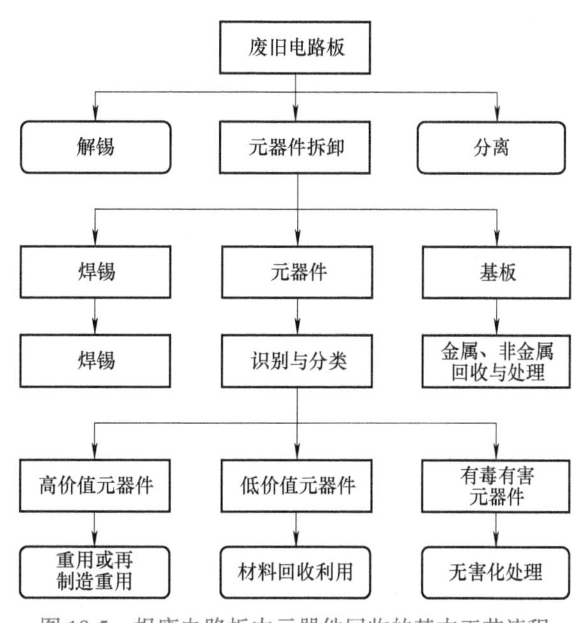

图 18-5 报废电路板中元器件回收的基本工艺流程

解锡后则可将元器件进行拆解，一般使用各种夹具对元器件进行抓取，以及利用真空抽吸元器件，振动、冲击、超声辅助分离等方法实现元器件与基板的分离，或者利用重力、弹性变形力、离心力、电磁力等方式实现元器件的脱落或分离。

拆解下的电子元器件，高价值的元器件可以直接重复利用，比如 CPU、内存等经济价值相对较高的部件；而低价值的元器件则要进行与基材类似的处理流程进行回收和处理。专门针对电路板电子元器件的回收技术研究目前较少，都还处在实验室研究的发展阶段。

18.4.2 报废印制电路板中金属的处理与回收

报废印制电路板摘除掉元器件后，再用机械物理法进行破碎和分离。金属颗粒分离效率主要体现在使用的破碎方法以及后续分选方法的选择上，目前主流破碎方法为干式破碎法与湿式破碎法。

干式破碎法通过破碎器材中破碎组件与腔体的相对运动，对电路板造成剪切、摩擦、冲击、劈裂、挤压等机械作用，来达到破碎效果，但干式机械破碎会产生污染，并且对机械设备磨损消耗较大。近年来，联用多种破碎方法可以提高干式破碎的效率。蓝巧武等采用剪切式旋转破碎、冲击式旋转破碎、高速涡流粉碎相结合的三级破碎，并结合内胆式高效风选、高压静电分选等新工艺。该方法处理过程中产生的二次污染小，金属回收率高达98%以上。

湿式破碎法则主要利用水作为分离介质，通过不同材料颗粒与水的相对密度不同这一点实现高效分离。湿式破碎法相比于干式破碎法，有节能、副产物污染小等优点，但湿式破碎法产生废水，会造成处理难度大等问题。

报废电路板中最主要的金属材料为铜。机械物理法污染小，成本低，但单一采用机械物理法无法彻底回收铜，需要结合冶金方法。电解法由于可以利用金属电极电势的差别区分铜与其他报废电路板中的贵金属，被认为是较为高效的方法。比如，可先采用硝酸将铜浸出，再用电沉积法提铜，电解槽中钛板为阳极，不锈钢板为阴极，铜的浸出率为超过98%，该工艺电解液可循环使用，以减少硝酸用量。

对于作为焊料的锡金属，用传统的机械破碎和湿法技术路线回收十分困难，回收率低，而不考虑回收焊锡的成本较高。因此，高效率、低污染、低成本地回收报废电路板中的锡的技术仍处于发展阶段。中南大学的杨建广等采用隔膜电积技术回收退锡液中的锡并再生出 $SnCl_4$-HCl 退锡剂。以退锡后的溶液为电解液，以石墨板为阳极、不锈钢板为阴极的条件下进行隔膜电积，在阴极得到了平整致密的电积锡，阴极电流效率为97.3%，电沉积锡纯度可达99.9%。而阳极液再生出的 $SnCl_4$-HCl 溶液，可继续作为退锡液返回用于退锡。

另外，大量报废电路板中包含可观含量的铁、镍等会被磁场吸引的金属。这些金属颗粒在进行初级破碎以后可以通过磁分方法与无磁性的其他金属高效分离。通过调节进样速度、磁转子速度等参数，可以优化分离率，获得高回收率的磁性金属颗粒。这些颗粒可以进行进一步湿法分离，也可以直接作为低级铁、镍金属源乃至铁镍合金原料。

钯、镉、锌等金属由于不会被磁场吸引，且密度在近似数量级，传统方法不易回收富集。而真空汽化法具有转化金属类型多、气体污染控制在密闭器皿内、可防止金属颗粒氧化等优点。真空汽化法与热分解法相比，后者单纯利用高温分解报废电路板上的材料，而前者要引入反应气体来将电路板破碎颗粒中的有机成分反应掉。通常反应气体包含蒸气、氧气和二氧化碳。波兰弗罗茨瓦夫科技大学的Gurgul等人通过试验，证明了真空汽化法对金属的回收要优于传统的焚烧和热分解法。由于金属元素的蒸气压不同，当温度在真空条件下达到一定值时，体系将优先蒸发低沸点金属及其化合物，可以利用这点达到分离和纯化的目的。比如，上海交通大学的许振明等通过试验，对铅、锌、镉和铋在混合物中的汽化分离条件进行逐一探索，并都取得了超过90%的回收率。

而对于金的回收，需要湿法冶金进行提炼。废旧电路板中金的回收，应用较为广泛的是硝酸－王水法。将分选出的金属颗粒首先用硝酸进行溶解，由于金等部分贵金属不与硝酸反应，而铜等非贵金属则会溶于硝酸，可利用过滤溶解液获得贵金属固体颗粒。而之后利用王水对金的溶解将金浸出：

$$Au + HNO_3 + 4HCl \rightarrow H[AuCl_4] + NO + 2H_2O$$

过滤后得到浸出液，浸出液利用有机溶剂萃取/反萃取的方法，结合草酸等还原剂与有强氧化性的 Au^{3+} 反应，提取浸出液中的金。除了硝酸 - 王水法以外，使用 $NaClO_3 - H_2SO_4$ 体系浸出金，SO_2 还原金效果良好，是从废印制电路板中提取金的可行方案。

近年来，生物降解法利用细菌等微生物进行贵金属回收也具有巨大的潜在应用价值，其具有污染极低、能耗小、成本低等优点。然而，这类方法也有时间效率低、提纯度低、细菌培养条件不易控制等缺点。但未来只要通过基因工程技术等手段获得更专业的微生物，该方法无疑会对报废电路板回收行业带来巨大改观。

18.4.3　报废印制电路板中非金属材料的处理与回收

印制电路板中非金属材料的主要成分为无机的玻璃纤维以及有机的酚醛树脂、环氧树脂、聚酰亚胺和聚酯等。

一般来说，通过前期破碎与分离以后，玻璃纤维和树脂等材料是以数百微米级别的颗粒形式混合在一起的，可直接作为油漆、涂料和建筑材料的添加剂。例如，非金属组分作为建筑材料改性剂可以用于制备改性沥青，改性沥青的软化点、车辙因子等性能可以通过加入报废电路板分离出的非金属组分颗粒，得到较大的提高和改善。

进一步地，可以通过热硝酸分解非金属基材中的环氧树脂，从而以接近 100% 的效率回收基材中的玻璃纤维。可利用报废电路板非金属颗粒、碱液和水等，在一定组分比例以及减压条件下、150℃以上进行水玻璃制备，有效地将报废电路板非金属基材中的环氧树脂与玻璃纤维分离开来，此方法操作简单、能耗低。

此外，改进的焚烧技术也能实现报废电路板非金属基材的无害化处理。焚烧处理通常不被作为推荐的非金属基材处理的发展方向，主要由于报废电路板非金属组分焚烧处理易产生含有二噁英（Dioxin）的废气，严重危害人体健康。因此，避免二噁英的产生和排出是焚烧工艺发展的关键。危险废弃物中的有害成分与报废电路板非金属组分中的类似，而危废物料焚烧处理及烟气中二噁英的控制工艺十分成熟。所以危废处理工厂可以焚烧处理报废电路板，并可采用回转炉焚烧、二次燃烧室焚烧、急冷塔急冷烟气等技术大大避免二噁英的产生，二噁英的脱除率可达到 99.9999%，满足排放标准。

18.5　习题

1. 印制电路板生产工序中产生哪些三废（废水、废气、固体废料）？
2. 用工业废铁置换法从三氯化铁蚀刻废液中回收铜的基本原理和工艺条件是什么？
3. 写出用氯化亚铜法从酸性氯化铜蚀刻废液中回收铜的化学反应方程式，并从热力学学的角度说明化学反应进行的方向和限度。
4. 碱性氯化铜蚀刻废液中铜的回收有酸化法和碱化法，试写出这两种方法的化学反应方程式。
5. 印制电路板边角料和镀金液中的金如何回收？试说明回收原理。

6. 单面印制电路板生产中的废水主要有酸性氯化铜蚀刻或三氯化铁蚀刻废水和含干膜、网印料（有机成分）废水，常采用什么废水处理工艺流程？写出工艺中中和反应和离子交换反应的化学反应方程式。

7. 双面印制电路板生产中废水的产生和废水处理工艺及方法是什么？

8. 印制电路板废弃物应如何处理？

9. 印制电路板行业污染预防措施包括加强管理、回收利用和工艺改革，试说明每一措施的目的和内容。

10. 关于报废电路板中铜元素的处理回收，从完整电路板开始，需要哪些步骤才能获得回收的铜材料？

11. 报废电路板中元器件的处理回收需要进行哪些主要步骤？

第 19 章　新一代移动通信与印制电路板技术

作为我国国家战略规划的重要内容，新一代移动通信技术的发展关系到我国在该技术领域的发展机遇。印制电路板作为通信技术中三大核心组成（芯片、电路板以及收发装置）之一，在移动通信技术实施方面发挥着举足轻重的作用。本章从移动通信技术的源端与终端设备需求，分别介绍相应的印制电路板技术，并对印制电路板的发展趋势进行分析。

19.1　5G 移动通信及 PCB 技术概述

据统计过去十年中，移动通信数据传输速率已经提高了 4000 倍。为了应对未来爆炸性移动数据流量的增长、海量设备的连接以及不断涌现的各类新业务和应用场景，第五代（5G）移动通信系统应运而生。5G 移动通信系统能为用户提供光纤般的接入速率，“零”时延的使用体验，千亿设备的连接能力，超高流量密度、超高连接数密度和超高移动性等多场景的一致服务，业务及用户感知的智能优化。同时 5G 移动通信系统能为网络带来超百倍的能效提升和超百倍的比特成本降低，实现“信息随心至，万物触手及”的总体愿景。图 19-1 所示为 5G 移动通信系统的总体远景图。

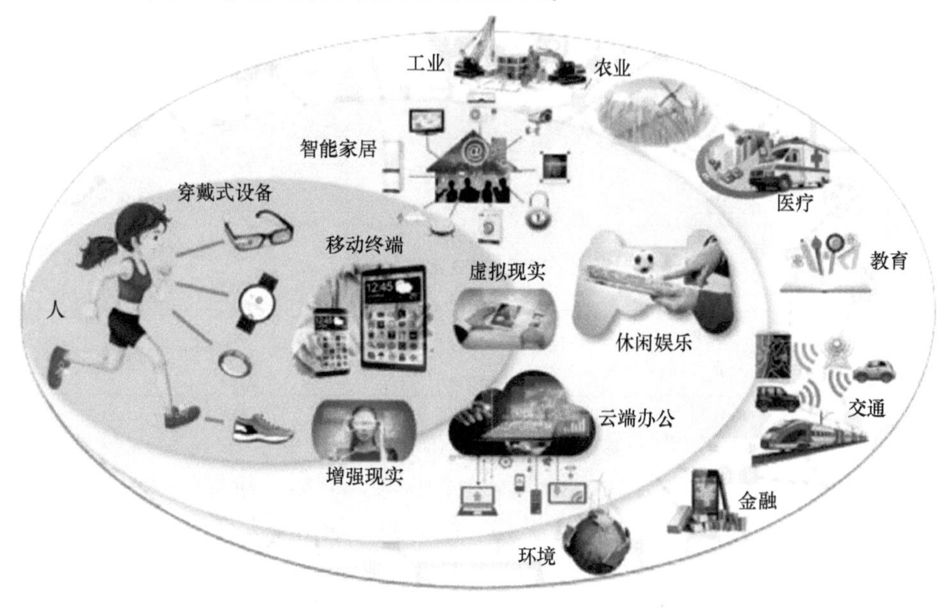

图 19-1　5G 移动通信系统的总体远景图

5G 移动通信系统是一个非常庞大而复杂的系统，其硬件组成部分与 PCB 之间有着密切关系。除此之外，近年来以手机、平板计算机等为代表的消费型移动通信终端产品经历了快速的发展，其中智能手机的发展基本代表了近 10 年来相关电子部件诸如集成电路（Integrated Circuit，IC）、PCB 以及其他无源电子器件的发展状况。移动通信终端产品的发展要求应用的 PCB 面积更小，线路更为精细，芯片和无源器件功能不断增强，同时具备高可靠性能。同时，全面屏化、信号传输高频化以及电池性能的不断提升也是通信终端产品的发展需求。

PCB 作为“电子产品之母”，是各个功能部件和无源器件重要的连接载体，影响着通信终端产品的重要性能。2003 年，PCB 尺寸一般在 130mm × 50mm 左右，其大小与手机的尺寸相当。当时以苹果、三星为代表的手机供应商，PCB 的线宽/线距能达到 100μm/100μm，并且实现了盲孔的制作，即 $1+n+1$ 结构的 HDI 板。经过 10 多年的发展，智能终端产品在娱乐、网页浏览、生活、交通等方面“大显身手”，因此促进了智能终端的功能和性能的极大提升。但是，PCB 却未因此增加了尺寸，反而降低至 $20cm^2$ 左右，这得益于 HDI 技术的发展。PCB 线宽/线距为 40μm/40μm，盲孔、埋孔为 φ45μm 左右，并采用任意层互连方式等使得智能终端 PCB 的密度提高了 6 倍以上。

19.2 5G 移动通信系统需求与 PCB 技术

5G 移动通信系统是一个庞大的系统，里面涵盖了多个应用领域，在不同领域中涉及的不同设备对 PCB 相关产品提出了不同要求，具体可见表 19-1。其中，5G 移动通信系统在无线网应用领域要求 PCB 向金属基、大尺寸、高速多层、高频高速低损耗、高密度、刚挠结合、高低频混压方向制造。

表 19-1 主要通信设备与 PCB 技术

应用领域	主要设备	相关 PCB 产品	特征描述
无线网	通信基站	背板、高速多层板、高频微波板、多功能金属基板	金属基、大尺寸、高速多层、高频材料及混压
传输网	光传送网（OTN）传输设备、微波传输设备	背板、高速多层板、高频微波板	高速材料、大尺寸、高速多层、高密度、多种背钻、刚挠结合、高频材料及混压
数据通信	路由器、交换机、服务/储存设备	背板、高速多层板	高速材料、大尺寸、高速多层、高密度、多种背钻、刚挠结合
固网宽带	光线路终端（OLT）、光网络单元（ONU）等光纤到户设备	背板、高速多层板	多层板、刚挠结合

5G 通信技术的频率分为三段：中高频、高频和超高频。中高频一般指频率小于 6GHz，主要有 3.5GHz、3.6GHz、4.1GHz、5.1GHz 等。高频一般指频率在 20 ~ 40GHz 之间，主要为 28 GHz，韩国冬奥会期间已使用。超高频一般指频率大于 60 GHz，主要为 77 GHz。不同的频率段对 PCB 基板介质损耗的要求不一样，具体如图 19-2 所示。

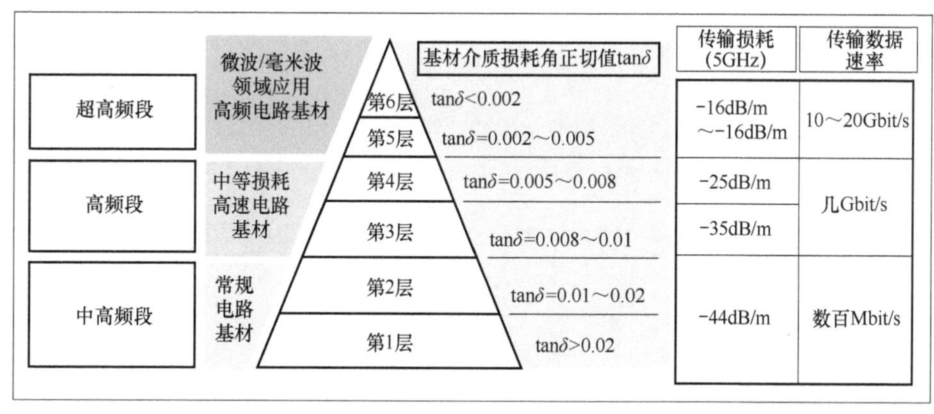

图 19-2　不同5G通信技术的频率对PCB基板介质损耗的要求

尤其是在超高频段通信中，使用毫米波波段、载波聚合技术等来增加频谱带宽，使用多输入多输出（Multiple-Input Multiple-Output，MIMO）技术增加天线数量等增加频谱利用率。MIMO技术是指在发射端和接收端分别使用多个发射天线和接收天线，使信号通过发射端与接收端的多个天线传送和接收，从而改善通信质量。它能充分利用空间资源，通过多个天线实现多发多收，在不增加频谱资源和天线发射功率的情况下，可以成倍地提高系统信道容量，显示出明显的优势，被视为下一代移动通信的核心技术。因此MIMO技术要求高频PCB多层化，如图19-3所示。

图 19-3　MIMO技术要求高频PCB多层化示意图

此外，MIMO技术的应用，将催生大规模微型基站的建设，至少在4G基站数量的10倍以上，这将给通信设备PCB带来巨大的前景。图19-4统计了近年来PCB相关产品的市场占比，由此可知，通信领域PCB也将逐渐取代消费电子PCB，成为PCB的第一大应用领域。

但MIMO技术的应用需要制备高频多层PCB，在该基板的制备过程中会遇到各种问题，较为突出的有多层化后的散热问题、微带线与带状线的差异问题、过孔粗糙度问题、铜箔粗糙度问题、高厚铜线路制作技术问题及无源器件集成问题。

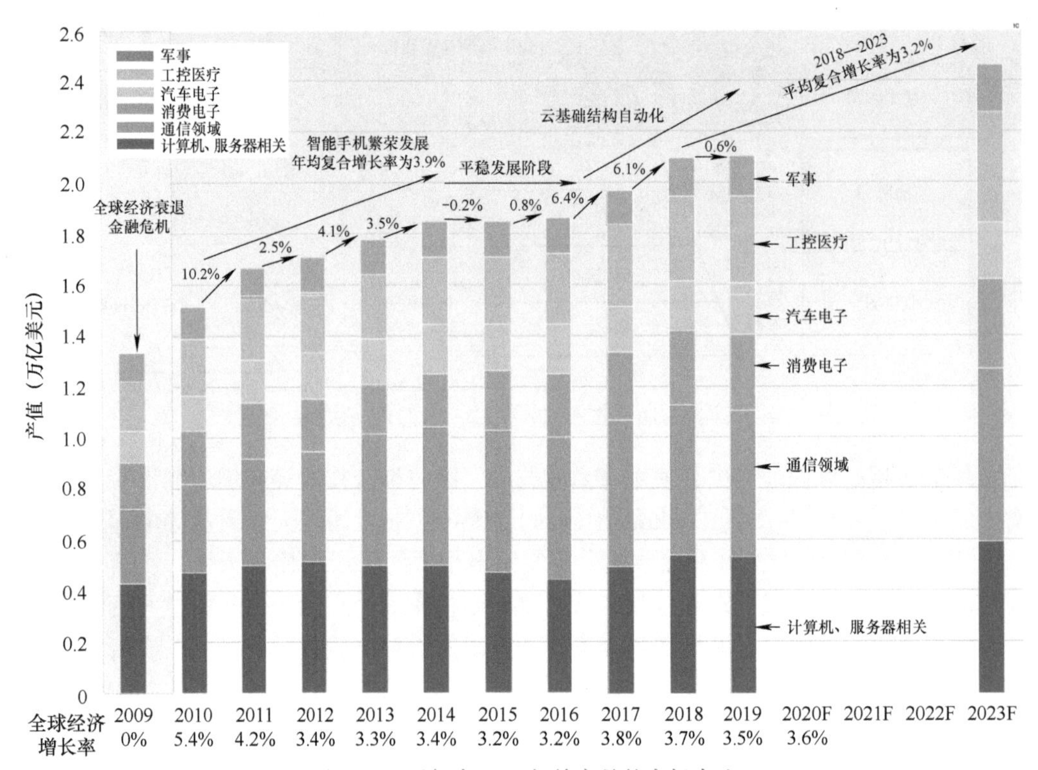

图 19-4　近年来 PCB 相关产品的市场占比

19.2.1　高频印制电路板多层化后的散热问题

高频印制电路板多层化后的散热主要与材料的选择和散热通道设计有关。如图 19-5 所示，相同的设计通道，不同的基材材料，在相同的情况下，图 19-5b 中的温度明显比图 19-5a中的温度低。另外，在电路设计中尽量使用高温元器件，并合理地安排元器件位置，如对温度敏感的元器件尽量与高散热源隔开，而且可以通过传导、对流和辐射三种热传导方式对高频印制电路板进行降温。

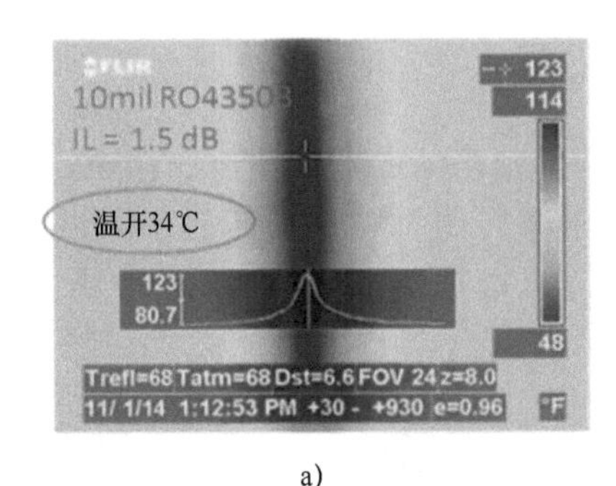

a)

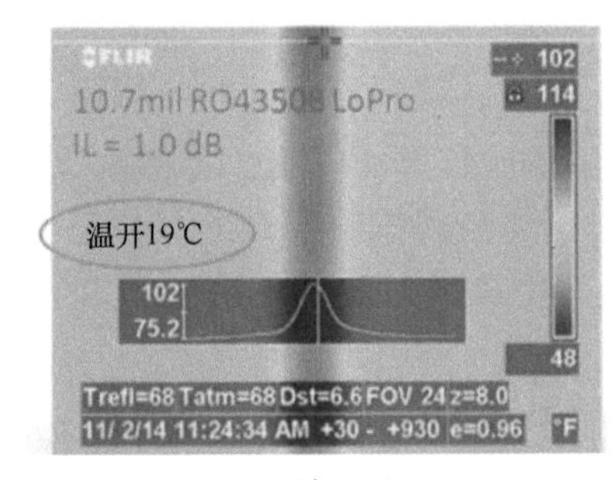

b)

图 19-5　不同基材下的散热情况

19.2.2　微带线与带状线的差异问题

微带线是一根带状导线（信号线），与地平面之间用一种电介质隔离开。如果线的厚度、宽度以及与地平面之间的距离是可控制的，则它的特性阻抗也是可以控制的。微带线的介电常数介于树脂与空气之间，形状如图 19-6a 所示。带状线是一条置于两层导电平面之间的电介质中间的铜带线。如果线的厚度和宽度、介质的介电常数以及两层导电平面间的距离是可控的，则线的特性阻抗也是可控的，形状如图 19-6b 所示。微带线与带状线与基板设计和模拟仿真有关。

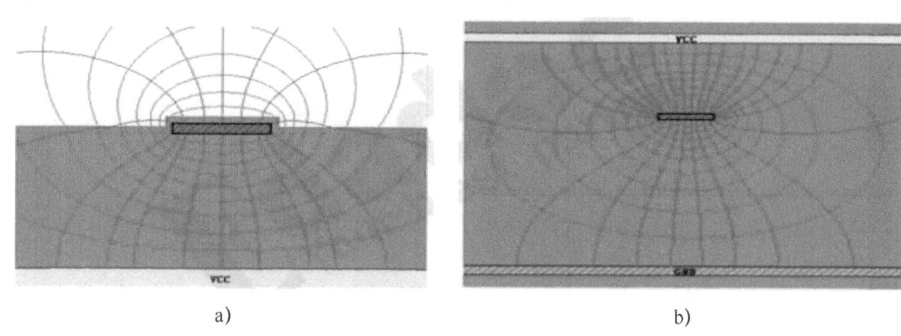

a)　　b)

图 19-6　微带线与带状线示意图

a）微带线　b）带状线

19.2.3　过孔粗糙度问题

第五代无线网络被誉为是实现现代通信最重要的技术成就之一，5G 技术既使用低于 6GHz 的信号频率，也有用于短距离回传、高速数据链路的毫米波频率。而用于 PCB 材料顶层铜箔与底层铜箔之间传输信号的金属化通孔内壁的表面粗糙度对材料的最终射频性能有影响。如图 19-7 所示，金属化前进行等离子处理与未进行等离子处理的通孔在电镀后，通孔孔壁的粗糙度有很大差异。同时采用分维对孔壁的粗糙度进行评价，结果如图 19-7c 所示。由图 19-7 可知采用等离子体处理后，分维数最小，结合力最好，因此可以采用等离子体方法改善金属化通孔孔壁的粗糙度。

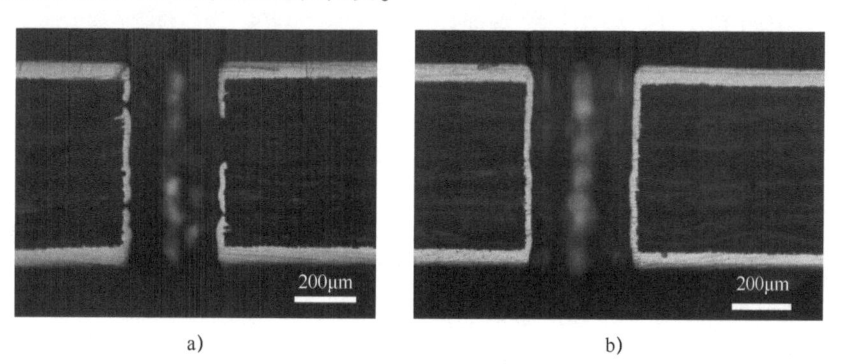

a)　　b)

图 19-7　通孔孔壁的粗糙度分析

a）未进行等离子体处理　b）进行等离子体处理　c）分维

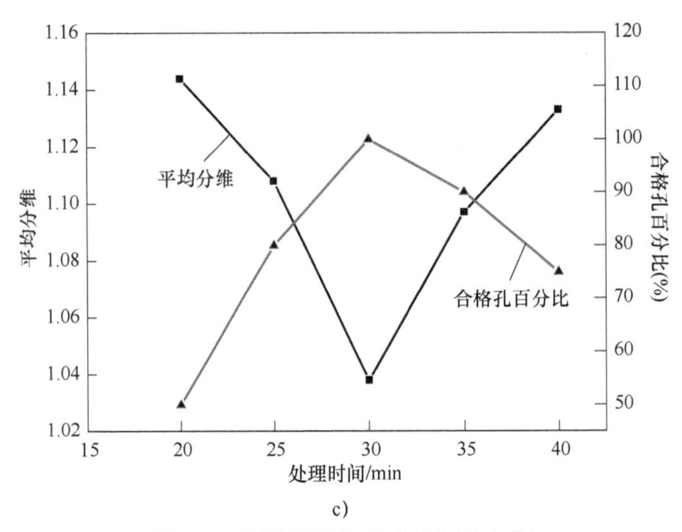

c)

图 19-7 通孔孔壁的粗糙度分析（续）

a）未进行等离子体处理 b）进行等离子体处理 c）分维

19.2.4 铜箔粗糙度问题

除了孔壁粗糙度问题以外，使用的铜箔粗糙度也是需要关注的因素之一。不同的铜面对应不同的粗糙度，在不同频率下，这些铜面对应的信号损耗也不同。图 19-8 所示为不同铜面在不同频率下对应的信号损耗。由图可知，在高频时信号传输由于趋肤效应，在表面化学镀镍/金（ENIG）处理的铜面传播时，信号在高阻值的 Ni 金属上面传输，不但阻抗发生了变化，而且损耗更大。目前代替这种表面处理的方法是表面电镀银金属层。

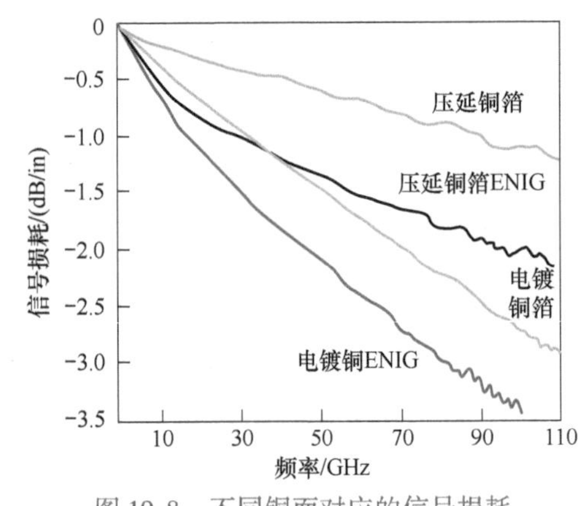

图 19-8 不同铜面对应的信号损耗

除去上述在高频印制电路板多层化后需要注意的问题以外，5G 移动通信系统对于材料的耐热性能、尺寸稳定性、耐水性能等都提出了极高的要求，这些都是在加工和保持中要特别注意的事项。

19.2.5 高厚铜线路制作技术问题

随着 5G 通信技术传输速率的提高以及功率的增大，采用更高厚铜的线路解决载流问题已经逐渐成为印制电路板行业的技术难点。具体体现在：

（1）线路的蚀刻方面 采用高厚铜的铜箔进行蚀刻，在纵向蚀刻时发生横向蚀刻，从而造成线路侧蚀现象严重，如图 19-9 所示。

（2）线路的多层化问题 高厚铜线路无法通过半固化片直接填满线路之间的空隙，进而造成层压过程中线路之间发生空洞、裂开等问题。

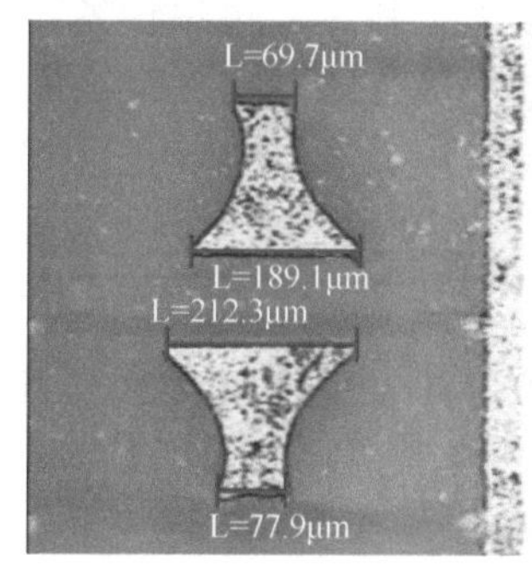

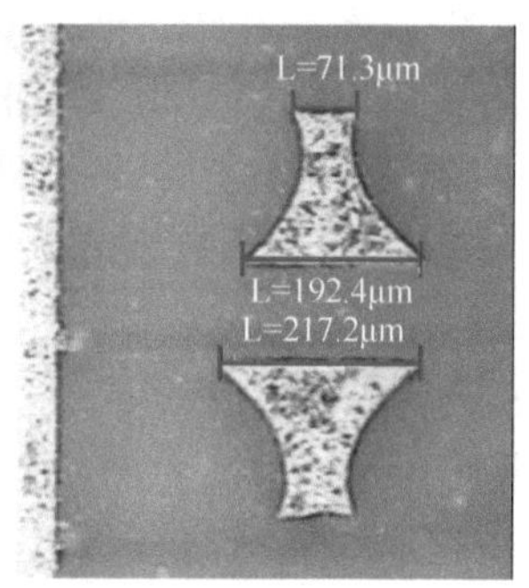

图 19-9　侧蚀严重的高厚铜线路

为了解决高厚铜蚀刻的问题，需要重新开发蚀刻液。通过在蚀刻液中加入缓蚀剂，促使缓蚀剂吸附在铜面上。在喷淋蚀刻过程中，纵向铜蚀刻过程中在外压作用下，其缓蚀效果较差，无法保护铜箔，从而实现纵向蚀刻目的。在横向位置，由于受到的喷淋压力较小，缓蚀效果较好，因而侧蚀量较小。

利用 2 – 巯基苯并噻唑与 2 – 苯氧基乙醇协同作用，在蚀刻液中加入相应的缓蚀剂，凭借 2 – 苯氧基乙醇的优良润湿性能，高厚铜印制电路板在蚀刻过程中实现了较好的缓蚀效果。该缓蚀剂实现了高厚铜线路的蚀刻因子高达 4.0 以上。

19.2.6　无源器件集成问题

5G 移动通信系统的应用环境为高频段信号。在高频信号下，采用常规的表面安装技术（SMT）进行器件安装容易产生寄生效应。随着频率的不断提升，这种寄生效应更强，如图 19-10 所示为电阻的寄生效应举例。从图 19-10 中可以看出，当频率达到 5GHz 时，采用分立电阻的寄生电阻高达 197.6Ω，寄生电感达到 6.29nH。当采用集成电阻后，同样在 5GHz 的频率下，寄生电阻只有 18.85Ω，不到分立电阻的 10%，而寄生电感只有 0.6nH，也是不到分立电阻的 10%。因此，采用无源器件技术可以极大地改善通信信号传输的质量与损耗问题。

组成	尺寸和规格	寄生电感/nH
SMT电阻1个	0402	0.7
互连孔2个	直径0.25mm，厚度0.025mm	4.76
互连线2条	长度0.125mm，阻抗50Ω，材料FR-4	0.83
合计		6.29

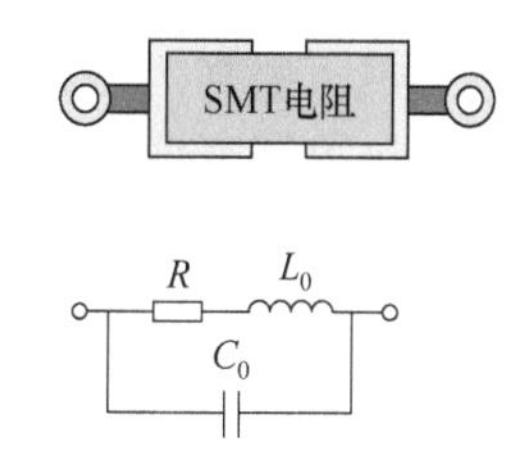

频率/MHz	寄生电阻（集成电阻）/Ω	寄生电阻（SMT电阻）/Ω
500	1.89	19.76
1000	3.77	39.52
5000	18.85	197.6

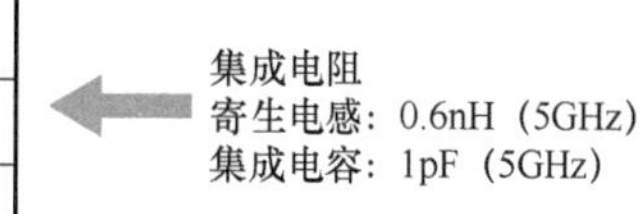

图 19-10　SMT 分立电阻与集成电阻寄生效应对比

就5G移动通信系统来说，无源器件集成还面临众多材料与技术的难题。以电阻为例，目前电阻材料的来源是美国的Ohmega-ply公司，相关技术与市场均被该公司垄断，造成5G移动通信系统在集成电阻技术上发展的障碍。另外，集成电阻的误差也是限制该技术应用的关键。受到多次蚀刻工艺的误差影响，采用Ohmega-ply公司的电阻误差只能控制在15%左右，仍达不到5G移动通信系统所需要的10%以内的要求。在电容、电感器件集成上，同样面临着材料与工艺技术等方面的问题。

解决器件集成的问题在未来将成为行业的研究热点。采用在线监控方法精确控制制作电阻，采用高分散性、高均匀性的电容介质，以及开发高频率的电感磁芯等材料是集成无源器件问题重要的解决手段，但仍面临着众多技术难题。

19.3 移动通信终端应用PCB前沿技术

移动通信终端产品通常指在移动过程中使用的计算机设备，广义上讲可分为手机、笔记本计算机、平板计算机、POS机、车载计算机等；狭义上讲可分为手机、平板计算机。作为重要的电子连接件，PCB几乎用于所有的电子产品上，而PCB微型化和多功能化是智能终端产品永恒的追求。2017年下半年，iPhone X产品的发布引领了通信终端产品跨入一个新时代，覆晶薄膜（Chip on Flex/Film，COF）、类载板（Substrate Like PCB，SLP）、2.5D平台以及晶圆级封装（Wafer Level Packaging，WLP）等技术的应用催生了新一代的全面屏、3D面部识别以及长待机智能终端的实现。

19.3.1 COF技术

在以智能手机为代表的通信终端中，挠性印制电路（Flexible Printed Circuit，FPC）板已大规模使用。单个终端产品的FPC板一般使用的数量在10~15片，主要包括显示模块、摄像头模块、连接模块、触控模块和电池模块等。其中，用于显示屏信号传输和控制的FPC板必不可少。显示器的工作依托于相应IC的控制。传统方法是采用COG（Chip on Glass）封装方式。由于FPC板属于柔性基材，为了实现芯片封装固定，COG必须依托于显示屏玻璃载体将IC与FPC板进行封装，如图19-11a所示。采用该方式封装的智能手机，一般手机下部有“下巴”存在。

智能手机要彻底地实现全屏化，COG封装方式必须被摒弃，而COF技术是实现手机全面屏的基础，已在手机全面屏时代出现爆发式增长。如图19-11b所示，COF是将显示IC裸片直接贴装在FPC板上，并采用异方性导电膜（Anisotropic Conductive Film，ACF）实现IC和FPC板之间的电气连接和固定。图19-11c所示为iPhone X采用COF封装技术的实物图。

在COF封装技术中，ACF的封装和FPC板的制作成为关键性的工序。FPC板制作的工艺流程如图19-12所示。COF中FPC板的制作与常规产品无明显差异，但是其在线路精细度和尺寸误差方面却有更严格的要求。目前，IC裸芯片尺寸在25μm左右，IC焊脚间距通常≤50μm，其中以20~30μm为主。此外，线路尺寸误差要要求≤15%。因此，在材料选择和工艺控制方面，COF用FPC板的制作要求更为严格。在加工过程中，尺寸和线路图形转移的误差都必须进行有效的控制。

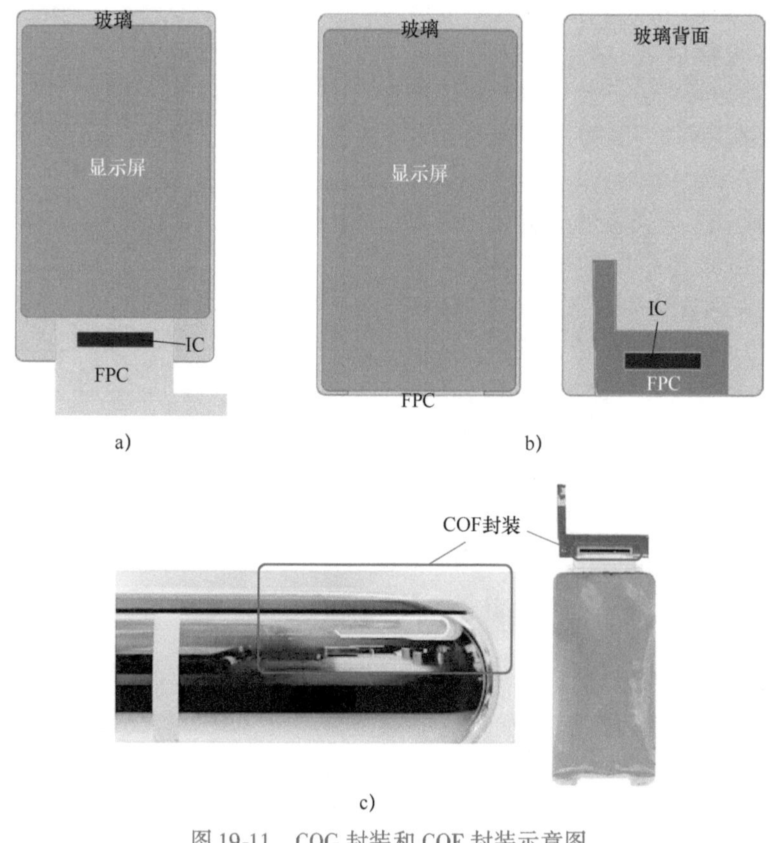

图 19-11　COG 封装和 COF 封装示意图

a）COG 封装　b）COF 封装　c）COF 封装实物图

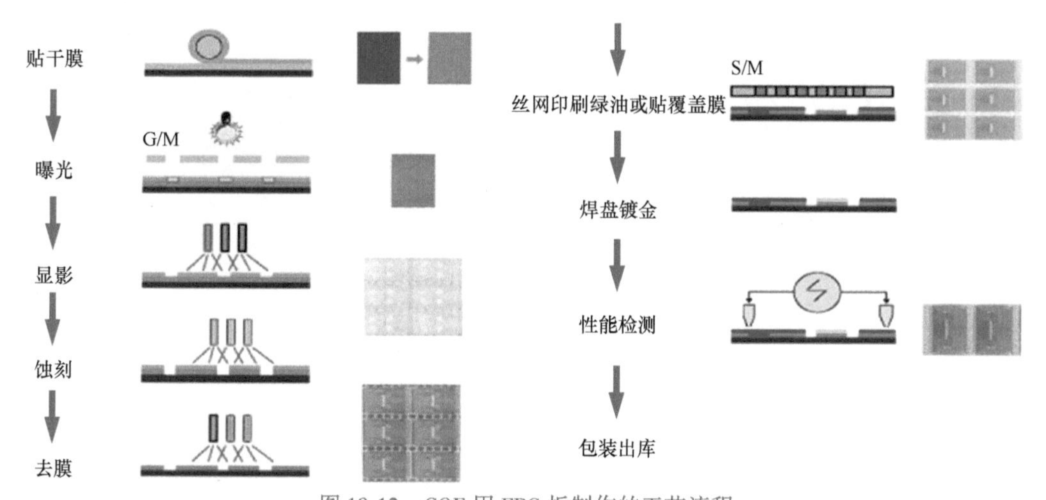

图 19-12　COF 用 FPC 板制作的工艺流程

为了减少芯片占据 FPC 板表面的空间，显示器驱动芯片通常采用裸芯片通过 ACF 与 FPC 板进行焊接，而不能用传统的 Sn 基焊料。图 19-13 所示为 COF 中 ACF 的焊接原理。

ACF 是一种各向异性导电薄膜或导电胶。在焊接之前，ACF 树脂中均匀分散有大量的纳米金属颗粒（通常以 Ag 纳米颗粒为主），纳米颗粒之间是绝缘的，因此，ACF 在焊接之前是不导电的。当 IC 裸芯片安装到 COF 电路板上时，纳米银颗粒由于空间限制分散在 IC 裸芯片和 COF 电路板的焊脚上，焊接后，加热加压将 IC 裸芯片与 FPC 板的焊脚焊接到一起。此时，在加压过程中，IC 芯片的焊脚和 FPC 板的焊脚接近，均匀分散的纳米金属银成为连接焊接之间的电气连接点，可实现载流或信号传输。但是，在 X、Y 方向，由于导电薄膜纳米金属之间绝缘，因而不导电，从而实现导电薄膜的各向异性电气传输。另外，在这个过程中，ACF 还起到黏合作用。ACF 是关键性的材料，目前市场主流的 ACF 材料由索尼和日立提供。

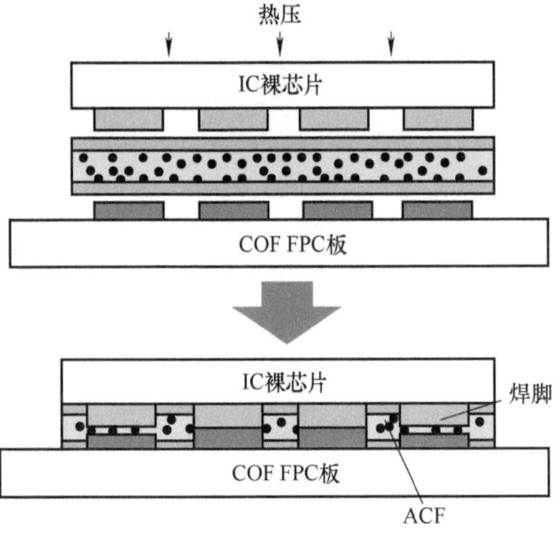

图 19-13　COF 中 ACF 的焊接原理

19.3.2　SLP 技术

SLP 是 HDI 板进一步小型化、精细化以及薄型化发展的新一代技术。由于其具备封装基板一样的高布线密度，因而也被称为类载板。通常，SLP 印制电路板产品的线宽≤40μm，孔径≤ϕ40μm。2017 年，SLP 技术应用在新一代的 iPhone 8 和 iPhone X 手机上，其线宽/线距达到了 30μm/30μm，盲孔孔径为 ϕ40μm，代表了目前通信终端印制电路板主板的最高技术水平。图 19-14 所示为苹果手机使用 SLP 技术的印制电路板实物图。

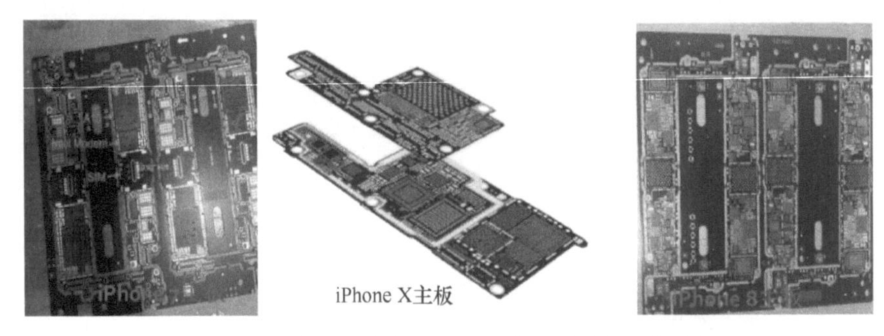

图 19-14　苹果手机使用 SLP 技术的印制电路板实物

在 SLP 技术中，超精细线路的制作成为至关重要的工艺，其核心在于使用了半加成工艺（Semi-Additive Process，SAP）或改进型半加成工艺（modified Semi-Additive Process，mSAP）方法，保障了 SLP 的可行性。图 19-15 所示为 SAP/mSAP 制作精细线路的过程。在该流程中，薄铜箔的获得和差分蚀刻是技术核心。后期超薄铜箔需要棕化（通常需要蚀刻 1μm 左右厚的铜），然后进行激光钻孔，这要求超薄铜箔的厚度在 1～3μm 之间，同时具备较好的均匀性。之后，超薄铜箔通过棕化、激光钻孔等工序，在基板上形成盲孔。化学镀铜和电镀填孔使盲孔内填满铜实现层间电气连接。通过激光直接成像（LDI）技术将电路图形转移到干膜上，然后进行电镀加厚线路、去膜以及通过差分蚀刻掉多余的超薄铜箔才能得到所需要的精细线路图形。

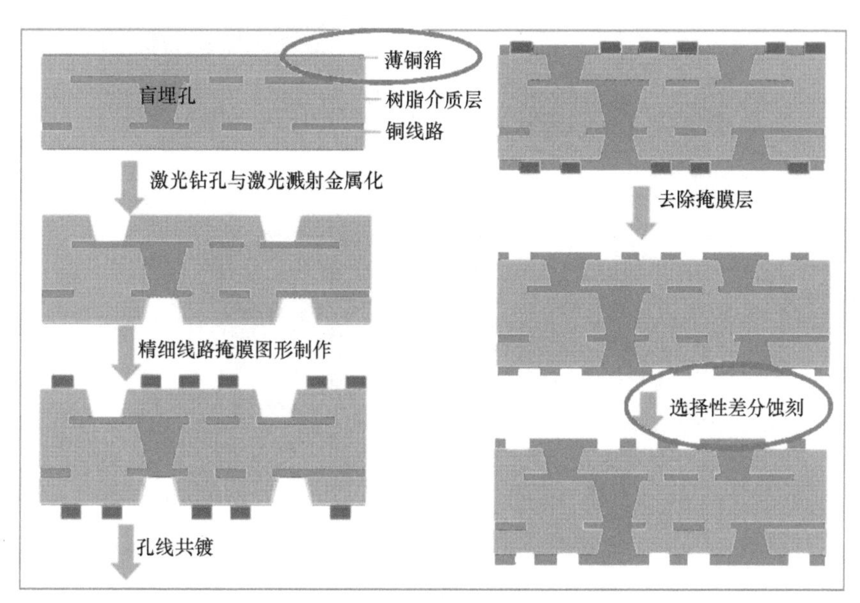

图 19-15　SAP/mSAP 制作精细线路流程

mSAP 的目的在于降低薄铜箔的成本（图 19-15 中示意的薄铜箔）。因此，在 mSAP 中，薄铜箔的制备至关重要。常见的获得超薄铜箔的方法有四种：9μm 或 12μm 铜箔减薄、层压薄铜箔、磁控溅射铜箔，以及化学镀铜。

1. 9μm 或 12μm 铜箔减薄

获得超薄铜箔的四种方法中最简单的方法是采用低成本的 9μm 或 12μm 厚的铜箔进行减薄。在该过程中，标准厚度铜箔与半固化片进行层压，然后采用减薄溶液对铜箔进行减薄。但由于“水池效应”，该方法最大的难题在于获得高均匀性的超薄铜箔。印制电路板目前的蚀刻溶液都可以作为减薄溶液。而根据研究表明，$H_2SO_4-H_2O_2$蚀刻液能获得更好的薄铜箔均匀性，如图 19-16 所示。图中形成的铜箔平均厚度为 1.58μm，符合超薄铜箔厚度要求。

2. 层压薄铜箔

层压薄铜箔也是制备超薄铜箔较为简单的方法，但薄铜箔自身的价格昂贵，增加了制造成本。目前只有 iPhone 制造中采用这项工艺。层压铜箔采用的是一种载体铜箔结构。一般是将 2～3μm 厚的铜箔通过 18μm 的铜箔进行承载。在铜箔与半固化片进行层压后，将载体铜箔撕开，留下超薄铜箔，从而得到 mSAP 的超薄铜层。

该方法具有实施方法简单、与印制电路板制造工艺相兼容等优点，是具有发展潜力的技术方案。

a)

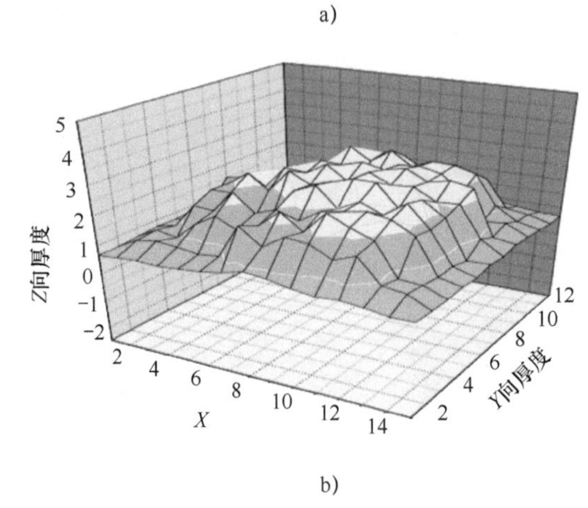

b)

图 19-16 $H_2SO_4-H_2O_2$蚀刻液获得的超薄铜箔

a）断面图 b）铜箔厚度均匀性图

3. 磁控溅射铜箱

标准铜箔的减薄并不是获得超薄铜箔最理想的方法。采用磁控溅射或化学镀铜的方法在绝缘基板上制作的超薄铜箔更为均匀。通过磁控溅射 Ti/Cu 获得 1～3μm 厚的超薄铜箔，而 Ti 和树脂有良好的作用。因此，超薄铜箔与绝缘基板之间的结合力能够满足精细线路对结合力的要求。图 19-17 为磁控溅射形成超薄铜层的断面图。但是，溅射 Ti/Cu 的成本较高，生产效率低，因而目前难以在印制电路板领域大规模应用。此外，在差分蚀刻过程中，Cu 的蚀刻液不能蚀刻 Ti，因而还需要增加另外的步骤蚀刻 Ti 层。

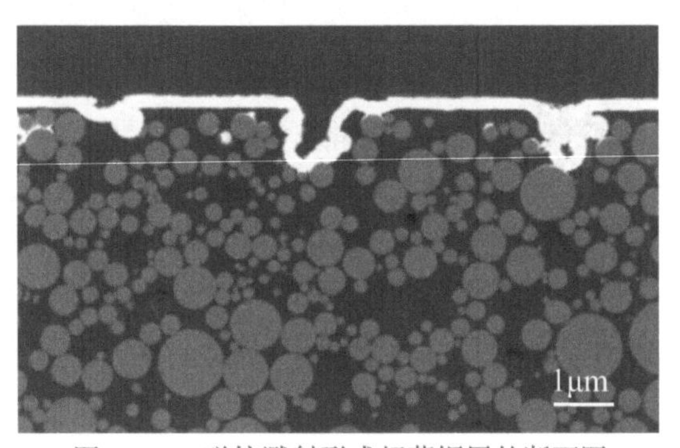

图 19-17 磁控溅射形成超薄铜层的断面图

4. 化学镀铜

采用化学镀铜方法在基板上制作超薄铜箔是成本低廉的方法，但是，该方法需要解决的问题在于化学镀铜层与绝缘基板之间的结合力不足。传统化学镀铜与树脂之间的结合力主要依靠粗化锚合作用决定，一般通过增加树脂表面粗糙度实现结合力的提高。但是，锚合方法提高结合力的能力有限，产生的结合力并不满足精细线路的制作要求。低粗糙度下获得高结合力是化学镀铜获得超薄铜箔的应用需求，铜与树脂之间实现化学结合是重要的解决方案。图 19-18 所示是通过化学结合的方式在聚酰亚胺（PI）表面制作的高结合力超薄铜箔。这个过程通过选用特殊的偶联剂，使其发挥桥梁作用，一端与铜箔发生化学作用，另一端与树脂发生化学作用，从而实现铜箔与绝缘树脂间的化学结合，进而提高铜箔与绝缘基板之间的结合力。

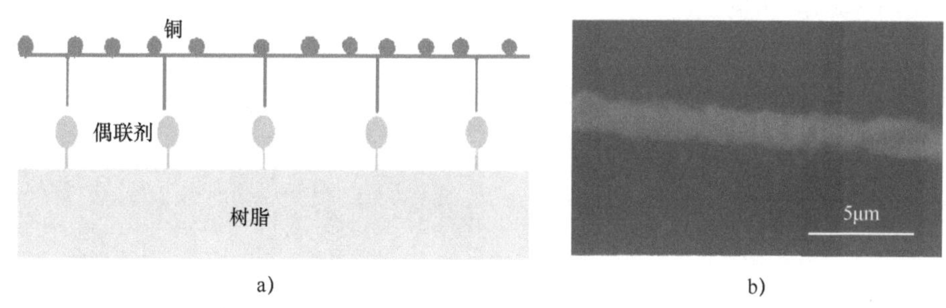

图 19-18　利用化学结合力在绝缘基板上化学镀铜

a）超薄铜箔　b）超薄铜箔的断面图

无论 mSAP 还是 SAP 技术，差分蚀刻都是必不可少的工序。差分蚀刻是在电镀加厚精细线路后去除不需要的超薄铜箔的过程。由于电镀加厚的精细线路没有得到干膜的精细保护，因而在差分蚀刻过程中，去除超薄铜箔的同时也在蚀刻加厚的精细线路，而且加厚精细线路蚀刻速度比超薄铜箔更快。采用传统的蚀刻液或蚀刻方法进行蚀刻对加厚精细线路尺寸将产生很大的影响，如线路变薄、变窄，蚀刻因子降低等。图 19-19 所示为采用传统蚀刻方法进行差分蚀刻得到的精细线路（线宽/线距为 45μm/45μm）的断面图。

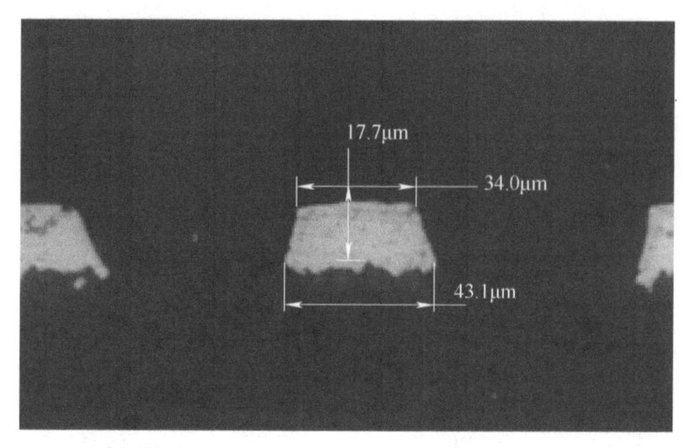

图 19-19　采用传统蚀刻方法进行差分蚀刻得到的精细线路的断面图

电镀后的精细线路呈现的是方块形，但是如图 19-19 所示，经过差分蚀刻后，线路上表面两侧特别容易被蚀刻掉，从而呈现梯形结构。在图 19-19 中，精细线路的蚀刻因子约为 4。因此，理想的蚀刻方法是能够采用有效的保护剂保护精细线路上表面两侧，以获得高蚀刻因子的断面。苯并咪唑类有机物是一种较好的铜吸附剂，易吸附在铜表面防止蚀刻液蚀刻，这种方法称为保护剂保护蚀刻。基于尖端效应，保护剂在精细线路上表面两端的量最多，而超薄铜箔表面、线路侧面吸附量都相对较少。在蚀刻过程中，精细线路上表面的两端得到了有效的保护，从而使方块形的精细线路经过差分蚀刻后仍保持原貌。图 19-20所示为该方法的蚀刻机理和采用该原理实际获得的精细线路（线宽/线距为30μm/30μm）的断面图。经测试，图 19-20b 中精细线路的蚀刻因子高达 13，说明该方法有效地提高了线路的质量。

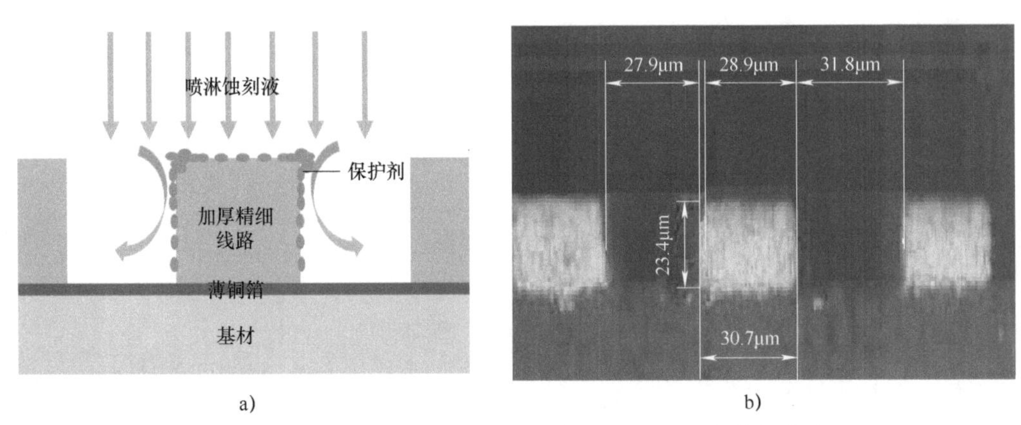

图 19-20 保护剂保护蚀刻机理及采用该机理得到的精细线路

a）蚀刻机理 b）精细线路

除了保护剂保护蚀刻方法以外，还有两种减缓精细线路蚀刻的方法，分别为保护剂压力差保护线路方法和消耗层保护线路方法。图 19-21 所示为这两种方法保护线路的机理。其中，保护剂压力差保护线路方法是保护剂吸附在铜表面，在低喷淋压力下，保护层不能被破坏，铜的蚀刻速率慢，而在高喷淋压力下，保护层能够被破坏，从而实现快速蚀刻。消耗层保护线路方法是在电镀加厚铜线路后再电镀一层消耗层（通常为 Ni 层），使其在喷淋蚀刻中优先蚀刻 Ni，从而保护好线路的完整性。

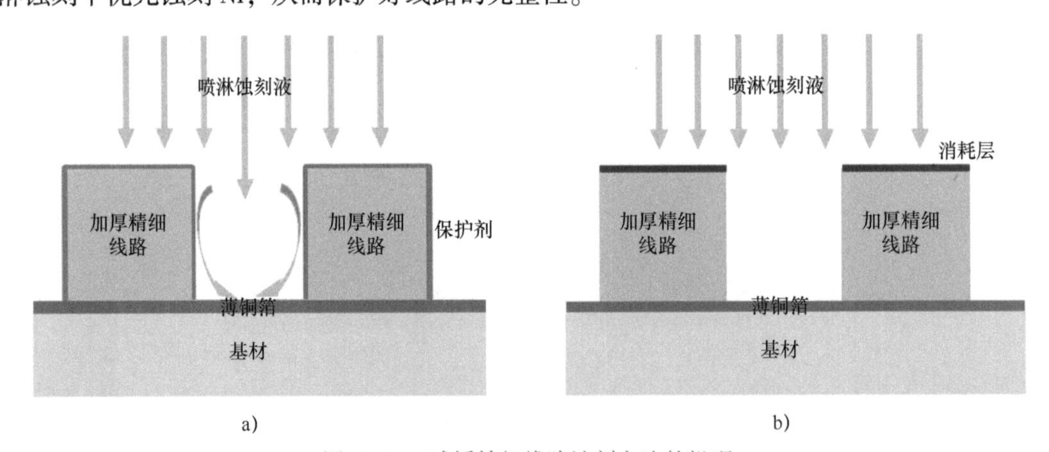

图 19-21 减缓精细线路蚀刻方法的机理

a）保护剂压力差保护线路蚀刻机理 b）消耗层保护线路蚀刻机理

此外，在 SLP 激光钻孔中，需要常规棕化修饰铜箔以实现铜箔对 CO_2激光的吸收，其棕化粗糙度 *Rz* 为 2～3μm，而薄铜箔的厚度只有 1～3μm。因此，必须采用低粗糙（*Rz*≤1μm）的棕化技术。除此之外，在铜箔表面涂覆 100nm 左右厚的辅助吸光材料可帮助 CO_2激光击穿薄铜箔。UV 激光可直接击穿铜箔，因而采用 UV 激光制作盲孔也是一种重要方法，但其难点在于激光钻孔的深度控制。

为了提高精细线路与半固化片之间的黏合力，往往要在层压之前对精细线路进行棕化。2～3μm 的粗糙度使得精细线路的尺寸发生明显的变化，从而偏离线路设计要求。与 CO_2激光棕化不一样，黏合力的大小取决于棕化的粗糙度。粗糙度越大，黏合得越好。因此，非蚀刻型表面增强技术成为该问题重要的解决手段。图 19-22 所示为这两种方法得到的精细线路。在非蚀刻型表面处理技术中，通过对表面等电位点进行改性，使得铜箔表面的等电位点降低，从而在不粗化表面的情况下也可得到较好的结合，如图 19-23所示。

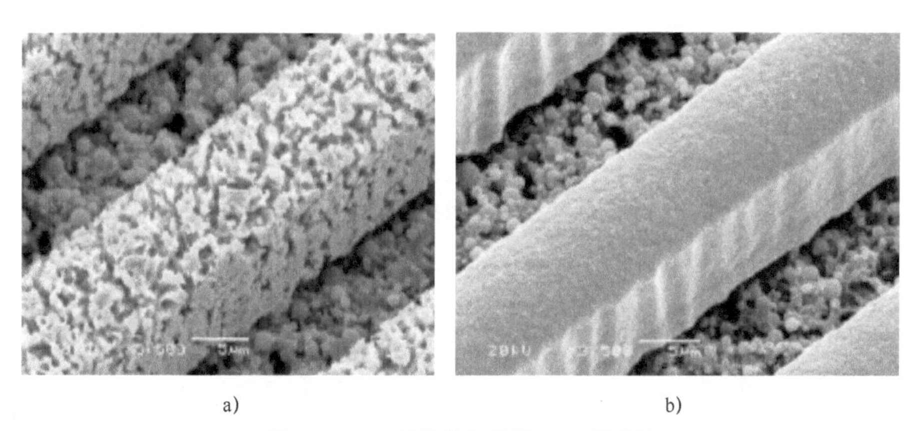

a)　　b)

图 19-22　处理后精细线路 SEM 形貌图

a）棕化　b）非蚀刻型表面增强技术处理

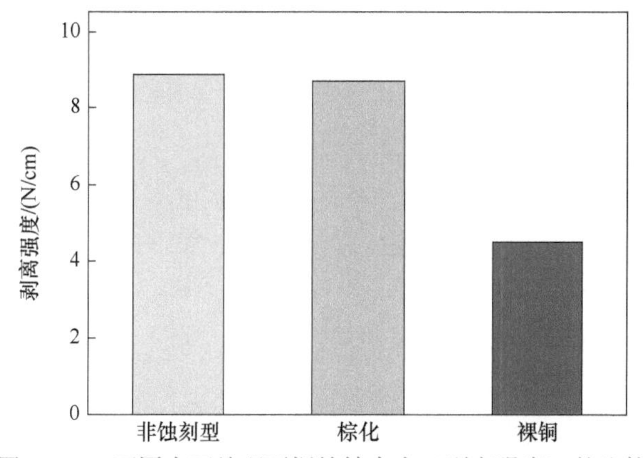

图 19-23　不同表面处理下铜箔结合力（剥离强度）的比较

19.3.3 扇出型 WLP 技术

晶圆级封装（WLP）是近年来 IC 封装新发展的技术。常规的 IC 封装是通过将晶圆与 IC 封装基板进行焊接，然后将 IC 基板焊接至普通 PCB 上。而 WLP 是基于 IC 晶圆，采用 PCB 制造技术，如线路和孔的制作，在晶圆上面形成类似于 IC 封装基板的结构。而该结构的 IC 塑封后可直接安装在普通 PCB 上。图 19-24 所示为两种封装技术的示意图。WLP 自苹果 A10 处理器就被采用了，极大地节约了主板表面的面积，如图 19-25 所示。随着移动终端多功能化，IC 越来越多，无源器件也越来越多，从而需减小 IC 封装尺寸，此时 WLP 技术才能满足要求。

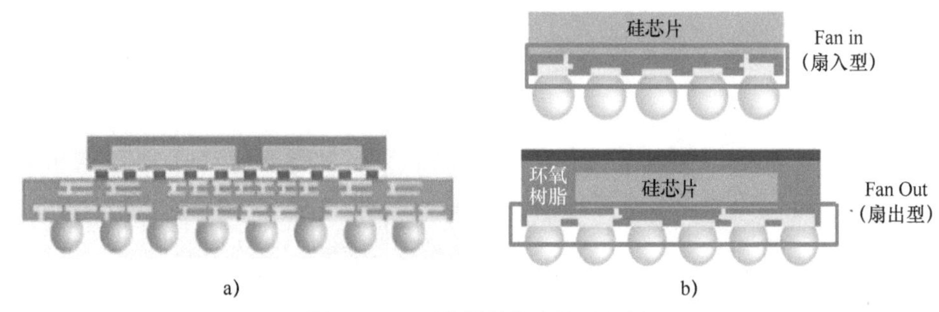

图 19-24 两种封装技术的示意图

a）IC 封装 b）WLP

图 19-25 苹果 A10 处理器断面图

Fan in WLP 的线路和焊脚只能限定在芯片尺寸以内，而 Fan out WLP 可扩展至芯片尺寸之外，甚至可实现芯片的叠层。因此，Fan out WLP 可实现更高密度的芯片封装，成为未来 WLP 的主流技术。相比常规的封装技术，Fan out WLP 的优点如下：

1）可明显增加 I/O 接口密度。

2）有利于实现系统级封装（System in Packaging，SiP）技术的延伸。

3）具有更优良的电气和热性能。

4）具有更高的可靠性。

5）封装线路更精细（目前为 10μm/10μm）。

未来，直接在晶圆上进行 Fan out 封装实现 2μm/2μm 的精细线路具有较高的可行性。图 19-26 所示为 Fan out WLP 技术的工艺流程。

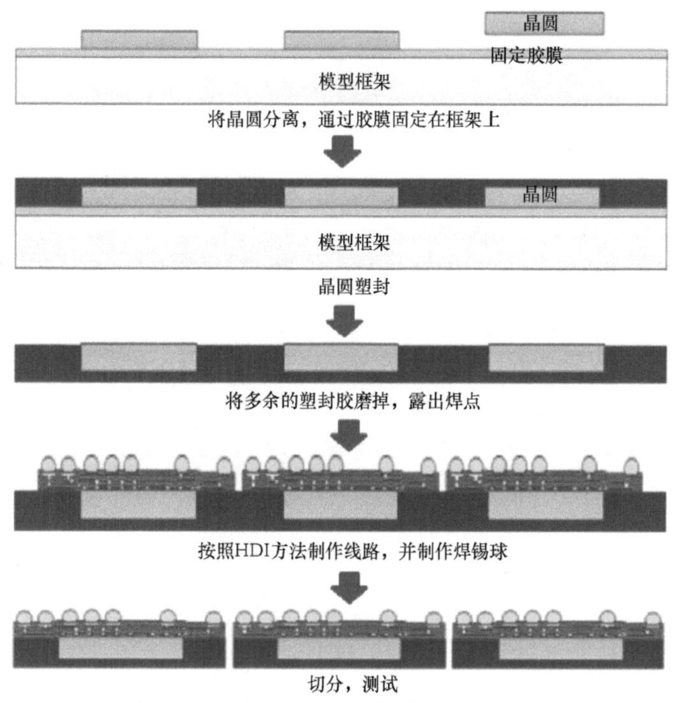

图 19-26　Fan out WLP 技术的工艺流程

19.3.4　2.5D 平台技术

2.5D 平台技术是由 AT&S 针对印制电路板表面阶梯化提出的概念。采用 2.5D 平台技术可实现印制电路板的多维度安装，降低 IC 和器件安装区域厚度，并且有利于抗电磁干扰。在某些场合，为了保持焊接芯片与印制电路板表面的高度一致性，通过在印制电路板中挖出沟槽，让芯片安装在沟槽内，从而降低芯片的高度。此外，像刚挠结合板也需要采用 2.5D 平台技术。2017 年苹果发布的 iPhone X 手机主板将两个主板焊接到一起，而该主板就采用了 2.5D 平台技术。在 2.5D 平台技术中，其制作的关键技术在于阶梯的制作。图 19-27所示为典型的 2.5D 平台技术的工艺流程。

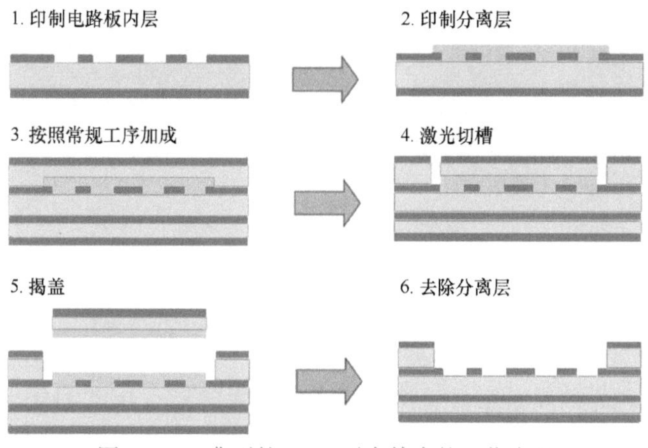

图 19-27　典型的 2.5D 平台技术的工艺流程

19.4 移动通信终端应用 PCB 下一代技术

近年来，消费者对以智能手机为代表的移动通信终端的应用要求越来越高。其中，屏占率高、续航时间长、功能强而多成为典型的应用需求。长期以来，移动通信终端为提升续航时间，电池在手机中占据的空间越来越大，从而导致 PCB 占据的面积和体积逐步缩小。iPhone X 主板的设计是为电池腾出空间的典型代表（见图 19-28），而且这一趋势将继续延续。因此，开发面积或体积更小的印制电路板成为下一代移动通信终端的重要需求。

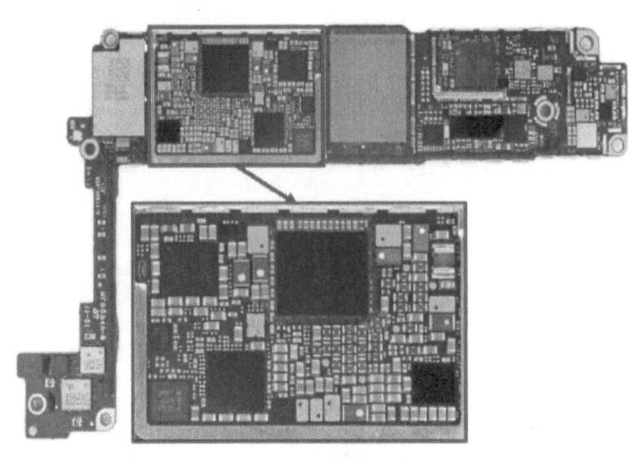

图 19-28　iPhone X 主板的设计实物图

19.4.1　ECP 技术

以 iPhone X 手机为例，电阻、电容、电感等无源器件占据了印制电路板约 60% 的面积。下一代移动通信终端 PCB 尺寸的减小，无源器件在 PCB 表面贴装数量的减少已是势在必行。因此，将无源器件埋嵌到 PCB 内部的埋嵌器件封装（Embedded Component Packaging ECP）技术成为重要的解决方案。将器件埋嵌至 PCB 内部后，可以实现如下优势：①印制电路板尺寸可以更小；②焊点的保护提高了无源器件安装的可靠性；③无源/有源器件都可以埋嵌，降低了信号传输距离，可提高信号传输质量；④提高了设计的灵活性。

根据器件埋嵌的方式不同，ECP 技术可以分为两类：一类是直接将分立的元器件埋嵌至 PCB 内部（埋嵌分离无源器件技术），另一类是将无源材料直接集成从而将其埋嵌到 PCB 内部（埋嵌一体化集成无源器件技术）。图 19-29 所示为两类埋嵌方法的示意图。

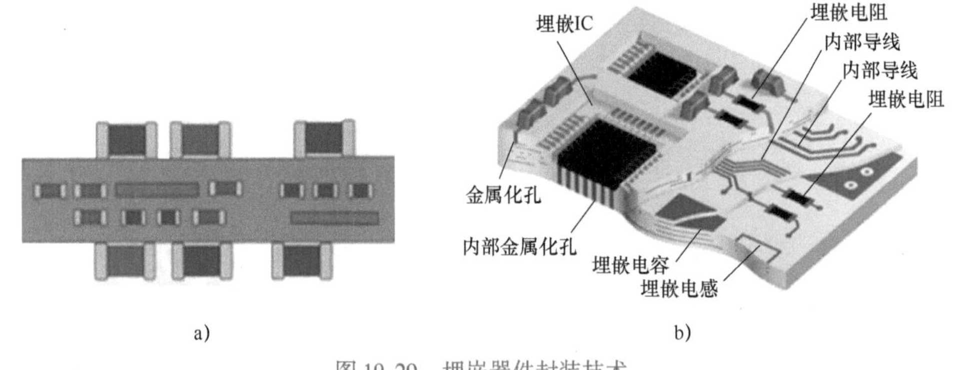

图 19-29　埋嵌器件封装技术

a）埋嵌分离无源器件技术　b）埋嵌一体化集成无源器件技术

就目前来说，这两种方法各有利弊。埋嵌分离无源器件技术的优点是工艺流程固定，容易实现标准化生产，并且由于分立器件功能值稳定，因而电气传输性能有保障。此外，随着近年来分立器件的尺寸越来越小，PCB 的尺寸可以更小。图 19-30 所示为埋嵌分离无源器件技术的工艺流程。但是埋嵌分离无源器件技术的不足之处在于，分离无源器件的埋嵌易造成 PCB 的 Z 向尺寸大，并且焊点的可靠性也存在问题。

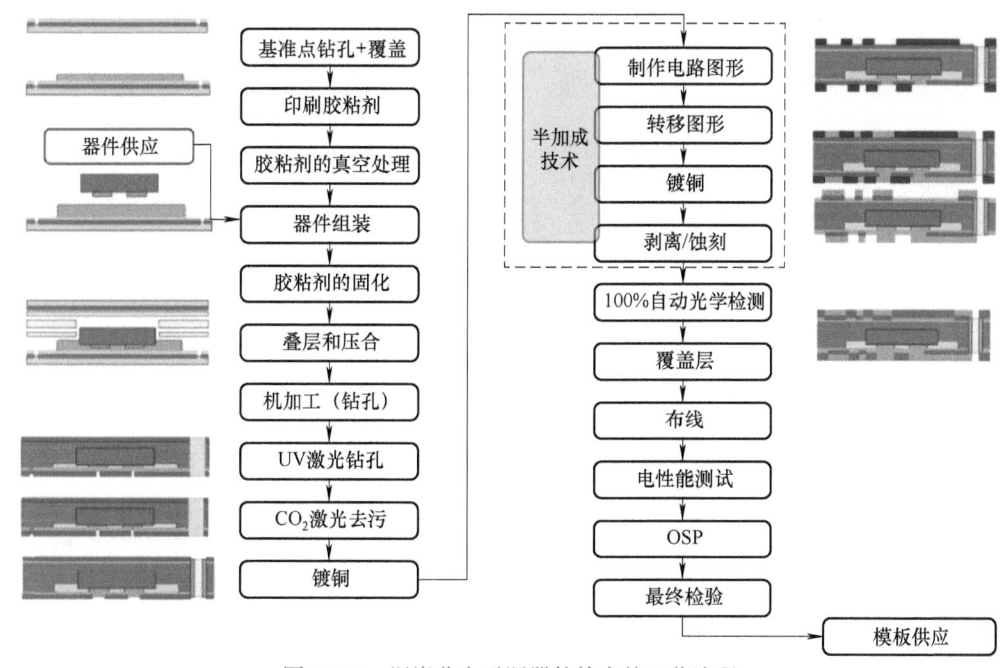

图 19-30　埋嵌分离无源器件技术的工艺流程

而埋嵌一体化集成无源器件技术的工艺流程与 PCB 兼容性好，易于产业化。由于材料直接形成的器件实现了平面化，因而 PCB 的 Z 向尺寸变化较小。此外，器件的材料成型促使其与线路的直接焊接可靠性有保障。但埋嵌一体化集成无源器件技术的不足之处在于其核心材料被垄断，价格昂贵，同时不同器件埋嵌工艺流程差异性大，不利于标准化生产，器件功能值稳定性也较差。考虑到 PCB 电气传输的稳定性，应用于移动通信终端的 ECP 技术将采用埋嵌分离无源器件技术。

19.4.2　刚挠结合板技术

刚挠结合板早在 2000 年左右就被提出，并逐渐在移动通信终端中应用。作为可实现 3D 安装的产品，刚挠结合板将在下一代移动通信终端 PCB 得到广泛应用。如图 19-31 所示，以 iPhone X 主板为例，其两块 PCB 共 4 个面，其接插件和焊点占据了至少一个面，即 25% 的表面积。如果将接插件和焊点转移至 PCB 的侧面，即采用刚挠结合板技术，就可进一步减小 PCB 的面积。

通过采用刚挠结合板技术，可以通过挠性板的 180°弯曲实现两块甚至多块印制板的堆叠，同时焊点由表面转移到侧面，节约了焊点面积；硬板之间连接采用挠性板连接，可靠性更高；装配拆卸方便；可将其他功能模块挠性板一体化集成，减少接插件数量的使用，如图 19-32 所示。

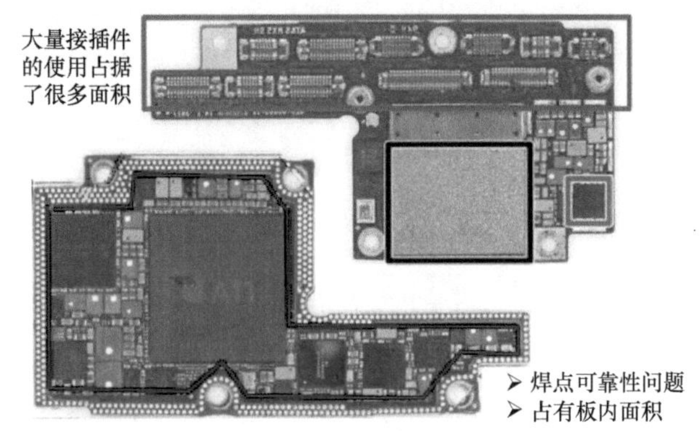

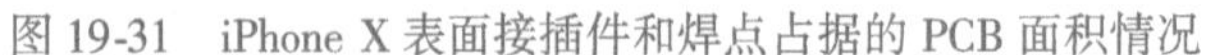

图 19-31 iPhone X 表面接插件和焊点占据的 PCB 面积情况

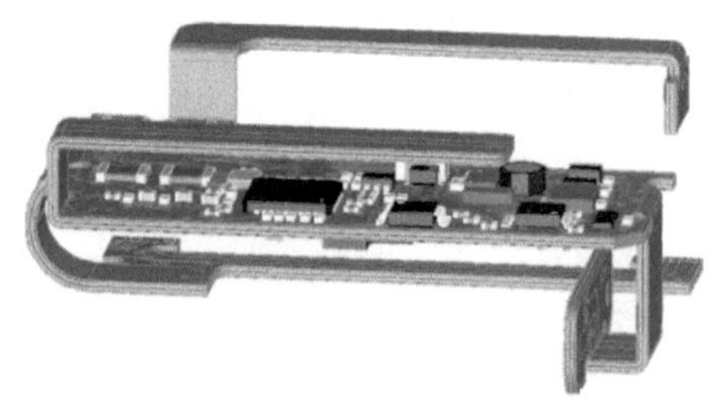

图 19-32 刚挠结合板 3D 安装示意图

19.5 结论

移动通信终端是近年来市场竞争最为激烈的电子产品，其中的产品部件也成为各领域的技术“风向标”。PCB 作为移动通信终端的重要电子部件，其代表领域内最为前沿的技术诸如 COF、SLP、Fan out WLP 以及 2.5D 平台技术已渗入其中。ECP 和刚挠结合板技术将从器件安装和 PCB 空间布局等方面进一步实现 PCB 的微型化，也将成为下一代 PCB 的重要技术。新一代 PCB 重点着眼于 5 G 通信和汽车电子领域，使 PCB 体现出高频高速特性和高散热特性。要达到高频高速和高散热性能要求，除了设计和制造因素外，特别重要的是基材。然而这些高性能 PCB 所用高性能基材几乎都依赖于进口，因此 PCB 材料制备也是我国下一代 PCB 的重点挑战。

19.6 习题

1. 何谓 5G 移动通信技术？5G 移动通信技术的特点是什么？
2. 5G 移动通信系统印制电路板的结构特点有哪些？
3. 为什么在高频情况下 5G 移动通信系统容易产生电、热等问题？
4. 5G 移动通信系统面临着哪些技术难题？
5. 5G 移动通信终端产品主要包括哪些？其使用的印制电路板具有什么结构特点？简述其发展趋势。
6. 5G 移动通信终端产品印制电路板的发展方向是什么？为什么？

第 20 章　印制电路板技术的发展趋势

20.1 印制电路板技术发展进程

PCB 自诞生以来一直处于迅速发展之中，特别是 20 世纪 80 年代家电产品的发展和 20 世纪 90 年代信息产业的崛起，极大地推动了 PCB 在其产品（品种与结构）、产量和产值上的急速发展，并形成了以 PCB 工业为龙头，促进了与之相关的工业（如材料、化学品、设备与仪器等）迅速进步，这种相辅相成的发展与进步，以前所未有的步伐前进，大大加速了整个 PCB 工业的进步与发展。

自 PCB 诞生以来到现在，PCB 已走过了以下四个阶段。

1）通孔插装技术（THT）用 PCB 阶段，或用于以双列直插式封装（DIP）器件为代表的 PCB 阶段。它经历了 40 多年，可追溯到 20 世纪 40 年代出现 PCB 直到 20 世纪 80 年代末（实际上，通孔插装技术在目前和今后还会以不同程度存在或使用，但在 PCB 领域中或组装技术上已不是主导地位）。THT 用 PCB 的特点是采用无金属化的通孔或镀（导）通孔起着电气互连和支撑元器件引脚的双重作用。受到插装尺寸的限制，THT 用 PCB 的尺寸始终很难降低，其层数也主要集中在 1、2 层（单、双面板）。

2）表面安装技术用 PCB 阶段，或用于以扁平方型封装（QFP）和走向球栅阵列（BGA）器件为代表的 PCB 阶段。自进入 20 世纪 90 年代以来到 20 世纪 90 年代中、后期，PCB 企业已相继完成了由通孔插装技术用 PCB 走向表面安装技术用 PCB 的技术改造，并进入全盛的生产时期。这个阶段的主要特征是镀（导）通孔仅起着电气互连作用，因此，提高 PCB 密度主要是尽量减小镀（导）通孔直径尺寸和采用埋孔、盲孔结构为主要途径。表面安装技术奠定了印制电路板迈向高密度化发展的基础。

3）芯片级封装用 PCB 阶段，或用于以单芯片模块（SCM）/球栅阵列（BGA）与多芯片模块（MCM）/球栅阵列为代表的 MCM-L 及其母板。这一阶段的典型产品以新一代的积层式多层印制电路板（BUM）为代表，其主要特征是从线宽/间距（ <0.1mm）、孔径（ $<\phi 0.1$mm）到介质厚度（ <0.1mm）等全方位地进一步减小尺寸，使 PCB 达到更高的互连密度，来满足芯片级封装的要求。积层多层印制电路板（BUM）自 20 世纪 90 年代初萌芽以来，目前已进入可生产阶段，任意层互连的积层多层板将大规模应用。尽管现在的积层多层印制电路板产品的产值占 PCB 总产值的比例还很小，但是它将是具有最大生命力和最有发展前途的新一代 PCB 产品，此新一代 PCB 产品将会像表面安装技术用 PCB 一

样，迅速推动与之相关的工业发展与进步。

4）晶圆级封装用的类载板（Substrate Like PCB，SLP）。SLP 是基于积层多层印制电路板技术开发的一类孔线密度更高的产品。通过采用半加成工艺（Semi-additive Process，SAP）/改良型半加成工艺（modified Semi-additive Process，mSAP）突破了传统减成法只能实现精细线路线宽/线距≥40μm/40μm 的极限，可实现最小 25μm/25μm 的极限。此外，SLP 盲孔的尺寸也降低到了 ϕ40μm。孔线尺寸的减少促使 SLP 的焊脚尺寸降低到了 50μm 以下，可满足目前晶圆级扇形封装的要求。SLP 和晶圆级扇形封装的结合可不使用封装基板，大大降低了 PCB 表面的封装面积。

20.2 印制电路板工业现状与特点

20.2.1 全球 PCB 销售概况

20 世纪 90 年代以来，全世界 PCB 工业发展非常迅速。尤其是进入 20 世纪后，PCB 迎来了 10 年的快速发展时间。但是，2013 年后，受全球经济疲软的影响，PCB 产值出现了微降。进入 2016 年后，原材料价格上涨，全球经济开始复苏，PCB 的产值也将不断增加（见表 20-1）。预计到 2024 年，PCB 的产值将再创新高，达到 760 亿美元。

表 20-1　全球 PCB 工业产值的统计和今后发展的预测

年　份	2012	2013	2014	2015	2016	2019	2020	2024（估）
产值（亿美元）	543	594	575	553	542	613	652	760

注：表中数据来源于 Prismark。

20.2.2 全球 PCB 应用市场的特点

2019 年是 5G 通信技术发展的元年。基于 5G 通信技术形成了人工智能（AI）、智能穿戴、自动驾驶等一系列的技术，成了 PCB 行业的重要增长点，由此将加速印制电路板产业规模的快速增长。根据 Prismark 预测，2020 年 PCB 行业预计成长率为 2%，并将在 2020 至 2024 年之间以 5% 的年复合增长率成长，到 2024 年全球 PCB 行业产值将达到 760 亿美元。

1. 通信电子产业首屈一指，建立全球电子信息产业发展的大格局

PCB 下游的通信电子市场主要包括手机、基站、路由器和交换机等产品类别。5G 通信技术的发展将推动通信电子产业快速发展。全球各个国家或地区均在大规模布局 5G 通信基站与相关设备的建设，因而拉开了 PCB 在 5G 通信市场的发展序幕。Prismark 预估 2023 年全球通信电子领域 PCB 产值将达 266 亿美元，占全球 PCB 产业总产值的 34%。通信电子产业对 PCB 产品需要比较全面，有高频高速、高速多层、高密度，还有在大功率应用环境下的高散热等产品。在 5G 通信技术发展的关键节点期，PCB 企业纷纷布局该产业，力图占据 5G 通信技术发展带来的技术与市场红利。

2. 消费电子产业加速高密度技术的发展步伐

近年 AR（增强现实）、VR（虚拟现实）、平板计算机、可穿戴设备频频成为消费电子行业热点，叠加全球消费升级之大趋势，消费者逐渐从以往的物质型消费走向服务型、品质型消费。目前，消费电子行业正在酝酿下一个以 AI、IoT（物联网）、智能家居为代表的新蓝海，创新型消费电子产品层出不穷，并将渗透消费者生活的方方面面。Prismark 预估，2023 年全球消费电子领域 PCB 产值将达 119 亿美元，占全球 PCB 产业总产值的 15%。

消费类电子对于产品的微型化、轻量化以及薄型化提出了更长远的要求。不断地增加电子消费品的性能并且使其更加便携将成为 PCB 行业向高密度化发展的焦点与方向。PCB 除了要实现高密度化外，还对元器件的埋嵌提出了更多的期待。

3. 汽车电子产业开辟新的蓝海

随着全球汽车产业从电子化进入智能化时代，带动车用电路板产值持续向上攀升，许多电路板业者争相投入技术抢占市场。虽产品认证时间长、进入门槛高，但一旦通过认证出货，将带给公司带来稳定的营收增长。随着车联网、自动驾驶、智能驾驶等技术的应用，单辆汽车印制电路板的成本将由现在的几百元增加到未来的数千元，5 年后仅国内的车用 PCB 市场就将扩大到 500 亿元以上。汽车电子用印制电路板对大电流传输、高可靠性、高抗电磁辐射、高散热以及高频（自动驾驶用 70GHz）等都有较高的应用要求，因而会形成较高的技术壁垒。

20.3 电子产品信号/电流传输需求发展趋势

PCB 技术的进步必须有芯片制造技术、印制电路板组装技术与之相匹配，形成新的电子产品发展方向。电子产品的高频化、高速化需求也是推动印制电路板技术进步的重要因素。

20.3.1 集成电路（IC）集成度的提高

1. IC 器件集成度提升

自 1971 年以来，IC 器件集成度有着惊人的提高。表 20-2 所列为微处理器器件的技术进步情况。从表 20-2 中可看出，微处理器线宽由 1971 年的 10μm 降低到了 2020 年的 5nm。此外，晶体管数量也由 2000 个增加到现在的数百亿个，增加了近 1000 万倍。2020 年全球 IC 的产值已达到 4390 亿美元，相比 2015 年增加 1 倍。这些数字意味着 IC 器件的高密度化技术、产量和产值都得到了迅速的发展。

表 20-2　微处理器器件的技术进步情况

时　间	线宽/μm	晶体管数量（万只）	提高程度（倍）
1971 年	10	0.2	1
1979 年	3	2.9	15

（续）

时　　间	线宽/μm	晶体管数量（万只）	提高程度（倍）
1989 年	1	180	60
2000 年	0.18	4200	30
2010 年	0.032	117000	3
2013 年	0.022	186000	1.5
2017 年	0.010	690000	3.5
2020 年	0.005	1530000	2

总之，20 世纪 90 年代的 LSI（大规模集成）工艺发展依然按照摩尔定律所揭示的发展速度增长着，即每三年器件尺寸缩小 2/3，芯片面积增加 1.5 倍和芯片中集成晶体管数目增加 4 倍。精微细加工技术已由 20 世纪 80 年代的 3 μm 提高到现在的 0.05 μm 的水平，并进入了量产阶段。

目前，IC 实现 2nm 的技术已经正在产业化试验，在不久的将来将实现量产。这些成果给人类、世界军事、经济和民生等各个方面带来了翻天覆地的变化，今后仍将继续发展下去。可以预言，21 世纪的集成电路将会冲破精微工艺技术和物理因素等方面的限制，继续以高速度向着高频、高速、高集成度、低功耗和低成本等方向迈进。

与集成电路相匹配，印制电路也将逐渐能够传输低电压、低电流的信号，同时在传输过程中能够保证信号的完整性。此外，对于超高速的传输，光电印制电路板作为传输介质也将成为可能。

2. IC 器件的 I/O 接口数的增加

由于 IC 器件集成度的迅速提高必然带来传输信号 I/O 接口数的增加。插装的器件其 I/O 接口数大多在 100 个以内，采用表面安装技术的扁平方型封装器件使其 I/O 接口数上升到 100～500 之间。要进一步提高扁平方型封装的 I/O 接口数，由于节距太小，其故障和成本已无法接受。而球栅阵列器件安装，由于检测和返修的困难，因此在 1996 年以前，IC 器件的 I/O 接口数大多停留在 500 个以下。自 1996 年由于球栅阵列安装技术的解决，器件的 I/O 接口数迅速上升。图 20-1 为 Intel CPU 芯片 I/O 接口数的发展情况。

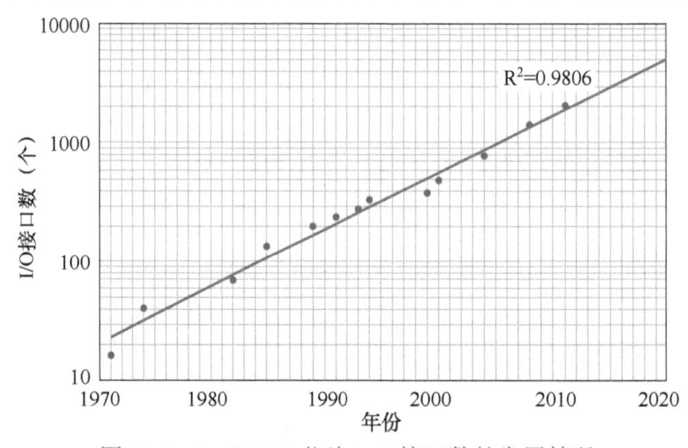

图 20-1　Intel CPU 芯片 I/O 接口数的发展情况

但是，PCB 导线宽度的缩小速度还是落后于 IC 中线宽的缩小速度，见表 20-3。从表中可以看出 PCB 的 *L/S*（线宽/间距）发展的趋势。PCB 的 *L/S* 还得加速缩小化，以便与 IC 线宽缩小速度相匹配。因此，PCB 的 *L/S* 缩小化任重道远。

表 20-3　PCB 的 *L/S* 缩小化

年　代	20 世纪 70 年代	20 世纪 90 年代后期	2010 年	2020 年
IC 线宽/μm	3	0.18	0.02 ~ 0.05	0.005
PCB 线宽/μm	300	100	25 ~ 10	1
差距（倍）	100	560	250 ~ 200	200

20.3.2　安装技术的发展

随着 IC 器件集成度的提高，安装技术已经由插装技术发展到表面安装技术。目前和今后势将走向芯片级封装技术，其核心问题是高密度化。各种元器件的集成化提高程度及其安装技术的发展趋势或方向如图 20-2 所示。电路组装技术的进步见表 20-4。

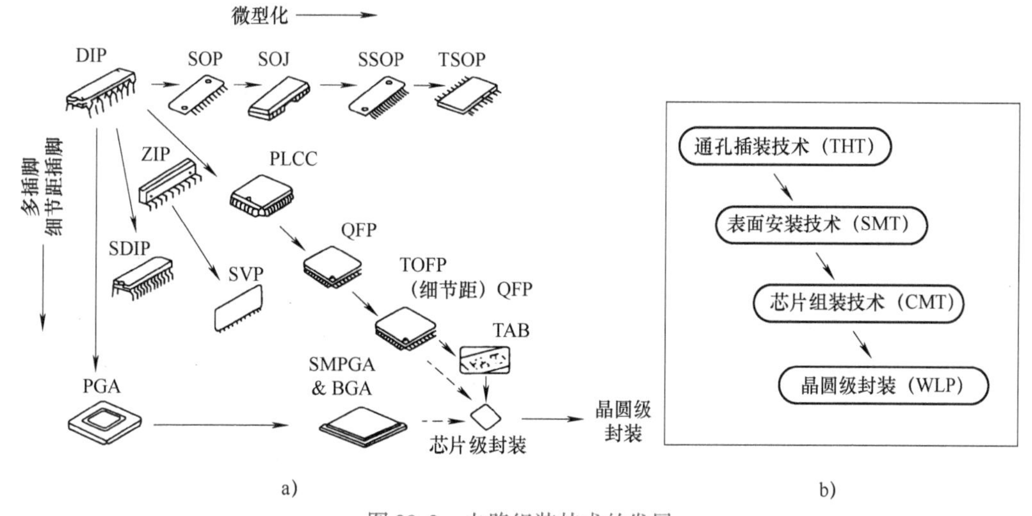

图 20-2　电路组装技术的发展

表 20-4　电路组装技术的进步

组 装 类 型	通孔插装技术（THT）	表面安装技术（SMT）	芯片级封装（CSP）	晶圆级封装（WLP）
面积比较（组装面积/芯片面积）	80 : 1	7.8 : 1	< 1.2 : 1	<1 : 1
典型代表元器件	DIP	QFP → BGA	μBGA	Fan out WLP
典型元器件 I/O 接口数	16 ~ 64	32 ~ 304　121 ~ 1600	> 1000	> 1000

表面安装技术自 20 世纪 80 年代中期出现以来，虽受到人们的重视，但进入 20 世纪 90 年代才真正得到了发展，特别是 1993 年以来，表面安装技术趋于成熟，用于表面安装

的元器件和表面安装印制电路板（SMB）已在全世界范围内得到迅速推广和广泛应用。如1993年美国所生产的PCB（双面、多层）已100%为表面安装器件（SMD）［实际上是通孔插装技术（THT）和表面安装技术的混装技术］。近年来，经过实践应用，比较、筛选和发展，表面安装技术已相对集中于扁平方型封装和球栅阵列技术上，其结构如图20-3所示。

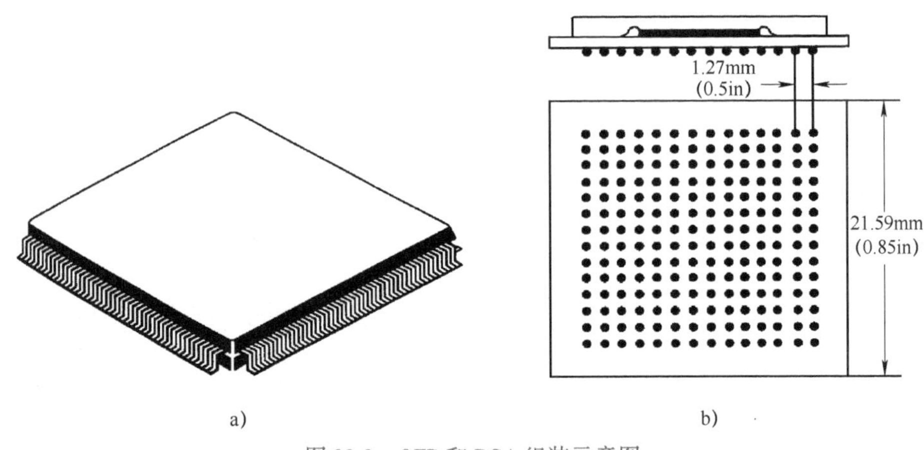

图20-3　QFP和BGA组装示意图

a）QFP304器件　b）BGA器件

尽管表面安装技术中球栅阵列的兴起和发展，解决了扁平方型封装面临的问题，但是仍然不能满足电子产品日益加速向便携型、更多功能、更高性能和更高可靠性之发展要求，特别是不能满足硅集成技术发展对更高封装效率或接近硅片本征信号传输速率之要求。所以20世纪90年代中期开发成功超小型球栅阵列（μBGA）。这种超小型球栅阵列的连接盘节距为0.5mm左右，接近于芯片尺寸的超小型封装，为了区别表面安装技术中的扁平方型封装，而把接近芯片尺寸的超小型球栅阵列封装称为芯片级封装（Chip Scale Package，CSP）。

芯片级封装一出现便受到人们极大的关注，是因为它能提供比扁平方型封装（指连接盘节距≥0.8mm）更高的组装密度。虽比采用倒装芯片（FC）级组装密度低，但其组装工艺较简单，而且没有倒装芯片的裸芯片处理问题，基本上与表面安装技术的组装工艺相一致，并且可以像表面安装技术那样进行预测试和返工。同时，芯片级封装的I/O接口数、热性能和电气性能都与倒装芯片相近，加上没有确认良品芯片问题，只是封装尺寸稍大一点，正因为这些无可比拟的优点，才使芯片级封装得以迅速地发展，并已有明显的迹象将成为21世纪IC封装的主流。

晶圆级封装（Wafer Level Package，WLP）一般定义为直接在晶圆上进行大多数或是全部的封装测试程序，之后再进行切割制成单颗组件。相比CSP等技术，WLP具有较小封装尺寸与较佳电性能的优势。目前，较为常用的两种晶圆级封装是WLP扇入型（WLP Fan in）和WLP扇出型（WLP Fan out）方法。WLP Fan in受到晶圆尺寸的限制，其I/O接口数量有限，只能使用在一些I/O接口数量较少的IC中。而WLP Fan out可以将焊脚进行扩展，满足IC对I/O接口数量不断增加的需求。此外，WLP Fan out还可以通过封装模塑和互连电路实现 IC 芯片的叠层，从而实现多芯片三维的封装（见图 20-4）。

芯片级封装中晶圆凸块和焊点之间的电气连接是通过封装基板来实现的。目前，封装基板的线宽/线距受到材料性能和加工工艺的影响，一直限制在 10μm/10μm 左右。而采用晶圆级封装，连接线路可以做到 1μm/1μm，可大大地降低 IC 的封装尺寸。

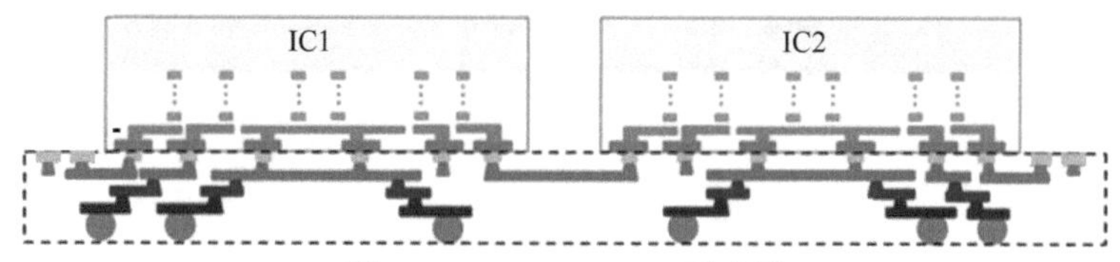

图 20-4 WLP Fan out 示意图

20.3.3 互连技术的发展

1. 柔性互连的发展需求

电气互连是电子产品、工业装备以及军用电子等必备的功能。为了实现大电流、长距离的电气互连，电缆成为主要的互连手段。电缆是由铜线或铝线外部包围塑料而成的，几股线包成绝缘体形成一根线束，连接器件或功能模块时每一根线束要到达一个电极。当电流或信号数量很大时，需要大规模的线束进行配合。这不但挤占了电子产品的空间，而且极大地增加了整个电子产品的自重。挠性印制电路板（FPC）可实现布局规整、结构紧凑的效果。据统计，当电缆替换成挠性印制电路板后，整个电缆系统的自重可降低 70% 以上，空间可降低 50% 以上，而且更容易实现器件模块之间的标准化互连。FPC 形状规整，且设计集成度更高，可以省去大量多余的排线连接工作，十分适合机械规模化大批量生产，在大大缩短组装工时、节省人工的同时，为电子产品组装环节的自动化生产提供极大可能。

2. 高频高速化互连发展的需求

5G 通信技术的发展打开了高频高速印制电路板发展的缺口，让信号高频高速传输成为印制电路发展的主要方向。按照国际标准组织 3GPP 的标准，5G 频段分成 FR1 和 FR2 两个范围，其中 FR1 频段的频率范围是 450 ~ 6000MHz，FR2 频段的频率范围是 24.25 ~ 52.6GHz。Sub-6GHz 和毫米波的频率恰好分属这两个频段范围。目前，我国执行的是 Sub -6GHz频段，美国是全球少有的几个执行毫米波段频率的国家。

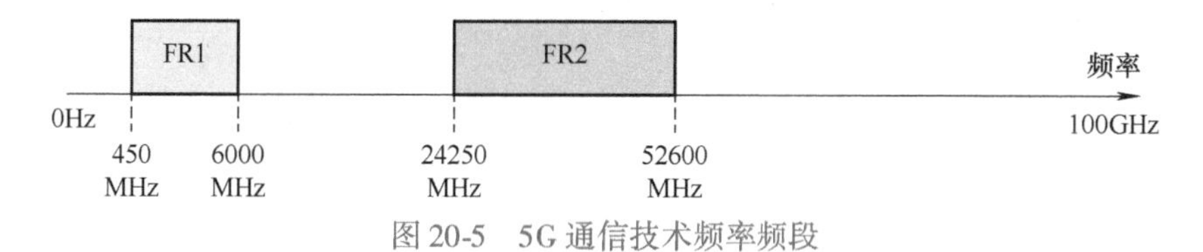

图 20-5 5G 通信技术频率频段

随着频率的提升，信号分辨率以及传输安全性得以增强，传输速率、容量等也将提升，因而更容易解决用户上网的拥堵和万物互连的问题。但是，频率的提升也将导致信号的覆盖面积减小。不过，从长远的角度看，更高频率的毫米波未来或将推动 5G 释放更大潜能。例如，毫米波在雷达、成像等方面有着更高的分辨率，随着自动驾驶等技术的快速发展，毫米波将被广泛应用于人们日常生活的方方面面。此外，由于毫米波具有低延时的特性，在机器人远程控制、远程医疗等前沿技术方面，也有着广阔的应用前景。我国工信部已就26GHz和40GHz等频段可能用于5G进行公开征求意见。40GHz频段作为毫米波频段研究的下一个频段，同样有着较宽的可用频谱，其5G系统与其他业务共存形势相对较好。

信号的高频化要求印制电路板的阻抗、损耗等关键性的参数与设计更为贴近。例如，在FR1频段下，信号传输要求阻抗的误差控制在±10%以内，而在FR2频率下，阻抗值的误差就要在±8%以内，更高频率下可能要求在±6%以内。

由高频高速带来的是一系列的高容量数据交换、大数据储存等也给印制电路板的制造带来众多的技术挑战，如高速多层、高密度印制电路板的需求，低延时的信号传输要求等。

3. 大电流传输的发展需求

近年来随着消费升级，消费者对于汽车功能性和安全性要求日益提高，汽车智能化逐渐成为未来汽车发展的趋势。电动汽车中的动力系统采用电驱动，会完全替换传统的驱动系统，产生印制电路板的替代增量，包括电控系统中的微控制单元、整车控制器以及电池管理系统等。随着消费者对汽车动力的要求提升，电动汽车的输出功率高达近百瓦，促使输出电压在300V以上，电流在200A以上。高压控制箱是电动汽车的中枢神经系统，其承载着电池端对电动机的电能输出控制，也承载着驾驶人控制强、弱电频繁转换的机能，同时承载着充电桩电流对电池的冲击控制。因此，该模块的印制电路板需要具备大电流、高电压的输入/输出能力。除了高压控制箱外，其他模块如电池管理、动力输入/输出等模块均要在大电流环境下进行应用，因而对大电流传输提出了更高的要求。高压控制箱印制电路板模块如图20-6所示。

除了电动汽车外，近年来在大装置、大设备方面开始进行了印制电路板的替代化。大量的载流电缆被印制电路板所替代，从而催生印制电路板具备大功率载流的功能。在军用电子产品方面，为了实现装置或模块的轻量化、小型化以及多功能化，基于印制电路板的大电流传输已经成为军事电子未来发展的重点。

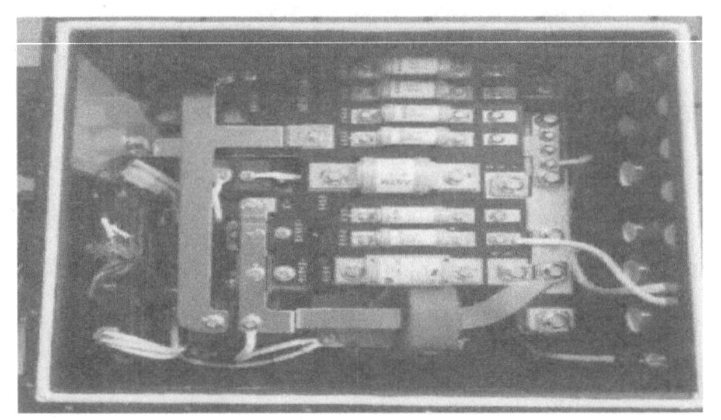

图20-6 高压控制箱印制电路板模块

4. 高密度互连的发展需求

电子产品的轻薄短小一直是所有从事电子产品部件与安装技术研究人员所追求的方向。印制电路板作为电气互连的重要载体，其尺寸的大小很大程度上影响了电子产品的微型化。例如，在智能手机中，主板已经由占据手机全部整板面积到现在只剩不到1/5的面积，其微型化的同时却还在不断地提升智能手机的功能。其中，印制电路板的高密度化功不可没。

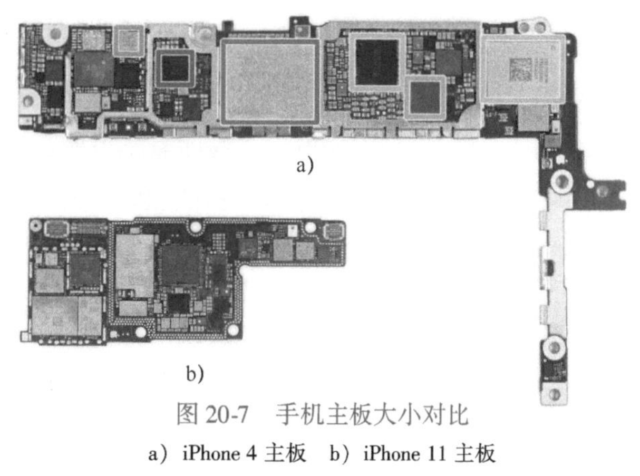

图 20-7　手机主板大小对比
a）iPhone 4 主板　b）iPhone 11 主板

高密度互连已经由主流的 $n+m+n$ 含芯多阶结构向任意层互连发展，同时，线路宽度也由主流的只有 45μm 左右向 30μm 迈入。随着智能手机、可穿戴产品等消费类电子产品功能的不断提升，印制电路板的高密度化又将面临新的挑战。线宽/线距小于 30μm/30μm 的布线需求将成为电子产品追求的新目标。

20.3.4　器件一体化集成需求

摩尔定律经过 20 多年的发展已经达到了极限。从器件集成的角度解决电子产品的微型化将成为延续摩尔定律的重要途径，被称为超越摩尔定律。众所周知的摩尔定律发展到现阶段，何去何从？行业内有两条路径：一是继续按照摩尔定律往下发展，走这条路径的产品有 CPU、内存、逻辑器件等；二是超越摩尔定律的路线，从封装的角度去延续摩尔定律。针对该定律，器件一体化集成技术——系统级封装（System in a Package，SiP）诞生了。

把多个半导体芯片和无源器件封装在同一个芯片内，组成一个系统级的芯片，而不再用印制电路板来作为承载芯片连接之间的载体，可以解决因为 PCB 自身的先天不足带来系统性能遇到瓶颈的问题。以处理器和存储芯片举例，因为器件一体化集成内部走线的密度可以远高于印制电路走线密度，从而解决 PCB 线宽带来的系统瓶颈，同时可以实现数据带宽在接口带宽上的提升。

此外，印制电路中无源器件的连接必须经历印制电路板互连线路、金属化微孔、焊盘以及焊点等多个组成部分。在高频情况下，这些组成部分都非常容易产生寄生效应，从而引起系统电阻值、电容值以及电感值的变化，甚至受工艺的限制，其寄生效应影响变得不可控。将器件直接集成至印制电路板内部，将器件直接连接互连区域，可减少表面安装工艺需要的多余互连部分与焊盘、焊点等。此外，该方案还大大地减少了印制电路板表面安装器件的数量，提高了印制电路板的安装密度。

器件一体化集成技术应用最为广泛的地方当属无线通信领域。在无线通信领域，对于功能传输效率、噪声、体积、重量以及成本等多方面的要求越来越高，迫使无线通信向低成本、便携式、多功能和高性能等方向发展。器件一体化集成是理想的解决方案，综合了现有的芯核资源和半导体生产工艺的优势，降低成本，缩短上市时间，同时，手机中的射频功放，集成了功放、功率控制及收发转换开关等功能，完整地在器件一体化集成技术中得到了解决。

20.4 印制电路板制造技术的发展趋势

近年来，印制电路板在电子安装业界中占据越来越重要的地位。印制电路板的应用市场，也由原来传统的搭载半导体元器件和电子元件的“母板”“派生”出作为半导体封装的“载板”，使印制电路板产品在应用领域上分出两大类有很大区别的品种。

印制电路板作为半导体元器件和电子元件的“母板”，它的制造技术，与所组装的整机电子产品的电气性能、可靠性以及成本有很大的关联。而印制电路板作为半导体封装的“载板”，它的制造技术对于半导体的运作频率、能源消耗、连接性、可靠性以及成本也都会带来很大的影响。对于印制电路板技术在电子安装业发展中的重要地位，应该提高到上述重要影响的方面去加以认识。所提及的这些影响也是印制电路板技术竞争的重要因素。

当前，无论整机电子产品还是半导体封装，它们对印制电路板制造技术的要求，主要表现在八个方面：① 适应高密度化、高频化；② 适应大电流、高散热；③适应 IC 封装；④适应绿色化；⑤适应复合安装化；⑥适应搭载新功能电子元件；⑦适应低成本化；⑧适应短交货期化。根据这八个方面的要求，下面对印制电路板行业在工艺技术、设备与基板材料、生产体制的变革等方面的发展进行预测和展望。

20. 4. 1 适应高密度化、高频化要求的发展趋势

1. 实现高密度化、高频化的中、长期目标

在国际半导体技术蓝图（ITRS）的 2001 年版中，出于半导体芯片所能达到的散热设计界限的考虑，将未来半导体芯片的最大尺寸限定在 310mm^{2}以内，这就给原来半导体芯片的大型化趋势画上了一个“句号”。但是，半导体 IC 的 I/O 接口数依然有增加的趋势。由于蓝图中对半导体芯片尺寸的选取做了最大尺寸限定，这样就促进了半导体 IC 载板上的芯片一侧端子间距的微细程度会进一步增加。这也引起了在 IC 载板的端子及信号线间距向极端微细化发展的趋向，今后在尖端的电子产品中，将会出现信号线间距为 20 μm 的配线要求。图 20-8 所示为未来在 IC 载板方面最小信号线间距的发展趋向。

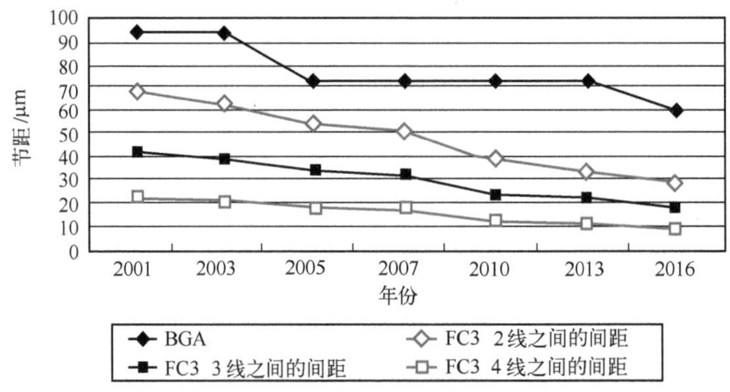

图 20-8 未来在 IC 载板方面最小信号线间距的发展趋向

BGA—球栅阵列 FC—倒装芯片

在 BGA 载板高密度安装要求方面，预测未来实现最小信号线间距的数值是，在倒装芯片（FC）安装形式所用载板的端子设置上，将超过现有的微细限度，出现“3 导线/4 焊球凸点（3Line/4Row）”的设计制造，即这种的配线尺寸使线宽/间距实现 11.4 μm/11.4 μm。

2. 在实现高密度化、高频化进程中，制造工艺与基板材料的发展

有机树脂印制电路板线路制造传统的工艺法是采用减成法，它与铜箔的铜镀层厚度减薄发展关系趋向相适应。而采用这种加成法，当线条间距蚀刻做到 40 μm 以下时，由于导线横剖面已形成梯形状，对于传输线路来说已经不适应。而容易制作出导线横剖面呈矩形的工艺法是半加成法（SAP）或者低成本的改良型半加成法（mSAP），此种工艺法在今后将成为主流。图 20-9 所示为这两种电路板制作工艺法所制出的导线横剖面的情况。

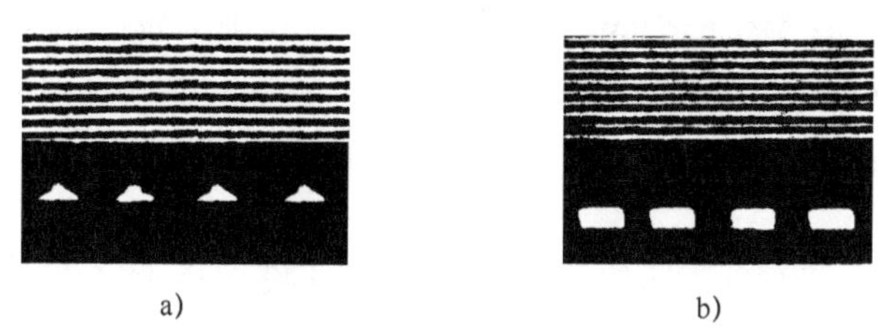

a)　　b)

图 20-9　制作工艺方法的比较（30 μm 线宽）

a）减成法　b）半加成法

采用半加成法去解决微细电路图形的制造问题是有较大难度的。它在形成电路图形时，要形成必要的基础层，在其上进行高成本的喷镀加工等来形成电路图形。这样在设备投资和要求绝缘层表面的清洁度等方面受到制约。为了实现电路图形的超高密度化，如果设定导通孔与最小线路线宽/线距是一同形成的，那么现在最小孔径的要求值为 40 μm，而到 2025 年将降低至 20 μm 以下。

现在主流的孔加工技术是 CO_2激光钻孔方式。它在加工 75 μm 以下的孔径时，就会在光学特性能力上表现出劣势。尖端印制电路板的制造通常采用 YAG 激光钻孔机来完成，但用此类的激光机加工 40 μm 孔径时，也会产生困难。因此，利用等离子体蚀刻加工超微小孔，成了一种解决问题的途径。Dyconex 公司在此方面已经获得了工业化的经验。由此可以看出，超微小通孔加工所用的新型基材和孔加工新技术的开发，将起着十分重要的推动作用。

在超微细电路图形的制作中，还存在着其他诸多难题。传统方法是采用干膜感光形成电路图形。为了实现微细电路图形制作，一些制造商采用类似集成电路制造中使用的逐级缩小投影型曝光装置工艺法，它在高解像度成像方面呈现优势，但这种工艺对绝缘基材的表面粗糙度以及高频适应性上，提出了更高的要求。

随着汽车自动驾驶技术和 5G 通信技术的发展，印制电路板高频传输的需求将越加广泛。20 ~ 70GHz 高频传输将成为日后常用的频率。但是，在超过 1.8GHz 高频下，传输信号会由于趋肤效应而出现传输信号衰减的现象。为此，覆铜板上的铜箔粗糙度若是过大，会对它的传输信号衰减有更大的影响。例如铜箔平均粗糙度（Rz）在 2 ~ 3 μm 范围条件下，由于趋肤效应而造成传输信号衰减较大，这样的铜箔无法在高频电路配线的印制电路板中使用，过小的铜箔粗糙度又会影响铜箔的剥离强度。因此，开发非粗化型的铜表面处理技术来保证铜箔的剥离强度是从线路角度解决高频传输的重要手段。

另外，IC 载板还需要解决与半导体芯片在热膨胀系数上不一致的问题。即使是适于微细电路制作的积层法多层印制电路板，也存在绝缘基板在热膨胀系数上普遍过大（一般热膨胀系数在 60μm/℃）的问题。而基板的热膨胀系数达到与半导体芯片接近的 6μm/℃左右，确实对基板的制造技术是个挑战。

为了适应高速化的发展，需要基板的介电常数能够达到 2.0，介质损失因子能够接近 0.001。

3. 围绕着高密度化、高频化发展，在印制电路板设备方面的发展趋势

（1）孔加工设备方面　在积层法多层印制电路板的导通孔加工技术上，运用激光设备进行加工，已经有了 20 多年的实践。在 2000 年时，出现了双束光的 CO_2激光钻孔设备。这项技术的开发，使激光加工孔的速度达到了 1000 孔/s，要比最初出现的激光钻孔机的成孔速度提高了约 10 倍。目前新型激光钻孔机的开发，仍继续向着更高速度加工的方向迈进。

采用 CO_2激光钻孔进行孔加工的孔径限度为 30～40 μm。随着印制电路板更加微细化的发展，预测在 2022 年以后，适应于 20～50 μm 孔径加工的 UV 激光设备将会扩大其使用范围。在需要 30～40 μm 范围孔径加工的印制电路板制造中，会在激光机的选择上出现 CO_2激光钻孔机为第一位，UV 激光钻孔机为第二位的情况。

目前不断发展中的含有孔径在 50 μm 以下的填充孔的多层印制电路板，其电镀工艺、孔的形状、绝缘层厚度的保证，都与基板材料的物理性能有更紧密的依存关系。预测今后几年，在基板材料和后期工程中，对以上的课题将有新的解决方案出台，同时新型的基板材料也将会出现。这样，激光钻孔机会面临另一个重要课题，即如何配合新基板材料达到孔的位置高精度，这里所指的高精度是指精度控制在几微米到 10μm 的范围。

在机械钻孔设备方面，25 万 r/min 的超高速主轴的实用化，促进了机械钻孔技术的进步。预测将使用极薄铜箔，加工孔径 100 μm 以上的多层印制电路板与双面印制电路板，以提高孔品质、提高生产效率为主要目标，机械钻孔技术会有很大的转变。这种转变是直接与加工孔径 100 μm 以下的激光加工方式相竞争的。在这种技术竞争中，机械钻孔设备在加工 200 μm 孔径、窄间距、150～200 μm 孔径的要求中，必须解决提高加工孔品质、提高生产效率、提高耐金属离子迁移性等方面的难题。其中一个重要途径是采用高转速，以降低切削的负荷。

可以预计，随着超高速主轴的技术开发工作的推进，利用机械钻孔方式可以实现孔径 50～70 μm 的加工。

由于薄铜箔表面处理技术的出现并走向成熟，双面印制电路板直接采用 CO_2激光钻孔机对 70～100 μm 通孔的加工就成为现实，而在孔加工后，一般要对孔口处激光钻孔形成的钻污进行清除。今后随着激光钻孔设备技术的发展和适宜激光钻孔加工的基板材料的应用，会减少此钻孔加工的后期加工工序。

孔径为 50 μm 以下导通孔的加工设备，主要是采用 UV 激光机。目前，该激光钻孔设备进一步开发的工作，主要围绕着协调加工的孔品质与加工速度两方面要求进行。

预测在 2022 年后，会出现 50 μm 以下激光加工孔和机械钻孔两种方式并存发展的趋势。在印制电路板外形加工的方式上，今后在较长一段时间内，仍是以刨槽加工法为主。在 0.2mm 以下薄板的外形加工上，今后会采用更适宜要求的激光加工方法。

（2）电镀设备方面　电子产品电气信号高速化、高频化的发展，使得印制电路板的导线尺寸控制要求更加严格。而尺寸控制的目的在均一性、平滑性、上下部位尺寸偏差小（即侧蚀小）、析出的铜厚度的偏差小等方面，以提高导线的精度为目标。

要使所制出的 20～30 μm 宽度的导线实现优良的精度，就必须在电镀上采用与传统电镀不同的新工艺技术。在此方面，镀膜厚的均一化技术是十分重要的。在 30 μm 导线宽幅的电路图形制造中，是以半加成法（SAP）或改良型半加成法（mSAP）为主流的。为了推进这方面技术，在蚀刻、电镀设备上所出现的创新技术有：配合减少蚀刻深度而进行的蚀刻装置的改善；电镀设备的正负脉冲整流机的采用；水平式电镀设备的采用；竖直式连续电镀设备的采用；特殊喷流方式的采用等。

由于当前高密度多层印制电路板填充孔的技术在迅速发展，也给电镀设备的制造技术提出了新课题。采用电镀法去完成孔的铜金属填充，已经成为一种主要方法。现在填充孔的孔径已经实现了 45 μm 的微细程度，并且填充孔的工程数量也在不断地增多。在此种电镀实施中，要控制铜析出的问题，为此要用专用的电镀设备和镀液来进行。为了达到电镀填充孔的高品质、高工艺稳定性，就需在电镀设备、镀液条件、添加剂、光亮剂电解条件等方面进行改善。

根据高速电路发展的需要，印制电路板的层数不断地在增加。高速多层印制电路板的厚度为 3.2～6.0mm，孔径一般为 0.2～0.4mm，板的孔厚径比达到 12～16，甚至达到 18。高速多层印制电路板制造所用的电镀设备在改进技术方面面临着如下课题：使铜离子能够连续地供给；使电解中可达到析出铜膜厚度的均一化；电解条件、镀液浓度条件、添加剂的改进等。

为了减轻环境的污染，2006 年 7 月 1 日欧盟正式发布并实施了《关于限制在电子电气设备中使用某些有害成分的指令》后，已经在印制电路业中全面使用无铅化。使用无铅焊剂的印制电路板，为了保证电路层与元件的连接强度的长期稳定性，要在印制电路板最终表面进行耐热焊剂处理。这种铜箔表面的处理，可采用化学镀镍－金（Ni-Au）或化学镀镍－钯－金（Ni-Pd-Au）处理、化学镀锡（Sn）处理、化学镀银（Ag）处理，代替锡－铅（Sn-Pb）焊剂整平，实施二元的电镀（Sn-Zn、Sn-Ag、Sn-Cu）、三元的电镀以及元件的电极处理。

（3）曝光设备方面　无论上述的减成法工艺还是加成法工艺制造微细导线，今后线路宽幅为 30 μm 将得到广泛应用。对于曝光技术来说，就需要对设备进行相应的改善，曝光时的对位精度需要比过去有更高的水平。在曝光方式上，将会更多采用激光直接成像方式。特别是在积层法多层印制电路板的制造上，通过曝光设备的高直线性去实现更高精度化，已成为重点研究对象。许多曝光设备制造厂在多方面开展了研究。例如：① 采用 X 射线的照射，以下层的标记为目标，对贯通孔进行直射；② 在铜表面“开窗口”，越过绝缘树脂层对下层的标记进行测量；③ 利用反射照明方式对电镀加工后的导通孔进行测量。上述方法存在着各自的优缺点，它们的发展前景主要取决于如何克服其短处。

20.4.2 适应大电流、高散热要求的发展趋势

新能源汽车、5G 通信技术等的快速发展对大电流、高功率传输存在很大的需求。实施大电流传输的印制电路板首先需要满足设计要求，即产品必须具备良好的电气互连与绝缘性能，因此，对印制电路板的制造工艺提出了更高的要求，具体表现在以下几个方面。

1. 制造工艺发展趋势

印制电路板金属化孔很容易出现 CAF（导电阳极丝）现象。在弱电的情况下，轻微的 CAF 可以勉强接受。但是，在有强电传输的印制电路板上，任何 CAF 现象都不能接受。大电流必然带来印制电路板发热而升温。高温下，印制电路板多层多相材料之间热膨胀系数的失配将导致产品出现应力，进而导致产品出现可靠性问题。因此，在印制电路板制造过程中，一定要充分地释放产品的应力。当然，在设计时，需要对材料选择、导流结构等进行仿真与设计，以确保印制电路板的可靠性。

在印制电路板本身无法直接散热的情况下，采用外界介质强制散热（如在印制电路板中嵌入铜块或在表面安装铜块）成为主要的解决手段。铜块嵌入涉及新的铜块埋嵌制造工艺。随着以 5G 通信为代表的印制电路对散热要求越来越高，嵌入铜块或安装铜块工艺将成为印制电路板的制造工艺主流。

此外，在一些较为极端的情况（如电动汽车载流高达数百安）下，印制电路板线路需要厚度高达数毫米。采用常规的线路蚀刻技术无法实现，采用铜块直接切割形成线路再与树脂进行层压制作印制电路板将成为未来发展的重要方向。

2. 材料技术发展趋势

印制电路板基板的热导率只有 0.2 W/（m·K）左右。大电流传输下的快速散热对印制电路板本身散热提出了新的要求。因此，提升印制电路板内介质材料的热导率成为未来的发展趋势。目前，印制电路板的主要散热介质是 Al_2O_3 和 SiO_2 填料。提升热导率可增加填料的含量，但会影响印制电路板的物理与化学性能。

着手于填料的定向排列增加散热性能是目前材料研究的热点。由于印制电路板主要在 Z 向进行散热，只要在 Z 向使填料定向排列就可以在不增加填料的情况下提升热导率，如图 20-10 所示。目前该技术在日本做得比较成功，已经开始进行产业化阶段了。我国也有不少学者开始该领域的研究，取得了较好的成果。

图 20-10 填料定向排列提高热导率

此外，介质材料导热性能的改善也是重要的方向。通过提高环氧树脂的结晶性能，形成一种介晶结构，可以极大地提升树脂材料的散热性能。目前，通过介晶树脂与填料定向排列的组合，基板材料的热导率可以高达 10W/（m·K），因而可以极大地解决印制电路板传输大电流导致的散热难题。虽然新材

料还处于研发阶段，但是随着印制电路板替代电缆线进行电流传输的需求越来越大，高导热的介质材料离商业化也并不远了。

20.4.3　适应 IC 封装对基板的特别要求的发展趋势

IC 封装载板（又称为 IC 封装基板）所用的基板材料，除了要采用无卤、无锑的阻燃材料外，还需要随着 IC 封装的高频化、低消耗电能化的发展，在低介电常数、低介质损耗因子、高热传导率等重要性能上得到提高。今后研究开发的一个重要课题，就是热连接技术——热散出等的有效热协调整合。

为确保 IC 封装在设计上的自由度和新 IC 封装的开发，开展模型化试验和模拟化试验是必不可少的。这两项工作对于掌握 IC 封装用基板材料的电气性能、发热与散热的性能、可靠性等特性要求是很有意义的。另外，通过学会等团体形式，与 IC 封装设计业进一步沟通，以达成共识，将所开发的有关新材料（包括基板材料）的性能及时地提供给设计者，以使设计者能够建立准确、先进的数据基础，从这点上讲，此项工作是非常重要的。

预测根据 IC 封装设计、制造技术的开展，对它所用的基板材料有更严格的要求。这主要表现在以下诸方面：① 与无铅焊料采用所对应的高 T_g 性；② 达到与特性阻抗匹配的低介质损耗因子性；③ 与高速化所对应的低介电常数性（ε_r应接近 2）；④ 低的翘曲度性，对基板表面的平坦性的改善；⑤ 低吸湿率性；⑥低热膨胀系数性，使热膨胀系数接近 6μm/℃；⑦ IC 封装载板的低成本性；⑧ 低成本的内藏元器件的基板材料；⑨ 为了提高耐热冲击性，而在基本的机械强度上进行改善，适应温度由高到低的变化循环下而不降低性能的基板材料；⑩ 达到低成本性，适于高回流焊温度的无卤、无锑的绿色型基板材料。

20.4.4　适应绿色化要求的发展预测

1. 绿色化问题

以欧洲为中心的环境保护法规所发布与实施的以环境保护为实质内容的绿色化问题（日本称为“环境调和问题”）实际上既是个技术问题，也是个经济问题和社会问题。近年来，电子安装业界及印制电路板业界，在此问题上一直围绕着“何时彻底实施”（时间轴）和“材料开发的方向性”两个具体问题展开争议。

在对待开展电子产品的“绿色化”态度的积极性上（或者说程度上），目前世界上各个国家、地区已有差异。对此问题的分析，日本印制电路及基板材料的著名专家——青木正光先生近期提出：在美国，认为 21 世纪的“关键产业”是“IT”业；而在欧洲，认为 21 世纪的“关键产业”是“环境”。

欧洲是电子产品绿色化的“发源地”。他们在印制电路板方面主要围绕着三个方面去开展绿色化的进程。这三个方面是“无铅化”“无卤化”和“产品的循环再利用化”。这是今后要坚持的方针，并且通过法规的建立和实施去推进这项工作。与印制电路板相关的环境保护的法规，在欧洲主要有两个指令，即《废弃电气电子设备指令》（WEEE 指令）和《关于限制在电子电气设备中使用某些有害成分的指令》（RoHS 指令）。在这两个指令中明确提到了要禁止使用铅和卤化物的问题。它已于 2002 年 10 月 11 日在欧盟会议上通过，并且在2006 年7 月 1 日起正式全面地实施。这两个“欧洲指令”的发布和实施，必然对世界各国的 PCB 的绿色化工作带来深刻的影响。

2. 无卤化基板材料的开发与应用

对全世界在无卤化基板材料的采用量方面的统计，在 1999 年间，世界无卤化基板材料使用量约占整个基板材料使用量的 3%，近年来对于无卤基材的使用快速增加。由于欧洲上述两个指令（WEEE、RoHs）的实施，世界无卤化基板材料的采用量已增加到基板材料总量的 80% 以上，并在未来一段时间内还将快速增长。

无卤化基板材料的开发，除了要解决环保要求外，还要解决达到性能要求的问题，要满足下一代的高密度安装所要求的电气、力学性能的可靠性要求；还要满足机械钻孔加工、激光钻孔加工、铜配线与基板材料的黏接性、耐蚀性等诸多方面对基板加工性能的要求。其开发难度要比无卤化电子产品的结构体的开发难度要大。

根据各种印制电路板用途的不同，对基板材料性能的要求也有所不同，因此在开发无卤化基板材料时要区别对待。为此，可以将无卤化基板材料划分为以下三类：

（1）一般基板用的无卤化基板材料的开发与应用　该类材料主要应用于家用电器、计算机等一般基板。目前市场上的无卤化基板材料中以一般基板用无卤化基板材料占绝大部分，用环氧树脂作为主要构成成分是这类基板构成的主流。它的主要性能特点是低成本性、高加工互换性、高性能稳定性、比较低的传输速率（在 500MHz 以下）。目前这类基板用的无卤化基板材料，主要采用的阻燃剂是交联型（即反应型）有机磷和金属氢氧化物、氧化物填料所构成的。它可以达到高的耐漏电起痕性和 UL94 的 V0 级的标准要求。由于添加的有机磷在高湿度环境下铜配线会被腐蚀，这种被腐蚀的现象随着阻燃剂中磷酸的发生量而变得更严重。目前对有机磷的安全性（它含有热分解生成物）存在着不同的看法，尽早地对其安全性加以验证，是当前急需解决的问题。

（2）大型高多层基板用的无卤化基板材料的开发与应用　该类材料主要应用在高速数据保存管理计算机、通信用发射台装置等的大型高多层基板。大型高多层基板具有为实现高速信号传送而要求达到的低介电常数（$\varepsilon_r \leqslant 3.5$）、低介质损耗因子（$\tan\delta \leqslant 0.005$）的高电气性能；还要具备为了耐高温无铅焊接安装的热冲击而要求达到的高 T_g 性（$T_g \geqslant$ 200℃）和低吸水率（≤0.3%）的高物理性能。因此，这类基板材料所用树脂，是由聚苯醚树脂（PPE）、氰酸酯树脂（CE）及它的改性树脂（BT）、聚四氟乙烯树脂（PTFE）等所组成的，或者是以上树脂对环氧树脂改性所组成的。

大型高多层基板用的无卤化基板材料，在开发中所使用的阻燃剂，目前采用有机磷作为主要材料。这样，在所要达到的高电气性能、物理性能方面与所要达到的阻燃性能方面的矛盾，会比一般基板用无卤化基板材料的开发更加突出，这也使得它的开发工作更加困难。近期有的厂家将阻燃金属氧化物作为高填充性微填料加以配合，来解决上述难题，获得了一定的成果。

在基板材料的再循环开发方面，氟类树脂基板材料作为已经采用在高频电子产品上的基板材料，是最有希望首先实现再循环化的一种。

（3）挠性基板用的无卤化基板材料的开发与应用　随着电子产品薄型轻量化的不断加

速发展，挠性基板在整个电子基板中的重要性更加突出。目前主要使用的聚酰亚胺树脂薄膜和近几年问世并开始使用的液晶聚合物（LCP）薄膜，其本身就具有阻燃性。

预计今后基板材料由于在再循环化方面的开展，容易实现再循环化的热塑性液晶聚合物（LCP）会更加得到重视。另外，用于移动电话、高频模块等内藏元件的基板，在制造上也期望选择像液晶聚合物等热塑性树脂的基板材料，这样可以解决再循环化问题。在印制电路板的绝缘层形成方面，正在开发许多新的工艺方式，例如通过印刷、喷墨、盖印等加工方式而形成基板上的绝缘层。而这些新方式所使用的绝缘材料从具有再循环性方面考虑，就会大量使用液晶聚合物等热塑性树脂。

20.4.5　适应复合安装化方面的发展预测

1. 埋入无源器件技术

采用基板埋入无源器件技术可以达到：①节约封装安装的面积；②由于信号线长度的缩短，使传送性能得到提高；③在组装成本上会降低；④可靠性得到提高。

埋入电阻、电容、电感的研究开发，是以欧美为中心开展的。在这项研究中，对于埋入无源器件的设计工程、统一的封装设计工具、模拟试验、检查方法等都是很重要的。今后期待能利用与积层法多层印制电路板的组合发挥其潜在的性能。预计在埋入器件的基板制造的“据点”的全球竞争上，日本和我国台湾都有着得胜的优势。埋入器件的基板的材料特性的提高、加工特性的提高及低成本化，对于今后埋入元器件的基板的应用领域的扩大，起着很重要的推动作用。

2. 埋入有源器件技术

近期，日本 Ibiden 公司发表了以无焊内建层（BBUL）为代表的有源器件埋入的印制电路板。这可以看作基板埋入器件技术向半导体 IC 封装渗透的开始。埋入有源器件的优点：①可实现高性能和低功率化，由于连接距离的缩短，削减了电感；由于电容就在芯片旁配置，促进了电源传输加快；由于驱动电压的下降，减少了杂波的发生；②可实现安装密度的提高，由于与芯片的连接面积提高，可实现芯片的高 I/O 化；③可实现薄型化、轻量化；④可实现复数芯片的搭载，使实现系统级封装成为可能。

埋入有源器件现有的缺点：①由于要埋入有源器件，所供给的基板材料的性能需要有更严格的限制；②要在印制电路板制造中建立更多的检查项目，以避免出现有源器件的不合格品漏检；③要确立新的芯片供给体制，在产业结构上，要解决诸多的课题。

3. 系统级封装（SiP）技术

SiP 是一种不同半导体元器件和不同技术混合在“一个整体封装”中的模块。它的定义是这样描述的：“在单个芯片的封装中，加入无源器件或者是在单个封装中设置有多个芯片或积层芯片及无源器件等，它起到给电子整机产品提供功能集合的辅助系统。”系统级封装比系统级芯片（System on a Chip）具有开发费用更低、开发周期更短的优点。

系统级封装的连接技术可以采用金属丝的连接，也可以是带式芯片自动化焊接（TAB）、倒装芯片等的连接方式。所用的载板可以是有机树脂基板，也可以是陶瓷基板、金属基板等。一般采用连接盘形式达到与载板的连接，有的系统级封装在载板中还有埋入芯片。

今后的传感器会发展成为微小电子机械系统（Microelectronics Mechanical System，MEMS）的新结构。微小电子机械系统在一个封装中搭载上光电子元件、射频（RF）与混合信号装置，而SiP是易于实现这种MEMS的形式。

20.4.6 适应搭载新功能电子元件要求的发展预测

1. MEMS要求

预测微小电子机械系统（MEMS）技术在今后10年间，在汽车、医疗器械、通信、民用电子产品应用领域中将得到扩大，并将是推动封装技术进步的动力之一。

MEMS与标准的半导体元器件一样，在环境保护对策、电气信号的完整性、机械支撑、热散发管理等方面，都成为十分重要的研究课题。多个微小电子机械系统在封装内，要保持其惰性气体或真空的封闭状态。为了达到微小电子机械系统装置的制品性能要求和与此封装的整合要求，设计者对它的设计结构所要把握的重要因素主要是信号处理与电力条件的关系、信号与能量的变化关系，还有材料技术、检查技术等，还要进行多芯片封装或三维立体封装的开发。

2. 光电子元器件的要求

光电子元器件在基板上的安装，面临两方面的技术挑战。其一，在多芯片封装的模块内搭载光电子元器件。在这种情况下，它有着外形尺寸小、I/O接口数少的特点。其二，在模块内光学性能的集成，衍射光栅、滤波器等无源器件与激光器件、检波器等有源器件的集成。这种封装的技术关键，是光路精密的调整与使用环境下位置精度的维持。其装配的主要课题是调整的自动化、光导纤维终端部的自动化处理问题及它的系统标准化问题，还有就是热管理的问题。由于波长对温度十分敏感，因此它与电气对应的控制就更加严格。

3. 射频（RF）与混合信号的要求

射频与混合信号领域的封装，无论在低成本的家电产品，还是在高频电子产品中，今后都会采用。由于它在许多电子产品发展中的重要地位，预计在今后这种封装器件会有很大的增加。

在此领域的封装，现在采用的是低成本的金属丝连接形式。从长远发展看，为了缩短信号线的长度，而被倒装芯片的方式所代替，并且有望采取封装内藏无源器件的方式，使电气性能获得提高。还有，射频区的频率预计今后会超过5GHz。这样，在改善载板的介质损耗因子方面、制造上的多样化方面以及正确的电气模拟试验方面，都是十分重要的。

20.4.7 适应低成本化要求的发展预测

一直以来，印制电路板的低成本化是电子产品竞争的关键因素之一。随着原材料价格的不断上涨，依靠原材料来降低产品的成本目前来说几乎不可能。解决产品的制造成本问题主要还是依靠标准制造技术。随着智能制造技术在印制电路板生产中的应用，印制电路板制造过程中受到人为因素的干扰逐渐减小，产品制造依靠智能化系统可以建立标准化的生产系统，因而可以明显提高产品的合格率，进而降低产品成本。此外，实现智能化制造后，生产线重复性的劳动逐渐被机器替代，需要的员工数量将锐减，也在一定程度上降低了产品的成本。

印制电路板制造工艺流程复杂、工序长，到目前为止，还没有任何一家企业能够完全地实现产品的完全智能化生产。总体来说，整个印制电路板行业制造需要经历自动化生产（工业2.0）、信息化生产（工业3.0）以及智能化生产（工业4.0）。国内绝大部分企业目前处在自动化生产环节，一些具有规模的企业开始进行了信息化建设，能够实现生产的自动管理、设备自动管理、检测自动管理，甚至设计的自动管理。

印制电路板是定制化产品，产品的结构和功能多而杂。在生产过程中产品的设计、生产以及检测，根据产品的特点会有明显的差异。因此，产品的整个工艺流程很难实现由信息化系统完全管理，仍需要人员的参与。此外，在设计中，为了针对每个产品制订相应的生产与检测方案，需要给每个产品设计一个识别号码，以便于生产自动管理，同时也可以方便后期产品出现失效问题进行追踪。

智能制造技术被认为是印制电路板实现规模化、低成本化生产的重要手段。在国家政策与市场需求的推动下，印制电路板行业实现智能化生产或无人工厂是未来发展的趋势。

20.4.8 适应短交货期化要求的发展预测

印制电路板行业与短交货期相适应，是确保产品竞争优势的关键。在半导体业界，为了实现生产工程的灵敏化，而引入了“灵敏的生产制造（Agile-Manufacturing）”和“电子网络的生产制造链（简称E－生产制造链）”的经营模式，还建立了供应链管理（Supply Chain Management，SCM）所对应的生产体制。

“灵敏的生产制造”体系的特点，是生产的高弹性和生产周期的缩短，表现在工艺、生产的安排、生产条件的创造，还有上生产线前的等待时间及半成品运送时间的缩短等方面。针对印制电路板行业，采用这一套观念还存在着工艺上改善的问题。

“电子网络的生产制造链”是指在生产的各个阶段中以互联为核心，利用互联网技术的生产方式。这种生产方式在生产产品前是交易的电子化；在生产过程中是产品的生产信息、产品的检查信息的共有化，技术数据的电子化和共有化；接收订货业务的电子化和共有化。由于上述过程的电子化和共有化的实现，使得生产效率有了很大的提高。

由于供应链管理和互联网技术在电子安装业界中的开展，今后印制电路板行业也会纳入供应链管理的生产体制，开展供应链管理工作，对于多品种、小批量、短交货期化的实现会是一项有很大促进作用的重要工作。为此，要实现缩短新产品开发期的目标，就要力图实现印制电路板与电子整机产品、半导体元器件的共同协调设计，就要使所采用的物理性能数据基准得到统一确立以及模型化和模拟化的扩展。另外，生产过程中标准化的推进、“存货地点”型的生产体系的部分引入等，也有利于短交货期的实现。

总之，对整个印制电路板的生产过程中给予一个重新的认识，达到思想观念上的转变是十分重要的，它对于生产过程的缩短是很有必要的。

20.5 习题

1. 自PCB诞生以来，PCB的发展已走过了哪三个阶段？每个阶段的技术特点是什么？

2. 简述世界PCB产品市场的特点。

3. 推动现代印制电路技术发展的主要因素有哪些？简述各因素的要点。

4. 对印制电路板制造技术的要求主要表现在哪几个方面？

5. 在实现高密度化、高频化进程中，在制造工艺上，为什么半加成法将成为主流？它还存在哪些技术问题？可能的解决方法有哪些？

6. 围绕着高密度化、高频化发展，在印制电路板设备（孔加工设备、电镀设备和曝光设备等）方面将会有哪些发展？

7. 预测根据IC封装设计、制造技术的发展，对它所用的基板材料有更严格的要求，体现在哪些方面？

8. 根据印制电路板行业在绿色化方面的发展指南的要求，印制电路基板将进行哪些方面的开发和应用研究工作？

9. 采用埋入无源器件技术和埋入有源器件技术可达到什么目的？

10. 何谓系统级封装技术？

11. 印制电路板行业与短交货期的相适应，是确保产品竞争优势的关键。如何达到和实现短期交货的目的？

参 考 文 献

[1] 何为. 印制电路与印制电子先进技术: 上册 [M]. 北京: 科学出版社, 2016.
[2] 何为. 印制电路与印制电子先进技术: 下册 [M]. 北京: 科学出版社, 2016.
[3] 张怀武. 现代印制电路原理与工艺 [M]. 2 版. 北京: 机械工业出版社, 2010.
[4] HOLDEN H, ANDRESAKIS J, BOGATIN E, et al. THE HDI HANDBOOK [M]. Seaside: BR Publishing Inc., 2009.
[5] CLYDE F, JR COOMBS. 印制电路手册: 原书第 6 版 · 中文修订版 [M]. 乔书晓, 王雪涛, 陈黎阳, 等编译. 北京: 科学出版社, 2018.
[6] 刘哲, 付红志. 现代电子装联工艺学 [M]. 北京: 电子工业出版社, 2016.
[7] 罗道军, 贺光辉, 邹雅冰. 电子组装工艺可靠性技术与案例研究 [M]. 北京: 电子工业出版社, 2015.
[8] FJELSTAD J. Flexible Circuit Technology [M]. 4th ed. Seaside: BR Publishing Inc., 2011.
[9] 金鸿, 陈森. 印制电路技术 [M]. 北京: 化学工业出版社, 2009.
[10] 陈兵, 柴志强. 挠性印制电路技术 [M]. 北京: 科学出版社, 2005.
[11] 姜晓霞, 沈伟. 化学镀理论及实践 [M]. 北京: 国防工业出版社, 2000.
[12] 何为, 汪洋, 王慧秀, 等. 一种在挠性印制电路板聚酰亚胺基材上开窗口的方法及其刻蚀液: 200510021881.6 [P]. 2005-10-18.
[13] 何为, 周国云, 龙发明, 等. 一种印制电路蚀刻液: 200810045291.0 [P]. 2008-01-29.
[14] 何为, 赵丽, 王守绪, 等. 一种印制电路镀金层孔隙率测定方法: 200810044226.6 [P]. 2008-04-17.
[15] 王守绪, 吴婧, 何为, 等. 环氧树脂型或聚酰亚胺基板型印制电路基板的表面粗化方法: ZL201110074376.3 [P]. 2011-03-26.
[16] 何为, 周国云, 王守绪, 等. 一种埋嵌式电阻材料的制备方法: 201110233366.X [P]. 2011-08-16.
[17] 王守绪, 何为, 周国云, 等. 一种刚挠结合印制电路板通孔钻污的清洗方法: 201110386278.3 [P]. 2011-11-29.
[18] 何为, 汪洋, 王慧秀, 等. 一种在挠性印制电路板聚酰亚胺基材上开窗口的方法及其刻蚀液: 200510021881.6 [P]. 2005-10-18.
[19] 何为, 金轶, 周国云, 等. 一种具有内嵌电容的印制电路板及其制造方法: 201210038317.5 [P]. 2012-02-20.
[20] 何为, 陈苑明, 王守绪, 等. 一种印制电路复合基板材料和绝缘基板及其制备方法: 201210090837.0 [P]. 2012-03-30.
[21] 何为, 李瑛, 陈苑明, 等. 一种高低频混压印制电路板的制备方法: 201210268515.0 [P]. 2012-07-31.
[22] 何为, 黄雨新, 胡友作, 等. 一种印制电路板盲孔的金属化方法: 201210303802.0 [P]. 2012-08-24.
[23] 何为, 宁敏洁, 陈苑明, 等. 一种印制电路板通孔和盲孔共镀金属化方法: 201210364289.6 [P]. 2012-09-27.
[24] 何为, 何杰, 陈苑明, 等. 一种印制电路内层可靠孔和线的加工方法: 201310290150.6 [P]. 2013-07-11.
[25] 何为, 冯立, 陈苑明, 等. 一种印制电路板盲孔和精细线路的加工方法: 201310460513.6 [P].

2013-09-30.
[26] 陈苑明，何为，周国云，等．一种印制电路高密度叠孔互连方法：201310369365.7 [P]. 2013-08-22.
[27] 何为，曹洪银，唐耀，等．一种银导电墨汁及用该墨汁制印制电路的方法：201310454809.7 [P]. 2014-01-15.
[28] 何为，董颖韬，陈苑明，等．一种刚挠结合印制电路板的制备方法：201310534682.X [P]. 2013-11-01.
[29] 冯立，刘振华，徐缓，等．一种保护内层开窗区域的刚挠结合板及其制作方法：201310327113.8 [P]. 2013-07-30.
[30] 周华，江俊锋，陈苑明，等．一种对称型刚挠结合板的制备方法：2013010704038.2 [P]. 2013-12-19.
[31] 何为，李松松，何雪梅，等．一种印制电路板精细线路的制作方法：201410650334.3 [P]. 2014-11-14.
[32] 王守绪，陈国琴，何为，等．一种带通孔印制电路板的镀铜装置及其电镀方法：201410710003.4 [P]. 2014-11-28.
[33] 林建辉，王翀，何雪梅，等．一种活化 PCB 电路表面实现化学镀镍的方法：201510242793.2 [P]. 2015-05-13.
[34] 陈苑明，王倩，王翀，等．微型元器件引脚的封端方法：201610270704.X [P]. 2016-04-27.
[35] 王翀，彭佳，程娇，等．电镀铜镀液及其电镀铜工艺：201610466285.7 [P]. 2016-06-21.
[36] 何雪梅，何为，陈苑明，等．一种用于印制电路板埋嵌技术的电感结构及其制作方法：201610791943.X [P]. 2016-08-31.
[37] 向静，王翀，陈苑明，等．一种电镀添加剂及其制备方法：201711026518.2 [P]. 2017-10-27.
[38] 周国云，程东向，邹文中，等．一种埋嵌磁芯电感及其制备方法：201810135416.2 [P]. 2018-02-09.
[39] 赖志强，陈苑明，朱凯，等．一种化学镀银液及其制备方法：201810534212.6 [P]. 2018-05-29.
[40] 朱凯，王翀，李玖娟，等．一种电镀添加剂的定性和定量分析方法：201810563187.4 [P]. 2018-06-04.
[41] 龚永林．印制板与安装技术的最新课题 [J]. 电子电路与贴装，2004 (3)：25-26.
[42] 鲜飞．CSP 引发内存封装技术的革命 [J]. 电子电路与贴装，2004 (3)：28-31.
[43] 祝大同．印制电路板制造技术的发展趋势 [J]. 印制电路信息，2003 (12)：14-21.
[44] 田民波．高密度封装进展之三：SiP 与 SOC [J]. 印制电路信息，2003 (12)：3-13.
[45] 汪洋，何为，何波，等．刚挠结合印制电路板的制造工艺和应用 [J]. 印制电路资讯，2005 (2)：81-83.
[46] 梁志立．高频微波通信少不了的聚四氟乙烯印制板 [J]. 印制电路信息，2002 (1)：15-17.
[47] 龙继东．微波印制板可制造性设计问题探讨 [J]. 电子工艺技术，2000，21 (6)：235-238.
[48] 杨维生．铝基印制电路板制造工艺研究 [J]. 印制电路信息，2004 (6)：39-42；68.
[49] 刘厚文，马忠义，杨小丹．埋/盲孔多层印制板制作技术 [J]. 印制电路信息，2003 (5)：46-49.
[50] 何为，李浪涛，何波，等．用正交试验法优化挠性多层板层压工艺参数 [J]. 印制电路信息，2005 (6)：53-55.
[51] HE W, WANG Y, HE B, et al. The Manufacturing Process and Application of Rigid-Flex PCB [J]. World Sci-tech R&D, 2005, 27 (3)：16-20.
[52] 霍彩红，何为，汪洋，等．PI 调整液除去挠性多层板钻污的工艺参数优化 [J]. 印制电路资讯，2005 (4)：63-66.

[53] WANG Y, HE W, HE B, et al. Research on Crucial Manufacturing Process of Rigid-Flex PCB [J]. Journal of Electronic Science and Technology of China, 2006, 4 (1): 24-28.
[54] 王慧秀, 何为, 何波, 等. 高密度互连 (HDI) 印制电路板技术现状及发展前景 [J]. 世界科技研究与发展, 2006, 28 (4): 14-18.
[55] 王慧秀, 何为, 何波, 等. 微孔沉镀铜前处理研究 [J]. 印制电路信息, 2006 (12): 30-34.
[56] 崔浩, 何为, 何波, 等. COF (chip on film) 技术现状和发展前景 [J]. 世界科技研究与发展, 2006, 28 (6): 27-32
[57] 崔浩, 何为, 张宣东, 等. 在挠性印制板中埋入无源和有源元件 [J]. 印制电路信息, 2007 (3): 59-64.
[58] 何波, 关键, 何为, 等. 超薄铜箔, 湿法贴膜在细线路制作中的应用 [J]. 印制电路资讯, 2007 (6): 79-81.
[59] 何为, 袁正希, 崔浩, 等. 刚挠结合板孔金属化化学沉铜工艺优化 [C] //春季国际 PCB 技术/信息论坛论文集, 上海: 印制电路信息杂志社, 2007.
[60] WANG S X, GUAN J, WAMG Y. Non Linear Regression Analysis of Technological Parameters of the Plasma Desmear Process for Rigid-Flex PCB [C] // Electronic Circuits World Convention 11 Conference . Shanghai: ECWC, 2008.
[61] HE W, CUI H, WANG S X, et al. Producing Fine Pitch Substrate of COF by Semi-Additive Process [J]. Transactions of the Institute of Metal Finishing, 2009 (87): 33-37.
[62] 何为, 崔浩, 张宣东, 等. 应用无掩膜印刷术埋入微型聚合物厚膜电阻 [J]. 印制电路信息, 2007 (5): 33-37.
[63] 何波, 周国云, 何为, 等. 在同一薄基材上嵌入电容和电阻提高 PCB 电性能和电路集成度 [J]. 印制电路信息, 2007 (6): 47-50.
[64] 张晓杰, 何为, 崔浩, 等. 嵌入陶瓷电容器印制电路板的可靠性 [J]. 印制电路信息, 2007 (8): 38-43.
[65] ZHANG X D, WU X H, LIN J X, et al. Research on the Process of Buried /Blind Via in HDI Rigid-Flex Board [C] // Proceedings fo 3rd International Microsystems Packaging, Assembly and Circuits Technology (IMPACT) Conference, Taipei: TPCA, 2008.
[66] 何波, 崔浩, 何为, 等. COF (Chip on Film) 30μm/30μm 精细线路的研制 [J]. 印制电路信息, 2008 (3): 29-32.
[67] 汪洋, 莫云绮, 何为, 等. BGA 焊点失效分析 [J]. 印制电路信息, 2008 (7): 61-65.
[68] 聂昕, 汪洋, 莫云绮, 等. 印制电路板的 CAF 生长案例分析与控制对策 [J]. 印制电路信息, 2008 (7): 45-47.
[69] 汪洋, 何为, 莫云绮, 等. 贴片电容失效分析 [J]. 电子元器件与材料, 2008, 27 (11): 74-76.
[70] 莫云绮, 何为, 林均秀, 等. Production of fine line by Roll to Roll [C] // 中日电子电路秋季大会——秋季国际 PCB 技术论文集. 上海: 印制电路信息杂志社, 2008.
[71] 龙发明, 周国云, 何为, 等. The Development of a New Etchant Applied to PCB Industry [C] //中日电子电路秋季大会——秋季国际 PCB 技术论文集. 上海: 印制电路信息杂志社, 2008.
[72] 汪洋, 莫云绮, 何为. PCB 镀金层厚度的测量方法 [J]. 印制电路资讯, 2008 (5): 81-83.
[73] 汪洋, 莫云绮, 聂昕, 等. 印制线路板 CAF 失效分析 [C] // 第八届全国印制电路学术年会论文汇编. 北京: 中国电子学会, 2008.
[74] WANG Y, HE W, MO Y Q, et al. Failure Analysis on the Chip Capacitor [C] // Proceedings of IEEE Circuits and Systems International Conference on Testing and Diagnosis . New Jersey: IEEE Press, 2008.
[75] MO Y Q, HE W, WANG S X, et al. Failure Analysis on the BGA Solder [C] // Proceedings of IEEE

Circuits and Systems International Conference on Testing and Diagnosis . New Jersey：IEEE Press，2009.
[76] 周国云，何为，王守绪，等．Hydrodynamics Analysis of Spray Etching Fine Conductive Lines in PCB [C] //春季国际 PCB 技术/信息论坛论文集．上海：印制电路信息杂志社，2009.
[77] 吴向好，何为，赵丽，等．Research on the Process of Crosshatching for Hollowing Board on PI Flexible Substrate [C] //春季国际 PCB 技术/信息论坛论文集．上海：印制电路信息杂志社，2009.
[78] 倪乾峰，袁正希，何为，等．Etchback effect analysis of Plasma on the PI [C] //春季国际 PCB 技术/信息论坛论文集．上海：印制电路信息杂志社，2009.
[79] 刘尊奇，张胜涛，何为，等．液晶电视用新型高性能 COF 基材的开发与测试 [J]．印制电路信息，2009 (2)：38-41.
[80] 杨颖，王守绪，何为，等．金属粉末-聚合物复合导电胶研究进展 [J]．印制电路信息，2009 (3)：65-69.
[81] 周国云，何为，王守绪，等．含丙烯酸胶膜刚挠结合板钻通孔试验及其机理研究 [J]．印制电路信息，2009 (6)：38-42.
[82] 金轶，何为，周国云，等．等离子蚀刻挠性 PI 基材制作悬空引线及其参数优化 [J]．印制电路信息，2009 (8)：32-35.
[83] 刘尊奇，张胜涛，何为，等．片式减成法 30μm/25μm（线宽/间距）COF 精细线路的制作 [J]．印制电路信息，2009 (8)：36-40.
[84] 张宣东，吴向好，何波，等．用 Roll to Roll 生产工艺研制精细线路 [J]．印制电路资讯，2009 (3)：92-94.
[85] 刘尊奇，张胜涛，何为，等．RTR（Roll to Roll）方式制作 25μm /25μm COF 精细线路的参数优化 [J]．印制电路信息，2009 (9)：41-45.
[86] 何为，王守绪，胡可，等．挠性 PI 基材上镂空板用开窗口工艺研究 [J]．电子科技大学学报，2009，38 (5)：725-729.
[87] YANG Y，WANG S X，HE W，et al. Preparation of Ultra-fine Copper Powder and Its Application in Manufacturing Conductive Lines by Printed Electronics Technology [C] // Proceedings of International Conference on Applied Superconductivity and Electromagnetic Devices. New Jersey：IEEE Press，2009.
[88] ZHOU G Y，HE W，WANG S X， et al. Systematical Research of Plasma Desmear Based on Analysis of Uniform Design for Rigid-flex Board [C] // Proceedings of IEEE Meeting，IMPACT. Taipei：TPCA，2009.
[89] 周国云，何为，王守绪，等．六层刚挠结合板通孔等离子清洗研究 [J]．印制电路信息，2009 (zl)：171-176.
[90] 莫云绮．LCD 用 COF 挠性印制板制作工艺研究及 PCB 失效分析 [D]．成都：电子科技大学，2009.
[91] 龙发明，何为，徐玉珊．移动设备用光电刚挠印制电路板的制作及其可靠性研究 [J]．印制电路信息．2010 (6)：61-64.
[92] HE X M，HE W ，NING M J，et al. Study on Manufacturing Process of Semi-Flex Printed Circuit Board Using Buried Material [C] // Proceedings of Microsystems，Packaging，Assembly & Circuits Technology Conference. New Jersey：IEEE Press，2013.
[93] SU X H，CHEN Y M ，HE W ，et al. Research on Manufacturing Process of Buried/Blind Via in HDI Rigid-Flex Board [J]．Applied Mechanics and Materials，2013：365-366；527-531.
[94] 王守绪，周国云，董颖韬，等．刚挠结合印制板中埋入挠性基板区尺寸研究 [J]．印制电路信息，2015 (5)：18-21.
[95] 江俊锋，何为，周华，等．一种对称型刚挠结合板的制作方法 [J]．印制电路信息，2014 (zl)：353-357.
[96] 韩讲周．挠性基板材料的技术开发动态及需求预测 [J]．覆铜板资讯，2009 (4)：10-14.

[97] 龚永林. 刚挠结合印制板类型与制造技术 [J]. 印制电路信息, 2007 (5): 38-41.
[98] 黄勇, 胡永栓, 朱兴华, 等. 挠性板部分埋入制作刚挠结合板 [J]. 电子元件与材料, 2012, 31 (8): 50-55.
[99] WILLE M. Basic Designs of Flex-Rigid Printed Circuit Boards on Board Technology [J]. Circuit World, 2006 (6): 8-13.
[100] DONG Y, HE W, CHEN Y M, et al. Delamination Prevention of Rigid-Flex PCB with Plasma Treatment on Polyimide Film [C] // Proceedings of 13th Electronic Circuits World Convention. Shanghai: ECWC, 2014.
[101] DETLEV D. Rigid/Flexible Circuit Board: 20060908809 [P]. 2006-01-18.
[102] MARTIN L. Evolution of a Wiring Concept: 30 Years of Flex-Rigid Circuit Board Production [J]. Circuitree, 2006, 19 (11): 22; 24.
[103] 冯立, 何为, 何杰, 等. 均匀设计法在优化挠性双面板快压覆盖膜工艺参数中的应用 [J]. 印制电路信息, 2013 (5): 46-50.
[104] 何杰, 何为, 冯立, 等. HDI 板分层原因研究及解决方案 [J]. 印制电路信息, 2013 (2): 39-41; 63.
[105] 宁敏洁, 何为, 唐先忠, 等. Study on Plating Filling in Blind Hole by Horizontal Plating for HDI PCB [C] //中日电子电路秋季大会暨秋季国际 PCB 技术/信息论坛文集. 上海: 印制电路信息杂志社, 2012.
[106] 陈世金, 罗旭, 覃新. 一种人任意层 HDI 板制作工艺技术的研究 [J]. 印制电路信息, 2012 (6): 28-32.
[107] 陈世金, 徐缓, 杨诗伟, 等. 任意层高密度互连电路板制作关键技术研究 [J]. 电子工艺技术, 2013, 34 (5): 279-283.
[108] 黄雨新. HDI 印制电路板激光盲孔关键技术与应用 [D]. 成都: 电子科技大学, 2013.
[109] YU X F, HE W, WANG S X, et al. Research on Etching Blind Hole and Desmear with Plasma [C] // Proceedings of IMPACT Conference 2011 International 3D IC Conference. Taipei: TPCA, 2011.
[110] LONG F M, HE W, CHEN Y M, et al. Application of Ultraviolet Laser in High Density Interconection Micro Blind Via [C] //Proceedings 2010 5th International Microsystems Packaging Assembly and Circuits Technology Conference (IMPACT). Taipei: TPCA, 2010.
[111] 李晓蔚, 陈际达, 徐缓, 等. 单纯型优化法在 CO_2 激光钻盲孔工艺参数中的应用研究 [J]. 印制电路信息, 2013 (Z1): 70-75.
[112] HUANG Y X, HE W, TAO Z H, et al. CO_2 Laser Induced Blind-Via for Direct Electroplating [J]. Advanced Materials Research, 2014, 2949 (1752): 1352-1356.
[113] WANG S X, FENG L, CHEN Y M, et al. UV Laser Cutting of Glass-Epoxy Material for Opening Flexible Areas of Rigid-Flex PCB [J]. Circuit World, 2014, 40 (3): 85-91.
[114] 黄志远, 陈亨, 操孝明, 等. HDI 印制板制作中涨缩控制及爆板问题的研究 [J]. 印制电路信息, 2012 (5): 50-53.
[115] 胡友作, 何为, 薛卫东, 等. CO_2 激光钻挠性板盲孔工艺参数的优化 [J]. 印制电路信息, 2012 (4): 10-12.
[116] 杨婷, 何为, 成丽娟, 等. HDI 印制电路板中的激光钻孔工艺研究及应用 [J]. 印制电路信息, 2014 (4): 210-214.
[117] 林金堵, 曾曙. 信号传输高频化和高速数字化对 PCB 的挑战 (2): 对覆铜箔板 (CCL) 的要求 [J]. 印制电路信息, 2009 (3): 11-14; 25.
[118] 陆彦辉, 何为, 周国云, 等. 高频高速印制板材料导热性能的研究进展 [J]. 印制电路信息, 2011

(12)：15-19.

[119] 周国云. 用于PCB埋嵌电阻的Ni-P金属薄膜及喷墨打印油墨材料研究 [D]. 成都：电子科技大学，2014.

[120] 白亚旭. 碳浆印刷法及化学镀Ni-P法制作埋嵌电阻工艺方法的初步研究 [D]. 成都：电子科技大学，2011.

[121] 周国云，何为，王守绪. 印制板中炭黑类埋置电阻喷墨打印油墨的制作及性能研究 [J]. 印制电路信息，2014 (3)：13-16.

[122] YANG X J, HE W, WANG S X, et al. Preparation of High-Performance Conductive Ink with Silver Nanoparticles and Nanoplates for Fabricating Conductive Films [J]. Materials and Manufacturing Processes, 2013, 28 (1): 1-4.

[123] 杨小健，何为，王守绪，等. 用喷墨打印法直接形成铜导电线路图形 [J]. 印制电路信息，2009 (11)：28-31；35.

[124] 白亚旭，袁正希，何为，等. 溅射制作埋嵌电阻的TaN薄膜电阻率的控制 [J]. 印制电路信息，2010 (12)：55-58.

[125] 金轶，何为，苏新虹，等. 多层印制电路板网印内埋电阻技术研究 [J]. 电子元件与材料，2011，30 (12)：38-41.

[126] JIN Y, CHEN Z Q, SU X H, et al. Embedded Capacitor Technology and Its Application [C] // Proceedings of 12th Electronic Circuits World Convention) Shanghai: ECWC, 2011.

[127] 范海霞，王守绪，何为，等. 双面蚀刻薄介质埋容芯板材料可行性研究 [J]. 印制电路信息，2013 (5)：76-79.

[128] 金轶. 集成印制电路板埋嵌超薄芯板电容及碳浆电阻技术与工艺研究 [D]. 成都：电子科技大学，2012.

[129] 曾志军，郭权，任尧儒. 埋磁芯PCB产品研究开发 [J]. 印制电路信息，2011 (4)：166-174.

[130] 黄江波，胡贤金，王一雄. 电感器件埋入PCB板的设计原理及加工过程解析 [J]. 印制电路信息，2014 (7)：46-49.

[131] ZHOU G Y, HE W, WANG S X, et al. Fabrication of a Novel Porous Ni-P Thin-Film Using Electroless-Plating: Application to Embedded Thin-Film Resistor [J]. Materials Letters, 2013 (108): 75-78.

[132] ZHOU G Y, CHEN C Y, LIN Z Y, et al. Effects of Mn^{2+} on the Electrical Resistance of Electrolessly Plated Ni - P Thin-Film and Its Application as Embedded Resistor [J]. Journal of Materials Science: Materials in Electronics, 2014, 25 (3): 1341-1347.

[133] ZHOU G Y, CHEN C Y, Li L Y, et al. Effect of $MnSO_4$ on the Deposition of Electroless Nickel Phosphorus and Its Mechanism [J]. Electrochimica Acta, 2014 (127C): 276-282.

[134] ZHOU G Y, CHEN C Y, LI L Y, et al. Effects of $MnSO_4$ on Microstructure and Electrical Resistance Properties of Electroless Ni-p Thin-Films and Its Application in Embedded Resistor Inside PCB [J]. Circuit World, 2014 (40): 45-52.

[135] 金轶，何为，周国云，等. 提高网印电阻阻值精确度的研究 [J]. 印制电路信息，2011 (Z1)：324-329.

[136] CHEN Y M, WANG S X, HE X M, et al. Copper Coin-Embedded Printed Circuit Board for Heat Dissipation: Manufacture, Thermal Simulation and Reliability [J]. Circuit World, 2015, 41 (2): 55-60.

[137] CHEN Y M, HE W, CHEN X M, et al. Plating Uniformity of Bottom-Up Copper Pillars and Patterns for IC Substrates with Additive-Assisted Electrodeposition [J]. Electrochimica Acta. 2014 (120): 293-301.

[138] 林金堵，吴梅珠. 在PCB中埋置有源元件 [J]. 印制电路信息，2010 (1)：23-31.

[139] JI L X, WANG S X, WANG C, et al. Improved Uniformity of Conformal Through-Hole Copper Electro-

deposition by Revision of Plating Cell Configuration [J]. Journal of the Electrochemical Society, 2015, 162 (12): D575-D583.

[140] JI L X, WANG C, WANG S X, et al. An Electrochemical Model for Prediction of Microvia Filling Process [J]. Transactions of the IMF, 2016, 94 (1): 49-56.

[141] JI L X, WANG C , WANG S X, et al. Multi-Physics Coupling Aid Uniformity Improvement in Pattern Plating [J]. Circuit World, 2016, 42 (2): 69-76.

[142] 冀林仙, 王翀, 王守绪, 等. 添加剂对微盲孔铜沉积的影响研究 [J]. 印制电路信息, 2015, 23 (Z1): 123-131.

[143] 陈国琴, 王翀, 王守绪, 等. PCB电镀铜镀液中铁离子对镀层质量的影响研究 [J]. 印制电路信息, 2014 (Z1): 115-121.

[144] 朱凯, 王翀, 何为, 等. 一种快速填盲孔的工艺及原理研究 [J]. 印制电路信息, 2015, 23 (3): 112-116.

[145] 陈杨, 程骄, 王翀, 等. 高电流密度通孔电镀铜影响因素的研究 [J]. 电镀与精饰, 2015, 37 (8): 23-27.

[146] 彭佳, 何为, 王翀, 等. 添加剂之间的交互作用对盲孔填充的影响 [J]. 印制电路信息, 2014 (9): 25-28; 67.

[147] 彭佳, 何为, 王翀, 等. 采用试验设计法研究HDI板盲孔填充影响因素 [J]. 印制电路信息, 2014 (12): 23-26.

[148] TAO Z H, CHEN Y M, WANG S X, et al. A Study of Primary Factors Influencing the Properties of Plating Throwing Power for Printed Circuit Boards [J]. Advanced Materials Research, 2013, 931 (1442): 409-413.

[149] 吴靖, 王守绪, 张敏, 等. 次亚磷酸钠还原化学镀铜工艺研究及展望 [J]. 印制电路信息, 2010 (7): 26-29.

[150] 苏新虹, 周国云, 王守绪, 等. HDI印制板二阶微盲填孔的构建研究 [J]. 电子元件与材料, 2011, 30 (10): 72-75.

[151] 朱凯, 何为, 陈苑明, 等. 提高电镀填盲孔效果的研究 [J]. 印制电路信息, 2013 (Z1): 150-155.

[152] 刘佳, 陈际达, 邓宏喜, 等. 通孔电镀填空工艺研究与优化 [J]. 印制电路信息, 2015, 23 (3): 106-111.

[153] 陈世金, 徐缓, 邓宏喜, 等. 电镀填盲孔薄面铜化技术研究 [J]. 印制电路信息, 2015 (5): 44-46; 58.

[154] ZHOU G Y, HE W, WANG S X, et al. A Novel Nitric Acid Etchant and Its Application in Manufacturing Fine Lines for PCBs [J]. IEEE Transactions on Electronics Packing Manufacturing, 2010, 33 (1): 25-30.

[155] CHEN Y M, HE W, ZHOU G Y, et al. Failure mechanism of Solder Bubbles in PCB Vias During High-Temperature Assembly [J]. Circuit World, 2013, 39 (3): 133-138.

[156] CHEN Y M, HE W, ZHOU G Y, et al. Preparation and Thermal Effects of Polyarylene Ether Nitrile Aluminium Nitride Composites [J]. Polymer International, 2014, 63 (3): 546-551.

[157] TANG Y, HE W, WANG S X, et al. One Step Synthesis of Silver Nanowires Used in Preparation of Conductive Silver Paste [J]. Journal of Materials Science, 2014, 25 (7): 2929-2933.

[158] ZHOU G Y, HE W, WANG S X, et al. Fabrication and Characterization of Embedded Capacitors in PCB Using Epoxy/$BaTiO_3$/PI Capacitor CCL [J]. Journal of Integrationg Technology, 2014 (6): 14-22.

[159] WANG C, XIANG L, CHEN Y M , et al. Study on Brown Oxidation Process with Imidazole Group, Mer-

capto Group and Heterocyclic Compounds in Printed Circuit Board Industry [J]. Journal of Adhesion Science and Technology, 2015, 29 (9): 1178-1189.

[160] 邓银，张胜涛，苏新虹，等. 前处理对化学沉镍金金面外观影响的研究 [J]. 印制电路信息，2011 (11): 42-45; 51.

[161] 杨婷，何为，胡永栓，等. 超高层数的背板制作中厚板压合过程的影响因素研究 [J]. 印制电路信息，2015, 23 (3): 92-97.

[162] 冯立，何为，黄雨新，等. Study on the Influence Factors of Middle Hole-shift for PCB Lamination [C] //中日电子电路秋季大会暨秋季国际 PCB 技术/信息论坛论文集. 上海：印制电路信息杂志社，2012.

[163] 何杰，何为，冯立，等. 半固化片直接塞埋孔工艺研究 [J]. 印制电路信息，2013 (4): 182-186.

[164] 冯立，何为，黄雨新，等. 改善印制电路板化学镀镍耐蚀性的研究进展 [J]. 电镀与涂饰，2013 (9): 39-42.

[165] 于岩，朱彦俊，王守绪，等. 不同叠层结构印制电路板散热性能研究 [J]. 电子元件与材料，2014, 33 (1): 43-47.

[166] 江俊锋，何为，冯立，等. 影响挠性板黑孔化工艺效果的因素探究 [J]. 印制电路信息，2014 (8): 58-60; 70.

[167] 江俊锋，何为，陈苑明，等. 影响 PCB 镀镍层厚度和均匀性的因素及工艺优化 [J]. 电镀与精饰，2015, 37 (1): 5-9; 13.

[168] 陈苑明，何为，杨颖，等. Thermal Effects of PCB laminates in Dynamic Temperature [C] //中日电子电路秋季大会暨秋季国际 PCB 技术/信息论坛论文集. 上海：印制电路信息杂志社，2012.

[169] 赖志强，王翀，何为，等. 高温高速通孔电镀铜工艺优化 [J]. 印制电路信息，2016, 24 (Z1): 82-88.

[170] 李玖娟，何为，陈苑明，等. 电镀铜均匀性影响因素的分析与优化 [J]. 2016, 24 (Z1): 96-102.

[171] TAO Z H, HE W, WANG S X, et al. Synergistic Effect of Different Additives on Microvia Filling in an Acidic Copper Plating Solution [J]. Journal of The Electrochemical Society, 2016, 163 (8): D379-D384.

[172] LIN J H, WANG C, WANG S X, et al. Initiation Electroless Nickel Plating by Atomic Hydrogen for PCB Final Finishing [J]. Chemical Engineering Journal, 2016 (306): 117-123.

[173] WANG S X, YANG T, CHEN Y M, et al. Pre-curing Investigation of Filling Conductive Paste in Prepreg to Interconnect Two Multilayer Structures of Backboardfor Press-Fit Application [J]. Circuit World, 2016, 42 (3): 104-109.

[174] 毛英捷，何为，王守绪，等. 印制电路板铜面处理工艺对高频信号传输的影响研究 [J]. 印制电路信息，2016, 24 (Z2): 48-56.

[175] 文娜，何为，王守绪，等. 高频印制电路铜面平整化修饰技术的研究 [J]. 印制电路信息，2016, 24 (Z2): 267-272.

[176] ZHOU G, XU X, YANG T, et al. Directly Electroless-Plating Ni-P Thin-Film to Fabricate Magnetic Core of Integrated Inductor for Printed Circuit Board [C] // Proceeding of China Semiconductor Technology International Conference. New Jersey: IEEE press 2016: 1-3.

[177] XIANG J, WANG C, CHEN Y M, et al. Improving Wettability of Photo-Resistive Film Surface with Plasma Surface Modification for Coplanar Copper Pillar Plating of IC substrates [J]. Applied Surface Science, 2017, 411 (31): 82-90.

[178] WANG C, WEN N, ZHOU G Y, et al. Incorporation of Tin on Copper Clad Laminate to Increase the Interface Adhesion for Signal Loss Reduction of High-Frequency PCB Lamination [J]. Applied Surface Sci-

ence, 2017, 422 (15): 738-744.

[179] 贾莉萍, 陈苑明, 王守绪. 化学镀镍镀钯浸金表面处理常见品质缺陷及解决方案 [J]. 印制电路信息, 2017, 25 (6): 19-24.

[180] 何迪, 周国云, 陈苑明, 等. 印制电路板埋嵌电感化学镀 Ni 基磁芯材料研究 [J]. 印制电路信息, 2017, 25 (Z2): 326-330.

[181] 熊艳平, 程骄, 梁坤, 等. 挠性印制电路板通孔电镀铜抑制剂和电镀配方的研究及应用 [J]. 印制电路信息, 2017, 25 (Z2): 255-262.

[182] 贾莉萍, 陈先明, 罗明等. PCB 表面化学镀镍的无钯活化方法研究 [J]. 印制电路信息, 2017, 25 (Z2): 145-150.

[183] CHEN Y M, GAO Q Y, HE X M, et al. Enhancing Adhesion Performance of No-Flow Prepreg to Form Multilayer Structure of Printed Circuit Boards with Plasma-Induced Surface Modification [J]. Surface & Coatings Technology, 2018 (333): 24-31.

[184] 毛英捷. 印制电路铜面粗化效果对信号完整性的影响研究 [D]. 成都: 电子科技大学, 2017.

[185] 文娜. 高频印制电路铜面平整化修饰技术及工艺研究 [D]. 成都: 电子科技大学, 2017.

[186] 朱兴华. 印制电路板传输线制作工艺对信号完整性的影响与仿真 [D]. 成都: 电子科技大学, 2012.

[187] 林金堵. 信号传输高频化和高速数字化对 PCB 的挑战 (1): 对导线表面微粗糙度的要求 [J]. 印制电路信息, 2008 (10): 15-18.

[188] 罗莉, 陈世金, 张胜涛, 等. 印制电路板棕化工艺优化及其性能 [J]. 电镀与涂饰, 2017, 36 (16): 874-880.

[189] HSU J, SU T, XIAO K, et al. Delta-L Methodology for Efficient PCB Trace Loss Characterization [C] // Proceedings of Microsystems, Packaging, Assembly and Circuits Technology Conference (IMPACT). New Jersey: IEEE Press 2014: 113-116.

[190] 周国云. 用于 PCB 埋嵌电阻的 Ni-P 金属薄膜及喷墨打印油墨材料研究 [D]. 成都: 电子科技大学, 2014.

[191] 苏世栋, 陈苑明, 何为. 两种蚀刻法制作埋嵌电容 PCB 的对比研究 [J]. 印制电路信息, 2012 (12): 41-43; 67.

[192] 金铁. 集成印制电路板埋嵌超薄芯板电容及碳浆电阻技术与工艺研究 [D]. 成都: 电子科技大学, 2012.

[193] XIANG J, CHEN Y M, WANG S X, et al. Improvement of Plating Uniformity for Copper Patterns of IC Substrate with Multi-Physics Coupling Simulation [J]. Circuit World, 2018, 44 (3): 150-160.

[194] XIANG J, WANG S X, LI J, et al. Electrochemical Factors of Levelers on Plating Uniformity of Through-Holes Simulation and Experiments [J]. Journal of The Electrochemical Society, 2018, 165 (9): E359-E365.

[195] LAI Z Q, WANG S X, WANG C, et al. Computational Analysis and Experimental Evidence of Two Typical Levelers for Acid Copper Electroplating [J]. Electrochim Acta, 2018 (273): 318-326.

[196] LI J J, ZHOU G Y, JIN X F, et al. Direct Activation of Copper Electroplating on Conductive Composite of Polythiophene Surface-coated with Nickel Nanoparticles [J]. Composites Part B: Engineering, 2018 (154): 257-262.

[197] WANG S X, XU X L, ZHOU G Y, et al. Effects of Microstrip Line Fabrication and Design on High-Speed Signal Integrity Transmission of PCB Manufacturing Process [J]. Circuit World, 2018, 44 (2): 53-59.

[198] ZHENG L, HE W, ZHU K, et al. Investigation of Poly (1-Vinyl Imidazole co 1, 4-Butanediol Diglycidyl Ether) as a Leveler for Copper Electroplating of Through-Hole [J]. Electrochimica Acta, 2018 (283):

560-567.

[199] 喻涛，陈苑明，李高升，等．导电聚吡咯在印制电路板金属化中的研究进展［J］．电镀与精饰，2018，40（11）：22-26.

[200] 荀雪萍，周国云，何为，等．挠性印制电路钢片接地电阻值影响因素研究［J］．印制电路信息，2018，26（6）：20-24.

[201] 李高升，陈苑明，何为，等．印制电路厚铜线路蚀刻效果的研究［J］．印制电路信息，2018，26（7）：17-21.

[202] 喻涛，陈苑明，何为，等．不同厚径比通孔直接电镀的可靠性研究［J］．印制电路信息，2018，26（7）：25-28.

[203] 周国云，吴涛，朱颖，等．印制电路板铜线路化学沉积 NiCr 合金表面结合力增强研究［J］．电子元件与材料，2018，37（12）：45-48.

[204] LI J J, ZHOU G Y, WANG J Z, et al. Nickel-Nanoparticles-Assisted Direct Copper-Electroplating on Polythiophene Conductive Polymers for PCB Dielectric Holes [J]. Journal of the Taiwan Institute of Chemical Engineers, 2019 (100): 262-268.

[205] ZHOU G Y, LI W B, XIANG Q Y, et al. Copper Induced Direct CO_2 Laser Drilling Blind Hole with the Aid of Brown Oxidation for PCB CCL [J]. Applied Surface Science, 2019 , 479 (15): 512-518.

[206] ZHU K, WANG C, WANG J Z, et al. Convection-Dependent Competitive Adsorption between SPS and EO/PO on Copper Surface for Accelerating Trench Filling [J]. Journal of the Electrochemical Society, 2019 , 166 (4): D93-D98.

[207] ZHOU G Y, ZHANG W H, HE D, et al. A Novel Structured Spiral Planar Embedded Inductor: Electroless-Plating NiCoP Alloy on Copper Coil as Magnetic Core [J]. Journal of Magnetism and Magnetic Materials, 2019 (489) .

[208] ZHOU G Y, GOU X P, JIN X F, et al. Low Fractal Dimension Modified Drilling-Hole Wall for PTFE High-Frequency Board Copper Plating with Plasma Treatment [J]. Journal of Applied Polymer Science, 2019, 136 (41/42) .

[209] ZHU K, WANG C, WANG S X, et al. Communication Localized Accelerator Pre-Adsorption to Speed Up Copper Electroplating Microvia Filling [J]. Journal of The Electrochemical Society, 2019, 166 (10): D467-D469.

[210] ZHU K, CHEN Y M, MA C Y, et al. Anisotropic Growth of Electroless Nickel-Phosphorus Plating on Fine Sliver Lines for L-Shape Terminal Electrode Structure of Chip Inductor [J]. Applied Surface Science, 2019, 496 (1): 143633. 1-143633. 10.

[211] CHEN Y M, GAO Y L, JIN X F, et al. Effect of Surface Finishing on Signal Transmission Loss of Microstrip Copper Lines for High-Speed PCB [J]. Journal of Materials Science: Materials in Electronics, 2019, 30 (17): 16226-16233.

[212] ZHOU G Y, TAO Y P , HE W et al. Whisker Inhibited Sn-Bi Alloy Coating on Copper Surface to Increase Copper Bonding Strength for Signal Loss Reduction of PCB in High-Frequency [J]. Applied Surface Science , 2020, 513.

[213] N I X R, CHEN Y M, JIN X F, et al. Investigation of Polyvinylpyrrolidone as an Inhibitor for Trench Super-Filling of Cobalt Electrodeposition [J]. Journal of the Taiwan Institute of Chemical Engineers , 2020, 112: 232-239.